Förderreuther, Max

Die Allgäuer Alpen

Land und Leute

Förderreuther, Max

Die Allgäuer Alpen

Land und Leute

Inktank publishing, 2018

www.inktank-publishing.com

ISBN/EAN: 9783747779729

Die Allgäuer Alpen

Land und Leute

Von Max Förderreuther

Mit 423 Abbildungen im Texte, 2 Karten und 26 Kunstbeilagen von E. T. Compton, Richard Mahn, Defregger u. a.

2. Auflage.

1908
Jos. Kösel'sche Buchhandlung, Kempten und München.

Meiner lieben Mutter gewidmet.

Inhalts-Verzeichnis.

Erster Abschnitt.

Das Land und seine Entstehungsgeschichte.

Zweiter Abschnitt.

Landschaftsbilder.

Dritter Abschnitt.

Das Pflanzenkleid.

Vierter Abschnitt.

Wild und Weidwerk.

Fünfter Abschnitt.

Denkmäler der Geschichte.

Sechster Abschnitt.

Die Bewohner des Landes.

Siebenter Abschnitt.

Wohnstätten und Ortschaften.

Achter Abschnitt.

Die Erwerbszweige.

Neunter Abschnitt.

Die vier Jahreszeiten.

Anhang.

Verzeichnis der Abbildungen.

I. Beilagen.

II. Abbildungen im Text.

[illegible] Gabelgruppe.

Erster Abschnitt.

[illegible] seine Entstehungsgeschichte.

[illegible] weit auseinander [illegible] die Quellen, [illegible] Alpenflüsse Lech und [illegible] Ach ihren [illegible] Indem aber [illegible] nordöstlicher [illegible] durchbricht, [illegible] sich die Ach [illegible] umspannen [illegible] beiden Flüsse [illegible] offenes, weit ausgebreitetes, nach Süden geschlossenes Dreieck, das die **Allgäuer Alpen** und zum größten [illegible] den anstoßenden **Bregenzer Wald** in sich faßt [illegible] Gebiet, ebenso bemerkenswert durch die Schönheit [illegible] der Landschaft [illegible] wie durch die [illegible]

[illegible] Häuptern, um [illegible] der [illegible] Schnee [illegible] den öden Karen, [illegible] Trümmerfelder [illegible] kann man [illegible] bis zu den gesegneten [illegible] der [illegible] Obst und Wein [illegible] und die Lusthäuser sich verbergen hinter prunken-

[illegible] kann man schauen, was Herz und [illegible] Betrachtung anregt: geheimnisvolle [illegible] in Stein und [illegible] gegraben; [illegible] und Tier [illegible] Denkmäler, [illegible] Heimstätten [illegible] und [illegible] und feiern. [illegible] Wanderer entgegen [illegible] wenn er [illegible] Das soll in den folgenden [illegible]

[illegible] Alpen

Mädele-Gabel-Gruppe.

Erſter Abſchnitt.

Das Land und ſeine Entſtehungsgeſchichte.

Nicht ſehr weit auseinander liegen die Quellen, von denen die zwei Alpenflüſſe Lech und Bregenzer Ach ihren Ausgang nehmen. Indem aber der Lech in nordöſtlicher Richtung das Gebirge durchbricht, wogegen ſich die Ach nach Nordweſten wendet, umſpannen die beiden Flüſſe ein gegen Norden offenes, weit ausgebreitetes, nach Süden geſchloſſenes Dreieck, das die **Allgäuer Alpen** und zum größten Teil auch den anſtoßenden **Bregenzer Wald** in ſich faßt — ein Gebiet, ebenſo bemerkenswert durch die Schönheit und erſtaunliche Mannigfaltigkeit der Landſchaftsbilder wie durch die Eigenart der Bewohner.

Von den einſamen Felſenhäuptern, um welche der ewige Schnee ein ſchimmerndes Stirnband ſchlingt, von den öden Karen, deren grauſige Trümmerfelder zu lichtgrünen Matten niederziehen, kann man hier wandern bis zu den geſegneten Gefilden, wo der Lenz ein Blütenmeer, der Herbſt eine Fülle von Obſt und Wein beſchert, wo die Edelkaſtanie reift und die Luſthäuſer ſich verbergen hinter prunkendem Blumenſchmuck.

Und auf dieſer Wanderung kann man ſchauen, was Herz und Auge erfreut und den Geiſt zu ſinnender Betrachtung anregt: geheimnisvolle Schriftzüge, von der raſtlos ſchaffenden Natur in Stein und Schutt gegraben; reiches, fröhlich bewegtes Leben in Pflanzen- und Tierwelt; ernſte Denkmäler, aufgerichtet von verſchwundenen Menſchengeſchlechtern, und trauliche Heimſtätten, in denen die lebenden Geſchlechter ſchalten und walten, ſchaffen und feiern.

Was ſo dem Wanderer entgegentritt, wenn er offenen Auges dieſes ſchöne Bergland durchſtreift, das ſoll in den folgenden Blättern geſammelt und zu einem

Gesamtbild vereinigt werden, aus dem man erkennen mag, wie vielseitige Anregung auch ein kleiner Fleck Erde bieten kann.

Freilich müssen wir, ehe wir die einzelnen Bilder aneinander reihen, zunächst einen Orientierungsgang vornehmen, der uns einen flüchtigen Überblick über den Verlauf der Gebirgskämme und über die Verteilung der Wasseradern verschafft.

Durch das obere Illertal wird unser Gebiet in zwei annähernd gleich große, aber sehr verschieden geartete Gruppen getrennt.

Auf der einen Seite erblicken wir den mächtigen Allgäuer Hauptkamm, der vom südlichsten Berggipfel des Deutschen Reiches, dem 2600 m hohen Biber-

Allgäuer Hauptkamm und Hochvogel. (Phot. von Rauch.)

kopf,[1]) in nordöstlicher Richtung streicht und dabei eine reiche Zahl hochragender Gipfelhäupter aufweist, unter denen die Mädelegabel (2646 m), das Kreuzeck (2375 m) und Rauheck (2385 m), der Große Wilde (2381 m), das Rauhhorn (2240 m) und Geishorn (2249 m) die berühmtesten sind. Zahlreiche Seitenäste zweigen von diesem Hauptkamm ab und tragen ebenso stolze Gipfel: in einem kurzen, nach Süden gerichteten Aste erhebt sich das Hohe Licht (2652 m)[2]); an die Mädelegabel schließt sich eine nordwärts verlaufende Kette mit dem Felszacken der Trettachspitze (2595 m); weiter im Osten löst sich die majestätische Hornbachkette ab, die nach Gipfelhöhe, Aufbau und Streichrichtung eigentlich als ein Teil des Allgäuer Hauptkammes bezeichnet werden sollte; mit dem 2657 m hohen Großen Krottenkopf, mit der Öfnerspitze (2578 m), der Marchspitze (2608 m), der Noppenspitze (2596 m), der Bretterspitze (2608 m), der turmartig emporgereckten Urbeleskarspitze (2641 m), der Wasserfallkarspitze (2565 m) und der Klimspitze (2465 m) bietet sie die großartigsten Hochgebirgsszenerien. — Parallel mit

[1]) Die Höhenangaben sind, soweit bayerisches Gebiet in Betracht kommt, den Positionsblättern der bayer. Generalstabskarten entnommen; für das österreichische Gebiet hat das k. k. Militärgeographische Institut in Wien die Zahlen gütigst zur Verfügung gestellt.

[2]) Nach den neuesten Messungen von L. Ägerter ist nicht, wie man bisher annahm, das Hohe Licht, sondern der Große Krottenkopf der Kulminationspunkt der Allgäuer Alpen.

Der Allgäuer Hauptkamm vom Stillachtal aus.
(Photogr. von Ebert.)

1*

ihr streicht die Schwarzwassertalkette, in der sich der herrliche **Hochvogel** (2594 m) erhebt, und weiter nördlich ein zweiter Seitenkamm mit dem breit und wuchtig aufgebauten **Leilach** (2276 m). Gegen das Illertal wendet sich, vom Rauheck abzweigend, in jähen Steilhängen die Kette, welche die berüchtigte **Höfats** (2260 m) trägt, und vom Großen Wilden zieht über den seltsam gebauten **Schneck** (2268 m) ein weitverzweigter Kamm, der im **Nebelhorn** (2224 m) und im **Daumen** (2280 m) seine berühmtesten Gipfelerhebungen besitzt.

Auf der ganzen Erstreckung des Hauptkammes, der sich wie eine Riesenmauer zwischen Iller und Lech aufbaut, ist nur eine einzige Einsattelung zu finden, die etwas unter zweitausend Meter herabsteigt: das **Obermädelejoch** mit einer Höhe von 1974 m. Der zweite Paßübergang, das **Hornbachjoch**, mißt schon 2036 m und ein dritter ist überhaupt nicht vorhanden.

Bedeutend tiefer senkt sich das Gelände erst da, wo der Hauptkamm sein nördliches Ende erreicht. Über die Paßhöhe von **Oberjoch**, 1150 m, führt die erste fahrbare Straße zwischen Iller und Lech. Zugleich erreicht auch der Bergkranz, der sich nördlich um Oberjoch zieht, nirgends mehr auch nur diejenigen Höhen, welche im Hauptkamm die tiefsten Einschnitte darstellen. (**Spieser** 1650 m, **Sorgschrofen oder Zinken** 1636 m, **Einstein** 1867 m, **Edelsberg** 1625 m, **Wertacher Horn** 1695 m, **Grünten** 1739 m.)

Erst weiter östlich, wo der so eigen geartete Gebirgsstock der **Tannheimer und Vilser Berge** sich aufbaut, finden wir wieder Gipfelhöhen von mehr als 2000 m. In der Südkette dieser Gebirgsgruppe erreichen die **Rote Flüh** 2111 m; die **Hochgimpelspitze** (Gimpel) 2176 m, die **Kellenspitze** 2240 m, die **Gehrenspitze** 2164 m; die nördlich vom Reintal aufragende **Schlicke** ist 2060 m hoch, und auch der kühngeformte, vielbesuchte **Aggenstein** steht mit seinen 1987 m der Zweitausendmeterlinie sehr nahe.

Einen völlig andern Eindruck gewinnen wir, wenn wir das Gebirgsrelief zwischen Iller und Bodensee betrachten.

Statt eines einheitlichen, streng geschlossenen Hauptkammes erblicken wir hier ein scheinbar regelloses Gewirre von Bergzügen, die sich in ihrem Aufbau und in der Richtung ihrer Kammlinien vielfach unterscheiden und oft durch tiefklaffende Einsenkungen von einander getrennt sind.

Zwar der bekannte **Gemstelpaß** (Gentschel [illegible] der von der Iller zur Bregenzer Ach (oder zum Lech) hinüberführt, über [illegible] seinen 1977 m noch die Höhe des Mädelejochs; aber in seiner Nachba[illegible]eiden der **Schrofenpaß** mit 1721 m und das **Starzljoch** mit 1[illegible]eblich tiefer ein; am auffallendsten aber ist das zwischen Siebrat[illegible] Rohrmoos sich erstreck[illegible] Hochtal, welches auf seiner nur 1120 [illegible]den Scheitelhöhe so eb[illegible] läuft, daß hier am **Möser Hag** die [illegible]e zwischen Donau [illegible] durch eine dem Auge kaum wahrneh[illegible]nschwelle gebildet [illegible] Fischen nach Balderschwang oder vo[illegible] nach Hittisau [illegible] Höhen von 1320 m zu überschreit[illegible] Donaugebie[illegible] zu gelangen.

Schwarzenberger Weiher
Maria Rain
Nesselwang
Hopferau
Hopfensee
Kappel
Rehbühl
Weissbach
Kreuzegg
Berg (Pfronten)
Edelsberg
Meilingen
Weissensee
Füssen
Jungholz
Vils
Achen
Steinach
Alpsee
Faulenbach
Lech
Hohenweiler
Leiblach
Hörbranz
Sorgschrofen
Unterjoch
Aggenstein
Musau
Schlicke
Lindau
Bodensee
Lochau
Einstein
Kappel
Schattwald
Tannheim
Grähn
Gimpel
Gehrenspitze
Rote Flüh
Kellenspitze
Haldensee
Aschau
Wängle
Nesselwängle
Pfänder
Mehrerau
Bregenz
Fluh
Kennelbach
Bregenzer Ach
Hinterstein
Geishorn
Vilsalpsee
Gacht
Rauhhorn
Traualpsee
Weissenbach
Weissenbach
Leilach
Schrecksee
Schwarzwasserbach
Sieglesee
Hochvogel
Vorderhornbach
Hornbach
Hinterhornbach
Wasserfallkarspitze
Urbeleskarspitze
Bretterspitze
der
J. Kösel, Kempten.

Erster [illegible]

[illegible] und seine Entsteh[illegible]

[illegible] auseinander [illegible] die Quellen, [illegible] Lech und [illegible] Ach [illegible] aber der [illegible] durchbricht, [illegible] umspannen die beiden [illegible] gegen [illegible] offenes, weit ausgebreitetes, nach Süden geschlossenes Dreieck, das die **Allgäuer Alpen** und zum größten [illegible] auch den anstoßenden **Bregenzer Wald** in sich faßt — ein Gebiet, ebenso bemerkenswert durch [illegible] Schönheit [illegible] der Landschaftsbilder wie durch die [illegible] der

[illegible] Schneehäuptern [illegible] von den [illegible] Trümmer [illegible] kann man [illegible] zu den [illegible] Obst und [illegible] reift und die [illegible] sich verbergen [illegible]

[illegible] Wanderung [illegible] was [illegible] und [illegible] auf [illegible] Betrachtung [illegible] von [illegible] Natur in Stein [illegible] gegraben; [illegible] Denkmäler, [illegible] von [illegible] Heimstätten, [illegible] und [illegible] und feiern [illegible] Wanderer [illegible] wenn er [illegible] trifft, das [illegible] Blo[illegible]

Dem Gebirgsbau entspricht die Verteilung der Wasseradern.

Über unser Gebiet hinweg zieht die europäische Hauptwasserscheide, die hier zwischen Donau- und Rheinsystem die Grenzlinie bildet. Es ist nun für das eigenartige Relief unseres westlichen Alpenlandes bezeichnend, daß diese Wasserscheide nicht etwa durch eine einheitlich verlaufende Gebirgskette gebildet wird, sondern vielmehr von Parallelkamm zu Parallelkamm hinüberspringt. Auf diese Weise sendet gar oft ein und dasselbe Gehänge seine Wasser den beiden Stromsystemen zu. Am auffälligsten zeigt sich dies am Möler Hag (bei Rohrmoos). Hier fließen aus dem „Aibele Wald" zahlreiche Wasseradern in parallelen Rinnen den Südhang des Piesenkopfes hinab; erst weiter unten wenden sich die einen westlich zum Hirschgundbach (Rheinsystem), die andern östlich zur Starzlach (Donausystem). Aber die trennende Bodenschwelle ist so unbedeutend, daß ein leichter Straßengraben von wenigen hundert Metern genügt, eine künstliche Verbindung zwischen den beiden Stromsystemen herzustellen.

Dem Rheinsystem gehören die Argen, die Leiblach und die Bregenzer Ach an.

Während die Argen nur mit ihren zahlreichen Quellbächen in unser Alpenvorland hereingreift und die Leiblach für uns eine nordwestliche Grenzlinie bildet, nimmt die Bregenzer Ach mit ihren Zuflüssen weitaus den größten Teil unseres westlichen Alpengebietes ein. Wie sie selbst ein wilder, reißender Gebirgsfluß ist — von Schröcken bis zur Mündung hat sie bei etwa 60 km Länge ein Gefäll von 800 m! —, so sind auch ihre Seitenbäche ungestüme, zerstörungslustige Gesellen, vor allem die Subersach, die auf dem kleinen Plateau von Hochgerach entspringt. Bei Siebratsgfäll durch den Hirschgundbach verstärkt und zugleich nach Westen abgelenkt bricht sie sich in tiefgerissenen Tobeln ihre Bahn zur Ach, die sie unterhalb Egg erreicht. Ansehnlicher noch ist die Weißach, deren Quellen unter dem Seifenmoos zwischen Stuiben und Immenstädter Horn entspringen. Sie erhält einen wasserreichen Nebenfluß in der Bolgenach, die aus dem Balderschwanger Tale kommt und, verstärkt durch den Lecknerbach, zwischen Hittisau und Krumbach tiefe Tobel durchströmt. Durch den Sulzberger Höhenrücken von der Weißach getrennt mündet als letzter größerer Zufluß der Bregenzer Ach die friedlichere Rothach.

Die Subersach bei Hochgerach.

Zur Donau sendet unser Bergland die zahlreichsten Gewässer; sie sammeln sich in der Iller und im Lech.

Die Iller ist der Hauptfluß der Allgäuer Alpen. Von den drei Quellbächen, aus denen sie sich zusammensetzt, ist die Breitach der ansehnlichste, und so könnte das klare Wässerlein, das an der Südwestflanke des Widdersteinmassivs in einer Höhe von etwa 1930 m dem Berge entsprudelt und im Volksmunde als Breitachquelle bezeichnet wird, mit Fug auch die Illerquelle genannt werden. Kaum dem Boden entsprungen, fällt sie in den kleinen Hochalpersee und versiegt, nachdem sie diesen verlassen, in einem dolinenartigen Einsturztrichter. Nach längerer unterirdischer Wanderung tritt das Wasser wieder hervor und speist den Bärgundbach, der bei dem Weiler Bad den Starzelbach und mit diesem den Derrenbach (Tellernbach) aufnimmt. Erst nach dieser Vereinigung führt das Gewässer den Namen Breitach. Der reichen Gebirgsgliederung entsprechend erhält der junge Fluß viele Seitengewässer, unter denen der Gemstelbach (Gentschelbach)

Partie am Gemstelbach (Gentschelbach).
(Phot. von Ebert.)

und der Wildtobelbach, dann der interessante Schwarzwasserbach und die aus dem Rohrmooser Tal kommende Starzlach hervorgehoben seien.

So erreicht die Breitach mit ziemlicher Wassermenge jene Stelle zwischen Oberstdorf und Langenwang, wo sie sich mit Stillach und Trettach vereinigt.

Die Stillach, die am Haldenwangerkopf in einer Höhe von 1900 m entspringt (sie führt zuerst die Namen Haldenwangerbach und Rappenalpenbach), nimmt aus dem Körbertobel den Abfluß des Rappensees und später von links her den Warmatsgundbach auf.

Die Trettach zeigt in ihrem Ursprung ähnliche Verhältnisse wie die Breitach: aus einem winzigen Seelein, das nahe der „Schwarzen Milz“ mehr als 2000 m hoch liegt, rinnt ein dünner Wasserfaden in die „Wilden Gräben“, um hier alsbald zu versiegen. Erst weiter unten bilden verschiedene Rinnsale die Trettach, die später ihre größeren Zuflüsse, Sperrbach, Traufbach (oder Trauchbach), Dietersbach, Oybach, Faltenbach ausschließlich von rechts her empfängt.

Nachdem die vereinigten drei Quellbäche den Namen Iller angenommen haben, strömt der Fluß in breiter Talfurche gegen Norden und empfängt von den östlich und westlich emporsteigenden Bergketten weitere Nahrung. Unter den links zufließenden Gewässern ist die Rothfisch, die an den Nordhängen des Schwarzenberges entspringt und nach eigenartig gewundenem Laufe bei Fischen mündet, in früheren Zeiten durch ihren außergewöhnlichen Fischreichtum berühmt gewesen. Weiter unterhalb ergießt sich die durch die Schönberger Ach verstärkte Bolgenach. Von rechts her kommen nach kurzer, aber ungestümer Wanderung der Reichenbach, der die Geisalpseen entwässert, der Eybach, der Hinanger Bach, der Leybach u. a.

Den bedeutendsten Zufluß erhält die Iller bei Sonthofen. Es ist die Ostrach, die mit ihren Seitengewässern ein weites Gebiet umspannt. Ihre Quellen sind in dem großartigen Felsenzirkus zu suchen, der das Bärgündeletal umschließt. Zahlreiche Rinnsale sammeln sich hier zum Bärgündelebach, der später den Namen Ostrach erhält. Nachdem sich der Fluß durch das Hintersteiner Tal in nördlicher Richtung Bahn gebrochen hat, erhält er aus dem Retterschwanger Tal die Bsonderach und wendet sich bei Oberdorf gegen Westen. Hier ergießen sich in ihn die berüchtigten Wildwasser Wildbach, Hirschbach, Zillenbach u. a. Später empfängt er noch den Löwenbach und kurz vor der Mündung die Starzlach, die aus zahlreichen Rinnsalen vom Wertacher Horn und vom Grünten gespeist wird.

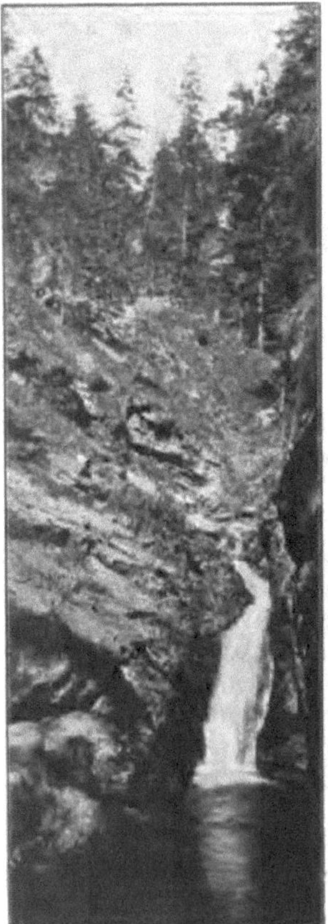

Partie vom Wildbach bei Hindelang. (Phot. von Ebert.)

Das Gunzesrieder Tal sendet der Iller den wasserreichen Aubach. Wo der Fluß das Gebirge verläßt, empfängt er noch die Konstanzer Ach, die mit ihrem Quellgebiet auffallend weit nach Westen hinübergreift; nachdem sie den Großen und Kleinen Alpsee durchflossen hat, nimmt sie in Immenstadt den Steigbach auf. Die übrigen Zuflüsse, so die Obere Rottach, der Waltenhofener Bach, der auch den Abfluß der Niedersonthofener Seen empfängt, und die noch weiter nördlich mündenden Gewässer gehören in ihrem gesamten Laufe dem Alpenvorlande an.

Von der Vereinigung der drei Quellbäche bis Kempten hat die Iller ein Gefäll von 117 m, das sich auf eine Lauflänge von ungefähr 42 km verteilt.

Gegen den Lech bildet der Allgäuer Hauptkamm in seinem ganzen Verlaufe vom Biberkopf bis zum Rauhhorn die Wasserscheide. Weiter nördlich dagegen kommt es wiederholt vor, daß eine scharf ausgeprägte orographische Grenzlinie fehlt. So sendet der Iseler von seinem Nordgehänge eine Anzahl kleiner Wasseradern herab, die anfangs in parallelen Furchen ziehen und erst tiefer unten ihre Richtung ändern — die einen der Wertach, die andern der Ostrach zufließend. Ebenso ist die Burgberger Starzlach (Illersystem) von der Wertacher Starzlach (Lechsystem) an einer Stelle durch eine so geringe Bodenerhebung geschieden, daß ein Graben von 300 m Länge genügen würde, zwei Seitengewässer dieser Flüßchen miteinander zu verbinden. Es wiederholen sich also hier die Erscheinungen, die wir am Möser Hag kennen gelernt haben.

Partie vom Steigbach. (Phot. von Rauch.)

Von der klammartigen Schlucht, die sich der Lech bei Warth gegraben hat, bis zu seinem Austritt aus dem Gebirge bei Füßen zeigt er sich als ein wilder, von Menschenhand noch nicht gebändigter Fluß, der ungeheure Schuttmassen über die Talsohle hinbreitet. Er besitzt auf dieser Strecke, die etwa 68 km beträgt, ein Gefälle von 500 m!

Aus unsern Bergen erhält er nahezu seine sämtlichen linken Zuflüsse. Unterhalb Lechleiten verbindet sich mit ihm der Krumbach, der auf dem Plateau von Hochkrumbach entspringt und zu den Grenzlinien unseres Gebietes zählt. Bei Holzgau kommt aus enger Schlucht der Höhenbach, der teilweise von den Schmelzwassern des Mädelegabelgletschers gespeist wird. Später münden aus bedeutenden Paralleltälern der Hornbach und der Schwarzwasserbach, und vom Gachtpaß herab stürmt der Weißenbach, der seine Wasser von den Tannheimer Bergen und aus dem einsamen Birktal sammelt.

Einen merkwürdigen Lauf nimmt die Vils, die sich aus dem bergumschlossenen Vilsalpsee nordwärts gegen Tannheim ergießt, hier den Abfluß des Haldensees empfängt und nun in auffallendem Sichelbogen über Pfronten und Vils dem Lech zueilt, nachdem sie vorher noch von Süden her den Achenbach, Reichenbach und Kühbach und von Norden die vielgewundene Faule Ach aufgenommen hat.

Auch der bedeutendste Lechzufluß, die Wertach, gehört im Oberlauf unsern Bergen an. Als Wertachquelle ist das Brünnlein zu bezeichnen, das bei der Vorderen Wiedhagalpe am Iseler entspringt.[1]) Bei dem Ort Wertach wird der Fluß durch die Starzlach verstärkt, fließt nun in zahlreichen Krümmungen durch moorige Gründe und strömt hierauf in einer interessanten, wohl von einem mächtigeren Vorläufer gegrabenen Schlucht ins Alpenvorland hinaus.

Wenn wir nun das Land, mit dessen Bodengestalt und Bewässerung wir uns eben vertraut gemacht haben, in seiner Gesamterscheinung ins Auge fassen, so ist wohl vor allen andern die Frage berechtigt: Warum ist dieses Gebirge so mannigfaltig gestaltet; warum zeigt es hier kahle Wüsteneien, dort üppig grüne Weiden und dunkle Wälder; warum wechseln jähe Felsenmauern mit sanftgeböschten Hängen? Es gehört zu den anregendsten Betrachtungen, sich zurückzuversetzen über Jahrtausende und Jahrmillionen hinweg in jene dunkle Vorzeit, in der sich das Material zu unsern heutigen Bergen bildete.[2])

In einer Zeit, die der Geologe als die **Triasperiode** bezeichnet, war der größte Teil des heutigen Alpengebietes vom Meere bedeckt, nur einzelne Inseln ragten darüber empor; und wie heute in unsern Ozeanen langsam, aber stetig Schicht auf Schicht den Meeresgrund erhöht, aus Schlamm und Sand, aus den abgestorbenen Resten von Seetieren und Pflanzen aller Art sich zusammensetzend, so vollzogen sich auch in jenem vorzeitlichen Meere Bildungen ähnlicher Art.

Die älteste Triasablagerung, aus der später durch mechanische und chemische Umgestaltungen der Buntsandstein entstanden ist, bildet wohl durchaus das tieflagernde Fundament unserer Allgäuer Berge, tritt aber nur ganz ausnahmsweise zutage (am Westabhang des Iseler bei Hindelang). In größerer Entwicklung zeigen sich die nächstfolgenden Bildungen: Muschelkalk, Cassianer Schichten, Wettersteinkalk und Raibler Schichten. Sie setzen einen Teil der Vilser

[1]) Wimmer, Die Wertach. (Programm des Realgymnasiums München 1905.)

[2]) Für die folgenden Ausführungen hat der Verfasser wertvolle Unterstützung durch Herrn Professor Dr. Reiser erhalten, wofür auch an dieser Stelle wärmster Dank ausgesprochen sei.

und Tannheimer Berge zusammen, und insbesondere ist es der Wettersteinkalk, der als ein starres, weißschimmerndes Felsriff, die weicheren Formen der Raibler Schichten hoch überragend, die kühne Hauptkette der Tannheimer Berge aufbaut: Rote Flüh und Hochgimpelspitze, Kellen-, Gehren- und Gachtspitze.

Am meisten ins Auge fallend und am großartigsten entwickelt ist in unsern Bergen eine Bildung der jüngern Trias, der Hauptdolomit. Aus ihm setzen sich die wildesten und berühmtesten Hochgipfel zusammen: vom Biberkopf bis zu den letzten Zacken der Hornbachkette, dann Hochvogel und Leilach, Nebelhorn und Daumen, Rauhhorn und Geishorn, Widderstein und Schafalpköpfe; auch Einstein und Aggenstein, Roßberg und Schlicke gehören dazu.

Dieser Hauptdolomit, der dem Landschaftsbilde unserer Berge vor allem das Starre, Wilde, Erhabene aufprägt, ist ein Gestein von grauer oder gelblicher Farbe und zeigt meistens ein fein kristallinisches Gefüge. Es ist oft bis in die kleinsten Teile zersprengt und zerklüftet; in diese feinen Risse aber ist gewöhnlich weißer Kalkspat eingedrungen und hat sich hier abgelagert, so daß sich überall bald zierliche, bald derbere, vielfach sich kreuzende Adern und Rippen erkennen lassen. Die starke Zerklüftung des Gesteines gibt der Verwitterung tausend Angriffspunkte, und so wechseln hier trümmererfüllte Kare mit abenteuerlich gestalteten Felstürmen und Zacken, klaffende Spalten mit riesigen Blöcken, die jeden Augenblick niederzustürzen drohen.

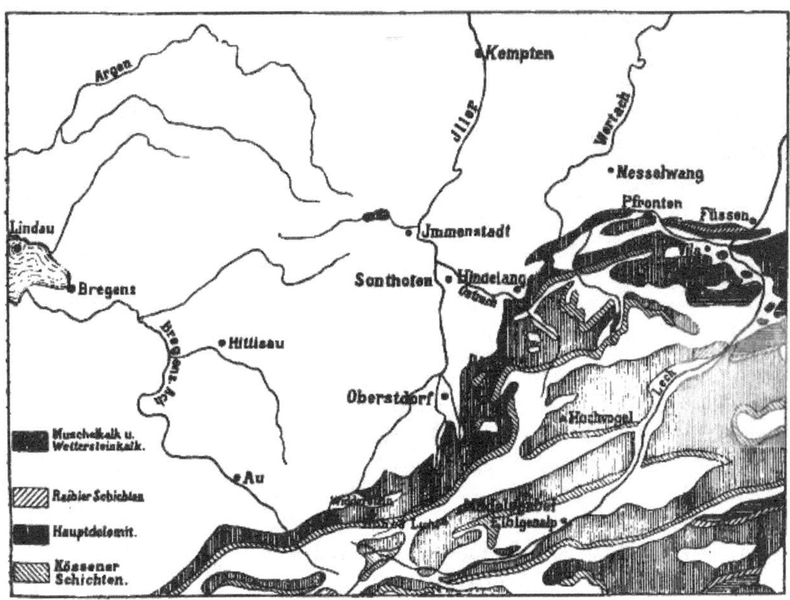

Ablagerungen der Trias.
(Nach Blaas, Geolog. Führer durch d. Tiroler u. Vorarlb. Alpen.)

Wir brauchen uns bloß an das „Wilde Männle“ zu erinnern, um eines der bezeichnendsten Gebilde solcher Dolomitverwitterung vor Augen zu haben.

Aber trotz der ungemein starken Zerbröckelung bietet das Gestein für die Vegetation keinen günstigen Boden; dürftig ist im allgemeinen der Pflanzenwuchs, ja, in hohen Lagen fehlt er oft gänzlich. Schlimmer noch ist der Plattenkalk, der hie und da dem Hauptdolomit aufgelagert ist. Er zeigt sich gegen Verwitterung oft außerordentlich widerstandsfähig; dann entstehen solche Steinwüsteneien, wie sie das Koblat am Daumenstock aufweist.

Den größten Gegensatz dazu gewahren wir in einer andern Ablagerung der jüngeren Trias, in den Kössener Schichten, die überall im Gefolge des Haupt-

Das „Wilde Männle“ im Allgäuer Hauptkamm.
(Photogr. von M. Rauch.)

dolomits auftreten, aber viel weniger mächtig entwickelt sind. Da sie vielfach aus weichen Mergeln bestehen, die nicht bloß leicht verwittern, sondern sich auch rasch in fruchtbaren Humus umwandeln, so ist damit die Bildung der trefflichen Weidegründe ermöglicht, wie wir sie oft unmittelbar unter und zwischen den Schrofen der Dolomiten finden: etwa am Haldenwanger Eck, am Einödsberg, am Geisalpsee usw. Auch das Vorkommen von Quellen mit ausgezeichnetem Wasser ist für die Kössener Schichten kennzeichnend.

Dieses Gestein gewinnt aber auch dadurch besonderes Interesse, daß es in ziemlich großer Zahl die Zeugen seiner Entstehungsgeschichte beherbergt. An

Das Trettachtal.

einigen Punkten, wie an der Ochsenbergalpe bei Hindelang, an der Blonderach, an der Pfrontner Alpe, an der Hochalpe (Aggenstein) sind die Köllener Schichten reich an Versteinerungen, unter denen die **Terebratula gregaria und die Avicula contorta besonders häufig vertreten sind;** auch findet man zahlreiche Stöcke sich vergabelnder Korallen, die zuweilen ganze Gesteinsbänke erfüllen (z. B. nahe am Prinz Luitpoldhaus).

Auf die Trias folgte als nächster geologischer Zeitraum die **Juraperiode.** Zu den ältesten Ablagerungen derselben gehört der Lias, dessen mergelige Schiefer die Bezeichnung Allgäuschiefer erhalten haben, da sie sich in unsern Bergen ganz besonders mächtig entwickelt zeigen.

Sie vor allem sind es, welche die berühmten „Grasberge" des Allgäus zusammensetzen. Das dünnschiefrige Gestein, das wegen seiner charakteristischen, von Algen herrührenden dunklen Flecken auch als Fleckenmergel bezeichnet wird, ist aus kalkigen, tonigen und kieselhaltigen Bestandteilen gemengt und bildet, leicht verwitternd, einen ausgezeichneten Boden, der die herrlichste Alpenflora, die üppigsten Weiden erzeugt und so für die wirtschaftlichen Verhältnisse unseres Allgäus von hervorragender Bedeutung geworden ist. Nicht zackig zerrissen, aber scharf zulaufend und schneidig sind hier die Grate und Kämme, glatt und begrünt, aber furchtbar steil die Gehänge; damit ist der landschaftliche Gegensatz bedingt, den Dolomitberge und Liasberge aufweisen, ein Gegensatz, der sich jedem Beobachter aufdrängt, wenn man etwa die begrasten Hänge und die glattgezogene Gratlinie des Fürschießer mit den kahlen Mauern und dem wildzersägten Kamme des Kratzer vergleicht, oder wenn man von den ruhigen Formen des Kreuzeck und Rauheck hinüberblickt zu den abenteuerlichen Felsgestalten der Hornbachkette.

Terebratula gregaria.

Avicula contorta.

Wo Wasserrinnen in Liasgehänge einschneiden, werden wilde Schluchten erzeugt, die wie klaffende, nie vernarbende Wunden tiefer und tiefer in die zerbröckelnden Schiefer sich einfressen. Der Mutzentobel, der zwischen Rappenalpe und Biberalpe plötzlich die üppigen Weidegehänge unterbricht, ist eine solche finstere, schwer gangbar zu machende Liasschlucht, ebenso der Sperrbachtobel mit seinem mürben, brüchigen Gestein.

An einigen Stellen treten manganreiche Schiefer auf, die zu kohlschwarzer Erde verwittern. Wer von der Kemptner Hütte zur Mädelegabel emporgestiegen ist, der kennt diese seltsamen Gebilde, die „Schwarze Milz", wo in dem dunklen Erdreich Tausende winziger Quarzkristalle in der Sonne blitzen; und wer von der Kemptner Hütte am Nordfuß des Kratzer entlang wandert, um einen Blick in die berüchtigten Wilden Gräben zu tun, der findet auch hier die Gehänge in tiefes Schwarz gekleidet.

An Versteinerungen schließen die Allgäuschiefer gewöhnlich nur Ammoniten ein. Im allgemeinen treten sie spärlich auf; nur an vereinzelten Punkten finden sie sich in reichlicher Menge, z. B. im Bernhardstal bei Elbigenalp, am Einstein bei Tannheim und im Frickener Bachrinnsal bei Schattwald. Der Harpoceras algovianum Oppel hat sogar von seinem häufigen Auftreten in dem Allgäuer Lias seinen Namen erhalten.

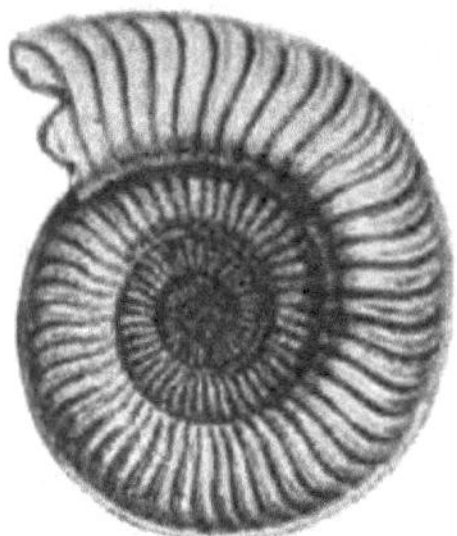
Harpoceras algovianum Oppel.

Widerstandsfähiger als die mergeligen Schiefer sind die harten Liaskalke, die oft rote Färbung annehmen, wie die prächtigen, vom Wildwasser blank polierten Marmorblöcke im Bette des Traufbaches bei Spielmannsau.

Eine besondere Art dieser roten Kalke findet sich am Südabhang des Steinköpfle bei Hindelang. Untersuchen wir die in dem Walde nahe bei der Luitpoldhöhe weithin verstreuten Trümmer, so entdecken wir bald, daß manche derselben reich sind an Versteinerungen, unter denen verschiedene Arten von Terebratula, Rhynchonella und Spiriferina besonders häufig vertreten sind. Ähnliches Blockwerk sog. Hierlatzkalkes kommt auch am Südgehänge des Zinken (Sorgschrofen) vor, ebenso im Reichenbachtobel bei Schönbichel.

Der mittleren Juraperiode gehören die Ablagerungen des Dogger an, die sich in geringerer Ausdehnung in der Vilser Gegend vorfinden und zum Teil einen ungeheuren Reichtum an Versteinerungen aufweisen (Roter Stein bei Schönbichel, Legam bei Vils).

Ansehnlichere Verbreitung besitzt bei uns der zum jüngeren Jura gehörige Malm. Es sind hellgefärbte, mit grünen, besonders aber mit roten Hornsteinbänken durchsetzte Kalke, die sog. Aptychenschichten, aus denen sich die Höfats und die in ihrer Nachbarschaft thronenden „Ecke": Schneck, Laufbachereck, Himmeleck, auch der weiter nach Norden vorgeschobene Giebel zusammensetzen. Das kieselreiche, eigenartig verwitternde Gestein zeigt das, was wir an den Liasbergen gefunden haben, in gesteigertem Maße: furchtbare Steilheit der Hänge, scharf geschnittene Grate, dabei eine wunderbar üppige Alpenflora!

An die Juragesteine schließen sich die Ablagerungen der **Kreideperiode** an.

Der Schneck.

In breiter Entfaltung sehen wir diese Gebilde vom Bregenzer Wald herüberziehen zum Illertal bis über Fischen hinaus, während eine zweite, kleinere Zone den Grünten aufbaut und von da in schmalem Bande nach Osten ausläuft. Es wechseln hier weiche, leicht zerstörbare Mergelschichten, wie der (ältere) Neokom- und der (jüngere) Seewenmergel mit sehr festen Gesteinen, unter denen außer dem Gaultgrünsandstein besonders der außerordentlich harte, der Verwitterung schwer zugängliche Schrattenkalk bedeutungsvoll geworden ist. Dieser ungewöhnlich rasche Wechsel von weichen und harten Gesteinen hat ganz eigenartige, seltsame Landschaftsbilder, namentlich in der südlichen Zone geschaffen, wo aus den sanftgeböschten Mergelgehängen die harten Kalkbänke als

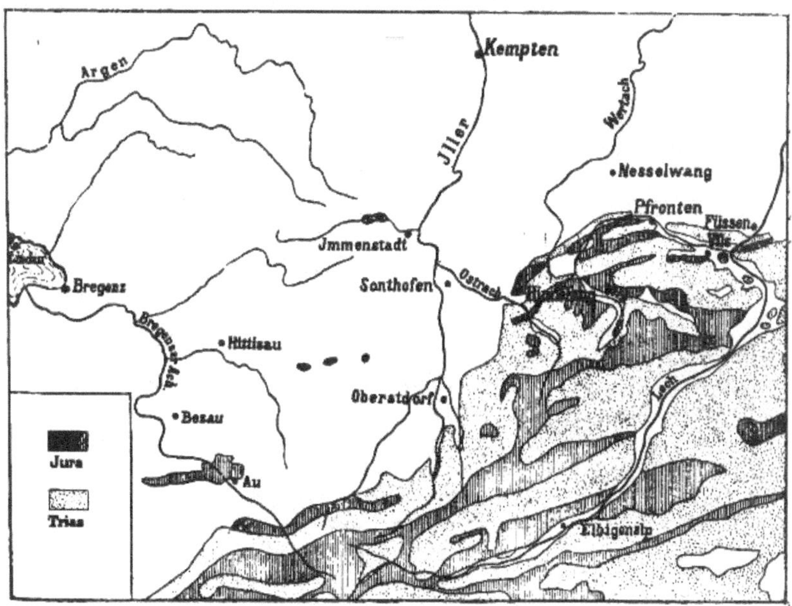

Ablagerungen der Juraperiode.
(Nach Blaas, Geolog. Führer durch die Tiroler u. Vorarlb. Alpen.)

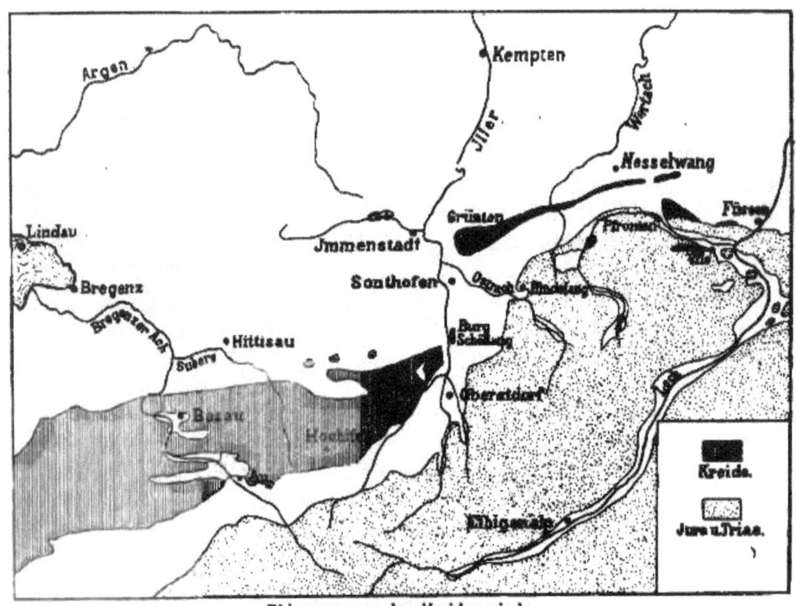

Ablagerungen der Kreideperiode.
(Nach Blaas, Geolog. Führer durch die Tiroler u. Vorarlb. Alpen.)

langgestreckte, unnahbare Mauern hervorwachsen, unter denen die düsteren Gottesackerwände mit dem Hochifen als die merkwürdigsten Gebilde hervorzuheben sind.

Auch die Kreideformation schließt Versteinerungen aller Art ein. Wie für den Schrattenkalk die Requienia charakteristisch ist, so beherbergt das Neokom die stielartig gestreckten Belemnites und die schöngerippten Hoplites; ebenso finden sich zuweilen, so bei Wertach und bei Nesselwang, Neokombänke, welche Austern (Exogyra Couloni und aquila) einschließen. In den Seewenschichten kommen Inoceramen vor, allerdings fast immer nur in Bruchstücken.

Ein Inoceramus
(aus dem Wustbach am Grünten.)

Wir verlassen die Gebilde der Kreidezeit und treten in den nächsten geologischen Zeitraum ein, in die **Tertiärperiode.**

Die Gesteine der Trias und des Jura, inzwischen langsam aus dem Meere emporgehoben, bildeten jetzt Teile einer Festlandzone, an die das ältere Tertiärmeer brandete, und wie ein breiter Damm schoben sich in dieses Meer die inzwischen ebenfalls emporgehobenen und gefestigten Massen der Kreideformation, so daß die neuen Ablagerungen, die als Flysch bezeichnet werden, sich südlich und nördlich von diesem Damme weit ausgreifend ansetzen konnten. So

entstand das Material zur Fellhornkette und zu der Berggruppe, die im Riedberger Horn gipfelt und sich gegen den Bregenzer Wald weiter ausbreitet; auch der Höhenzug vom Sonnenkopf zum Imberger Horn, endlich das Wertacher Horn und der Edelsberg gehören zum Flyschgebiete.

Der Flysch weist die verschiedenartigsten Gesteinsarten auf (Schieferton, Mergelschiefer, Mergelkalk, Toneisenstein, Kalkhornstein, Sandstein, Urgebirgskonglomerate), doch überwiegen Schiefer und Mergel. Da diese leicht verwittern, zeigen die Flyschberge zumeist abgerundete, sanftgeböschte Formen.

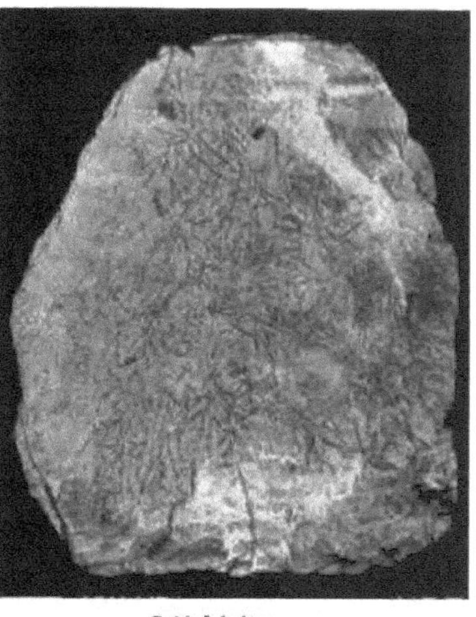
Flysch-Fukoiden.

Häufig findet man Fukoiden, versteinerte Meeresalgen, die sich bald als breitere Bänder, bald als dünne Linien in reichen, mannigfaltig gestalteten Verästelungen auf den Schieferplatten zeigen.

In der älteren Tertiärzeit erfolgten auch die Ablagerungen der eozänen Nummulitenschichten. Sie bestehen aus Sandstein, Kalk und kalkreichem Mergel und sind teilweise eisenhaltig. Wie ein Mantel legen sie sich im Süden und Norden um den Grüntenstock, werden aber auch in kleineren Aufschlüssen westlich von der Iller bei Bihlerdorf, Hüttenberg und Sigishofen wahrgenommen.[1]) Die Erzgruben am Grünten und bei Sigishofen, von denen später ausführlicher die Rede sein wird, liegen in diesem Eozängebiete.

Ihren Namen verdanken diese Ablagerungen einer besonders zahlreich vorkommenden Versteinerung, die wegen ihrer Ähnlichkeit mit einer Münze (nummus) die Bezeichnung Nummulit erhalten hat. Die mauerartige Felsbank, die von der

Nummuliten vom Grünten.

Cancer Sonthofenensis vom Grünten.

[1]) Anton Rösch, Der Kontakt zwischen dem Flysch und der Molasse im Allgäu. (Mitteilungen der Geographischen Gesellschaft in München. 1905.)

Ruine Burgberg aufwärts über Weideland ansteigt, dann das Wändle, das dicht an dem Starzlacher Sträßchen aufragt, da, wo der Alpweg zur Kehralpe abzweigt, zeigen viele Tausende dieser Foraminiferen von der Größe eines Stecknadelkopfes bis zum Umfang eines Talers. In der Nähe der ehemaligen Erzgruben am Grüntenabhang findet man auch die versteinerten Überreste eines Krebses (Cancer Sonthofenensis), ebenso zahlreiche Terebratula, Pecten und andere Versteinerungen.

Der späteren Tertiärzeit gehören endlich auch die Gesteine der Molasse an, die den nördlichsten Teil unseres Alpengebietes zwischen Iller und Bodensee bilden und sich außerdem ziemlich weit in das Alpenvorland erstrecken.

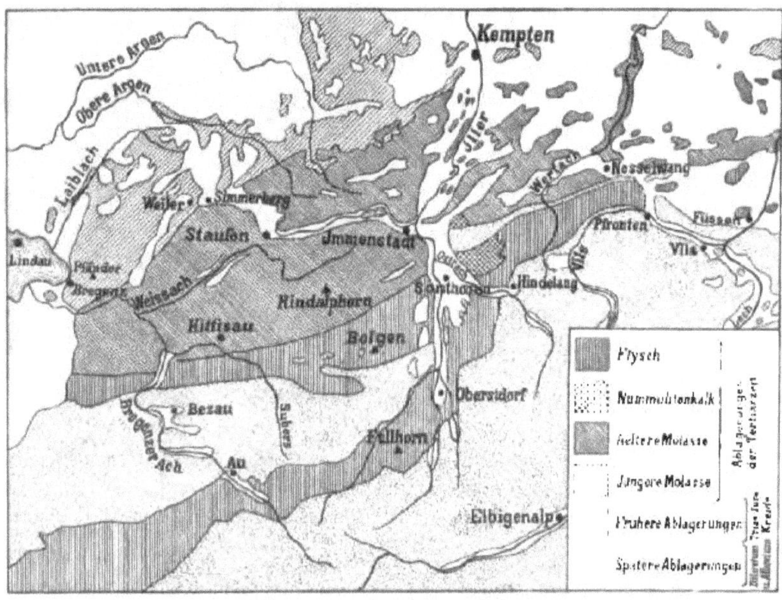

Ablagerungen der Tertiärperiode.
(Nach Blaas, Geolog. Führer durch die Tiroler und Vorarlb. Alpen.)

Ehe aber diese Ablagerungen sich vollzogen, traten Umwälzungen ein, die den bisher geschaffenen Gebilden eine neue Gestalt geben sollten; es erfolgte die **Gebirgsbildung.**

Zwar war der größte Teil des heutigen Alpengebietes schon im Laufe der Kreidezeit aus dem Meere emporgestiegen; aber dieses Neuland war noch kein hohes Gebitge.

In der jungtertiären Zeit aber begann es sich langsam zu heben. Immer gewaltiger setzte ein von Südosten gegen Nordwesten wirkender Schub die Massen in Bewegung und faltete sie zu Gebirgsketten empor, die sich höher und höher türmten. Und während so unter der pressenden Wucht jener gewaltigen Kraft die Schichten in Schollen zerbarsten und sich krümmten und bogen, setzten auch die zerstörenden Kräfte des fließenden Wassers und der Verwitterung ein, feilten und sägten, bohrten und schliffen, gruben und sprengten an dem neuen Riesenbau, und mächtige Ströme trugen Schlamm und Sand und grobes Gerölle nordwärts in das nahe Meer, um dort das Material abzulagern, aus dem sich später der Sandstein, der Mergel und die Nagelfluh der Molasse gebildet hat.

Da das Molassemeer in zwei geologischen Zeiträumen (Oligozän und Miozän) den Nordfuß der Alpen bespülte, so unterscheidet man zwei Arten von Ablagerungen: die weiter südlich reichende ältere Molasse des Oligozän und die nördlich anschließende jüngere Molasse des Miozän. In beiden Zeiträumen wurde das Meer von seinem ursprünglichen Zusammenhang mit dem Ozean später abgetrennt und durch die zuströmenden Alpengewässer allmählich ausgesüßt. Daher besitzen wir sowohl aus dem Oligozän als auch aus dem Miozän eine Meeres- und eine Süßwassermolasse. In der jüngeren Meeresmolasse finden wir (z. B. am Pfänder, in den Steinbrüchen bei Weiler, am Schüttentobel, in der Umgegend von Kempten) zahlreiche Versteinerungen von Korallen, Austern, Herz- und Kammuscheln, Haifischzähnen usw., welche uns Zeugnis geben von dem reichentwickelten Tierleben des jungtertiären Meeres; ebenso haben sich in einzelnen Pechkohlenflötzen (z. B. im Wirtatobel bei Bregenz), sowie in guterhaltenen Blätterabdrücken (z. B. in der sog. Blättermolasse südlich von Kempten) Reste der tertiären Flora erhalten.

Während die Molasse sich ablagerte, wirkten die gebirgsbildenden Kräfte unausgesetzt weiter. Wie vorher von Südosten, so kamen jetzt von Osten her die Pressungen und erzeugten in den bereits nach anderer Richtung gefalteten Schichten eine solche Spannung, daß eine großartige Zerreißung der Schichtenkomplexe erfolgte und die geborstenen Schollen weithin übereinander geschoben wurden. A. Rothpletz[1]) hat diese Vorgänge als rhätische Überschiebungen bezeichnet, weil sie sich über das Gebiet des alten rhätischen Alpenlandes erstrecken. Die Grenze zwischen einer oberen und einer unteren Hauptscholle geht mitten durch die Allgäuer Alpen. Diese Überschiebungslinie, an der man die jüngeren Flyschbildungen unter die älteren Trias- und Juragesteine in schräger Richtung untertauchen sieht, läßt sich verfolgen von der Bregenzer Ach bei Hopfreben hinüber zum Haldenwangereck und ins Rappenalpental, von hier die Stillach entlang gegen Oberstdorf, dann hinüber zum Retterschwangertal und über Hindelang gegen Pfronten.

Wie sehr bei dieser gewaltsamen Zerreißung und Übereinanderschiebung der Gesteinsmassen auch der tiefere Unterbau in Mitleidenschaft gezogen wurde, haben die auf der genannten Grenzlinie angestellten Forschungen von K. A. Reiser ergeben.[2]) Im Retterschwanger Tale, unter den Dolomitwänden der Rotspitze zeigt sich Glimmerschiefer, ein Gestein, das zu den ältesten Ablagerungen der Erd-

---

[1]) A. Rothpletz, Das Gebiet der zwei großen rhätischen Überschiebungen zwischen Bodensee und dem Engadin. — Geologischer Führer durch die Alpen. Berlin 1902.

[2]) K. A. Reiser, Über die Eruptivgesteine des Allgäu. Wien 1889.

geschichte gehört und somit bei der Überschiebung aus großen Tiefen mit hervorgeholt worden sein muß. In einigen Tobein bei Hindelang (im Wildbach-, Hirschbach- und Rotplattentobel), ebenso oberhalb der Geisalp an den Abhängen des Entschenkopf, endlich am Eingang zum Warmatsgundtobel im Birgsauer Tal findet man ferner diabasähnlichen Alpenmelaphyr, der zu den eruptiven Gesteinen zählt, also ursprünglich in feuerflüssigem Zustand aus dem Erdinnern hervorgequollen ist.

Aber damit war der Ausbau unseres Gebirges nicht vollendet. Gegen Ende der Tertiärzeit vollzog sich nochmals eine alpine Hebung, und jetzt stieg, in parallele Ketten gefaltet, die neugebildete Molasse empor, um so höher und steiler, je näher sie der pressenden Kraft gelagert war: ebenbürtig den nachbarlichen Flyschbergen erhob sich, von einem südlichen und einem nördlichen Parallelkamm begleitet, die Rindalphornkette, weiter nordwärts aber verflachten sich die Wellen zu immer unbedeutenderen Hügelreihen.

Durch die gebirgsbildenden Vorgänge wurde den Meeresablagerungen ein völlig verändertes Aussehen gegeben.

Verwerfungsspalten lösten den Zusammenhang gleicher Gebilde, und indem sich an solchen Bruchstellen die Schollen hoben oder senkten, mußten ältere Gesteine neben jüngeren Platz nehmen. In Mulden zusammengepreßt oder zu hohen Sätteln aufgewölbt, wurden vorher wagrechte Schichten hier schräg gestellt, dort senkrecht aufgerichtet, dort in abenteuerlichen Biegungen überkippt.

Erosion aber und Verwitterung mühten sich ab, den stolzen Bau langsam wieder abzutragen. Wo diesen Kräften durch Eintiefungen, Zersprengungen und Zerklüftungen Angriffspunkte geboten waren, da begannen sie ihre zerstörende Tätigkeit. Das weichere Gestein erlag ihnen rascher, das widerstandsfähigere zerbröckelte langsamer, und so wurden allmählich die mannigfach gestalteten Bergformen und Gratlinien herausgemeißelt, wie wir sie heute bewundern.

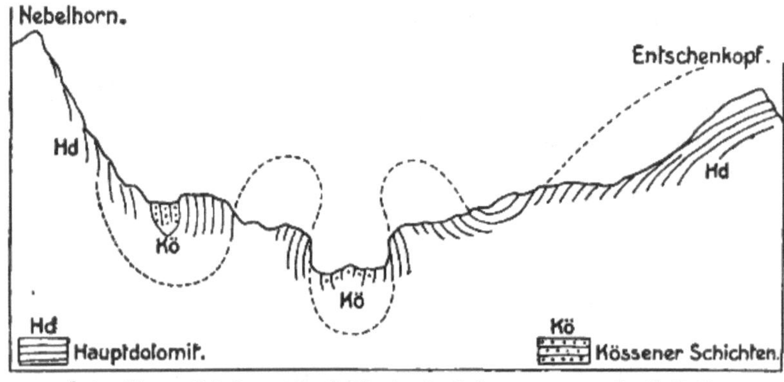

Gratprofil vom Nebelhorn zum Entschenkopf. Aufgenommen von Dr. K. Reiser (von der Hintern Entschenalpe im Wank aus).

Die punktierten Linien über dem Grat zeigen den ehemaligen, jetzt durch Abtragung gestörten Zusammenhang der Schichten.

Der Geologe, der die Gesteine nach ihrer Lagerung und Schichtenstellung prüft, vermag in anschaulichem Bilde die Linien wiederherzustellen, in denen einst die jetzt getrennten Gesteinsbänke zusammenhingen; durch die leere Luft gezogen, verkünden diese Linien, was von unserm Gebirge bereits durch die zerstörenden Naturkräfte abgetragen worden ist.

Aber auch zu dem Laien sprechen die Gesteinsschichten überall da, wo der Fels von dem verhüllenden Pflanzenkleide entblößt ist, wie deutlich lesbare Schriftzüge. Es ist kein Zufall, daß wir im Gebiete der Trias- und Juragesteine an diesen Linien andere Wahrnehmungen machen als in der Kreidezone und in dieser andere als in den Molassebergen.

Schichtenbiegungen an der Fuchskarspitze.
(Photogr. von Heimhuber.)

Der Hauptkamm der Allgäuer Alpen, in dem die älteren Gesteine den wiederholten Pressungen den größten Widerstand entgegensetzten, zeigt auch die verwickeltsten Lagerungsverhältnisse, die merkwürdigsten Knickungen und Verbiegungen des Gesteins. Wem drängt sich nicht beim Anblick der arabeskengleich gewundenen und verschlungenen Schichtenbänder, die sich vom Luitpoldhause aus an den Gehängen der Fuchskarspitze zeigen, der Gedanke an jene riesenhaften Gewalten auf, gegen die alles Menschenwerk in nichts zerstäubt?

Und wie augenfällig treten uns ähnliche Bildungen im Sperrbachtobel entgegen oder am Ausgang der Bernhardsschlucht bei Elbigenalp oder in der Höhbachschlucht bei Holzgau! Wie überzeugend wirkt das Bild der jäh emporgepreßten, oben zackig zersägten Schichtenbänder, mit denen die Westgipfel der Hornbachkette zum Himmel ragen!

Im Kreidegebiet wird jedem, der hier die Schichtenlinien beobachtet, ein gemeinsamer Zug ins Auge fallen: die unverkennbare Gewölbebildung; die von den Wänden des Jägersberges aus bis zu den Felsen bei Bezau und Mellau immer wiederkehren. Meist erscheint das Gewölbe nur stückweise, oft in mauerartigen Schichtenköpfen scharf abbrechend, oft auch von hüllender Pflanzendecke teilweise überkleidet.

Aber wir können zuweilen auch das Gewölbe noch unversehrt vom Boden zur Scheitelhöhe sich erheben und wieder zum Boden niederziehen sehen. Am vollkommensten finden wir diese Bildung, wenn wir von Siebratsgfäll nach Schönebach wandern. Haben wir die Brücke beim Hellbocktobel überschritten, so sehen wir zur Linken, über die Auenalpe emporsteigend, einen Ausläufer des Rubachberges, über dessen bewaldetem Unterbau die Gesteinsbänke wie zu einem riesigen Torbogen aufgewölbt erscheinen

1) Gewölbe am Besler (Schönebergter Alpe). 2) Schichtenlinien am Didamsberg (von der Geracher Steige aus). 3) Gewölbe am Rubachberg (von der Auenalpe aus).

Steil aufgerichtete, vielfach gefaltete Schichten finden wir im Flysch. Wohl am wirksamsten erscheint dies in dem dünnschiefrigen Gestein, durch das sich der Leybach bei Altstädten seinen Ausgang ins Illertal erzwungen hat.

Auch die Molasseberge zeigen in ihren Schichten einen gemeinsamen Zug. Sie, die erst von der letzten Hebung ergriffen und aufgerichtet worden sind, tragen auch geringere Spuren gewaltsamer Veränderung. Die gerade Linie ist vielfach geblieben. Nur sind aus den wagrecht gelagerten Massen schräge Schichten geworden, die uns jetzt in den charakteristischen, wie nach der Schnur gezogenen Gesteinsbänken auf der ganzen Nagelfluhkette entgegentreten, besonders schön am Rindalphorn Namentlich dann, wenn die winterliche Schneedecke die sanfteren Böschungen zugedeckt hat, treten die grobkantigen Parallelstreifen mit besonderer Schärfe und Deutlichkeit heraus.

Rindalphorn im Winter.

Das Hochgebirge war aufgerichtet und ausgebaut. Die Ströme brausten zu Tal; Regen und Schnee, Frost und Sonnenschein erwiesen sich weiter als unermüdliche Arbeiter in der Werkstatt der Natur.

Da trat ein neuer, machtvoll wirkender Abschnitt der Erdgeschichte ein: es kam **die Eiszeit.**[1])

Ungeheure Gletschermassen überdeckten das Gebirge, quollen aus den Bergen nordwärts in die Hügelzone und streckten ihre Arme weit ausgreifend bis in die Ebenen vor. Wie vom Rheintal her über die Gegend des jetzigen Bodensees und des Bregenzerwaldes weit hinaus in das Alpenvorland der Rheingletscher sich erstreckte, so floß, mit diesem sich berührend, aus der breiten Furche des oberen Illertals der Illergletscher und vereinigte sich gegen Osten mit den Ausläufern des mächtigen Lechgletschers.

---

[1]) Penck und Brückner, Die Alpen im Eiszeitalter. Leipzig 1901.

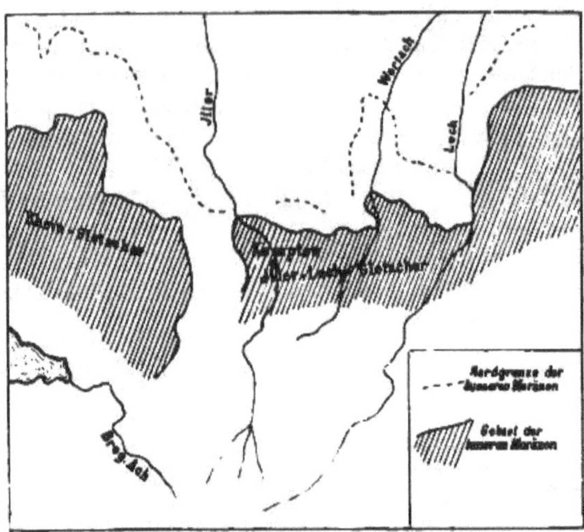

Ausdehnung der Gletſcher in der Eiszeit.
(Nach Blaas, Geolog. Führer durch die Tiroler und Vorarlb. Alpen.)

Indem dieſe Gletſcher ſpäter abſchmolzen, ließen ſie als Zeugen ihrer einſtigen Herrſchaft bedeutſame Spuren zurück.

Die **Moränen**, die von den Gletſchern herbeigetragen wurden, bedecken jetzt als unregelmäßig gelagerte Kuppen oder als flachgekrümmte Hügelreihen die breiten Niederungen und die tiefgelegenen Furchen unſeres Gebirges; wir finden ſie im Bregenzer Wald wie im oberen Illertal und in deſſen Verzweigungen, an den Gehängen des Lechtals und der Tannheimer Berge, am auffallendſten entwickelt aber im Alpenvorland, deſſen Oberflächengeſtalt durch dieſe Ablagerungen ſo weſentlich beſtimmt worden iſt, daß man es geradezu als **Moränenlandſchaft** zu bezeichnen pflegt. In den Moränengegenden finden wir häufig auffallend geglättete, gekritzte oder geſchrammte Steine von den kleinſten Trümmchen bis zu den mächtigſten

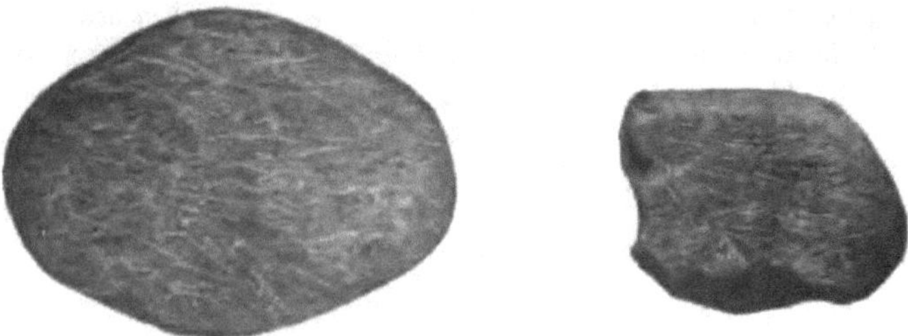

Gekritzte Steine aus Grundmoränen.

Blöcken. Sie waren einſt in die Grundmoränen eingebettet und wurden während der eiszeitlichen Wanderſchaft durch den umgebenden Geſteinsſchutt unter dem mächtigen Druck der ſchweren Eismaſſen ſo blank geſcheuert.

Häufig ſehen wir auch die von den Gletſchern zurückgelaſſenen erratiſchen Blöcke, die uns zuweilen einen wichtigen Fingerzeig geben, welchen Weg das Gletſchereis gegangen iſt. So weiſen die Urgebirgsfindlinge, die ſich von Kornau (bei Oberſtdorf) durch das Walſer Tal bis zu den Abhängen des Gentſchelbaches verfolgen laſſen, mit ziemlicher Sicherheit darauf hin, daß einſt über das Gentſcheljoch her ein Seitengletſcher herabgekommen iſt, der mit den Eismaſſen der Zentralalpen in Verbindung ſtand.

Molaſſeſandſtein mit Gletſcherſchliffen, darüber Moräne mit gekritzten Blöcken. (Aich bei Kempten.)

Auffällige Spuren hat die Eiszeit auch in den Gletſcherſchliffen hinterlaſſen. Indem der Gletſcher auf ſeinem langſamen, wuchtigen Gange die Grundmoräne mit ſich vorſchob, wirkte dieſe auf die felſige Unterlage wie ein Schleifpulver, das von kräftiger Hand über eine rauhe Fläche hin gerieben wird. Der Fels wurde geglättet, poliert und mit zahlreichen Kritzern und Schrammen gezeichnet. Während der Erdarbeiten, die vor kurzem (1904/05) beim Umbau des Kemptner Bahnhofgebietes vorgenommen werden mußten, wurde bei Aich, eine halbe Stunde ſüdlich von Kempten, ein ſolcher Gletſcherſchliff aufgedeckt, der nicht bloß durch ſeine große Ausdehnung, ſondern auch durch die intereſſanten Formen der rundlich abgeſchliffenen Molaſſe Aufſehen erregte.

Zugleich entdeckte man hier auch drei Gletſchertöpfe, wie ſie durch die Schmelzwaſſer gebildet werden, die aus den Gletſcherſpalten ſpiralförmig auf die

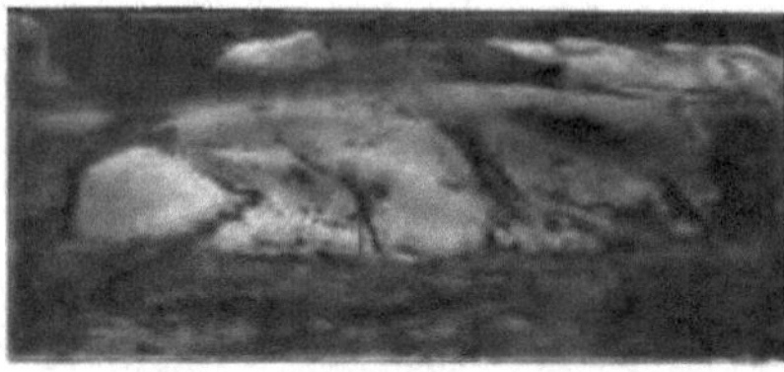

Gletscherschliff. (Rich bei Kempten.)

felsige Unterlage niederstürzen und diese mit Hilfe des mitgeführten Gesteinsschuttes ausbohren. Dank dem Entgegenkommen der Bauleitung konnte ein Teil der beachtenswerten Naturdenkmäler, die sich gerade mitten im Bahneinschnitt befinden, erhalten bleiben. — Auch bei Bregenz, also im Gebiete des einstigen Rheingletschers ist im Dezember 1905 ein Gletschertopf im Bette des Talbaches entdeckt worden. — Oft finden sich in solchen Strudellöchern größere Steine, die durch die Erosionskraft des Wassers und die abschleifende Wirkung der mitgeführten Gesteinsteilchen nach und nach Kugelform angenommen haben. Auf diese Weise ist vermutlich die große Steinkugel entstanden, die vor einigen Jahrzehnten in der Nähe der Dreiangelhütte am Wertacher Horn gefunden wurde und jetzt in Burgberg vor dem Kriegerdenkmal aufgestellt ist; ebenso ist eine solche Kugel in Kranzegg (am Grünten) zu einem Denkmal verwendet worden, das gelegentlich der dortigen Wildbachverbauungen errichtet wurde.

Wie die Gletscher selbst, so haben auch die von ihnen herrührenden Gletscherbäche und Gletscherströme bedeutende Spuren hinterlassen. Die ältesten Schottermassen, die von ihnen in ungeheurer Mächtigkeit aufgeschüttet wurden, sind zur diluvialen Nagelfluh verfestigt, die jüngeren stellen sich noch heute als mehr oder weniger lockeres Gerölle dar. Wie uns bei den Moränen die unregelmäßige Kuppen- und Hügelform ins Auge fällt, so ist bei jenen Schottermassen die Ausbreitung ebener, schwach geneigter Flächen bezeichnend.

Da aber der Vorstoß und Rückgang der eiszeitlichen Gletscher nicht bloß einmal, sondern öfter erfolgte, äußerte sich auch die Tätigkeit des Schmelzwassers wiederholt, abwechselnd zwischen aufbauender und zerstörender Wirkung: in die vorher weit ausgebreitete Schotterdecke wurde später von dem mit neuer Fließkraft begabten Flusse eine tiefe und breite Rinne gegraben, und durch die Wiederholung dieses Vorgangs entstanden die stufenförmig abgedachten Terrassen, deren scharfgeschnittene Linien wir so häufig in den Alpen selbst und an den Flußrinnen im Alpenvorland wahrnehmen können.

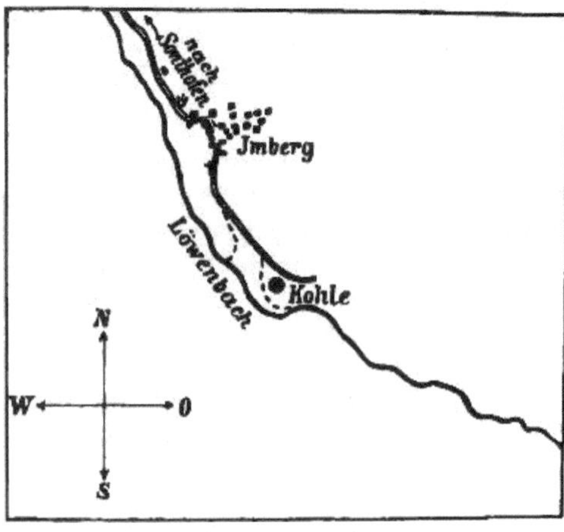

Auftreten interglazialer Kohle bei Imberg.

Daß die Zwischenräume zwischen den einzelnen Eiszeiten von ansehnlicher Dauer waren, beweist uns das Auftreten der interglazialen Kohle, deren Vorkommen im Löwentobel bei Imberg besondere Beachtung verdient. Zwischen einer älteren und einer jüngeren Moränenablagerung findet man hier Kohle, die eine Zeitlang sogar für abbauwürdig befunden wurde. Noch erkennt man hier Zweige, Nadeln und Fruchtzapfen von Nadelholz und besitzt damit die Wahrzeichen einer Flora, die innerhalb zweier Eiszeiten im Alpengebiet vorhanden war.

Durch all die mannigfaltigen und wechselvollen Begebenheiten, die wir nun vom Triasmeer an bis zu den Gletschern der Eiszeit verfolgt haben, ist nicht bloß der Aufbau unseres Gebirgslandes gestaltet worden, sondern auch die Erscheinungsformen der stehenden und fließenden Gewässer sind darauf zurückzuführen.

Eng verknüpft mit der Geschichte der Eiszeit sind so manche unserer **Seen.**

Die Gletscher haben auf ihrem wuchtig lastenden Gange nicht bloß störende Unebenheiten abgeschliffen, sondern auch muldenförmige Eintiefungen ausgefurcht, um welche sich die Moränenwälle der Gletscherzungen anhäuften. Nach dem raschen Rückgange des Eises füllten sich diese Mulden mit dem Wasser der mächtig flutenden Gletscherströme, und auch sonst war durch die regellos gelagerten Moränen Anlaß genug zur Bildung stehender Gewässer gegeben. Diese blieben als Seen und Weiher so lange bestehen, bis es dem Wasser gelang, einen genügend tiefen Abzugskanal in die vorgelagerten Dämme einzugraben, oder bis die zunehmenden Aufschüttungen im Verein mit dem üppig wuchernden Pflanzenleben eine allmähliche Versumpfung herbeiführten.

So kommt es, daß wir uns zwar noch an so lieblichen Bildern erfreuen können, wie sie der Alpsee, der Niedersonthofener See, der Sulzberger See und die zahlreichen Weiher und Seen zwischen Wertach und Lech bieten, daß aber auch unser ganzes Alpenvorland und ebenso das im Moränenbereich gelegene Alpenland außerordentlich reich ist an Torfmooren und alten, entwässerten, durch Anschwemmung verebneten Seebecken, für welche der Oberstdorfer Kessel ein typisches Beispiel ist. Wie anders gestaltet wäre das landschaftliche Bild, wenn heute noch, wie einst in grauer Vorzeit, an Stelle der melancholischen Moorgründe uns weitgedehnte Seespiegel oder blinkende Weiher grüßen würden!

Mit der Eiszeit wurde früher auch das Juwel unserer Allgäuer Alpen, der schöne Freibergsee, in Verbindung gebracht. Nach der Ansicht Gümbels[1]) ist er

[1]) Wilhelm v. Gümbel, Geologie von Bayern. Kassel, 1894.

dadurch entstanden, daß hier einst durch die Spalten eines mächtig aufgebauten Eisstromes die Gletscherwasser sich ergossen und den Untergrund zu einem tiefen Kessel aushöhlten. Neuerdings wird dies bezweifelt; doch hat man eine andere, durchaus befriedigende Erklärung für das merkwürdige Seebecken noch nicht finden können.

Die meisten unserer Hochseen, so die zwei auf Terrassen übereinander gelagerten Geisalpseen, der Seealpsee, der Engeratsgundsee, der Schrecksee, der Rappensee sind durch die mit der Gebirgsbildung selbst erfolgten Stauungen entstanden, sie gehören zu den tektonischen Seen.

Schrecksee. (Phot. von Helmhuber.)

Aber auch viel spätere Ereignisse haben Anlaß zu Seenbildungen gegeben. Wenn wir die Umgebung des Vilsalpsees betrachten, so fällt uns ein mächtiger Schuttkegel auf, der sich vom Schochen her gegen das Nordende des Gewässers drängt, und ebenso ist dem Haldensee ein solcher Wall im Westen vorgelagert. Schuttmassen also, die durch die Verwitterung der Berggehänge zu Tal kamen, haben diese Wasser aufgestaut, und so ist auch durch einen gewaltigen Felssturz, der in uralten Zeiten von den Abhängen des Erzberges gegen das Lechtal zwischen Roßschläg und Reutte niederging, der kleine, aber in träumerischer Waldeinsamkeit reizend eingebettete Frauensee entstanden, von dessen Geburt uns die wild umhergeworfenen Felstrümmer Kunde geben, die dem ernsten „Frauenwald" ein so romantisches Gepräge verleihen.

Ein ähnliches Staubecken ist in anderer Gegend vor noch nicht hundert Jahren gebildet worden. Im Jahre 1817 ging nach lang anhaltendem Regenwetter von der Hochgrat-Kette ein Erdrutsch in das Leckner Tal (bei Hittisau) nieder, begrub unter seinen Massen eine Alphütte und ein ansehnliches Stück Waldes und lagerte sich derart quer über das Tal, daß der Bach zum Leckner See aufgestaut wurde. Freilich begann das Wasser sofort an dem so unerwartet vorgeschobenen Riegel zu feilen und zu bohren und hat dies bereits mit solchem Erfolge betrieben, daß der hübsch gelegene See heute nur noch die Hälfte seines einstigen Umfanges zeigt und in einem weiteren Jahrhundert voraussichtlich wieder verschwunden sein wird.

Einen gewissen Gegensatz zu solchen Staubecken bilden die durch Einsturz entstandenen Seen. Wenn wir vom Lechtal aus in das einsame Schwarzwassertal ansteigen und über die Siegle-Galthütte noch weiter in die Waldwildnis vordringen, erkennen wir bald an mehreren auffallenden Erdtrichtern, daß hier bedeutende Einstürze des verwitterten und zerklüfteten Bodens erfolgt sind. Eine überraschende

Ergänzung zu diesen Bildern erhalten wir dann, wenn wir plötzlich vor dem kleinen **Sieglesee** stehen, der in einem kraterähnlichen, steilgeböschten Kessel unter uns liegt, lieblich anzuschauen in seiner hellblauen Färbung, durch eine schmale Landzunge getrennt von einem zweiten, kleineren Wasserbecken. Auch der bekannte **Christlessee** bei Spielmannsau ist durch Einstürze entstanden.

Mit dem Gebirgsbau stehen in innigem Zusammenhange die **Quellen.**

Oberer Traualpsee mit Lachenspitze.

Im Hauptkamm der Allgäuer Alpen wird es vom Bergsteiger als eine Wohltat empfunden, daß man sich auch noch in sehr ansehnlichen Höhen an frisch sprudelndem Trinkwasser erlaben kann. Besonders zu schätzen sind die Quellen, die aus den Kössener Schichten zutage treten, während der Lias im allgemeinen weniger gutes Wasser aufweist.

Vilsalpsee. (Aufnahme von Helmhuber.)

Nicht unerheblich ist in unsern Bergen die Zahl der Mineralquellen. Wie in einsamen Hochtälern die „Sulzen" vom Wilde begierig aufgesucht werden, so hat sich der Mensch an leichter zugänglichen Orten die Heilkraft der mineralhaltigen Wasser nutzbar gemacht. Namentlich die Kreidezone, in der schwefel- und eisenhaltige Gesteine auftreten, ist reich an Bädern. Von den Stahlquellen in Andelsbuch, Reuthe, Mellau und Schwarzenberg, von den Schwefelbädern Hopfreben, Tiefenbach, Fischen-Au wird noch an anderer Stelle die Rede sein. Wer von Schröcken nach Hopfreben gewandert ist, dem ist wohl auch das kleine Brunnenstüblein aufgefallen, in dem hart an der Straße das bläulichschwarze

Prinz Luitpold-Bad (Oberdorf bei Hindelang).
(Aufnahme von Helmhuber.)

Schwefelwasser zu allgemeiner Nutzung gesammelt ist. Auch Oberdorf bei Hindelang und Faulenbach bei Füssen besitzen Schwefelquellen, und im Molassegebiet befinden sich außer dem Jodbad Sulzbrunn, das angeblich schon den Römern bekannt war, noch mehrere kleinere Mineralbäder, so Diezlings am Pfänder, Zellerbad bei Österr.-Sulzberg, Altensberg bei Röthenbach, Rain bei Oberstaufen u. a.

Während solche Mineralquellen immer eine längere unterirdische Wanderung der Gewässer zur Voraussetzung haben, kommt es umgekehrt auch sehr häufig vor, daß undurchlässige Schichten in sehr geringer Bodentiefe sich ohne merkliches Gefälle ausbreiten und den Grundwassern, die sich hier ansammeln, keinen genügenden Abfluß gewähren. Dann tritt eine Versumpfung des Geländes ein, wie sie den Alpbesitzern zu ihrem Leidwesen nur allzu bekannt ist. Einzelne Gegenden sind davon ganz besonders betroffen. Wenn Ratzel in seinem Büchlein „Deutschland" die Behauptung aufstellt, daß in den Alpen der Boden wie ein Schwamm von Wasser triefe, so läßt sich dies in buchstäblichem Sinne auf manche Teile unseres

Flyschgebirges anwenden. Wer etwa an einem Frühsommertag von Balderschwang im Tale der Bolgenach aufwärts schreitet gegen die Gauchenwände zu, der kann tatsächlich erfahren, wie sich streckenweise bei jedem Schritt der Boden als ein vollgesogener Schwamm erweist, aus dem das Wasser gegen den Eindringling emporspritzt.

Vielfach hat diese Versumpfung zur Bildung von **Mooren** geführt, und es macht einen eigenartigen Eindruck, solchen Gebilden in bedeutender Höhe zu begegnen, wie dies zwischen den Gottesackerwänden auf dem Plateau von Windeck der Fall ist, wo sich das höchste Hochmoor Deutschlands ausbreitet (1750 m). Während man das Riesengemälde der starren, zerklüfteten Felsmauern bewundert, fühlt man unter schwellender Pflanzendecke den elastisch weichen Torfboden und erblickt hier und dort einen melancholischen Tümpel, in dessen weichem, braunem Moorwasser die Alpenrose sich spiegelt.

Ganz andere Erscheinungen treten da auf, wo durchlässiges Kalkgestein ohne lettige Zwischenlagen in großer Mächtigkeit sich aufbaut. Das tiefe Eindringen der Niederschläge in den innersten Kern der Berge führt hier, wenn im Gebirgsbau schon Zerklüftungen und Zersprengungen vorhanden waren, zur Ausgestaltung von **Höhlen.**

Zu den merkwürdigsten Naturspielen dieser Art gehört das **Sturmannsloch** bei Obermaiselstein, das im Jahre 1905 dem allgemeinen Besuche zugänglich gemacht worden ist, nachdem im Jahre vorher eine Anzahl kühner Männer aus Obermaiselstein und Oberstdorf die enge, zum Teil jäh in die Tiefe führende Höhlung bis zu ihrem Ende erforscht hatten. Das Sturmannsloch durchsetzt kluftartig den Schrattenkalk des Schwarzenbergs und zeigt da, wo ein weiteres Vordringen nicht mehr möglich ist, einen Wassertümpel, von dem sich ein Bächlein über eine Stufe rauschend abwärts ergießt, um bald in der Tiefe zu verschwinden und, von keines Menschen Auge beobachtet, hinüberzufließen in die benachbarte **Fallbachhöhle**, die im Jahre 1886 von Dr. Reiser zuerst besucht wurde. Hier zeigt sich abermals ein kleiner See, an dem der Entdecker ein zeitweiliges Anschwellen und Zurückweichen wahrnehmen konnte, welch auffallende Erscheinung er mit einer zwischen den beiden Höhlen befindlichen auf- und absteigenden, also heberartig wirkenden Zwischenspalte erklärte. Mehrere in verschiedenen Höhenlagen befindliche Quellen unterhalb der Fallbachhöhle bringen das im Berge gesammelte Wasser zutage, und je nach dem Wasserstande fließen entweder sämtliche oder nur die tiefer gelegenen Quellen; ist der Wasserstand außergewöhnlich hoch, so strömt der Bach aus der Fallbachhöhle selbst hervor. Daß dies in

Sturmannsloch.
(Aufnahme von Heimhuber).

früherer Zeit auch am Sturmannsloch der Fall war, daß sich also das Gewässer erst allmählich bis zur jetzigen Tiefe seinen Weg gebahnt hat, bekunden die Auswaschungen, die man im Eingangsstollen des Sturmannsloches deutlich wahrnehmen kann.

Nicht durch solche unterirdisch wühlende Wasser, wohl aber durch bedeutende Ausdehnung ist ein anderes Zerklüftungsgebilde im Kreidegebiet beachtenswert: die **Schneckenlochhöhle** am Westgehänge des Hochifenstockes.

Nehmen wir, um dieses Schaustück zu besichtigen, in Schönebach (Bregenzer Wald) einen ortskundigen Führer und wenden uns dem Laubisbache zu! Bald

Eingang zur Schneckenlochhöhle bei Schönebach.

müssen wir den schmalen Bergsteig verlassen und über Stock und Stein pfadlos aufwärts steigen. Immer wilder wird die Szenerie. Ein breit klaffender, im rechten Winkel absetzender Felseneinbruch zeigt die Störungen an, die hier den Schichtenbau betroffen haben und wohl auch mit der Entstehung unserer Höhle in Zusammenhang gebracht werden dürfen. Denn bald darauf (nach eineinhalbstündiger Wanderung von Schönebach aus) sehen wir den Höhleneingang vor uns.

Breit und hoch öffnet sich das Tor, gewaltige Blöcke und zahlloses kleineres Getrümmer lagert umher. Ein tiefer, gähnender Schlund zieht abwärts in das Innere des Berges, und durch ein zweites, scharfkantig sich abhebendes Portal sehen wir eine Art Vorhalle gebildet, an die sich die innere Höhle anschließt. Über wirr durcheinander geworfene Blöcke und Platten steigen wir vorsichtig abwärts. Als ein breites, flaches Gewölbe schließt sich hoch über uns die Decke;

bald finden wir auf dem Boden blankes Eis (unser Thermometer zeigt, während draußen Hochsommerhitze herrscht, 7° C.), und in einer dunklen Ecke hängt wie ein faltenreicher Mantel ein breites Band von Eiszapfen nieder. Durch das zweite Portal dringen wir tiefer ein. Es wird dunkel um uns, wir müssen Kerzen anzünden. Ein ganzer Berg herabgestürzter Felstrümmer bedeckt den Boden, immer höher aber scheint über uns das Höhlendach emporzusteigen; nicht mehr wie vorher als ein flaches Gewölbe, sondern in steilen Spitzbogen schließen sich die Wände zusammen und bilden einen bewunderungswürdigen Riesendom, dessen Umfang unser Kerzenlicht nur undeutlich erkennen läßt. Nachdem wir so etwa 300 m in das Innere des Berges eingedrungen sind, sperrt eine Wand den weiteren Weg. Jenseits breitet sich noch ein weiterer Kessel aus, dann scheint die Höhle ihren Abschluß zu finden. — Ziemlich genau von West nach Ost dringt sie in den Berg ein mit so geringfügigen Krümmungen, daß man noch bei 250 m Entfernung ein kleines Guckloch vom Höhleneingang erblicken kann.

Der Ifenstock hat auch sonst noch manche ansehnliche Höhlenbildung, so das Altmutterloch, das sich vom Schwarzwassertal aus wie eine breitgewölbte, riesenhafte Nische ausnimmt, hoch oben in die senkrechte Plattenmauer des Ifen eingebrochen.

Im übrigen aber sind unsere Berge an größeren Höhlen nicht besonders reich. Noch unerforscht ist eine solche im Hauptdolomit des Wilden Mann, an kaum erreichbarer Stelle in die Steilwand oberhalb der Großen Steinscharte eingerissen. In schwer zugänglicher Höhe befindet sich auch das Wurmloch am Wildgundkopf bei Spielmannsau.

Von den durch Auswitterung gebildeten Grotten, die im Allgäu als „Gufel" bezeichnet werden, ist die bekannteste die Höfatsgufel, als Rastort auf dem steilen Anstieg wie von der Natur eigens dargeboten. Auf dem Wege von der Tannheimer Hütte zum Sabachjoch kommt man an der Grüngufel vorbei, wo durch den Wechsel von weicherem und härterem Gestein zwischen grottenartigen Vertiefungen dickbauchige Pfeiler stehen geblieben sind, die nun das Felsendach zu tragen scheinen. Eine ähnliche Erscheinung bietet der Wildfräuleinstein, den man in dichtem Hochwald nahe bei Hinterstein antrifft; die seltsamen Höhlungen dieses auffallenden Felsgebildes hat die Sage als Wohnstätte der „Wilden Fräulein" bezeichnet.

Durch Unterspülung und Auswitterung ist die Grotte im Hohlen Stein (bei Bechtris an der Oberen Rottach) entstanden, während einige andere Zerklüftungen im Molassegebiet auf Störungen im Gebirgsbau zurückzuführen sind. Bei der Roten Alpe am Südabhang des Stuiben befindet sich im Nagelfluhgestein das Molleloch. In die ziemlich enge Spalte ist vor Jahren ein jugendlich unerfahrener Stier (im Allgäu „Molle" genannt) hinabgestürzt und erst nach großen Anstrengungen wieder ans Tageslicht gezogen worden. Das Ereignis war für die Älpler der Umgegend bedeutsam genug, um der Kluft fortab den erwähnten Namen zu sichern. — Oberhalb Thalkirchdorf am Südabhang der Salmaser Höhe findet man in einem Gelände, das mehrfach Abbrüche der Nagelfluhbänke aufweist, das Schatzloch, von dem die Sage berichtet, fahrende Schüler hätten hier einst einen Schatz gehoben.

Welch eigentümliche Begleiterscheinungen die Zerklüftungen mitunter aufweisen, dafür ist eine Kluft am Großen Wilden im Jochbachtal ein Beispiel. Das Wasser, das hier im Felsen rauscht, hört sich aus einer gewissen Entfernung an, als ob eine Mühle klappere, und so heißt die Stelle die Wildenmühle.[1])

Wie hier der Bergbewohner, dessen Einbildungskraft durch solche Wahrnehmungen angeregt wird, den passendsten Namen gefunden hat, so hat er in einer andern Gegend eine ebenso treffende Bezeichnung gewählt für eine besonders auffällige Felsenspalte in der Nähe des Gottesackerplateaus.

Hölloch heißt dies Gebilde, das man antrifft, wenn man von Riezlern aus in dem einsamen, an Naturschönheiten reichen Mahdertal zum Windeck emporsteigt. Das schwarze Felsenloch, das hart neben dem rauhen Felsenpfade gähnt, mag etliche hundert Meter senkrecht in die Tiefe des Berges reichen. Steine, die man hinabwirft, brauchen, an den felsigen Vorsprüngen mehrmals aufschlagend, 12 bis 14 Sekunden, bis sie auf dem mit Wasser erfüllten Grunde anlangen. Offenbar ist das Hölloch ein Sammelschlund für zahlreiche Wasseradern, die von hier aus ihren unterirdischen Weg weiter fortsetzen. Wohl nicht mit Unrecht vermutet man, daß sie den Sägebach speisen, der am Ausgang des Mahdertals in einer ganz fremdartig geformten Schlucht plötzlich mit solcher Wasserfülle zutage tritt, daß er eine Schneidsäge treiben konnte, die früher nur wenige hundert Meter unterhalb des Ausflusses stand. (Die Säge ist vor einiger Zeit abgebrannt und nicht wieder aufgebaut worden.)

Eine längere unterirdische Wanderung ist auch anzunehmen bei dem merkwürdigen Toserbach, der bei Luxnach im Lechtal an drei nahe bei einander liegenden Punkten in lärmenden Kaskaden entspringt. Auch er treibt gleich unterhalb des Ursprungs eine Sägemühle. Freilich muß die Säge ein gut Teil des Jahres feiern; denn gewöhnlich spendet der Bach nur ungefähr von Georgi bis Martini die nutzbringende Wasserkraft, in der übrigen Zeit bleibt das Bachbett trocken. Spiehler, der ausgezeichnete Erforscher der Lechtaler Alpen,[2]) der auch diesem Problem seine Aufmerksamkeit zugewendet hat, verweist auf einen weit oben im Seekar befindlichen kleinen See, der ohne sichtbaren Abfluß ist, sich also jedenfalls unterirdisch entwässert. Die Zeit, in welcher der Bergsee in winterlicher Starre kein Wasser abzugeben vermag, kommt in jenen Höhen wohl ungefähr dem Zeitraum von Martini bis Georgi gleich, und der Zusammenhang zwischen dem See und dem Toserbach ist naheliegend. Wenn der Bach schon außergewöhnlich früh, anfangs April, erscheint, so „muß er wieder gehen", d. h. später eine Zeitlang wieder aussetzen. Auch dies erklärt sich durch die Tatsache, daß einer verfrühten Wärmeperiode stets ein Kälterückschlag folgt, der in diesem Falle das Wasser aufs neue zum Gefrieren bringt.

---

[1]) Mitteilung von Oberjäger Bader in Vorderhornbach.

[2]) Anton Spiehler, Das Lechtal. — (Zeitschrift des Deutschen und Österreichischen Alpenvereins. Jahrgang 1883. S. 265.)

Höll-Loch im Mahdertal. (Aufnahme von Ebert.)

3*

Rätselhafter sind die Erscheinungen an einem andern, ebenfalls nur zeitweilig fließenden Bache, dem Hungerbach bei Thalkirchdorf.

Etwa hundert Meter über dem obersten Hause von Wiedemannsdorf ist die Ausmündestelle dieses seltsamen Gewässers. Zu gewöhnlichen Zeiten ist eine eigentliche Quellenöffnung nicht zu sehen; man gewahrt keine Spur von der Tätigkeit fließenden Wassers. Nur weiter unten zeigt sich eine trockene Rinne, die teilweise sogar in den harten Nagelfluhfels eingeschnitten ist. Ganz unregelmäßig und unerwartet kommt der Bach plötzlich zum Vorschein, bald im Winter, bald im Sommer, bald im Herbst, meistens jedoch im Frühjahr, auffallenderweise aber häufig gerade in Zeiten längerer Trockenheit, wogegen er schon bei ärgstem Regenwetter plötzlich zu fließen aufhörte. Es kam schon vor, daß er sechs bis acht Jahre ausblieb. Gewöhnlich fließt er nur ein paar Tage und verschwindet dann wieder auf Jahre. Das Wasser ist hell und rein, im Laufe aber soll es ärger tosen und schäumen als ein gewöhnlicher Bach. Hungerbach heißt das Wasser, weil man die Erfahrung gemacht zu haben glaubte, daß bisher immer Teuerung eintrat, wenn der Bach im Frühjahr erschien und besonders heftig floß.[1])

Häufiger als diese von Zeit zu Zeit trocken gelegten Rinnsale sind jene Bäche, die auf bestimmten Strecken versiegen. Hohlräume, in denen die Wasser unterirdisch weiter wandern, entstehen sehr oft durch Verschüttungen, sei es, daß ein Bergsturz das Tal mit lockerem Geschiebe zudeckt, sei es, daß der Bach selbst in Tagen wilden Übermutes solche Geröllmassen über sein Bett ausbreitet und in der trockenen Jahreszeit unter diese selbstbereitete Decke schlüpft, um eine Strecke weit still und heimlich Nachtwege zu suchen. So freut sich in den Sommertagen der Wanderer, der von der Trettach aus ins schöne Oytal einbiegt, lange Zeit an dem geschwätzigen Rauschen des prächtig klaren, stark flutenden Oybaches, bis plötzlich das Rauschen verstummt, das Wasser verschwindet; und lange hin zieht sich nun das geröllerfüllte, scharfumrandete, aber völlig trockene Bachbett, bis endlich weit oben, wo schon der Donner des Stuibenfalles hörbar wird, ebenso plötzlich der muntere Bach aus seiner Decke wieder vorschaut und nun, fröhlich sprudelnd, getreu zur Seite bleibt. Ähnliches nimmt man wahr am Schwarzwasserbach beim Hochifen, am Aubach im hintern Gunzesriedertal usw.

Hinter dem Vilsalpsee aber ist durch einen **Felssturz**, der vor einigen hundert Jahren hier niederging, der Zufluß des Sees auf eine weite Strecke völlig zugedeckt worden. Das gewaltige Trümmerwerk, das hier umherliegt, bildet zugleich einen riesenhaften Grabhügel für einen armen Hirtenknaben, der von dem Elementarereignis überrascht wurde und nun unter Schutt und Fels begraben liegt.

Felsstürze, die sich aus der Verwitterung des Gesteins ergeben, sind ja keine Seltenheit im Gebirge. Und wie wir fast in jedem Hochtale ihre Spuren wahrnehmen können aus Zeiten, in die keines Menschen Gedenken zurückreicht, so

[1]) Mitteilungen von Sebastian Mayer in Thalkirchdorf und M. Kennerknecht in Wiedemannsdorf.

fehlt es auch nicht an solchen, über die uns — wie bei dem eben erwähnten Felssturz am Vilsalpsee — bestimmte Mitteilungen erhalten sind.

In den Aufzeichnungen eines Schöllanger Bauern[1]) wird berichtet, daß am 3. April 1781 am Bronenberg (bei Bödmen im Walsertal) ein Schrofen gebrochen sei; da seien „Steine gekommen wie Speicher und Backöfen". — Weiter talauswärts zwischen Hirschegg und Riezlern stürzte zwei Jahrzehnte später ein Felsblock zu Tal und nahm unter gewaltigem Gepolter seinen Weg durch den Wald, daß die Bäume zersplitterten und der Boden erbebte. Nur wenige Schritte vor einem Bauernhause machte er Halt, und da kann man ihn noch heute mitten im Wiesengrunde ruhen sehen. — So liegt auch im Bregenzer Wald nahe der Achbrücke, die nach Schwarzenberg führt, ein großer Block, der die Inschrift trägt: „Am 25. Oktober 1854 wurde ich von meinem Schöpfer hierher versetzt." — Am 3. Oktober 1872 weilte Prinz Luitpold, der

Felssturz am Vilsalpsee.

jetzige Regent von Bayern, mit seinen Jagdgästen im Oytal nahe dem Stuibenfall. Da ging plötzlich von den Hängen des Himmelhorns ein Felssturz nieder und schleuderte seine furchtbaren Geschosse bis zur erschreckten Jagdgesellschaft, die nur knapp dem Verderben entrann. Ein Metallkreuz ist auf einem der herabgestürzten Blöcke errichtet zum Andenken an die Errettung aus drohender Gefahr. — Ganz besonders brüchig ist das Gestein an der Urbeleskarspitze in der Hornbachkette. Im Jahre 1881 brach der ganze Gipfel zusammen und stürzte in das Kar hinab. So furchtbar war das Getöse und so dicht hüllten die Staubwolken den Berg ein,

---

[1]) Friedrich Keller von Schöllang († 1873) hat in mehreren Foliobänden und auf zahlreichen losen Blättern Aufzeichnungen hinterlassen, auf die in der Folge noch öfters unter der Bezeichnung „Schöllanger Chronik" hingewiesen werden muß.

daß man im Lechtal allen Ernstes glaubte, es habe sich hier ein Vulkan gebildet. Übersäet mit Gesteinstrümmern sind auch die Gehänge, die vom Steineberg zum Gunzesrieder Tale niedergehen. Der letzte Felssturz erfolgte hier im Jahre 1882, wobei zimmerhohe Blöcke herabgewälzt wurden, die ein schönes Wäldchen völlig vernichteten. — Ebenso erblickt man im Hintersteiner Tale nahe bei dem „Rauhen Weg", der seinen Namen von uraltem, mit hochstämmigem Wald überkleidetem Trümmerwerk erhalten hat, die Zeugen eines Felssturzes, der im Juni 1902 niedergegangen ist. Dicht am Wege liegt ein blühweißer, großer Block Aptychenkalk, und die schön gebänderte Bruchfläche zeigt so tadellose Frische und Reinheit, als sei der Stein eben erst aus dem Berge losgebrochen. Man erzählt sich, daß unter ihm ein Rind begraben sei, das nicht mehr rechtzeitig zu entfliehen vermochte. — Im gleichen Sommer (1902) brachen auch von der Rotspitze ansehnliche Felsmassen ins Retterschwanger Tal nieder. Man sieht noch deutlich die hellfarbige Abbruchstelle und die schmale Sturzrinne. Einer der ungefügen Blöcke stürzte polternd durch den Wald, sauste in tollen Sprüngen über die Weide und wühlte dabei tiefe Löcher auf, brach dann unten in der Talsohle zwischen zwei jungen Bäumen durch, ihre Rinde abschälend, und liegt nun neben dem Bachbett als ein stiller, harmloser Geselle, beschattet von den Bäumen, die er zwar verwundet, aber doch großmütig am Leben gelassen hat.

Wenn solche Ereignisse nur zeitweise, gleichsam als Schlußeffekte einer rastlos im stillen wirkenden Zerstörungsarbeit eintreten, so zeigen sich uns in den riesigen Schuttkegeln, die wir überall am Fuße größerer Felsgehänge antreffen, die Ergebnisse einer steten, ohne längere Zwischenpausen gleichmäßig erfolgenden Zerbröckelung. Ein recht anschauliches Beispiel, wie hier die Natur waltet, bietet ein Blick vom Oytalwirtshaus gegen den Gleitweg.

Hoch oben sieht man die von steilen Wänden eingefaßte Einzugsrinne, in die das verwitterte Gestein zunächst niederbricht, dann, von dieser Rinne ausgehend, den flachgewölbten, nach unten breiter und breiter sich entfaltenden Schuttkegel. Gegen das Tal zu, wo die ältesten Schuttmassen lagern und die von oben kommenden Trümmer und Trümmerchen auf weiten Raum sich verteilen können, hat schon Humus angesetzt, und es ist ein anziehendes Bild, wie zuerst schüchtern und dürftig ein paar Graspolster, wie weiter unten zusammenhängender Rasen, dann einzelne Fichtenstämmchen, zuletzt kräftig emporwachsende Baumgruppen den Hang bekleiden.

Wie hier die Verwitterung als zerstörende und zugleich als aufbauende Naturkraft erscheint, so tritt uns ein gleiches beim fließenden Wasser entgegen.

Seine zerstörende Tätigkeit, die sog. Erosion, beobachten wir vor allem an den stürzenden und stäubenden, rauschenden und donnernden Bächen der Gebirgsschluchten.

Aus den beiden einander entgegenwirkenden Kräften: der langsamen Aufrichtung harter Gesteinsschichten und der ebenso langsamen, aber ununterbrochenen Rinnenbildung durch fließendes Wasser ergeben sich die tief eingesägten **Klammen**, in denen die düstere Großartigkeit senkrechter und überhängender Felsmauern gemeinsam mit der Wucht stürzender Wasserfälle oder wildschäumender Wasserwirbel die herrlichsten Landschaftsbilder erzeugt. Unsere meisten Gebirgsbäche weisen solche Zeugen vieltausendjähriger Erosionsarbeit auf, und zu den berühmten Klammen des **Hölltobels**, der **Eisenbreche**, zur **Stillachklamm** bei Einödsbach, vor allem aber zur neu erschlossenen **Breitachklamm** mit dem **Zwingsteg** wallen jährlich zahllose Naturfreunde, um von den ergreifenden Szenerien mächtige Eindrücke mitzunehmen.

Zwingsteg.

Hölltobel.

Den siegreichen Kampf des Wassers mit dem allmählich emporsteigenden Gestein kann man am schönsten beobachten an den **Buchenegger Wasserfällen** bei Oberstaufen. Drei harte, einander parallel laufende Nagelfluhbänke, durch weichere, größtenteils schon ausgewitterte Sandsteinschichten unterbrochen, sind hier, von Nordwesten nach Südosten fallend, schräg aufgerichtet gerade der von Südosten nach Nordwesten fließenden Weißach entgegengestellt. Diese aber hat in jede der drei Bänke tiefe Rinnen eingeschnitten, und indem sie von dem ersten durchsägten Schichtenkopf zum zweiten und von diesem zum dritten niederfällt, dazwischen aber in klaren, dunkelgrünen Gumpen sich sammelt, ist ein ungemein reizvolles Landschaftsbild geschaffen, zu dem freilich auch die schöne Umgebung mit ihren hohen Waldbäumen viel beiträgt.

Besonders auffällige Kunstwerke hat das Wasser da gebildet, wo es, im Herabstürzen zu rotierender Bewegung gezwungen, mit Hilfe des mitgeführten Sandes und Gerölles in sein Flußbett die merkwürdigen, den Gletschertöpfen gleichenden **Strudellöcher** eingebohrt hat.

Unsere Gebirgsbäche sind an diesen Erscheinungen ganz besonders reich.

Wie bei der Vilser Alpe (in der Nähe des Tiroler Städtchens Vils) die Bohrlöcher im Felsenbett des Kühbaches den Sennen und Hirten so auffällig erschienen, daß sie dem Orte einen eigenen Namen — Alpstrudel — gegeben haben, so erregen die Riesentöpfe in der Breitachklamm, obwohl sie teilweise vom Wasser wieder zerstört worden sind, wegen ihrer außergewöhnlichen Größe und wegen ihrer glatten, wie poliert erscheinenden Wandungen die Bewunderung der Besucher.

Ein merkwürdiges Gegenstück zu diesen großartigen Gebilden findet man an einer freilich sehr versteckten und schwer auffindbaren Stelle im Laubisbache auf dem Wege zur Schneckenlochhöhle. Hier zeigen sich wahre Liliputaner von Strudellöchern. Auf einer Fläche, die nicht viel mehr als einen Quadratmeter mißt, zählt man gegen 20 Töpfchen, deren größtes einen Durchmesser von 27 cm aufweist, während die kleinsten nur 5 cm Durchmesser besitzen. Sie sind bald in Halbkugelform eingetieft, bald wie eine flache Schale gebildet, alle aber scharfrandig, wie eingemeißelt, und glatt auspoliert. Am hübschesten nimmt sich ein mit wunderbarer Regelmäßigkeit gebildetes Töpfchen aus, das bei 11 cm Durchmesser eine Tiefe von 32 cm besitzt.

Nicht weit vom Laubisbach bildet die Subers mehrere große, mit tiefgrünen Gumpen ausgefüllte Strudellöcher, unter denen das Hengiftloch am „Sack" besonders bekannt ist. Ebenso ist der am Südrand des Ifenstockes fließende Schwarzwasserbach durch eine ganze Reihe solcher Auswaschungen ausgezeichnet. Das merkwürdigste Gebilde ist hier die sog. Wassermühle.

Ein kreisrund ausgehöhlter Felsenkessel steht mit dem jetzigen Rinnsal des Schwarzwasserbaches durch ein seitlich ausgebohrtes Loch derart in Verbindung, daß das Wasser von unten her in den Kessel einströmt und sich hier in schäumenden Wirbeln austobt. Da sich zu dieser einen unter Wasser befindlichen Ausbohrung in unmittelbarer Nähe noch weitere gesellen und zugleich durch die wilde Schönheit einer enggeschlossenen Klamm und durch die dichten Säulengänge eines hochstämmigen Waldes ein prächtiges Landschaftsbild geschaffen ist, gehört dieser Punkt zu den sehenswertesten in der Umgebung von Riezlern.

Unter den Bächen, welche die Molasse durchschneiden, ist vor allem der Aubach zwischen Gunzesried und Blaichach reich an Strudellöchern, von denen einige hoch über dem jetzigen Wasserstand in den felsigen Uferrand eingebohrt sind. Einen interessanten Anblick gewährt auch eine Stelle im Ellhofer Tobel (oberhalb der Hammerschmiede), wo auf einer schräg geneigten Sandsteinplatte vier größere und zwei kleinere Löcher eingetieft sind, teilweise von dem eilenden Wasser des Baches ausgefüllt; das größte, unregelmäßig gestaltete Loch mißt im Längsschnitt 3 Meter.

Die Wassermühle im Schwarzwasserbach (bei Riezlern).

Solange das fließende Gewässer harten Fels durchnagt und sich begnügt, in langsamer Erosionsarbeit sein Bett zu vertiefen, freuen wir uns dieser Tätigkeit, die so wechselreiche Landschaftsbilder erzeugt.

Anders aber tritt das Wasser dem Menschen entgegen, wenn es sich in lockeres Gelände einfrißt und nutzbare Grundstücke unterspült; furchtbarer noch, wenn es, durch anhaltende Regengüsse oder durch Wolkenbrüche zum unbändigen Riesen herangewachsen, die schrecklichen **Muhren** über bewohnte Auen ausbreitet.

Dann zerreißt das tobende Wildwasser die Schutthalden steiler Bergschluchten; Erdreich, Bäume, Sträucher, Felsblöcke führt es in rasender Hochflut zu Tal; ein schlammiger Brei, aus dem all das Trümmerwerk zerknickt, zerfetzt, zerborsten hervorschaut, überdeckt das blühende Land.

Es gibt Ortschaften, die durch ihre Lage an gefährlichen Wildbächen solchen Katastrophen ganz besonders ausgesetzt sind. So ist Oberdorf bei Hindelang schon häufig durch den tückischen, aus dem Hölltobel kommenden Wildbach vermuhrt worden, z. B. in den Jahren 1849, 1851 und besonders im Jahre 1901. Schlimmer noch waren die Heimsuchungen, unter denen von alters her das Dorf Nesselwängle zu leiden hatte. Selbst dem oberflächlich betrachtenden Wanderer, der vom Haldensee her die Straße zieht, fallen die hohen Muhrwälle auf, die in der nächsten Umgebung von Nesselwängle jeden vom Berge niederziehenden Wassergraben einschließen. Tatsächlich ist die ganze Talsohle aufgemuhrter Grund. Und was wir aus der Betrachtung der Gegend entnehmen, wird uns durch die Ortsgeschichte bestätigt. Allein im 19. Jahrhundert erfolgten drei schwere Wasserkatastrophen. Am 25. Juli 1834 brachen in der Alpe Gimpel 33 Riepen (so nennt man dort die Muhrgänge), und die Bäche führten solche Mengen Gerölle, daß das ganze Dorf verschüttet worden wäre, wenn nicht die Regengüsse nach kurzer Zeit nachgelassen hätten. Am 23. und 24. August desselben Jahres wurden abermals die Wiesen Wälder und Weiden schrecklich vermuhrt. Regierungsbeamte, die später den Schaden zu besichtigen hatten, gaben damals den Einwohnern den Rat, ihr Heim zu verlassen und sich

Bachbett nach einem Muhrgang.
(Aufnahme des Kgl. Straßen- und Flußbauamtes Kempten.)

an einem günstigeren Orte neu anzusiedeln! Ähnlich erging es am 11. Juli 1849. Ergreifend lesen sich die schlichten Worte, mit denen ein Nesselwängler[1]) diese Begebenheit schildert. „Von nachmittags 4 bis 6 Uhr löste ein Gewitter das andere ab, und schon beim ersten traten alle Wildbäche aus ihren Rinnen. Stehende Bäume kamen auf 50 m ans nächste Haus. Es war unmöglich, auch nur ein Stück Vieh ins Dorf zu bringen. Es war furchtbar! Wieder empfahlen die Regierungsorgane die Auswanderung, aber niemand wollte sein Heim verlassen." Diese rührende Anhänglichkeit an die heimatliche Scholle haben die Nesselwängler leider auch später noch teuer bezahlen müssen; denn am 2. und 3. August 1901 erfolgten abermals Muhrgänge, die der Gemeinde einen Schaden von 44673 Kronen (= etwa 38000 M.) verursachten.

Im hintern Bregenzer Wald ist der Wildbach Schranne bei Schoppernau seit ältesten Zeiten seiner Muhrgänge wegen berüchtigt. Schon im Jahre 1415 wird die „Wild- und Ungestümigkeit" dieses Wassers hervorgehoben, und die Klagen kehrten in der Folge immer wieder. Im Jahre 1609 brachte der Bach solche Mengen Gerölle, daß er die Kirche von Schoppernau, die damals noch einen andern Standort hatte als gegenwärtig, bis an die Fenster vermuhrte. „Nur innerhalb hundert Jahre," schrieb im Jahre 1722 der Schoppernauer Pfarrer Thum, „hat die Schranne eine solche Höhe hergetragen, daß, wenn ich jetzt nur zwei Büchsenschuß weit von dem Pfarrhof stehe, ich denselbigen, obwohl er höher als alle andern Häuser ist, doch nit mehr sehen mag."[2])

Von jeher haben die Bewohner des bedrohten Landes den Kampf aufgenommen mit dem gefürchteten Feinde, der nicht bloß in plötzlichem Überfall Hab und Gut zerstört, sondern auch heimtückisch geräuschlos Rollstein neben Rollstein legt, das Bachbett erhöht und den fetten Wiesengrund versumpft. Mit schweren Opfern haben die Gemeinden die Wildbäche, die durch ihre Gemarkung fließen, eingedämmt und mächtige Steine herbeigeschleppt, um sie durch diese Wuhrmauern in ihr Bett zu zwingen. Aber es ist eine bedenkliche Arbeit: immer mehr erhöht sich in den engen Schranken das Bachbett, immer neue Wuhrbauten müssen über die alten aufgeführt werden, immer drohender erhebt sich der Wasserspiegel über die Talsohle.

Diese aufschüttende Tätigkeit des Wassers zeigte sich in erschreckender Weise an der Iller, als das Kgl. Straßen- und Flußbauamt Kempten im Jahre 1896 genaue Profilaufnahmen im oberen Illertal herstellen ließ, um die Vorarbeiten für eine planmäßige Durchführung der Illerkorrektion zu liefern. Die Untersuchungen ergaben die überraschende und bedenkliche Tatsache, daß der Fluß keineswegs in der tiefsten Talfurche dahinströmte, sondern daß sich sein mittlerer Wasserstand stellenweise 5, ja $5^1/_2$ Meter höher befand als der betreffende Tiefpunkt des Tales, $4^1/_2$, auch 5 Meter höher als das Geleise der Oberstdorfer Lokalbahn! (Vergleiche Abbildung S. 44 und 45.)

---

[1]) Bergführer Max Ried.

[2]) Joseph Hiller, Au im Bregenzer Wald. Bregenz 1890.

Querschnitte durch das obere Illertal.
Aufgenommen von dem Kgl. Straßen- und Flußbauamt Kempten. 1896. 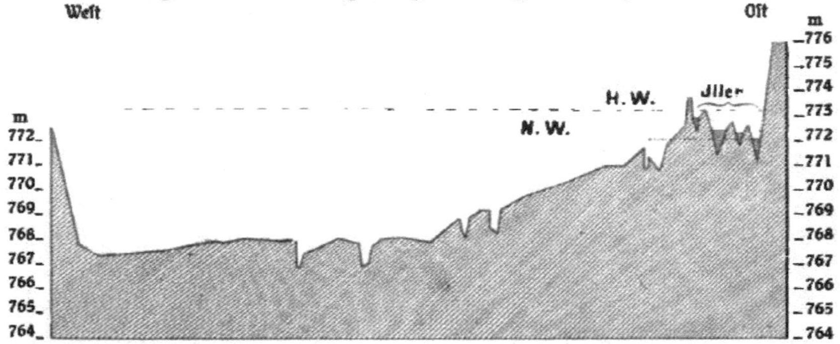
West
Ost
m
H. W.
N. W.
Iller
772 771 770 769 768 767 766 765 764
776 775 774 773 772 771 770 769 768 767 766 765 764
Querschnitt vom Hang bei Langenwang zum Hang bei Rubi. 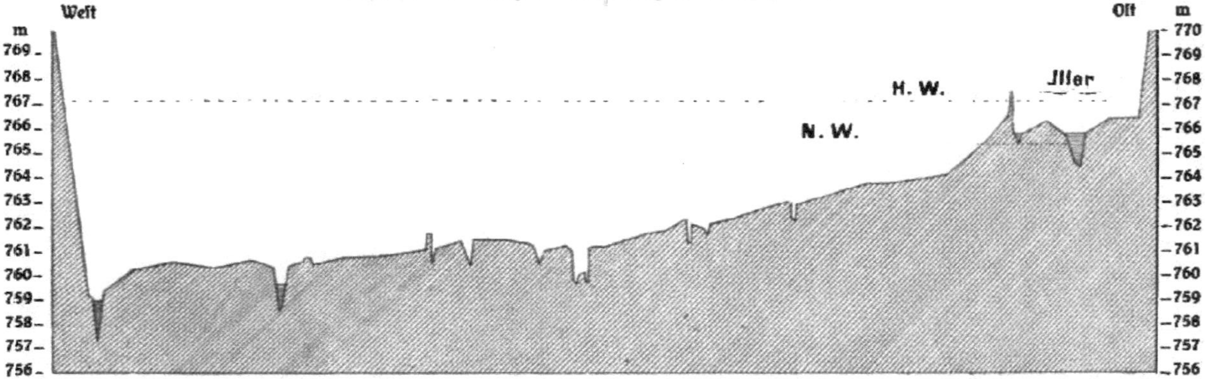
West
Ost
m
H. W.
N. W.
Iller
769 768 767 766 765 764 763 762 761 760 759 758 757 756
770 769 768 767 766 765 764 763 762 761 760 759 758 757 756
Querschnitt vom Hang bei Maderhalm zum Hang am Schöllanger Burgberg.

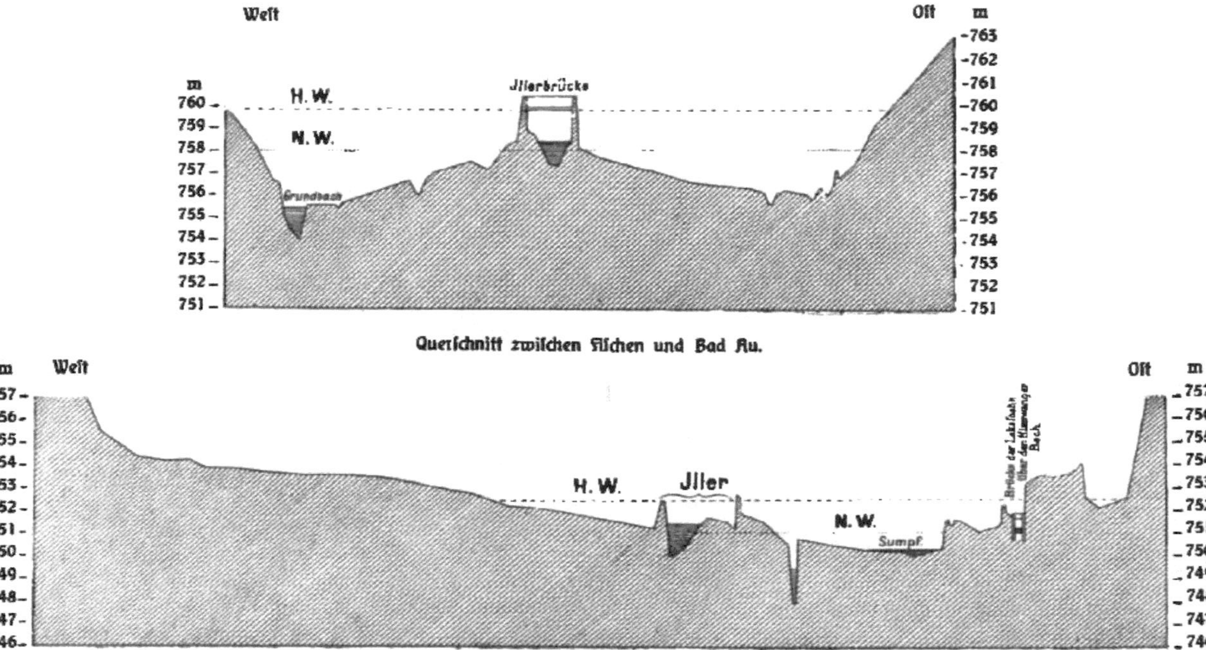

Querschnitt zwischen Fischen und Bad Au.

Querschnitt zwischen Weiler und Unterthalhofen.

Zur Erläuterung: Die Querschnitte veranschaulichen, daß das Illerbett zum Teil bedeutend über die Talsohle erhöht ist. Die Linie H. W. zeigt den Stand des höchsten Hochwassers, die Linie N. W. den Stand des Niederwassers im Jahre 1895 an. — Um ein überzeugendes Bild zu gewinnen, wurden die Höhenmaße 25 mal größer ausgeführt als die Längenmaße. Deshalb erscheinen auch die Wasserrinnen und sonstige Eintiefungen im Gelände unnatürlich steil geböscht.

Diese Erhöhung des Flußbettes war hauptsächlich dadurch veranlaßt, daß die bei Überschwemmungen herbeigeführten gewaltigen Geschiebe der Breitach und der Trettach durch die Schuttanhäufungen der einmündenden Seitenbäche (Geisalpbach, Schöllanger Bach, Bolgenach mit Schönberger Ach) aufgestaut wurden, wie sich auch zeigte, daß die unterhalb Fischen mündende Ach (aus Bolgenach und Schönberger Ach gebildet) auf einem förmlichen Damm quer über das Tal zur Iller führte. Diese Zustände hatten eine weitgehende Versumpfung und Entwertung der Talgründe zur Folge, zugleich war bei Hochwasser stets die Gefahr einer furchtbaren Überschwemmung vorhanden.

Es konnte festgestellt werden, daß sich die Erhöhung des Illerbettes der Hauptsache nach erst im Laufe von drei bis vier Jahrzehnten vollzogen hatte, und es lag nicht allzu ferne, die Ursachen aufzufinden. Waren doch gerade in der ersten Hälfte des 19. Jahrhunderts, teilweise im Zusammenhange mit dem plötzlichen Aufschwung der Alpensennerei, in vielen Hochtälern der Allgäuer Berge übermäßige Abholzungen vorgenommen und dadurch die Steilgehänge ihres besten Schutzes gegen die Erosionsarbeit des Wassers beraubt worden!

Also nicht die Wuhrmauern in der Talsohle konnten eine Waffe sein im Kampfe mit dem Wasser; droben in den Hochtälern, in den Quellgebieten mußte man beginnen, um die **Wildbachverbauungen** erfolgreich durchzuführen.

Den Anstoß zu solchen planmäßigen Wildbachverbauungen gab ein Ereignis, das für die Bewohner von Immenstadt verhängnisvoll wurde.

Immenstadt während der Überschwemmung 1873.
(Nach einem v. Hrn. Kaufmann Frey in Immenstadt zur Verfügung gestellten Holzschnitt. — Das mit einem Kreuz bezeichnete Haus war das Theater.)

Es war am 28. Juli 1873, als gegen 5 Uhr nachmittags von drei Seiten her gegen die Stuibenkette schwere Wolkenmassen heranzogen. Bald zuckten grelle Blitze, drohend rollten die Donner. — Plötzlich entladen sich die Wolkenmassen. Eine brausende Flut ergießt sich in das Hochtal zwischen Stuiben, Mittag und Horn. Eingezwängt in den untern Steigbachtobel wüten, wirbeln, donnern, rasen die Wogen zu Tal. Bäume mit Wurzeln und Erdreich schießen dahin, riesige Felsblöcke kollern unter dumpfem Dröhnen bergab.

So stürzt sich der grausige Feind auf das wehrlose Städtchen. Zerbrochen stiebt das Wehr der Bindfadenfabrik auseinander; in Stücke zerrissen versinkt die eiserne Steigbachbrücke. Hier wird ein Haus weggefegt, daß keine Spur mehr übrig bleibt; dort wird ein anderes eine Strecke weit fortgetragen und an die Böschung des Eisenbahndammes hingestellt, ohne im obern Stockwerk Schaden zu nehmen. Am Eisenbahndamm staut sich für einige Augenblicke die fürchterliche Masse; dann tobt der vernichtende Sturmeslauf weiter ins Innere der Stadt. In die Häuser dringen die Fluten, krachend stürzt das Mauerwerk; der Marktplatz verwandelt sich in ein schauerliches Wasserbecken; die Mariensäule wankt und stürzt und vermehrt mit ihren Trümmern das Gewirre zerstörten Menschenwerkes, das in dieser wirbelnden, tosenden Flut umhergeschleudert wird. Und weiter, zertrümmernd und zerstörend durchrast der Strom das Städtchen!

Als die Nacht hereinbrach und die Sterne am wolkenlosen Himmel erglänzten, da zog ein breites Band der Verwüstung durch die Stadt, und sieben Leichen ruhten auf der Totenbahre, die unglücklichen Opfer des furchtbaren Wildwassers!

Um der Wiederholung einer solchen Katastrophe vorzubeugen, ließ die Stadt, vom Staat und Kreis unterstützt, durch den Zivilingenieur Widmann (dessen anderweitige Verdienste wir später kennen lernen werden) den Steigbach nach Schweizer Muster verbauen; auch der Wustbach am Grünten wurde von Widmann in gleicher Weise gezähmt.

Vermuhrtes Bachbett.
(Aufnahme des Kgl. Straßen- und Flußbauamtes Kempten.)

Im Jahre 1887 begann dann die planmäßige, vom Staate geleitete Verbauung der auf bayerischem Gebiete gelegenen Wildbäche in unsern Allgäuer Bergen mit solchem Nachdruck, daß gegenwärtig etwa 40 Bäche verbaut sind und auch die Illerkorrektion weit vorgeschritten ist. All diese Arbeiten (einschließlich der Steigbach- und Wustbachverbauung) haben einen Aufwand von 2.532.604 Mark erfordert.

Mit der Geschichte dieser staatlichen Wild-

Wildbach vor der Verbauung. (Aufnahme des Kgl. Straßen- und Flußbauamtes Kempten.)

bachverbauungen ist der Name **Albert Stengler** zu innig verknüpft, als daß er hier übergangen werden dürfte. Die Allgäuer werden diesem tatkräftigen, zielbewußten Beamten für alle Zeiten als ihrem Wohltäter dankbar sein, da er als langjähriger Leiter der Verbauungsarbeiten namentlich im oberen Illergebiet so viele Wildwasser gezähmt, so viel Grund und Boden vor Unglück bewahrt und verlorenes Land zurückerobert hat.

Talsperre.
(Aufnahme des Kgl. Straßen- und Flußbauamtes Kempten.)

Albert Stengler
(Jetzt Oberbaurat in München).

Betrachten wir uns etwas eingehender diese interessante Tätigkeit, um zu erkennen, mit welchen Waffen der Mensch die zerstörungslustige Naturkraft zu bekämpfen sucht!

Wir sehen zunächst den unverbauten Wildbach vor uns! (Siehe Abbildung S. 47 und 48.)

Wirr durcheinander geworfen liegen zwischen kleineren Rollsteinen gewaltige Felsblöcke. Wurzelwerk und Geäste ist eingeklemmt, dürres Strauchwerk ragt mit zerzausten Zweigen hervor. Mit weitklaffenden Wunden, zu neuen Abstürzen bereit, heben sich in jähen Böschungen die Schuttgehänge. In regellosen Rinnen, gierig wühlend, rauscht der Bach über das verwilderte Bett.

Da kommt der Mensch und beginnt die Zähmung.

Oben im Einzugsgebiet, wo die zahlreichen Quellen rieseln und sprudeln, dann weiter unten, wo von steilen Schuttgehängen die Runsen und Gräben niederziehen, wo die waldentblößten, durch Verwitterung mürbe gewordenen mergeligen und schieferigen Schichten oder die lockern Moränen das Material zu den verheerenden Muhren hergegeben haben, dort wird Hand angelegt. Bald hält ein Netzwerk von Faschinen die brüchigen Hänge

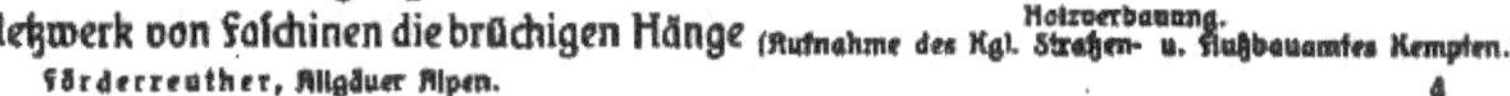

Holzverbauung.
(Aufnahme des Kgl. Straßen- u. Flußbauamtes Kempten.)

zusammen, junger Anflug von Wald schlägt seine Wurzeln ein und wirkt als vorzüglichstes Binde- und Festigungsmittel. Auch die Seitenschluchten werden nicht vergessen; die kleinste Verästelung wird beachtet, wird gefestigt.

Inzwischen erhält auch das Bachbett selber ein anderes Aussehen.

Das steile Gefälle wird planmäßig durch einen Stufenbau verteilt, in welchem Sammelbecken mit kleinen Wasserfällen wechseln. Bald sind es mächtige Hochwaldstämme, die zu solchen „Talsperren" aufgeschichtet werden; bald dienen dieselben Felsblöcke, die der Bach in seinem Bette angehäuft hat, zu seiner Zähmung

Talsperre am „Untern Knie" im Jahre 1895.
(Aufnahme des Kgl. Straßen- und Flußbauamtes Kempten.)

und werden zu starken Wehrmauern zusammengefügt. Von den brüchigen Ufern wird das Wasser abgelenkt, steile Gehänge werden verflacht, alles, was die künftig niedergehenden Geschiebe stauen könnte, wird sorglich weggeräumt.

Oft genug schon haben sich diese Wildbachverbauungen bewährt und haben damit bewiesen, daß die großen Opfer, die dafür gebracht wurden, nicht umsonst aufgewendet sind.

Ein Beispiel für viele möge dies zeigen!

Die obere Trettach, die seit 1890 verbaut ist, brachte im Sommer 1895 infolge eines Wolkenbruchs aus den Wilden Gräben eine so gewaltige Geschiebemenge (sie wurde auf 5—6000 cbm geschätzt!), daß diese unter den früheren Verhältnissen wohl bis in die Gegend von Spielmannsau hinaus schlimme Verheerungen angerichtet hätte. Nun aber wurden diese Massen durch die Talsperre am „Unteren Knie“ aufgehalten und sammelten sich hier zu einem riesigen Schuttkegel an, der das ganze Bachbett hoch auffüllte.

In der Folge aber (in der Zeit von 1895 bis 1899) schnitt der Bach, so oft seine Fließkraft erhöht wurde, in die von ihm angehäufte Muhre tiefer und tiefer ein, nahm die Geschiebe, ohne sich zu übereilen, eines nach dem andern ruhig fort und entleerte so selber nach und nach die Talsperre, ohne daß die allmählich weggeführten Schuttmassen irgendwie Schaden anrichteten.

Talsperre am „Untern Knie“ im Jahre 1899.
(Aufnahme des Kgl. Straßen- und Flußbauamtes Kempten.)

Ist dies nicht ein schöner Sieg über die wilde Naturgewalt?

Und noch eins!

Indem wir die beiden Bilder aufmerksam betrachten, drängt sich uns auch ein Vergleich mit den Vorgängen der früheren Erdgeschichte auf. Die winzigen Terrassen, die wir im Hintergrunde des zweiten Bildes gewahren, und die steilen Böschungen, die in die Schottermassen eingerissen sind, erscheinen wie die Miniaturausgabe der großen Terrassen- und Böschungsformen, welche die Schmelzwasser der diluvialen Gletscher allenthalben in unserem Berglande erzeugt haben.

Und was uns hier so deutlich und augenfällig entgegentritt, das können wir auch in tausend andern Fällen wahrnehmen.

4*

Dort in der stillen Bucht, in welcher der Gebirgsbach eine feinkörnige Schlammschicht abgesetzt hat, sehen wir ein Baumblatt niederflattern, vielleicht dicht neben ein Schneckengehäuse, das vor kurzem erst von seinem Bewohner verlassen ward. Und indem wir beachten, wie beides langsam eingebettet wird in die weiche Masse des Schlammes, da schauen wir den gleichen Vorgang, durch den vor Jahrmillionen die Pflanzen- und Tierreste eingebettet wurden, die heute als Versteinerungen im harten Fels unser Staunen erregen.

Oder wir bemerken — wie dies zuletzt um die Weihnachtszeit 1905 in unserer Gegend verzeichnet wurde — ein leichtes Beben der Erde. Es zeigt uns, wenn es sich auch nur als ein leises Erzittern fühlbar gemacht hat, daß wieder eine Veränderung in der Lagerung der Gesteine vor sich gegangen ist, daß sich wieder ein kleinwinziges Fortschreiten im Bau des Gebirges vollzogen hat.

Oder wir hören, indem wir ein einsames Kar durchwandern, wie sich oben aus der Felswand ein Stein loslöst und polternd zur Tiefe kollert; auch er mahnt uns an die rastlose Tätigkeit der Naturkräfte.

Überall drängen sich uns die Beweise auf, daß die Schöpfungen der Natur nicht abgeschlossen sind; die Vorgänge, von denen uns die Geologie berichtet, sie wiederholen sich auch in unsern Tagen in immer gleichen Erscheinungsformen!

Zweiter Abschnitt.

Landschaftsbilder.

Einem anmutigen Kranze vergleichbar umzieht unsere Alpen im Norden das hügelige **Alpenvorland,** nur wenig gewürdigt von dem großen Touristenstrom und doch reich an lieblichen und freundlichen Bildern.

Es ist die Moränenlandschaft, der die großartigen Aufschüttungen der Eiszeit ihren Stempel aufgedrückt haben: regellos gelagerte Moränenhügel, dazwischen zahlreiche Moränenseen und Moore, malerisch hingesetzte Findlings-Blöcke, steilgeböschte, alte Flußterrassen; aber auch allenthalben, über die Moränendecke emporragend, die langgestreckten, parallel verlaufenden Höhenrücken der Tertiärzeit und endlich, in diese und in die Moräne eingeschnitten, die zuletzt gebildeten, das Landschaftsbild ungemein belebenden Tobel.

Auf einer Wanderung von Füssen nach Kempten treten uns all diese Eigenarten entgegen, vor allem der Reichtum an stehenden Gewässern. Als einen Überrest des einstigen großen Lechsees, der später durch den diluvialen Schotter zum größten Teile aufgefüllt wurde, haben wir den anmutigen Weißensee[1]) zu betrachten, dessen Südufer von den waldbedeckten, mit Alpenrosengebüsch geschmückten Felsen des Saloberrückens begleitet wird.

Wandern wir in nordwestlicher Richtung weiter, so tauchen immer und immer wieder zwischen waldigen Kuppen und frischgrünem Wiesengelände blinkende Weiher auf: der schmucke Seeger See, über dem sich der freundliche Sommerfrischort Seeg mit seiner hochragenden Kirche erhebt; der buchtenreiche Schwalten-

[1]) Auch der Hopfensee, der Bannwaldsee und der Schwansee gehören zu dem Gebiete des ehemaligen Lechsees, der ungefähr die Ausdehnung hatte wie heutzutage der Chiemsee (also etwa 200 qkm). — Siehe Winter, Der Lech. (32. Bericht des naturwiss. Vereins für Schwaben und Neuburg. 1896.)

weiher, in dessen stillen Wassern prächtige Baumriesen und behäbige Gehöfte sich spiegeln, während sich im Süden die herrlichen Alpenbilder entrollen; der schilfreiche Trollweiher; der heitere Attlesee; der einsame, kleine, aber mit seinem Hochwaldschmuck und seinem stolzen Berghintergrund besonders bei Abendbeleuchtung malerisch wirkende Kögelweiher und viele kleinere Teiche und Tümpel.

Aber die meisten zeigen die Spuren raschen Rückganges. Wer etwa an der Hand der alten bayrischen Generalstabskarte jene Gegend durchstreift, der nimmt mit Erstaunen die Veränderung wahr, die sich seit den zwanziger Jahren des vorigen Jahrhunderts, in denen die Karte hergestellt wurde, ergeben haben: wo die Karte den Batzengschwendweiher verzeichnet, erblickt man jetzt eine schilferfüllte, wasserlose Fläche; der Hertinger Weiher ist verschwunden; der Seeger See,

Hohenfreiberg und Eisenberg.

damals durch eine schmale Landzunge eingeengt, ist nun in zwei, durch einen breiten Streifen Landes geschiedene Weiher aufgelöst; andere sind in Torfmoore umgewandelt.

Torfmoore sind es überhaupt, die neben den Weihern den Charakter jener Landschaft bestimmen und da, wo sie größeren Umfang annehmen, derselben ein einförmiges Gepräge geben.

Um so wirkungsvoller heben sich die tertiären Höhenrücken über die Moränendecken empor, so der Seeger Berg und der Schloßberg, mit schönen Waldbeständen und wohlgepflegten Wiesen geschmückt. Selbst die Kreideformation hat hier noch einen weit vorgeschobenen Vorposten in dem auffällig emporgerichteten Doppelgipfel von Hohenfreiberg und Eisenberg, wo in die verwitterten Ruinen einstiger Ritterburgen hochstämmige Tannen ihre Wurzeln geschlagen haben.

Auf vorspringendem Mauerwerk hat das heutige Geschlecht eine Ruhebank errichtet, damit man hier den Blick umherschweifen lassen kann auf das liebliche Hügelgelände der Zeller Gemarkung und hinüber zu den hochragenden Zinnen der stolzen Alpenberge.

Dann bringt die vielgewundene Wertachschlucht neue Abwechslung. In die Molasse tief eingeschnitten, entblößt sie steil aufgerichtete Gesteinsschichten, wo nicht dunkler Hochwald die Halden deckt.

Jenseits aber wird die Landschaft einförmiger. Ansehnliche Moore führen hinüber zum seichten Schwarzenberger Weiher, und weithin breitet sich nun über welliges Gelände der düstere Kemptner Wald bald in zusammenhängendem Forste, bald in kleinen Waldparzellen, zwischen denen Moorgründe mit dunklen, unheimlichen Tümpeln sich zeigen. Aber zwei neue Erscheinungen treten hier auf: in überraschend großer Zahl sehen wir Findlingsblöcke zerstreut, mächtige Trümmer tertiärer Nagelfluh, oft in seltsamster Weise auf die hohe Kante gestellt, fast immer wirksam die etwas einförmige Landschaft belebend. Dazu gesellen sich die reizvollen Tobel, die nach allen Richtungen ziehend in großer Zahl in das Gelände tief einschneiden und mit ihren goldbraunen Moorbächen, mit ihrem wirr gelagerten Geschiebe, in das auch viele Findlinge hinabgezogen sind, reichen Naturgenuß bieten. Auch gewähren einige Höhenrücken, die über den Kemptner Wald emporragen, prächtige Ausblicke auf die weite Alpenkette; namentlich bietet der 963 m hohe Bodelsberg eine Fernsicht von großer Schönheit und Mannigfaltigkeit.

Während das Gelände gegen Kempten zu mit reicher Abwechslung der Bodenform zur dichtbesiedelten Illermulde abfällt, gewinnt es südwestwärts das Aussehen einer echt gebirgigen Landschaft, da hier die Molasse in zwei ansehnlichen Falten emporgehoben ist, dem Sulzberger und Mittelberger Höhenrücken; dieser bietet in seinem östlichen Ausläufer, der vielbesuchten Gerhalde (1065 m), mehr aber noch in seinem westlichen Gipfel, dem 1151 m hohen Burgkranzegger Horn, ganz hervorragende Aussichtspunkte, von denen namentlich die Berge der Pfrontner und der Füssener Gegend bei abendlicher Beleuchtung in großartiger Gruppierung sich darbieten.

Waldbach.

Zwischen dem Mittelberger und dem Sulzberger Höhenrücken strömt in moorigem Grunde die Rottach vielgewunden hin, bis sie, durch den Kranzegger Bach verstärkt, in wildem, tief eingeschnittenem Tobel nach Westen zieht, über gewaltiges Trümmerwerk schäumend sich ergießt und die Abhänge des Rottachberges anfrißt, der sich hier in eigenartigem Terrassenbau zur Höhe von 1116 m erhebt. Ein reiner Nagelfluhberg, ist er bei der letzten Alpenerhebung mit emporgestiegen und zeigt in der auffallenden Regelmäßigkeit der Schichtung und in der Art, wie sich zwischen pralle Felsmauern üppig grüne Wiesenmulden eingebettet finden, die enge Verwandtschaft mit den stolzeren, der Alpenregion angehörenden Bergen der Stuiben-, Hochgrat-Kette, von der ihn das Illertal trennt.

Die Iller selbst hat von dem Punkte an, wo sie das Gebirge verläßt, bis zum Eintritt in die Gegend der glazialen Schotter Anteil an manch freundlichem Landschaftsbilde. Die Talweitungen von Seifen und Rauns, in denen sie ehedem zu großen Seen aufgestaut war, wechseln mit romantischen Durchbruchstellen ab. Am Fuße des Rottachberges windet sich der Fluß in enger Schlucht durch die Molasse und umzieht in weit ausholendem Bogen den waldgeschmückten Hügel, auf dem die altersgrauen Mauern der Ruine Langenegg zwischen Fichten und Buchen hervorlugen. Auch die Durchbruchstrecke von der reizend gelegenen Fischenmühle bis Kempten weist viele malerische Punkte auf; von mächtiger Wirkung ist bei hohem Wasserstand der künstlich erhöhte Wasserfall bei Kottern, während die weiter unterhalb aus dem Illerbett sich erhebende Georgsinsel mit ihrem zerbröckelnden Gestein das Bild einer langsam zerfallenden Naturruine zeigt.

Partie vom Rottachtobel.

Ansehnlicher und reicher gegliedert sehen wir das Gelände sich erheben, wenn wir, die Illersenkung verlassend, nach Westen und Südwesten weiter wandern. Wir gelangen da in Gegenden, in denen die Reize des Alpenvorlandes am vollkommensten entfaltet sind.

Die am weitesten gegen die Illermulde vorgeschobenen Posten, die drei Kemptner Aussichtsberge Mariaberg (915 m), Buchenberg (951 m) und Blender (1073 m),

Mariaberg bei Kempten.

an denen sich auf Schritt und Tritt die Spuren der glazialen Vergangenheit aufdrängen, entzücken nicht bloß durch den Anblick der weitgedehnten Alpenkette, die sich vom Wendelstein bis zur Säntisgruppe ausbreitet, sondern ebenso sehr durch den wie von Künstlerhand gruppierten Vordergrund, der aus sanftgewölbten Waldhügeln, aus grünen Wiesenhängen und zahllosen behäbigen Gehöften zusammengestellt ist.

An diese drei schließt sich im Westen das Kürnacher und Eschacher Waldgebiet an, ein weites, von zahlreichen Tobeln zerschnittenes Molasseplateau, das mit seinen wohlgepflegten Tannenforsten und seinen herrlichen, leider immer mehr schwindenden Buchenbeständen vielfach an einzelne Partien des Thüringer Waldes erinnert, aber damit die Vorzüge der Alpenvorlandschaft verbindet; denn von den nur mäßig überragenden Bergrücken, dem Hohen Kapf (1122 m), der Kreuzleshöhe (1115 m) und dem Schwarzen Grat (1119 m) öffnet sich ein großartiger Ausblick namentlich auf die vielgestaltigen Ketten der Schweizer Berge.

Die Landschaft südlich von diesem Waldgebirge ist bestimmt durch drei parallel verlaufende, oft zu bedeutenden Höhen emporgehobene Molasserücken, Sonneck 1107 m, Hauchenberg 1243 m und Thaler-Salmaser Höhe 1254 m, zwischen denen die Täler von Wengen, Weitnau und Missen eingebettet sind, alle drei schon der Abdachung des Rheingebietes zugehörig. Der Hauchenberg, der von Süden her sanft ansteigt, fällt gegen Norden mit den Schichtköpfen seiner Nagelfluhe an einzelnen Stellen in ansehnlichen Steilwänden ab und bietet hier manche sehenswerte Szenerie; so ist namentlich die eigentümliche Kesselbildung am

Partie am Hauchenberg.

„Palast“ und der hübsch angelegte „Lohsteig“ von überraschender Wirkung.

Von dem östlichen Ausläufer des Hauchenbergrückens, dem merkwürdig gestuften **Stoffelsberg** (1063 m) überblicken wir die blauen **Niedersonthofener Seen** und können uns, indem wir die angrenzenden Talflächen mustern, im Geiste ausmalen, welch verändertes Landschaftsbild es einst gewesen sein mag, als noch die ganze, langgestreckte Ebene von einem einzigen großen Wasserspiegel ausgefüllt war. Auch von der Thalerhöhe fällt unser Blick auf ein weites Wasserbecken. Es ist der von der Bühler Moräne abgedämmte **Alpsee**, der gemeinsam mit dem anschließenden **Konstanzer** Tal eine deutlich gezeichnete Scheidegrenze gegen die eigentlichen Alpen bildet.

Die Täler von Missen und Weitnau führen uns hinüber ins Gebiet der **Argen**, wo uns ein völlig anderer landschaftlicher Charakter entgegentritt. Statt der beherrschenden langgezogenen Höhenrücken finden wir hier wieder die echte Moränenlandschaft. Wir sind in das Gebiet des einstigen Rheingletschers eingetreten und erkennen seine Spuren an den unregelmäßig gelagerten und geformten Hügeln, die nun ein fruchtbares Weideland ergeben, übersät mit Einzelhöfen, Weilern und Dörfern, deren schmucke Häuser mit den wohlgepflegten Vorgärten das Auge erfreuen. Die Argen aber mit ihren Seitenbächen unterbricht die lachenden Gelände; in tiefen Schluchten rinnen die Gewässer, waldumsäumt. Ein Schaustück seltener Art hat die Argen bei Riedholz geschaffen: der **Eistobel** ist eine enge, gewundene Durchbruchspalte durch harte Nagelfluh und weichere Sandsteinschichten und bietet einen solch überraschenden Wechsel von seltsamen Wandbildungen, lärmenden Wasserfällen, wunderlichen Aushöhlungen, smaragdgrünen Gumpen und riesenhaften, vom Bach umtobten Felsblöcken, daß diese Schlucht, in eines unserer Mittelgebirge versetzt, zu den Sehenswürdigkeiten ersten Ranges zählen würde. (Siehe Abbildung S. 60.) Am Südende des Tobels, wo sich der Bach am tiefsten eingegraben und die mächtigste Felswand herausgeschnitten hat, erzählen hoch oben, von dichtem Wald umstanden, kümmerliche Trümmerreste von dem Geschlechte der Hohenegger Herren, die hier einst ihren Rittersitz aufgeschlagen hatten,

Der Alpsee.
(Aufnahme von Heimhuber.)

und noch ein paar hundert Schritte weiter südlich, wo sich die Argen anschickt zu ihrem wilden Lauf durch die Klamm, verkünden in den verwitterten Sandsteinbänken gegenüber der Holzstoff-Fabrik versteinerte Muschelreste, daß hier einst ein Meer geflutet hat in Zeiten, da es noch keine Fabriken und noch keine Rittergeschlechter gab.

Eine freundliche Hügellandschaft tut sich auf, wenn wir von der Station Röthenbach gen Süden und Südwesten wandern. Wir gelangen in die Gemarkungen von Ellhofen und Simmerberg, Weiler und Lindenberg, in das Gebiet jener vornehmen Dörfer und Marktflecken, wo die Häuser so oft städtischen Villen gleichen, wo selbst viele Einzelgehöfte mit blanken Spiegelscheiben, frischgeschindelten und freundlich bemalten Wänden, reinlichen Vorhöfen und zierlichen Gärten uns entgegengrüßen und mit den sanftgewellten, üppig grünen Hügeln und den aus herrlichen Weißtannen gebildeten Waldparzellen zu einem äußerst lieblichen, freilich keineswegs alpinen Gesamtbilde sich vereinen. Dabei fehlt es nicht an einzelnen landschaftlichen Sehenswürdigkeiten, wie sie z. B. der südlich von Weiler in einsamer Waldgegend hervortretende Menschenstein bietet, ein eigenartiges Felsgebilde mit grottenartig ausgehöhlten Löchern. Auch besitzt die Gegend zahlreiche Aussichtspunkte, unter denen der vielbesuchte Nadenberg bei Goßholz und die weiter westlich gelegene Rappenfluh bei Schrundholz hervorgehoben zu werden verdienen, da sie entzückende Ausblicke auf das wechselreiche Gelände im Norden und auf den weiten Spiegel des Bodensees gewähren.

Mehr alpinen Charakter erhält die Landschaft weiter südlich durch die parallel emporgehobenen Molasserücken Sulzberger Höhe (1041 m), Hirschberg (1097 m) und Pfänder (1064 m).

Von zwei tief eingegrabenen Tälern, in denen die Weißach und die Rothach fließen, ist der Sulzberger Höhenzug abgegrenzt und bildet infolgedessen eine ſo iſolierte Erhebung, daß er durch die Schönheit und den Umfang ſeiner Fernſicht eine gewiſſe Berühmtheit erlangen konnte. Eindrucksvoller als von irgend einem andern Punkte erſcheint von hier die Nagelfluhkette Rindalphorn-Hochgrat; offen liegt vor dem Beſchauer der ganze Aufbau des Bregenzer Waldes, am mächtigſten aber wirkt durch die Schönheit ſeiner Formen der prächtige Säntis. Übrigens bieten auch die Abhänge des Höhenzuges manche Reize; mit reichen Wieſengründen wechſeln waldgeſchmückte Tobel, und die Waſſerfälle, die der Eibelesbach unmittelbar an der Grenze des Weißachtales bildet, ſind wohl eines Beſuches wert.

Steg im Eistobel. (Siehe S. 58.)

„Zwing“ im Eistobel. (Siehe S. 58.)

Zwiſchen Rothach, Bregenzer Ache und Bodenſee bilden die Höhenrücken des **Hirſchberges** und des **Pfänders** eine gemeinſame Erhebungsmaſſe, die allerdings durch mannigfache Einſenkungen reichlich gegliedert erſcheint. Bei dem tiefliegenden Sockel (Bregenz 400 m, unteres Rothachtal 500 m), auf dem dieſe Berge ſich aufbauen, machen ſie trotz ihrer mäßigen abſoluten Höhe einen ſtattlichen

Der Pfändergipfel.
(Aufnahme von Helmhuber.)

Eindruck, und wenn man von Scheffau aus zuerst durch prächtige Hochwälder, dann über Weidegründe zum Hirschberg ansteigt, findet man überall den Charakter der subalpinen Landschaft ausgeprägt, der noch erhöht wird durch die unter dem Hirschberggipfel errichtete Alphütte und durch die so nahe gerückten Berghäupter, die im Süden und Westen mächtig aufsteigen.

Bei dem Pfänder kommt, um den alpinen Charakter zu erhöhen, noch ein Zweites hinzu: in breit entwickelten Bänken treten die Nagelfluhschichten zu Tage und bilden im Süden und Westen ansehnliche Felsenwände. Diese Schroffheit des Aufbaues, dazu eine große Zahl wilder, tief eingebuchteter Tobel und ein dichter Mantel von Wäldern, in denen die Weißtanne reichlich vertreten ist — dies alles wirkt zusammen, um eine unerschöpfliche Fülle der herrlichsten Landschaftsbilder hervorzuzaubern, die noch dadurch an Reiz gewinnen, daß man auf Schritt und Tritt Zeugen einer ehrwürdigen Geschichte antrifft, nicht bloß Ruinen und Schanzen, die von alten Edelsitzen und von blutigen Kriegen erzählen, sondern auch zahlreiche Spuren der geologischen Vergangenheit. Hier erinnern Moränenwälle oder einsam hingelagerte Findlinge (wie der „Rhombergstein" bei der Bregenzer Klause) an die Gletscher der Eiszeit; dort zeugen die versteinerten Muschelgehäuse, wie sie in den Molassebänken des Gebhardsberges gefunden werden, von dem Tierleben des Tertiärmeeres; oder es erinnern uns die Kohlenschichten, die im Wirtatobel aufgeschlossen wurden und in denen sich vor zwei Jahrzehnten der Stoßzahn eines vorweltlichen Riesensäugetieres, des Mastodon, eingebettet fand, an die Pflanzen- und Tierwelt, die in jenen Zeiten das Festland hervorbrachte.

Der Gebhardsberg.

Den höchsten Ruhm aber genießt der Pfänder seiner Aussicht wegen. Wie der in die Ebene hinausgeschobene Gebhardsberg schon Millionen Wanderer entzückt hat, die von hier aus über das weite „Schwäbische Meer“ und über die Bergwelt der Schweiz hin ihre Blicke schweifen ließen, so bietet der Pfändergipfel die gleiche herrliche Umschau, außerdem aber noch einen ungemein fesselnden Überblick über die Berge der Allgäuer Alpen und des Bregenzer Waldes. Gleich als hätte sich hier die gewaltige Hand geoffenbart, die Scholle über Scholle getürmt, so stellen sich diese zahllosen Ketten, einem einzigen großen Gesetze folgend, neben und übereinander, in weiter Ferne jäh aufgerichtet, wild gezackt, dann in sanfteren Wellen herantretend und gegen Norden langsam verlaufend, wie das letzte Wellengekräusel am Seegestade.

Wir haben unsere Wanderung durch das Alpenvorland beendet und kehren nun zur Iller zurück, um da, wo sie den Bergen entströmt, den Alpen selbst uns zuzuwenden.

Wie ein Torwart vor das breite Illertal hingestellt, erhebt sich vor uns der **Grünten.** „Der Grünten ist die Krone der Gegend, und Fürsten und Fremde aus

Der Grünten von Sonthofen aus. (Aufnahme von Helmhuber.)

allen Landen haben ihn von jeher bereiset und bewundert,“ so weiß in überschwenglichem Lobe eine alte Landchronik zu melden, und sie fügt hinzu, „Kaiser Max habe einst den Grünten besucht, einer Bergjagd beigewohnt und sei über den Riff geschritten, also daß sich selbst die Hochjäger über solch Wagestück entsetzt hätten.“[1])

Mögen wir nun auch diese Märe mit einem gelinden Zweifel anhören, so ist doch sicher, daß der Grünten von jeher besondere Aufmerksamkeit erregt hat wegen seiner isolierten Lage, die ihn als einen durchaus selbständigen Gebirgsstock erscheinen läßt. Im Westen und Südwesten steigt er fast genau 1000 m über seine Sockelhöhe empor (Agathazell 730 m, Burgberg 752 m, Sonthofen 743 m; Grüntengipfel 1739 m), und auch da, wo er mit dem benachbarten Wertacher Horn verwächst, an der Grenzscheide zwischen Burgberger und Wertacher Starzlach beträgt der Unterschied zwischen Gipfel- und Paßhöhe immer noch fast 700 m.

Zu dieser isolierten Lage gesellt sich der eindrucksvolle Aufbau des Berges. Mächtig hingelagert, langgestreckt, mit schön gegliederter Gratlinie erscheint er von Norden her. Von der Sonthofer Seite dagegen sind Nord- und Südflanke eng zusammengerückt, die tief einschneidende Rinne des Wustbaches ist mit dichtem Waldkleide überzogen, oben erscheint die grüne Mulde mit dem Grüntenhaus, darüber die zierliche Gipfellinie mit dem Pavillon. Wieder völlig anders zeigt er sich von der Wertacher Seite: wie eine Säule hebt sich der felsige Gipfelkopf, links und rechts von zwei weit ausholenden Flügeln eingefaßt.

Wie im ganzen Aufbau, so besitzt der Berg auch im einzelnen hohe landschaftliche Reize. Sie sind besonders dadurch bedingt, daß aus den weichen, verwitterten Seewen- und Neokomschichten allenthalben der harte, weiße Schrattenkalk hervorbricht und sich zu gewaltigen Felsmauern auftürmt. Dieser Schrattenkalk ist es, der die drei charakteristischen, zerklüfteten Wände unterhalb des Übelhorns bildet und am Übelhorn selbst „den Riff“ aufbaut, über den einst Kaiser Max zum Entsetzen der „Hochjäger“ geschritten sein soll und an dem jetzt ein gutes Steiglein zum Gipfel führt; der weiße Schrattenkalk reckt sich als Stuhlwand südlich vom Grüntenhaus empor; er hat mit seinen scharfen Zacken und Kanten die Drahtseilanlage zum Burgberger Hörnle nötig gemacht; er wächst bei der Zweifelgehrenalp wie ein schmales Riesenbrett senkrecht, hoch aus dem Boden hervor; er bildet selbst noch auf

Burgberger Hörnle.
(Aufnahme vom † Bezirkstierarzt Brutscher.)

[1]) Ludwig Schubart, Reise auf den Gründen im Algau. (Miszellen für die Neueste Weltkunde. 1811.)

Felswände bei der Zweifelgehrenalpe am Grünten.

dem östlichen Ausläufer des Berges, wo schon die milden Formen der Molasse die Weideplätze der Grüntenalp ergeben, die abenteuerlichen Felsgestalten des Giggl-. stein und Herzlestein.

Gedenken wir noch des Reichtums an herrlichem Hochwald und trefflichen Weidegründen; vergessen wir auch nicht den interessanten Wasserfall, mit dem die Burgberger Starzlach in wilder Felsenschlucht in einen grünen Gumpen niederschäumt; nehmen wir noch hinzu die versteinerungsreichen Nummulitenwände, die von der Burgberger Ruine gegen Osten in die Höhe ziehen; betrachten wir endlich die düstere Gaultsandsteinwand, die an der „Schanz" bei Burgberg senkrecht zur Höhe steigt bis zu der im Walde versteckten Felsengrotte, wo einst König Maximilian II. der schönen Bergwelt sich erfreute — so können wir wohl verstehen, warum der Grünten stets ein Lieblingsberg der Allgäuer war und bleiben wird.

Wie der Grünten den östlichen Eckpfeiler des oberen Illertals bildet, so erheben sich als westliche Vorposten **die Nagelfluhketten;** aber nicht, wie dort, als eine einzelne, nach allen Seiten freistehende Erhebung, sondern als drei parallele, langgezogene Gipfelketten, die westlich hinübergreifen bis in die Hügelzone des Bregenzer Waldes.

Der nördliche Zug beginnt bei Immenstadt und streicht, vom Quertal der Weißach unterbrochen, in südwestlicher Richtung zur Bolgenach. Hier erhebt sich über reichbesiedeltem Gelände der aussichtsreiche K o j e n zu 1294 m. Er erinnert in mancher Beziehung an den östlichen Ausläufer unserer Nagelfluhberge, den Rottachberg: dieselben Abstürze nach Nordwest, dieselben herrlichen Waldungen unterhalb der Gipfelwand, dieselbe langgestreckte Gratentwicklung. — Einen besonders schönen Aufbau zeigt auch das I m m e n s t ä d t e r H o r n (1487 m). Da dessen Schichtköpfe nach Norden gerichtet sind, so erscheint hier der Berg ungeheuer steil aufgerichtet, und aus dem schönen Waldkleide, das diese Steilhänge bedeckt, schauen hier und dort die Nagelfluhwände hervor, wie auch die Halden massenhaft mit Felsgetrümmer übersät sind.

Von der oberſten Kuppe, die einen ſchönen Überblick über den blauen Alpſee gewährt, führt ein Querkamm zu dem mittleren Hauptzug, zugleich die Waſſerſcheide zwiſchen der Weißach und dem Steigbach, alſo dem Rhein und der Donau bildend.

Reichgeſchartet weiſt der Hauptzug eine größere Zahl von Gipfeln auf, die teilweiſe bedeutend über die Kammlinie emporſteigen.

Als erſte Erhebung ragt der Mittag (1442 m) über das Illertal. Da er aber faſt vollſtändig von üppigem Wieſen- und Waldkleide überdeckt iſt, läßt er die eigenartigen Formen der Nagelfluhberge noch nicht erkennen, die in um ſo auffälligerer Weiſe ſein Nachbar, der Steineberg (1683 m), aufweiſt. Mit Recht

Die „Kirche“ am Steineberg.

führt dieſer ſeinen Namen: die Nagelfluhwand, die unter der Gipfellinie ſenkrecht, ja teilweiſe überhängend gegen Norden abbricht, wiederholt ſich auf der dem Gunzesrieder Tale zugewendeten Seite mehr als einmal, und der Wechſel von ſanfter geneigten, begrünten Schichtflächen und ſchroff abſtürzenden, felſigen Schichtköpfen, auf denen in tieferen Lagen hochſtämmige Fichten wurzeln, wirkt landſchaftlich höchſt belebend, um ſo mehr, als auch die Eroſion in die Felsmauern zackige Rinnen eingeſägt und die Verwitterung mächtige Trümmer abgeſtürzt hat, unter denen vor allem das turmhohe Felsgebilde der „Kirche“ (ſüdlich vom Gipfel) die Aufmerkſamkeit erregt.

Vom Steineberg zum Stuiben
(Aufnahme von Koch.)

Vom Steineberg gegen Weſten zeigt die Fortſetzung des Grates immer die gleichen Erſcheinungen: langgezogene, wulſtartig ausgewitterte und zerklüftete Mauern, von denen oft einzelne Teile als Türme und Pfeiler abgeſprengt ſind; dazwiſchen reichbewachſene, oft einem Blumengarten gleichende Mulden.

Auf ſicher angelegtem Steig gelangt man ſo zu dem 1750 m hohen Stuiben, der zu den hervorragendſten Ausſichtspunkten unſerer Allgäuer Berge zählt.

Wer von hier aus die Gratwanderung in weſtlicher Richtung fortſetzt, findet den Charakter der Berge, deren Höhe ſich fortwährend ſteigert, immer wieder durch die ſchrägen, parallel geſchichteten, nach Norden abbrechenden Nagelfluhbänke beſtimmt, am vollkommenſten und auffälligſten an dem 1823 m hohen Rindalphorn, das zugleich unter allen Erhebungen der ganzen Kette als die ſchönſte und ſtolzeſte Gipfelform bezeichnet werden darf, während ſeinem weſtlichen Nachbarn, dem breitſchultrigen Hochgrat, der Ruhm gebührt, mit 1834 m den höchſten Punkt der Nagelfluhberge zu bilden.

Der Siplingerkopf und die Spießwände.

Ziemlich rasch sinkt jetzt der Grat gegen den Bregenzer Wald, so daß der äußerste Gipfel dieser Kette, der Hochhäderich, nur noch 1566 m emporragt; aber bis zuletzt bleiben die scharf vortretenden, oft durch schmale Wiesenmulden getrennten Nagelfluhmauern, wenn auch mit der abnehmenden Höhe allmählich sanftere Gehänge und reichere, üppigere Weidegründe vorherrschend werden.

Eine dritte Nagelfluhkette, die den Hauptzug südlich vom Ostertalbach bis Hittisau begleitet, enthält namentlich in ihrem mittleren Teile am Siplingerkopf (1747 m) überraschend großartige Felsbildungen. Es sind die „Spießwände", die entgegen der allgemeinen Schichtenlage durch die Wirkung von Erosion und Verwitterung in senkrechte Tafeln zerschnitten sind, wodurch eine mächtige landschaftliche Wirkung erzielt wird, die sich erhöht durch die prachtvollen Ahornbestände, mit denen die tiefer gelegenen Schuttkegel überkleidet sind.

Wie die drei Bergketten, so entbehren auch die zwischengelagerten Täler nicht landschaftlicher Reize. Wer zwischen Immenstädter Horn und Steineberg zum Stuiben ansteigt, ergötzt sich an den munteren Sprüngen des Steigbachs, der in seinem untersten Laufe an schönen Felspartien vorbeieilt; und wer dann abwärts ins Weißachtal hinaus wandert, den erfreut das freundliche Grün der Auen und der Schatten dunkler, weitgedehnter Waldungen, zwischen denen der Bach ruhig dahinzieht, bis es ihm plötzlich einfällt, die nördlich vorgelagerte Bergkette in engem Quertale zu durchbrechen, wobei er die sehenswerten Buchenegger Wasserfälle bildet.

Partie im Aubach (Gunzesrieder Tal.)

Reich an landschaftlichen Schönheiten ist auch das Gunzesrieder Tal. Der Aubach, der es durchströmt, bildet oberhalb der neuen Brücke eine wilde Enge, in der Riesenblöcke dem tobenden Wasser den Weg versperren. Später, um Gunzesried, lassen die scharf abgeböschten Terrassen erkennen, daß hier das Wasser einst zu einem ansehnlichen See aufgestaut war, bis es ihm gelang, eine zweite Enge zu durchsägen, die gleich unterhalb Gunzesried beginnt und mit geringen Unterbrechungen bis zum Austritt aus den Bergen bei Blaichach sich fortsetzt. Wer sich die Unbequemlichkeit nicht reuen läßt, dem Bachbett zu folgen, soweit es möglich ist, der kann ein seltenes Naturschauspiel nach dem andern betrachten. Bald sind es runde Strudellöcher, die spiralförmig in den harten Fels eingebohrt wurden; bald drängen sich felsige Querrippen vor, die der Bach wie mittels einer Säge scharf entzwei geschnitten hat; bald türmen sich Felsblöcke übereinander, zwischen denen das Wasser in wildem Zorne wegschäumt; dazu schöne, hochstämmige Wälder und an heißen Sommertagen willkommene Gelegenheit, in dem klaren, frischen Bergwasser ein erquickendes Bad zu nehmen!

An die Nagelfluhkette schließen sich **die Berge der nördlichen Flyschzone.** Vom Illertal sind sie durch ein ziemlich breites Plateau getrennt, das größtenteils mit eiszeitlichen Ablagerungen bedeckt ist und in seinem reichen Wechsel von waldbedeckten Hügeln, bachdurchrauschten Tobeln, scharfgerandeten Terrassen, üppigen Wiesengründen und freundlichen Ortschaften reizende Bilder ergibt; auch an aussichtsreichen Höhen fehlt es nicht, und namentlich darf der Blick von der Wittelsbacher Höhe bei Schweineberg und von Maderhalm bei Fischen gerühmt werden; dagegen ist ein Schmuck, der in Vorzeiten diese Hochfläche zierte, verschwunden: ein weiter Hochsee, der sich hier ausdehnte, ehe es noch dem Krebsbach gelungen war, sich die tiefe Schlucht zu graben, in der er jetzt, ein armselig Wässerlein, zur Iller abfließt, während an Stelle des einstigen Seespiegels das Tiefenberger Moos sich ausbreitet.

Über dieser Vorstufe also baut sich das Flyschgebirge auf. In sanften Linien ansteigend, entblößt es, von zerrissenen Gräben und Schluchten abgesehen, nur selten sein schieferiges, steil aufgerichtetes Gestein. Meist haben sich fette Weidegründe und umfangreiche Waldungen darüber gebreitet. So gewähren alle diese Höhen zwar einen freundlichen, aber keineswegs großartigen Anblick. In mäßig bewegten Linien zieht sich ein Kamm vom aussichtsreichen Hüttenberger Eck über das Sigiswanger Horn (1525 m) und das Rangiswanger Horn (1616 m) zum Großen Ochsenkopf (1663 m), um nun zu dem 1787 m hohen Riedberger Horn emporzusteigen, dem höchsten Gipfel der Gruppe, der immerhin ein stattliches Berghaupt ist und namentlich im Frühjahr aus der Ferne einen bedeutenden Eindruck macht; denn wenn von andern, steileren Bergen der Schnee schon teilweise weggeschmolzen ist, dann lagern hier, eben weil vorstehende Felsrippen fehlen und die Gehänge gleichmäßig abgedacht sind, die Schneemassen noch in einer einzigen, blendend weißen Decke und geben dem Berge ein Ansehen, wie es ihm seiner Höhe nach eigentlich nicht zukäme.

Die Flyschberge, die sich jenseit der Bolgenach zum Bregenzer Wald hinziehen, zeigen ebenfalls einfache Gratlinien und reiche Wiesengründe; auch die fremdartigen Gesteine aus der Jurazeit, die der Hohe Schelpen (1552 m) und der Feuerstätter Berg (1641 m) aufweisen, machen sich im landschaftlichen Gesamtbilde nicht geltend. Ähnlich ist es mit dem vom Riedberger Horn nach Osten ziehenden Bolgen (1687 m). Die merkwürdigen Granittrümmer, die auf dem südlichen Abhang zutage treten, sind größtenteils vom Walde überdeckt; dagegen trägt er ein auffallendes, weithin sichtbares Wahrzeichen in dem „Großen Steinhaufen“, einem seltsam aufgeschichteten Trümmerwerk aus quarzitischem Sandstein.

Das Riedberger Horn im März.

Wer von den Gipfeln der Flyschberge seinen Blick nach Süden wendet, der mustert mit Verwunderung die seltsamen Felsgebilde, die dort emporragen. Es sind **die Berge der Kreideformation.**

Welch eine Fülle von Naturwundern erwartet uns, wenn wir in dieses Gebirge eintreten! Über dem Illertal bei der Ortschaft Langenwang steigt es steil empor, und alsbald sehen wir aus dem dichten Waldkleid mit weißen, flachgewölbten Bänken den harten Schrattenkalk hervortreten, hier scharfkantig abgebrochen, dort wild zerklüftet, und eine ganze Reihe auffallender Erscheinungen tritt uns schon hier, in der Vorstufe des Gebirges entgegen.

Steigen wir zu dem Wirtshaus Wasach und zu dem wegen seiner Aussicht viel gepriesenen Kapf empor, so deutet uns ein Wegweiser den Pfad zur Judenkirche an. Nach kurzer Wanderung auf schmalem Waldsteig stehen wir vor dem merkwürdigen, durch die Verwitterung geschaffenen Gebilde: einem weit geöffneten Felsentor, das dicht vor eine jähe Felswand hingestellt ist. Wer sich gegen diese lehnt, dem dient das Tor zu einem wirkungsvollen Naturrahmen; denn durch die Lichtung des nahen Laubwaldes sieht man den spitzen Kirchturm und die dicht gescharten Häuser von Oberstdorf, die in dieser Einfassung ein ganz reizendes Bildchen ergeben. — Auch eine Naturbrücke könnte man die Judenkirche nennen; denn über die gewölbte Höhlung weg kann man auf dem schmalen Felsgrat hinschreiten. — Zugleich betrachtet man mit Verwunderung die nach Osten abschließenden Wände. Man erkennt, daß man sich in einem schmalen, nordostwärts gerichteten Bergspalt befindet, und wenn man zur begrasten Sohle dieses Einschnittes,

zur Seegodra niedersteigt, so überzeugt man sich bald, daß hier einst ein kleiner Hochsee zwischen Wald und Fels eingebettet gewesen ist.

Ein ähnlicher Spalt, nur bedeutend ansehnlicher in Weite und Höhe, zieht weiter westlich durch das Gebirge. Er endet gegen Norden im Hirschsprung.

Eine schmale, senkrechte Spalte im Schrattenkalk, bei deren Anblick man unwillkürlich Umschau hält nach der Naturkraft, die sonst solche Gebilde schafft, nach dem mächtig fliegenden Wasser! Auch vom Ausgange der Klamm bis gegen Obermaiselstein hin gemahnen die gleichmäßig

Breitachklamm im Sommer. (Aufnahme von Heimhuber.)

geböschten, terrassenförmig geschnittenen Gehänge an das Rinnsal eines breiten, ungestümen Flusses. Und doch ist nur ein winziges Bächlein zu entdecken, das unter dem Hirschsprung dem Berge entquillt; verschwunden, abgelenkt sind die starken Fluten, die einst die Klamm durchsägt, die Gehänge abgeböscht **haben. Durchschreiten wir dann, statt der**

Breitachklamm im Winter. (Aufnahme von Heimhuber.)

benachbarten Sturmannshöhle einen Besuch abzustatten, den Hirschsprung und das anschließende freundliche Engtal, so gewahren wir in der Talweitung von Tiefenbach abermals deutliche Terrassenbildung, und wir können uns des Eindrucks nicht erwehren, als habe die Breitach selber hier ihre Spuren in das Gelände gezeichnet, ehe sie ihren heutigen Weg gefunden.

Bald gelangen wir an die breite Niederung, in welcher der Fluß jetzt mit mäßigem Gefälle dahinrauscht.

Nun aber verengt sich sein Bett; wir nähern uns der berühmten Breitachklamm, die durch eine großartige Weganlage im Jahre 1904/05 zugänglich gemacht worden ist.

Ein in den Felsen gebohrter Tunnel bildet gleichsam das Eintrittstor in diese Riesenwerkstätte der Natur. Sind wir hindurchgeschritten, so sehen wir anfangs noch freundliches Wiesengelände; aber bald steigen starre Wände empor, in die der Pfad mühsam eingesprengt werden mußte. Lauter lärmt der Fluß, gewaltige Blöcke hemmen seine Bahn. Dann auf einmal schließen sich die Wände ganz eng zusammen, die Klamm beginnt. Ein weit ausgehöhlter Riesentopf, auf dessen Grund das Wasser als herrlich grüner Gumpen erscheint, bildet den Anfang in der Reihe wilder, staunenerregender Szenerien, die nun aufeinander folgen: Strudellöcher erscheinen in allen Größen, schwarz durchfurcht ist das glattpolierte Gestein, immer enger drängen sich die senkrechten, oft überhängenden Wände zusammen, und über die enge Kluft oben ist zweimal eine unheimliche Naturbrücke geworfen: abgestürzte Felsblöcke, die sich hier eingeklemmt haben; später erblickt man den von Menschenhand über den grausigen Abgrund gelegten Zwingsteg, der von unten wie ein einziges, schmales Brett anzuschauen ist. Und zu all diesen fesselnden Bildern nun das schäumende, tief unten brausende Wasser, das mit solcher Wut sein enges Gefängnis durchtobt, daß wir das eiserne Geländer, an dem wir uns festhalten, erzittern fühlen unter der Wucht des ungeheuren Anpralls. Den Abschluß der großartigen Szenen bildet ein prächtiger Wasserfall, und wenn wir die Felsen, die sich hier zur Tiefe senken, genauer mustern, so erblicken wir an ihnen außergewöhnlich schöne Gleitflächen: tischebene, blankgescheuerte Wände mit parallelen, von West nach Ost schräg abwärts gezogenen Kritzern. Sie zeigen uns die Verwerfungsspalte, die wohl die erste Ursache gewesen ist, daß eine Breitachklamm entstand!

Wieder neue, eigenartige Reize zaubert der Winter hervor. Da schaut man Eisgebilde von märchenhafter Pracht. In eine Tropfsteinhöhle hat sich die Klamm gewandelt mit Stalaktiten und Stalagmiten, die in wechselnden Gestalten den Fels überkleiden oder als riesenhafte Zacken und Säulen in reizendem Farbenspiel aus der Höhe niederhangen. Nur dumpf rauscht der Bach unter der schneebedeckten Hülle, und grünlich schimmernde Eisberge türmen sich dort, wo im Sommer der Wasserfall niederstäubt.

Und nun wenden wir den Blick von der Tiefe in die Höhe empor — empor zu den Bergen!

Machen wir einen flüchtigen Gang zu den auffallenden Berggestalten, die sich zwischen der Breitach und der Schönberger Ach erheben; besuchen wir, durch die herrlichen Waldungen des Schwarzenbergs ansteigend, den merkwürdig gebauten Besler (1680 m), von dessen kahler Felsenmauer sich ein herrlicher Ausblick öffnet; betrachten wir die zerhackten Kämme der Rothen Wand (1476 m) und der Kackenköpfe (1561 m) und verweilen wir endlich in langer, gründlicher Betrachtung bei dem Gebirgstock, der von den Gottesackerwänden zum Hochifen sich ausbreitet!

Das ist eine Bergwelt für sich!

In drei Riesenmauern steigen vom Rohrmooser Tale die Gottesackerwände empor, aus anmutig begrünten Hängen plötzlich in wilder Starrheit und Zerklüftung hervorbrechend und vier, ja fünf Kilometer weit sich erstreckend!

Die gangbarsten Einrisse in die senkrechten Mauern benützend dringen wir von der untern zur mittlern und von dieser zur oberen Gottesackerwand hinan. An tiefen Felstrichtern, an merkwürdigen Höhlungen, an glatten, weißen, durch parallele Rinnen zerfurchten Wänden schreiten wir vorüber. In wuchtigen Linien und gewundenen Schichtenbändern steigt vor uns der Thorkopf (1,930 m) auf, und nachdem wir zur „Scharte" (1968 m) emporgestiegen sind, dehnt sich das berühmte Gottesackerplateau vor uns aus.

Mit einem versteinerten Meere ist es verglichen worden, mit einem Meere, „das in höchster Erregtheit und Aufwühlung plötzlich erstarrt ist." Aber nicht bloß die überwältigende Öde und Wildheit der Gesamterscheinung erfüllt uns mit Bewunderung, sondern mehr noch sind es die einzelnen Erscheinungen, die sich beim Überschreiten der gewaltigen Hochfläche zeigen, die merkwürdigen Karrenbildungen.

In einer ausgezeichneten Monographie hat Eckert das Wesen und die Geschichte dieser Karrenbildung aufs gründlichste erörtert.[1]) Als ein riesiges, flaches Gewölbe, das vorwiegend aus Schrattenkalk besteht, breitet sich das Plateau von den Gottesackerwänden bis zum Hochifen aus. Die Spannung des Gewölbes und seitliche Pressungen haben ein System von großen und kleinen Spalten geschaffen, dazu sind bedeutende Einbrüche erfolgt. Die Einflüsse der Niederschläge und der Temperaturschwankungen im Verein mit der Einwirkung der Pflanzenwelt haben diese Spalten in einer Weise ausgestaltet, wie sie wunderlicher und abenteuerlicher nicht gedacht werden können. Man höre, was A. Waltenberger, der Altmeister alpiner Landschaftsschilderung, darüber schreibt.[2]) „Der Tourist betrete eine der weißgebleichten Steinplatten, die, weit in das Gewirr der Zacken und Klüfte sich erstreckend, leichten Zugang zu dieser Zauberwelt verheißt! Kaum sind wenige Schritte auf der glatten Kalkfläche zurückgelegt, so hindert plötzlich eine

---

[1]) M. Eckert, Das Gottesackerplateau. Ein Karrenfeld im Allgäu. (III. Wissenschaftliches Ergänzungsheft der Veröffentlichungen des Deutschen und Österreichischen Alpenvereins.)

[2]) A. Waltenberger, Die Gebirgsgruppe des Hohen Ifen. (Zeitschrift des Deutschen und Österreichischen Alpenvereins. 1877.)

Der Thorkopf (Gottesackerwände). (Aufnahme von Ebert.)

breite Kluft ein weiteres Vorwärtsschreiten. Der finstere Schlund ist zu breit, um übersprungen werden zu können, und der Wanderer ist deshalb genötigt, die eingeschlagene Richtung zu verändern. Man windet sich nun durch ein Zackengewirr zur Linken oder zur Rechten, steigt hier in eine weite Felsmulde abwärts, sucht an der jenseitigen zerklüfteten Steilwand emporzuklimmen, umgeht einen gähnenden Schrund von ungemessener Tiefe und muß schließlich wieder weite Strecken zurückwandern, weil hier messerscharfe Schneiden, welche zu Hunderten nebeneinander aufragen, ein Vorwärtsdringen an dieser Stelle unmöglich machen. — Und welch wunderliche Gebilde erblickt das Auge! Hier ragen Dutzende in die feinsten Spitzen auslaufende Steindolche, daneben erblicken wir Messer und

Der Hochifen und das Gottesackerplateau von Riezlern aus.
(Aufnahme von Heimhuber.)

Beile, Hellebarden und schneidige Waffen, seltsam geformt wie uraltes Rüstzeug aus längst vergangener Zeit; dort starren Tausende von zernagten und zerfressenen Zacken, durch enge, gewundene Schründe von einander getrennt und hellklingend beim Anstoß des eisenbeschlagenen Bergstockes; dort sind mächtige Steinplatten von merkwürdigen rundlichen Öffnungen nach allen Richtungen durchsetzt und, gerade wie Holz von Insekten, hier gleichsam von geheimnisvoll riesigen Bohrwürmern zernagt und zerfressen."

Die Erscheinungen, die Waltenberger hier schildert, sind am auffälligsten und großartigsten entfaltet zwischen der Scharte und dem Hochifen. Nach Osten zu verändert sich allmählich das Bild durch die immer kräftiger auftretende Vegetation, die sich schließlich so üppig entwickelt, daß sie die Risse und Löcher oft völlig verdeckt. „Ein eigentümlicher romantischer Hauch," sagt Eckert, „liegt über dieser

Grenzregion nach dem Kürenwald zu. Es erweckt den Eindruck, als stünden wir in den Brunnentrümmern und Turmresten alter Zwingburgen."

Über all diesen Wundern erhebt sich im Süden der riesenhafte Abschluß des ganzen Stockes, der zu 2231 m emporsteigende Hohe Ifen.

Gleich den Gottesackerwänden zeigt auch er dem von Norden kommenden Wanderer eine gewaltige, von Ost nach West streichende Mauer. Wenn man aber auf schmalem Felsbande die Höhe erstiegen hat und Umschau hält, erkennt man, daß der Ifengipfel nur der höchste Punkt einer ungeheuren, leicht gewölbten, von Süd nach Nord ansteigenden Platte ist, die nach allen Seiten mauerartig, in senkrechten Wänden abbricht. Wer nicht schwindelfrei ist, wird mit Zagen an den Rand des Gipfels treten; aber überwältigend ist der Blick in die lotrechte Tiefe, überwältigend besonders in die grausigen Abstürze, die den Felsenzirkus des Ifentobels bilden.

Zwei Kilometer lang ist die Felsenmauer, welche das gewaltige Einbruchsloch des Ifentobels südlich abgrenzt, die Ifersgundenfluh, und wer diese Strecke abschreitet, dem bieten sich Bilder von seltener Großartigkeit. Mehr als einmal erhält man Gelegenheit, über den scharf abgebrochenen, unregelmäßig abgefransten Höhenrand hinauszutreten auf einen vorspringenden Felskopf; dann sieht man zur Linken und zur Rechten die ungeheuren senkrecht abstürzenden Mauern und betrachtet mit Verwunderung die wagrechten Gesteinsschichten, die als bunte Bänder von verschiedener Dicke und Färbung den Wechsel von Kalkbänken, mergeligen Lagern und dünnen Schiefern ankündigen. Jenseits im Norden haben sich die Abschlußwände des Ifentobels als wuchtige Säulen nebeneinander gestellt, die durch grüne Steilrinnen von einander geschieden sind. Unten aber breitet sich der grüne Grund des „Tiefen Ifen" aus, und Hunderte von Rindern sieht man um die kleine Galthütte weiden.

Nicht bloß eine Überschreitung, sondern auch eine Umwanderung des Ifenstockes bietet hohen Genuß. Wie im Norden die tiefe Talfurche, die sich von Siebratsgfäll über die Schrine und Rohrmoos hinzieht, prächtige Ausblicke auf den Terrassenbau der Gottesackerwände gewährt, so reiht sich bei einer Wanderung um den Südfuß unseres Gebirgsstockes ein wirkungsvolles Bild an das andere.

Wie reich an solchen Bildern ist allein der Schwarzwasserbach! In der Nähe der interessanten Riesentöpfe, die wir unter der Bezeichnung Wassermühle schon kennen gelernt haben (s. S. 40), finden wir die ebenso sehenswerte Naturbrücke. Unter dem Gestein hat sich hier der Bach Bahn gebrochen, und von Ufer zu Ufer spannt sich über das schäumende Wasser der Fels, mit hohen Tannen bewachsen. — Später, wenn wir durch die Wiesengründe der Auenalpe geschritten sind und an den Berghängen hier die versteinerten Muscheln der Seewenschichten, dort die gekritzten Steine der eiszeitlichen Moränenablagerung entdeckt haben, gelangen wir in das Felsenlabyrinth der Räuhe (Rüche), wo ein uralter Bergsturz gewaltige Blöcke umhergestreut hat, von denen jetzt Blumen und Gräser und hochstämmige Bäume Besitz ergriffen haben. Dann öffnet sich eine kleine Ebene, ein ehemaliges Seebecken, das von den Trümmermassen der Räuhe aufgestaut worden war; noch heute ist bei anhaltendem Regen ein Teil des ebenen Grundes in einen See umgewandelt. Im Hintergrund der Ebene, wo von dem ansteigenden Gelände ein Wasserfall malerisch zwischen Tannenwald herabstürzt,

Naturbrücke im Schwarzwassertal bei Riezlern.
(Aufnahme von Ebert.)

liegt, eine liebliche Idylle, die Hüttenkolonie der **Melköde**, eine alte Sommersiedelung, deren schon im Jahre 1612 Erwähnung getan wird.[1]) — Wir steigen

[1]) In der Schöllanger Chronik heißt es: A[o] 1612 ist das Haus und eine Hütte auf der Melköde gebauen worden und in zwölf Wochen haben zwölf Mann fertig gemacht und der Bauer ist selber Meister gewesen."

weiter hinan zur Schwarzwasseralpe. Da starrt uns zur Rechten abermals ein fremdartiges Gebilde entgegen, ein vom erodierenden Wasser bloßgelegter weißer Kalkrücken, der sich fast gespenstisch von der grünen Umrahmung abhebt; und dahinter steht in riesiger Entfaltung der gewaltige Hochifen mit dem auffallenden schwarzen Flecken, den das Altmutterloch in die Felsenmauer zeichnet.

Wenn wir von der Schwarzwasseralpe noch weiter ansteigen, so erreichen wir die Wasserscheide zwischen Rhein und Donau bei Hochgerach. Ein rauher Pfad führt nun zur Tiefe nieder. Wir erfreuen uns an den gewundenen Schichten, die drüben an den Hängen des Didamskopfes hervortreten, an den Wasserfällen, die über hohe Wände herabstürzen, und an dem düsteren Kulissenbau, der den südlichen Abschluß des Ifentobels bildet.

Die Melköde im Schwarzwassertal.

So haben wir uns unmerklich in ein neues, an Naturschönheiten reiches Gebiet begeben, in den **Bregenzer Wald.**

Durch das tief einschneidende Rinnsal der Subersach wird der Vorderwald vom Innerwald geschieden. Wollen wir aber die großen landschaftlichen Gegensätze auseinander halten, die uns im Bregenzer Wald entgegentreten, so müssen wir eine andere Grenzlinie wählen und dem Vorderwald die ganze Flysch- und Molassezone zurechnen, an die sich südlich das Kreidegebirge des Innerwaldes mit völlig verändertem Landschaftscharakter anschließt.

Mehr dem Alpenvorlande als dem Hochgebirge ähnlich, breitet sich **der Vorderwald** aus mit weichen, abgerundeten Bergformen, zwischen denen sich völlig ebenes Land ausbreitet, von den Schmelzwassern der Eiszeit abgelagert und von tiefen und wilden Schluchten in wirksamster Weise unterbrochen. Ein anmutiger Wechsel von weitgedehnten Wiesengeländen und schmucken, leider etwas spärlichen Waldungen, vor allem aber die zahllosen, nirgends dicht zusammengedrängten, aber überall massenhaft verstreuten Häuser und Häuschen, Hütten und Hüttchen vervollständigen das heitere, liebliche Bild.

Wer von Oberstaufen zum Hochgrat oder zum Hochhäderich ansteigt, der kann von diesen Berggipfeln aus mit einem einzigen Blicke all die charakteristischen Reize des Vorderwaldes umfassen. Dann zum Talgrund der Bolgenach sich wendend mag man sich an den Einzelbildern erfreuen, die sich nun in rascher Folge bieten.

Die Kommaschlucht bei Hittisau.

Die Bolgenach hat, ehe sie den Fuß des Hochhäderich umspült, schon einen weiten Weg zurückgelegt. Zwischen die einsamen Wälder des Riedberger Horns und des Hohen Schelpen hat sie ihre Furche gezogen; durch das wiesenreiche Balderschwanger Tal ist sie dahingewandert; in die Molasse des „Ochsenlagers" hat sie ein tiefes Bett eingeschnitten, und durch den muntern Leckner Bach verstärkt rauscht sie nun übermütig über Felsenblöcke und zieht vorbei an den hohen Terrassenhängen, die sie in grauer Vorzeit selber in die breite Schotterdecke eingegraben hat, deren Überreste jetzt als die Ebene von Hittisau in scharf abgegrenzten Linien vom Bolgenacher Tal sich abhebt. Wild und stürmisch zwängt sich der Fluß durch die Engelochschlucht, wo der Hittisauer Verschönerungsverein Vorrichtung getroffen hat, daß man, von romantischen Felsgebilden umgeben, in grünem Wildbachgumpen ein köstliches Bad nehmen kann. Prächtig ist auch die Szenerie der Kommaschlucht, wo eine alte gedeckte Brücke über den Fluß gespannt ist; und so rauscht und strömt das Wasser weiter, immer tiefer seine Bahn grabend und durch enge Tobel zwängend, wohin selten ein menschliches Auge zu blicken Gelegenheit findet.

Welch ein Gegensatz zu diesen Bildern, wenn man sich von der Bolgenach weg zum „Roten Berg" wendet und das Känzele aufsucht, wo sich ein reizender Blick auf die häuserbesäte Ebene von Hittisau öffnet, in deren Hintergrund der dichtbewaldete Hittisberg (1325 m) steht! Pralle Nagelfluhwände, die am Südabhang dieses Berges das Waldkleid unterbrechen, lassen ahnen, daß auch hier die Natur sehenswerte Gebilde geschaffen hat. Und wenn wir nun die Ebene überschreiten und uns jenen Wänden nähern, so gelangen wir, bald von schönem Hochwald umfangen, zu den überraschenden Szenerien der Rappenfluh. Ein Felssturz, welcher der Sage nach zu Beginn des 17. Jahrhunderts vom Hittisberg niedergegangen ist, hat hier Erscheinungen hervorgerufen, die im kleinen an die berühmte Luisenburg des Fichtelgebirges gemahnen. Da sehen wir die „Zwillinge", ein durch einen engen Spalt getrenntes Felsenpaar, den „Dachstein", einen gewaltigen, zu einem Riesendach ausgewitterten Felskoloß; die „Klamm", wo man auf schmaler Steintreppe sich zwischen engen Wänden durchwindet, und manche andere wunderliche Felsgebilde. Auch eine Höhlenbildung ist durch den Felssturz hervorgerufen worden, das „Geldloch". Mehr als 50 m weit führt es in die Tiefe, und es ist erklärlich, daß sich die Sage damit beschäftigt hat. Sie berichtet von einem Schatze, den ein reicher Kauz hier in die Tiefe vergraben, um ihn vor räuberischen Händen zu verbergen, und von zwei Männern, die mit Hilfe von Zauberformeln in den Besitz des Goldes gelangten, aber im letzten Augenblicke das gebotene Schweigen brachen, worauf der Schatz ihren Händen entglitt und in die Tiefe der Subersach kollerte.

Denn hart bei der Rappenfluh bricht das Gelände steil ab zu der wilden Schlucht, auf deren Grund die Subersach rauscht.

Wie die Bolgenach hat auch die Subersach einen ansehnlichen Weg zurückgelegt, ehe sie in die Gegend von Hittisau gelangt. In stattlichen Wasserfällen stürzt sie von Hochgerach herab, durchrauscht dann die Wiesengelände von Schönebach und bildet am „Sack" und an der Einmündung des Hellbocktobels eine Reihe kurzer Klammen mit Strudellöchern und tiefgrünen Gumpen. Von da ab führt bis zu ihrer Mündung kein Sträßchen mehr an ihren Ufern, — enge, tief eingefressene, weglose Schlucht ist die ganze 16 km betragende Strecke!

Tobel von solcher Art kennzeichnen auch den übrigen Vorderwald; so zerschneidet die untere Weißach gemeinsam mit ihren Seitenbächen das hügelige Gelände um Doren und Langenegg, und auch die vielgewundene Flußrinne der unteren Bregenzer Ach gehörte zu den unwegsamen Tobeln, bis es in unsern Tagen der Mensch wagte, dem Flusse sein enges Schluchtenbett streitig zu machen und zwischen absturzdrohenden Gehängen und einem angriffslustigen Wildwasser ein doppelt gefährdetes Schienengeleise anzulegen. Wer von Bregenz aus auf dieser neuen Eisenbahn in den Bregenzer Wald fährt, der kann sich ergötzen an der wilden Romantik, zu der sich steilwandige Berglehnen, herrliche Waldungen und stürmisch rauschende Wasser vereinigen, und man wird nicht müde in der Betrachtung, da die zahlreichen Biegungen und Windungen des Schluchtenweges einen raschen Wechsel der Szenerien hervorrufen.

Wie in eine andere Welt fühlt man sich versetzt, wenn man aus diesen düsteren Tiefen vom Eisenbahnzug plötzlich herausgeführt wird in die helle, heitere Talweitung, an deren Grenze das freundliche Dorf Egg hingelagert ist.

Erfreulich wie der Gesamtüberblick über die Wiesengründe und schönbewaldeten Hügelkuppen ist auch die Betrachtung der einzelnen Bilder, die sich in der Umgebung von Egg zahlreich bieten: sei es, daß man die Ebene von Andelsbuch mit ihren zahlreichen Siedelungen durchwandert, wobei man allenthalben erinnert wird an die bedeutsamen Vorgänge der Eiszeit, die sich in den weitgebuchteten Terrassen der Bregenzer Ach und in aufgeschlossenen Moränenhängen kundgeben; sei es, daß man den sehenswerten Drahtsteg überschreitet, der als ein schmales, schwankendes Band an zwei starken Drahtseilen über die wilde Subersschlucht gespannt ist und einem nach Lingenau führenden Fußpfade dient; oder daß man sich in den schönen Wäldern und auf den aussichtsreichen Höhen der Nesseldohle ergeht, ja vielleicht noch weiter zu dem freundlichen Hügelgelände von Ittelsberg und zu den in idyllischer Einsamkeit reizend gelegenen Hütten von Amagmach vordringt; sei es endlich, daß man die Bregenzer Ach auf der neuen Fluhbrücke überschreitet, um zu den berühmten Aussichtspunkten Brüggele und Hochälpele anzusteigen.

Eisenbahn-Viadukt an der Bregenzer Ache.
(Aufnahme von Th. Immler in Bregenz.)

Auf allen diesen Wanderungen aber wird das Auge gefesselt durch die so völlig anders gestalteten Höhenzüge, die das Landschaftsbild im Süden abgrenzen und der Kreidezone **des Innerwaldes** angehören.

Zwar die äußerste Welle, in der dieses Kreidegebirge sich zur Winterstaude (1867 m) emporgefaltet hat, zeigt von Egg oder von Hittisau aus noch nicht die charakteristischen Merkmale, die wir auf unserer Wanderung von Fischen bis Hochgerach kennen gelernt haben. Erst wenn man die hochgelegene Alpe Triesten erreicht hat und dann in östlicher Richtung zur Winterstaude ansteigt, erkennt man das steil aufgerichtete Gewölbe, dessen Schichtfläche, nach Süden fallend, mit blumenreichem Grasboden bis hinauf zum höchsten Grat bedeckt ist, während nach Norden das Gewölbe plötzlich abbricht, so daß hier die Schichtköpfe in prallen, zum Teil überhängenden Wänden in trümmererfüllte Kare sich senken. An einer Stelle sind auch die Südhänge so steil gestellt, daß kein Graswuchs mehr darauf haftet und sich der Grat zu einer scharfen, vielfach zerbröckelten Kante gestaltet, dem berüchtigten „Hasenstrick", der schwindelfreien Bergsteigern Gelegenheit gibt, ihre Kletterkunst zu erproben.

Die Winterstaude. Im Vordergrunde die Moränenlandschaft von Hittisau.
(Aufnahme von Mader in Oberstaufen.)

Die Winterstaude und ihre Nachbarn, von Bezau aus gesehen.

Am auffallendsten tritt uns der eigentümliche Aufbau der Winterstaude und ihrer Nachbarn entgegen, wenn wir sie von Bezau aus betrachten.

Im übrigen ist der Talkessel, in dem **Bezau** liegt, von Höhen umrandet, die uns völlig an die Berglandschaft von Tiefenbach und Obermaiselstein gemahnen: dieselben flachgewölbten Felsmauern, die aus dunklen Wäldern scharf hervortreten, dieselben Zerklüftungen im weißen Kalkgestein. Dazu eine Fülle landschaftlicher Schönheiten, wohl wert, länger dabei zu verweilen! Da ist das herrliche Durchbruchtal, in dem die Ach gegen Norden strömt; da ist der düstere, von dichtem Wald bestandene Grebentobel, der zu den Südhängen der Winterstaude führt; da findet man nahe dem Bärenwirtshaus von Bezau einen „Höllenpark“, in dem wirres Felsgetrümmer mit wunderlichen Gebilden an die Hittisauer Rappenfluh gemahnt; und endlich wird man den schönen, durch prächtige Wälder führenden Steig nicht versäumen, der über die historische Stätte von **Bezegg** nach Andelsbuch führt.

In gleich auffälliger Weise, wie sich die schmale Ebene von Bezau zwischen die Berge einschiebt, ist weiter südlich die Talweitung von **Bizau** gleichsam herausgeschnitten aus den rings

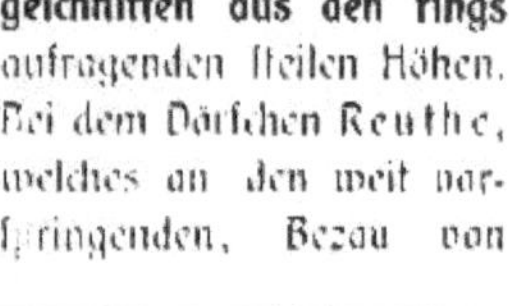

aufragenden steilen Höhen. Bei dem Dörfchen **Reuthe**, welches an den weit vorspringenden, Bezau von Bizau trennenden Felsrücken malerisch hingebaut ist, steht man vor der Wahl, ob man an der düstern **Klause** vorbei durch die großartig schöne Klamm der Bregenzer Ach

1) Reuthe im Bregenzer Wald. 2) Schnepfau.
(Aufnahmen von Helmhuber.)

nach Mellau wandern oder ob man lieber zur Schnepfegg ansteigen soll. Hier wird man bei der Wendelinskapelle durch einen unvergleichlichen Ausblick auf die in ihrer ganzen Majestät plötzlich riesengroß auftauchende Kanisfluh überrascht, die mit ihren gewaltigen Abstürzen und Zerklüftungen den Beschauer so vollständig fesselt, daß selbst die hübsche Fernsicht auf den im Osten abschließenden Berghintergrund nicht volle Würdigung findet.

Auf schönem Waldwege steigt man dann nieder zu den schmucken Häusern von Schnepfau und schreitet nun auf breiter Straße zwischen den hochgetürmten Wänden der Kanisfluh und der Mittagsfluh dem Dorfe Au entgegen. Es ist dies

Bad Hopfreben.
(Aufnahme von Heimhuber)

eine geologisch merkwürdige Strecke, da hier ein älteres Gestein zutage tritt, der dunkle „Auer Kalk", welcher der Juraformation zugehört. Überhaupt verlassen wir nun die Kreidezone und durchschreiten eine Zeitlang den durch weichere Bergformen sich kennzeichnenden Flysch. Auf flachem, jetzt prächtig begrüntem Schuttkegel, den der Rehmerbach in die Talweitung vorgeschoben hat, erscheinen freundliche Häusergruppen, dann zeigt sich in einer zweiten, ansehnlicheren Talweitung das behäbige Schoppernau. Nun aber treten die Berge wieder enger zusammen. Unser Sträßchen führt durch schöne Waldung, die Ach stürmt und tost, und die Runsen, die von Zeit zu Zeit breitklaffend den Wald unterbrechen, lassen erraten, woher die Riesenblöcke stammen, an denen sich das Wasser des Baches schäumend bricht. Dann weitet sich nochmals das Tal. Auf grünem Anger erscheint das Hüttendorf, etwas später das Bad Hopfreben. Hier mag der

6*

Wanderer auf der Ruhebank, die am Hügelrande zur Rast einlädt, in behaglicher Muße das schöne Bild genießen, das sich vor ihm ausbreitet. Denn von neuem drängen sich die Flyschberge zu enger Schlucht zusammen und über ihren dichtbewaldeten Ausläufern steigen im Hintergrunde helle Matten und formenreiche Felsgebilde empor.

Und nun bleibt die Schlucht eng und wild. Bald treten wir, das Sträßchen weiter verfolgend, in das Gebiet der rhätischen Überschiebung ein; Hauptdolomit, Kössener Schichten und Lias überlagern den Flysch, wilder und wilder wird die Szenerie, lärmender der Bach.

Bei dem einsamen, von hohen Bergen eng umschlossenen Dörfchen Schröcken verlassen wir die Bregenzer Ach und wenden uns dem Seebach zu. Auf steilem

Hochkrumbach mit dem Widderstein.

Pfade steigen wir empor, daß nach kurzer Zeit das schmucke Kirchlein und die braunen Holzhäuser von Schröcken tief unter uns liegen auf grünem Plan wie auf dem Grunde eines Riesentrichters. An dem herrlich gelegenen Gasthaus von Nesseleck vorüber führt der Weg immer weiter bergauf. Jetzt tritt der Seebach näher heran, und wir staunen über die kolossalen Geschiebemassen, die dieser junge Bach in seinem tiefeingerissenen Bette angehäuft hat. So erreichen wir das Plateau von Hochkrumbach. (1703 m.)

Zurückgewichen ist der Wald. Baumlos dehnt sich weithin welliges Gelände, von tiefen, wilden Wassergräben durchfurcht. Aber die Einförmigkeit dieses Anblicks wird reichlich aufgewogen durch den herrlichen Bergkranz, der sich hier rings um uns zusammenschließt.

Der Gesprengte Weg am Gentschelpaß.
(Aufnahme von Ebert.)

Über das steile Grasgehänge steigen wir hinan zum **Gemstelpaß** (Gentschelpaß) (1977 m) und genießen auf der Höhe nochmals den wundervollen Anblick, den die stolzen Berghäupter weit in der Runde darbieten. Wenn wir dann abwärts schreiten über das Weidegebiet der Gentschelalp, von den trutzigen Felsmauern des Widderstein begleitet, erfreuen wir uns an den Alpenblumen, die in reicher Zahl und bunter Mannigfaltigkeit bald aus dichtem Legföhrengestrüppe hervorlugen, bald Gras und Stein mit ihrem holden Glanz beleben. Später, nachdem sich aus zahlreichen Rinnsalen der Gentschelbach gesammelt hat, erwartet uns am „Gesprengten Weg“ ein fesselndes Landschaftsbild, von dem Bache geschaffen, der in donnerndem Wasserfall durch eine enge, tiefe Felsspalte hinabstürzt.

Der Widderstein von Hirschegg aus.
(Aufnahme von Helmhuber.)

So führt uns der Pfad hinüber ins **Walsertal.**

Drei verschiedene Gesteinsformationen — Kreide, Flysch, Trias — beteiligen sich an dem Aufbau der Berggipfel, die das Walsertal umranden, und bedingen damit eine höchst auffällige Verschiedenheit der Landschaftsbilder.

Wie über dem linken Breitachufer der gewaltige Ifenstock die ganze Landschaft beherrscht, so bilden den Talschluß im Süden und Südosten die Dolomitberge und verkünden in ihren großartig schönen Formen, daß aus diesem Gestein die Natur ihre herrlichsten Gestalten gebildet, ihre kühnsten Bauten aufgetürmt hat.

Des höchsten Preises wert ist vor allem der **Widderstein** (2536 m), einer der schönsten Berge der Allgäuer Alpen. In gewaltigem, reich gegliedertem Aufbau steigt er zwischen dem Gentschel- und dem Bärgunt-Tal empor und in jedem der mächtigen Felsrippen, die er nach allen Seiten ausstreckt, in jedem der trümmererfüllten Kare offenbart er sich als der echte Dolomitriese. Den Bergsteiger, der von den blumengeschmückten Halden des Gentscheljoches zu dem stolzen

Liechelkopf und Elferkopf von der Großen Steinscharte aus.
(Zeichnung von E. T. Compton.)

Gipfel emporklimmt, entzückt ebenso sehr die nackte Reinheit des weißen, ausgezeichnet gestuften Felsenkörpers wie zuletzt der in freie Lüfte sich schwingende Grat, von dessen höchster Warte ein unvergleichlich herrliches Rundgemälde sich aufrollt.

Würdig zur Seite steht, durch das Gentscheltal abgetrennt, die wuchtige Kette, die im Geishorn und Liechelkopf, im Zwölfer- und Elferkopf Bergkolosse besitzt, die an Schönheit und Großartigkeit dem Widderstein nahe kommen. Sie entfalten besonders gegen den Wildentobel hin ihre zerklüfteten Wände, und in dieses enge, steile Quertal blicken auch die zerhackten Zinnen der Schafalpköpfe (2319 m) nieder.

Auf gutem Zickzackpfad können wir emporsteigen bis zur Stelle, wo sich der weiße Fuß dieser Felsen auf die grünen Flyschbänder des Fiderepasses stellt, von dem nach der entgegengesetzten Seite ebenso rauh und zerklüftet die Felsmauern der Hammerspitz und des Schüsser aufragen. Über ein einsames, schweigendes Hochtal, in dem oft noch zur Spätsommerzeit der Schnee sich breit macht, schreiten wir weiter, sehen zur Rechten den Griesgundkopf, zur Linken den Warmatsgundkopf auftauchen und blicken dann, indem wir die erste Steilstufe zum Warmatsgundbach hinabsteigen, zu einer Bergkette hinüber, die wieder einen völlig anders gearteten Charakter zeigt: es ist der Flyschzug, der im Fellhorn (2038 m), Schlappolt (1969 m) und Söllerkopf (1938 m) gipfelt.

Breitachbrücke bei Hirschegg.

Diese Flyschkette, die sich jenseit der Breitach im Heuberg fortsetzt und von da über das Starzljoch zum Bregenzer Wald hinüberzieht, zeigt gerade so wie die verwandten Berge der Riedbergerhorn-Gruppe ein reiches Grasgewand, das sich bis zu den obersten Firsten ausdehnt und damit wieder ganz andere Formen und Farben in das Landschaftsbild mischt als der Ifenstock und der Widderstein.

So einförmig aber die Fellhornkette von Riezlern aus erscheint mit ihren gleichmäßig grünen Grashängen und ihrer glatten Kammlinie, so ist doch eine Gratwanderung auf diesen Höhen von großem Reize. Da bemerkt man erst, wie steil der ganze Zug aufgerichtet ist und wie kräftig an einzelnen Seitenästen die Felsbildung hervortritt; auch fesselt der Blick in das Walsertal, wo die schmucken Häuser so reizend auf den grünen Teppich hingelagert sind, während ein langgezogenes, dunkles Waldband die tiefe Furche andeutet, in der die Breitach durch Tobel und Klammen dahineilt. Vor allem aber schaut man hier oben bewundernd auf den herrlichen Gipfelkranz, der im Süden und Osten emporsteigt, auf die Oberstdorfer Berge.

Die Oberstdorfer Berge von Fischen aus. (Aufnahme von Heimhuber.)

Wer von Sonthofen her im Illertal aufwärts wandert, dem zeigen sich **die Oberstdorfer Berge** zum erstenmal in einem außergewöhnlich schönen und malerischen Bilde bei Fischen: der Schöllanger Burghügel als wirksame Vorstufe, das prachtvoll aufgebaute Rubihorn, die edlen Linien der Mädelegabelgruppe, um die sich so viele andere bedeutende Hochgipfel scharen, dazu ein durch Wald und Wasser reichlich belebter Vordergrund — das alles vereint sich zu einem gleichsam künstlerisch abgeschlossenen Gemälde und von diesem Gesichtspunkte aus darf Fischen als der rühmenswerteste Punkt im oberen Illertal gelten.

Wenn man sich dann aber weiter nach Süden wendet und an der Stelle, wo die drei Quellflüsse der Iller zusammenkommen, den weiten Talkessel von Oberstdorf sich öffnen sieht, dann erkennt man rasch, worin die Vorzüge dieses Marktfleckens liegen, der sich um seinen spitzen Kirchturm so stattlich und anmutig ausbreitet. Mit einem einzigen Blick überschaut man, daß von hier alle die Pfade

da
die
sich
und

gleic
Graf
steil
Felst
Häu
gezo
Tobe
auf
Ober

W... Sontheim ...
...ftdorfer Berge
male
das
die
Wass
küns
Fisch

die
dor
fleck
breit

ausstrahlen, die zu den schönsten und erhabensten Gebieten der Allgäuer Alpen führen, und man wird von einer wahren Begierde erfaßt, hinter die Kulissen zu schauen, die sich in Form vielgestaltiger Bergketten drei- und vierfach hintereinander reihen, und einzudringen in die berühmten Hochtäler, deren waldbedeckte Hänge sich von allen Seiten her gegen diesen einen Talkessel vorschieben.

Wie eine riesige Scheidewand stellt sich der klotzige Himmelsschrofen zwischen die Täler der Spielmannsau und der Birgsau, und wenn wir uns nun vornehmen, der Stillach bis zu ihren Quellen nachzuspüren, so ist jener breite Bergrücken in mannigfach wechselnder Gestaltung lange Zeit unser Begleiter.

Das Sträßchen, das zuerst schnurgerade und langweilig gegen den Fuß des Himmelsschrofen hinzieht, taucht bald in schönen Hochwald ein, der auf welligem Gelände wurzelt und um manchen vom Himmelsschrofen abgestürzten Felsblock ein samtenes Moospolster gebreitet hat. Dazu gehört auch der „Stundenstein“, der mit seiner Inschrift dem Wanderer andeuten soll, daß hier die Hälfte des Weges zwischen Oberstdorf und Birgsau — eine Stunde — zurückgelegt ist. Nun rücken zur Linken und zur Rechten die Hänge näher heran; wir hören die Stillach rauschen und sehen sie bald durch die Felsenenge des „G'schlief“ sich zwängen, eine kurze, aber prächtige Strecke, die man im Spätherbst sehen muß, wenn die bunten Farben der Laubwaldung die dunklen Felsen umkleiden und mit dem Smaragdgrün der klaren Stillachquellen wetteifern.

Dann öffnet sich plötzlich das Tal und wie mit einem Zauberschlage liegt vor uns das großartigste Naturgemälde: eine gewaltige Dolomitkette, von den grünen Liashängen des Linkerskopfes angenehm unterbrochen, zeigt ihre stolzen Gipfel: Rappenköpfe, Wilder Mann und Bockkarkopf steigen hoch empor, und die bekannte Felsfigur des „Wilden Männle“ zeichnet sich scharf vom Himmel ab.

Bis man die auf weitem Wiesengrund gelegenen Häuser von Birgsau erreicht, ist zur Linken auch die herrliche Mädelegabel und der kühne Felszacken der Trettachspitze aufgetaucht, und im Süden bildet der Biberkopf einen würdigen Talabschluß.

Aber so mannigfaltig auch die Eindrücke sind, die der Wanderer auf diesem Wege empfängt, so entrollen sich doch noch weit eindrucksvollere Bilder, wenn man dem gleichen Ziele auf Seitenpfaden zustrebt, die am Freibergsee vorbei führen.

Auf einem weit vorgeschobenen Ausläufer der Fellhornkette, nur 130 m über der Talstufe, liegt der schöne See. Den klaren, grünen Wasserspiegel umkränzen die prächtigsten Wälder, hin und wieder von heiterm Wiesenplan unterbrochen, und darüber herein schauen die Berge: hier eine dunkle Steilwand des Himmelsschrofens, dort die zackigen Mauern des Griesgundkopfes, dort die scharfen Gratlinien der Höfats; und das alles ist zu einem so lieblichen Bilde vereint, daß man dieses Fleckchen Erde wohl zu den köstlichsten Rastpunkten zählen darf, mag man sich auf der Altane des hochgelegenen Wirtshauses an Speise und Trank laben oder drunten im Boote sich schaukeln oder endlich in den weichen Fluten selbst ein erfrischendes Bad nehmen.

Der Freibergsee. (Aufnahme von Rauch.)

Und wenn man dann um das Westufer herum weiter wandert und den See immer wieder in anderer Umrahmung und mit anderem Berghintergrund und mit anderen Farbenwirkungen schaut, dann wird es einem fast schwer, von diesen Bildern zu scheiden. Aber nach kurzer Wanderung durch waldiges Gelände öffnet sich bei den Häusern von Schwand ein neues herrliches Bild. Wie in der Birgsau, so ragen auch hier die Dolomitriesen von der Trettachspitze bis zum Biberkopf empor, nur daß hier durch die waldigen Kuppen des G'schlief ein malerischer Vordergrund geschaffen ist, der die kahlen Felsberge des Hintergrundes noch wirksamer erscheinen läßt.

Wer die Mädelegabelgruppe von Schwand und von Birgsau aus gesehen und bewundert hat, dem mag es zweifelhaft erscheinen, ob diese Berge von einem andern Standorte und in anderer Umrahmung noch gewaltiger erscheinen möchten. Und mit einem Gefühle neugieriger Erwartung schreitet man dem berühmten Einödsbach entgegen. Bald verschwindet der Berghintergrund; aber andere fesselnde Bilder treten an seine Stelle, es beginnt die Stillachklamm! Auf steinigem Pfade schreitet man durch schönen Wald aufwärts, bis eine Kanzel den Blick in die Tiefe enthüllt, wo in grausigem Felsenschlunde der Bach seinen wilden Zorn austobt. Dann noch wenige Schritte, und das schlichte Wirtshaus des alten Schraudolph liegt vor uns.

Halten wir die Augen noch ein wenig im Zaume, lassen wir sie bescheidentlich gesenkt auf dem grünen Rasenteppich ruhen, der sich da so merkwürdig eben vor uns ausbreitet, ein Anschwemmungsgebilde verratend; und erst, wenn wir vor Schraudolphs gastlichem Hause auf einer Bank Platz genommen haben, erst dann schauen wir mit raschem Augenaufschlag empor — und ein Ruf des Entzückens, der staunenden Bewunderung wird nicht ausbleiben. Ja, das ist noch größer, noch gewaltiger als Schwand und Birgsau!

Dieses Riesengebäude, das sich da so unvermittelt vor uns in den Himmel emporhebt, diese wilden Zacken und kahlen, mit weißen Flecken ewigen Schnees geschmückten Mauern; diese finstere, klaffende Spalte des Bacherlochs; diese hellen, saftgrünen und doch so furchtbar steilen Hänge des Einödsberges; diese dunklen Wälder, die an den Ausläufern des Bockkarkopfs hinanklettern; diese alten, prächtigen Holzhütten und die malerische Kapelle im Vordergrund — das alles vereint sich zu einem Gemälde, das, einmal geschaut, für immer den Sinn gefangen hält!

Und nun auf zu fröhlicher Bergfahrt!

Da gibt es freilich mehr als einen Pfad zur Wahl. Der kühne Felskletterer wird sich die stolze Trettachspitze zum Ziele wählen. Auf schmalen Heuerpfaden zur oberen Einödsberg-Alpe ansteigend, wartet er lange vergeblich auf Wände und Schründe; denn zwar steil, aber felsenlos, in einem einzigen herrlich grünen Wiesenhang bauen sich die Liasschiefer des Einödsberges auf. Um so gewaltiger wirkt dann, wenn man den Grat erreicht hat und sich gegen Süden wendet, der plötzlich in seiner ganzen Wildheit auftauchende Dolomitzacken der Trettachspitze, von der ein glänzendes Firnfeld niederzieht.

Andere ſuchen auf dem kürzeſten Wege die Mädelegabel zu erreichen und können, indem ſie neben dem Bacherloch zum Waltenberger Haus und zur Bockkarſcharte anſteigen, die großartigſten Hochgebirgsbilder bewundern.

Wir aber wollen uns dem höchſten Gipfel dieſer Gebirgsgruppe, dem Hohen Licht, zuwenden.

Wenn wir in das Rinnſal abſteigen, in das die Waſſer vom Bacher Loch einſtürmen, ſo erkennen wir an der ſtarren Wildheit, die uns hier umgibt, daß wir uns noch im Gebiete des Dolomites befinden, durch den ſich auch die Stillach ihre Klamm geſchnitten hat. Bald aber ändert ſich die Landſchaft. Über die humusreichen Gehänge der Petersalpe anſteigend kreuzen wir raſch nach einander

Die Mädelegabel von der Trettachſpitze aus.
(Aufnahme von Heimhuber.)

die ſchmalen Zonen der Köſſener Schichten und des Dachſteinkalkes, um dann in den Lias einzutreten, der nun für lange Zeit die Landſchaft beherrſcht. Mag uns auch, ſofern wir nach regneriſchen Tagen dieſes Gebiet durchwandern, der ſchlüpfrige, kotige Pfad nicht ſehr zu Wunſch ſein, ſo geſtehen wir doch zu, daß eben dieſer tiefgründige Humusboden es iſt, der die erſtaunliche Üppigkeit der Vegetation ermöglicht hat, die uns hier umgibt. Nicht durchaus felſenlos ſind dieſe ſteilen Hänge, die vom Linkerskopf herabziehen; in mehreren Wandſtufen brechen ſie unvermittelt ab und zeigen hier die dunklen, ſchieferigen Bänke des Fleckenmergels.

Dieſen Charakter bewahrt der Untergrund auch, wenn wir die gaſtliche Rappenſeehütte erreicht haben und uns zu dem etwa fünf Minuten weiter entfernten Rappensee wenden, der in einer Höhe von 2047 m in die weichen Liasschiefer eingebettet ist. Aber unmittelbar über ihm erheben sich in rauher Wildheit, mit trümmerreichen Karen, mit schwarz durchfurchtem Gemäuer die Dolomitberge Hochgundspitz, Rappenseekopf, Hochrappenkopf.

Und wenn wir dem einladenden Steiglein folgen, das zu diesem Berge emporführt, wenn wir dann oben auf dem Gipfel des Hochrappenkopf (2424 m) in die schauerliche Kluft hinabblicken, durch welche hier der Berg entzweigeschnitten ist; wenn wir hinüberschauen auf die riesigen Platten, mit denen der hochragende Biberkopf gepanzert ist; wenn wir hinter dem Rappenseekopf die Felsenschultern des Hohen Lichts und weiter südlich die Abstürze der Ellbogenspitze gewahren,

Das Hohe Licht. (Aufnahme von Rauch.)

dann haben wir in diese herrliche Alpenwelt einen Einblick getan, der in uns das Verlangen wachruft, weiter und weiter vorzudringen.

Wir kehren zum Rappensee zurück und steigen zur Großen Steinscharte (2263 m) hinan. Tief ergreift uns hier die Erhabenheit der todesstarren Steinwüste. Welch ein Trümmerwerk! Welch ein Bild der Zerstörung! Riesenblöcke auf Riesenblöcken!

Und dann steigt, immer größer, immer gewaltiger das Hohe Licht vor uns auf mit prallen, zum Teil tiefschwarz verwitterten Wänden; auch der Wilde Mann (2578 m) reckt sich drohend empor und das Wilde Männle guckt herausfordernd von seinem luftigen Standorte herüber, ob es wohl einer wage mit ihm anzubinden; im Süden aber, durch die tiefe Einsenkung der Lechfurche abgetrennt, steht in duftigem Blau die vielgipflige Kette der Lechtaler Alpen.

Ein ansehnlicher Schuttkegel, der von den Flanken des Hohen Lichtes niederzieht, gibt uns die Richtung zum weiteren Anstieg. Dann sind wir dicht an den Felsenleib unseres Berges herangerückt, und ein guter, sicherer Steig leitet uns hart über den drohenden Abgründen empor zum Gipfel (2652 m), dessen wirr übereinander geschichtete Gesteinstrümmer davon Kunde geben, daß die Verwitterung hier oben ihr Zerstörungswerk mit gleichem Erfolge ausübt wie drunten in der Steinscharte.

Heilbronner Weg. An der Leiter. (Aufnahme von Heimhuber.)

Heilbronner Weg. An der Gufel. (Aufnahme von Rauch.)

Freilich, nicht auf den Boden heftet sich an solchem Punkte das Auge des Bergsteigers -- hinaus fliegen die Blicke, rundum in diese Welt voll Herrlichkeit. Und daß man nicht allzu schnell wieder Abschied zu nehmen braucht von all dem Schönen und Erhabenen, was sich da bietet, dafür sorgt der **Heilbronner Weg**, der es uns ermöglicht, die ganze Gratentwicklung über den **Steinschartenkopf** und über den **Bockkarkopf** (2608 m) zu begehen und die eigenartige Gestaltung dieser Dolomitberge in all ihren packenden Einzelheiten zu bewundern.

Wir schreiten durch die enge Pforte des „Heilbronner Törle" und freuen uns des trefflichen Pfades, der zwischen Abstürzen und Geklüfte so sicher dahinzieht; dann staunen wir einen jäh abfallenden Plattenhang an, durch den unser Weg breit hindurchschneidet, und wir denken mit einem Gefühle der Bewunderung an jene wackeren Arbeiter, die hier, ehe noch eine Pfadspur zu sehen war, in schmalen Felsritzen Halt suchen und dabei mit Pickel und Stemmeisen dem harten Stein zu Leibe rücken mußten, wobei zuweilen tischgroße Platten gelöst wurden, um mit unheimlichem Gepolter in die Tiefe abzustürzen. Später stehen wir vor einer senkrecht aufragenden Felsstufe, zu der uns eine eiserne Leiter emporhilft; dann wieder führt uns der Pfad an den überhängenden Wänden der „Gufel" vorüber,

Mädelegabel mit dem Gletscher. (Aufnahme von Rauch.)

und während so am Wege selbst ein fesselndes Bild das andere ablöst, entzückt uns fort und fort der prachtvolle Aufbau der ringsum ragenden Felsenberge und die vielgestaltige Schönheit des fernen Gipfelmeeres.

Indem wir weiterschreiten zur Bockkarscharte, über der die Wände der Hochfrottspitze emporsteigen, sehen wir das weitgedehnte Schneefeld sich ausbreiten, unter dessen blendender Decke sich der Mädelegabelgletscher verbirgt. Nur nach heißen Sommern kommt im Frühherbste das blanke Eis des Gletschers zum Vorschein. Dann kann man, am Rande der weit aufgerissenen Spalten hinschreitend, an dem Farbenspiel der grünlich schimmernden Eiswände sich ergötzen. Für gewöhnlich aber sieht man nur die einförmige Schneefläche, auf der sich deutlich die langgezogene Furche abzeichnet, die von den Fußstapfen der Bergsteiger eingestampft wurde. Sie führt zu einem ziemlich unscheinbar aussehenden, breit hingelagerten Felsenstocke, den wir nun erklimmen. Durch einen schmalen „Kamin" zwängen wir uns in die Höhe, steigen auf sicher gestuftem Fels rasch

Der „Kamin" an der Mädelegabel.
(Zeichnung von E. T. Compton.)

empor und stehen, ehe wir's uns versehen, auf dem Gipfel der berühmten Mädelegabel. (2646 m.)

Es ist dies einer der gepriesensten Aussichtspunkte; denn alles vereinigt sich zu einem entzückenden Rundbilde: das unendlich scheinende Gipfelmeer im Süden bis zu den silberglänzenden Fernern der Stubaier, der Silvretta und der Tödigruppe; die überwältigende Großartigkeit der nächsten Umgebung und die ungemein lieblichen Ausblicke nach Norden, hinab ins grüne Tal der Birgsau und hinaus in die Gegend der Vorberge und der schwäbischen Hochebene.

Wenn wir von der Mädelegabel niedersteigen und unsern Weg in östlicher Richtung fortsetzen, so durchwandern wir noch eine Zeitlang den Hauptdolomit mit seinen gewaltigen Trümmerfeldern und abenteuerlichen Felszacken. Erst später überschreiten wir den Lias, der hier unter der überschobenen Dolomitdecke auftaucht und die „Schwarze Milz“ bildet, deren manganreiche, zu schwarzer Erde verwitterte Schiefer in großer Zahl winzige Quarzkristalle beherbergen. Bald aber treten wir wieder in den Bereich des Dolomit ein. Vom Kratzer, dessen tief zerhackter Grat ein Bild der wildesten Zerstörung bietet, sind zahllose Felsentrümmer über das Gehänge ausgestreut und manch haushoher „Briefbeschwerer“ ruht auf weichem, blumengeschmücktem Grunde von seiner kurzen Reise aus.

Erst wenn wir uns am Mädelejoch vorbei zur Kemptner Hütte wenden, erkennen wir an den prächtigen Weidegründen der Oberen Mädelealpe, daß wir uns wieder im Gebiete des Lias befinden, aus dem sich auch der benachbarte Fürschießer (2271 m) zusammensetzt. So deutlich sich aber dessen grüne Hänge von den anschließenden Dolomitzacken der Krottenspitzen (2382 m) abheben, so stehen sie ihnen doch an Kühnheit des Aufbaues wenig nach, so daß selbst das Edelweiß es nicht verschmäht, auf den steilen, von dunklen, schiefrigen Bänken durchsetzten Grashalden Wurzel zu schlagen. Zu einer wilden, düsteren Spalte aber senkt sich das Gelände im Sperrbachtobel, wo die gewaltig zusammengepreßten und verbogenen Schichten von der Verwitterung so mitgenommen sind, daß jedes sommerliche Schlagwetter eine Unmasse des zermürbten Gesteines loslöst und damit den in der Tiefe lagernden Lawinenschnee überschüttet. Dieser füllt im Winter die Schlucht in ihrer ganzen Erstreckung aus. Kommt dann der Frühsommer und beginnt die wärmere Sonne an den harten, dichtgepreßten Massen zu lecken, dann ist es ein seltsames Schauspiel, wie in der trümmerbesäeten Schneedecke erst dunkle Löcher, dann weite, schwarze Tore sich öffnen, unter denen die trüben Schmelzwasser tosend dahinstürmen. Nur in sehr warmen, regenreichen Sommern wird der Schnee ganz aufgezehrt; doch ist das eine seltene Ausnahme, die z. B. im Jahre 1852 als besondere Merkwürdigkeit verzeichnet wurde. Mit welcher Gewalt aber hier die Lawinen niedergehen, das erfuhr die Alpenvereinssektion Kempten im Jahre 1893. Sie hatte über den „Witzensprung“, der unterhalb des Tobels als kurze Klamm den Bach einengt, einen eisernen Steg gelegt. Da kam die Lawine, fegte den Steg weg, bog die eisernen Träger wie dünnen Draht und warf sie als zerbrochenes Spielzeug in die Tiefe. — Weiter draußen, beim „Obern Knie“ zwängt sich der Sperrbach nochmals durch einen engen, tiefen Felsenspalt, dessen ganze Erstreckung wohl noch kein menschliches Auge geschaut hat.

Am „Untern Knie“ kommt die Trettach aus dem finstern Schlund der „Wilden Gräben“ hervor, und die gewaltigen Schuttmassen, die sie hier aufgehäuft und dann wieder scharfkantig durchgeschnitten hat, dazu die wilde Hast, mit welcher sich der Sperrbach aus seinem Kerker befreit, endlich die vielgestaltete Felsszenerie und der beginnende Hochwaldschmuck — das alles vereint sich zu einem schönen, eindrucksvollen Bilde.

Sperrbachtobel mit dem Muttler.

Dann schreitet man durch Laubwald gemächlich talabwärts. Bald erscheinen die Weidegründe der Unteren Mädelealpe, und an waldigen Bergrand hingelehnt zeigt sich die gastliche Herberge von Spielmannsau.

Der stürmisch rauschende Traufbach, der hier aus enger Schlucht herauskommt, reizt uns, einen Einblick in dieses Seitental zu gewinnen, und schon die ersten Schritte, die wir auf dem breiten, aber rauhen Wege aufwärts machen, zeigen fesselnde Bilder. Von den weißlichen Dolomitbänken, die am rechten Ufer auftreten, unterscheiden sich auffallend die vom Wildwasser gerundeten und teilweise prächtig polierten Blöcke aus rotem Liaskalk. Dann steigen dunkle, in dicken Bänken geschichtete Felswände am linken Bachufer hoch empor und fallen senkrecht in die Tiefe, herrliche Ahornbäume zieren den Wegrand, und der Bach bildet schäumende Wirbel und tiefgrüne Gumpen. Erst nachdem wir etwa 150 m über die Talsohle der Trettach emporgestiegen sind, haben wir die Steilschlucht überwunden und treten in das eigentliche Traufbachtal ein, dessen großartiger Hintergrund sich nach und nach entfaltet: an die glatten Linien des Kreuzeck-Rauheck-Grates reihen sich die gezackten Gipfel, die der Krottenkopfgruppe angehören; zu tiefen Gräben und furchtbaren Abbrüchen senken sich ihre Gehänge.

Ein Querkamm, der vom Kreuzeck über den grünen Bettlerrücken zum felsigen Kegelkopf (1961 m) führt, trennt das Traufbachtal von dem Dietersbachtal.

Um dieses zu erreichen, schreiten wir von der Spielmannsau am Ufer der Trettach gen Norden.

Partie am Untern Knie.

Seitab liegt der kleine Christles-See in lieblicher Umrahmung. So rein und durchsichtig ist sein blaugrün schimmerndes Wasser, daß jedes Steinchen unten auf dem Grunde wahrgenommen werden kann. Besonders deutlich zeichnen sich im Wasser die wirr durcheinander liegenden Baumstämme ab, die vor einem halben Jahrhundert eine Lawine von den Hängen des Himmelsschrofens herabgeschleudert hat. Der See füllt ein Becken aus, das bis zur Tiefe von 12 m in die von der Trettach angeschwemmte Schotterdecke eingebrochen ist. Dieser Einsturz erfolgte vermutlich im Zusammenhang mit der unterirdischen Auslaugung eines Rauhwackenzuges; wenigstens tritt weiter nordöstlich solche Rauhwacke, die der Triasperiode angehört, zutage in Gestalt auffallender, stark zerklüfteter und durchlöcherter Felstürme.[1])

Wo diese sich erheben, vernimmt man das dumpfe Rauschen, mit dem sich aus einiger Entfernung schon der den Hölltobel durchstürmende Dietersbach ankündigt. Durch Weg und Kanzel ist der Einblick in die Klamm ermöglicht. Wir

[1]) Gustav Schulze, Die geologischen Verhältnisse des Allgäuer Hauptkammes. (Geognostische Jahreshefte. München 1905.)

7*

genießen hier das Schauspiel eines doppelten Wasserfalles, dessen schäumende Massen sich in den engen, tief durchgesägten Felsenspalt glatt ausgewaschene Röhren gebohrt haben, und der stäubende Gischt, der unsere Wangen netzt, übersprüht auch die Alpenrosengebüsche, die in den dunklen Felsenritzen Wurzel gefaßt haben. „Gemsengrab" nennt man die Tiefe des Tobels. Eine wund geschossene Gemse war einst auf der Flucht bis in die Mitte der Felswand vorgedrungen und stand hier auf schmalem Grasband, erschöpft von der Flucht und von der Schußwunde, ohne Möglichkeit, vorwärts oder rückwärts sich zu bewegen, bis sie endlich, von einem zweiten Schuß getroffen, in die Tiefe stürzte. Ein waghalsiger Jagdgehilfe unternahm es, das zerschmetterte Wild aus der schauerlichen Klamm heraufzuholen, und kam mit der Beute glücklich wieder oben an.[1])

Der Christlies-See bei Spielmannsau. (Siehe S. 99.)
(Aufnahme von Rauch.)

Wir verlassen den Hölltobel und verfolgen den Pfad weiter aufwärts. Indem wir uns den malerischen, vom Alter geschwärzten Häusern von Gerstruben nähern, hebt sich, den Hintergrund beherrschend, die stolze Höfats (2260 m) empor, der berühmteste unter den „Grasbergen" des Allgäus. Wie hineingestochen in den blauen Himmelsgrund, hart und schneidend, zeichnen sich die steilgeführten Linien ab, von der Sohle bis zum Gipfel in einem einzigen kühnen Striche emporsteigend. Und wenn wir über den grünen Sattel des Älpele zur Käseralpe hinabsteigen, so bleiben die jäh emporziehenden Grashalden und schwarz durchfurchten, schieferigen Wände immer gleich drohend und abweisend.

[1]) Nach Dr. Groß, Die Allgäuer Alpen bei Oberstdorf und Sonthofen. Seite 23.

Die Höfats von Gerstruben aus.
(Aufnahme von Heimhuber.)

In seiner wildesten Gestalt erscheint der Berg an dem berüchtigten „Roten Loch", einem gewaltigen, von lotrechten Wänden umschlossenen Felsenschachte.

Wenden wir aber hier den Blick nach Osten, so zeigt sich ein anderer Riesenbau von packender Großartigkeit; denn den weiten Kessel, in dem sich die Weidegründe der Käseralpe ausdehnen, umschließt ein prächtiger Bergkranz: vom Rauheck zieht in mächtigen Abstürzen ein Verbindungsgrat über den Lechlerkanz hinüber zur Dolomitregion, die sich in dem Großen Wilden (2381 m) zu einer der herrlichsten Berggestalten aufgetürmt hat. Riesige, zerhackte Felsmauern wechseln mit ungeheuren, trümmerbedeckten Karen und treten um so machtvoller hervor, als sich weiter nördlich sofort wieder die anders gearteten Lias- und Hornsteinberge anschließen: Himmeleck und Schneck mit ihren grünen, aber furchtbar steilen, von wilden Schluchten durchfurchten Gehängen.

Der Höfats-Westgipfel. (Aufnahme von Rauch.)

Aus den hochgelegenen Triften der Käseralp steigen wir nun zum Oytal nieder. Da stehen wir plötzlich vor dem Stuibenfall[1]) und erfreuen uns zugleich mit dem Anblick der stürzenden Wasser an dem Wiederauftreten des Baumwuchses. Schöne Ahornbäume leiten hinüber zum geschlossenen Tannwald, in der Höhe aber überrascht uns nochmals die Höfatsgruppe mit einem seltsamen Gebilde, dem einsam aufragenden, kühnen Felszacken des „Salenker" („Seilhenker").

---

[1]) Verläßt man den von der Käseralpe kommenden Pfad schon an der Stelle, wo sich das Gewässer in den Fels einzuschneiden beginnt, also etwa 300 m südlich von den Stuibenfällen, und verfolgt man hier den Bach eine kurze Strecke weit, so kann man die Beobachtung machen, wie das Wasser mit solcher Wucht niederstürzt, daß mit dem aufwallenden Gischt zugleich Steine von Nußgröße emporgeschleudert werden.

Würziger Wald umgibt uns jetzt, bald näher herantretend, bald in größerem Bogen das einsame Tal bekränzend. In dem reizend gelegenen Oytalwirtshaus ergötzen wir uns nochmals an dem schönen Berghintergrund und schauen zu den nördlichen Gehängen auf, wo neben den jäh abfallenden Seewänden der kühne, aber sicher angelegte „Gleitweg“ zur Höhe führt. Über jenen Wänden liegt zwischen Wiesengrün und Alpenrosengebüsch der anmutige Seealpsee (1629 m). An seinem Nordende, wo der Zufluß ein kleines Delta angeschüttet hat, steht eine kleine Fischerhütte; denn der See beherbergt köstliche Saiblinge, die von hier über die „Fischerrinne“ zu Tale geschafft werden.

Der Stuibenfall im Oytal. (Aufnahme von Rauch)

Vom Oytalwirtshaus wandern wir talauswärts. Der Bach, der eine Zeitlang unter seinen eigenen Schottermassen vergraben dahinfloß, tritt jetzt wieder zutage und ist uns ein munterer geschwätziger Begleiter; auch Quellen sprudeln reichlich aus moosigem Grunde auf und ein dichter Hochwald zieht sich von unserm Pfade weit an den Berghängen hinauf; es ist ein wunderschöner Mischwald, dessen ganze Pracht erst zur farbenfrohen Herbstzeit voll zur Geltung kommt.

Endlich sehen wir unsern Bach mit der stürmischen Trettach sich vereinigen und wir schreiten mit Behagen auf den gut gehaltenen Pfaden der Trettachanlagen weiter; sie sind auf dem linken Flußufer durch die schöne Waldung eines Flyschhügels gezogen, dessen steilgestellte, dünnblättrige Schiefer zuweilen unverhüllt hart an den Weg herantreten.

Wo dieser Hügel gegen Oberstdorf abfällt, ist über die Trettach eine Brücke geschlagen; sie weist ostwärts gegen ein weiteres Quertal, über dem das berühmte Nebelhorn herabgrüßt.

Gleichsam als einladendes Prunkstück an die Eingangspforte dieses Tales verwiesen, rauscht der Faltenbach-Wasserfall in enger Schlucht. Folgt man dem

Pfade, der von hier in der Tiefe des Tobels weiter führt, ſo gelangt man zu der intereſſanten Stelle, wo der Bach, durch beträchtliche Verſchüttungen aus ſeinem Bette verdrängt, in auffallender Höhe ſeitlich hervorbricht. Später ſchreitet man an dem waſſerloſen, von mächtigen Felsblöcken angefüllten Bachbett entlang und kann ſich an dem Rauſchen des Waſſers erſt wieder erfreuen, wenn man die weiten Triften der Vorderen Seealpe erreicht hat, über denen ſich die Abſtürze des Seeköpfl zu bedeutender Höhe erheben.

Im übrigen bietet der Aufſtieg zu dem vielbeſuchten Nebelhorn nicht ſo viel Abwechſelung und Anregung wie ein anderer Weg, der über die Geisalpe zum gleichen Ziele, wenn auch unter größerem Zeitaufwand führt.

Das Oytal mit dem Großen und Kleinen Wilden. (Siehe S. 103.)
(Aufnahme von Ebert.)

Schon der erſte Teil der Wanderung über Rubi, dann durch Waldung hinan zur prächtig gelegenen Geisalpe (1150 m) iſt erfreulich, und der Ausblick vom Gaſthauſe entſchädigt reichlich für die geringen Mühen des Anſtieges. Aber nun nimmt die Landſchaft echten Hochgebirgscharakter an. Aus rieſigen Schuttkegeln empor ſteigt das zerklüftete Rubihorn (1958 m) zu bedeutender Höhe; die dunkle Mauer, die von hier zum Entſchenkopf (2043 m) hinüberzieht, zeigt einen klaffenden Spalt, aus dem die Waſſer in weißem Giſcht zur Tiefe ſtürzen.

Die Art, wie jene Wand quer durch das Hochtal zieht, läßt ahnen, daß dort oben noch ein neues Schauſtück aufgeſpart iſt, und in der Tat, wenn wir die Stufe auf alpenroſengeſchmücktem Pfade erklommen haben, dann liegt vor uns, von grünem Weideland umrahmt, der ſchöne Geisalpſee (1510 m). Hoch über

ihn türmt sich in prachtvollem Aufbau das stolze Rubihorn und spiegelt sich in dem stillen, blanken Wasser so scharfumrandet und so getreulich, daß man jede Runse, jede Kluft, jeden zackigen Vorsprung in der Tiefe wieder erkennt.

Wenden wir aber den Blick nach Südosten, so sehen wir eine neue Felsterrasse, die uns veranlaßt noch höher zu steigen, und bald stehen wir vor dem Oberen Geisalpsee (1770 m), der freilich von geringerem Umfange ist. Öde und steinig ist hier die Umgebung, so recht geschaffen für das scheue Murmeltier, das unter den Felsblöcken seine Wohnung aufgeschlagen hat. Der Höhenunterschied zwischen dem oberen und dem unteren See ist so beträchtlich, daß im Frühsommer die Wasser des einen zum Bade laden, wenn sich über den andern noch ungebrochen die Eisdecke spannt.

Der Fallenbachfall. (Siehe S. 103.) (Aufnahme von Ebert.)

Verfolgen wir den Pfad weiter, so treten wir in eine erhabene Felsenwildnis ein. Von dem zerbröckelnden Nebelhorngrat, der hier in prallen Mauern den Hintergrund bildet, hat die Verwitterung Block um Block abgelöst, und ein Felsenmeer breitet sich nun vor uns aus. Bald liegen die Trümmer nackt und weiß gebleicht da, bald haben Legföhre und Alpenrose das Steingewirre zu einem wildschönen Alpengarten umgewandelt.

So erreicht man den Geisfuß (1982 m), dessen grüner Sattel zu wonniger Rast ladet. Dem geübten Bergsteiger zeigt sich hier ein schmales Steiglein, das ihn hinüber leitet zum Nebelhorn (2224 m), dem besuchtesten Gipfel dei Allgäuer Alpen.

Nicht umsonst genießt er den Ruf eines hervorragenden Aussichtsberges. Die ganze Allgäuer Bergwelt liegt hier ausgebreitet mit ihren zahllosen, mannigfaltig gestalteten Gipfeln, unter denen der stolze, in seinem Aufbau an das Matterhorn erinnernde Hochvogel weitaus der hervorragendste ist. Aber auch der Blick hinunter in das grüne Retterschwanger Tal, zu dem sich das Nebelhorn fast lotrecht hinabzusenken scheint, ist von großartiger Wirkung, und ebenso betrachtet man mit Bewunderung die Steilwände des Daumen, die dieses Tal im Osten abgrenzen.

Die Nordwände des Daumenstockes von der Oberen Haseneckalpe.

Wenden wir uns nun der **Daumengruppe** selber zu, so führt uns ein markierter Weg zunächst in das Koblat, das sich unter dem felsigen Wengenkopf (2207 m) hinzieht. Fast glauben wir uns wieder in das Gebiet des Gottesackerplateaus versetzt. Trichterförmige Gruben wechseln mit regellos gelagerten Kuppen, dazu eine öde, trümmererfüllte Steinwildnis, die nur stellenweise durch Alpenrosengebüsche unterbrochen wird; im ganzen ein so verwirrendes Gelände, daß man dankbar den roten Markierungsstrichen und den Signalstangen folgt, die später an dem zerrissenen Grate der Zwiebeleströnge entlang und an den zwei kleinen Laufbichler Seen vorbei zu dem breit aufgebauten Gipfel des Daumen (2280 m) führen.

Das Wuchtige, Massige ist es, was diesem Berge seine Eigenart verleiht. Der weite, grüne, behaglich sich ausbreitende Anger, der von Süden her so gemächlich gegen den Gipfel ansteigt, steht in verblüffendem Gegensatz zu den riesenhaft entwickelten, furchtbaren Steilwänden, in denen der Berg gegen Norden abstürzt. Diese entfalten sich in ihrer ganzen Großartigkeit, wenn man zuerst auf der

Das Retterschwanger Tal mit dem Daumen.

schmalen Kammlinie, dann über die Nordgehänge zur Haseneckalpe absteigt. - Noch ehe man den blockartig aufragenden „Kleinen Daumen“ erreicht hat, wird man überrascht durch einen entzückenden Blick auf den Engeratsgundsee (1879 m), der sich am Südhange des Daumen ausbreitet. Dann führt der Pfad, die kleinen Schwächen des Felskolosses klüglich ausnützend, mitten durch die Abstürze rasch hinunter zu einem breiten Schuttkegel, in dem sich die Verwitterungsprodukte vieler Jahrtausende aufgehäuft haben. Von der Oberen Haseneckalpe (1691 m) wendet man den Blick nochmals zurück und bewundert das gewaltige Felsmassiv, das sich hier in seiner ganzen wilden Größe zeigt.

Ein grüner Sattel, der uns andeutet, daß hier Kössener Schichten und Lias den Dolomit unterbrechen, zieht vom Daumen nordwärts gegen die Rotspitze (2034 m), die sich freilich von hier aus recht unansehnlich ausnimmt. Wer aber den selten besuchten Gipfel ersteigt, der findet sich reichlich belohnt. Für den Mangel an umfassendem Fernblick entschädigt der Riesenbau des Daumen, der nach Osten nun noch fortgesetzt wird durch die zackige Felsmauer der Pfannenhölzer (2025 m); interessant ist auch der Blick in die Tiefe, in die grüne Wanne des Häblesgund, die von den Wänden der Rotspitze, der Hohen Gänge und des waldigen Breitenbergs fast völlig umschlossen ist.

Steigt man dann über die Haseneckalpe zu Tale, so hat man Gelegenheit, auch die Westflanke der Rotspitze kennen zu lernen und die Verwüstungen zu betrachten, die hier in den Wäldern durch die fortgesetzten Felsabbrüche angerichtet worden sind.

Unten im Retterschwanger Tale winkt die stattliche Sennalpe Mitterhaus (1084 m). Wer hier einmal einen klaren Sommerabend zugebracht hat, dem bleibt das weihevolle Schauspiel unvergeßlich, wie der Daumen beim Scheiden der Sonne in roter Glut aufleuchtet, während unten auf Wald und Wiese sich die ersten Schatten der Nacht senken. Aber auch bis zum Hintergrunde des Tales sollte man vordringen, wo sich bei der Alpe Wank ein Felsenzirkus zusammenschließt, so groß und erhaben, wie man deren wenige in unsern Bergen findet. Wer zu günstiger Stunde gekommen ist, der kann hier außerdem das ernste Bild belebt sehen durch edles Hochwild; denn gerne weilen hier Hirsche und Gemsen in großen Rudeln.

An das Retterschwanger Tal grenzen im Westen **die Sonthofener Flyschberge.** Schon wenn wir vom Mitterhause weg über steilen Wiesenhang zu dem Sattel zwischen dem Straußberg (1564 m) und dem Gernkopf (1567 m) emporgestiegen sind, erkennen wir an dem felsenlosen, kuppenförmigen Gelände, daß wir die Dolomitregion verlassen haben. Zwar das steil aufgebaute Imberger Horn (1656 m), das nun zu unserer Rechten das Hochtal abschließt, gehört noch mit seinen harten Jura- und Dolomitgesteinen der vorigen Zone an. Aber das Sonthofener Hörnle (1524 m) zur Linken und das weite Wiesental zu unsern Füßen, in dem ein mooriger Grund einen ehemaligen See zu verraten scheint, sind Flyschbildungen, die freilich weiter im Westen von bedeutenden eiszeitlichen Ablagerungen überdeckt werden. In sie hat der Löwenbach einen tiefen Tobel geschnitten, der größtenteils von dichtem Hochwald überschattet ist. Indem wir über die Sonthofener Höfe weiter gegen das Illertal wandern, sehen wir überall die weichen Hügelformen; Wiese und Wald wechseln ab, nur selten treten die

Flyschschiefer zutage; aber an manchem Hange, den das Wasser oder die Hand des Menschen angeschürft hat, entdecken wir die gekritzten Steine, die den Moränenschutt kennzeichnen.

Ein besonders treffliches Beispiel von diesem Wechsel zwischen Flysch und Moräne gibt eine Wanderung durch den Leybachtobel, die zugleich manches hübsche Landschaftsbild zeigt. Schon der Eingang hinter Altstädten überrascht durch die interessante Lagerung der dünnblättrigen Flyschschichten, zwischen denen der Bach in gewundener Schlucht den Ausgang erzwungen hat. Ein schöner Waldpfad führt an dem reizenden „Hubertusbad" vorbei und überschreitet bald darauf den Bach. Hier sieht man an einem kleinen, aber gut erhaltenen Gletscherschliff die erste Spur eiszeitlichen Waltens. Später aber gelangt man an eine mächtige Bank diluvialer Nagelfluh, die von dem Bach schon tüchtig ausgewaschen ist, so daß sich eine hübsche Grotte gebildet hat, einladend zu behaglicher Rast. Durch dichten Wald führt der Pfad, nicht immer ganz bequem, aber immer voll landschaftlicher Reize weiter in die Höhe, bis sich der Bach in einen Moränenhang eingeschnitten hat, dessen weiche, lockere Schuttmassen ihm wenig Widerstand leisten konnten; jetzt freilich ist seiner Wühlarbeit durch die Wildbachverbauung ein Ende bereitet.

Hat man diesen Moränenwall, der sich bis zu der beträchtlichen Höhe von etwa 1300 m verfolgen läßt, hinter sich, so steigt man bald durch Wald, bald über Weideboden mühelos empor, um dann in südlicher Richtung über den Sonnenkopf (1713 m), den Heidelbeerkopf (1767 m) und den Schnippenkopf (1834 m) eine harmlose Gratwanderung zu vollführen, die aber durch erfreuliche Ausblicke nach Ost und West genug Abwechselung bietet, namentlich wenn man den Weg bis zur Falkenalpe ausdehnt, wo sich plötzlich in den prächtig aufsteigenden Wänden des Entschenkopf (2043 m) der Hauptdolomit wieder ankündet. Steigt man dann über die Geisalp nach Reichenbach ab, so kann man, den interessanten Wildbachverbauungen folgend, wieder prächtige Aufschlüsse in dem tief durchschnittenen Flysch bewundern. Weiter draußen aber, von Reichenbach an, treten uns die Kuppen und Terrassen der Eiszeit entgegen, während der langgestreckte Hügel der „Schöllanger Burg" der Kreideformation angehört. Beim Widum unter dem Burgberg steht dicht neben dem Wege ein isolierter, stattlicher Block, der mit seinen Schrattenbildungen selbst die Aufmerksamkeit der Umwohner erregt hat, wovon das Kreuz Kunde gibt, das auf dem Steine angebracht ist. Manch hübsche Bilder zeigen sich noch, wenn man die Gegend durchwandert, die sich von hier nach Norden erstreckt, so namentlich die Hinanger Wasserfälle, die reizenden Wald- und Felspartien auf dem Altstädtner Burgberg u. a. — Der Felskletterer allerdings geht achtlos und verachtend an solchen Dingen vorüber; aber es gibt doch immer noch Naturfreunde, die nicht bloß für das Großartige und Wilde, sondern auch für das Liebliche und Anmutige Sinn und Auge haben.

Hindelang mit dem Hirschberg. (Aufnahme von Ebert.)

Mit bescheidenen Landschaftsbildern müssen wir auch beginnen, wenn wir die **Berge von Hindelang und Hinterstein** aufsuchen wollen.

Einförmig führt die Straße von Sonthofen nach Hindelang, freundlicher und abwechslungsreicher sind die Höhenwege über Imberg und Groß oder über Tiefenbach und Reckenberg, namentlich wenn man von dem malerisch gelegenen Vorderhindelang noch zu den aussichtsreichen Höhen von Geilenberg hinansteigt.

Um Hindelang selbst aber und um seinen anmutigen Nachbarort Oberdorf gruppieren sich schon ansehnlichere Berge, wenn auch die nördlich abschließenden Höhen noch der Voralpenzone zugerechnet werden müssen. Aber trotz ihrer geringen Erhebung bieten der Hirschberg (1457 m) und der Spießer (1650 m) ganz überraschend großartige Szenerien, besonders da, wo die mächtige „Krähenwand" aus dichtem Waldkleid jäh emporsteigt und der Hirschbach in prächtigen Wasserfällen durch dunkle Felsspalten herabstürzt. Auch lohnt es sich, wenn man die umfassende Aussicht vom Gipfel des Spießer genossen hat, nordwärts noch weiter zu wandern zu dem mit herrlichen Waldungen umkleideten Wertacher Hörnle (1695 m). In einem mit Alpenrosen bewachsenen Kessel liegt hier ein kleiner Hochsee, in dem freilich die Vegetation so dicht wuchert, daß er in nicht allzuferner Zeit zu einem Sumpfe umgewandelt sein wird.

Zu bedeutenderen Höhen erheben sich die Berge im Osten von Hindelang. Breit hingelagert steht hier hinter waldigen Vorbergen der Iseler (1812 m). Ein vorzüglich angelegter Pfad erleichtert die Besteigung, die manche Überraschung bringt. Bald erreicht man die durch ihre seltsamen Aushöhlungen auffallende „Palmwand" und schreitet dann an dem Abhang, auf dessen Grund der Ehlesbach fließt, durch schöne Waldung gemächlich dahin, bis am „Weißen Stein" der Pfad steiler in die Höhe zieht. Wer hier einen kurzen, freilich wegelosen Abstecher nicht scheut, der kann über etliche Runsen des Ehlesbaches weg zu einer Stelle gelangen, wo fremdartiges Gestein das Gehänge unterbricht: Rauhwacke, die als dunkle, löcherige Felswand aufragt. Nimmt man dann wieder den gebahnten Pfad auf, so sieht man bald, daß man hier über Buntsandstein wandelt, der als ältestes Gebilde unseres Alpengebietes besondere Beachtung verdient. Dann treten wir aus dem Walde heraus auf Weideland und steigen nun in weit ausholenden Zickzacklinien zum Grate empor, wo sich in überraschender Großartigkeit der Blick auf die südliche Bergwelt öffnet. Der Gipfel, mit einem hohen Kreuz geziert, gewährt einen weiten, an wirksamen Gegensätzen reichen Ausblick; doch sollte man nicht versäumen, noch etwas weiter gegen Osten auf dem Grate abzusteigen. Da erscheint dann unser Iseler als eine gewaltige, zerklüftete Steinwand, die sich über den mit Legföhren und Alpenrosen geschmückten Vordergrund trotzig emporschwingt.

Nehmen wir unsern Rückweg über die Weidegründe der Ochsenbergalpe, wo wir uns an dem lang entbehrten Wasser gütlich tun können, so haben wir nur ein paar hundert Schritte zu der reichen (allerdings auch schon reichlich ausgebeuteten) Fundstätte von Versteinerungen der Kössener Schichten, über die Reiser in seinem trefflichen Führer von Hindelang genauen Aufschluß gibt.[1])

[1]) A. Reiser, Hindelang und Umgebung. (Wörls Reisehandbücher.)

Rasch geht es dann über die Wiesenhänge abwärts mit stetem Blick auf die neue Jochstraße, die als ein weißes, vielfach gewundenes Band an den Abhängen des Jochschrofens hinzieht.

So kommt man zu dem schmalen Schluchteinschnitt der „Hölle“, der durch Weganlagen des Hindelanger Verschönerungsvereins zugänglich gemacht ist. Reizende

Der Iseler vom Ostgrat gesehen. (Siehe S. 111.)

Kleinbilder, in denen hübsche Felspartien, niedliche Kaskaden und üppiger Pflanzenwuchs zusammenwirken, machen die Wanderung durch diesen Tobel zu einem genußreichen Spaziergang, der noch dadurch an Interesse gewinnt, daß sich am

Ausgange der Schlucht die schon früher erwähnten merkwürdigen Eruptivgesteine befinden. (Siehe S. 20.)

So lohnend sich auch die Besteigung des Spießer und des Iseler gestaltet, so sind dies doch gleichsam nur Vorstufen zu der herrlichen Gebirgswelt, die sich weiter südlich um das Hintersteiner Tal gruppiert.

Schon der Weg auf dem fast ebenen Sträßchen, das uns nach Hinterstein führt, kündet dies an. Wie uns ein Blick auf die prächtige Pyramide der Rotspitze die Erinnerung an die großartige Felsenwildnis der Daumengruppe wachruft, so stellt sich die von waldigen Höhen eingerahmte Enge, durch welche die Ostrach rauschend hervorstürmt, gleichsam abschließend zwischen die milderen Formen der nördlichen und die echte Hochgebirgsnatur der südlichen Berge.

Hinterstein mit dem Zipfelsbach. (Aufnahme von Ebert.)

Allerdings kann sich Hinterstein weder mit Fischen noch mit Oberstdorf an malerischer Gesamtwirkung des landschaftlichen Bildes messen; aber es besitzt andere Vorzüge. Dieses stille, einsame Tal mit den schlichten, weithin verstreuten Häusern und den ringsum aufgetürmten hohen Bergketten wirkt gerade durch seine Abgeschlossenheit, durch den etwas melancholisch düsteren Zug, der sich über die Landschaft breitet. Darum hat nicht derjenige den vollen Eindruck von dem eigenartigen Zauber dieses Tales erhalten, der bloß dann hier weilte, wenn sich über den stolzen Felsenzinnen ein reiner, blauer Himmel wölbte, wenn der Zipfelsbach seine weiße, wehende Fahne zwischen den grünen Halden herabsenkte, wenn milder Sonntagsfriede über den Weiden und Wäldern ausgebreitet lag; — mächtiger noch wirkt hier die Großartigkeit der Umgebung, wenn sich um die dunklen Zacken der Pfannenhölzer schwere Wetterwolken sammeln, wenn die Wälder wie schwarze Sammetmäntel unheimlich um die Schultern der Berge sich legen und wenn doch zu gleicher Zeit die Wiesenhänge des Falken noch in grellem Sonnenlichte leuchten und Kastenkopf, Rauhhorn und Geishorn ihre Felsenhäupter noch scharf und gespenstisch in den Himmel zeichnen!

Freilich soll man zu solcher Stunde, in der das Grollen des Donners vom Daumen her vernehmbar wird, wohl geborgen sein unter den Fittichen des „Adlers" oder unter dem „Grünen Hut", wo man das alles bei wohlbesetzter Tafel mit behaglichem Gruseln ansehen kann.

Zur weiteren Wanderung aber brauchen wir wieder Sonnenschein und klaren Himmel. Denn noch viele schöne und interessante Bilder warten unser, wenn wir dem Talhintergrunde zuschreiten.

Zuerst wandern wir an alten Uferböschungen hin, die sich die Ostrach zurechtgeschnitten hatte, als ihr Lauf noch mehr gegen Osten gerichtet war. Dann sehen wir mit Freuden, wie sich das Tal wieder verengt und wie unser Weg zugleich in einen schönen Hochwald eintritt. Die Ostrach aber braust jetzt in enger Kluft, und wenn wir noch eine kurze Strecke weiter wandern, bis sich das „Auele" (= kleine Au) öffnet, so sehen wir, wie der Bach in die Klamm, die „Aueleswände", seinen Einzug hält.

Es ist, als wollte uns hier die Natur eine kleine Probe geben von dem Meisterstück, das sie uns gleich darauf zu zeigen gedenkt. Denn nur wenige Schritte weiter, und wir sehen abermals eine Felsenenge, aus der die Ostrach hervorbraust. Neugierig schreiten wir darauf zu und versuchen im Bachbett vorzudringen. In langer Flucht schieben sich zernagte Felspfeiler wie Kulissen hintereinander, zwischen Felsblöcken schäumt das Wasser oder bildet klare, blaugrüne Tümpel, die zum Baden laden. Aber nur eine kurze Strecke vermögen wir im Bachbett vorwärts zu schreiten. Senkrecht werden die Wände der Klamm, höher und wilder steigen sie empor.

Wir kehren daher auf das Sträßchen zurück, steigen durch den Wald hinan und stehen bald an einer aus kräftigem Holzwerk gezimmerten Kanzel, die auf den äußersten Vorsprung eines Felsens hinausgebaut ist. Und da blicken wir hinab in den engen Spalt der Eisenbrechel

In einer Tiefe von 85 m unter uns schäumt der Bach, überhängende Wände schließen sich zu einem finstern Loch, und ein Baumstamm, der hoch über den Wassern zwischen den Felsen eingeklemmt ist, deutet uns an, bis zu welcher Höhe hier mitunter die wilden Fluten der Ostrach aufgestaut sein mögen. Wenn wir die schwarzen, unterwaschenen Felsen mustern, wenn wir dem wilden Tosen der Wasser lauschen, dann können wir es verstehen, daß gerade in diese grausige Tiefe die Volkssage die Geister der Bösewichter gebannt hat, die Geister der schlimmen Vögte, die im Leben die Untertanen gepeinigt und mißhandelt haben!

Haben wir diese ergreifende Szenerie verlassen und sind wir etliche Schritte weiter gewandert, so öffnet sich abermals eine kleine Au und ein wunderschöner Ausblick tut sich auf: Über schönem, waldigem Vordergrund ragt hoch und steil, das Tal abschließend, der stolze Giebel (1949 m) empor, wie der Schneck und die Höfats bis zur obersten Gratlinie begrünt und doch mit jäheren Abhängen als mancher Felsenberg.

Wir schreiten weiter. Der „Rauhe Weg", die Stätte eines uralten Bergsturzes, führt uns zum „Fuß" und damit in das Bärgündele-Tal, in dem sich ein entzückendes Bild an das andere reiht. Prächtige Ahornbäume haben sich am Eingange aufgestellt, dann beschatten Buchen und Tannen den Pfad. Wo der Mischwald endet, überrascht uns ein Blick auf den schönen Täschlefall; wir suchen vielleicht auch die zweitausendjährige Eibe auf, die unweit der Pointhütte am Wege steht. Freilich kommen wir auf diese Weise um den hübschen Fußpfad, der durch Wald zum Bärgündelebach hinabführt und neue, rauschende Wasserfälle zeigt.

Die Ellenbreche. (Aufnahme von Ebert.)

Nun geht es über Weidegrund rasch empor, und nach tüchtigem Steigen hat man einen der herrlichsten Punkte in unsern Bergen erreicht, das Prinz Luitpold-Haus (1847 m).

Wieder stehen wir vor prachtvoll aufgebauten Dolomitfelsen, und in den wunderlich verbogenen, gepreßten und geknickten Schichtenbändern lesen wir die Geschichte der gewaltsamen Hebung, Faltung und Überschiebung; noch packender wirkt diese uralte Lapidarschrift, wenn wir zu gleicher Zeit das holde Blumenleben beschauen, das rings um das Luitpoldhaus sich entfaltet; denn der zierliche Felskopf, an den sich die Hütte lehnt, ist überwuchert von Legföhren, aus denen Tausende von Alpenrosen mit roten Blüten hervorlugen. Ein winziger, quellklarer See spiegelt beides wieder: hier die lachenden Rosen, dort die ernsten, finsterblickenden Felswände!

Jetzt aber den Bergstock zur Hand und zwischen Wiedemerkopf und Fuchskarspitze hinan zum „Balken", einem senkrecht aufragenden Felszacken, wo sich der Blick hinab in ein waldeinsames Tal und hinüber auf ferne Berge öffnet! Dann schreiten wir unter den Dolomitwänden auf steinigem Pfade hin, bis wir, durch die „Scharte" tretend, plötzlich überrascht und überwältigt innehalten. Denn

8*

riesengroß in unvergleichlicher Majestät steht vor uns der herrliche Hochvogel, weit über alle Trabanten das königliche Haupt emporhebend, einen schimmernden Firnmantel um die Schulter geworfen!

Über dieses Schneefeld, das sich im „Kalten Winkel“ herabsenkt, steigen wir empor, schreiten dann an den starren Felsmauern der „Schulter“ vorbei und betreten bei der „Schnur“ den eigentlichen Gipfelbau. Nun geht's in luftigem Steigen über trefflich gestuften Fels, rasch versinken unter uns die benachbarten Berge, die vorher so gebieterisch emporragten; immer freier erheben wir uns in den reinen Äther und stehen endlich frohlockend auf der Spitze (2594 m).

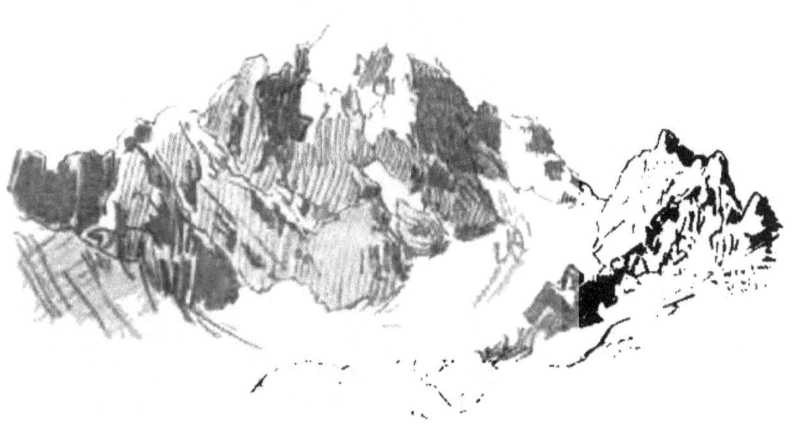

Der Hochvogel.
Zeichnung von E. T. Compton.

Des stolzen Berges würdig ist die Rundsicht. Nichts fehlt in diesem unbeschreiblich herrlichen Gemälde, weder die herbe Großartigkeit gewaltiger Felsenriesen, die in unmittelbarer Nähe Zacke um Zacke wild und trutzig emporstarren, noch der Zauber weißschimmernder Eisberge, die aus den fernen Zentralketten herübergrüßen; weder die liebliche Anmut grüner Wiesentäler, die in schwindelnder Tiefe sich hinziehen, noch der milde Ernst dunkler Waldgehänge, noch die traulichen Bilder menschlicher Siedelungen.

Zwei Gebirgskämme zweigen von unserm Gipfel ab: nach Osten baut sich zwischen dem Hornbach und dem Schwarzwasserbach eine Gipfelreihe auf, die in den Roßkarspitzen (2320 m) die wildesten Zacken und Kare aufweist; nach Norden dagegen zieht eine mannigfach gestaltete Kette, die wir als den weiteren Verlauf des Allgäuer Hauptkammes erkennen.

Dieser wollen wir folgen und kehren deshalb zum Luitpoldhaus zurück.

Wir benützen den von der Alpenvereinssektion Immenstadt angelegten Jubiläumsweg, der uns zuerst steil zum Fuchskarsattel emporführt und dann an den östlichen Abhängen des Hauptkammes, immer in ansehnlicher Höhe, um die zahlreichen weit ausgreifenden Seitenäste sich windet und zu dem Sattel zwischen dem Lahnerkopf (2122 m) und dem Kastenkopf (2130 m) emporzieht. Dabei gewinnt man einen Einblick in das einsame Schwarzwassertal, aus dessen

Die Schulter am Hochvogel. (Aufnahme von Helmhuber.)

dichten Wäldern der kreisrunde, blaugrüne Sieglesee wie ein lustig Äuglein hervorguckt. Hat man aber jenen Sattel überschritten, so erblickt man den schönen, von den Schrofen des Kastenkopfes und der Kälbelespitze (2134 m) überragten Schrecksee (1803 m). Die nun auftretenden Kössener Schichten verraten sich in den weichen, rundlichen Gehängen des Kugelhorns (2126 m), von dem um so auffallender gleich nachher die zerhackten Dolomitzinnen des Rauhhorns

(2240 m) sich abheben. Unter den prallen, durchfurchten Mauern dieses Berges zieht der Weg weiter und steigt dann steil empor, um hinüber zu führen zu dem mächtigen Felsmassiv des Geishorns (2244 m).

Das Geishorn gehört zu den auffälligsten Berggestalten der Allgäuer Alpen. Wie schön schließt sein kräftig gedrungener Felsenkörper das Hindelanger Tal ab, wenn man von Immenstadt oder von Sonthofen nach ihm ausblickt! Wie wuchtig und riesengroß sieht man ihn über die weite Lücke der Vorberge emporsteigen, wenn man auf den Höhen östlich von Kempten wandert! Und wie stolz steigt seine spitzige Pyramide empor, wenn man ihn von Tannheim aus sucht! Von den fernsten Punkten des Alpenvorlandes, ja von den Ufern der Donau aus erblickt und erkennt man ihn, und darum bietet dieser nördliche Hochgipfel des Allgäuer Hauptkammes nicht bloß eine Rundschau auf zahllose Berge nach Ost, Süd und West, sondern auch eine umfassende Fernsicht auf die Ebene mit ihren Flüssen, Seen, Wäldern und ihren Dörfern und Städten. Ein Ausblick aber ist es, der ganz besonders erfreut: hinab in die Tiefe, wo sich der liebliche Vilsalpsee ausbreitet.

Ein steiler, aber an Abwechselung reicher Pfad führt zu diesem Gewässer hinab, leitet dicht an seinen Ufern hin, wo eine Badehütte, sowie eine Schiffhütte zu neuen Genüssen einladen, und mündet in das Sträßchen, das der jungen Vils entlang zwischen waldigen Höhen nach Tannheim hinauszieht.

Geishorn von Tannheim aus. (Aufnahme von Färber.)

So gelangt man in das Gebiet der **Tannheimer und Pfrontner Berge.**

Wo die Vils an den Häusern von Tannheim vorbei strömt, öffnet sich nach Ost und West das breite Tannheimer Tal in bedeutender Höhenlage, etwa 300 m höher als das obere Illertal und das Lechtal bei Füssen.

Folgen wir dem Laufe der Vils, die sich in scharfem Bogen nach Westen wendet, so erhalten wir den Eindruck einer einförmigen Landschaft, in der sanftgeböschte Wiesenberge vorherrschen, wozu sich später gegen die Jochstraße hin öder Moorgrund gesellt.

Um so prächtigere Bilder treten uns entgegen, wenn wir von Tannheim aus gegen Osten wandern. Die auffallenden Bergformen der Roten Flüh und des Gimpel, zu denen später der ebenso eigenartig gestaltete Aggenstein tritt, deuten uns an, daß wir hier in der Nordostecke der Allgäuer Alpen noch ein Bergland antreffen, das wohl einer gründlichen Beachtung wert ist.

Schon eine Wanderung am Südrande dieser Gruppe bietet mannigfache Genüsse. Da liegt der grüne Haldensee zwischen waldigen und felsgeschmückten Ufern, und wenn wir, statt der breiten Poststraße zu folgen, lieber am Südrande auf schmalem Waldpfade hinschreiten, sehen wir mit wachsender Bewunderung die breiten, kühngeformten und merkwürdig gefärbten Wände der Roten Flüh sich entfalten, an die sich die hohen Felsmauern der Kellenspitze anschließen. Wir erkennen, daß der Wettersteinkalk, aus dem sich diese gewaltigen Wände zusammensetzen, die gleichen Verwitterungserscheinungen zur Folge hat wie der Hauptdolomit. Und wenn wir uns dann den Häusern von Nesselwängle nähern, die in langer Zeile an den Fuß des Gebirges hingestellt sind, dann bemerken wir an den zahlreichen älteren und jüngeren Muhrgängen, die sich hier über die Fluren ergossen haben, in welch gewaltsamer Weise die Schuttmassen aus jenen Höhen zu Tale geschafft werden. — Jetzt hat sich auch ein ansehnlicher Seitenast nach Süden vorgeschoben und scheint das Tal völlig abzuschließen. Seine üppigen Grashänge deuten auf das veränderte Gestein, auf die hier auftretenden Aptychen- und Liasschichten, die erst wieder durch den Wettersteinkalk des südlichsten Ausläufers abgelöst werden, durch die felsige Gachtspitze (1988 m), an deren jähen Abhängen die Gacht zum Lechtal abwärts zieht, reich an düsteren und großartigen Landschaftsbildern.

Der Haldensee.

Doch wenden wir uns den Tannheimer Bergen selber zu! Ein guter Pfad führt uns von Nesselwängle steil durch schönen Wald hinan zu der herrlich gelegenen Tannheimer Hütte, wo uns Gelegenheit gegeben ist, das ganze Gebiet nach allen Richtungen zu durchstreifen.

Ein kleines Hochtal, von starrenden Felsmauern umgeben und von mächtigen Schuttkegeln angefüllt, lockt uns zuerst nach Westen, zumal hier ein bequemer Pfad in die Höhe zieht. Dieser leitet uns zuletzt zwischen weißem Geschröfe und über steile Grashalden hinan zum höchsten Punkte der Roten Flüh (2111 m), wo wir den eigenartigen Aufbau des Gebirgsstockes in vollem Maße bewundern können. Denn wie sich unser Gipfel selbst nach Süden fast senkrecht in die Tiefe hinab bis zum Haldensee zu senken scheint, so reckt sich im Norden, nur durch die Scharte des „Sättele“ abgetrennt, der Gimpel als gewaltiger, felsgepanzerter Turm in die Lüfte, und wenn wir uns auf die äußersten westlichen Vorsprünge der Roten Flüh hinauswagen, dann umfaßt unser Blick grausige Abgründe und einen zerhackten Grat, Bilder der wildesten Zerstörung, zu denen die Ostflanke des Berges einen freundlichen Gegensatz bildet, da hier die stufenförmig absetzenden Felsbänder von steilen, aber grasbedeckten Halden unterbrochen werden, auf denen unter einer reichen Alpenflora auch das Edelweiß nicht fehlt.

All diese Eigenschaften zeigt der Gimpel (2176 m) in gesteigertem Maße: jähe, zum Teil senkrechte Abstürze nach Nord, West und Süd, einen wildzerrissenen, nach Osten ziehenden Felsengrat und dabei auf der gewöhnlichen Anstiegslinie begrünte, von Felsstufen durchsetzte, mit Edelweiß reichlich geschmückte Steilhalden.

Partie am Gachtpaß. (Siehe S. 119.) (Aufnahme von Färber.)

Noch großartigere Bilder enthüllen sich, wenn man den höchsten Gipfel der Gruppe aufsucht.

Von der Tannheimer Hütte ist durch den Weideboden der Gimpelalpe im Zickzack ein Pfad hinaufgezogen zur Nesselwängler Scharte, einem Punkte, wo man gerne länger weilt, um den weiten, schönen Bergkranz in der Ferne zu genießen und die großartigen Bilder der nächsten Umgebung zu betrachten. Da liegen die gewaltigen Trümmer eines Felsbruches, der vor Jahren unter fürchterlichem Gepolter von den Wänden der Kellenspitze niedergegangen ist, und in kahle Felsmauern sind tiefe, klaffende Spalten eingeschnitten.

Nun steigen wir über grüne Halden steil empor. „Lenzles Anstand“ nennt man diese Stelle in Erinnerung an den eifrigen Jägersmann Lorenz Rief, der hier den Gemsen aufzulauern pflegte. Haben wir den Hang erstiegen, so reißt sich plötzlich vor uns ein breiter, wilder Graben auf und trennt uns von dem jenseitigen Felsmassiv. Durch eine enge Kluft klettern wir hinab, finden auf der Sohle des steilen, abschüssigen Grabens ein schmales Band und schreiten hinüber, vorsichtig Schritt vor Schritt setzend. Aber auch drüben scheint eine neue Schwierigkeit zu

Der Gimpel vom Reintale aus. (Aufnahme von Rauch.)

harren. Denn die Felsenrinne, die weiter in die Höhe führt, ist gesperrt durch einen ungefügen Block, der sich hier fest eingeklemmt hat. Eine Leiter, die neben den Stein angelehnt ist, erleichtert die Überwindung des Hindernisses, und nun geht es in der Rinne ohne weitere Fährlichkeit empor zum Gipfel der Kellenspitze (2240 m), die als höchster Punkt der ganzen Gruppe eine großartige Aussicht gewährt.

Aber auch die Fortsetzung des Grates nach Osten weckt unser Interesse. Wir sehen, daß hier die Felsen an Wildheit zunehmen, bis sie in dem Kellenschrofen, von dem sich der „Babylonische Turm" abgetrennt hat, die kühnsten Formen annimmt. Glatte, völlig unnahbar scheinende Wände senken sich nach

Die Kellenspitze vom Reintale aus. (Aufnahme von Rauch.)

Nord und nach Süd und bilden so den wirksamsten Abschluß der Hauptkette, die durch das tief einschneidende grüne Sabacherjoch abgetrennt ist von einer Ostkette, in der sich ein vierter stolzer Hochgipfel erhebt, die schlanke, in edlen Linien emporsteigende Gehrenspitze (2164 m).

Mit ihren westlichen Nachbarn hat sie die Steilheit der Gehänge gemeinsam; doch treten wenigstens auf der Südseite nicht so geschlossene Felsmauern auf, sondern die grünen, bis zur Gipfellinie hinanziehenden Rasenhänge geben hier dem Berge sein charakteristisches Aussehen. Der Gipfel gewährt eine ausgezeichnete Übersicht über die Verzweigungen der Ostketten: von der begrasten Schneidspitze (2009 m), die mit ihrem scharf geschnittenen Grate ihrem Namen alle Ehre macht, sieht man den Südkamm in weichen Linien, mit prächtigen Matten bedeckt, bis zu den schroffen Felsen der Gachtspitze ziehen; blickt man gegen Osten in die Tiefe, so dehnt sich der dunkle Frauenwald, aus dem der kleine Frauensee lieblich hervorschaut; wendet man sich endlich nach Nordwesten, so sieht man breit hingelagert das Bergmassiv der Schlicke, von den Tannheimer Bergen getrennt durch die bedeutende Einsenkung des Reintales.

In seinem unteren Teile ist dieses Tal mit den herrlichen Wäldern, durch die ein breiter Alpweg fast eben dahinzieht, höchst angenehm zu durchwandern, und auch der Talausgang bietet großen Reiz. Denn während hier der Sabach in einer düstern, ungangbaren Schlucht nahe bei Roßschläg einen sehenswerten Wasserfall bildet, tritt der Alpweg da, wo der Grat der Schlicke an der sog. „Achsel" endet, aus dem Waldesdunkel plötzlich an den Abhang heran, und wenn man hier ein paar Schritte über den Weg hinaus zu dem Felsenvorsprunge macht, auf dem das „Weiße Kreuz" errichtet ist, so genießt man einen geradezu überraschenden Anblick. Denn unvermittelt senkt sich hier der Berg bis zur Talsohle hinab in eine Tiefe von etwa 350 m und enthüllt mit einem einzigen Blicke den mächtig sich ausbreitenden Lech mit seinen regellosen Wasserrinnen und seinen breiten Kiesbänken, dann die niedlichen, wie schmuckes Spielzeug auf grünen Grund gestellten Häuschen, endlich die Berge, die jenseit des weiten Lechtals sich aufbauen.

Andere Reize bietet das obere Reintal. In der Nähe der Musauer Alpe beginnt sich der Wald zu lichten; dafür aber treten die Kalkschrofen der Tannheimer Berge in ihrer ganzen Pracht hervor. An einem der schönsten Punkte des Tales hat die Alpenvereinssektion Augsburg ihre Otto Mayr-Hütte erbaut, und die Art, wie hier über bewaldetem Vordergrund und über großartig ausgebreiteten Schuttkegeln die drei Zinnen Gehrenspitze, Kellenspitze und Gimpel emporsteigen, erinnert einigermaßen an das vielgerühmte Bild von Hinterbärenbad im Kaisergebirge.

Und wie dort eine tiefe Talfurche den Wilden vom Zahmen Kaiser trennt, so sieht man auch im Reintal den wilden Zacken der Tannheimer Berge gegenüber einen zahmen, klotzig aufgebauten Koloß, die Schlicke (2060 m). Zahm erscheint dieser Berg wenigstens so lange, als man auf den bequem angelegten Pfaden den Südabhang hinansteigt. Ist man aber auf dem Gipfel angelangt, dann gewahrt man, daß gegen Norden gewaltige Mauern sich absenken in einsame, trümmerreiche Kare, über denen weiter draußen der dunkle, mit Legföhren überdeckte Vilser Kegel (1844 m) sich erhebt. Auch der Kamm selbst ist nicht ganz ohne wirkungsvolle Zerklüftung. Im Westen steigt in jähen Wänden die „Kleine Schlicke" auf, von dem weiteren Gratverlauf durch tiefe Spalten abgetrennt. Ein guter Pfad führt hier hinab zu den waldumrandeten Auen der Vilser Alp; ein anderer zieht über das Reintaler und Füssener Jöchl hinüber zum Aggenstein. Das ist ein anregender, an fesselnden Bildern reicher Höhenweg. Weiche, blumengeschmückte Alpenmatten wechseln ab mit nackten, weißen Steinwüsten, die von üppig wuchernden Alpenrosen und Legföhren unterbrochen werden. Bald schreitet man in enger Mulde, eingeschlossen von düsteren Felsmauern, bald fliegt der Blick weit hinaus nach Süden über zahllose blaue Berge, über grüne Täler und blinkende Seen. Dann erscheint zur Rechten mit breitem Rücken der Roßberg (2001 m), dessen Gipfel eine wundervolle Aussicht gewährt und der ebenso wie die Schlicke zahm auf dem Südgehänge, aber furchtbar wild in seinen Nordabstürzen erscheint. Wer vom Gipfel aus den langsam sich senkenden Grat gegen Westen verfolgt, der wird von den dicht wachsenden Legföhren hinausgedrängt bis an den äußersten Rand des Kammes, wo der jähe Abbruch zwar ein vorsichtiges Gehen erheischt, aber dafür die wechselreichsten und großartigsten Bilder zeigt.

So nähert man sich dem Aggenstein (1987 m).

Es ist dies einer von den Bergen, die trotz mäßiger Gipfelhöhe doch einen mächtigen Eindruck machen. Denn von welcher Seite man ihn betrachten mag, immer ist der stolze und eigenartige Aufbau in die Augen fallend, am meisten aber von Norden, vom untern Breitenberg aus. Da steigen die dunklen Dolomitfelsen in so prachtvollen Wänden auf, und die Umrißlinien zeigen so kühne Formen, daß selbst sein höherer Nachbar, der plumpe Roßberg, geringer erscheint. Im Süden aber sind es jähe Grashänge, deren lichtes Grün von einer zackigen Felsenkrone geschmückt wird. Und so wird auch der, welcher von Grähn aus durch das Engetal hindurch den Aggenstein umwandert, an den stets wechselnden und stets bedeutenden Formen des Berges sich erfreuen.

Zugleich aber treten hier auch neue Berge heran: der felsige Einstein (1867 m) bildet mit seinem östlichen Ausläufer, dem Rappenschrofen, die interessanteste Partie des Tales, die Enge, wo haushohe Felsblöcke, dunkle, schöne Wälder und ein schäumender Wasserfall gar prächtig um die schlichten Häuser der österreichischen Zollstätte gruppiert sind. Weiter hinaus zeigen die Abhänge des Schönkahler (1688 m) anmutigen Wechsel von Wald und Wiese, und zuletzt schließt sich zwischen dem Breitenberg (1838 m) und dem Kienberg (1536 m) das Tal nochmals eng zusammen und zwingt die Achen, die vorher gemächlich dahinzog, wieder zu ernster Nagearbeit, die sie mit lautem Lärmen vollzieht.

Nach Norden fällt der Kienberg ins Tal der Vils ab, die in sichelförmigem Bogen von Tannheim her gegen Pfronten zieht. Da, wo das Wirtshaus von Rehbach an hohem Uferrand zu angenehmer Rast einlädt, durchbricht der Fluß auf kurze Strecke eine Ablagerung der jüngeren Kreidezeit, um später die Flyschzone abzugrenzen, die mit dem Edelsberg ihren äußersten, schon recht bescheidenen Gipfel bildet.

Aber obwohl der Edelsberg sich nur zu mäßiger Höhe (1625 m) erhebt, obwohl er mit seiner einförmigen Gipfellinie unansehnlicher erscheint als die benachbarte Alpspitze (1576 m), deren weiße, der Kreideablagerung angehörige Kalkfelsen stattliche Wände bilden — dennoch ist jener Flyschgipfel einer der rühmenswertesten Aussichtsberge. Wie das Rundbild, das sich hier ausbreitet, in

Schlicke von Nordwest.
(Zeichnung von E. T. Compton.)

(Aus der Zeitschrift des D. u. Ö. A.-V. 1899.)

Aggenstein vom Unteren Breitenberg.
(Zeichnung von E. T. Compton.)

(Aus der Zeitschrift des D. u. Ö. A.-V. 1899.)

seiner malerischen Gesamtwirkung die geringe Mühe des Anstiegs reichlich belohnt, so bieten sich auch im einzelnen überraschende Ausblicke. Von keinem andern Punkte zeigt sich der Sorgschrofen (im Österreichischen Zinken genannt; 1614 m) so bizarr wie gerade vom Edelsberg aus: wie ein ungeheures, in Trümmer zerfallenes Bergschloß ragt dieser zerhackte Dolomitgrat empor, seltsam sich abhebend von den weichen Linien der umgebenden Berge. — Und von keinem andern Punkte sieht man mit solcher Klarheit im Vorlande draußen die Molasserücken der Senggele und des Sulzberges und andere aus der Moränendecke emportauchen, so daß sich wie an einem Lehrbeispiel die langsam erlahmende Kraft der gebirgsbildenden Erdpressung veranschaulicht findet. Von keinem andern Punkte endlich treten uns in so schöner, formenreicher Gruppierung die waldbedeckten Vorberge entgegen, die den Lech umsäumen, ehe er aus den Alpen heraustritt.

Ruine Falkenstein.

Zu diesen Vorbergen gehört auch der mäßig hohe, aber scharf ausgeprägte Kamm des Salober (1290 m).

Von dem Vilstal bei Pfronten steigt dieser Höhenzug steil an zu dem Felskoloß, auf dem die Ruine Falkenstein weit in das Land schaut. Dann streicht der waldbedeckte Kamm nach Osten und fällt zuletzt rasch ab zu einem Kessel, in den der kleine Alatsee eingebettet ist, ein klares, waldumsäumtes Bergwasser. Vielbesucht ist das hübsche, der reizenden

Die Lechklamm bei Füssen. (Aufnahme von Heimhuber.)

Landschaft glücklich angepaßte Wirtshaus; denn nur eine Stunde weiter östlich liegt einer der bedeutendsten Sommerfrischorte, die Stadt Füssen.

Nicht umsonst gilt Füssen mit seinem Nachbarort Faulenbach als einer der herrlichsten Punkte unserer Voralpen. Mit verschwenderischer Fülle hat die Natur hier alle ihre Reize entfaltet und die Werke von Menschenhand haben neue hinzugefügt. Zugleich zeigt der Lech, der hier mit bedeutender Wasserfülle den Bergen entströmt, ein weiteres Wanderziel: **das Lechtal.**

Zu gründlicher Betrachtung lädt die berühmte Lechklamm Lusalten ein. Hier kann der noch immer jugendstarke Fluß, ehe er das Alpenland verläßt, zum letztenmal seine wilde Kraft austoben. Die durchfurchten Felsenwände und die in den harten Wettersteinkalk eingebohrten Strudellöcher sind Zeugen des vieltausendjährigen Kampfes, den der Fluß damals begann, als ihm die Moränen der Eiszeit

Lechtal bei Reutte mit Ausblick auf die Tannheimer Berge (Aufnahme von Färber.)

den alten Weg durchs Vilstal absperrten und ihn nötigten, hier einen neuen Ausweg zu bahnen.

Indem wir auf der Straße nach Tirol weiter schreiten, sehen wir, wie der Lech breite Werder in regellosem Laufe umschlingt, bis ihn bei der Ulrichsbrücke die Berge enger einschließen. So dicht schiebt hier der „Ranzen" seine steilen Gehänge gegen das Flußufer vor, daß für die neue von Pfronten nach Reutte führende Eisenbahn an dieser Stelle ansehnliche Sprengungen vorgenommen werden mußten. Auf die nächste Talweitung, in der uns die Häuser von Musau und Pinswang grüßen, folgt eine zweite, doppeltorige Enge: durch das östliche Tor am Kniepaß drängt sich der Fluß, durch das westliche bei Roßschläg führt Straße und Eisenbahn. Zum drittenmal breitet sich nun der Fluß mächtig aus und man durchwandert die Talweitung von Reutte. Die zahlreichen Ortschaften, die bald in langen Häuserreihen an die Straße gestellt, bald in malerischen Gruppen über grünes Hügelland verstreut sind, beleben hier das Landschaftsbild; zugleich sieht man nach Ost und Südost die weißen Straßenbänder ansteigen, die zum Plansee und zum Fernpaß führen. Von allen Seiten aber blicken die stolzesten Hochgipfel nieder und laden zu fröhlicher Bergfahrt ein.

Bei Weißenbach, das einen vorläufigen Abschluß der Siedelungen bildet, ändert sich das Aussehen des Tales. Das breit entfaltete, die Talsohle fast ausschließlich beherrschende Flußbett mit seinen riesigen, veränderlichen Kieslagern, seinen dürftigen Auen und vielgewundenen Wasserarmen; dazu die hohen, eng zusammengeschlossenen Berge, die nur dunkle Waldung und starre, graue Felsenriffe zeigen; endlich die Seltenheit menschlicher Wohnstätten — all das verleiht dem Lechtal von hier an bis in die Gegend von Vorderhornbach einen ernsten, fast düsteren Charakter. Ernst und düster sind auch zwei Seitentäler, die auf dieser Strecke einmünden: das in den Gachtpaß übergehende, tiefeinsame Birktal, um dessen Hintergrund sich herrliche Bergriesen auftürmen: der breite Littnisschrofen (1956 m), der aussichtsreiche, mit Edelweiß geschmückte Schochen (2068 m), die felsige Lachenspitze (2128 m) und vor allem der gewaltige, wie eine Riesenfestung wuchtig aufgebaute Leilach (2276 m); dann das waldreiche Schwarzwassertal mit den zwei reizenden, tief im Walde versteckten Siegle-Seen.

Der Littnisschrofen.

Belebter und noch reicher an landschaftlichen Schönheiten ist das Hornbachtal. Schon da, wo das Dorf Vorderhornbach an den Ausgang des Tales hingestellt ist, erregen die prächtig aufragenden Eckpfeiler, die Klimspitze zur Linken, die zackigen Roßkarspitzen zur Rechten unsere Bewunderung und wecken den Wunsch, tiefer einzudringen auf schönem Waldpfad, dem mächtig rauschenden Hornbach entgegen. Nach angenehmer, anderthalbstündiger Wanderung erreicht man Hinterhornbach. Das ist eine der Siedelungen, die dem fremden Wanderer erfreulicher erscheinen als dem Einheimischen. Denn während dieser an den harten, langen, entbehrungsreichen Winter denkt und an die anstrengenden, dürftig lohnenden Arbeiten, die der Sommer bringt, sieht jener nur die stolze Pracht der rings aufsteigenden Berge, den milden Glanz der üppigen Wiesengründe, die voll-

Die Noppenspitze in der Hornbachkette. (Aufnahme von Heimhuber.)

endete Harmonie eines schönen Landschaftsbildes, in dem das Großartige mit dem Lieblichen und Anmutigen glücklich vereinigt ist.

Und welch herrliche Wanderziele winken uns von hier aus!

Wählen wir den Pfad, der in die Schlucht des Jochbaches einbiegt, so erfreuen wir uns hier an den tollen Sprüngen, die tief unter uns der tosende Bach vollführt, und haben wir dann die Weidegründe der Jochalpe erreicht, so machen wir gerne Halt, um mit Behagen den Ausblick zu genießen, der sich hier bietet; denn hinter den braunen Hütten, die für sich schon durch ihre hübsche Gruppierung und ihr schön gedunkeltes Balkenwerk das Auge erfreuen, breitet sich in auf- und absteigenden Linien dunkle Tannenwaldung und darüber thronen Hochgipfel, durch riesenhaften Bau und Schönheit der Umrißlinien gleich ausgezeichnet: hier der mächtig emporstrebende Hochvogel, dort die prachtvolle Hornbachkette, aus der, das vielgipfelige Panorama weit überragend, die Urbeleskarspitze zu imposanter Höhe emporsteigt.

Der Gipfelkletterer kann von hier auf dem Bäumenheimer Weg den Hochvogel selber erreichen; aber auch der bescheidenere Wanderer sieht sich, wenn er den Jochbach weiter verfolgt, immer von großartiger Landschaft umgeben, die ihren würdigen Abschluß oben auf dem Hornbachjoch (2036 m) erreicht, wo zu den bisherigen Bildern vor allem der Anblick der dicht herantretenden, in wilden Felszacken steil aufgerichteten und von schwarzen Spalten und Furchen durchzogenen Höllhörner hinzukommt.

Die Wolfebenerspitzen. (Aufnahme von Heimhuber.)

Ein zweiter Weg führt von Hinterhornbach taleinwärts zur Petersbergalpe, wo sich über weiten Alpentriften ein prächtiger Felsenzirkus zusammenschließt. Den größten Anziehungspunkt aber bildet seit kurzem die neu errichtete Kaufbeurer Hütte, die in unvergleichlich schöner Lage unter den Schrofen der Hornbachkette erbaut ist.

Nicht ein unbedeutender Seitenast ist die Hornbachkette, sondern eine Gebirgsgruppe für sich von so eigenartigem Landschaftscharakter, daß sie mit ihren wüsten, trümmererfüllten Karen und mit ihren nackten, zerrissenen, gipfelreichen Graten mehr an das ferne Karwendelgebirge als an die Allgäuer Nachbarberge erinnert. Ergreifend ist eine Wanderung durch jene Kare, in denen überall die furchtbaren Wirkungen der zerstörenden Naturkräfte vor Augen treten,[1]) und selbst die kleinen Seen, die ver-

[1]) In anschaulicher Weise hat Dr. Felix v. Cube in seiner Monographie über die Hornbachkette (Zeitschrift des D. u. Ö. Alpenvereins 1904) die Zerstörungen an der Urbeleskarspitze geschildert: „Die gelbe Ostwand der Urbeleskarspitze ist von beispielloser Brüchigkeit. Manche Tausende Kubikmeter Fels haben hier ihren Weg ins Kar gefunden, Bergsturz über

einzelt zwischen Schutt und Blockwerk eingebettet sind, vermögen den düstern Ernst der Landschaft nur wenig zu mildern, da sie oft noch weit in den Sommer hinein mit Eis bedeckt sind. In den wildesten Gestalten, drohend aufgerichtet ragen die kahlen Gipfel über die öden Kare empor. Ein einziger von ihnen, der Große Krottenkopf, der mit 2657 m die höchste Erhebung in unserm Gesamtgebiet bildet, ist durch eine Weganlage der Alpenvereinssektion Kempten leicht zugänglich gemacht; alle übrigen sind nur dem geübten, wagemutigen Kletterer erreichbar. Doch wird auch hier der Alpenverein den Felsen noch manches Steiglein abringen, das sicher zu den trutzigsten Hochgipfeln emporleitet. Wie für die Ostgruppe der Hornbachkette, namentlich für die unvergleichlich großartige Urbeleskarspitze (2641 m) die Kaufbeurer Hütte den Ausgangspunkt bilden wird, so ist für die Erschließung der Westgruppe die Hermann von Barth-Hütte errichtet worden, die von den senkrecht aufsteigenden Felsmauern der Wolfebenerspitzen (2150 m) überragt wird.

Von der Hütte führt ein Alpenvereinssteig hinab nach Elbigenalp. Hier hat das Lechtal wieder ein freundliches Aussehen angenommen. Nicht mehr so ungezügelt, breit sich verzweigend wie vorher rauscht der Fluß dahin, sondern er bescheidet sich mit engerem Bette und gönnt dem Menschen eine weite Fläche für Wiese und Fruchtbau. Zahlreiche Siedelungen bringen heiteres Leben in die Landschaft, aber die enge Umrahmung der hohen, vielgestaltigen Felsenberge ist geblieben. Statt der großen Seitentäler ziehen jetzt von Zeit zu Zeit enge Schluchten von der Hornbachkette herunter, so das wilde Bernhardstal, das bei Elbigenalp eine sehenswerte Klamm bildet mit merkwürdig verbogenen und geknickten Schichtenlinien. Ebenso reich an packenden Bildern ist das Höhenbachtal, das vom Mädelejoch herabzieht. Bei Holzgau verengt es sich zur Schlucht, durch die der Pfad in die Felsen gesprengt werden mußte. Mit zwei Armen hat hier der Bach die Felsstufe umfaßt und zwei tiefe Rinnen ausgehöhlt. Von der einen ist er vor fünf Jahren künstlich abgedämmt worden; doch zeugt das gewaltige Blockwerk, das umher lagert, und ein prächtiges Strudelloch von der früheren Tätigkeit des Wassers. Dieses stürzt jetzt durch die zweite Rinne als donnernder Wasserfall nieder, und eine eherne Tafel, die in den Fels eingelassen ist, verkündet diese Umgestaltung durch Menschenhand. Es scheint unerklärlich, wie ein Mensch an jene Stelle gelangen konnte, wo sich die Tafel befindet; aber die Lösung des Rätsels ist sehr einfach: im Winter lagert der Lawinenschnee in solcher Höhe, daß man bequem dort Fuß fassen kann, wo im Sommer nicht einmal ein Vogel zu rasten vermag.

Bergsturz donnerte diese Wand herab.... Klaffende Spalten und Risse hat die Verwitterung in den Südgrat gefressen; ganze Türme haben sich aus seinem Firste gelöst, und da, wo sie einst gestanden, gähnen uns glattgeschliffene Schartenkehlen und gelbe Felsabbrüche entgegen. Während unseres viertägigen Zeltlagers im Seekar zählten wir über zwei Dutzend Felsstürze."

9*

Von Holzgau aus wandern wir noch eine Strecke weit in ebener Talsohle hin, über die sich unvermittelt die Berge steil auftürmen. Hinter Steeg aber beginnt das Lechtal sich zur Schlucht zu verengen. Die Siedelungen nehmen ein Ende. In tiefer Einsamkeit braust stürmisch der junge Fluß in senkrecht eingeschnittenen Felsenrinnen; dunkle Waldungen schließen sich darüber zusammen, und über die Wälder hoch empor recken sich stolze Berge — die südlichsten Hochgipfel unserer schönen Allgäuer Alpen!

Dritter Abschnitt.

Das Pflanzenkleid.

Die nackte, wildgezackte Felsenwand, die tote Steinwüste, das schimmernde Firnfeld — das sind Erscheinungen der Hochgebirgswelt, in denen wir die erhabensten Schöpfungen der Natur bewundern. Wenn wir aber liebliche und herzerfreuende Bilder in der Landschaft suchen, dann darf das lebendige, die Farben und Formen bereichernde Pflanzenkleid nicht fehlen.

Nicht zu allen Zeiten war das Vegetationsbild so, wie es sich gegenwärtig unsern Blicken darstellt. Als der Mensch Besitz ergriff von den Tälern und Bergen unseres Alpengebietes, da bedeckten undurchdringliche **Wälder** einen großen Teil des Landes, und es war ein schwerer Kampf, den die ersten Ansiedler zu bestehen hatten, um für ihre Wohnstätten, für Weideland und sonstigen Nutzboden Raum zu schaffen. In Orts- und Flurnamen finden wir allenthalben die Erinnerung an dieses schrittweise Zurückdrängen des unbequemen Waldbestandes. „Reute" und „Ried", „Schwand" und „Schwend" sind mit mancherlei Abänderungen und Zusammensetzungen die Zeugen bald uralter, bald ziemlich spät erfolgter Waldrodungen.[1])

Und wie man den Wald bekämpfte, um neues Land zu gewinnen, so wurde er später zu industriellen Zwecken ausgebeutet. Als man im 16. und 17. Jahrhundert in unsern Bergen begann, nach Erz zu schürfen, forderten die Schmelzöfen in Hindelang, am Grünten, später auch in Blaichach und bei Bäumle am Bodensee ungeheure Opfer an Brennholz, und die rauchenden Meiler, die allerorts errichtet wurden, lieferten die Holzkohle, die auch in den zahlreichen Hammerwerken, Huf- und Nagelschmieden eifrig begehrt wurde.

---

[1]) „Ried" erinnert allerdings nur dann an Waldrodung, wenn es in der Zusammensetzung das Schlußwort bildet, z. B. Motzgazried. Dagegen bedeutet es sumpfiges Gelände, wenn es als erster Teil der Wortzusammensetzung erscheint, z. B. Riedholz.

So kam es, daß sich die Grundherren endlich genötigt sahen, den Wald vor schonungsloser Zerstörung in Schutz zu nehmen. Wir können in alten bischöflich augsburgischen „Holzordnungen“ und gräflich rotenfelsischen „Maiengeboten“ (d. h. Verordnungen für Forst- und Jagdwesen) vom 16. bis zum 18. Jahrhundert lesen, wie man „der Unordnung und Verwüstung“ zu steuern suchte und wie schon damals Klage erhoben wurde, daß die rücksichtslose Ausbeutung der Wälder „nicht nur bereits einen ganz ungewöhnlichen Holzes Preis veranlaßt habe, sondern einen allgemeinen Holzmangel verursachen könnte.“[1]) Geschah es doch häufig genug, daß „Lederer, Gerber, Färber und andere“ die schönsten Waldbäume ihrer Rinde beraubten, daß die „Pechler“, um Harz zu gewinnen, Hunderte und aber Hunderte von gesunden Tannen zu Tode verwundeten, daß die Holzknechte beim Roden durch Ausbrennen unsäglichen Schaden in den Wäldern anrichteten!

Von nachteiligem Einfluß auf den Waldbestand war es auch, als in den zwanziger Jahren des 19. Jahrhunderts die Alpensennerei im Allgäu plötzlich einen bedeutenden Aufschwung nahm. Um neuen Alpenboden zu gewinnen, trieb man das Holz auf den Bergen ab, und das Brennmaterial, das man in den Käsküchen brauchte, wurde den schönsten Wäldern entnommen, die mehr und mehr zusammenschmolzen.

Wie groß der gegenwärtige Waldbestand ist, ersieht man aus folgender Zusammenstellung:

Bayerisches Gebiet:

Bezirksamt Füssen	12.549	ha	Waldland	von	47.992	ha Gesamtfläche,
„ Kempten	12.524	„	„	„	57.000	„ „
„ Lindau	5.430	„	„	„	29.616	„ „
„ Sonthofen	20.228	„	„	„	97.681	„ „
Insgesamt:	50.731	ha	Waldland	von	232.289	ha Gesamtfläche.

Österreichisches Gebiet:

Bezirk Bregenz	5.667	ha	Waldland	von	23.781	ha Gesamtfläche,
Bregenzer Wald u. Walsertal	15.022	„	„	„	58.863	„ „
Lechtal	17.823	„	„	„	53.745	„ „
Tannheimer Tal	4.469	„	„	„	12.016	„ „
Vilstal u. Jungholz	1.543	„	„	„	3.779	„ „
Insgesamt:	44.524	ha	Waldland	von	152.184	ha Gesamtfläche.

Demnach trifft auf eine Gesamtfläche von 384.473 ha ein Waldbestand von 95.255 ha, d. h. ungefähr ein Viertel.

Weitaus am meisten sind in diesen Waldungen die Nadelhölzer vertreten, vor allem die Rottannen (Fichte, Picea excelsa). In ihrer Jugend so zierlich gebaut, mit den hellgrünen Trieben und buschig gestalteten Zweiglein so frisch und schmuck aufsprießend; im Alter ernst und ehrwürdig; in ihrer Gesamtheit so recht

---

[1]) Gräflich Rotenfelsisches Maiengebot vom Jahre 1778. (Münchener Reichsarchiv.)

dazu geschaffen, die Schultern der Berge mit einem weichen, dunklen Mantel zu umkleiden; und zugleich im einzelnen voll stolzen Prangens, wenn sich die mächtigen Wurzeln um den bemoosten Felsblock spannen oder wenn sich der hohe, spitze Wipfel im grünen Bergsee spiegelt! Aber auch die Weißtanne (Abies pectinata) setzt bei uns größere Waldungen zusammen. Ist ihr Holz auch weniger geschätzt als das der Fichte, so bewundert der Naturfreund umsomehr den herrlichen Wuchs dieses Baumes, dessen schlanker, weißgrauer Stamm so trefflich paßt zu den breiten, dunkelgrünen Nadeln an dem weit ausgreifenden Geäste.

Unter beiden Tannenarten gibt es zuweilen Riesen, die ihre Nachbarn weit überragen und bei Förstern und Holzknechten, Jägern und Hirten wohl bekannt sind. So steht im Alpenvorland westlich der Ruine Alt-Trauchburg (bei Wengen), von dieser durch einen kleinen Tobel getrennt, in einer Waldlichtung eine Fichte, die nicht bloß durch ihren mächtigen Umfang (5 m in Meterhöhe) Bewunderung erregt, sondern auch durch die auffallende Bildung ihrer 80 bis 90 cm dicken Seitenstämme; denn im Bogen zweigen diese ab vom Mutterstamm und steigen dann senkrecht empor. Ein anderer Baum, die sog. „Wälzers Tanne", südlich von Eisenbolz im Weitnauer Tal, zeigt einen regelmäßigeren Bau; erst hoch oben stellen sich die Äste um den kerzengerade emporstrebenden Stamm, der da, wo er dem Boden entwächst, 9 m und in Brusthöhe noch 5,35 m im Umfang mißt.

Besonders reich an Riesentannen ist das Gebiet der Iseralpe bei Schönebach im Bregenzer Wald. Dort kennt jedermann die hochragende „Isentanne" auf der „Iserwiese". Der Stamm mißt in Brusthöhe $5^1/_2$ m und der weite Raum, den das tief herabhängende Gezweig umschattet, ist ein vorzüglicher Unterstand für das auf der Alpe weidende Vieh. Nicht sehr weit davon entfernt steht „am Schneckenloch" ein ähnlicher Riese mit 5 m Umfang. Aber nicht bloß durch seine mächtige Entfaltung wirkt dieser Baum, sondern mehr noch durch den Schmuck seines prachtvoll geschwungenen Astwerkes und seiner edelgeformten Krone; das malerische, wie von Künstlerhand gruppierte Felsgetrümmer, das den Fuß der Tanne umlagert, macht den Anblick noch reizvoller. Und wieder einen andern Eindruck macht eine Fichte, die weiter südlich an der „Sefenschrofenhalde" steht. Hier bewundert man den seltsamen Wuchs des Baumes. Sechzehn Wipfel zählte man früher, und wenn auch jetzt Sturm und Blitzschlag einen Teil des Geästes zerstört haben, so ragen doch noch, aus dem gemeinsamen Stamme in rechtem Winkel abzweigend und dann kerzengerade emporsteigend, vier mächtige Stämme empor, jeder für sich mit seinem weit ausholenden Gezweige einen Baum von ansehnlicher Stärke und Größe darstellend. Diesem außergewöhnlichen Bau entsprechend ist der gewaltige Mutterstamm, der da, wo er dem Boden entwächst, einen Umfang von 7 m 20 cm aufweist.

Auch an zahlreichen andern Orten gibt es solche sehenswerte Baumriesen. Bald verdienen sie Beachtung wegen ihres Alters und Umfangs, wie jene prächtigen Tannen, die auf der Rindalpe im Weißachtal zwischen Jungholz aufragen, bald wegen der Eigenart ihres Wuchses, wie die merkwürdige Tanne an der Petersalpe bei Einödsbach (gegen das Bacherloch zu) oder der Seite 136 abgebildete Baum auf dem Juchheschrofen bei Hindelang; bald tragen sie irgend ein von Menschenhand gebildetes Merkmal an sich, wie die „Lostanne“ am Hahlenkopf (bei Roßschläg), in deren Stamm ein überglastes Marienbild eingefügt ist. Den Preis vor allen aber verdient die berühmte „Kirchentanne“ im Hintersteiner Tale. Prinzregent Luitpold von Bayern hat auf einem schroff abfallenden Felskopf des Schrattenberges eine Jagdhütte erbaut, und in früheren Jahren wurde hier am Sonntag der Jagdwoche unter freiem Himmel Gottesdienst abgehalten. Zwei mächtige Felsblöcke sind vor den gewaltigen Stamm der Tanne hingelagert. Aus den bemoosten Ritzen des einen Blockes ist eine starke Wurzel hervorgewachsen, kreuzartig sich verästelnd. Sie wurde zugeschnitten zur Kreuzform und mit dem Bilde des Gekreuzigten versehen. So war hier in der erhabensten Umgebung ein Naturaltar geschaffen, den die ernste Kirchentanne überschattet.

Merkwürdige Tanne bei Hindelang. (Aufnahme von Helmhuber.)

Von bedeutender Wirkung in der Landschaft sind die einsam oder in lichten Gruppen auf hochgelegenen Alpweiden emporragenden Wettertannen. Mit weit ausgreifenden Wurzeln haben sie sich im Boden festgeklammert, das Geäste mit den unregelmäßig gestalteten Zweigen und der zerzausten Krone zeigt die Spuren des Kampfes mit den Sturmriesen. Wenn die Regenschauer niederprasseln, wenn die Hagelwolke ihre Geschosse schleudert, aber auch wenn brennende Sonnenglut über der Alpe lagert, dann ist die Wettertanne Schutz und Schirm für die weidende Herde. Darum steht sie in hohem Ansehen beim Alphirten, obwohl der Schutz, den sie gewährt, auch verhängnisvoll werden kann. Die verkohlten, zersplitterten Baumleichen, die man so oft auf den Hochalpen antrifft, reden eine deutliche Sprache, wie sehr solche Bäume dem Blitzstrahl ausgesetzt sind, und schon manches wertvolle Stück der Herde ist auf solche Weise verloren gegangen.

Die Kirchentanne auf dem Schrattenberg.
(Aufnahme von Ebert.)

Neben der Tanne spielen die übrigen Nadelbäume eine untergeordnete Rolle. Die Kiefer (Föhre, Pinus silvestris) tritt bei uns nur hie und da in größeren Beständen auf. Noch seltener ist die Lärche (Larix europaea), die nur an den Grenzen unseres Gebietes, so in der Umgebung von Grünenbach, am Pfänderrücken und gegen das Lechtal zu zahlreicher vorkommt. Ebenso ist die Zirbelkiefer (Arve, Pinus Cembra) spärlich vertreten. Im Gebiete des Ifenstockes stehen auf der Rohrmooser Seite 40—50, gegen das Walser Tal zu etwa 20 Bäume, auch am Gentschelpaß sollen sich einige Exemplare finden. Der einzige Standort, wo sie in größerer Zahl auftreten, ist das Notlender Gappenfeld am Leilach.

Um so sehenswerter ist diese Stätte!

In großartiger Umgebung der majestätischen Felsenhäupter stehen hier viele Hunderte der edlen Bäume, über eine mäßig geneigte, vielfach mit Legföhren und Alpenrosen überdeckte Halde weithin verstreut und ebenso durch die malerische Schönheit wie durch die reizvolle Mannigfaltigkeit ihres Wuchses wirkend. Hier erhebt ein Baum, strotzend von Gesundheit, den geraden, kräftig entwickelten Stamm, von dem die Zweige in flachem Bogen geschweift nach allen Seiten sich breiten, mit den rundlichen Büscheln der dichtstehenden Nadeln bedeckt. Dort fesselt ein anderer den Blick durch die wuchtigen Formen und kräftig geschwungenen Linien, in denen die Äste dem Stamme entwachsen. An anderer Stelle setzt uns das gewaltige Wurzelwerk in Staunen, das sich um Felsen klammert oder vielverschlungen am Boden hinkriecht. Bäume von 4 bis 5 Meter im Umfang sind hier anzutreffen.

Wettertanne. (Siehe S. 136.) (Zeichnung von E. T. Compton.)

Aber neben den schönen, vollkräftigen Stämmen sehen wir auch viele absterbende; bald ist die Krone kahl, bald steht der ganze Stamm nackt und zerstört, bald liegen die Leichen zerstückelt und gebleicht auf dem Boden — ein Bild, das zwar zu der großartigen Wildheit und Einsamkeit der Gegend einen stimmungsvollen Vordergrund abgibt, aber den einstigen völligen Untergang dieses Zirbelkiefern-Bestandes voraussehen läßt.

Besondere Hervorhebung verdient auch die Eibe (Taxus baccata), deren Blätter, oben glänzend dunkel, unten matthellgrün, in der Form den Nadeln der Weißtanne ähneln, während freilich der Stamm durch seine rötliche, leicht abblätternde Rinde, durch seine unregelmäßigen Furchungen und Runzelungen, endlich durch die Neigung, in zahlreiche Gipfeltriebe sich aufzulösen, sich sehr leicht kenntlich macht. Die Eibe scheint früher bei uns ziemlich zahlreich gewesen zu sein und kommt, obwohl sie zu den aussterbenden Bäumen zählt, auch jetzt noch in den meisten Gegenden unseres Alpengebietes vor.

So findet man eine Anzahl mäßig starker Bäume in der Nähe von Kempten bei Spießeck (um den Hof Kiesels), mehr noch an den Abhängen des Konstanzer Tales (im Trieblinger Tobel, am Kapellenbach, am Prodel), im Weißachtal, im Eistobel und auf dem Iberg, der seinen Namen von den Eiben erhalten hat, im Rohrmooser Tal, wo außerdem die Bezeichnung „Aibele Wald“ möglicherweise auf einstige größere Bestände schließen läßt, im Oytal u. s. w. Unter ihnen sind einige durch besonders hohes Alter ausgezeichnet.

Eibe am Eistobel.

Auf der Alpe Rubach (am Nordabhange der Gottesackerwände) steht ein Baum, schon mit krankem, hohlem Stamm und dürrem Wipfel, sicher mehr als ein halbes Jahrtausend alt. Von gleichem Alter mag die schöngewachsene, in vier schlanken Stämmen zierlich zur Höhe strebende Eibe sein, die am Ausgange des Eistobels (bei Riedholz) den Blick fesselt. Beide aber werden an Wuchs und Alter weit übertroffen von einem Baume, der in ganz einsamer, schwer zugänglicher Gegend an dem Nordwestabhang des Denneberges (südlich von Thalkirchdorf) in einer Höhenlage von etwa 1100 m zu finden ist. Er setzt durch die ungewöhnlich mächtige Astentwicklung in Erstaunen und scheint vollkommen gesund zu sein, obwohl er mehr als tausend Jahre alt sein dürfte. Der Stamm hat unten einen Umfang von 2,27 m und auch da, wo die Äste beginnen, noch 2,19 m. Damit übertrifft er die andern schönen und alten Eibenstämme, die sich in seiner Umgebung befinden, um ein beträchtliches und ist wohl überhaupt die größte und stattlichste unter allen Eiben unseres Alpengebietes. (Siehe Abbildung S. 140.)

Der Ruhm dagegen, die älteste Eibe und damit wohl auch der älteste Baum Bayerns, ja vielleicht Deutschlands zu sein, gebührt einem viel weniger ansehnlichen Exemplare, das im Hintersteiner Tale nahe der Pointhütte in einer Höhenlage von etwa 1250 m steht, nicht weit von der Stelle, wo der Fußpfad ins Bärgündele von dem breiten Alpenweg abzweigt. Diese Eibe wird auf etwa zweitausend Jahre geschätzt und gilt seit alters als Wahrzeichen der Gegend. „Auf der Ibe" nennt der Einheimische diese Stätte. Wohl sind die rasch sprossenden Fichten, die am Berghang wurzeln, dem greisen Nachbar weit über den Kopf gewachsen, so daß sein Gezweig sich im fremden Geäste verliert und nicht recht zur Geltung kommt; aber die Höhlungen und Runzeln des mächtigen Stammes, der in Meterhöhe einen Umfang von 3,20 m zeigt, dazu die vier Gipfeltriebe, in die der Stamm sich oben verzweigt, geben dem Baume doch ein höchst ehrwürdiges Aussehen, das doppelt wirksam ist durch den Gegensatz, den die noch immer frisch entsprießenden Zweiglein, die zarten, glänzenden Blätter gewähren.

Älteste Eibe im Hintersteiner Tal.

Der Eibenzweig — das „Ibedäs" — spielt im Allgäu als Schmuck bei festlichen Anlässen eine gewisse Rolle und steht auch sonst in Ansehen. Wenn Ostern herannaht, plündern Kinder und Erwachsene (leider in rücksichtsloseſter Weise!) die Bäume, um die geschmeidigen Zweiglein mit den weichen, saftiggrünen

Eibe bei Thalkirchdorf. (Siehe S. 139.)

Blättern zu einem „Boschen“ zu binden, der am Palmsonntag zur Kirche getragen und geweiht wird wie anderwärts die „Palmkätzchen“ des Weidenbaumes. Und wenn die Hirtenbuben im Herbst von den Galtalpen herabziehen, dann stecken sie, um beim Fest der Viehscheide im richtigen Bergschmuck zu erscheinen, neben die künstlichen Blumen und bunten Bändchen auch frisch grünendes Ibedâs.

Von der Dauerhaftigkeit und Widerstandskraft des Eibenholzes gibt ein Marterlstock Zeugnis, der im Hintersteiner Tal zwischen der Eisenbreche und der Erzbergerhütte links (östlich) am Wege steht. Keine Inschrift ist mehr zu entziffern und niemand im Tale weiß etwas über den Anlaß, aus dem das Marterl gesetzt wurde; aber dem von Wind und Wetter bös mitgenommenen und doch nicht vermorschten Eibenstrunk sieht man es an, daß er schon vor Jahrhunderten hierher gesetzt worden sein mag.

Wie trefflich sich übrigens das Holz der Eibe bearbeiten läßt, zeigte Kunstschreiner Hauber von Altstädten, indem er im Jahre 1896 lediglich aus Allgäuer Eibenholz einen prächtigen Wandschrank mit kunstvoll eingelegter Arbeit für die Nürnberger Landesausstellung herstellte.

Unter den Laubbäumen ist die Buche (Rotbuche, Fagus silvatica) unser häufigster Waldbaum.

Ganz reine Buchenbestände in größerer Ausdehnung sind in unsern Bergen allerdings selten; meist erscheint Laub- und Nadelholz gemischt. Aber gerade diese Mischwälder sind von großem landschaftlichen Reize: im Mai, wenn die zarte Tönung der frisch entsproßten Buchenblätter so siegesfreudig zwischen dem ernsten Tannendunkel hervorbricht, und mehr noch im Oktober, wenn dieses Tannendunkel den wirksamen Untergrund abgibt für das lichtumflutete, leuchtende Farbenspiel des absterbenden Laubes.

Besonders reich entwickelt sind die Buchenwaldungen auf der tertiären Nagelfluh, auf den Hornsteinbildungen des Lias und auf dem Flysch. Wie prächtig wölben sich die breiten Wipfel im „Buchwald“ bei Immenstadt! Wie kraftvoll wurzeln die glattrindigen Stämme auf den Steilhängen des Rottachberges, des Immenstädter Horns, des Kojen! Wie anmutig erscheinen die Laubhallen im Vordern Bregenzer Wald! Welch herrliche Bäume nährt der tiefgründige Liasboden im Bärgündeletal! Mit welch reichem Kranze schmücken sie die Ufer des Freibergsees!

In früheren Zeiten soll die Buche in den Allgäuer Bergen noch viel mehr verbreitet gewesen sein als heute; hie und da reden davon noch Orts- und Flurnamen: Buchenegg bei Oberstaufen, Buchenberg bei Kempten, „'s Bucha“ an der Nordseite des Schönkahler, „Buchäcker“ in der Hindelanger Gemarkung sind Beispiele dafür.

Auch von der Eiche (Sommereiche, Stieleiche; Quercus pedunculata) wird berichtet, daß sie einst zu den waldbildenden Bäumen wenigstens unseres Alpenvorlandes gehört habe. Die Umgebung von Immenstadt soll noch vor fünfzig bis sechzig Jahren umfangreiche Eichenwälder besessen haben, von denen sich noch zahlreiche schöne Bäume auf den Hügeln von Rotenfels und in der Nähe von

Untermaiselstein erhalten haben. Ebenso gab es in der Gegend um Grünenbach im 18. Jahrhundert Eichenwälder, und es war in dieser Pfarrei Sitte, daß jedes angehende Ehepaar zwei Eichen pflanzen und für ihr Aufkommen Sorge tragen mußte.[1])

Gegenwärtig sind in unsern Bergen größere Eichenbestände nicht mehr anzutreffen. Um so wirksamer belebt hie und da ein alleinstehender Baumriese die Landschaft, wenn jahrhundertelanger Schutz ihm eine mächtige Entfaltung ermöglicht hat. Wie ehrwürdig erhebt sich — um nur ein Beispiel anzuführen — jene Eiche bei Schöneberg (in der Nähe von Kempten), die der Sage nach von Hildegardis, der Gemahlin Karls des Großen, gepflanzt worden sein soll! Wohl ist die Krone vom Blitz zerspalten, wohl ist der Baum selber völlig ausgehöhlt — aber der gewaltige Stamm, der am Boden 8½ Meter Umfang zeigt und sich nach oben nur unmerklich verjüngt, steht da als ein Bild reckenhafter Kraft, die allen Stürmen Trotz bietet.

Hildegardseiche bei Schöneberg.

Häufiger noch als die Eiche findet sich, namentlich in der Nähe menschlicher Siedelungen, die Linde. So stehen prächtige Exemplare der Sommerlinde (Tilia

---

[1]) Endres, Beschreibung der Pfarrei Grünenbach. 1860.

grandifolia) auf dem Kalvarienberg bei Sonthofen und vor der Lorettokapelle bei Oberstdorf, während im Garten der Adlerwirtschaft in Pfronten eine Winterlinde (Tilia parvifolia) die Blicke auf sich lenkt. Sie wird auf 400 Jahre geschätzt und hat in Brusthöhe einen Umfang von 4,6 m. In dem breiten Geäste war noch vor kurzem ein Gartenhäuschen aufgestellt, zu dem man auf hölzerner Treppe emporsteigen konnte; doch scheint die Linde solcher Belastung nicht mehr gewachsen zu sein, das Häuschen ist aus den Zweigen entfernt worden. — Zahlreich sind die Linden vor Kirchen und Kapellen (z. B. in Möggers, Berghofen bei Sonthofen, Maria Trost bei Nesselwang), und auch an schönen, altehrwürdigen Dorflinden fehlt es nicht (z. B. in Durach, in Egg, in Bizau, in Schnepfau u. s. w.).

Linden auf dem Kalvarienberg bei Sonthofen. (Aufnahme von Helmhuber.)

Nicht in waldbildenden, zusammenhängenden Beständen, aber überall zerstreut kommen die Esche (Fraxinus excelsior) und die Ulme (Rüster, Ulmus campestris) vor. Wohl die prachtvollste Gruppe von Ulmen findet sich dicht neben dem Schulhause von Jmberg an dem Steilhang, der zum Löwenbach abfällt.

Weit verbreitet ist ein anderer echt alpiner Baum, der Bergahorn (Acer Pseudoplatanus).

Er gehört zu den Zierden der Landschaft. Wenn die Tanne besonders geeignet ist, durch Massenwirkung in großen Waldbeständen eine Rolle zu spielen, so ist der vereinzelt oder in lichten Gruppen stehende Ahorn vor allem ein Schmuck des alpinen Kleinbildes. Die helle, rissige Rinde, die dunklen, Stamm und Geäste bedeckenden Moospolster, die leicht emporgeschwungenen oder knorrig ausgreifenden Äste und Zweige, die schön gewölbte Krone, das zackige Blattwerk — alles wirkt an diesem Baume zusammen, das Auge zu entzücken.

Welche Fülle von Anregungen für des Künstlers Hand würden allein die verschiedenen Standorte dieses Bergahorn gewähren: die alten, sturmzerzausten Recken, die am „Fuß“ im Hintersteiner Tal auf grüner Halde wurzeln, mit gehöhltem Stamm und zerbrochenem Geäste und doch frisch und fröhlich grünend; oder die heiteren, freundlich grüßenden Bäume, die sich im kleinen Christlesee spiegeln; oder die ehrwürdigen, dichtbemoosten Veteranen, die im Walsertal so trefflich passen zu den alten, gebräunten Walserhäusern; oder die stolzen, mächtig entfalteten Prachtexemplare, die am Südhang des Stuiben wie ein lichter Hain um die Orner Alpe

Ulmengruppe bei Imberg. (Siehe S. 143.)
(Aufnahme von Ebert.)

gestellt sind; oder die Riesen, die auf der Alpe Falz am Fuße der Winterstaude, weithin über den Abhang verstreut, miteinander wetteifern an kraftvollem Wuchs und weit ausgreifendem Astwerk!

Wohl der größte und stattlichste Ahornbaum in unserm ganzen Gebiete steht auf der Auenalpe im hintern Gunzesrieder Tale. Wo er dem Boden entwächst, hat sein wulstartig ausgebauchter Stamm einen Umfang von 9 m, aber auch noch in Brusthöhe mißt er 5 m. Auf ebener Talweide wurzelnd ist er mit seinen weithin schattenden Ästen ein ausgezeichneter Schirmbaum gegen Unwetter und Sonnenbrand.

Ein merkwürdiges Gebilde trifft man an, wenn man von dieser Stätte weiter wandert und über die Scheidewang-Alpe unter den Abhängen des Gierenkopfes sich dem Lecknertal zuwendet. Da erscheint hart am Alpenweg ein Doppelbaum von ungeheurer Mächtigkeit. Zwölf Meter Umfang hat der Wurzelstock und noch in Brusthöhe mißt der Stamm 6 m. Zwei Bäume, ein Ahorn und eine Buche, sind hier zu einem einzigen zusammengewachsen und erst weiter oben trennen sie sich und streben, beide gewaltig entwickelt, mit kräftigem Astwerk empor.

Ahornbaum auf der Auenalpe.

Nur bis zu einer gewissen Höhengrenze umhüllt das Waldkleid den Berg. Wenn wir emporsteigen, so verlassen uns Eiche, Eibe und Ulme schon bei 1200 und 1300 m; auch die Buche verschwindet, nachdem wir die Höhe von 1500 m erreicht haben; noch hundert Meter weiter hinauf begleiten uns Ahorn und Lärche; die äußersten Vorposten der Weißtanne stehen bei 1700 m, die der Rottanne bei 1900 m[1]), aber nur noch in unansehnlichen Exemplaren, die durch ihren Zwergwuchs zeigen, daß sie sich in dieser Höhe nicht mehr heimisch fühlen.

Dagegen befinden wir uns nun längst im Bereiche des **Krummholzes**, das sich schon unter den Nadelwald mischt, aber bis 2300 m ansteigen kann.

---

[1]) Förster Hohenadl in Oberstdorf hat diese Höhengrenze der Fichte auf dem Nebelhorn festgestellt.

Legföhren auf Windeck. (Aufnahme von Eber.

Die **Bergföhren** (Legföhren, Latschen, Pinus montana), in den Allgäuer Alpen „Taufern“, „Tufen“ und „Tuifen“, im Lechtal „Zundern“, im Tannberg „Arlen“ genannt, umziehen als dichte, eng anschließende Gewandung die Hochregionen. Ganze Hänge sind von dem zähen Geäste, von dem langen, buschigen Nadelkleide dieser am Boden kriechenden Zwergbäume überdeckt. Mag ihnen auch die ernste Schönheit des hochwipfeligen Tannenwaldes, die heitere Anmut des lichtgrünen Buchenwaldes mangeln, so ist doch nicht zu leugnen, daß sie zu der landschaftlichen Stimmung gerade jener Hochgebirgswelt vortrefflich passen und daß die kräftig geschwungenen Linien ihrer buschigen Zweige, unter deren Obdach die leuchtendsten Alpenblumen erglühen, besonders dann das Auge zu fesseln vermögen, wenn ihre Wurzeln Felsgetrümmer umkrallen; und selbst die kahlen Äste, die so häufig mit scharfen Spitzen aus dem dichten Gestrüppe hervorragen, stimmen wirkungsvoll zu dem herben Gesamtbilde.

Die Taufern, die sich in mancherlei Arten gliedern, besiedeln bald die trockenen, durchlässigen, humusarmen und mineralreichen Südgehänge der Berge, bald finden sie sich auf den mineralarmen, wasserdurchtränkten, humusreichen Hochmooren. So bilden sie auf dem höchsten Hochmoore unseres Alpengebietes, am Windeckjoch bei den Gottesackerwänden, eine weite, üppig wuchernde Decke; aber auch im Alpenvorland wölben sich ihre Zweige über die braunen Tümpel der zahlreichen Moore in der Gegend von Pfronten, Kempten usw.

In der Hochregion bilden die Taufern einen wirksamen Schutz gegen Lawinengefahr und Erdrutsch und erweisen sich darin ebenso nützlich wie eine zweite wichtige Pflanze des Krummholzgürtels, die **Grün-Erle** (Alnus viridis). Diese Erlen, die im Allgäu „Drusen“ genannt werden, lieben feuchte, schattige Nordhänge mit tonigem und sandigem Boden und bilden oft auf weite Strecken dicht geschlossene Bestände. Während die Taufern besonders in der Zone der Kreide- und Dolomitberge vorkommen, breiten sich die Drusen namentlich auf Flysch und Lias aus. Die Hänge am Linkerskopf, am Bettlerrücken, am Fellhorn, an der Höfats sind Beispiele dafür. Da die Drusen bis zu 2000 m emporsteigen, sind sie ebenso wie die Taufern geschätzt von dem hoch über der Waldgrenze hausenden Hirten, dem sie den Bedarf an Brennholz decken.[1])

An Reichtum und Schönheit der Waldungen, an Großartigkeit der Felszenerien werden unsere Berge von manch anderem Gebiete der nördlichen Kalkalpen übertroffen; was aber dem Allgäu seine besondere, bedeutungsvolle Eigenart verleiht, das ist die außerordentliche Ausdehnung und Üppigkeit des **Graswuchses,**

[1]) Nach gütigen Mitteilungen von Herrn Xaver Wengenmayr in Kaufbeuren.

10*

eine Erscheinung, die nicht bloß das Landschaftsbild wesentlich beeinflußt, sondern vor allem für die wirtschaftlichen Verhältnisse von höchster Bedeutung geworden ist.

Natürlich steht dies mit dem geognostischen Aufbau des Gebirges im engsten Zusammenhang. „Die Steinarten," sagt Sendtner,[1]) „sind dem Allgäuer ein so kostbarer Schatz wie Edelgestein." Denn in all den verschiedenen geologischen Formationen unseres Gebietes sind die günstigsten Bedingungen für trefflichen Graswuchs vorhanden: im südlichen Hauptzug, wo Kalkhornstein, roter Liaskalk und besonders der berühmte Allgäuschiefer oder Fleckenmergel vorherrschen, da bildet der Reichtum an Kali und Kieselerde die ausgezeichnetste Grundlage für edle Futterkräuter; im mittleren Gebiete geben außer dem Kalk auch die Sandsteingebiete des Flysch und der Kreide mit ihren Zwischenlagern von Mergelschiefern einen vortrefflichen Wiesenboden und ebenso enthalten im Norden die Gesteinsarten der tertiären Molasse alle die Eigenschaften, die dem Graswuchs förderlich sind.

Mit welcher Üppigkeit gerade auf Fleckenmergel Gräser und Kräuter sich entwickeln, das erfährt jeder, der auf sommerlicher Bergfahrt solche Alpenpfade wandelt, sei es, daß er vom Dietersbach zum Bettlerrücken emporsteigt oder vom Stillachtal zur Linkersalpe oder wo immer er das Gebiet der Allgäuschiefer zu kreuzen hat; stets wird er staunen, wie hier Blatt an Blatt, Halm an Halm sich drängt, wie die Wiesenpflanzen den schmalen Bergpfad oft völlig überwuchern und so hoch emporsprießen, daß sie nicht selten bis zu den Hüften des Wanderers reichen.

Bis zu den höchsten Gratlinien der Lias-Hornstein- und der Flyschberge steigen die Matten empor, oft kaum unterbrochen durch felsige Absätze, dafür aber die steilsten Hänge mit ihrem lichten Grün überkleidend. Im Allgäuer Hauptkamm und seinen Seitenästen trägt eine ganze Reihe von Gipfeln, die über 2000 m emporsteigen, bis zur höchsten Gratlinie den Schmuck der Rasenteppiche: unter den Flyschbergen das Fellhorn (2038 m), unter den Liasbergen der Linkerskopf (2455 m), der Fürschießer (2271 m), das Kreuzeck (2375 m) und Rauheck (2385 m), unter den Hornsteingipfeln der Schneck (2268 m) und die Höfats (2260 m). Dieser Berg zeigt ganz besonders, wie der Rasen Hänge von bedeutender Steilheit besiedeln kann, wenn das Gestein der Verwitterung leicht zugänglich ist. Denn während am Kalk und Dolomit schon bei einer Neigung von 30° die Wiesenbildung aufzuhören pflegt, kommt solche auf der Höfats noch bei 60° und 70° vor; ja selbst da, wo bei einer allgemeinen Neigung von 75°—80° der zusammenhängende Rasen aufhört, sind doch noch auf den terrassenförmig übereinander aufgebauten Absätzen ziemlich dichte Graspolster vorhanden.

Die Ausdehnung des Graslandes in unsern Bergen ergibt sich aus folgender Übersicht:

---

[1]) Otto Sendtner, Die Vegetationsverhältnisse Südbayerns. München 1854. Dieses ausgezeichnete Werk enthält zahlreiche Angaben, die in dem vorliegenden Abschnitte Verwendung gefunden haben.

Bayrisches Gebiet:

Bezirksamt Füssen	27.436 ha Grasland von	47.992 ha Gesamtfläche,
„ Kempten	31.690 „ „ „	57.000 „ „
„ Lindau	18.642 „ „ „	29.616 „ „
„ Sonthofen	65.424 „ „ „	97.681 „ „
Insgesamt	143.192 ha Grasland von	232.289 ha Gesamtfläche.

Österreichisches Gebiet:

Bezirk Bregenz	13.225 ha Grasland von	23.781 ha Gesamtfläche
Bregenzer Wald und Walser Tal	40.230 „ „ „	58.863 „ „
Lechtal	23.783 „ „ „	53.745 „ „
Tannheimer Tal	6.656 „ „ „	12.016 „ „
Vilstal und Jungholz	2.004 „ „ „	3.779 „ „
Insgesamt	85.898 ha Grasland von	152.184 ha Gesamtfläche.

Demnach treffen auf eine Gesamtfläche von 384.473 ha im ganzen 229.090 ha Grasland, d. h. weit mehr als die Hälfte!

Nicht bloß die große Ausdehnung des Graslandes im Verhältnis zum Gesamtareal verdient Beachtung, sondern auch die Verbreitung, Eigenart und Bedeutung der einzelnen Wiesenpflanzen, und besonders werden wir denjenigen unser Interesse entgegenbringen, die sich vor allem an der Zusammensetzung der Alpenweiden beteiligen und als wichtige **Futterpflanzen** die eigentlichen Träger der Alpwirtschaft genannt werden können.

Viele dieser alpinen Futterpflanzen sind ja allerdings auch in tieferen Lagen anzutreffen, so das wertvollste Gras unseres Alpenlandes, der Goldhafer (Avena flavescens), der einen dichten, zarten, sammetartigen Rasenteppich bildet und vom Vieh mit besonderer Vorliebe abgeweidet wird; so auch das Geruchgras (Anthoxantum odoratum), das allerdings mehr Würze als ergiebige Nahrung gibt; so der Dichtrasige Rotschwingel (Festuca rubra fallax), das Gemeine Straußgras (Agrostis vulgaris) und das Fioringras (Agrostis alba), das Gemeine Kammgras (Cynosurus cristatus) und die verschiedenen Arten des Milchkraut (Leontodon), lauter vortreffliche Futterpflanzen.

Andere sind in den Talwiesen seltene Gäste, erscheinen aber massenweise in den alpinen Regionen. Dazu gehört der Gemeine Frauenmantel (Alchemilla vulgaris)[1], der in Höhen zwischen 900 und 2000 m zu den verbreitetsten Futterpflanzen zählt, namentlich auf gedüngten Alpenwiesen. Er wird vor allem als köstliches Mähefutter geschätzt, das großen Nährstoffgehalt besitzt. Aber nicht bloß den Alpwirt, sondern auch den Wandersmann erfreut die reizend gestaltete Pflanze. Denn die mantelartige oder fächerförmige Faltung der stattlich entwickelten Blätter im Verein mit der zierlichen Form der aus hohem Stengel hervorsprießenden Blütenbüschel gewährt einen hübschen Anblick. Dazu kommt aber noch eine be-

[1]) Die folgenden Abbildungen der Futterpflanzen sind mit gütiger Erlaubnis des Verlegers und der Autoren nach dem Werke von Stebler und Schröter „Die Alpenfutterpflanzen“, Bern 1889, von J. Annen gezeichnet.

sondere Eigenart, welche der Pflanze in der Schweiz den Namen „Taumantel“ eingetragen hat. Der Tau nämlich, der in der Nacht gefallen ist, oder der Regen, der die Blätter benetzt hat, bleibt in Form großer, glänzender Tropfen auf dem trichterförmigen Blattgrunde zurück und hält sich noch lange, wenn in der Nachbarschaft schon längst die letzte Spur des befruchtenden Nasses geschwunden ist. Nach starkem Morgentau oder nach Regenwetter über eine mit Frauenmantel dicht bewachsene Wiese zu wandeln und diese Tausende und aber Tausende von Wasserkügelchen in dem grünen Schoße blinken und glitzern zu sehen, ist eine wirkliche Augenweide.

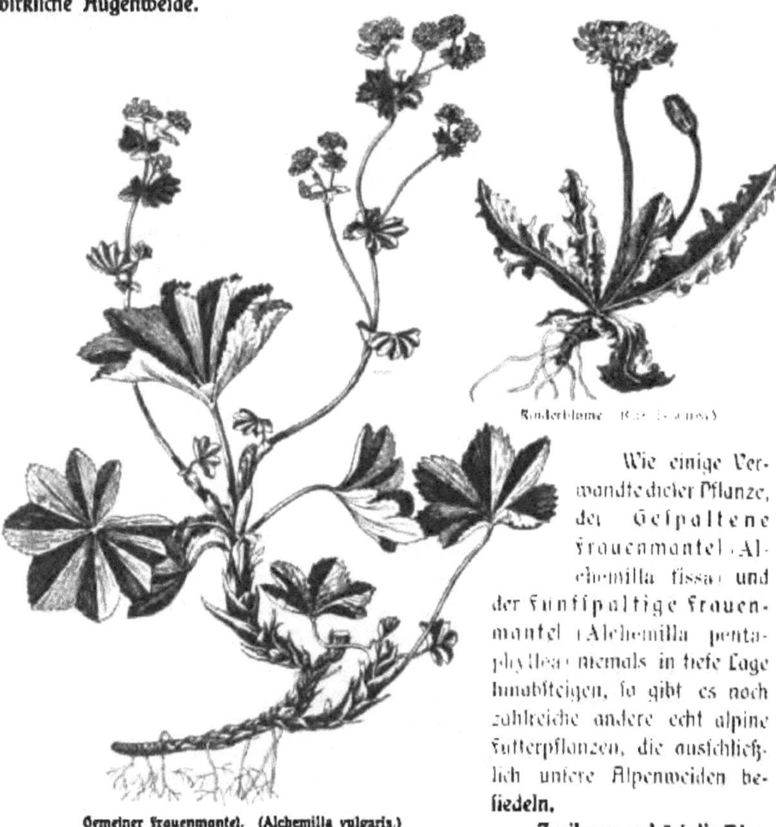

Rinderblume. (Crepis aurea.)

Gemeiner Frauenmantel. (Alchemilla vulgaris.)

Wie einige Verwandte dieser Pflanze, der Gespaltene Frauenmantel (Alchemilla fissa) und der Fünfspaltige Frauenmantel (Alchemilla pentaphyllea) niemals in tiefe Lage hinabsteigen, so gibt es noch zahlreiche andere echt alpine Futterpflanzen, die ausschließlich unsere Alpenweiden besiedeln.

Zu ihnen gehört die Rinderblume (Crepis aurea), die wegen ihrer schönen, leuchtenden Farbe jedem Alpenwanderer bekannt ist. Das orangegelbe Blütenköpfchen, das sich später rotbraun färbt, ist ein wahrer Schmuck der Alpenwiesen. Auch der Braunklee (Trifolium badium), eine wertvolle, nährstoffreiche Futterpflanze, lenkt durch seine eigenartige Erscheinung die Aufmerksamkeit auf sich, da die Fruchtköpfchen, die ursprünglich eine schöne gelbe Farbe haben, sich allmählich von unten her braun färben. Ein köstliches Alpenkraut ist der Rasige Klee (Trifolium caespidosum) mit kleinen, zarten Blättern und duftigen, rosigen Fruchtköpfchen, ein vorzügliches Weidefutter, auch der Dunkle Süßklee (Hedysarum obscurum), wogegen der reicher entwickelte Feldspitzkiel (Oxytropis campestris) und die hochaufstrebende, üppige und blattreiche Kalte Berglinse (Phaca frigida) sich besonders als ausgezeichnetes Mähefutter eignen. Dazu kommen die trefflichen Futtergräser: das Alpenlieschgras (Phleum alpinum) und das zierliche Alpenstraußgras (Agrostis alpina).

Alpen-Straußgras. (Agrostis alpina.)

Den größten Ruhm aber von allen genießen seit alters drei edle, rein alpine Futterpflanzen: Romeie, Ritz und Madaun. Im Berner Oberland, wo man den Ritz als Adelgras, den Madaun als Muttern bezeichnet, geht der Spruch

Romeie, Muttern und Adelgras
Das beste ist, was 's Chueli fraß —

und auch in den Allgäuer Bergen hat man allen Grund, diese drei hoch zu schätzen.

Die Romeie (Alpenrispengras, Poa alpina) hat ihr Verbreitungsgebiet zwischen 1200 und 2230 m. Sie erscheint sehr frühzeitig auf den gedüngten Alpenwiesen und liefert ein köstliches Mähefutter. Es gibt mehrere Arten. Am häufigsten kommt bei uns die samentragende (var. fructivera) und die knospende (var. vivipara) vor; namentlich diese zeigt in ihrem Blütenstand ein wunderbar zartes und zierliches Gebilde von grün und rötlich getönten Ährchen, aus denen sich die neuen Gräser entwickeln. — Der Ritz (Alpenwegerich, Plantago alpina) ist eine kleine, aber an Nährstoffgehalt und feinem Aroma reiche Pflanze. Sie gibt das duftigste Heu, und vom Weidevieh wird sie mit solcher Begierde aufgesucht,

Alpen-Lieschgras. (Phleum alpinum.)

daß auf beweideten Plätzen selten eine Blattrosette unberührt bleibt, obwohl „das Vieh den Boden gleichsam lecken muß“,[1]) um die kleinen, an die Erde angedrückten Blätter zu erfassen. In unsern Bergen kommt der Ritz ebenso massenhaft vor wie in der Schweiz, und es ist deshalb auffällig, daß sein Verbreitungsgebiet am Lech eine scharfe Grenze findet. — Erst von 1600 m an erscheint der Madaun

Alpen-Wegerich (Ritz). (Plantago alpina.)

(Poa alpina var. vivipara)

Alpenrispengras (Romele). (Poa alpina. var. fructifera.)

(Meum Mutellina), der noch wertvoller ist als der Ritz, da er nicht bloß wie dieser ein nährstoffreiches und aromatisches Futter bietet, sondern auch einen reichen Ertrag liefert. Gerade unsere Liasberge scheinen ein besonders günstiger Boden für ihn zu sein; denn während er anderwärts als spannlanges Pflänzchen bekannt ist, erreicht er hier mehr als die doppelte Höhe (40 bis 45 cm). Auch auf den Nagelfluhbergen kommt er massenhaft vor.

[1]) Stebler und Schröter, Die Alpen-Futterpflanzen, Bern 1889, S. 166.

Im Gegenſatz zu dieſen trefflichen Futterpflanzen, von denen hier freilich nur die wichtigſten hervorgehoben werden konnten, ſiedeln auf unſern Alpwieſen aber auch zahlreiche **Unkräuter**, die zu bekämpfen des Älplers erſte Sorge ſein ſollte.

Madaun.
(Meum Mutellina.)
(Siehe Seite 152.)

Unter den Gräſern gilt der *Falken* (Borſtgras, Nardus stricta) als der ſchlimmſte Feind der Alpwirtſchaft. Zwar gehört auch er zu den Futterpflanzen, ſolange das Gras noch jung und ſaftig iſt; im Hochſommer aber werden die Halme ſo trocken, zäh und hart, daß ſie das Vieh nicht mehr abzuweiden vermag. Die dichten Büſchel des borſtigen, graugrünen Graſes überdecken dann oft große Flächen des Weidelandes, können aber da, wo auf Verbeſſerung der Alpgründe Bedacht genommen wird, ohne allzu große Mühe durch fleißige Bodendüngung vertrieben werden, da der Falken den Dünger flieht.

Durchaus entgegengeſetzt verhalten ſich andere höchſt ſchädliche Alpenunkräuter, indem ſie ſich gerade auf ſolchem Boden anſiedeln, der vom Dünger überſättigt iſt, alſo beſonders in der nächſten Umgebung von Alphütten.

Da entwickelt der *Alpenampfer* (Rumex alpinus) ſeine kräftigen, fleiſchigen, oft kupferroten Blätter und verdrängt die wertvolleren Pflanzen; da bildet das *Herzblätterige Kreuzkraut* (Senecio cordatus) dichte und hohe Büſche, von zahlreichen gelben Blütenköpfchen überragt; üppig wuchernd nimmt dieſes Kraut den beſten Boden in Beſchlag, der durchdringende Geruch aber, den es ausſtrömt, verſcheucht das Weidevieh. Auch die beiden Arten von Eiſenhut, der *Blaue Eiſenhut* (Aconitum Napellus) und der *Gelbe Eiſenhut* (Aconitum Lycoctonum) ſiedeln ſich an dungreichen Plätzen an. Sie ſind nicht bloß ſchlimme Platzräuber, ſondern gehören außerdem zu den giftigſten Alpenpflanzen. Platzräuber und Giftpflanze zugleich iſt ferner der *Weiße Germer* (Veratrum album), deſſen hoher Schaft mit den kräftig entwickelten Blättern und dem dichtbeſetzten

Blütenstengel so stolz und stattlich auf den Wiesen aufragt und auf abgeweideten Plätzen doppelt auffällt, da er vom Weidevieh gemieden wird. Oft kommt er in Gesellschaft mit dem Gelben Enzian (Gentiana lutea) vor, der ebenfalls zu den Alpenunkräutern gerechnet werden muß, da er mit seinen hohen, breitblätterigen Büschen den Rasen zu stark beschattet und die niedrigeren Futterpflanzen überwuchert, auch den Boden zu sehr aussaugt. Wenn Germer und Enzian ohne Blüte stehen, haben sie in Stengel und Blattform manche Ähnlichkeit und werden oft verwechselt; doch kann man sie daran unterscheiden, daß die Blätter des Germer unten filzighaarig erscheinen, während die des Enzian kahl sind; außerdem stehen diese sich zu zweien gegenüber, jene dagegen befinden sich wechselständig am Stengel.

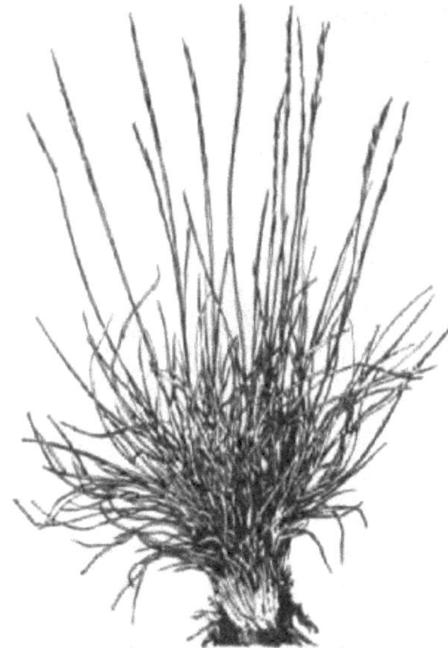
Borstgras (Falken). (Nardus stricta.)

Auch die hochgewachsene Silberdistel (Cirsium spinosissimum), deren seltsam gestaltete und geschwungene Blätter in weißlich schimmernde Stacheln auslaufen und deshalb vom Vieh gemieden werden, raubt den besseren Pflanzen den Platz und ebenso unterdrückt die Wetterdistel (Carlina acaulis), dieser silberglänzende Herbstschmuck der Weiden, mit ihren stacheligen, eng dem Boden anliegenden Blattrosetten jeden Graswuchs in ihrem Bereiche. Weite Strecken bedeckt oft, namentlich auf Nagelfluh und Flysch, der Adlerfarn (Pteris alpina) mit seinen mächtigen Wedeln und entwertet ebenso wie der Schildfarn (Aspidium montanum) die Weideplätze, entschädigt aber wenigstens dadurch, daß er gute Streu liefert. Selbst der Bergwohlverlei (Arnica montana), dem wir als einer viel gerühmten Arzneipflanze wohl gewogen sind, steht bei den Älplern im Ruf eines schlimmen Platzräubers, da er mit seinen orangegelben Blüten oft allbeherrschend auftritt, ohne doch als Weidefutter dienlich zu sein. Ungern sieht der Älpler auf seinen Wiesen auch die Flockenblume (Centaurea pseudophrygia), die nur grobes, kraftloses Futter gibt und die übrigen, guten Wiesen-

Weißer Germer. (Veratrum album.)

pflanzen oft ganz verdrängt. Der Alpenschnittlauch (Allium foliosum) endlich, dessen volle, saftige Stengel und prächtige, hell purpurrote Blütenköpfchen das Auge erfreuen, wird zu den Unkräutern gezählt, weil er der Milch einen bitteren, unangenehmen Lauchgeschmack verleiht.

Und nicht nur unnütze und geringwertige Gräser und Kräuter machen den guten Futterpflanzen den Boden streitig, sondern ebenso sehr eine große Zahl holzartiger Gewächse, wie die üppig wuchernden Stauden der Heidelbeere, der Moosbeere, der Rauschbeere und der Preißelbeere, das Heidekraut (Erica und Calluna), die Bergerle und Zwergweide, die Wachholderarten (Juniperus communis und J. nana), die Legföhren und endlich in nicht geringem Maße — die Alpenrose!

Der Wanderer freilich, der zu froher Bergfahrt auszieht, sieht in der Alpenrose etwas anderes als ein Wiesenunkraut. Ihm ist sie vielmehr eine der gepriesensten Vertreterinnen jener **Alpenflora,** die durch wunderbare Mannigfaltigkeit und leuchtende Farbenpracht das Auge entzückt und vor allem beiträgt zu dem, was wir die Poesie der Alpenwelt nennen.[1])

Die Alpenrose wirkt ganz besonders durch die massenhafte Entfaltung ihrer Blütenpracht. Welch ein Schauspiel, wenn in der zweiten Junihälfte ganze Berghalden in rotem Anhauch aufleuchten, wenn zwischen den glänzend grünen Blättern des kraftstrotzenden Strauches die herrlichen Blütenglocken hervordrängen oder wenn sie um verwitterndes Felsgetrümmer bunte Kränze flechten oder aus dem dunklen Gebüsche der Legföhren lachend hervorlugen!

Rostblätterige Alpenrose. (Rhododendron ferrugineum.)

Die beiden Hauptarten der Alpenrose sind die rostblätterige (Rhododendron ferrugineum) und die behaarte (Rhododendron hirsutum). Jene liebt feuchten, tiefgründigen, kiesel- und alkalireichen Boden und findet sich auf Kalk nur, wenn diesen eine Humusdecke überzieht; die behaarte Alpenrose dagegen ist Felsenpflanze des Kalkes, sie zieht trockene, sonnige Standorte vor. Wenn beide Arten auf kalkigem Boden nebeneinander angetroffen werden, so erscheint Rh. hirsutum auf den Felsen, Rh. ferrugineum im Humus. Wo sie zusammen auftreten, ist auch der Bastard zwischen beiden Arten nicht selten, so auf dem Bolgen, am nördlichen Abhang des Falkensteingrates, am Schartschrofen, am Koblat zwischen Nebelhorn und Daumen. Ebenso kommt in unsern Bergen die seltene Abart der weißblühenden Alpenrose vor; auf dem Schlappolt befinden sich einige Stöcke, ebenso auf der Schwarzwasseralpe süd-

[1]) Die folgenden Abbildungen sind mit gütiger Erlaubnis des Zentralausschusses des D. u. Ö. Alpenvereins nach dem Atlas der Alpenflora im Dreifarbendruck hergestellt.

lich vom Hochifen. — Die rostblätterige Alpenrose zeigt bei uns ihre großartigste Entfaltung auf den Flyschbergen: auf dem Rangiswanger- und Riedberger Horn, auf dem Schnippenkopf und Sonnenkopf, auf dem Söllereck und Fellhorn. Sie bewohnt aber auch die Hochmoore des Alpenvorlandes (bei Hellengerst, Buchenberg, Rechtis, Wierlings).[1])

Behaarte Alpenrose. (Rhododendron hirsutum.)

Die berühmteste aller Alpenblumen, das schlichte Edelweiß (Gnaphalium Leontopodium) ist trotz aller Nachstellungen, denen so viele Tausende dieses edlen Pflänzleins alljährlich zum Opfer fallen, doch noch verhältnismäßig zahlreich in den Allgäuer Alpen vertreten.

Als unser vornehmster Edelweißberg ist von jeher die blumenreiche Höfats bekannt, und wenn hier noch immer die herrlichsten Sterne erblühen, so ist der Schutz, den sie genießen, lediglich in der außerordentlichen Steilheit des Berges gelegen, die wenigstens die große Touristenmenge von jenen Standorten fern hält. Die steilsten Hänge der Hornstein- und Liasberge sind es überhaupt, auf denen die vielbegehrte Pflanze am schönsten ihre weiche, wollige Blüte entfaltet: die jähen, felsdurchsetzten Grashalden des Linkerskopfes, des Hochrappenköpfle, des Fürschießers, des Himmeleck usw. Aber auch im Leilachgebiet (am Schochen), auf dem Aggenstein und in den Tannheimer Bergen gibt es Edelweiß in großer Zahl.

Edelweiß. (Gnaphalium Leontopodium.)

Immerhin ist die Gefahr der Ausrottung bei dem stets zunehmenden Fremdenverkehr nahe gerückt. Gibt es doch genug Bergsteiger, die nicht zufrieden sind, wenn etliche Sternlein als schönstes Wanderzeichen den Hut schmücken, sondern die jedes Edelweiß, dessen sie habhaft werden können, dem Boden entreißen, um drunten im Tale mit einer möglichst ansehnlichen Beute prahlen zu können! Schlimmer noch hausen die „Edelweißbrocker“, die ausschließlich zu dem Zwecke in die Berge ziehen, um während der Blütezeit tagelang ganze Hänge zu plündern und ihren Raub in den Sommerfrischorten zum Verkauf zu bringen.[2])

[1]) Nach gütigen Mitteilungen von Herrn Xaver Wengenmayr in Kaufbeuren.

[2]) Hauptmann Jäger, der in unsern Bergen als Kartograph tätig war, berichtet: „Ein Edelweißbrocker, der sich die schwierigen Hänge unterm Himmeleck als sein Beutefeld aus

Wenn Alpenrose und Edelweiß genannt werden, so darf als dritte charakteristische Pflanze unserer Berge der Enzian nicht unerwähnt bleiben. Wir finden diese Blume in ihren mannigfaltigen Arten vom ersten Erwachen des Frühlings bis in den Herbst hinein und von den Talgründen bis hinauf zu den dürftigen Grasbändern des Hochgebirges. Mit welcher Freude begrüßen wir, wenn im März der Schnee zerrinnt, die tiefblauen, in der Mitte mit blendend weißem Stempel geschmückten Sterne der Gentiana verna! Wie prächtig heben sich im Mai die großen Glocken der Gentiana acaulis vom Wiesengrunde ab! Wie stolz und üppig ragen die hohen Stengel der Gentiana asclepiadea, die mit ihren voll entfalteten Blüten den nahenden Herbst ankünden! Und zu diesen gesellen sich noch zahlreiche andere Arten: die G. ciliata mit ihren gefransten Blüten, die G. obtusifolia, deren veilchenblaue Blütenglocken in dichten Büscheln den Stengel umstehen, die G. brachyphylla, die erst in bedeutenden Höhen erscheint, so z. B. auf dem Muttlerkopf, den Krottenspitzen, dem Kreuzeck und Linkerskopf; die weitverbreitete G. campestris; die G. excisa, die besonders gern die Liasschiefer besiedelt, auch die ganz seltene G. tenella, deren zarte Blütchen auf dem Höfatsgipfel gefunden werden, u. a.

Völlig anders als diese lieblichen Alpenblumen sind die hochstengeligen Pflanzen gestaltet, aus deren kräftig entwickelten Wurzeln der berühmte „Enzianer" bereitet wird: da ist vor allem die schon erwähnte G. lutea (s. S. 154); an ihrem hohen, wie mit einem zarten bläulichen Dufte übergossenen Stengel sind die gelben Blüten in dichten Büscheln übereinander gestellt. Weit verbreitet ist bei uns auch die G. punctata. Im Allgäu heißt sie Edelwurz; ihren botanischen Namen aber verdankt sie den zahlreichen dunklen Punkten, mit denen ihre gelben Blütenkelche übersät sind. Seltener ist die G. purpurea, mit schönen Blütenglocken von purpurner Färbung. An den Südabhängen der Fellhorngruppe, auf den Birwanger und Warmatsgunder Alpgründen ist ihr Standort, auch am Haldenwangerkopf und am Widderstein wird sie gefunden. Eine nicht weniger prunkvolle Pflanze, ebenfalls mit Purpurblüten dicht besetzt, ist die G. pannonica, die auf dem Fellhorn, ganz besonders aber auf der Schwarzwasseralpe (im Walsertal) in großen Mengen vorkommt und auch den Gipfel des Edelsberges bei Nesselwang besiedelt.

Wohl setzt uns der Artenreichtum der Gentianen in Erstaunen. Welche Mannigfaltigkeit aber tritt uns erst entgegen, wenn wir die übrige Alpenflora betrachten! Welch eine Farbenpracht, welch entzückende Schönheit der Formen, welch feine, zarte Zeichnung der Blüten wird hier von der Natur hervorgezaubert!

Wollen wir, um in diese Wunderwelt einen Einblick zu gewinnen, eine Wanderung über einen der blumengeschmückten Bergkämme unternehmen! Wir

---

erwählt hatte, verdiente sich in früheren Jahren jeden Sommer 200—300 Gulden. Jetzt aber geht es nicht mehr so gut; denn am Samstag und Sonntag geht alles, was nur kann, „ins Edelweiß", und sie bringen es massenhaft zum Verkauf. Ich sah selbst einmal einen Edelweißbrocker, der an einem Tage einen ganzen Armkorb und einen Rucksack voll gepflückt hatte." (Bayerland, Jahrg. 1897 S. 555.)

wählen dazu einen Höhenzug der Molasse, die Nagelfluhkette Mittag-Steineberg-Stuiben, und rüsten uns an einem der letzten Maitage zur Bergfahrt.[1])

Wenn wir von Immenstadt aus den Steigbachweg emporgestiegen sind und bei der hölzernen Kapelle den Bach überschritten haben, grüßt uns der bescheidene Bergbaldrian (Valeriana montana) und auf dem Weidegrund, der zur Linken hinanzieht, sehen wir die ersten leuchtenden Köpfchen der Rinderblume (Crepis aurea). Bald stehen wir am Saume des schönen Hochwaldes, der zum Mittaggrat emporzieht, und ehe wir eintreten, grüßt zur Linken, dunkeläugig uns anblickend, der ernste Akelei (Aquilegia atrata). Im Walde selber machen wir eine erfreuliche Entdeckung: auf dem humusreichen, lockeren Boden finden wir wiederholt die Blütenstengel der Korallenwurz (Coralliorrhiza innata), ein unscheinbares, aber seltenes Pflänzchen, dessen weißliche Lippenblüten in bräunliche Spitzen enden, als wären sie von Frost oder Feuer leicht versengt. Breiter und augenfälliger entfaltet sich mit großen, grobgezähnten, auf der untern Seite wollig filzigen Blättern die Pestwurz (Petasites albus), ihre Blüten aber haben schon dem seidenhaarigen Samen Platz gemacht.

Haben wir dann die Stelle erreicht, wo sich links die Weidegründe der Mittagalpe zeigen, während uns zur Rechten kräftig sprossendes Jungholz begleitet so gewahren wir schon zahlreiche Vorboten der Höhenflora: neben den winzigen gelben Blüten des Zweiblütigen Veilchens (Viola biflora) sprießt die zarte Sternmiere (Stellaria nemorum), es zeigt sich die kugelförmige, weiße Knospe des Einblütigen Wintergrüns (Pirola uniflora) und der Rundblättrige Steinbrech (Saxifraga rotundifolia) mit den weißen Blüten, die reizende rote Pünktchen zeigen.

Dann nimmt uns wieder der Hochwald auf und wir gelangen zu einer Stelle, wo ein köstlicher Bronnen der Erde entquillt. Hier entwickelt dicht neben der Holzrinne, über die das Wasser geleitet ist, der Alpen-Milchlattich (Mulgedium alpinum) seine kräftigen, gezackten Blätter, doch ist noch kein Ansatz zur Blüte zu entdecken. Dagegen hat der Eisenhutblättrige Hahnenfuß (Ranunculus aconitifolius) seine weißen Blüten entfaltet.

Schreiten wir weiter, so erblicken wir nach einiger Zeit links am Wege ein paar Exemplare der Schuppenwurz (Lathraea Squamaria), die zwar nicht zur Alpenflora zu rechnen ist, aber als eine besonders auffällige, hauptsächlich unterirdisch entwickelte Schmarotzerpflanze Beachtung verdient. Bald darauf kommen wir an einem kleinen Schneefeld vorüber. Da zeigt sich eine der reizendsten alpinen Frühlingsblumen, das Alpenglöcklein (Soldanella alpina und S. pusilla). Zum Teil sprießen die saftigen Stiele mit den gezackten, violetten Blumenkelchen aus dem feuchtkalten Grunde, der vor kurzem erst schneefrei geworden ist; aber wir können auch den wundersamen Vorgang beobachten,

---

[1]) Die folgenden Ausführungen wurden dem Verfasser nur ermöglicht durch die opferwillige Mitarbeit des Herrn Rechtsrates Kellenberger in Kempten, dem auch an dieser Stelle herzlicher Dank ausgesprochen sei.

wie einige der zarten Pflänzchen mitten aus dem Schnee hervorwachsen, aus dem sie sich selber ein kreisrundes Loch herausgeschmolzen haben.[1])

Nun lichtet sich der Wald; an einer stark verwitterten Nagelfluhwand leitet der Pfad vorbei. Hier hat sich mit runden, fleischigen Blättern der Immergrüne Steinbrech (Saxifraga aïzoïdes) angesiedelt, doch ist noch keine Blüte zu bemerken. Auch einige Büschelchen des Alpen-Frauenmantel (Alchemilla alpina) haben neben dem Steinbrech Platz gefunden.

Alpenglöcklein. (Soldanella alpina.)

Näher rücken wir dem Höhenrande. Ein paar Exemplare des insektenmordenden Alpen-Fettkraut (Pinguicula alpina) zeigen ihre weißen Blüten mit den gelben Sporen, und ehe wir das Gatter erreichen, das uns noch vom Grate trennt, erregt unsere Aufmerksamkeit der leicht gekrümmte Stengel des Alpenrachen (Tozzia alpina), dessen zarte gelbe Blüten an ihren Unterlippen mit braunroten Pünktchen geziert sind.

Eine Anzahl herrlicher Wettertannen begrüßt uns, wenn wir auf die Grathöhe hinaustreten; auf dem üppigen Weideboden aber erglänzen Hunderte von Blumen, aus denen uns besonders das schöne, sattgelbe Fingerkraut (Potentilla aurea) mit dem goldigroten Blütenboden entgegenleuchtet; auch die Sternmiere finden wir wieder, ebenso sehen wir vereinzelte Exemplare des Alplattich (Homogyne alpina) mit seinen unansehnlichen weißlichen Blüten und seinen herznierenförmig runden Blättern.

Gemächlich steigen wir auf dem Gratweg weiter, dem Steineberg entgegen. Immer reicher wird jetzt die Flora.

Die Buchsbaumblättrige Kreuzblume (Polygala chamaebuxus) guckt mit weißgelben, braungerandeten Blüten zwischen den glänzend grünen Blättern hervor. Der Alpenhelm (Bartschia alpina), das Katzenpfötchen (Gnapha-

Immergrüner Steinbrech. (Saxifraga aïzoides.)

[1]) Dieser merkwürdige, fast rätselhaft erscheinende Vorgang ist näher beschrieben und begründet in dem Werke: Pflanzenleben von Kerner von Marilaun, I. Band. S. 484.

lium dioicum), die **Berg-Flockenblume** (Centaurea montana), das **Männliche Knabenkraut** (Orchis mascula), der **Hufeiſenklee** (Hippocrepis comosa) mit den zarten Blättchen und dunkelgelben Blüten ſtehen hier und dort zerſtreut umher. Dann aber, höher hinauf am Grat, wo tiefgründiger Boden raſch wechſelt mit nacktem, vielklüftigem Geſtein, erſcheinen vier beſonders prächtige Vertreter echt alpiner Frühſommer-Flora: aus einem dichten Polſter der dunkelgrünen, gekerbten Blätter herausblickend zeigt ſich die breite weiße Blume der **Silberwurz** (Dryas octopetala); aus jener Felsſpalte lugt, Kelch und Schlund der gelben Blütenkrone mit feinem Puder dicht beſtreut, die herrlich duftende **Aurikel** (Primula Auricula); weiter oben entfalten ſich die großen, milchweißen Blütenblätter der **Alpenanemone** (Anemone alpina) und bald geſellt ſich zu dieſen dreien, die in der Folge immer häufiger und maſſenhafter auftreten, die ebenſo ſchmucke **Narziſſenblütige Anemone** (Anemone narcissiflora), deren Blütenknoſpen wie frühchrote Beeren uns entgegenlachen, während die voll entfalteten Blüten, zu dreien oder vieren oder fünfen aus einem Stengel hervorſprießend, ihre zarten weißen Blätter mit roſigen Rändern eingeſäumt haben. Dazwiſchen haben wir auch einige dunkelblaue Glocken der Gentiana acaulis angetroffen und haben die **Nacktſtengelige Kugelblume** (Globularia nudicaulis) und den unſcheinbaren, im Graſe halb verſteckten **Günſel** (Ajuga reptans) bemerkt, deſſen blaßrote Lippenblüten wie in einem dichten Knäuel um den Stengel geſtellt ſind.

Alpenrachen. (Tozzia alpina.)

Silberwurz. (Dryas octopetala.)

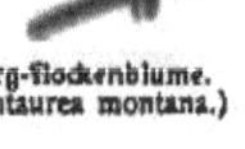

Berg-Flockenblume. (Centaurea montana.)

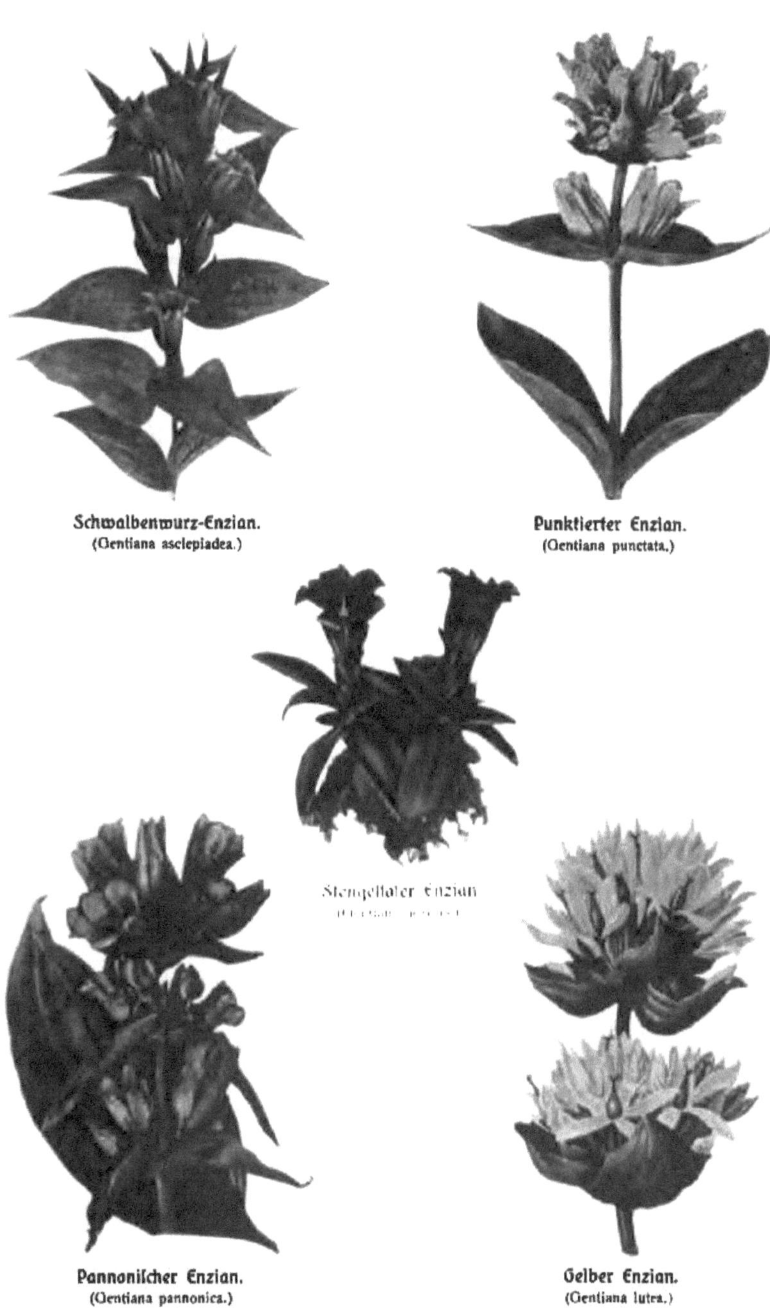

Schwalbenwurz-Enzian.
(Gentiana asclepiadea.)

Punktierter Enzian.
(Gentiana punctata.)

Stengelloser Enzian
[illegible]

Pannonischer Enzian.
(Gentiana pannonica.)

Gelber Enzian.
(Gentiana lutea.)

Jetzt führt der Pfad vom Grate weg einer langgestreckten Felsenmauer zu, die aus der südlichen Wanne heraufzieht. Auf dem humusreichen Hange, den wir überschreiten, liegt noch ein breiter Schneefleck, umsäumt von den lieblichen Soldanellen, in die sich da und dort der weiß und violett blühende Safran (Crocus vernus) mengt. Aus allen Ritzen der Nagelfluhwand winken die prächtigen Aurikeln und der Hang ist übersäet mit Berganemonen. Auch eine neue Ranunkelart erscheint, der Alpenhahnenfuß (Ranunculus alpestris); seine zartweißen Blütenblättchen sind von einem Kranze gelber Staubfäden geschmückt, die um einen kugeligen grünen Stempel gestellt sind. Noch zarter und duftiger sind die zierlichen Blütenbüschel der Akeleiblättrigen Wiesenraute (Thalictrum aquilegifolium), die sich weiter oben am Serpentinenweg einstellt.

Aurikel. (Primula Auricula.)

Am Eingang zu dem Felsenpfad, der unter den prallen Schichtköpfen des Steinebergs hinführt, steht die Bärentraube (Arctostaphylos alpina), die sich mit ihren weißen, krugartigen Blüten als eine Schwester der Heidelbeere zu erkennen gibt. Gleich darauf sehen wir eine kleine, grottenartige Vertiefung im Fels, vor der eine Ruhebank angebracht ist. Hier

Alpen-Anemone. (Anemone alpina.)

Narzissenblütige Anemone. (Anemone narcissiflora.)

Förderreuther, Allgäuer Alpen. 11

zeigt sich mit kleinen weißen Blüten die Alpen-Gänsekresse (Arabis alpina). Auch der Alpenhahnenfuß tritt wieder massenhaft auf, die Soldanella besiedelt die Umgebung der Schneereste und die behaarte Alpenrose bildet dichte Gestrüppe, freilich noch von winterlich welkem Aussehen, ohne frische Triebe.

Alpen-Hahnenfuß. (Ranunculus alpestris.)

So erreichen wir das Steinebergplateau, dessen grasbewachsene Flächen neben Frauenmantel und Ritz eine zahllose Menge von Alpenhahnenfuß, aber auch manch neue Alpenblumen zeigen. Gentiana lutea und Gentiana punctata treiben ihre ersten Knospen, neben der niedlichen Gentiana verna findet sich hier und später die Gentiana excisa. Die Gewimperte Gänsekresse (Arabis ciliata) tritt auf und in großen Mengen macht sich das Blattreiche Läusekraut (Pedicularis foliosa) breit, das mit gelben Blüten aus dichtem, oben braun gesäumtem, zierlichem Blätterkleid hervorschaut.

Der weitere Gratweg hinüber zum Stuiben bringt nicht mehr viel Neues. Alpenhahnenfuß, Alpenanemone und narzissenblütige Anemone, sowie Aurikel und nacktstengelige Kugelblume beherrschen die Flora; doch kommt noch an manchen Stellen das Alpenvergißmeinnicht (Myosotis alpestris) hinzu, das seine Geschwister im Tale drunten durch seine tiefblaue Farbe übertrifft und einen feinen Wohlgeruch ausströmt. Auch die Herzblätterige Kugelblume (Globularia cordifolia) und der Dreiflügelige Baldrian (Valeriana tripteris) sind auf diesem Wege anzutreffen.

Blattreiches Läusekraut. (Pedicularis foliosa.)

Wiederholen wir unsere Wanderung einen Monat später, so finden wir manches verändert.

In dem Hochwald, in dem wir zum Mittag emporsteigen, überrascht uns diesmal die mächtige Ausdehnung und Verbreitung des Drüsengriffel (Adenostyles albifrons). Seine lila gefärbten Blütenbüschel erheben sich auf hohen Stengeln, während die breiten, filzigen Blätter an Umfang und weit ausgreifender Wucherung mit denen der Pestwurz wetteifern. Auch der bescheidenere Hasenlattich (Prenanthes purpurea) entfaltet soeben die Blüten, die blaßrötlich aus dünnen, unregelmäßig zum Stempel gestellten Spreiten hervorsprießen. Später finden wir auf einer Waldblöße den weich behaarten Stengel des Ruhrkraut (Gnaphalium silvaticum) und, indem wir abermals in den Hochwald eintreten, die gelben Blütensterne des zierlichen Hainfelberich (Lysimachia nemorum).

Höher oben im Gebiete des Jungholzes, wo wir im Mai die liebliche Sternmiere gefunden haben, erblicken wir nun neben dieser auch die winzigen weißen Sternchen des Rundblättrigen Labkraut (Galium rotundifolium). Wenn uns dann aufs neue der Hochwald umfangen hat, erscheint neben Frauenmantel das schlimme Kreuzkraut (Senecio cordatus) und die schöne Bergflockenblume. Auf einer moosigen Felsbank erblühen die ersten Exemplare der Kleinen Glockenblume (Campanula pusilla), zwischen Wurzelwerk die länglich eiförmigen, gekerbten Blätter ausbreitend, die blauen Glöckchen dicht nebeneinander gestellt. Zu dem Eisenhutblättrigen Hahnenfuß gesellt sich nun auch der Wollige Hahnenfuß (Ranunculus lanuginosus), dessen Namen man begreiflich findet, wenn man die wolligen Stengel betrachtet.

Reicher als im Mai ist die Flora an dem Brünnlein entwickelt, wo uns damals vor allem der Milchlattich (Mulgedium alpinum) ins Auge fiel. Dieser ist inzwischen zu einem meterhohen Kraut emporgeschossen, aus dem die lilafarbigen Zungenblüten in dichten Büscheln zur Höhe streben. Weiter unterhalb am Wegrand hat der kräftig wuchernde Drüsengriffel (Adenostyles albifrons) Blätter von 38 cm Durchmesser entwickelt und noch stattlicher erhebt sich daneben der Gemeine Eisenhut (Aconitum Napellus); seine mit blauen Blüten bedeckten Stengel erreichen eine Höhe von $1\frac{1}{2}$ Meter! Fast ebenso hoch ragt der mit Blüten bedeckte Gute Heinrich (Blitum bonus Henricus), eine Pflanze, die übrigens auch in der Ebene an Wegrändern und auf Schutt vorkommt. Auch die graulichgrüne Sterndolde (Astrantia major), der Wald-Storchschnabel (Geranium silvaticum), der Hasenlattich und der Eisenhutblättrige Hahnenfuß tragen bei, rings um diese anmutige Raststätte ein ungemein belebtes Vegetationsbild zu schaffen.

Wenn wir beim Weiterschreiten an der Nagelfluhwand angelangt sind, aus deren Geklüfte wir damals die Blättchen des Immergrünen Steinbrech (Saxifraga aïzoïdes) hervorsprießen sahen, so finden wir diese liebliche Blume jetzt mit voll entfalteten Blüten; die meisten erglänzen in hellem Gelb, einige aber zeigen schon gebräunte Fruchtknoten und dunkelnde Blütenränder.

Später erblicken wir die kleine Simsenlilie (Tofieldia calyculata) und die dem Knabenkraut ähnelnde wohlriechende Höswurz (Gymnadenia odoratissima); auch die zierliche Kleine Glockenblume (Campanula pusilla) erscheint wieder, wo zerklüftetes Gestein an den Weg herantritt.

Haben wir dann die Grathöhe erreicht, wo die Wettertannen stehen, so ist zwar die Blumenfülle, wie sie sich vor einem Monat gezeigt hatte, bedeutend verringert; dafür aber wetteifern zwei neue, reizende Blumen an Farbenglanz: das Orangerote Habichtskraut (Hieracium aurantiacum), eine Komposite, deren Kronblätter außen tiefrot, gegen die Mitte heller gelb gefärbt sind, und das zitronengelbe **Aurikel-Habichtskraut** (Hieracium Auricula). Auch Arnica montana ist über die Wiesen gestreut.

Indem wir den Gratweg weiter verfolgen, erfreut uns der Anblick der **Bergdistel** (Carduus defloratus), die, solange die Blütenknospe noch geschlossen ist, mit ihrem runden, halb grün, halb rot gefärbten Köpfchen einen reizenden Anblick gewährt. Auch entdecken wir das **Drüsenhaarige Mastkraut** (Sagina saxatilis); die winzigen, weißen Blütensternchen, die aus einem Graspolster aufsprießen, schließen sich, wenn die Sonne die Mittagshöhe überschritten hat. — Zahlreich erscheint der zartgebaute **Alpenquendel** (Calamintha alpina), ebenso tritt eine neue Orchidee auf, die **Dunkelrote Sumpfwurz** (Epipactis rubiginosa), und an einigen Stellen erblickt man, freilich schon fast verblüht, die Schmarotzerpflanze **Sommerwurz** (Orobanche cruenta). Statt der schönen weißen Blüte der Silberwurz sehen wir jetzt deren behaarte Fruchtfäden, daneben aber blüht das **Berg-Leinblatt** (Thesium montanum) mit seinen niedlichen, milchweißen, unterseits grünlichen Blütensternchen, und dem Gestein entsprießt, auf kurzem Stiele ruhend, die schöne gelbe Blüte des **Sonnenröschens** (Helianthemum vulgare). Für das Einblätterige Wintergrün, das schon abgewelkt ist, hat sich das **Rundblätterige Wintergrün** (Pirola rotundifolia) eingestellt und zu Meterhöhe reckt sich die weißblütige **Engelwurz** (Angelica silvestris).

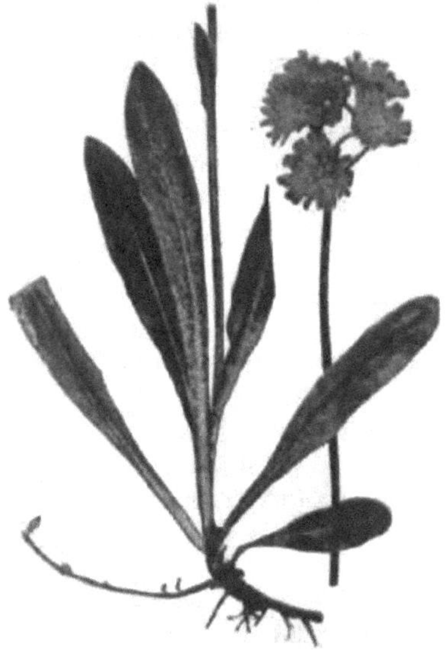

Orangerotes Habichtskraut. (Hieracium aurantiacum.)

Eine reiche Zahl neuer Pflanzen erscheint, wenn wir vom Grat hinüber zur Felsenmauer schreiten, wo uns im Mai die prächtigen Aurikeln entgegen gelacht haben. Jetzt sprießen aus den Ritzen dieser Nagelfluhwand die rundblätterigen, weißen Blütchen des **Graugrünen Steinbrech** (Saxifraga caesia), dessen wunderbar fein gezeichnete Blattrosetten dichte, gewölbte Polster bilden. Auf dem Hange aber, der zwischen Grat und Felswand niederzieht, herrscht die üppigste Vegetation. In Massen wuchert der **Braunklee** (Trifolium badium), schon verblüht steht das **Blattreiche Läusekraut** (Pedicularis foliosa), zwischen wucherndem Blattgrün erhebt sich vereinzelt die prunkende, duftende Krone des **Türkenbund** (Lilium Martagon), und wo im Mai die großen Blüten der Alpenanemone das Auge erfreuten, da stehen jetzt auf hohen Stengeln die seidenbehaarten Fruchtbüschel, die der Wanderer als **Bergmännle** so gern zum Hutschmuck wählt. Höher oben erblicken wir neben der Berg-Flockenblume das niedliche, milchweiße **Leimkraut** (Silene quadrifida) und das fast noch zartere, rötlich angehauchte Gipskraut (Gypsophila repens). Die Behaarte Alpenrose hat jetzt ihre leuchtend roten Blüten voll entfaltet.

Auch auf dem Wiesenplan des Steinebergplateaus bietet sich uns ein farbenreiches Bild, vor allem hervorgerufen durch Crepis aurea, Hieracium aurantiacum und Hieracium auricula. Aber auch das gelbblühende Zottige Habichtskraut (Hieracium villosum) finden wir hier mit den Stengeln und Blättern, die sich so eigentümlich wollig anfassen. Ebenso zeigt sich die Weißblütige Höswurz (Gymnadenia albida) neben Arnica und Bartschia, und weiter unten am Grashang erheben sich stolz die blütenreichen Stengel von Gentiana lutea und Gentiana punctata.

Haben wir dann den südlichen Felsengrat erreicht, der uns den Blick ins Gunzesrieder Tal öffnet, so erblicken wir über die Wiesenhänge weithin verstreut eines der anmutigsten und geschätztesten Pflänzlein unserer Berge, das durch die hübsche Form des braunen oder rötlichen Blütenköpfchens, noch mehr aber durch den außergewöhnlich kräftigen und köstlichen Wohlgeruch ausgezeichnete Brändele (Braunelle, Nigritella angustifolia), das sich diese Hänge zu einem Lieblingsstandort erwählt hat, aber leider durch die fortgesetzten Nachstellungen wohl bald auch zu den Seltenheiten gehören wird. — Dann erscheint, wenn wir unsere Wanderung in der Richtung zum Stuiben fortsetzen, wieder das Helianthemum vulgare mit seinen schönen, leuchtenden Blüten und die lilafarbige Calamintha alpina, ganz besonders aber, bald die Felsritzen überkleidend, bald die Steilhänge hinabkletternd, die blütenreiche Gypsophila repens. Später zeigen sich die ersten, weithin leuchtenden Bergnelken (Dianthus silvestris), die auf dem weiteren Wege immer zahlreicher werden und namentlich den glatt aufsteigenden Nagelfluhmauern zur Zierde dienen. Auch die reizende Saxifraga aïzoïdes sprießt aus dem Gestein, ebenso die Weiße Fetthenne (Sedum album).

Brändele.
(Nigritella angustifolia.)

Später sehen wir vor uns rechts am Pfade die ersten großen Blütensterne des Weidenblätterigen Ochsenauges (Buphthalmum salicifolium), einer prächtigen Pflanze, die uns wie eine künstlich veredelte Gartenblume anmutet. Bald darauf finden wir, etwas versteckt zwischen den Blüten und Blättern der Gypsophila das reizende, schon halb verblühte Pflänzchen, das sich den seltsamen Namen Angebranntes Knabenkraut (Orchis ustulata) gefallen lassen muß. Am nächsten Felsengrat gesellt sich zu den schon bekannten Steinbrecharten der Trauben-

Steinbrech (Saxifraga aïzoon), dessen Blattrosetten mit dichten Polstern die Ritzen des Gesteins überkleiden. Ein unscheinbares Pflänzchen mit grüngelben Blüten ist das Hahnenfußartige Hasenohr (Bupleurum ranunculoïdes), das sich neben dem Geäste einer sturmzerzausten Fichtengruppe ein geschütztes Plätzchen gesucht hat.

Ein reicher Blumengarten ist die Felsscharte, von der ein Pfad zum Gunzesrieder Tal hinabzieht: da stehen, üppig wuchernd, Adenostyles und Mulgedium, da zeigt sich die Centaurea montana in zahlreichen schönen Exemplaren, da blühen noch immer in reinem Weiß einige Spätlinge der Dryas octopetala. Auch der Berg-Baldrian (Valeriana montana) ist hoch aufgeschossen, das Purpur-Läusekraut (Pedicularis Jacquinii) reckt seine reichen Blütenkolben und der würzige Madaun (Meum mutellina) hat sich mit rötlichen Blütenbüscheln geschmückt.

Und wollen wir endlich auf dem Stuibengipfel selber ein Sträußlein binden, so können wir, abgesehen von Wucherblume, Ehrenpreis und andern nicht alpinen Blumen ein gar buntes Farbenspiel zusammenstellen. Die Gebirgsrose (Rosa alpina) bietet sich dar, die dem Heckenröslein der Ebene ähnlich ist; auch die farbenschöne Bergaster (Aster alpinus) mit gelber Scheibe und lilafarbigen Randblüten; außer dem Trauben-Steinbrech (Saxifraga aïzoon) bemerken wir den Gegenblätterigen Steinbrech (Saxifraga oppositifolia); wir sehen eine neue Miere (Stellaria graminea) und finden wieder den Berg-Hahnenfuß, den Berg-Baldrian, die Arnika und das Habichtskraut; und wenn wir noch weiter hinab zur Einsattelung gegen den Sederer Stuiben streifen, dann zeigen sich auch die schönen, lichtblauen Glocken der Bärtigen Glockenblume (Campanula barbata).

Im mannigfaltigsten Blütenschmucke also prangen zur Sommerszeit die Nagelfluhberge.[1]) Aber der Reichtum der Alpenflora ist damit nicht erschöpft. Immer neue Pflanzen, immer neue Arten erscheinen, wenn wir andere Bodenverhältnisse oder bedeutendere Höhenlagen aufsuchen.

Unter den Flyschbergen ist die Fellhornkette durch ihren Reichtum an schönen und seltenen Alpenblumen ausgezeichnet. Außer dem Purpurenzian und der weißblühenden Alpenrose, von denen schon die Rede war, gibt es hier noch eine Menge von Blumen, die wir im Bereich der Molasse nicht antreffen.

Da erfreut uns, sobald wir von Riezlern aus den Fellhorngrat erklommen haben, das reizende Alpenleinkraut (Linaria alpina), das eine hübsche Farbenzusammenstellung zeigt, indem die veilchenblauen Blüten am Gaumen in safrangelbe oder ziegelrote Tönung übergehen. Auf der weiteren Wanderung im Fellhorngebiet finden wir auch die schöne Großblättrige Schafgarbe (Achillea macrophylla),

[1]) Es sei jedoch ausdrücklich bemerkt, daß hier nicht eine lückenlose Aufzählung aller auf den Nagelfluhbergen vorkommenden Vertreter der Alpenflora gegeben, sondern nur das zusammengestellt ist, was bei zwei Begehungen (Ende Mai und Ende Juni 1904) beobachtet wurde. Die im darauffolgenden Jahre ausgeführten Kontrollgänge ergaben, daß die Blütezeit der einzelnen Pflanzen unter Umständen (durch besonders reichen Schneefall im Winter und Nachwinter) ziemlich weit (3 Wochen!) hinausgeschoben werden kann.

den Bogenfrüchtigen Hahnenfuß (Ranunculus Villarsii), das Stengellose Leimkraut (Silene acaulis), die herrlich gebaute Straußblütige Glockenblume (Campanula thyrsoidea), die zierliche Alpenheide (Azalea procumbens), die mit ihren buschigen, blätterreichen Zweiglein und den massenhaft vorsprießenden kleinen roten Blüten schon für sich allein ein hübsches Sträußchen bildet; auch neue Arten von Ehrenpreis (Veronica bellidioides und V. saxatilis), von Habichtskraut (Hieracium macranthum Ten., H. versicolor Fries., H. Sphaerocephalum Froel. u. a.), von Rapunzel (Phyteuma hemisphaericum und Ph. Michelii), von Berufkraut (Erigeron Villarsii, E. glabratus, E. uniflorus) fallen uns ins Auge. Ebenso blüht hier eine Sonderart des Brändele (Nigritella suaveolens Koch), endlich das seltene Mittlere Wintergrün (Pirola media).

Alpenleinkraut. (Linaria alpina.)

Wandern wir in unsern Kalk- und Dolomitbergen, so können wir wieder manche neue Alpenblume entdecken: so das Gespornte Veilchen (Viola calcarata), das so gern auf den Schutthalden der Dolomitkare blüht und sich dort oft in Gesellschaft des Rundblätterigen Täschelkraut (Thlaspi rotundifolium) befindet; oder den starkduftenden Gestreiften Seidelbast (Daphne striata), der in den Tannheimer Bergen die Bezeichnung „Steinrose" führt; oder die leuchtenden Sterne der Berg-Hauswurz (Sempervivum montanum), die auf den Südhängen der Winterstaude so prächtig gedeiht; oder das reizende, mit blaßroten Blüten überfäte Sträuchlein des Steinschmückel (Petrocallis pyrenaica), das den Daumengipfel ziert; oder den Alpenmohn (Papaver alpinum) und das Breitblättrige Hornkraut (Cerastium latifolium), die beide auf dem Hochvogel vorkommen, und viele andere.

Gespornter Veilchen. (Viola calcarata.)

Die reichste und üppigste Entfaltung aber zeigt die Alpenflora auf den Liasbergen, und unter diesen rühmt der Botaniker als die vornehmsten „Blumenberge" den Kreuzeck-Rauheck-Zug, den Linkerskopf und die Höfats.

Wer vom Älpele aus auf dem Gratweg zum Rauheck und Kreuzeck wandert, glaubt sich oft in den reizendsten Blumengarten versetzt, der namentlich da durch Farbenpracht, Fülle und Mannigfaltigkeit entzückt, wo die dünnen, zerbröckelnden Schiefer des Fleckenmergels kleine Vorsprünge oder Bänke bilden. Viele seltene Pflänzchen sind auf dem Grat und an den Hängen zu finden: die Blaue Gänsekresse (Arabis caerulea Hänke); das Alpen-Schaumkraut (Cardamine alpina) mit dichtem Blattwerk, das sich schützend um die weißen Blüten schmiegt; das schöne Immergrüne Hungerblümchen (Draba aïzoides) mit buschigen Blattrosetten und gelben Blüten; das schlichte Felsenleimkraut (Silene rupestris); der unscheinbare Schneeampfer (Rumex alpinus); einige Arten von Fingerkraut (Potentilla salisburgensis und P. minima); der kleine, mit fleischigen, runden Blättchen aus den Felsritzen kriechende Alpen-Mauerpfeffer (Sedum alpestre) und sein Verwandter, der Einjährige Mauerpfeffer (Sedum annuum); die seltsame, grünlich weiße Kretische Augenwurz (Athamanta cretensis); dann die blauen Blüten des Kurzblätterigen Enzian (Gentiana brachyphylla), aus dem strauchartig verzweigten, blattreichen Stock nach allen Seiten aufsprießend; endlich das reizende Heilglöcklein (Cortusa Matthioli), eine der lieblichsten Alpenblumen mit purpurroten, fünfblätterigen Blütenkelchen, die in zierlichen Dolden von der Spitze des dichtbehaarten Stengels niederhangen.

Rundblätteriges Täschelkraut.
(Thlaspi rotundifolium.)

Auf den abschüssigen Grashängen von der Linkersalpe zum Linkerskopf überrascht uns ebenfalls die ganz erstaunliche Fülle, in der hier die schönsten und die seltensten Alpenblumen dem Fleckenmergel entsprießen. Neben vielen uns schon bekannten Pflanzen finden wir hier die prachtvollen, großblätterigen gelben Blüten des Kriechenden Benediktenkraut (Geum reptans), den zartblätterigen und zartblühenden Südlichen Tragant (Phaca australis), das köstliche Futterkraut Einfaches Liebstöckel (Gaya simplex) mit weißen Blütenbüscheln, den winzigen Zwergstendel (Chamaeorchis alpina), auch eine seltene Art von Hahnenfuß (Ranunculus glacialis) und mehrere neue Arten von Hungerblümchen (Draba Wahlenbergii, D. Johannis).

Heilglöcklein. (Cortusa Matthioli.)

Auch das benachbarte Kleine Rappenköpfle und die Umgebung des Biberkopf stehen an reicher Entfaltung der Alpenflora dem Linkerskopf wenig nach. Noch übertroffen aber werden all diese Gebiete von dem berühmtesten „Blumenberg", der Höfats.

Von ihrem Reichtum an Edelweiß war schon die Rede. Aber sie beherbergt auch ein Pflänzlein, das vom Bergsteiger seiner Seltenheit wegen noch höher geschätzt wird: die schlichte Edelraute (Artemisia Mutellina), die nur die steilsten, einsamsten Hänge besiedelt. Sie kleidet sich in zartes Silbergrau und atmet feinen Wohlgeruch, lenkt aber nicht durch prunkende Farbenpracht die Aufmerksamkeit auf sich; denn klein, unansehnlich sind die gelben Blütenköpfchen. Und wer weiter forscht nach Seltenheiten, der kann das reizende Kälteliebende Hungerblümchen (Draba frigida) finden mit kleinen, schöngezeichneten, zu dichten Büscheln vereinigten Blattrosetten und weißen, rotgetupften Blüten auf ganz dünnen Stielen; oder den zierlich gebauten Zarten Enzian (Gentiana tenella) oder den Behaartblätterigen Mauerpfeffer (Sedum dasyphyllum). Auch das bei uns so seltene Frühlings-Windröschen (Pulsatilla vernalis) findet sich hier, das im Gegensatz zu seiner weißblühenden Verwandten, der Anemone alpina, violette Blüten entfaltet.

Edelraute.
(Artemisia Mutellina.)

Damit sind nun freilich die Namen der Alpenblumen — mögen sie auch manchem allzu zahlreich und dichtgedrängt erscheinen — noch keineswegs erschöpft. Aber es sollte auch keine erschöpfende Aufzählung geboten werden. Was hier zusammengestellt ist, möge vielmehr nur als eine Andeutung gelten, wie unendlich reich und mannigfaltig die Pflanzenwelt unserer Berge gestaltet ist; es möge ein Blatt der Erinnerung sein für solche Stunden, in denen man gerne zurückdenkt an sommerliche Bergfahrten und an den Genuß, der dabei durch die Reize der Alpenflora bereitet ward!

Vierter Abſchnitt.

Wild und Weidwerk.

In gleichem Maße, wie ſich ſeit zwei Jahrtauſenden das Vegetationsbild unſerer Berge verändert hat, indem weit ausgedehnte Urwälder der ſiegreich vordringenden Kultur weichen mußten, iſt auch die Tierwelt, die dieſe Wälder einſt beherrſchte, im Kampfe mit den Menſchen unterlegen und zum Teil ausgerottet worden.

Weit verbreitet war ehedem im Allgäu, wie anderwärts, der König der Wälder, der grimme **Bär.** Es gibt bei uns kaum eine Gegend, in der nicht irgend ein Orts- oder Flur- oder Bergname an die einſtigen Schlupfwinkel und Jagdgebiete dieſes gefährlichen Raubtieres erinnert. Das Lechtal hat ſein Bärenbad (bei Hinterhornbach), im Tannheimer und Viller Gebiet gibt es ein Bäreneck (an der Gachtſpitze), einen Bärfall-Wald (bei Neſſelwängle), ein Bärenmoos (weſtlich der Fallmühle), eine Bärenhöhle (am Sorgſchrofen), einen Bärenzipfel (am Weſtabhang des Wertacher Hörnle) und Bärenlöcher (auf dem Stellenbichl bei Neſſelwang). Im obern Illergebiet finden wir die Bärengänge im Rappenalptal, den Mutzentobel (bei der Biberalp; Mutz = Bär), die Bezeichnung „am Mutzen" (im Daumengebiet), das Bärgündele (im Hinterſteiner Tal), das Bärenloch (bei Rohrmoos). Im Walſertal kennt man den Bärenkopf beim Hochifen, ebenſo die Bärgundalpe, Bärenmahd und Bärenweide am Widderſtein. Der Bregenzerwald beſitzt ein Bärengat bei Au, und ſelbſt in der Kemptner Gegend wird der Ortsname Bärwang mit dem Bären in Zuſammenhang gebracht.

An einige ſolcher Namen knüpfen ſich ſagenhafte oder auch beſtimmt beglaubigte Erzählungen.

So zeigt man im Hinterſteiner Tale nahe dem Erzbergerhof die Stelle, wo vor nicht allzu langer Zeit noch die Bärentanne ſtand. Ein Holzfäller, ſo erzählt man ſich, wurde hier, während er ſeiner Arbeit oblag, vom Meiſter Petz überraſcht und hatte eben noch Zeit ſich auf den Baum zu flüchten, wo es ihm möglich war, das nachkletternde Untier mit der Axt abzuwehren. Andere dagegen erzählen, es sei ein Jäger gewesen, der von dem Bären auf der Tanne gefangen gehalten wurde und schließlich in seiner Not den Rock hinabwarf; mit dieser Beute zufrieden, sei der Bär abgetrollt, der Jäger aber habe sich schleunigst auf und davon gemacht.[1])

Bei Schönebach im Bregenzerwald steht auf der Alpe Iferwies ein Bildstöckl, das den Heiligen Wendelin und Martin geweiht ist. Früher war hier ein Votivbild angebracht, das den Kampf eines Bären mit einem Stiere darstellte. Auf der Iferwiese, so lautet die Geschichte, wurde einst nahe dem „Schneckenloch" eine weidende Viehherde von einem Bären angefallen. Der Stier aber, der sich in der Herde befand, stürzte wütend auf den Angreifer los, nahm den Kampf mit ihm

„An der Bärentanne" im Hintersteiner Tal. (Aufnahme von Ebert.)

auf und spießte ihn mit seinen Hörnern dergestalt, daß der arme Petz elendiglich ums Leben kam.

Es dauerte ziemlich lange, bis es gelang, den Bären in unsern Bergen auszurotten. Konnte doch noch im 16. Jahrhundert ein Jäger Michael von Rubi bei Oberstdorf sich rühmen, im Laufe der Jahre 15 Bären erlegt zu haben! In der Oberstdorfer Gegend wurde der letzte Bär im Jahre 1742 auf der Käseralp geschossen, und ungefähr um die gleiche Zeit waren die Brüder Besler von Hindelang tätig, die Hintersteiner Berge von diesen Raubtieren zu befreien. Ebenso werden Jakob Wex von Immenstadt und „Der alte Jäger von Blaichach" rühmend genannt,

[1]) Vergl. das Gedicht von M. Britzelmayer im Bayerland. VI. S. 215.

weil sie in den sechziger Jahren des 18. Jahrhunderts in der Gegend von Immenstadt die letzten Bären schossen. Noch heute trägt die höchste Kuppe des Mittag die Bezeichnung **Bärenkopf**, weil dort Jakob Wex seine Beute erlegte.[1])

Von da ab kamen Bären nur ganz vorübergehend aus den Zentralalpen zu uns. Ein solcher wurde im Jahre 1862 auf der Obermädelealpe gespürt, trieb sich dann eine Zeitlang in den Seitenschluchten des Lechtals umher und wurde schließlich in der Nähe von Elbigenalp (bei Grameis) getötet. Oberjäger Bader von Vorderhornbach besitzt als seltenes Andenken den ausgestopften Kopf dieses Tieres. Der letzte Bär aber, der sich überhaupt in unserm Gebiete sehen ließ, machte im Jahre 1881 die Gegend an der Klim bei Vorderhornbach unsicher. Er schlug ein junges Rind und drei Ziegen und verschwand dann, erhielt aber später doch den Lohn seiner Freveltat; denn er wurde bei Nauders in Tirol erschossen.

Neben dem Bären mag für die früheren Jagdherren unseres Alpenlandes das **Wildschwein** die stolzeste und willkommenste Beute gewesen sein. Damals, als unsere Berge noch mehr Buchen- und Eichenwälder besaßen, scheint das Schwarzwild nicht eben selten gewesen zu sein, und in den Rothenfelser Maiengeboten wird es noch in der zweiten Hälfte des 18. Jahrhunderts erwähnt; ebenso gehörte zu den Gerechtsamen des Bregenzer Hinterwaldes, daß jedermann das Schwarzwild schießen durfte. Vermutlich sind auch die Bezeichnungen „Sauwald", „Saubach", „Sausteig" im Hintersteiner Tal auf das einstige Vorkommen der Wildschweine zurückzuführen.

Eine schlimme Landplage war der **Wolf**.

Nicht bloß in einsamer Waldwildnis wie Bär und Eber, sondern auch in der Nähe menschlicher Siedelungen machte dieses gefräßige Raubtier die Gegend unsicher. Aus dem Berichte eines Stralsunder Bürgermeisters, der im Jahre 1546 über Kempten ins Gebirg reiste, erfahren wir, daß sich selbst in unmittelbarer Nähe dieser Stadt Wölfe umhertrieben. „Hart vor Kempten," so lautet der Bericht, „kamen von der rechten Hand her zwei ausgewachsene Wölfe über das Feld gelaufen; sie liefen einem Eichenwäldchen zu, das sich links am Wege befand. Da ich solches in der Herberge berichtete, sagten sie, daß ich mich dessen nicht sollte wundern; denn das Gebirge habe viel des Raubzeugs."

Besonders in kriegerischen Zeiten nahmen die Wölfe in erschreckender Weise überhand. Der Dreißigjährige Krieg mehrte, wie alle Übel, auch dieses. Ein Schreiner von Beilenberg (bei Altstädten) schoß in der Zeit von 1645 bis 1656 acht Wölfe, die ihm ein ansehnliches Schußgeld eintrugen. Aber auch später noch, im Jahre 1684, beklagten sich die Bewohner der Sonthofener Gegend bei dem

[1]) Alois Schmid berichtet im „Oberländer Erzähler" (Beiblatt des Immenstädter Tagblattes) von einem Bärenabenteuer, das dem „starken Michel", der um 1800 lebte, auf den Höhen des Gerensteins bei Bühl begegnet sein soll. Der starke Michel habe einst, vom Regen überrascht, in einer Felsengrotte Schutz gesucht. Nach einer Weile habe er ein dumpfes Knurren vernommen und in der Grotte zwei junge Bären entdeckt. Er habe sie mitgenommen und dann auch die alten Bären, die ihn verfolgten, erlegt.

Fürſtbiſchof von Augsburg, daß ihnen die Wölfe großen Schaden zufügten und ſich von Jahr zu Jahr vermehrten. Zwar wurde im Laufe des 18. Jahrhunderts mit den Beſtien gründlich aufgeräumt; aber von Zeit zu Zeit ließen ſie ſich doch immer wieder ſehen. So brachte der Rückzug der „Großen Armee" aus Rußland im Jahre 1812, als den Flüchtlingen ganze Scharen von Wölfen folgten, einige ſelbſt in unſer Bergland. Einer wurde bei einem Treibjagen in der Nähe von Immenſtadt geſchoſſen, ein anderer zerriß in der Gegend von Hüttenberg (bei Blaichach) ein Schmaltier und wechſelte dann zum Grünten hinüber. Ein dritter lief im Winter am hellen Tage durch Geilenberg (bei Hindelang), ſo daß die Bauern einige Tage lang nicht wagten, ihre Kinder in die Schule zu ſchicken.

„Bei den Wolfsgruben." (Hinterſteiner Tal.)
(Aufnahme von Ebert.)

Gar manche Jagd auf Wölfe machten Revierförſter Lutz von Burgberg und ſein Forſtgehilfe Zeller. Dieſer ſpürte im Jahre 1827 den letzten Wolf, der das Grüntengebiet unſicher machte. Im Bezirk Bregenz wurde noch im Jahre 1862 die Umgegend von Langen in Schrecken verſetzt durch die Nachricht, daß ein Wolf geſehen worden ſei. Auch hier wagte man mehrere Tage lang nicht, die Kinder in die Schule zu ſchicken. Pfarrer und Gemeindeverwaltung veranlaßten ein Treibjagen, das jedoch ohne Erfolg blieb.

Heute erinnern an jene unſichern Zeiten noch manche Namen, wie Wolfsloch (bei Zaumberg), Wolfsbüchel (an der Burgberger Starzlach), Wolfsbichel (im Retterſchwanger Tal), Wolfsbühl (bei Lingenau), Wolfſchlucht (bei Rettenberg), Wolfsgrube (bei Ettensberg). Vielleicht dürfen in dieſem Zuſammenhang auch die auffallenden Erdlöcher genannt werden, die sich beim Burgstall südlich von Oberstdorf vorfinden, wogegen die trichterförmigen Vertiefungen, die in der Nähe von Hinterstein als Wolfsgruben bezeichnet werden, wohl eher auf natürliche Weise durch Einsturz entstanden sein mögen.

Ein gefürchtetes Raubtier war auch der **Luchs.**

Diese schreckliche Katze, die an Raubgier noch den Wolf übertrifft, weil sie sich nicht begnügt, ihren Hunger zu stillen, sondern vielmehr so lange mordet, als sich ihren Blicken noch ein Opfer zeigt, war früher gerade in unserm Allgäu sehr häufig und muß die schlimmste Geißel der Herden gewesen sein. Auf der Schwarzwasseralpe (Lechtal) soll ein Luchs in einer einzigen Nacht 30 Schafe zerrissen haben, und von den Balderschwanger Galtalpen wird noch im Jahre 1819 berichtet, daß dort der Luchs unter den Geißen und Schafen jährlich große Verheerungen anrichtete.

Der Hirschsprung bei Obermaiselstein.
(Aufnahme von Heimhuber.)

Ebenso gefährlich war diese Katze dem Wildstand, und es ist bezeichnend, daß die Sage vom Hirschsprung mit dem Luchs in Verbindung gebracht wird. Ein solcher soll am Schwarzenberg bei Obermaiselstein einen Hirsch verfolgt, dieser aber in der Not den rettenden Sprung über die Klamm gewagt haben, die seitdem den Namen Hirschsprung trage.

Es ist nicht zu verwundern, daß die Jäger diesem schlimmen Räuber mit allen Mitteln entgegentraten; namentlich wurden Tellereisen oder Legbüchsen aufgestellt. Wenn dies geschah, wurde es in der betreffenden Gemeinde von der Kanzel herab bekannt gegeben, z. B. in Hindelang, ebenso in Vorderhornbach, wo jetzt noch ein Hügel an der Klim die Bezeichnung Luchskopf führt, weil man hier mit Hilfe der Legbüchsen mehr als einmal solche Tiere unschädlich machte.

Es war dies immer eine sehr erfreuliche Jagdbeute. Denn weil der Luchs dem Wild- und Viehstand gleich gefährlich war, stand eine hohe Prämie darauf. So hatte die bayrische Regierung ein Fanggeld von 75 Gulden festgesetzt, und als im Walsertal im Jahre 1831 von einem gewissen Joseph Anton Huber ein Luchs erlegt wurde, erhielt er von der Behörde in Bezau ein Schußgeld von 30 Gulden, wozu die Gemeinde Mittelberg noch 20 Gulden und der Vorsteher in Oberstdorf noch weitere 3 Gulden hinzufügte, während das Fell des Tieres auch noch 4 Gulden eintrug; selbst gänzlich unbeteiligte Leute, welche die Jagdbeute bewunderten, gaben ihre Spende.

Mit besonderer Genugtuung wird an verschiedenen Orten von dem letzten Luchs, der dort erlegt wurde, berichtet. Bei Pfronten geschah dies um 1820 durch den Jäger Trenkle, der seine Beute ausstopfen und in einer Kiste, einer sog. Bude, gegen Entgelt öffentlich sehen ließ. Davon führt das Haus, in dem der Besitzer jener Rarität wohnte, noch heute die Bezeichnung „Luchsbude". Am Grünten sorgte Förster Lutz (1825), im Gunzesrieder Tal Förster Schaidnagel[1]) (1834) und in den Waldungen am Hirschsprung Forstwart Zeller (1835) für die Ausrottung des Tieres. Den Ruhm aber, überhaupt den letzten Luchs in unsern Bergen geschossen zu haben, durfte Forstwart Kaspar Agerer von Hindelang für sich in Anspruch nehmen, indem er diese Beute im Jahre 1838 im Retterschwanger Tale machte. Schon sein Vater, Johann Georg Agerer, hatte 22 Stück erlegt, und über der Türe des Agererschen Hauses in Hindelang erblickt man noch jetzt als Erinnerung an die einstigen Jagden 15 Luchsköpfe; auch gehört zu den Familienreliquien eine Legbüchse mitsamt dem dreizackigen Geschoß, dessen hölzerner Schaft noch deutlich die Spuren der Bisse zeigt, die das Tier in ohnmächtiger Wut dem Mordwerkzeug versetzt hatte.[2])

Bär und Wildschwein, Wolf und Luchs sind verschwunden. Sorglos kann heutzutage der Bergsteiger seine Wege wandeln; er braucht nicht zu fürchten, daß plötzlich mit unheimlich gleißenden Augen oder mit dräuendem Rachen ein gefährlich Untier ihm den Weg kreuze; denn was gegenwärtig noch unser Gebirge an vierfüßigem Raubzeug hegt: Fuchs, Stein- und Edelmarder, Dachs, Fischotter, Iltis und Wiesel — das ist kleines Getier, welches den Menschen flieht und vor seinem Auge sich birgt.

---

[1]) Schaidnagel soll am Schwarzenbach bei Sonthofen auch eine echte Wildkatze geschossen haben, die es sonst in unsern Bergen nicht gab.

[2]) Nach 1838 wurden zwar keine Luchse mehr erlegt, aber noch hie und da „gespürt", so 1850 auf der Zipfelsalpe bei Hinterstein. — Im „Tiefen Ifen" bei Schönebach sollen noch in den sechziger Jahren zur Nachtzeit an langen Stangen Laternen aufgehängt worden sein, um damit den Luchs zu verscheuchen und die Schafherde zu schützen. (Mitteilung von dem ehemaligen Hirten Adam Mausburger von Bizau.)

Unter den Raubtieren der Lüfte aber sind es nicht bloß Eule und Uhu, Habicht und Sperber, Edelfalke und Bussard, die im Bergwald hausen, sondern auch einer der stolzesten und schönsten Raubvögel läßt sich oft genug blicken, der **Steinadler.**[1])

In früherer Zeit haben in den Allgäuer Bergen ziemlich viele Steinadler gehorstet. Es gab noch im 19. Jahrhundert Horste im Oytal (an der Ochsengerenwand und an der Lugenalperwand), im Birgsautal (oberhalb Anatswald am Anatsstein), im Rappenalptal (bei den Bärengängen), im Rohrmooser Tal (an der Roten Wand), im Schwarzwassertal (am Roßkarkopf), im Ostrachtal (am Giebel) usw. — immer auf unersteiglichen Felsvorsprüngen oder in Felsenhöhlungen.

Kreuz bei der Melköde, errichtet zur Erinnerung an die Entführung eines Kindes durch einen Adler. (Im Hintergrund der Hochifen.)

Der Steinadler war wie der Luchs eine schlimme Plage für die Herden. Im Schwarzwassertal (Lechgebiet) konnten noch um 1870 die Schäfereibesitzer von 1500 Mutterschafen nur wenige Junge aufziehen, weil die Adler die meisten raubten. Von einer andern Herde der dortigen Gegend erbeuteten diese Raubvögel in einem einzigen Sommer sechzig Lämmer. Der Besitzer einer an den Kackenköpfen (im Rohrmooser Tale) gelegenen Alpe verlor zwei Sommer nacheinander sämtliche frisch gefallene Lämmer und Kitzen, die von den Adlern zu ihrem Horste an der Roten Wand geschleppt wurden.

Ein eigenartiger Unfall soll sich im Jahre 1858 auf der Oberen Seealpe bei Oberstdorf ereignet haben, wo ein Dutzend Pferde weideten. Durch einen plötzlich auffliegenden Steinadler erschreckt sprangen die Tiere (so wird erzählt) über die

[1]) Der Geier scheint bei uns eine sehr seltene Erscheinung zu sein. Seit der Mitte des vorigen Jahrhunderts sind in unserm Gebiete nur zwei weißhalsige Geier (Gyps fulvus) erlegt worden. Einer derselben befindet sich ausgestopft im Schlosse zu Rauhenzell. (30. Bericht des Naturw. Vereins f. Schwaben u. Neuburg. 1890.)

Laufbachereck.

Nach einem Aquarell von E. T. Compton.

nach dem Oytal abfallenden Wände und wurden bis auf zwei, die von den Hirten noch aufgehalten werden konnten, in der Tiefe zerschmettert.[1])

Am meisten Aufsehen aber erregte eine Begebenheit, die sich in der Nähe der Alpe Melköde unter dem Hochifen am 30. August 1886 zutrug. Ein dreijähriges Mädchen war kaum hundert Schritte von seinen Eltern entfernt, aber durch das hügelige Gelände verdeckt, mit Beerenpflücken beschäftigt. Plötzlich vernehmen die Eltern ein fürchterliches Geschrei des Kindes. Der Vater eilt herbei, erblickt jedoch das Kind nicht mehr, sondern hört es hoch oben über dem Walde schreien. Allmählich aber verlieren sich die jämmerlichen Klagetöne in der Richtung zum Hochifen. — Von dem Kinde konnte man keine Spur mehr entdecken; aber an dem Orte, wo es die Beeren gepflückt hatte, fand man eine große abgerissene Feder, die sich als die Feder eines Steinadlers erwies. Zum Andenken an das Ereignis wurde ein schlichtes Kreuz an jener Stelle errichtet, und wer in jener einsamen Gegend daran vorbei wandert, der wird, indem er sich das Geschehene ausmalt, eine tiefe Rührung kaum bemeistern können.

Adlerfang des Grafen Arco-Zinneberg in Rohrmoos nach einer Lithographie im Besitz Sr. Durchlaucht des Fürsten Franz von Waldburg-Wolfegg.

Es ist begreiflich, daß man schon lange den gefährlichen und schädlichen Raubvögeln aufs eifrigste nachstellte. Nicht bloß mit dem Abschießen der erwachsenen Tiere begnügte man sich, man suchte sich auch der jungen Brut zu bemächtigen. Das Ausnehmen der Adlerhorste war aber

[1]) Mitgeteilt im 30. Jahresbericht des Naturw. Vereins f. Schwaben u. Neuburg. 1890.

bei der unzugänglichen Lage derselben ein Wagnis, dessen sich nur die beherztesten Männer unterfangen konnten; da es zugleich ein aufregendes Schauspiel war, wenn solch ein Verwegener an langem Seile in die Tiefe hinabgelassen wurde, so gestaltete sich ein derartiges Unternehmen meistens zu einem großartigen Volksfeste, zu dem von nah und fern die schaulustige Menge herbeiströmte.[1])

Leo Dorn, der „Adlerkönig". (Aufnahme von Helmhuber.)

Wohl eines der verwegensten Jägerstücklein war die Tat des Grafen Max von Arco-Zinneberg, der im Jahre 1860 auf mehreren zusammengebundenen schwankenden Leitern zu dem in schwindelnder Höhe an überhängenden Felsen klebenden Adlerhorst an der Roten Wand im Rohrmooser Tal emporklomm und die junge Brut herabholte — ein Wagnis, vor dem selbst die kühnsten einheimischen Burschen zurückgeschreckt waren.

Die unausgesetzten Verfolgungen haben es dahin gebracht, daß die Steinadler bei uns seltener geworden sind. Im Jahre 1899 haben die letzten an der sog. Adlerwand im Oytal gehorstet. Seitdem kommen sie nur noch vorübergehend, namentlich zur Winterszeit, aus wildarmen Gebirgsgegenden, angelockt von dem reichen Wildstand der Allgäuer Berge. Freilich nicht ungestraft. Denn unsere Jäger lugen fleißig nach ihnen aus. Oberjäger Leo Dorn in Hindelang, der „Adlerkönig", der als junger Bursche mit dem Adlerfang im Oytal begann, hat allein schon über

[1]) Ausführlich sind diese Volksfeste behandelt in dem Buche von Dr. Groß: „Die Algäuer Alpen bei Oberstdorf und Sonthofen. 1856. — Auf S. 54 ist ein Adlerfang im Oytal 1851, auf S. 100 ein solcher im Rohrmooser Tal 1854 geschildert.

70 dieser Tiere erlegt, und mit ihm wetteifert neuerdings der Oberstdorfer Jäger Speiser, der im Laufe der letzten fünf bis sechs Jahre 26 Adler mit der Kugel geschossen hat. Auch im Birgsauer Tal, bei Fischen, Sonthofen, Burgberg, Gunzesried und Pfronten sind in den letzten Jahren wiederholt solche Raubvögel erbeutet worden.

Wenn dem Adler als einem schlimmen Räuber das Heimatrecht in unsern Bergen gekündigt worden ist, so wird dagegen mit umso größerer Sorgfalt das berühmteste Alpenwild geschützt und gehegt: die **Gemse.**

Unter günstigen Umständen kann man in den höheren Regionen, namentlich in den guten Gehegen des Prinzregenten Luitpold von Bayern, etwa in der Daumen-Nebelhorngruppe oder am Himmeleck und Laufbachereck oder am Osthang des Himmelsschrofens Rudel von 50 und 60, ja auch 80 und 100 Stück beisammen sehen, die einen äsend, andere im Spiele sich jagend oder bekämpfend; jene ziehen langsam über einen schmalen Felsgrat und ihre Körperformen zeichnen sich dunkel, in scharfen Umrißlinien vom Himmel ab; dort steht einsam, getrennt vom Rudel ein alter, pechschwarzer Bock — — plötzlich ein gellender Pfiff, ein kurzes Verhoffen und dann eine wilde Flucht über Kar und Grat, daß die losgelösten Steine polternd zur Tiefe kollern!

Nicht immer flieht die Gemse den Menschen. Sie weiß gar wohl den Jäger zu unterscheiden von dem harmlosen Bergbauern und sie kümmert sich kaum um dessen Anwesenheit, wenn sie von ihm keine Gefahr zu befürchten braucht. Im Laufbach mähte vor einigen Jahren ein Wildheuer etliche Wochen hindurch auf dem gleichen Bergabhang. Alltäglich zur bestimmten Stunde erschien ein starker Gemsbock und äste, ohne sich durch den Wildheuer stören zu lassen. Allmählich wurde er so vertraut, daß er sich auch durch die scherzhaften Zurufe des Mähders, wie „Bist wieder da, Alter?" — „Jetzt werden dich aber die Jäger bald erwischen" — nicht verscheuchen ließ, und mehrere Jahre dauerte dieses kameradschaftliche Verhältnis zwischen Heuer und Gemsbock fort.[1])

Wie nahe sich Gemsen zuweilen an menschliche Wohnstätten wagen, erfuhr der bekannte Jagdschriftsteller Grashey in unsern Vorbergen. Er erblickte von der Villa Rechberg aus (westlich von Immenstadt) wiederholt eine größere Zahl Gemsen auf den Weidegründen, die sich am Fuße des Immenstädter Hörnle kaum einige hundert Schritte oberhalb der Landstraße hinziehen, und bemerkte, wie sie hier ruhigästen. — Auch kommt es nicht allzu selten vor, daß Gemsen aus ihrem gewohnten Standort auswechseln und das heimische Gebirge verlassen. Schon ziemlich oft sind Gemsen in unserm Alpenvorland geschossen worden, so auf der Senggele, bei Oy, am Hauchenberg und am Sonneck bei Rechtis.[2])

---

[1]) Mitteilung von Förster Hohenadl in Oberstdorf.

[2]) Förster Hohenadl nimmt an, daß es sich hier fast immer um kranke, mit dem Drehwurm behaftete Tiere handle.

12*

Gemsen.
(Zeichnung von Richard Mahn.)

Freilich sind das Ausnahmefälle. Im ganzen ist ja die Gemse das „Grattier", das typische Wild der Hochregion, und beweist dies insbesondere auch in den schweren Zeiten des langen und strengen Hochgebirgswinters. Wenn Hirsch und Reh zu Tale ziehen und gern das vom Menschen dargebotene Futter annehmen, bleiben die Gemsen allein über der Waldgrenze und suchen an Legföhren und Alpenrosenbüschen, unter überhängenden Felsen, unter dem weit ausgebreiteten Geäste der Wettertannen und wo sonst dünnere Schneelagen es ermöglichen, ihre kärgliche Nahrung. Es gehört zu den Ausnahmen, wenn Gemsen, wie dies vor etwa zehn Jahren bei Einödsbach vorkam, bis zu den im Tale aufgestellten Heutriften herabsteigen und hier ihren Hunger stillen. — Aber auch diesen gegen Hunger und Kälte so sehr gestählten Tieren ist der Winter ein grimmer Feind. Namentlich droht ihnen, wenn sie über die tief verschneiten Steilhänge ziehen, von den Lawinen Gefahr, und es ist nur ein Beispiel für viele, wenn wir erwähnen, wie im Winter 1897/98 im Traufbachtal durch einen solchen Lawinensturz ein Rudel von 18 Gemsen den Tod fand.

Wie die Gemse, so gehört auch der **Hirsch** zu den charakteristischen Jagdtieren unseres Hochgebirges.[1])

Zwar ist er in der Ebene gerade so gut daheim wie in den Bergen; doch wohl nirgends mag die mächtige Gestalt, das prächtige Geweih so stimmungsvoll und wirksam in die Landschaft sich fügen wie in dem hehren, einsamen, von Felsriesen starrenden Hochgebirg. Stärker ist ja der Hirsch und sein Geweih in der norddeutschen und ungarischen Tiefebene; aber der Stolz und das Ideal des Jägers ist doch der Berghirsch, und gerade die Allgäuer Berge besitzen, ähnlich wie die Berchtesgadener, die stärksten und stattlichsten Exemplare.

Freilich liegt die Zeit nicht gar so weit zurück, da der Hirsch in einigen Gegenden unseres Alpengebietes auszusterben schien. In den Oberstdorfer Bergen war er in der Mitte des vorigen Jahrhunderts vollständig verschwunden und erst vor vierzig Jahren konnte dort wieder der erste Hirsch geschossen werden; ähnlich war es im Gunzesrieder-, im Rohrmooser- und im Walser-Tal. — Gegenwärtig aber wird das Edelwild auf das sorgfältigste gehegt. In einsamen Hochtälern, wie im hintern Retterschwanger- oder im Schwarzwassertal (Lechgebiet) zählen die Hirsche nach Hunderten und es gibt jetzt in unsern Bergen kein geschontes Jagdgebiet, wo sie nicht vertreten wären.

Wenn der Sommer die Mückenschwärme gebiert, steigt das Hochwild hinauf über die Waldgrenze und sucht das kühlere Reich der Hochalpen auf mit seinen luftigen Graten und seinen Schneeresten auf Schattenhängen. Dann kann man die stolzen Geweihträger in der Umgebung beobachten, die so ganz ihrer herrlichen

---

[1]) Die beiden Hirscharten Elch und Schelch, die früher in den meisten Gegenden Deutschlands heimisch waren, mögen auch in unsern Bergwäldern gehaust haben; so wird der Name Schöllang auf „Schelch-Wang" zurückgeführt. Jedenfalls aber sind sie schon sehr bald ausgerottet worden. — Daß in unserm Gebirge, namentlich in den tieferen Lagen das Reh als Standwild vorkommt, bedarf keiner besonderen Hervorhebung.

Erscheinung würdig ist: unter dem mächtigen Geäste der Wettertanne kühlenden Schatten suchend oder zwischen riesigen Felsblöcken und leuchtenden Alpenrosen majestätisch hinschreitend oder auf begrüntem Grate äsend oder in ihren Badewannen, den seichten „Suhlen“, behaglich sich wälzend.

Anders im Winter!

Da zeigt sich das Rotwild nicht so widerstandsfähig wie die Gemse. Zwar, solange das weiße Leichentuch, das sich über die Berge gebreitet hat, noch Risse und Lücken aufweist, aus denen die Nahrung mühsam hervorgescharrt werden kann, hält auch der Hirsch sich oft noch in bedeutender Höhe. So kann man von Riezlern aus dicht unter dem Fellhorngipfel alljährlich die Zehn- und Zwölfender inmitten der weiten Schneefelder wahrnehmen, von denen sich ihre Leiber wie dunkle Punkte abheben.

Hirsche am Fellhorngipfel im Winter.
Aufnahme von Maria Riezler.
(Die Aufnahme ist von Riezlern aus mit Hilfe eines Fernrohrs gemacht worden.)

Wenn aber wochen- und wochenlang die Schneeflocken niederwirbeln, wenn der Winter kein Ende nehmen will und auf den öden Höhen nichts mehr zu finden ist, dem wütenden Hunger zu wehren, dann zieht das Rotwild in Scharen nieder zu Tale und sucht die Stätten auf, wo der Jagdherr, um seinen Wildstand zu schützen, Futterplätze errichten ließ.

Es gehört zu den anmutendsten Schauspielen, einer solchen Hirschfütterung beizuwohnen, wie sie z. B. im Hintersteiner Tale im Gehege des Prinzregenten Luitpold während der schlimmsten Winterzeit alle Werktage zu bestimmten Stunden sich vollzieht.

An einem kalten Februarmorgen schließen wir uns den „Futterern“ an, die von Hinterstein aus, mit großen Heubündeln beladen, gegen jenen Waldsaum hinansteigen, der sich dunkel vom weißschimmernden Schneehang abhebt. Bald sind wir zur Stelle. Wir treten in eine Lichtung, die von hohen Tannen umstanden ist.

Die Schneedecke ist übersät mit Wildlosung; tiefgetretene, von tausend Hufspuren gezeichnete schmale Pfade verwirren sich kreuz und quer und ziehen zuletzt vereinigt gegen den Berg hinauf. — Während die Futterer ihre Heubüschel hier und dort an Baumästen aufhängen, dazwischen auch einige Futterkasten mit Hafer und zerstoßenen Roßkastanien füllen, spähen wir nach einem geeigneten Baumstamm aus, der uns Deckung vor den Blicken des Wildes bieten soll.

Hirschfütterung bei Hinterstein. (Aufnahme von Ebert.)

Die Futterer sind fertig. Einer von ihnen gibt, indem er mit seinem Bergstock ein paar weittönende Schläge gegen den Futterkasten erschallen läßt, gleichsam das Zeichen „zum Beginne der Vorstellung“. Dann kehrt er mit seinen Genossen ins Tal zurück; wir aber harren, hinter die Bäume geduckt, geräuschlos der Dinge, die da kommen sollen.

Eine Zeitlang tiefe Stille!

Dann auf einmal von oben herab, wo sich die Tannen dichter schließen, ein eigenartiges Knistern und Knarren, hervorgerufen von hundert flüchtigen Tritten, die durch den Schnee herabkommen — bald zaghaft zögernd, bald munter springend; jetzt erscheint ein Stück Mutterwild, vorsichtig äugend, ein zweites folgt, ein drittes — und nun ein ganzer Trupp zugleich, immer mehr, immer mehr — ein lautloses Völklein mit leichten, graziösen Bewegungen!

Jetzt stehen sie vor den Heubüscheln. Ein Dutzend Köpfe vergraben sich in den duftenden Ballen und die hellen Spiegel leuchten, wie ein Kranz im Kreise nach außen gestellt. Und so hat sich rasch um jede Futterstelle eine Gruppe gierig äsender Tiere gebildet. — Nicht immer geht's ganz friedlich ab: hier stößt ein Gehörnter nach dem schwächeren Nachbarn, dort stellt sich gar einer auf die Hinterfüße, um dem andern mit den Vorderfüßen einen tüchtigen Klaps zu geben; doch es ist mehr ein scherzendes Spiel als ein ernster Kampf; denn genug ist da für alle.

Murmeltierbau. (Aufnahme von Ebert.)

Gesättigt verläßt ein Tier nach dem andern die gastliche Stätte und zieht wieder hinauf in den stillen, öden Hochwald, bis ihnen aufs neue von Menschenhand die Mahlzeit bereit gestellt wird, ohne die sie dem strengen Winter zum Opfer fallen müßten.

Neben Hirsch und Gemse verdient noch besondere Beachtung das **Murmeltier.**

„Murmele" nennt es der Allgäuer, „Burmenta" der Walser.

Die Murmeltiere kommen bei uns in erstaunlich reicher Zahl vor; in den öden Karen der Dolomitriesen und auf den Alpgründen der Liasberge, in den zerklüfteten Felswüsten der Kreidezone und auf den Flyschhängen der Fellhorngruppe. An einigen Orten ist auch der Versuch gemacht worden, sie künstlich anzusiedeln. Dies mißlang allerdings auf der Alpe Ringatsgund am Himmelschrofen, dagegegen war es von Erfolg begleitet in der Pfrontner Gegend. Dort wurden vor etwa 20 Jahren auf dem Breitenberg einige Tiere eingesetzt. Es behagte ihnen zwar an diesem Orte nicht, sondern sie wanderten gegen den Aggenstein hin aus; dort aber vermehrten sie sich so rasch, daß es heute am „Bösen Tritt" und unter dem Roßberg wohl an 50 Baue gibt. Diese auffallenden, leicht zu erkennenden Baue, die als länglich runde Schächte, oft einen Felsblock oder

Murmeltiere. (Zeichnung von Ebert.)

Murmeltierbau. (Aufnahme von Ebert.)

Murmeltierjäger.
(Zeichnung von R. Mahn.)

eine flache Steinplatte als Schutzdach benützend, in das Erdreich eindringen, finden wir fast immer in bedeutenden Höhen, bis über 2000 m hinaus. Die Kühbachalpe im Bärgündeletal, wo sich eine besonders große Murmele-Kolonie befindet, mag wohl ihr tiefster Standort in den Allgäuer Bergen sein (1520 m); am Wildengundkopf dagegen (nördlich von der Trettachspitze) kommen sie noch in einer Höhe von 2250 m vor.

Da die Murmeltiere von der gütigen Natur die Gabe erhalten haben, den schlimmen Winter verschlafen zu dürfen, wozu sie sich — gewöhnlich in einem eigenen Winterbau — aus sorglich zusammengerafftem und an der Sonne getrocknetem Bergheu ein behagliches weiches Bett bereiten, so kommen sie erst im Frühsommer zum Vorschein und verschwinden im Spätherbst wieder. Aber so zahlreich sie auch während des Sommers unsere Berge beleben, so gelingt es dem Bergsteiger doch nur selten, ihrem munteren Treiben zuzuschauen. Schreiten wir durch ein dichtbesiedeltes Murmeltiergebiet, so hören wir wohl bald hier, bald dort einen scharfen, gellenden Pfiff, aber im gleichen Augenblick ist auch schon das scheue Tier in seinem Bau verschwunden. Nur wenn wir gut gedeckt, unter günstigem Winde uns geräuschlos nahen, glückt es uns vielleicht, das Murmele genauer zu beobachten, wie es, auf einem erhöhten Luginsland sitzend, ein Männchen macht und nach allen Seiten ausspäht oder wie es in windschnellem Laufe durch niedriges Gestrüppe huscht oder mit allerlei Spiel und Kurzweil sich die Zeit vertreibt.

Da das ölartige Fett der Murmeltiere als Arzneimittel geschätzt wird — man zahlt 5 bis 6 Mark für das Pfund —, so wird namentlich den älteren, fetten Tieren nachgestellt. Oberjäger Dorn hat allein schon mehr als 300 Murmele erbeutet.

Auch ein anderes jagdbares Nagetier findet sich in unserm Hochgebirge, der **Alpenhase.** Er kommt im oberen Iller- und Lechgebiet häufiger vor als in den benachbarten Alpengruppen. Im Sommer hält er sich hoch oben in den Felsen und in den schützenden Legföhren auf. Naht der Winter, so vertauscht er sein graubraunes Gewand mit einem weißen Pelzmantel, von dem nur die schwarzen Spitzen der Löffel abstechen. Er hat es in dieser Zeit nicht so gut wie das schlummernde Murmele, sondern leidet in den tiefverschneiten Bergwäldern, zu denen er sich herab begeben hat, bitterste Not.[1])

Wo das Murmeltier und der Alpenhase den Sommer verbringen, da erblickt der Bergsteiger wohl auch hie und da solche Vertreter der alpinen Vogelwelt, die nicht zu den Raubvögeln zählen: so das Schneehuhn, das die wildesten und einsamsten Hochgebirgsgegenden zu seinem Aufenthalt wählt, das weit seltenere Steinhuhn, die Alpendohle und den Bergraben, welcher oft die höchsten Bergspitzen umkreist, auch einige niedliche Singvögel: den buntgefiederten Alpenmauerläufer, den zutraulichen Flüevogel, die Ringamsel, den Schneefink und den Wasserpieper.

In den mittleren Regionen unseres Hochgebirges und in den Wäldern des Alpenvorlandes finden sich das Auerhuhn, das Birkhuhn, das Haselhuhn und an den größeren Seen, namentlich am Alpsee, halten sich zahlreiche Wasservögel auf: verschiedene Entenarten (Pfeifente, Knackente, Krickente, Stockente, vorübergehend auch Löffelente und Haubenente), mehrere Arten von Tauchern (Haubentaucher und Kleiner Taucher) und Meerhühnern (Grünfüßiges und Braunes Meerhuhn), das Bleßhuhn, die Meerschwalbe, die Große Wasserrolle, zeitweise endlich die Rohrdommel, der Reiher, die Möwe u. a.[2])

Von den ältesten Zeiten an hat der reiche Wildstand zum edlen **Weidwerk** angelockt.

In jenen Tagen, als noch in den dichten Urwäldern grimme Tiere hausten und die Jagd oft ein ernster Kampf war, in dem der Mensch nur durch reckenhafte Kühnheit und durch gewandte Führung der Waffen den Sieg gewinnen konnte, mag sich in den einsamen Talgründen manch erschütternde Szene abgespielt haben, in der nicht das Wild, sondern der Jäger die Todeswunde empfing, und möglicherweise war der Mensch, dessen Skelett vor etwa dreißig Jahren in der Nähe von Schattwald unter einer tiefen Torfschicht neben einer bronzenen

---

[1]) Ein dritter Vertreter der Nagetiere, der Biber, ist bei uns ausgerottet. Noch in einem rothenfelsischen Maiengebote vom Jahre 1784 wird „Otter- und Biberfang allen und jeden verboten". Bei Vils in Tirol wurde noch um das Jahr 1813 ein Biber gefangen, der neben dem Vilsflüßchen die Erde kunstreich untergraben hatte. — Ob der Name Biberstein (im Balderschwanger Tale) mit dem einstigen Vorkommen des Tieres in Zusammenhang zu bringen ist, mag dahingestellt bleiben. Die Bezeichnung Biberalpe (und damit auch Biberkopf) ist, wie Dr. Kübler auf Grund urkundlicher Forschungen behauptet, auf einen ehemaligen Alpbesitzer mit Namen Biber zurückzuführen.

[2]) Die niedere Tierwelt der Allgäuer Alpen ist in diesem Buche nicht behandelt, da sie einerseits für den Wanderer wenig Auffälliges bietet, anderseits doch nur von einem Fachmann dargestellt werden könnte.

Lanzenspitze aufgefunden wurde, ein solcher Jägersmann, der sich vor zwei Jahrtausenden in die von menschlichen Siedelungen weit entfernten Urwälder des Tannheimer Tales vorgewagt hatte und hier im Kampf mit Ur oder Bär, Wisent oder Eber den Tod fand.[1])

Die freie Ausübung der Jagd ging im Mittelalter bald verloren, der König verlieh den Wildbann. Kraft einer kaiserlichen Urkunde vom Jahre 1059 besaßen die Bischöfe von Augsburg diese Jagdhoheit im ganzen Gebiete zwischen dem Lech und der oberen Iller. Westlich davon gehörte der Wildbann im Hochgebirge den Grafen von Montfort, und da diese auch den Augsburger Wildbann zu Lehen erhielten, waren sie lange Zeit die Jagdherren fast unseres gesamten Alpengebietes. Die Bregenzer Linie dieses mächtigen Grafengeschlechtes hatte schon in sehr früher Zeit ein Jagdhaus im Bregenzer Wald am Fuße der Kanisfluh, wo sich bis heute der Name Jaghausen erhalten hat. Auch die Namen Hirschau und Schnepfau erinnern an jene alten ergiebigen Jagdgründe.

Mit dem ausgehenden Mittelalter änderten sich nach und nach die Verhältnisse. Im Lechgebiet kam die Jagdhoheit an das Haus Österreich und Kaiser Maximilian I. besaß selbst ein Gamsgehege im Reintal an den Gehängen der Schlicke und der Tannheimer Berge, wohin er mehr als einmal mit der Armbrust emporstieg, um das edle Wild zu erjagen. Auch von Erzherzog Ferdinand, dem Gemahl der Philippine Welser, der im 16. Jahrhundert Graf von Tirol war, wird berichtet, daß er von Nesselwängle aus eine Jagd nach dem Reintal unternahm und bei dieser Gelegenheit „eine kletternde Gemse auf einem fast unzugänglichen, schwindelnden Felsenkopfe“ erlegte. Sein Revierjäger Konrad Rief scheint ihn bei dieser Gelegenheit aus großer Lebensgefahr errettet zu haben; denn er wurde für seine Dienste mit einer Bergwiese und mit einem Wappenbriefe belohnt. (1591.)[2])

Von den Pfrontner bis zu den Oberstdorfer Bergen waren seit 1563 nicht mehr die Grafen von Montfort die Jagdherren, sondern die Bischöfe von Augsburg selbst, und da bald darauf (1565) die Montforter auch die Grafschaft Rothenfels samt der Herrschaft Staufen an die Freiherren (späteren Grafen) von Königsegg verkauften, so bildete jetzt die Iller die Grenze zwischen dem Augsburger und dem Königsegger Jagdgebiet.

Unter den Augsburger Bischöfen wird Sigmund Franz von Österreich (1646 bis 1665) als eifriger Gemsjäger genannt. Er ließ sich, um die Jagd erfolgreicher betreiben zu können, eine eigene Hütte am Seealpsee erbauen. „Ao 1660,“ so schreibt die Schöllanger Chronik,[3]) „hat man dem Fürsten zu Seealp bei dem See ein Haus bauen müssen. Zu diesem Haus haben die Bauern die Bretter bis hinauf

---

[1]) Siehe Dr. Kübler, Das Tannheimer Tal. (Zeitschrift des D. u. Ö. Alpenvereins. 1898. Seite 150.)

[2]) Über die Jägerfamilie Rief, namentlich über Hans Rief, Pfarrer in Grähn, der auch als Geistlicher das Weidmannsblut nicht verleugnen konnte, erzählt ausführlich Dr. Kübler in seinem Werke „Das Tannheimer Tal“.

[3]) Der Chronikschreiber setzt allerdings einen unrichtigen Namen ein (Herzog Ferdinand).

tragen müssen, wobei die Oberstdorfer fronten. Das Haus kostete in Summa 243 Gulden 46 Kreuzer." Als der Fürstbischof im folgenden Jahre sein neues Jagdhaus aufsuchte, war die ganze Bauernschaft von Oberstdorf auf den Beinen, um im Frondienst die schwerbeladenen Saumtiere hinaufzutreiben oder auch selbst Lasten emporzuschleppen und in den folgenden drei Tagen für die Treibjagden das Wild einzukreisen.

In Hindelang erbaute Sigmund Franz ein Jagdschloß, das auch die folgenden Bischöfe gerne aufsuchten, um von hier namentlich im Retterschwanger Tale dem Weidwerk zu obliegen. Der Wildstand muß damals gut gewesen sein. Als Fürstbischof Alexander (er regierte von 1690—1737) eine Jagd auf der Alpe Entschen veranstaltete, wurden 17 tote und 6 lebende Gemsen erbeutet; zwei Tage später erlegte man noch weitere 12 Stück. Im Jahre 1719 wurden an einem einzigen Tage (11. August) mehr als 40 Gemsböcke geschossen und am 11. August 1725 gelang es selbst bei Kälte und Nebel 24 Tiere zur Strecke zu bringen.[1]) Einen eingehenden Bericht besitzen wir über die Jagden, die Fürstbischof Joseph (er regierte 1740—1768) in jenem Tale abzuhalten pflegte.[2]) Sie fanden von Ende Juli bis Ende August statt, jedoch nur alle zwei Jahre, da man den Wildstand schonen wollte. Dafür war das Ergebnis meist recht günstig; so wurden am 23. August 1742 allein 47 Gemsen erlegt. Es waren Treibjagden, an denen sich zahlreiche Augsburger Domherren und Hofleute, auch sonstige Gäste, viele von hohem Adel, beteiligten. Die Bequemeren ließen sich, so weit dies möglich war, in Tragsesseln an ihren Stand bringen oder sie wurden, wenn es sich um besonders schwierige Punkte handelte, mit einem Gurt, der eine Spanne breit und an einem Seile befestigt war, in die Höhe gezogen. Auch Steigeisen wurden unter die Schuhe gebunden; „sie waren etwa vier Pfund schwer, seitlich mit sechs Zacken rauh gemacht und in der Mitte gegliedert." Das Jagdgebiet wurde durch Netze abgeschlossen, welche „mit ungeheurer Anstrengung auf den Schultern der Bauern herbeigetragen worden waren". Den Köchen, die im Tale zurückblieben, wurde die erste geschossene Gemse sofort zur Zubereitung hinabgeschickt.

Noch genauere Kunde ist uns erhalten über die bischöflichen Jagden und über den Prunk, der dabei entfaltet wurde, durch das „Reise- und Jagd-Tagebuch" des Kurfürsten Klemens Wenzeslaus von Trier, des letzten Fürstbischofs von Augsburg.[3]) An der Hand dieser Angaben können wir uns von jenen festlichen Veranstaltungen ein anschauliches Bild machen.

---

[1]) Aus einer geschriebenen „Chronica, das betrifft allhier zu Oberstdorf was denkwürdiges passiert von einem Jahr zum andern". (Im Besitz des Herrn Oberjäger Leo Dorn in Hindelang.)

[2]) Algoica Rupicaprarum venatio, a Bernardo Lib. Barone ab Hornstein carminibus descripta. Augusta Vindelicorum 1749. (Im Besitze des Herrn Fabrikanten Ignaz Dornach in Weiler.)

[3]) Dieses im Münchener Reichsarchiv aufbewahrte Tagebuch, das übrigens bis in die Zeit des Fürstbischofs Joseph zurückreicht, war dazu bestimmt, die für die fürstlichen Reisen benötigten Pferde und Wagen, sowie die daraus sich ergebenden Reisekosten aufzuzeichnen.

Seealpsee.

Nach einem Aquarell von E. T. Compton.

Versetzen wir uns in das Jahr 1774 zurück!

In Hindelang steht die Bevölkerung im Feiertagsgewande erwartungsvoll auf den Straßen umher; denn noch heute soll sich der Landesfürst mit großem Jagdgefolge einfinden. Reges Leben herrscht vor dem bischöflichen Schlosse. Der Obrist-Stallmeister läßt sich hier einzeln die Pferde vorführen, die aus allen Ortschaften der Pflege Rettenberg, aus Hindelang und Oberdorf, aus Unterjoch und Oberjoch, aus Sonthofen, Burgberg, Altstädten, Schöllang und Oberstdorf von den Bauern herbeigebracht worden sind. Im ganzen sind zur Jagd 108 Pferde nötig. Davon sind 74 als Reitpferde bestimmt, andere werden den Fuhrwerken zugewiesen, die schon ins Retterschwanger Tal vorausfahren müssen. Da steht ein solcher, mit zwei Gäulen bespannter Bauernwagen, auf dem die Büchsenspanner sorglich die Jagdflinten samt Pulver und Blei verladen haben; daneben ein zweiter „vor die Kuchel“ mit Mundvorrat, Wein und Küchengeschirre; ein dritter birgt das kostbare Silberzeug, das morgen auf der fürstlichen Tafel prangen wird; ein vierter enthält die Zelte, die auf grünem Plane aufgeschlagen werden sollen. Auch eine Schar kräftiger Bauern hält sich bereit für die sechs Sänften, in denen sich der Fürst und einige seiner Gäste zu Berge tragen lassen wollen.

Kurfürst Klemens Wenzeslaus.
Reproduktion der Photographie eines Gemäldes im Schlosse zu Oberdorf von T. Hatter daselbst.

Mittlerweile naht von Sonthofen her der fürstliche Reisezug. Zwei Läufer eilen voran; dann erscheint der Leibwagen, in welchem der Kurfürst Klemens Wenzeslaus mit drei Hofwürdenträgern Platz genommen hat. Sechs prächtige Schimmel sind vorgespannt, ein Stallmeister und ein Edelknabe reiten nebenher. Heiter nickt der Fürst den Landleuten zu, die ehrerbietig und doch mit heller Freude im Antlitz ihren Gruß entbieten; denn sie haben ihn alle ins Herz geschlossen, den gütigen, leutseligen und freigebigen Landesherrn, der so gern in ihrer Mitte weilt und so reine Freude empfindet an der schönen Alpenwelt. — Hinter dem Wagen des Fürsten folgen die Ehrengäste, darunter auch vornehme Damen, dann die zahlreiche Dienerschaft — 138 Wagenpferde sind für den Reisezug nötig gewesen!

Am nächsten Tage beginnt die Treibjagd. Und während von den Berg gehängen die Schüsse widerhallen, werden unten die Vorbereitungen zum festlichen Jagdschmause getroffen. Bei dem stattlichen Mitterhaus, das ehedem (1575—1646) gräflich Fuggerscher Stutenhof war, sind die Zelte aufgeschlagen, in denen jetzt die Tafeldecker ihres Amtes walten. Um die Feldküche hantieren die Hofköche, Küchenjungen und Küchenspüler, bei den Weinfässern steht der Kellermeister mit den Unterkellern; Lakaien, Bediente und Reitknechte lungern müßig umher und selbst die Bischöflich Augsburgische Armee ist durch sechs würdige Grenadiere vertreten.

Jetzt tönen die langgezogenen Akkorde zweier Waldhörner durch das Tal. Die Schüsse verhallen, die Jäger kehren zurück. Und nachdem sie sich gesättigt an Speise und Trank, wird ihnen noch eine anmutige Überraschung bereitet. Auf dem grünen Plane tritt ein alter Hirte mit zwei Hirtenbuben auf — ein ländlich Spiel soll dem Fürsten und seinen Gästen zu Ehren gegeben werden. Die drei Hirten bekunden in echtem Hindelanger Deutsch, wie glücklich sie sind, daß der Landesfürst wieder in ihrem stillen Tale Einkehr gehalten hat. Ihr Gespräch geht in Wechselgesänge über, und nun vernimmt man eine ländliche Musik, die rasch näher kommt. Zahlreiche Hirten in malerischer Tracht erscheinen, stellen sich in Gruppen auf und begrüßen mit Gesang und Juchzen den Fürsten und seine Gäste. Inzwischen hat der alte Hirt die Knaben ausgesandt, Blumen zu holen. Bald sind sie zurück und jeder der Tafelgäste erhält ein Blumenkörbchen. Zuletzt läßt der Hirt Milch, Käse und Brot herbeibringen und alles lagert sich im Kreise, das ländliche Mahl einzunehmen.[1]) — Ein schlichtes, prunkloses und doch zu Herzen gehendes Spiel! Denn es ist eine Kundgebung echter Zuneigung eines friedlichen Völkleins zu einem gütigen Landesherrn.

Das Mitterhaus im Retterschwanger Tale.

Nicht immer war das Verhältnis zwischen dem Jagdherrn und seinen Untertanen so erfreulich wie hier. Die lockende Versuchung, das Wild im Walde, den Vogel in den Lüften als gemeines Gut zu betrachten, führte oft genug zum Wildern.

Unter den Rothenfelser Jagdherren, die in ihren Maiengeboten den Bauern jede Art von Jagd, auch auf Bär, Wolf und Luchs untersagten, scheint Freiherr

[1]) Nach Reiser, Sagen und Gebräuche des Allgäus. II. Band, S. 398.

Georg von Königsegg mit besonderer Härte gegen die Raubschützen vorgegangen zu sein. Den Bauern Ulrich Vogler von Fischen strafte er wegen eines geraubten Federwildes um 300 Gulden, und dieser Vogler war es dann, der sich an die Spitze einer aufrührerischen Bewegung stellte, die im Jahre 1597 die Rothenfelser Bauernschaft ergriff. Einen schlimmeren Ausgang nahm es, als der Freiherr dem Bauern Zobel von Reuthe im Gunzesrieder Tale wegen Wilderns eine harte Geldbuße auferlegte. Zobel schwur blutige Rache. Einige Zeit später (1622) zog der Freiherr mit seinem Gefolge aus Immenstadt, um sich im Gunzesrieder Tale am Weidwerk zu ergötzen. An dem Bildstöckl vorbei, das noch heute oberhalb Ettensberg an der Stelle steht, wo man zum erstenmal den wilden Aubach in waldbedeckter Tiefe rauschen hört, ritt die Jagdgesellschaft gen Reuthe zu. Da dröhnte ein Schuß, der Freiherr fiel tödlich getroffen vom Pferde; Zobel hatte seinen Schwur erfüllt. Der Mörder wurde bald ergriffen und zu einem entsetzlichen Tode verurteilt: durch vier Ochsen wurde er bei lebendigem Leibe in vier Stücke zerrissen.

Zu welch grauenhaften Taten oft die natürliche Feindschaft zwischen den Jägern und den Raubschützen führte, davon weiß man im Hintersteiner Tale manches zu erzählen. Dort steht auf dem Wege zwischen der Eisenbreche und dem Bärgündele ein morscher Holzstumpf als Überrest eines Marterls. Ein Jäger soll hier von Wilderern überfallen und mit teuflischer Grausamkeit langsam zu Tode gemartert worden sein. Auch oberhalb der Roten Wand am Schrattenberg — so sagt man — war einst ein Jäger den Wilderern in die Hände gefallen. Lange marterten sie den Unglücklichen und hielten ihn zuletzt an den Haaren freischwebend über dem Abgrund. Weil sie aber doch vor einem Morde zurückscheuten, zogen sie ihn endlich wieder empor, nachdem er die schrecklichsten Qualen erduldet hatte.

Den Jagdhoheiten der Augsburger Bischöfe und der Königsegger Grafen wurde durch die politischen Umgestaltungen zu Beginn des neunzehnten Jahrhunderts ein Ende bereitet. Dann kamen die Wirren des Jahres 1848, in deren Verlauf die Jagd den Gemeinden freigegeben wurde. Mit rücksichtslosem Eifer gingen nun die Bauern daran, ihr Recht auszuüben, und als ihrem Treiben durch das Erscheinen eines neuen Jagdgesetzes im Jahre 1850 Einhalt geboten wurde, war der früher so reiche Wildstand in vielen Tälern fast völlig vernichtet.

Es war deshalb von Bedeutung, daß sich jetzt Freunde des edlen Weidwerkes fanden, die zur Herausbildung großer, umfassender Jagdgebiete den Grund legten und hier den Schutz des Wildes übernahmen.

Graf Ludwig von Rechberg-Rothenlöwen gründete im Jahre 1854 die Allgäuer Jagdgesellschaft, der allmählich eine größere Zahl adeliger Herren beitrat: Fürst Wolfegg, Fürst Zeil, Graf Waldburg-Sürgenstein, Baron von Aretin, Graf Quadt, Graf Geldern-Egmont u. a. Das Gebiet dieser Gesellschaft umfaßte zuletzt die Flurbezirke Gunzesried, Balderschwang, Ofterschwang, Bolsterlang, Obermaiselstein, Obertiefenbach, Rohrmoos, Siebratsgfäll und Walsertal. Mit großer

Sorgfalt wurde das wenige noch vorhandene Wild gehegt, an Stelle der abgeschossenen Hirsche wurden neue eingesetzt und bald hatte sich der Wildstand in erfreulichster Weise gehoben.

Noch ehe sich die Allgäuer Jagdgesellschaft gebildet hatte, wurde östlich der Iller der Grund zu einem neuen großen Jagdgebiete gelegt, indem Prinz Luitpold, der jetzige Prinzregent von Bayern, im Jahre 1851 in den Hintersteiner und dann in den Oberstdorfer Bergen Jagdherr wurde. Dadurch vermehrte sich auch hier der Wildstand rasch, namentlich das Gems- und Rotwild. Da später (Ende der sechziger Jahre) in den Pfrontner Bergen Prinz Ludwig von Bayern ein ansehnliches Jagdgebiet erwarb, so stand nun unter dem Schutze der beiden königlichen Prinzen ein erheblicher Teil des ehemaligen bischöflich-augsburgischen Wildbannes, während anderseits die Allgäuer Jagdgesellschaft den Hauptbestandteil des früheren gräflich-königseggschen Gebietes inne hatte.

Die Allgäuer Jagdgesellschaft löste sich im Jahre 1902 auf. Dagegen hat sich das Jagdgebiet des Prinzregenten Luitpold gerade in den letzten Jahrzehnten noch erheblich erweitert und erstreckt sich (einschließlich der gepachteten Bezirke) von der Breitach bis zum Lech und vom Rappenalptal bis zum Rottachberg. Dazu gehören die Ostabhänge des Liechel- und Elferkopfes, die Schafalpköpfe, die Warmatsgunder Berge, die Fellhornkette, der Himmelsschrofen, das Rubihorn und Nebelhorn, die Daumengruppe, der Allgäuer Hauptkamm vom Großen Wilden bis zum Geishorn, Hinterhornbach und Schwarzwassertal, das Leilachgebiet, die Jagdbezirke von Jungholz, Schattwald und Zöblen, Unterjoch und Wertach, Vorderburg und Rettenberg, der Grünten und die Sonthofener Flyschberge, alles in allem 74.700 Hektar.

Und so kommt wieder, wie in vergangenen Zeiten, alljährlich der Landesherr zu fröhlichem Weidwerk ins Allgäu, freilich nicht mit jenem Gepränge, das den Fürsten des 18. Jahrhunderts unentbehrlich schien. Als schlichter Weidmann, in kleidsamer Gebirgstracht mit kurzer Lederhose und nackten Knien, steigt Prinzregent Luitpold zu Berge; prunklos sind die Jagdhäuser zu Oberstdorf und Hinterstein, in einfachster Weise vollziehen sich die Jagden selber, die im Laufe des September abgehalten werden. Aber wie sehr der hohe Jagdherr mit Leib und Seele dem edlen Weidwerk zugetan ist, davon wissen alle zu erzählen — von den Kavalieren, die sich seit Jahren als Ehrengäste in seinem Gefolge befinden, bis herab zu den Bauernburschen, die als Treiber gedungen werden.

Noch als 85jähriger Greis trotzt Prinzregent Luitpold den Unbilden der Witterung und schreckt nicht davor zurück, stundenlang auf seinem Stande in Regen und Kälte auszuharren; noch jetzt erlegt er mit sicherer Hand den Gemsbock und das Rotwild.

In früheren Jahren, als er noch nicht Regent von Bayern war und sich mehr Erholung gönnen konnte als gegenwärtig, pflegte er auch im Frühjahr zur Spiel- und Auernhahnbalz und im November zur Gemsbrunft ins Allgäu zu kommen. Da geschah es denn oft, daß er, zu Berge steigend, bis über die nackten Knie in den Schnee einsank, oder daß oben auf dem Stande der begleitende Jäger erst die

Prinzregent Luitpold von Bayern.

Nach einem Gemälde von F. Defregger.

Eiszapfen von den Zweigen schlagen mußte, unter deren bergendem Schutze dann der Prinz stundenlang in triefend nassen Schuhen, der bitteren Kälte ausgesetzt, unbeweglich verharren mußte. Selbst dem wetterharten Begleiter, der in den Bergen aufgewachsen und in stetem Kampfe gegen Wind und Wetter gestählt war, wurde es unbehaglich in solchen Stunden, die der Prinz geduldig, ohne das geringste Zeichen von Mißmut ertrug.

Bei den Treibjagden, die früher im August stattfanden, wählte sich der Prinz stets den höchsten, schwierigsten Stand, der meistens vier bis fünf Stunden vom Jagdhaus entfernt war. Frühmorgens ließ er regelmäßig zuerst sein Gefolge aufbrechen, er selbst aber saß noch eine Stunde an seinem Schreibtische. Dann erst

Jagdhaus am Schrattenberg. (Aufnahme von Ebert.)

machte er sich auf und stieg nun so rasch zu Berge, daß er die andern mühelos einholte. „Er hätte sie alle in den Boden nein geloffen", meinte schmunzelnd der begleitende Oberjäger.

Auch nach der angestrengtesten Jagd war für den nächsten Morgen schon um 6 Uhr der Aufbruch befohlen; und wenn es oft Tag für Tag so weiter ging, wenn weder strömender Regen noch sengende Sonnenglut den Jagdeifer des Prinzen zu hemmen vermochte, dann seufzten wohl im stillen die Kavaliere und sehnten sich nach der Ruhe, die erst der nächste Sonntag brachte. Der war jederzeit der Rast gewidmet. Tiefe Stille herrschte dann weit in den Tag hinein in der Jagdhütte. Jeder gönnte sich nach den Anstrengungen einen langen, ausgiebigen Schlaf; nur der Prinz war schon in aller Frühe auf den Beinen, um in dem nächsten Bergwasser ein erfrischendes Bad zu nehmen. Denn auch darin zeigte er seine erstaunliche Abhärtung, daß ihm kein Wildbach, kein Alpenhochsee zu kalt erschien.

Am liebsten weilt Prinzregent Luitpold auf dem Schrattenberg, wo er in großartiger Umgebung eine bescheidene Jagdhütte erbaut hat. Hier fand in früheren Jahren am Sonntag zur Jagdzeit vor der Kirchentanne (s. S. 136) die berühmte Waldmesse statt, zu der sich um den Jagdherrn und seine Gäste die wetterharten Gestalten der Jäger und Treiber, aber auch zahlreiche Ostrachtaler und Ostrachtalerinnen in ihrer schmucken Tracht versammelten, um einem Gottesdienste anzuwohnen, der sich durch den weihevollen Ernst des hehren Naturtempels doppelt wirkungsvoll gestaltete. Es ist zu bedauern, daß der zunehmende Fremdenverkehr diese Idylle zerstört und damit wohl für immer dem schönen Brauche ein Ende bereitet hat,

Jagdhaus im Ehrenschwanger Tal. (Siehe Seite 195.)
(Nach einer Photographie im Besitze des Herrn Fabrikbesitzer Martini.)

bei dem ebenso sehr die herzgewinnende Leutseligkeit des Landesfürsten zur Geltung kam wie die innige Zuneigung, die ihm seine Landeskinder entgegenbringen.

An das Jagdgebiet des Prinzregenten grenzt das des Prinzen Ludwig an. Es erstreckt sich hauptsächlich über die Pfrontner, Vilser und Tannheimer Berge und umfaßt etwa 20000 ha. Der Prinz, der gewöhnlich im Frühjahr zur Auerhahnbalz und im September zu den Treibjagden auf Hochwild nach Pfronten kommt, ist ebenfalls ein trefflicher Schütze, ein wetterharter und ausdauernder Jägersmann, der nicht die bequemen Pfade aufsucht, sondern lieber über Stock und Stein zu Berge steigt. Wenn auch der Wildstand nicht so reich ist wie in den Gehegen des Prinzregenten, so werden doch bei den Treibjagden, die zwei bis drei Wochen dauern, etwa 60 bis 70 Stück Gemsen und Rotwild zur Strecke gebracht.

Auch in anderen Teilen der Allgäuer Alpen treffen wir umfangreiche Jagdgebiete an. So hat sich neuerdings Freiherr von Heyl in der Umgebung von

Gerstruben ein Wildgehege geschaffen, das jetzt schon 3800 ha umfaßt. Ebenso besitzt Fürst Wolfegg, der in Rohrmoos eine eigene Försterei errichtet hat, am Ifenstock und in dessen Umgebung Jagdgründe, die einen Flächenraum von etwa 10800 ha einnehmen und einen reichen Stand an Rotwild und Gemsen, an Auer- und Haselwild beherbergen. — In das nördlich angrenzende Gebiet der Flysch- und Molasseberge bis zum Kamm der Stuiben- und Rindalphornkette teilen sich Graf Arco-Zinneberg, Graf Geldern-Egmont und Fabrikbesitzer Otto (aus Stuttgart). Wie dieser in den Gunzesrieder Bergen zahlreiche Alpen angekauft hat, um hier das Weidwerk auszuüben, so haben im obern Weißachtale die Fabrikbesitzer Martini (aus Augsburg) ansehnlichen Grundbesitz erworben und in Ehrenschwang ein vornehm ausgestattetes, reizend gelegenes Jagdhaus erbaut. — Mit großer Sorgfalt wird in all diesen Gebieten das Wild gehegt; namentlich werden in den langen, schneereichen Wintern viele hundert Zentner Heu, Kastanien, Mais, Kleie, Kartoffeln und Rüben zu den zahlreichen Futterständen geschafft.

Vergleicht man die Jagdverhältnisse, wie sie gegenwärtig bestehen, mit denen vergangener Jahrhunderte, denkt man zurück an die Belästigungen, denen einst die Bauernschaft durch den übermäßigen Wildstand, durch den Frondienst bei Treibjagden und durch die Mordgier der zahlreichen Raubtiere ausgesetzt war, und stellt man dem gegenüber, wie heutzutage jeder Wildschaden hinreichend ersetzt wird, wie die Pachtschillinge der Gemeindejagden von Jahr zu Jahr in die Höhe schnellen, so darf man wohl behaupten, daß die Bewohner unseres Berglandes allen Anlaß haben, mit dem Wandel der Dinge zufrieden zu sein. Freilich, eine bedenkliche Seite hat gerade die Zunahme der großen Jagdgebiete. Durch den Ankauf so vieler Alpgründe zu Jagdzwecken geht nicht bloß eine Unsumme des herrlichsten Graswuchses für die Alpenwirtschaft verloren, sondern zahlreichen Bauern, die ihren Grund und Boden gegen eine lockende Geldsumme hingaben, ist dieser Tausch schon zum Unsegen geworden.

13*

Fünfter Abschnitt.

Denkmäler der Geschichte.

Wie sich uns bei einer Wanderung durch das Allgäuer Bergland überall die großen Begebenheiten der Erdgeschichte in gewaltigen Schriftzügen offenbaren, so finden wir bald hier, bald dort verstreut auch zahlreiche Zeugen einer bedeutsamen historischen Vergangenheit. Die einen erzählen von verschwundenen Völkern, andere von schweren Kämpfen und Drangsalen, andere von friedlicher, segensreicher Kulturarbeit, und so setzen sie in ihrer Gesamtheit ein Bild verwichener Zeiten zusammen, das wohl wert ist, auch von dem lebenden Geschlechte beachtet zu werden.[1])

In zweitausendjährige Vergangenheit zurück versetzen uns gewisse Befestigungsanlagen, die wir zuweilen in entlegenen, von tiefen Tobeln zerrissenen Waldgegenden antreffen. Es sind die Überreste von Wallburgen, wie sie von den **Kelten**, die schon vor Christi Geburt unser Gebiet besiedelt hatten, errichtet wurden. Breite, oft doppelt und dreifach gezogene Gräben und Erdwälle, an schwer zugänglichen Plätzen angelegt, sollten Schutz gegen feindliche Überfälle gewähren. Von solchen Wallburgen rühren vermutlich die Spuren her, die man im Burgbachtel bei Ottackers, Auf'm Berg bei Memhölz, auf dem Staufen bei Grünenbach und am Rotschachen bei Biesenberg (in der Nähe von Heimenkirch) antrifft.

Auch die Namen Kempten und Bregenz sind keltischen Ursprungs. Aber sie erinnern uns nicht bloß daran, daß einst die Estionen an der Iller und die Brigantier am Bodensee ihre wichtigsten Niederlassungen besaßen, sondern mit den Bezeichnungen Cambodunum und Brigantium verbinden wir noch viel mehr das Andenken an die **Römerherrschaft**.

---

[1]) Nur ein Hinweis auf die Denkmäler der Geschichte soll in folgendem gebracht werden, nicht aber eine zusammenhängende historische Darstellung, da eine solche ja nur ein Auszug aus dem großen, rühmlich bekannten Werke von Ludwig Baumann, Geschichte des Allgäus, sein könnte.

Etwa von Christi Geburt an waren die Römer fast vier Jahrhunderte lang bemüht, unser Land zu romanisieren, und in dieser langen Zeit haben sie zahlreiche Spuren hinterlassen, aus denen wir ein deutliches Bild der römischen Kultur im alten Keltenland gewinnen können.

Zwar blieben die ansehnlichen Grundmauern von Römerbauten, die man in Kempten und Bregenz und in der Umgebung dieser beiden Städte gefunden hat, nicht dauernd erhalten — nur ein winziger Mauerrest des Römerkastells an der Burghalde in Kempten, sowie eine weit beträchtlichere Mauerstrecke der einstigen Römerfeste in der Bregenzer Oberstadt zeigen sich mitten in dem modernen Städtebild; aber aus jenen Kastellen und noch mehr aus den beiden Städten, die sich auf dem Lindenberger Ösch bei Kempten und auf dem Ölrain in Bregenz ausbreiteten, sind zahlreiche wertvolle Funde gesammelt worden,[1]) die nun in den Museen von Kempten und Bregenz aufbewahrt werden.

Namentlich das neue Landesmuseum in Bregenz besitzt eine solche Fülle von Fundgegenständen, auch sind diese so wohl geordnet und durch erläuternde Zeichnungen so glücklich ergänzt, daß man jene Römerstadt Brigantium gleichsam wieder aufleben sieht; man erblickt die Säulen, die einst den Tempel, den Portikus, die Gerichtshalle des Forums schmückten; man betrachtet mit Interesse die praktischen Heizanlagen und die gut erhaltenen Malereien der öffentlichen Bäder; man gewahrt die Urnen, Leuchter, Amphoren und Glasgefäße, die auf dem Begräbnisplatze gefunden wurden. Aus der kunstvollen Mosaikarbeit, die dem Boden eines Patrizierhauses eingefügt war, aus dem Modell eines Kellers, aus steinernen Türschwellen und wohlerhaltenen Dachziegeln, aus den Statuetten und der Brunnenanlage eines Atriums stellt man sich im Geiste das römische Wohnhaus zusammen und bringt darin all die Schüsseln, Schalen und Vasen unter, all die Schmuckgegenstände aus Bronze, Edelmetall und Glas, all die zum täglichen Gebrauch bestimmten Geräte und Werkzeuge, die in den einzelnen Schaukasten ausgestellt sind.

Auch die Römerstraße, die Brigantium mit Cambodunum verband, ist streckenweise noch sicher zu erkennen. Während sie sich bei Hörbranz, Hohenweiler und Niederstaufen durch Hohlgassen ankündigt, sind auf dem „Hochsträß“ bei Ruhlands (Opfenbach) und bei Mellatz und Meckatz (Heimenkirch) Reste des alten Straßenmaterials selbst aufgedeckt worden. Die Spuren verlieren sich dann, bis sie in der Nähe von Isny am alten Ziegelstadel bei Klein-Holzleute wieder zum Vorschein kommen, ebenso im Tale von Wengen und bei Wenk (nördlich von Rechtis), wo ein römischer Wartturm stand. Nun verraten wieder alte, ausgefahrene Hohlwege den weiteren Straßenzug, der sich an dem Mooswirtshaus vorbei über die Klamm verfolgen läßt und bei der Georgskapelle von der jetzigen Straße überschritten wird. Beim östlichen Ausgang von Buchenberg ist der Hohlweg, der früher sehr tief war, fast aufgefüllt, aber noch kenntlich. Bei der kleinen Ruhkapelle nahe der großen Buchenberger Kiesgrube wendet sich die alte Straße

---

[1]) Um die Ausgrabungen in Bregenz haben sich besonders S. Jenny und Karl von Schwerzenbach, um die in Kempten August Ullrich verdient gemacht.

nach Nordoſten, geht an Warthauſen vorüber gegen Gablers und Rieſen, kommt bei Unterhalden in die jetzt aufgelaſſene Buchenberger Straße und zieht dann nördlich, neben dieſer in einem beſonders auffallenden Hohlwege gegen die Ausmündung des Kürnacher Sträßchens. Auch in Kempten ſelbſt kam in der Lindauer

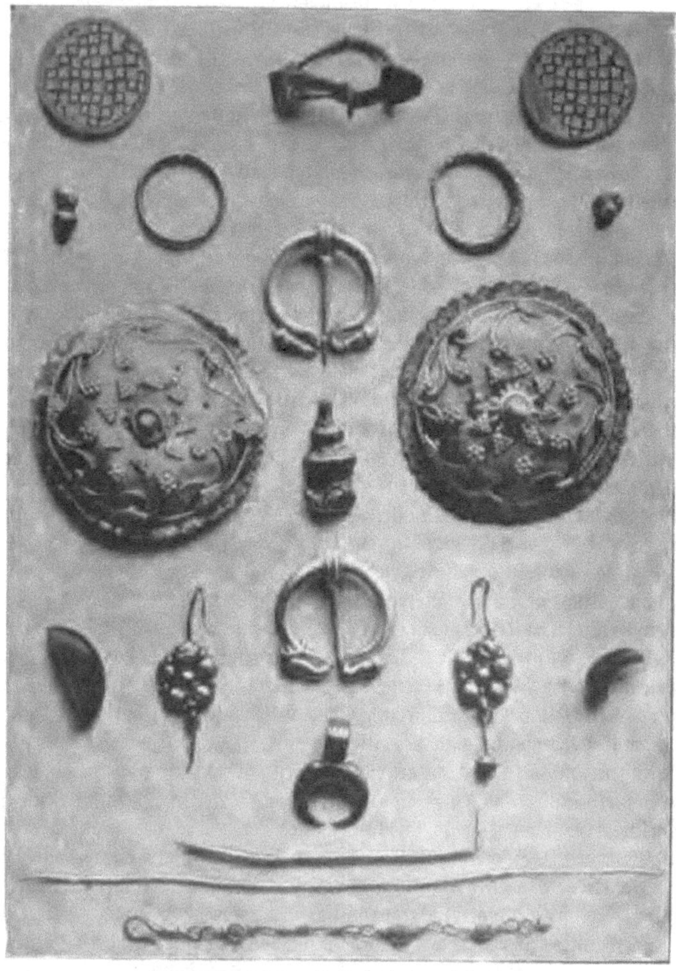

Römiſche Schmuckſachen aus dem „Wiggensbacher Fund."

Straße bei Kanalgrabungen die alte Römerſtraße zum Vorſchein; der ehemals ſumpfige Untergrund hatte hier einen Holzdamm nötig gemacht. Starke Stämme waren zu beiden Seiten in der Längsrichtung der Straße gelagert und durch ſenkrechte Dübel verankert. Eine Querlage von Ästen und Reisig war mit grobem Geröll beschwert und darauf befand sich die festgefahrene Kiesdecke.[1])

Wir besitzen auch Zeugen aus jener Zeit, als die Römerherrschaft zu wanken begann und die Bewohner des Landes sich nicht mehr sicher fühlten. Die zweitausend Silbermünzen aus der römischen Kaiserzeit, die im Jahre 1864 ein Holzhacker bei Faulenbach (nicht weit von Füssen) fand; die Münzen und Schmuckgegenstände, die im Jahre 1888 bei Waldegg in der Nähe von Wiggensbach (bei Kempten) entdeckt wurden und die jetzt als „Wiggensbacher Fund" im Kemptner Museum aufbewahrt werden; die wohlerhaltenen Münzen, die im Jahre 1903 bei Oy durch Zufall ans Tageslicht kamen — diese und ähnliche Münzfunde mögen den Schätzen angehört haben, die von den geängstigten Bewohnern des Landes

Der Stein bei Grünenbach. (Siehe S. 200.)

in drangsalvollen Tagen der Erde anvertraut wurden, als die römischen Kohorten bei Beginn der **Völkerwanderung** nur noch mit Mühe dem Ansturm eines fremden Volkes, der unaufhaltsam vordringenden Alamannen (Schwaben) Widerstand leisteten, bis diese endlich in dem entvölkerten Lande Aufnahme fanden.

Zahlreiche Namen unserer Ortschaften gewinnen ein erhöhtes Interesse, wenn wir daran denken, wie sie mit der Besiedelung des Landes durch diese germanische Bevölkerung in Beziehung zu bringen sind. Da wandelt sich uns Diepolz (am Hauchenberg) in das Besitztum des Diepold, Waltrams (bei Weitnau) in die Rodung des Paldram, Riedholz (bei Grünenbach) in das Gut des Ruodalt, Goß-

[1]) Mitteilung von Herrn August Ullrich, der den ganzen Straßenzug erforscht und die erwähnten Straßenreste durch Nachgrabungen aufgedeckt hat.

holz (bei Lindenberg) in den Besitz des Gozolt, Kalzhofen (bei Oberstaufen) in den Hof des Chadolt, Emereis (bei Rettenberg) in die Siedelung des Emerich, Gunzesried in die Rodung des Gunzo, Sigishofen in den Hof des Sigo usw. Wir denken dabei an jene blauäugigen, rotblonden Recken, die aus den Stämmen des mühsam und nur auf kleinem Raum gerodeten Waldes ihre ungefügen Blockhäuser erbauten, sie mit dem starkgefügten Hag, der „Baindt", umgaben und von ihren Hörigen und Sklaven auf der „Almend", dem Gemeindelande, das Feld bebauen und das Vieh auf die Weide treiben ließen, während sie selber, den Speer in der Faust, in den dichten Wäldern zur Jagd auszogen.

An ihre heidnischen Bräuche aber werden wir gemahnt, wenn wir den Stein

Der Dengelstein.

bei Grünenbach aufsuchen, einen mächtigen erratischen Block von 3 m Länge und 2 m Breite, den ein Kranz hoher Eichen umschattet. In regelmäßigem Viereck ist um den Nagelfluhfelsen der Boden geebnet, Graben und Wall trennt ihn von dem übrigen Gelände. Ohne Zweifel ist dies eine alte Kultstätte, zu der die Umwohner herbeiströmten, um ihre Götterfeste zu begehen und ihre Opfer darzubringen, vielleicht auch in ernstem „Ding" sich zu beraten. Einem gleichen Zwecke diente vermutlich ein Findling im Kemptner Wald, der Dengelstein, dessen eigentümliche Umrandung und Umwallung freilich gegenwärtig durch üppig sprossenden Jungwald überdeckt ist.

So knüpft sich auch an manchen Ort das Andenken an die religiösen Anschauungen unserer heidnischen Vorfahren, freilich verschleiert und entstellt durch vielhundertjährige Überlieferung und Umbildung. Noch hat sich für die auffallenden Felsbildungen oberhalb Waltrams (bei Weitnau) der Name Palast erhalten als ein letzter Nachklang der von dem heutigen Geschlechte bespöttelten Sage, die aus der germanischen Göttin Perachta die Gestalt der „Palastfrau" gebildet hatte, einer gespensterhaften Erscheinung, die bald als Wetterhexe Unheil stiftete, bald als Hüterin reicher Schätze auf Erlösung harrte.[1])

Es ist auffallend, daß in unserm Alpengebiet bis jetzt nur an einem einzigen Orte ein Begräbnisplatz aus der Zeit der Völkerwanderung aufgefunden ward. Es geschah dies in den Jahren 1887 und 1888, als die Eisenbahn von Sonthofen nach Oberstdorf gebaut wurde und zu diesem Zwecke eine Bodenschwelle westlich von Altstädten angeschnitten werden mußte. Da traf man die charakteristischen Reihengräber und entdeckte neben den Skeletten die Waffen, wie sie dem germanischen Manne, und die Schmucksachen, wie sie dem germanischen Weibe ins Grab mitgegeben wurden. Leider sind diese Fundstücke unserer Heimat entzogen und teils nach Augsburg, teils nach München in die dortigen Sammlungen gebracht worden.

Am „Palast" (Hauchenberg).

Auch der Name Allgäu ist in der Alamannenzeit entstanden, damals, als die Einteilung des neu besiedelten Landes in Gaue erfolgte. Die den Bergen zugehörige, sowie die unmittelbar vorgelagerte Gegend erhielt die Bezeichnung „Alpgau" und wurde abgegrenzt durch eine Linie, die vom Pfänderrücken gegen die obere Argen zwischen Eglofs und Gestraz, von hier gegen Seltmanns, dann über den Sonneck-Rücken nach Hellengerst, über die „Rogginsfluh" am Hauchenberg zur „Huminfurt" in der Iller bei

[1]) Reiser, Sagen des Allgäus. I. Band. S. 85.

Langenegg, weiterhin über den Waxenegger Höhenrücken zur Wertach bei Neſſelwang führte. Im übrigen hatte unſer Gebiet teil am Gau Keltenſtein (Pfrontner und Füſſener Gegend), am Illergau (Kemptner Gegend rechts der Iller), am Nibelgau (von der Iller bis gegen Wangen) und am Argengau (von Wangen bis zum Bodenſee).

Andere Namen und Denkmäler erinnern an die **Ausbreitung des Chriſtentums;** ja, wir können an der Hand ſolcher Spuren gleichſam den Siegeszug verfolgen, den die neue Lehre durch die Bemühungen der zwei großen Glaubensboten Gallus und Magnus von den Ufern des Bodenſees bis an den Lech genommen hat.

Noch zeigt man in Bregenz am Fuße des Gebhardsberges den Gallusſtein, in deſſen Nähe noch vor nicht allzu langer Zeit die uralte Galluskapelle ſtand, während eine ſteinerne Bildſäule des Miſſionars (nahe bei der Weinwirtſchaft von Franz Ritter) aus viel ſpäterer Zeit ſtammt. Weiter im Oſten knüpft ſich an Scheidegg die Sage, wie an dieſem Orte Gallus und Magnus den Scheidegruß gewechſelt hätten, als Magnus hinüberzog zu den Heiden an die Iller und an den Lech, um hier das Werk ſeines Lehrers fortzuſetzen. Und ſo finden wir nun in Buchenberg und in Kempten die Mangkirchen, ſo finden wir vor allem in der Gegend, in der ſich Magnus dauernd niederließ, in der Umgebung von Füſſen, überall Erinnerungen an ſeinen Namen. In Pfronten zeigt man hoch oben am Roßberg den Magnusbrunnen, der nur um die Zeit des Magnusfeſtes ſichtbar wird;[1]) auf der Hochalpe zwiſchen Aggenſtein und Breitenberg befindet ſich der Sankt Magnus-Acker und an der Lechklamm Luſalten erblickt man den berühmten

Altarbild in der ſog. Blaſenkapelle bei Scheidegg. (Magnus nimmt von St. Gallus Abſchied auf dem Blaſenberg.)

Mangentritt. Hier — ſo deutet die fromme Sage die ſeltſame Verwitterungserſcheinung im Geſtein — hier überſchritt einſt Magnus die wilde Felsſchlucht, ſo daß man die Spuren der Fußtritte noch zu ſehen vermag. Und weil die Legende ihren Heiligen auch als Drachentöter feierte, ſo könnte vielleicht die Bezeichnung Drachenloch (= Drachenwald), die ſich weſtlich von Waizern auf dem

---

[1]) Die eigentümliche Erſcheinung rührt daher, daß in der genannten Jahreszeit (anfangs September) die Sonnenſtrahlen in einem beſtimmten Neigungswinkel auf ein ſteiles Felſenband einfallen, das von einer Quelle überrieſelt wird. Dann glänzt das rieſelnde Waſſer, von Pfronten aus geſehen, „wie eine glitzernde Fahne, die zur Feier des Magnusfeſtes ausgeſteckt wird."

Höhenzuge Hohenfreiberg-Eisenberg findet, und der Drachenbrunnen, der im Adelharz an der alten Straße zwischen Wertach und Rettenberg entquillt, ebenfalls mit dem Andenken an Magnus in Verbindung zu bringen sein. In Füssen selbst aber enthält die Mangkirche eine in romanischem Stile erbaute Krypta, die als die Grabstätte des Missionars gilt.

Von den zwei großen Missionaren lenkt sich dann der Blick auf die Tätigkeit der andern Gottesmänner, die, nachdem einmal die Saat ausgestreut war, an vielen Orten ihre schlichten Zellen bauten, die Wälder rodeten, in bescheidenem Holzkirchlein Gottesdienst hielten und sich um weitere Ausbreitung und Festigung des Christentums bemühten. So bewahren Zell bei Oberstaufen, Zellen am Niedersonthofner See, Zell bei Pfronten, Martinszell an der Iller, Agathazell am Grünten, Rauhenzell bei Immenstadt und andere in ihren Namen das Andenken an eine stilltapfere, segensreiche Tätigkeit.

Wie dann aus den bescheidenen Anfängen allmählich die Kirche machtvoll emporwuchs, wie die Klöster Füssen, Kempten, St. Gallen, Augsburg, Ottobeuren, Weingarten und Mehrerau mit Gütererwerbungen und Hoheitsrechten in unsern Bergen festen Fuß faßten und wie namentlich die Bischöfe von Augsburg zuletzt das ganze östliche Allgäu rechts der Iller beherrschten, das kann hier nur angedeutet werden.

Dagegen haben sich aus einer andern bedeutsamen Erscheinung des Mittelalters, aus dem Rittertum, so zahlreiche und zum Teil so auffallende Spuren erhalten, daß wir bei diesen länger verweilen müssen.

Im Alpenvorland vom Bodensee bis zum Lech und im oberen Illertal bis zum Fuße des Himmelsschrofens finden wir gegen hundert Plätze, auf denen sich einst Burgen adeliger Geschlechter erhoben haben.

Die meisten dieser historischen Stätten zeigen heute keine Spur von Mauerwerk mehr, nur Wall und Graben deuten die ehemalige Bestimmung an, und auch diese sind zuweilen durch Einebnung oder Abtragung fast unkenntlich gemacht worden.

Diese **Burgställe**, die oft nur einen einfachen Turm trugen, den „Berchfrit“,[1]) bei dessen Anlage es weniger auf Behaglichkeit als auf Sicherheit der Wohnstätte ankam, sind auf freistehenden Bergkuppen zu finden oder an Höhenrändern, wo durch tiefeinschneidende Tobel nach mehreren Seiten hin ein natürlicher Schutz geboten war, der durch künstliche Gräben und Wälle nach der ungeschützten Seite hin ergänzt wurde. Es unterscheiden sich so die „Höhenburgen“ von den in unserm bergigen Gelände sehr seltenen „Wasserburgen“, die durch rings umgebendes Wasser geschützt waren, wie man dies an den Burgställen Haßberg (bei Kempten), Rückholz (im ehemaligen Kessacher Weiher, nördlich von Nesselwang) und Burg (östlich der Füssener Bahnlinie bei Seeg) noch deutlich wahrnehmen kann.

Für die meisten Burgställe lassen sich die ehemaligen Besitzer, die freilich oft nur einfache Dienstmannen von niederem Adel waren, urkundlich nachweisen. Wir kennen aus der Füssener und Pfrontner Gegend die Herren von Hopfen, deren einstiger Edelsitz über dem Hopfensee noch dürftiges Mauerwerk aufweist;

---

[1]) Die Schreibweise „Berchfrit“ ist dem Werke von Piper, Burgenkunde entnommen.

die Herren Heß von Teusch, an welche die Burgställe bei Oberteusch und bei Gschrift (nördlich von Pfronten) erinnern; der letztere wird noch jetzt als „Hessenburg" bezeichnet; die Herren von Falkensberg (der Burgstall am Schwaltenweiher zeigt noch Mauerreste) und die von Rückholz. — In der Wertacher und Rettenberger Gegend sind nachgewiesen die Herren von Mittelberg (Burgstall nordwestlich von der Kirche), von Wertach (Burgstall nahe der Sebastianskapelle), von Kranzegg (zwei Burgställe: in Burgkranzegg bei Petersthal und bei Kranzegg am Grünten); endlich die von Emereis und von Weiher.

Im Illergebiet zwischen Kempten und den Alpen saßen die Herren von Rauns (Burgställe bei Rauns, Fischenmühle, Waltenhofen und Bergen), von Leuten

Burgstall in Kranzegg.

(Brgst. südlich von Wierlings), von Rohr (bei Waltenhofen), von Memhölz (Brgst. Oberburg), von Linsen (bei Niedersonthofen), von Oberminderdorf (bei Sulzberg). Aus dem obern Illertal werden genannt die Herren von Ettensberg (man sieht von der Burg, die oberhalb Blaichach stand, noch Mauerreste; Ettensberg war später der Sitz rothenfelsischer Vögte); von Seifriedsberg (Brgst. nördlich von Oberzollbrücke); von Hinang (Brgst. westlich von Hinang auf dem südlichen Ausläufer des Höhenzuges, den man in Altstädten als „Burg" bezeichnet); von Burgegg (bei Fischen-Au); von Oberstdorf (Brgst. südlich von Loretto am Fuße des Himmelsschrofens. Im 14. und 15. Jahrhundert saßen hier die Herren von Heimenhofen); von Tiefenbach (Brgst. auf der Sulzburg); von Maiselstein (Brgst. am senkrecht abfallenden Höhenrand der Schönberger Achen); von Gundelsberg, Kierwang, Mühlegg, endlich von Hindelang (Brgst. bei Groß in der Nähe von Liebenstein).

Im Westallgäu wohnten die Herren von Humpiß (Brgst. Waltrams am Fuße des Hauchenbergs; am „schönen Haus" von Waltrams, das noch heute von Nachkommen dieses Geschlechtes bewohnt ist, erblickt man das Humpisser Wappen); die von Hohenegg, eine Seitenlinie der Trauchburger Freiherren (Brgst. bei Schüttentobel mit kaum mehr erkennbaren Spuren von Mauerwerk; schon im 12. Jahrhundert stand hier eine Burg); die von Thalendorf (Brgst. bei Gestraz); von Horben, von Schnattern, von Ringenberg, von Zwirkenberg, von Tannenfels, von Wombrechts (alle diese Burgställe liegen im Argengebiet); weiter südlich war die Stammburg der Herren von Heimenhofen (auf einem jetzt mit Hochwald bedeckten Hügel zwischen Heimhofen und Harbatshofen); ebenso werden genannt die von Ellhofen (Brgst. Ellhofen mit geringfügigen Mauerresten; Brgst. Hertnegg und Brgst. Isenbrechtshofen, beide südöstlich von Ellhofen); dann die Herren von Weiler, die dem Kloster St. Gallen lehenbar waren (Burgställe Scheiben und Schrecken-Manklitz; die Altenburg, die noch als Ruine an einem Tobelrand südlich von Bösenscheidegg zu finden ist, war der ursprüngliche Sitz der Ritter von Weiler); endlich die Herren von Schrundholz (Brgst. Tannenfels zwischen Lindenberg und Opfenbach) und von Schönstein (Brgst. östlich von Hohenweiler; schwache Spuren von Mauerwerk sind noch zu finden).

Burg Hohenegg.
(Nach einem alten Bilde, mitgeteilt von Graf Karl von Waldburg-Sürgenstein †.)

Es gibt aber auch eine Anzahl von Burgstellen, deren ursprüngliche Besitzer uns in keiner Urkunde genannt werden, so bei Untermoos und Waxenegg (südlich von Kempten), bei Hupprechts (nördlich vom Niedersonthofner See), bei Hof (westlich von Niedersonthofen am Rande des Schrattenbachtobels), in Hellengerst und bei Raschenberg (am Fuchsbach südlich von Hellengerst), bei Zell (nördlich von Oberstaufen) und Thurn (nordwestlich von Oberstaufen), bei Oberreute (Brgst. Längene und Brgst. Ihlingshof); im Gebiete der oberen Argen und der Leiblach (Brgst. Altenburg nordöstlich von Zwirkenberg, Brgst. bei Muthen, Brgst. bei Heimen); endlich östlich von Niederstaufen in schönem Bergwald der Burgstall Adelberg. Die Sage erzählt, daß auf dem Schlosse Adelberg die Jungfrau Guetta in großer Frömmigkeit gelebt und vor ihrem Tode angeordnet habe, daß man ihre Leiche zweien Ochsen aufladen und diese laufen lassen solle. Wo sie stille stünden, da wolle sie beerdigt sein und über ihrem Grabe sei eine Kirche zu erbauen. Auf diese Weise sei die Kirche in Niederstaufen entstanden. Niederstaufen selbst besitzt ebenfalls einen Burgstall; das Schloß Waldburg, das hier stand, war Lehen des Gotteshauses Mehrerau; von dem Geschlechte aber, das hier hauste, ist nichts bekannt. — Vereinzelt finden sich auch alte Befestigungswerke, deren Ursprung zweifelhaft erscheint, so im Sägertobel bei Grünenbach, dann nordwestlich von Gestraz bei Maleichen, ebenso im Lengatzer Tobel bei Oberried (südwestlich von Sürgenstein) und an der Leiblach nahe bei Niederstaufen.

Auffallender und landſchaftlich wirkſamer als die Burgſtälle ſind die **Ruinen**, deren wir ebenfalls eine ziemliche Zahl in unſerm Alpengebiete antreffen. Sie verdienen unſere Beachtung um ſo mehr, als ſich mit den meiſten das Andenken an angeſehene und bedeutende Edelgeſchlechter verknüpft.

Auf einem weſtlichen Ausläufer des Pfänderrückens erhebt ſich über ſteilen Tobelrändern die Ruine Ruggburg. Weit hinaus gegen den Bodenſee blickt noch die einzige ſtehen gebliebene Mauer des alten Berchfrit; was ſonſt an Mauerwerk erhalten iſt, verſteckt ſich tief in den dichten Waldmantel. Und weiter ſüdlich, eine halbe Stunde von Lochau entfernt, ſteht auf einſamer Höhe die Ruine Althofen. Auch hier ragen die Reſte des Berchfrits über den Wald, das übrige

Ruine Althofen bei Lochau am Bodenſee.

Gemäuer aber iſt zum Teil ganz eingewoben in üppig wuchernden Efeu. Eine kleine hölzerne Kapelle, ganz verwahrloſt innen und außen, vollendet das Bild der Vergänglichkeit, das uns hier entgegentritt. — Die zwei Ruinen erinnern vor allem an den gefürchteten Raubritter Hans von Rechberg, der im 15. Jahrhundert von hier aus mit ſeinen Genoſſen den verhaßten Städtern, wenn ihre Warenzüge über die Ruckſteig herabkamen, großen Schaden zufügte, bis der erbitterte Städtebund beſchloß, Rache zu nehmen. Im Jahre 1452 zogen 300 Mann aus, auch führten ſie „die große Büchſe, Pulver, Schirm und Stein auf 24 Wagen mit ſich". So wurden die beiden Schlöſſer Ruggburg und Althofen zerſtört.

Am Nordabhang des Sonneckrückens, nahe der Grenzlinie, die heute Bayern und Württemberg ſcheidet, liegt Alt-Trauchburg, das noch in ſeinen Trümmern erkennen läßt, welch bedeutendes, von ausgedehnten Ringmauern umgürtetes

Schloß hier einst gestanden hat. — Auf die ersten Besitzer dieses Schlosses, die Freiherren von Trauchburg, die einer Seitenlinie der reichbegüterten Freiherren von Rettenberg entstammten, folgte das berühmte Geschlecht der Truchsessen von Waldburg, die im 15. Jahrhundert für ihre „Herrschaft Trauchburg“ den Blutbann und einen weitumgrenzten Wildbann gewannen. Im 18. Jahrhundert ging der Besitz an die Grafen von Waldburg-Zeil über, die in dem Schlosse ein Oberamt einsetzten. Erst gegen Ende des 18. Jahrhunderts wurde Alt-Trauchburg dem Verfalle preisgegeben und aus seinen Steinen ein Neu-Trauchburg im Württembergischen (bei Isny) erbaut.

An ein angesehenes Edelgeschlecht, an die Ritter von Laubenberg, erinnern drei Ruinen. Südlich von Grünenbach sind, von schönem Tannenhochwald eng umschlossen, die kümmerlichen Reste der Stammburg Alt-Laubenberg zu sehen. Einsamer, versteckter erhebt sich im dichten Wald nordöstlich von Rauhenzell der zerfallende Berchfrit von Rauh-Laubenberg und weiter nordwestlich, wo bei der „Unteren Zollbrücke“ ein steiler Felsenhügel unvermittelt über der Iller emporsteigt, zeigt sich, wieder von Tannenwald umfangen, die Ruine Laubenberg-Stein.

Von den drei Burgen war diese die ansehnlichste, ja wohl überhaupt eine der bedeutendsten im ganzen Allgäu. Das Schloß, das einst in drei Stockwerken mit hohem Giebeldach auf der östlichen Kuppe des Hügels erbaut war, ist fast bis auf den letzten Stein verschwunden. Aber zwei Türme, ein runder und ein viereckiger, ragen noch mächtig empor, wenn auch mit weit klaffenden Rissen und Höhlungen, von denen stets neues Getrümmer niederbröckelt zu den Schuttmassen, die sich um den Fuß der Türme anhäufen. Am besten hat die gewaltige, drei Meter dicke Mauer des alten Burghofes der Zerstörung getrotzt, und breit wölbt sich hier das Einfahrtstor, durch welches einst die stolzen Edelherren ihren Einzug in das Schloß hielten.

Als die Laubenberger im 16. Jahrhundert das Schloß Rauhenzell erbauten, wurde Laubenberg-Stein allmählich dem Zerfalle überlassen. Rauhenzell aber ging nach dem Aussterben des alten Edelgeschlechtes (im 17. Jahrhundert) an die Freiherren von Pappus-Tratzberg über.

Kaum eine halbe Stunde brauchen wir zu wandern, um von Laubenberg aus über hügeliges Gelände nach dem einstigen stolzen Herrensitze Rothenfels zu gelangen.

Schon im 11. Jahrhundert stand hier eine Burg, welche die Grafen von Buchhorn vom Kloster St. Gallen zu Lehen trugen. Vorübergehend war sie auch im Besitze der Welfen und der Ritter von Schellenberg. Im 14. Jahrhundert aber kam sie an das berühmteste und mächtigste Herrengeschlecht unseres Berglandes, an die Grafen von Montfort, die, freilich in verschiedene Linien getrennt, nicht nur im Allgäu, sondern auch am Bodensee, in Vorarlberg und in der Ostschweiz reich begütert waren. Mehr als zwei Jahrhunderte herrschten die Montforter von Rothenfels aus über ein Gebiet, das im Jahre 1471 zur Reichsgrafschaft Rothenfels erhoben wurde und sich am linken Ufer der Iller von den „Bergstätten“ (Diepolz, Akams, Missen u. a.) südwärts bis Fischen und zum Walsertal erstreckte und später durch die Herrschaft Staufen gegen Westen zu noch um ein ansehnliches Gebiet erweitert wurde. Im Jahre 1565 ging die Herrschaft durch Kauf an die Freiherren, späteren Grafen von Königsegg über. Da aber diese ihren Wohnsitz schon im 17. Jahrhundert nach Immenstadt verlegten, wurde Rothenfels allmählich dem Verfalle preisgegeben und im Jahre 1816, als hier ein Stutenhof eingerichtet wurde, gewaltsam vollends niedergerissen, wobei auch die altgotische Kapelle ihren Untergang fand. Von dem weitläufigen Schloßbau, der auf der Westkuppe des Höhenzuges gegen den Alpsee hin erbaut und durch einen hohen, viereckigen Berchfrit überragt war, ist heute kaum eine Spur mehr vorhanden; nur von dem östlichen Teile der Feste, dem Hugofels, erblickt man noch einen Teil des alten Rundturms und an die vergangenen Zeiten erinnern Sagen, welche von einem weit unter der Erde fortlaufenden geheimen Gange berichten oder von dem bösen

Schloß Rothenfels und Hugofels. (Nach einem alten Gemälde.)

Grafen Georg, der unter den Trümmern geistern muß, oder von dem wunderschönen Fräulein, das ebenfalls dort umgeht und auf Erlösung harrt.

Auch am Fuße des Grünten ragt auf felsiger Kuppe eine hohe, zerbröckelnde Mauer mit klaffenden Fensterhöhlungen: die Ruine Burgberg.

Hier saßen vom 14. Jahrhundert an die Ritter von Heimenhofen, deren Stammburg im westlichen Allgäu jetzt verschwunden ist (s. S. 205); ein unruhiges, fehdelustiges Geschlecht, das für kurze Zeit zu den größten Grundbesitzern im Allgäu gehörte, dann aber rasch in Armut und Bedeutungslosigkeit herabsank. So ging im Jahre 1567 die Burg in den Besitz des Bistums Augsburg über, wurde aber in den Wirren des Dreißigjährigen Krieges durch Feuer zerstört und liegt seitdem in Trümmern.

Längeren Bestand hatte das Nachbarschloß Fluhenstein bei Berghofen. — Die Herren von Berghofen saßen ursprünglich wahrscheinlich auf der Enschenburg, deren einstige Lage hoch über dem wilden Tobel des Berghofener Baches noch deutlich durch Gräben und Wälle gekennzeichnet ist. Im Jahre 1362 aber

Ruine Fluhenstein. (Zeichnung von J. Annen.)

verkauften sie ihre Güter, und die Heimenhofer, welche noch im gleichen Jahre den Besitz übernahmen, erbauten nun auf dem ins Illertal vorspringenden Hügel das Schloß Fluhenstein, das sie freilich schon im Jahre 1477 an das Bistum Augsburg veräußern mußten. — Als bischöfliche Feste wurde Fluhenstein mehr als einmal in kriegerischen Zeiten hart bedrängt. Im Bauernkrieg (1525) plünderten die Aufrührer das Schloß, und als sich im Jahre 1607 die bischöflichen Untertanen abermals erhoben, besetzten sie die Feste, wurden aber bald wieder daraus vertrieben. Im Dreißigjährigen Krieg beabsichtigten die Schweden das Schloß in Brand zu stecken, doch kam es nicht zur Ausführung. — Lange Zeit war Fluhenstein der Sitz der bischöflichen Vögte und Landammänner, und in Sonthofen kann man im Bereiche des ehemaligen Friedhofes (bei der Hauptkirche am sog. Ölberg, sowie in und an der Kapelle) noch zahlreiche Grabdenkmäler der Fluhensteiner Landammänner und ihrer Gemahlinnen erblicken.

Ruine Rettenberg von Burggroßdorf aus.

Wie das Schloß gegen Ende des 18. Jahrhunderts aussah, erfahren wir aus einer Aufzeichnung des Landschreibers Luger vom Jahre 1785: „Der Eingang hinterhalb des Schlosses führt über eine Fallbrücke durch das doppelte Tor in den Schloßhof, dessen Mittelpunkt der Schloßbrunnen einnimmt. Drei abgesonderte Kellereien sind in dem Fundament ausgegraben und drei besondere Stallungen und ebenso viele Holzschupfen nehmen das untere Stockwerk ein. Von da führt eine hölzerne Schneckenstiege auf den zweiten, dritten und vierten Stock bis auf den Kornboden, wo die herrschaftlichen Getreidegilten unter der mit gebackenen Ziegelsteinen gedeckten Dachung aufgeschüttet und verwahrt liegen. Der zweite Stock zählet nebst der Schloßkapelle acht, der dritte vier und der letzte zehn wohnbare und geräumige Zimmer. Innerhalb des Gebäudes führen zween übereinander stehende hölzerne Gänge rings um den Schloßhof."

Gegen Ende des 18. Jahrhunderts wurde das Schloß dem Verfalle preisgegeben, und heute bildet Fluhenstein mit seinem hochragenden Mauerviereck, aus dem der Turm in eigenartiger Rundung herauswächst, die ansehnlichste Ruine unseres Berglandes.

Viel armseliger ist das Gemäuer, das sich auf dem östlichen Ausläufer des Rottachberges befindet und als Ruine Vorderburg bezeichnet wird. Hier wohnten einst die Freiherren von Rettenberg, die bis ins 14. Jahrhundert hinein das angeſehenſte, mächtigſte und begütertſte Edelgeſchlecht des Allgäus waren. Gehörte ihnen doch teils zu eigen, teils als Lehen weitaus der größte Teil des Landes von der Wertach bis zum Widderſtein und von der Iller über Tannheim hinaus bis zum Lech! Bald nach dem Ausſterben der männlichen Linie (um 1350) gelangte das Bistum Augsburg in den Beſitz der Burg, in der nun biſchöfliche Vögte geboten. Als aber die Feſte im Jahre 1562 in Flammen aufging, wurde ſie nicht wieder aufgebaut.

Noch drei andere Ruinen befinden ſich in der Umgebung des Rottachberges: Langenegg, Werdenſtein und Sulzberg, alle drei im Gebiete der ehemaligen Fürſtabtei Kempten und im Mittelalter von kemptiſchen Dienſtmannen bewohnt; die Ritter von Werdenſtein bekleideten das Kämmereramt, die von Sulzberg das Schenkenamt des Stiftes. — Von der Ruine Sulzberg iſt außer einigen ſpäteren Vorwerken beſonders gut der alte Berchfrit erhalten, der noch deutlich erkennen

Wappen an der Predella des Dreifaltigkeitsaltars in Sulzberg bei Kempten. (Zeichnung von Jos. Buck.)

läßt, wie die hoch gelegene Eingangstüre nur durch eine (jetzt natürlich verſchwundene) Holztreppe erreicht wurde, die in Zeiten der äußerſten Not leicht weggenommen werden konnte, um dem Feinde das Eindringen zu erſchweren. Ein ſehenswertes Andenken an die Ritter von Schellenberg, die vom Jahre 1370 an auf Sulzberg hauſten, bewahrt das Dorf Sulzberg; es iſt eine mit gotiſchem Schnitzwerk reich verzierte Wappentafel am Altare der Pfarrkirche.

Wenden wir uns zu dem Alpenrande zwiſchen Wertach und Vils, ſo finden wir oberhalb Neſſelwang, hoch hinaufgeſtellt an den Rand eines jäh abfallenden Tobels und völlig zugedeckt von Tannenwaldung, die noch immer anſehnlichen Reſte der Neſſelburg, die eine Zeitlang den Freiherren von Rettenberg als augsburgiſches Lehen zugehörte, ſpäter aber, während des Bauernkrieges, in Flammen aufging und ſeitdem zerfallen blieb.

Größere Bedeutung hatten die Schlöſſer Eiſenberg und Hohenfreiberg, deren Ruinen nördlich von Pfronten auf waldgeſchmücktem Hügel zu ſehen ſind.

Urſprünglich ſtand nur die Burg Eiſenberg, ein Beſitztum der Herren von Hohenegg. Als aber im 14. Jahrhundert ein Ritter von Freiberg mit der Burg

14*

belehnt wurde und dessen Söhne das Erbe teilten, erbaute der eine der beiden Erben die Feste Hohenfreiberg als Nachbarin der alten Burg. Die zwei Schlösser wechselten öfters ihre Herren. Im Dreißigjährigen Kriege wurden sie durch Feuer zerstört, nicht vom Feinde, sondern von eigenen Leuten, da diese fürchteten, daß sich die Schweden darin festsetzen könnten.

Auch weiter südlich, wo sich der waldige Saloberrücken zwischen den Weißensee und das Vilstal stellt, erblicken wir noch zwei Ruinen: am Südfuße des Salobers, nahe dem Städtchen Vils lugt aus Tannenwaldung hervor der wuchtige Berchfrit von Vilseck, von wo aus die Herren von Hohenegg über die kleine „Herrschaft Vils" geboten; über Pfronten aber, hoch oben aufgerichtet auf felsenstarrendem Berge, blickt weit hinaus ins Land der berühmte Falkenstein.

Das Schloß Falkenstein war seit alters im Besitze der Bischöfe von Augsburg und diente ihnen in den kriegerischen Zeiten des 11. und 12. Jahrhunderts wiederholt als Zufluchtsort. Später, im 15. Jahrhundert, war die Burg berüchtigt als Schlupfwinkel von Strauchrittern, die von hier aus mancherlei Straßenraub vollführten und damit die wichtige Handelsstraße, die Kempten mit Italien verband, unsicher machten. Bis ins 17. Jahrhundert blieb Falkenstein eine starke, schwer einnehmbare Felsenburg; im Dreißigjährigen Kriege aber wurde sie wie Eisenberg und Freiberg von den eigenen Leuten in Brand gesteckt, um nicht den Schweden als Stützpunkt dienen zu können. — Seitdem ist sie Ruine geblieben. Wohl hatte König Ludwig II. von Bayern, durch die herrliche Lage des Falkenstein bezaubert, den Plan gefaßt, hier ein neues Schloß zu erbauen, das an stolzer Pracht Neu-Schwanstein noch übertreffen sollte; aber es kam nicht zur Ausführung. Dafür steht gegenwärtig neben dem zerbrochenen Gemäuer ein stattliches Gasthaus, und der Falkenstein ist auf diese Weise ein Wanderziel geworden, das alljährlich von Tausenden aufgesucht wird.

Burg Staufen im 17. Jahrhundert, von Westen.
Nach einer Photographie eines alten Gemäldes von F. C. Hagspiel in Berbruggen.

Im Gegensatze zu der zertrümmerten Bergfeste Falkenstein ist weiter östlich das Schloß Füssen, das ebenfalls den Augsburger Bischöfen gehörte, noch fast unversehrt mit all seinen weitläufigen Gebäuden, Türmen und Ringmauern erhalten.

Wie hier, so treffen wir auch anderwärts historische Stätten an, in denen sich das heutige Geschlecht wohnlich eingerichtet hat, so die Schlößchen zu Hopferau und zu Waizern, die das Andenken an die Ritter von Freiberg wachrufen. — Wo ehedem die Burg Staufen als Mittelpunkt der Herrschaft Staufen und als Bestandteil der Reichsgrafschaft Rothenfels sich erhob, da ist heute für durstige Wanderer ein Bierkeller erbaut und von derselben Höhe, zu der im Jahre 1525 die aufrührerischen Bauern in hellen Haufen heranstürmten, um das Schloß in Brand zu stecken, von derselben Höhe blickt jetzt der frohe Zecher mit Wohlgefallen über die friedlichen Gelände des Weißachtals mit seinem schönen Berghintergrund. — An der oberen Argen steht in einsamer Gegend das Schloß Sürgenstein, erst im 16. Jahrhundert an Stelle der älteren Burg erbaut. Vor zwei Jahrzehnten erst ist das angesehene Geschlecht der Sürgen ausgestorben, die ihren Stammbaum bis auf die Zeit des Missionars Gallus zurückführten; in den Besitz des Schlosses aber kam ein Sproß des Hauses Waldburg. — Wandern wir von der Argen gen Süden zu den nördlichen Ausläufern des Pfänderrückens, so gelangen wir nach Maria-Stern, einem Kloster der Zisterzienserinnen. An dieser Stätte, die jetzt ein Ort des stillsten, weltabgeschiedenen Friedens geworden ist, saßen im 15. Jahrhundert auf ihrer Burg Gwiggen die Herren von Kürenbach und bis in das 9. Jahrhundert läßt sich der Name Gawica zurückverfolgen. — In gleicher Weise ist südlich von Bregenz an Stelle der alten Burg Niedegge, die im Jahre 1407 zerstört wurde, jetzt das weitläufige, vornehme Stift Riedenburg zu sehen, und da, wo ehedem das Waffengetöse rauher Krieger erscholl, werden nun in einem Erziehungsinstitut „höhere Töchter" herangebildet. — Eine andere Umwandlung hat die alte Feste Hohenbregenz durchgemacht. Von einem Grafen Ulrich von Bregenz Ende des 11. Jahrhunderts erbaut, kam das Schloß später an das Geschlecht der Montforter, von denen es durch Kauf an Österreich überging. Im Dreißigjährigen Kriege wurde Hohenbregenz vom General Wrangel durch Minen zerstört und verbrannt. Lange Zeit blieb es nun unbewohnte Ruine. Erst zu Anfang des 18. Jahrhunderts ließ sich ein Einsiedler in dem Gemäuer nieder, nach und nach folgten andere, dann wurde eine Kapelle innerhalb der Ringmauern erbaut. Sie war dem St. Georg und dem St. Gebhard

Edelsitz Gwiggen.

geweiht und wurde bald ein vielbesuchter Wallfahrtsort, so daß mit der Zeit aus der Kapelle eine Kirche wurde und neben dieser auch noch ein Wohnhaus erstand. Noch jetzt wallfahrten am Gebhardstage (27. August) zahlreiche Pilger dorthin auf den Gebhardsberg; mehr aber noch wird die Stätte von den Tausenden fremder Wanderer aufgesucht, die von hier aus die Herrlichkeiten der Umgebung bewundern wollen und dabei doch nicht unberührt bleiben von den Eindrücken, die das Betreten einer bedeutenden historischen Stätte immer mit sich bringt.

Überblicken wir das beigegebene Burgenkärtchen, so fällt uns auf, daß das Lechtal und Tannheimer Tal, ebenso das Walsertal und der Bregenzer Wald keinen einzigen mittelalterlichen Edelsitz aufweisen. Das mag wohl mit der verhältnismäßig späten Urbarmachung und Besiedelung dieser Gegenden in Zusammenhang stehen. Zwar war das Lechtal, wie die romanischen Namen in einigen Seitentälern bekunden, offenbar schon zur Zeit der Römer bewohnt; aber die alamannische Bevölkerung, die vom Kloster Füssen aus gegen Süden vordrang, scheint lange Zeit die hinteren Talgründe nur als Alpweiden benützt zu haben, ähnlich wie dies im Tannheimer Tal von Pfronten aus geschah. Erst im 14. Jahrhundert wurden beide Täler (letzteres von Hindelang her) dauernd und durchgreifend bevölkert. Die Rodung und Besiedelung des Bregenzer Waldes erfolgte in größerem Maße aus der Bodenseegegend vom elften Jahrhundert an, in den „Tannberg“ aber (das Ursprungsgebiet des Lechs) und in das noch dichtbewaldete, völlig unbewohnte Tal der Breitach wanderten gegen Ende des 13. Jahrhunderts aus dem Wallis die „Walser“ ein.[1])

Das Walsertal bei Hirschegg.
(Aufnahme von Maria Riezler.)

In diesen spät besiedelten Gegenden treffen wir nun statt der Burgen einige andere interessante historische Stätten an, die uns auf das eigenartige **Verfassungs- und Rechtswesen** des Mittelalters oder vielmehr auf die Sonderstellung hinweisen, welche die Walser und die „Wälder“, d. h. die Bewohner des Bregenzer Waldes, in mancher Beziehung genossen.

[1]) In dem Werke „Der Mittelberg“ von Fink und Klenze (1891) sind die Walser als Nachkommen burgundischer Bevölkerung bezeichnet; doch sprechen manche Bedenken gegen diese Annahme.

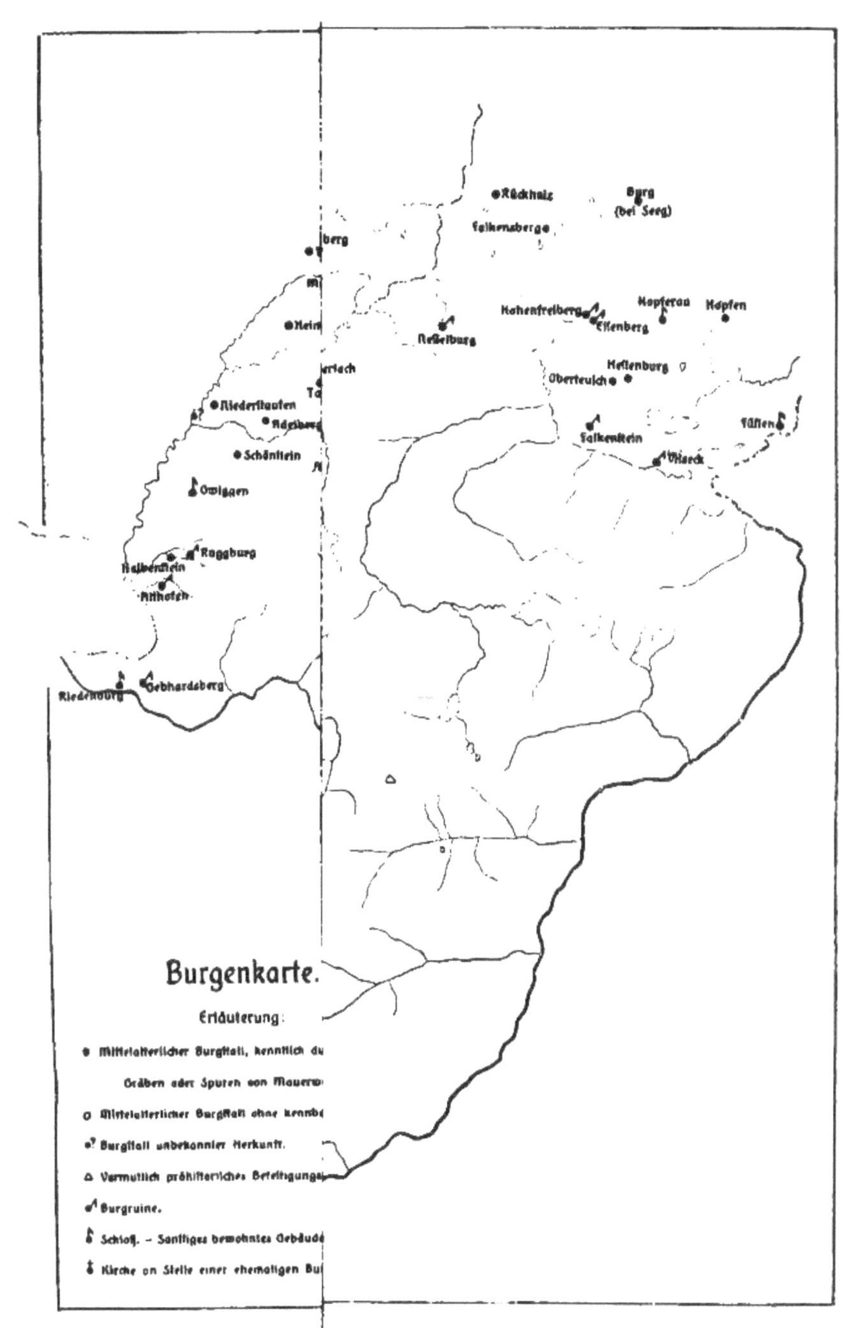
Rückhalz
Burg
(bei Seeg)
Falkensberg
Hohenfreiberg
Eisenberg
Hopferau
Hopfen
Nesselburg
Hellenburg
Oberteuich
Falkenstein
Vilseck
Füssen
Niederstaufen
Schönstein
Owiggen
Raggburg
Gebhardsberg
Burgenkarte.
Erläuterung:
Mittelalterlicher Burgstall, kenntlich du
Gräben oder Spuren von Mauerw
Mittelalterlicher Burgstall ohne kennb
Burgstall unbekannter Herkunft.
Vermutlich prähistorisches Befestigungs
Burgruine.
Schloß. – Sonstiges bewohntes Gebäude
Kirche an Stelle einer ehemaligen Bu

In der Nähe von Hochkrumbach heißt ein Hügel der Tschiergen. Hier soll man noch vor einem halben Jahrhundert die Spuren des Gerichtshauses gesehen haben, vor dem sich in alten Zeiten die Tannberger aus dem obersten Lechgebiet und die Mittelberger aus dem Walsertal zu den öffentlichen Gerichtstagen zu versammeln pflegten. Denn wenn sich auch die Walser nach ihrer Einwanderung in den Schutz der Grundherren begeben hatten (es waren dies die Freiherren von Rettenberg, später die Ritter von Heimenhofen), so war ihnen doch durch das „Walserrecht" als „freien Leuten" die Befugnis eingeräumt worden, die niedere Gerichtsbarkeit selbst auszuüben, und auch, als sie im 16. Jahrhundert unter österreichische Oberhoheit kamen, wurde ihnen das Walserrecht bestätigt und im Jahre 1563 ein eigenes „Gericht Mittelberg" verliehen, wogegen die schweren Frevel von nun an in Bezau abgeurteilt wurden.

Auch der Bregenzer Wald besitzt eine Stätte, die noch heute jedem Wälder als ein geweihter Ort gilt: die Bezegg.

Rathaus-Denkmal auf der Bezegg.

So heißt ein Wiesenplan auf dem Höhenzuge, der das Andelsbucher vom Bezauer Tale scheidet. Gewaltig ragt in der Ferne die Riesengestalt der Kanisfluh empor und schöne, dichte Waldung umflüstert den einsamen Raum, auf dem seit 1871 eine steinerne Denksäule steht an Stelle des alten hölzernen Rathauses, das hier einst auf vier gemauerten Pfeilern erbaut war.

Der hintere Bregenzer Wald, der bis in die neuere Zeit herein nur auf rauhen Saumpfaden zugänglich war, sicherte durch seine Abgeschlossenheit den Bewohnern, obwohl diese den Montfortern und später dem Hause Österreich untertan waren, solche Freiheiten, daß man wohl von einer „Wälderrepublik" sprechen konnte. Auf der Bezegg kamen der Landammann und die Räte samt dem Landschreiber und dem Waibel zusammen, um nach dem „Landesbrauch" die Gesetze abzufassen. Auf einer Leiter stiegen sie durch eine Öffnung des Bodens in den Rathaussaal, in den man auf andere Weise nicht gelangen konnte. Dann wurde die Leiter weggezogen und die Öffnung durch eine Falltüre geschlossen. Erst wenn in der Versammlung volle Einigkeit erzielt und der Beschluß gefaßt war, wurde die Leiter wieder angesetzt und die Gesetzgeber konnten ihre Klause verlassen. — Ebenso eigenartig war die Wahl des Landammanns, zu welcher sich die „hausseßhaften" Bewohner des Hinterwaldes auf der Ebene von Andelsbuch versammelten. Dort standen vier Eichenbäume, und unter diese stellten sich die vier Bewerber, die aus den vier Bezirken Egg, Andelsbuch, Schwarzenberg und Bezau auserlesen waren. Auf ein gegebenes Zeichen eilten die Männer auf denjenigen zu, dem sie ihre Stimme geben wollten, und wem die meisten Wähler zugelaufen waren, der war fortan (auf sieben, später nur auf vier oder zwei Jahre) das erkorene Oberhaupt.

Wie sich die „Wälder" selbst ihr Oberhaupt wählten, selbst ihre Gesetze gaben, so saßen sie auch selber zu Gerichte. Noch steht die alte Gerichtslinde in Egg, unter der (wie in Andelsbuch, Schwarzenberg und Bezau) das Niedergericht abgehalten wurde, während die Namen „Freistätte", „Richtstatt" und „Galgenhalde" in der nächsten Umgebung von Egg davon Kunde geben, daß zu den Gerechtsamen des Hinterwaldes auch das hochnotpeinliche Gericht gehörte. Vierundzwanzig Räte, die zum Zeichen ihrer richterlichen Gewalt Hellebarden und Seitengewehre trugen, verurteilten die Verbrecher zum Kerker, zum Pranger oder zum Tode. Zum Andenken an die rauhe Justiz jener Zeiten hat man in unsern Tagen neben der Egger Gerichtslinde wieder den Stein aufgestellt, an dem einst die Prangersäule errichtet war. Ein freundlicheres Andenken verdient ein schöner Brauch, den die „Wälder" kraft des ihnen verliehenen Begnadigungsrechtes übten: noch in letzter Stunde, wenn der Verbrecher zum Richtplatz geführt wurde, konnte irgend jemand aus der begleitenden Volksmenge Fürsprache erheben, und in diesem Falle stand es den Richtern zu, die Begnadigung auszusprechen. Erst dann, wenn die „Freistätte" erreicht und niemand für den armen Sünder eingetreten war, erst dann war dessen Schicksal besiegelt; der Stab wurde gebrochen und das Urteil mit dem Schwert oder durch den Strang vollzogen.

Solcher Rechte konnte sich die entlegene „Wälderrepublik" rühmen! Daß aber auch draußen im burgenreichen Alpenvorland eine freilich geringfügige Anzahl der bäuerlichen Bevölkerung sich eine gewisse Unabhängigkeit von den geistlichen und weltlichen Grundherren zu bewahren wußte, daran erinnert uns eine denkwürdige Stelle auf der Ebene von Schönau (bei Grünenbach). Dicht an dem Höhenrande, von dem sich die neue Straße zum Dorfe Röthenbach herabsenkt, ist die uralte Malstätte der Eglofsheimer Freien.[1])

Von den freien Bauern des Algaues, die unmittelbar unter dem Schutze und Gerichte der Gaugrafen gestanden waren, hatte sich, als sich die Algauer Grafschaft gegen Ende des 13. Jahrhunderts in die „Grafschaft Eglofs" umwandelte, noch ein Rest erhalten. Sie bewohnten teilweise die Grafschaft Eglofs selbst, zum Teil aber waren sie als „Oberer und Unterer Sturz" von der oberen Argen bis ins obere Illertal weithin verstreut. Diese Stürze (so viel als Steuergemeinden, da sie der Grafschaft Eglofs steuerten) wählten sich ihre Vorstände, die „Schultheißen", selbst und behielten wenigstens in Eigentumssachen ihr eigenes Gericht bei, eben jenes Freigericht auf der Schönauer Malstätte. Erst 1809 und 1810 verzichteten die letzten Eglofsheimer Freien, gegen hundert Bauern, auf ihre Sonderstellung. Der letzte Schultheiß des oberen Sturzes war Johannes Finkel in Gunzesried, der des unteren Sturzes Johannes Lerpscher von Aigis (Gemeinde Wilhams).

Auch im oberen Lechtal hat sich die Spur einer alten Dingstätte erhalten. Von der Kirche in Lend (zwischen Elbigenalp und Holzgau) führt ein schmaler

---

[1]) Auf einer Karte vom Jahre 1783 „Provincia Arlbergica etc., per Joannem Antonium Pfaundler (im Besitze des Herrn Dekan Huber in Wengen) ist der als „Frey Gericht" bezeichnete Platz durch ein Viereck punktierter Linien deutlich abgegrenzt.

Fußpfad über steile Grashalden hinan zu einem einsamen Bergkessel, in dem man die versumpften Überreste eines ehemaligen Sees wahrnimmt. Seesumpf heißt der Platz. Wandert man von hier noch weiter nach Südwesten, so sieht man einen auffallend gebäschten Hügel aufsteigen, auf dessen abgeflachter Kuppe hohe Bäume wurzeln. In großartiger Pracht bauen sich im Hintergrunde die Lechtaler Berge auf, und die paar Bauernhäuser, die sich hier inmitten guter Wiesengründe erheben, erscheinen mit ihrem tiefgedunkelten Gebälke und ihrer urwüchsigen Bauart wie Siedelstätten einer grauen Vorzeit. Auf jenem Hügel stand einer der Lechtaler „Dingstühle"; doch haben sich weder in mündlicher Überlieferung noch in urkundlichen Belegen genauere Mitteilungen erhalten über die Vorgänge, die sich hier einst abgespielt haben.[1])

Von dem großartigen Aufschwung, den **Handel und Verkehr** im letzten Drittel des Mittelalters nahmen, finden wir in unserm Bergland natürlich nur geringfügige Spuren, da das obere Illertal für Handel und Wandel stets eine Sackgasse war und die Warenzüge, die damals zwischen Italien und Süddeutschland verkehrten, nur die äußersten Randlinien unseres Gebietes berührten.

Auf einer dieser Randlinien, da, wo ehemals fürstäbtlich kemptisches und bischöflich augsburgisches Gebiet zusammengrenzte, erinnert der Name Zollhaus (Weiler Oberzollhaus und Dorf Unterzollhaus am Kemptner Wald) daran, daß hier die Handelsstraße vorbeiführte, die von Kempten über Pfronten, Vils und den Fernpaß nach Italien zog. Für die bischöfliche und für die fürstäbtliche Kasse wurde hier Zoll erhoben, an dessen Erträgnissen auch die Reichsstadt Kempten teilnehmen durfte, nachdem sie im Jahre 1477 auf eigene Kosten eine neue Straße durch den Kemptner Wald gebaut hatte. — Auch die Namen Obere und Untere Zollbrücke haben sich aus jener Zeit erhalten. Lange war am Fuße der Feste Laubenberg-Stein die einzige Illerbrücke im ganzen oberen Illertal und alle Waren, mochten sie von Kempten oder von Sonthofen her gen Immenstadt geführt werden, mußten hier die Montforter Zollstätte passieren. Erst im Jahre 1494 erbaute ein Graf von Montfort eine zweite Brücke unterhalb Sonthofen, aber mit ihr natürlich auch ein Zollhaus, so daß man seitdem die Obere Zollbrücke (der Name hat sich auf einem Anwesen am Fuße des Burgstalls Sei-

---

[1]) Hier sei auch auf die zahlreichen Plätze hingewiesen, die durch die Namen „Galgenholz, Galgenbühl, Galgenhalde" u. a. an das Blutgericht erinnern, das mit den geistlichen und weltlichen Herrschaften verbunden war; ebenso auf die Sühnekreuze, die man bald mitten in einer Ortschaft, bald auf einsamem Feldwege beobachten kann und die (wenigstens teilweise) zur Sühne für irgend eine Mordtat errichtet wurden. Solche Kreuze finden sich z. B. bei Pfronten (zwischen Kappel und Berg, ebenso bei Benken); bei Nesselwang; bei Oy; in Sulzberg bei Kempten; bei Sonthofen (Hüttenamt); in Altstädten; in Hinang; bei Hindelang; in Mittelberg (Walsertal).

friedsberg erhalten) und die Untere Zollbrücke (am Buchwald bei Immenstadt) auseinander zu scheiden hatte.

Von besonderer Wichtigkeit war für unser Bergland die Salzstraße, die das Bergwerk zu Hall (bei Innsbruck) mit den Bodenseeländern verband. Vom 16. Jahrhundert an wurde das Salz zum größten Teile über den Gachtpaß geleitet, nachdem hier (1540—1550) eine neue Straße erbaut worden war. An der Pfarrkirche zu Thalkirchdorf befinden sich zwei Denksteine der Familie Habisreittinger, die an jenen Straßenbau erinnern. Da sieht man nämlich ein Familienwappen, das einen Mann mit einer Hacke auf der Schulter darstellt. Dieses Wappen wurde den Habisreittingern zugleich mit Erhebung in den Adelsstand verliehen, weil sie sich um den Bau der neuen Straße und um den Salztransport große Verdienste erworben hatten. — Von der Gachtstraße her wurde das Salz über Nesselwängle, Hindelang, Immenstadt und Simmerberg an den Bodensee und in die vorderösterreichischen Lande geführt, und in umgekehrter Richtung kam im Tauschhandel der Wein aus jenen Gegenden.

Partie an der alten Salzstraße am Rottachberg.

In Nesselwängle befand sich ein dreistöckiger Salzstadel, und die Bewohner dieses Ortes und des ganzen Tannheimer Tales zogen von dem regen Verkehr großen Nutzen. Auch in Oberjoch war ein Salzstadel und in Hindelang eine Salzfaktorei. Die Weiterbeförderung der Ware war durch eine „Gredordnung" geregelt, die den Hindelangern und den Rettenbergern das Vorfahrrecht durch das Ostrachtal einräumte. Ein Hauptstapelplatz war Immenstadt. Von hier wurden die Salzfässer meist im Winter auf Schlitten weiter geführt. Nach einem Verzeichnis vom Jahre 1623 gab es in Immenstadt und Umgebung 205 „Salzroder", welche unter Beachtung einer Rodordnung den Transport übernahmen. Gefürchtet war von den Fuhrleuten die „Hohe Steig am Hahnschenkel" bei Genhofen. Auch in Simmerberg, wo noch heute ein Haus „Salzfaktors“ genannt wird, befand sich eine Faktorei. Welches Leben sich hier jedesmal entwickelte, wenn die Immenstädter Roder mit Einspännern eintrafen, auf denen gewöhnlich zwei Fässer zu je 6 bis 7 Zentnern verladen waren; wenn die großen Stallungen nicht ausreichten, all die Pferde unterzubringen; wenn die Fuhrleute von ihrem bescheidenen Lohne an dem „Murren“ sich gütlich taten, einer Brotsorte, die eigens für die Roder gebacken war[1]) — das alles wissen die älteren Bewohner von Simmerberg noch recht wohl; denn erst mit dem Bau der Eisenbahnen hat die alte Salzstraße ihre Bedeutung verloren.

Übrigens gab es noch eine zweite Straßenlinie, auf der das österreichische, außerdem aber das aus dem bayerischen Bergwerk bei Berchtesgaden gewonnene Salz an den Bodensee geführt wurde. Sie berührte unser Gebiet bei Füssen, wo sich eine bayerische Salzfaktorei befand, und zog über Weißensee, Pfronten-Weißbach und Nesselwang nach Oy. Dies war ein wichtiger Stapelplatz und besaß einen Salzstadel und eine Faktorei. Von hier aus wurde das Haller Salz über Petersthal und Rottach nach Immenstadt gefahren. Noch heute trägt ein am Nordabhang des Rottachberges wagrecht hinziehender Weg die Bezeichnung Alte Salzstraße, und man erkennt deutlich an vereinzelten Spuren, daß es ehedem ein ziemlich breites, gut angelegtes Sträßchen gewesen sein muß. Das bayerische Salz wurde von Oy über Kempten, wo sich ebenfalls eine Salzfaktorei befand, dann über Buchenberg, Wengen, Isny und Wombrechts (hier war die letzte Faktorei) nach dem Salzamte in Lindau gebracht.[2])

Nach diesem Rückblick auf eine friedliche Tätigkeit, die manchen Gemeinden des Allgäus großen Wohlstand brachte, wenden wir uns nun zu jenen denkwürdigen Stätten, die von schlimmen Zeiten, von **Kriegsnot** und Seuchen erzählen.

In die kriegerischen, kampferfüllten Jahrhunderte des mittelalterlichen Rittertums haben uns ja schon die zahlreichen Burgen und Burgställe, die wir kennen gelernt haben, eingeführt; doch sind, gleichsam zur Ergänzung des Bildes, das uns da entgegengetreten ist, noch einige Denkmäler vorhanden, die sich auf ganz besonders kennzeichnende Begebenheiten jener friedlosen Zeiten beziehen.

In der Unterstadt von Bregenz gehört zu den Sehenswürdigkeiten, die jeder Fremde besichtigt, die Seekapelle. Sie ist zum Andenken an eine Schlacht erbaut, die einem Aufstande der Appenzeller Bauern ein Ende bereitete. Diese hatten sich zu Beginn des 15. Jahrhunderts gegen ihren Herrn, den Abt von St. Gallen, erhoben, hatten dem Schwäbischen Städtebund, der als Hüter des

---

[1]) Mitteilung von Bürgermeister F. X. Baldauf in Simmerberg.

[2]) Im Besitze des Herrn Fabrikanten Ignaz Dornach in Weiler befindet sich ein „Situationsplan“, leider ohne Angabe der Jahrzahl, aber vermutlich aus dem 18. Jahrhundert, worin die bayerischen Salzstraßen genau eingezeichnet sind. Der Plan ist hergestellt von dem kurfürstlichen Salz-Speditions-Kommissär Fr. X. Weller.

Landfriedens ihnen entgegentrat, eine ſchwere Niederlage beigebracht und dann einen großen „Bund ob dem See“ gegründet. Um auch die Bauernſchaft in Vorarlberg und im Allgäu zum Anſchluß an ihren Bund zu gewinnen, hatten ſie einen Heerzug durch das Große Walſertal, über den Tannberg ins Lechtal und Tannheimer Tal unternommen und dann Immenſtadt belagert. Als aber nun der oberſchwäbiſche Adel gegen ſie heranrückte, zogen ſie an den Bodenſee und verſuchten Bregenz zu überrumpeln. Dies mißlang und in einer großen Schlacht, die ihnen die ſchwäbiſche Ritterſchaft lieferte, wurden ſie im Jahre 1408 ſo vollſtändig geſchlagen, daß damit der „Bund ob dem See“ für immer gelöſt war. Der Name einer heldenhaften Frau, Guta, die den Anſchlag der Feinde, durch Verrat in die Stadt zu dringen, vereitelt haben ſoll, lebt noch im Gedächtnis der

Georgskapelle bei Buchenberg.

Bevölkerung und hat auch im Bregenzer Landesmuſeum die gebührende Würdigung gefunden.

Ebenſo bezeichnend für die friedloſen Zuſtände jener Zeit iſt die Begebenheit, die zum Bau der *Georgskapelle* unweit Buchenberg bei Kempten Anlaß gegeben hat. Ein fürſtlich kemptiſcher Beamter, Jörg Beck, war von ſeinem Fürſtabt Gerwig von Sulmentingen fälſchlich der Unterſchlagung beſchuldigt worden. Da Jörg Beck bei den Gerichten keine Genugtuung fand, wandte er ſich an die Schweizer Eidgenoſſen und es gelang ihm, eine Schar von mehr als 300 Schweizern zu gewinnen, die nun bewaffnet gegen das Stift heranrückten, ſo daß der Fürſtabt genötigt war, ihnen ſeine Krieger entgegenzuſchicken. Bei Buchenberg kam es im Jahre 1460 zum Gefecht. Die Schweizer ſiegten, der Führer der ſtiftiſchen Truppen, Walther von Hohenegg, fiel im Kampfe. Der Abt floh und mußte ſpäter ſeiner Würde entſagen. — Zum dauernden Andenken an das Ereignis ward die Georgskapelle errichtet.

Daß der Bauernkrieg (1525) für die Burgen des Allgäus verhängnisvoll wurde, daß insbesondere Schloß Staufen in Flammen aufging und die Nesselburg damals zur Ruine wurde, ist schon erwähnt worden. Von einer späteren Bauernbewegung, die im Jahre 1607 die bischöflich augsburgischen Untertanen im oberen Illertal ergriff, hat sich der Name Rebellionshügel erhalten. So heißt ein Bühl bei Agathazell. Denn hier versammelten sich die Aufständischen, um ein Schutz- und Trutzbündnis gegen den Bischof zu schließen, der ihnen neue Lasten aufbürden wollte. Doch kam es damals nicht zum Blutvergießen, sondern im Dezember 1607 wurde ein Vergleich geschlossen, bei dem freilich die Bauernschaft den kürzeren zog.

Am lebendigsten hat sich das Andenken an den schrecklichen Dreißigjährigen Krieg erhalten.

Birgsau.

Da die große Bewegung der Reformation in unserm Alpengebiete keine dauernde Spur hinterlassen hatte und zu Beginn des Krieges die ganze Bevölkerung, von den angrenzenden Reichsstädten abgesehen, wieder der alten Lehre zugetan war, so ist es erklärlich, daß die Drangsale, die der Krieg brachte, hauptsächlich von den Gegnern der katholischen Partei ausgingen und daß insbesondere der Name „Schweden" ein Schreckenswort wurde, mit dem man Greuel und Grausamkeiten der entsetzlichsten Art in Verbindung brachte;[1] ja, im Volksmund spricht man überhaupt nur von einem „Schwedenkrieg", weil eben unser Gebiet erst mit dem Auftreten der nordischen Heere Kriegsschauplatz wurde.

[1]) Daß auch die Kaiserlichen den Schweden an Grausamkeit nicht nachstanden, davon weiß die Kemptner Stadtgeschichte zu berichten. Als die protestantische Reichsstadt Kempten im Jahre 1633 von dem kaiserlichen Befehlshaber Oberst König erobert wurde, verübten die Sieger Greuel, wie sie nicht schlimmer gedacht werden können.

Alle Ortschroniken enthalten jammervolle Berichte von den Opfern, die der Krieg an Menschenleben wie an Hab und Gut forderte. Mit Ausnahme der Gemeinden im Tannheimer und im Walser Tal, wohin während des ganzen Krieges kein Feind gelangte, blieben nur wenige Ortschaften verschont; ja, selbst bis zu hochgelegenen Alpen drangen die blutgierigen Krieger vor.

So wird die Alpe Birkartsgündle erwähnt, die in ansehnlicher Höhe (1700 m) über dem Birgsauer Tale zwischen dem Warmatsgundbach und dem Griesgundkopf gelegen ist. Dorthin brachten die erschreckten Bewohner im Jahre 1634 beim Anzuge der Schweden ihr Geld und die Kirchenschätze vieler Pfarreien, mehr als 4000 Gulden im Werte. Aber das Versteck wurde verraten, der Schatz von den Feinden geraubt. — Auch in die Gutenalpe und in die Gerstrubener

Walser Schanze. (Aufnahme von Heimhuber.)

Alpe sollen die Schweden vorgedrungen, aber von den Bauern mit blutigen Köpfen zurückgeschickt worden sein.[1]

Zahlreiche Schanzen entstanden damals zur Abwehr des Feindes, manche schon bestehende wurde verstärkt. Auf dem Kohlerberg (bei Sulzberg südlich von Kempten) kann man noch die schwachen Spuren jener Erdwerke erkennen, die von den Untertanen der bischöflich augsburgischen Pflege Rettenberg in aller Hast aufgeworfen wurden, als im Jahre 1632 zum erstenmal die Kunde kam, daß die Schweden heranrückten.[2]) — Von der ehemaligen „Wacht" bei Immenstadt, die

[1]) Aufzeichnungen des Oberstdorfer Schullehrers Thomas Gruber; dieselben sind erhalten in einer von Wundarzt Dr. Heim (nach Aufzeichnungen von Dr. Zör) verfaßten handschriftlichen Chronik von Immenstadt.

[2]) Vielleicht ist es dieselbe Stelle, an der sich im Jahre 1525 die Bauern zum letzten Widerstand verschanzten, als nach der Schlacht bei Leubas Truchseß Georg von Waldburg nach Süden vordrang.

als langgezogene Mauer vom Kalvarienberg gegen die Iller führte und die Kemptner Straße absperrte, ist nichts mehr wahrzunehmen. Dagegen erkennt man noch die Reste der Schanzen, die vom Rothenfelser Hügel gegen den Kleinen Alpsee und weiterhin nach dem Immenstädter Horn angelegt waren. Ebenso haben sich Spuren erhalten von der Befestigungslinie, die vom österreichischen Sulzberg über das Rothachtal hinweg gegen Scheidegg und in umgekehrter Richtung über das Weißachtal gegen Riefensberg gezogen wurden. — An die Schanzen, welche die Walser vom Söllerkopf bis zur Breitach zogen, um ihr Tal von den Schweden abzuschließen, erinnert noch der Name der Wirtschaft zur Walser Schanze, die an der Stelle erbaut ist, wo heute bayerisches und österreichisches Gebiet zusammengrenzen. — Besonders gut kenntlich ist noch die Schwedenschanze in nächster Nähe des Pfändergipfels. Sie diente auch nach dem Schwedenkriege als Befestigungswerk vom See bis zum Pfänderrücken hinauf angelegt und durch Außenwerke und Verhaue so verstärkt, daß man sie für unbezwinglich hielt. Aber der schwedische General Wrangel, der im Jahre 1647 mit 8000 Kriegern heranrückte, umging die feindliche Stellung

Die Wälderinnen im historischen Festzug zu Egg 1902.

zum Schutze der Bregenzer Klause, die am Fuße des Pfänders zwischen dem steil aufsteigenden Berge und dem Bodenseeufer die Straße sperrte. Um ein Vordringen der Schweden gegen Bregenz zu verhindern, waren Befestigungen und fiel den Verteidigern in den Rücken. An der Stelle, wo in heldenmütigem Kampfe der Führer der Österreicher, Thomas Rhomberg, den Tod fand, erhebt sich mitten im Hochwald der Rhombergstein, ein erratischer Block, den in geologischer Vorzeit der Rheingletscher hergetragen hat und der jetzt eine Marmortafel trägt, die rühmend den Namen des gefallenen Helden nennt. Daß damals die Feste Hohenbregenz in die Luft gesprengt wurde und seitdem Ruine geblieben ist, wurde schon an anderer Stelle erwähnt. (Siehe S. 213.)

In diese Zeit fällt auch eine durch die Sage ausgeschmückte Begebenheit, durch welche die Rote Egg bei Fallenbach im Bregenzer Wald berühmt geworden ist. Hier nämlich, so wird erzählt, traten den auf Raub ausziehenden schwedischen Soldaten die Wälderinnen, die sich in die Berge geflüchtet hatten, plötzlich bewaffnet entgegen und erschlugen die überraschten Feinde bis auf den letzten Mann. Bei dem Volksfeste, das im Jahre 1902 in Egg anläßlich der Eröffnung der Bregenzerwaldbahn abgehalten wurde, erregte in dem historischen Festzuge gerade die Gruppe beſonderes Aufſehen, die jene tapferen Wälderinnen darſtellte, mit den aufrecht geſchmiedeten Senſen trotzig einherſchreitend, gekleidet in die langen weißen „Juppen“ und geſchmückt mit den hohen weißen Hauben, wie dies im 17. Jahrhundert Landesbrauch war. Und heute noch findet in den Gemeinden

Peſtkapelle und Peſtfriedhof bei Hindelang.
(Aufnahme von Ebert.)

Egg, Andelsbuch und Schwarzenberg jeden Nachmittag um 2 Uhr das ſog. „Schwedenläuten“ ſtatt zum Andenken an den Sieg bei der Roten Egg.[1])

[1]) Auch eine Fahne aus dem Schwedenkrieg bewahrt die Schützengeſellſchaft in Egg noch auf.

Ähnliche Heldentaten rühmt die Sage den Lechtaler Frauen nach. Im Jahre 1632 sandte Herzog Bernhard von Weimar, der die Ernberger Feste belagerte, schwedisches Kriegsvolk in das obere Lechtal. Die Feinde kamen bis in die Gegend von Elmen. Hier waren, wie die Sage berichtet, alle Männer in den Bergen auf Wache; die Frauen aber, welche die Schweden heranziehen sahen, sammelten sich in der Ebene von Mortenau, zogen Männerkleider an, behängten auch die auf den Wiesen aufgestellten Heinzen mit Kleidern und suchten durch Lärmen und zur Nachtzeit durch Anzünden von Feuern die Feinde so lange zu täuschen, bis die Männer, die rasch benachrichtigt wurden, zur Stelle waren; als es nun zum blutigen Gefechte kam, da halfen auch die Weiber tapfer mit, bis die Eindringlinge in die Flucht geschlagen waren.

Auch sonst sind mancherlei Sagen aus dem Schwedenkrieg erhalten. So soll eine Abteilung schwedischen Kriegsvolkes von den Kaiserlichen über den zugefrorenen Alpsee gedrängt worden und, da das Eis plötzlich einbrach, elend ertrunken sein. Noch heute heißt deshalb ein Brünnlein, das am Südufer des Alpsees entquillt, der Schwedenbrunnen.

Wie die Kriegsnot, so hat auch eine entsetzliche Begleiterscheinung derselben, die furchtbare Pest, ihre traurigen Denkmäler hinterlassen. Nicht bloß alle Kirchenbücher, alle Ortschroniken klagen über die Opfer, welche die Seuche forderte, sondern an vielen Orten: bei Hindelang, bei Pfronten, bei Wertach, bei Oy, bei Petersthal, bei Emereis, bei Rettenberg, bei Missen, bei Stiefenhofen usw. stehen noch die Pestkapellen und Pestfriedhöfe, entfernt von menschlichen Siedelungen, eingefaßt von niedrigem Mauerwerk; oft ragt nur ein schlichtes Kreuz mitten auf dem begrasten, leeren Viereck.

Von ergreifender Wirkung ist besonders der Pestfriedhof von Seeg. Hat man die kahle, einsame Höhe erreicht, so wendet man unwillkürlich zuerst die Blicke nach Süden, wo sich die herrliche Gebirgskette und davor ein freundliches, von Ortschaften belebtes Gelände ausbreitet. Dann betritt man den öden Gottesacker, öffnet die Türe zur kleinen Kapelle und liest drinnen die erschütternden Worte: „Denkmal für alle aus der Pfarrei Seeg an der Pest Gestorbenen und hier in diesem Gottesacker Ruhenden. Die schreckliche Seuche raffte in den Jahren 1627 und 1628 750 und 1635 über 300 Personen hinweg. R. I. P.“[1])

Wie im Dreißigjährigen Kriege die Schweden, so haben später die **Franzosen** in vielen Gegenden unseres Alpenlandes ein schlimmes Andenken hinterlassen. Schon im Spanischen und dann im Österreichischen Erbfolgekrieg wurde das Allgäu von den mit Bayern verbündeten Franzosen durch Einquartierungen und

[1]) Über den Pesttanz in Immenstadt und den Umzug in Oberstaufen, die beide eingeführt wurden, um die allgemeine Niedergeschlagenheit und Mutlosigkeit des Volkes zu bekämpfen, berichtet Reiser in seinem Buche „Sagen und Gebräuche des Allgäus. II. Band Seite 61 ff.“

Kontributionen schwer heimgesucht und war wiederholt der Schauplatz blutiger Kämpfe. Größer aber und andauernder wurden die Drangsale im letzten Jahrzehnt des achtzehnten und im ersten des neunzehnten Jahrhunderts, als die republikanischen, später die napoleonischen Heere Deutschland überschwemmten.

Aus dem Jahre 1796, in welchem der französische General Moreau nach Süddeutschland vordrang, finden sich mancherlei, zum Teil sehr eigenartige Erinnerungszeichen vor. So sieht man in der Kirche zu Thalkirchdorf eine Tafel mit einer in Silber gefaßten Gewehrkugel, ein Weihegeschenk, das aus folgendem Anlaß dargebracht worden ist. Während die Franzosen das Konstanzer Tal durchzogen, ließ sich ein Bauer von Wiedemannsdorf, Balthasar Kennerknecht, zu einer unbedachten Handlung hinreißen; er warf ein schweres Holzscheit nach einem der Soldaten. Ein französischer Husar, der dies bemerkte, schoß ihm eine Kugel durch die Brust, und schwerverwundet sank der Bauer nieder. Nach drei Tagen wurde ihm die Kugel beim Schulterblatt herausgeschnitten, und er gelobte, sie in Silber fassen zu lassen und in die Kirche zu stiften, wenn er mit dem Leben davon käme. Wirklich genas er und erreichte ein hohes Alter. — Auch in der Kirche zu Niedersonthofen findet man ein Andenken an jene Durchzüge der feindlichen Heere. Die vordere Reihe der Kirchenstühle führt die Bezeichnung „Franzosenstühle“. Sie tragen die Inschriften: „16. Sept. 1796 Abzug der Franzosen“ und „Danket Gott und dem Joseph Anton Immler von Wollmuths!“ Als nämlich die Franzosen von Diepolz herabkamen in der Absicht, Niedersonthofen auszuplündern, trat ihnen jener Immler entgegen. Er war ein Uhrmacher aus Wollmuths, hatte sich auf seiner Wanderschaft auch in Frankreich aufgehalten und sich dort die fremde Sprache so weit angeeignet, daß er sich nun mit den feindlichen Soldaten verständigen konnte und dadurch die Plünderung des Ortes verhütete. — Welcher Schrecken beim Herannahen der Feinde die kleinen Landesfürsten befiel und wie sie ihr Heil in schleuniger Flucht suchen mußten, das zeigt ein Denkmal,

Königsegg'sches Dank-Relief in der Pfarrkirche zu Tiefenbach aus dem Jahre 1796.

Kontributionen [illegible] Kämpfe. [illegible] des achtzehnten [illegible] kanischen, [illegible]

Aus [illegible]

[illegible] dem Leben [illegible] genas er und [illegible] — Auch [illegible] Hersonthofen [illegible] an jene [illegible] Heere. [illegible] Franz [illegible] die [illegible] Angst [illegible] mäler von [illegible] kamen in der Ab[illegible] entgegen. Er war [illegible] auch in Frankreich [illegible] Sprache so [illegible] angeeignet, daß er sich [illegible] digen konnte und dadurch die Plünde[illegible] schrecken [illegible] Herannahen der Feinde [illegible]

welches in der Pfarrkirche zu Tiefenbach angebracht ist. Es ist kunstvoll in weißem Marmor ausgeführt und stellt eine Familiengruppe dar. Darunter liest man die Inschrift: „Franz Graf zu Königsegg-Rothenfels, durch die Vorsicht seiner Gemahlin Josepha Gräfin von Zeil und seiner Kinder aus der ihnen drohenden französischen Kriegsgefahr durch ihren Zufluchtsort Tiefenbach glücklich gerettet. 2. Sept. 1796." — Wiederholt kam es zu heftigen Zusammenstößen zwischen den Franzosen und den Kaiserlichen. In das Prestelsche Haus in Hindelang sind über der Eingangstüre drei Kugeln eingemauert zur Erinnerung an einen dieser Kämpfe, in welchem die Österreicher, die auf der Jochstraße eine feste Stellung genommen hatten, auf die anrückenden Franzosen das Feuer eröffneten, um sie von dem Einmarsch in das Tannheimer Tal abzuhalten.

Als im Jahre 1799 der zweite Koalitionskrieg ausgebrochen war, blieb unsere Gegend zwar von Kriegsgreueln selbst verschont, aber dafür wurden durch Aushebungen, Requisitionen und Einquartierungen große Opfer gefordert. Damals wurde in Sonthofen ein Spital für die österreichischen Soldaten eingerichtet; am Illerufer nördlich der Badeanstalt erhebt sich noch heute ein schlichtes Kreuz über dem Kriegergrab, wo die Unglücklichen ihre Ruhestätte fanden, denen ein kläglicheres Ende als der Schlachtentod beschieden war.

Das folgende Jahr (1800) brachte aufs neue Franzosen in unser Land. Ein Freskobild am sog. Franzosenhäusle bei Kempten zeigt das Leben und Treiben in dem Lager, das die französischen Truppen hier aufgeschlagen hatten. Ebenso ist die feste Stellung, welche die Österreicher am Fuße des Grünten zwischen Rettenberg und Agathazell eingenommen hatten, durch den Maler Nikolaus Weiß, einen geborenen Rettenberger, im Bilde dargestellt worden. Aus dem Allgäu suchte damals eine Abteilung französischer Krieger auch in den Bregenzer Wald einzudringen. Wie es ihnen hier erging, verkündet eine Gedenktafel am Häleisen bei Hittisau: Der Wälder Landsturm scharte sich zusammen und schlug unter dem Hauptmann Johann Peter Sutterlütti von Hittisau die Feinde aufs Haupt.

Mächtig ward unser Gebiet in die Bewegung des Jahres 1809 hineingezogen, als die Tiroler und Vorarlberger die von Napoleon ihnen aufgedrungene Zugehörigkeit zu Bayern mit Waffengewalt zu lösen gedachten. Als im Juni und Juli 1809 die Aufständischen einen Vorstoß gegen das von bayerischen, württembergischen und französischen Truppen besetzte Kempten unternahmen, kam es in der Nähe der Stadt zu wiederholten Gefechten. An der Stelle, wo einige der Kämpfer den Tod fanden, erhebt sich heute auf einer Waldblöße südwestlich von Kempten in schwermütig einsamer Umgebung ein bescheidenes Steinkreuz über dem sog. Vorarlberger Grab. — Besonders gern und rühmend gedenkt man natürlich in dem österreichischen Teile unseres Alpenlandes jener heldenhaften Erhebung, und so ist es leicht begreiflich, daß die Schützengesellschaft in Häselgehr (im Lechtal) stolz ist auf eine Reliquie aus Andreas Hofers Tagen; es ist eine freilich schlimm zerfetzte Kriegsfahne, die den Lechtalern vorangetragen wurde, als diese unter Führung ihres Hauptmanns Kropf auf dem Berg Isel mitkämpften für die Befreiung ihres Vaterlandes. In Bregenz aber ehrt man noch das Andenken an einen wackern Mann,

15*

der sein Leben dem gleichen Streben geweiht hatte. Dr. Anton Schneider, 1777 in dem damals österreichischen Weiler geboren, vom Jahre 1801 an in Bregenz als Advokat ansässig, wurde beim Ausbruch des Krieges zum Generalkommissär für Vorarlberg ernannt und erwarb sich durch sein umsichtiges, besonnenes und opfermutiges Auftreten große Verdienste um sein Heimatland, mußte aber nach dem unglücklichen Ausgange des Aufstandes seine Tätigkeit mit wiederholter Gefangenschaft büßen. In Zizers (bei Chur), in dessen Nähe er im Bade Fideris 1820 starb, ist ihm ein schlichtes Denkmal errichtet.

Das „Vorarlberger Grab" bei Kempten. (Siehe S. 227.)
(Nach der Natur gezeichnet von Jos. Buck.)

Aus den napoleonischen Kriegen sind auch die bedeutungsvollen politischen Umgestaltungen hervorgegangen, die unserm Lande ein neues Gepräge gegeben und es in ein österreichisches und ein bayerisches Gebiet geschieden haben.

Aber sichtbare Erinnerungszeichen, die an **die früheren Landeshoheiten** gemahnen, sind noch in mancherlei Formen erhalten. Wandern wir in dem Bergland rechts der Iller, so treffen wir bald hier, bald dort ein Gebäude, das durch seinen Wappenschmuck oder durch seine auffallende Bauart unsere Aufmerksamkeit erregt, so in Sonthofen (das ehemalige bischöfl. Schloß, jetzt Bezirksamtsgebäude), in Hindelang (das ehemalige bischöfl. Schloß, jetzt Gasthaus zum Hasen), in Großdorf am Rottachberg (das ehemalige bischöfliche Amtshaus, jetzt Sennküche), in Nesselwang (das Spital, gestiftet vom Bischof Friedrich von Zollern) — und wir erkennen daran, daß wir da auf dem Boden wandeln, der einst vom Ursprung der Stillach bis in die Gegend von Kaufbeuren zum Bistum Augsburg gehörte und (soweit unser Gebiet in Betracht kommt) in die Pflegschaften Rettenberg und Füssen, sowie in die Vogteien Nesselburg und Falkenstein geschieden war. Wo dies ansehnliche Gebiet an die Fürstabtei Kempten grenzte, sehen wir zwischen Moosbach (früher bischöflich augsburgisch) und Sulzberg (früher stiftkemptisch) auf dem Kohlerberge noch mehrere wappengeschmückte Marksteine. Weitere noch erhaltene Grenzmarken — an der Iller bei der Einmündung des Heubaches; dann an der Kreuzung der Staatsſtraße und der Eiſenbahnlinie nördlich von Seifen, ferner am Nordrande des Werdenſteiner Mooſes, endlich auf einer Waldwieſe ſüdweſtlich vom Niederſonthofener See — ſchieden einſt das ſtiftkemptiſche Ländchen von der Grafſchaft Rothenfels, die ſich vom Niederſonthofener See bis an das linke Breitachufer und von der oberen Iller bis an den Bregenzer Wald erſtreckte. Innerhalb dieſes Gebietes, zu dem auch die Herrſchaft Staufen gehörte, findet man die gräflichen Wappen noch in zahlreichen Kirchen, zuweilen auch an ganz entlegenen Orten. So trägt der Altar einer Bergkapelle am Fuße des Hochgrat im Weißachtale die Königsegger Wappen zugleich mit der Jahrzahl 1729; der Altar ſoll aus dem Schloſſe Oberſtaufen ſtammen. — Im weſtlichen Allgäu fällt in Weiler das Gaſthaus zum Lamm durch ſein hohes Giebeldach auf; das Gebäude war noch zu Beginn des 19. Jahrhunderts öſterreichiſches Amtshaus, damals, als den Habsburgern weite Gebiete gehörten, die nun bayeriſch ſind, ſo Weiler und Simmerberg, Scheidegg und Lindenberg, Heimenkirch und Grünenbach, Hohenegg und Weitnau; bis gegen den Niederſonthofener See hin, zwiſchen Wollmuths und Memhölz und zwiſchen Ettensberg und Hellengerſt waren die öſterreichiſchen Grenzmarken

Grenzſtein des ehemaligen Fürſtentums Kempten bei Greut, Gemeinde Sulzberg.

Fürſtl. Stift Kemptiſche Grenzmarke bei Waxeneck, Gemeinde Sulzberg.

Ehemaliges Amtshaus in Großdorf. (Siehe S. 228.)

errichtet. Ebenso stand in der Füssener Gegend das Gebiet von Freiberg-Eisenberg unter österreichischer Hoheit.

Ein Jahrhundert ist entschwunden, seitdem die bedeutsamen territorialen Veränderungen sich vollzogen, seitdem die Wunden, die Frankreichs Erobererheere unserm Lande schlugen, langsam vernarben und heilen konnten.

Nichts zeigt besser den Umschwung, der seitdem eingetreten ist, als ein Vergleich zwischen jenen Denkmälern deutscher Ohnmacht und den Kriegerdenkmälern, die heute in jeder größeren Ortschaft unseres bayerischen Alpengebietes errichtet sind zum Andenken an die Tapfern, die im glorreichen **Kriegsjahr 1870/71** mitgekämpft haben. Eines der schönsten hat Ferdinand Müllers Meisterhand auf dem Marktplatz zu Oberstdorf geschaffen. Auf hohem steinernem Sockel ruht der bayerische Löwe, in den Pranken hält er das bayerische Wappen. Ein stolzes, erhebendes Sinnbild: auch die kräftigen Söhne unserer Allgäuer Berge haben tapfer mitgeholfen, die Schmach eines vergangenen Jahrhunderts zu sühnen, und allzeit werden sie das Wappen Bayerns zu schützen und mit ihm Deutschlands Ehre zu wahren wissen!

Sechster Abschnitt.

Die Bewohner des Landes.

as Algöw ist ein rauchs winterigs Landt, hat aber schöne vnd starcke leüt, Weyb vnd Mann, die können all trefflich wol spinnen, vnd es ist den Mannen nicht spöttlich, besunder in den Dörffern. Der gemein mann ißt gar rauch vnd schwarz gersten oder habernbrot.“

Diese knappe Charakterzeichnung, die der gelehrte Sebastian Münster im 16. Jahrhundert in seinem berühmten Werke „Cosmographey“ von dem Allgäuer Bauern entworfen und durch ein entsprechendes Bildchen veranschaulicht hat, läßt sich in einigen Punkten noch auf die heutigen Verhältnisse anwenden.

Über die körperliche Tüchtigkeit unserer Gebirgsbevölkerung findet man wertvolle Aufschlüsse in einer Zusammenstellung, die Generalstabsarzt Dr. von Vogl vor kurzem (1905) über „Die wehrpflichtige Jugend Bayerns“ auf grund amtlicher Erhebungen vorgenommen hat. Daraus ergibt sich, daß die bayerischen Wehrpflichtigen der Allgäuer Alpen im Jahre 1902 zwar nicht den größten Prozentsatz der für den Heerdienst Tauglichen stellten (das waren vielmehr die Bewohner der Rhön, des Frankenwaldes und Fichtelgebirges, wo der Aushebungsbezirk Berneck mit 79% an der Spitze stand), daß sie aber immerhin ein noch günstiges Ergebnis aufwiesen. (Im Aushebungsbezirk Sonthofen fanden sich 64% Taugliche, im A.-B. Füssen 60%, im A.-B. Kempten-Land 59,3%, im A.-B. Kempten-Stadt 63,5% usw.) — Ebenso konnte festgestellt werden, daß sich die Bewohner der Allgäuer (und Bayerischen) Alpen im allgemeinen mehr durch Körpergröße auszeichnen als die des flachen Landes.

Große, gesunde und starke Leute findet man in unsern Bergen, wenn auch nicht durchgängig, aber doch immer noch sehr häufig. Namentlich unter den Männern, die als Jäger oder Holzknechte, als Sennen oder Hirten zu Berge ziehen, erblickt man oft wahre Prachtgestalten und viele Beispiele erstaunlicher Körperkraft könnte man aufzählen: Wenn junge, zwanzigjährige Burschen eine Zentnerlaſt ohne ſichtliche Beſchwerden, ohne größere Raſt auf bedeutende Höhen emportragen; wenn der Hirt einer Melkalpe alle Tage zweimal die Milch zur Sennalpe hinabſchlittelt und dann Schlitten ſamt Milchfaß auf den Schultern wieder hinaufſchafft; wenn beim Umzug vom niedern zum obern Lager der Senn den ſchweren Kupferkeſſel über den Kopf ſtülpt und ſo auf ſteilen, rauhen Pfaden bergan ſteigt; wenn der Holzknecht fünf bis ſechs gefällte Tannenrieſen im Hornſchlitten auf ſchlüpfriger Bahn lenkend und bremſend zu Tale ſchleift, — ſo ſind dies Leiſtungen, die eine ungewöhnliche Muskelkraft und Ausdauer erfordern.

Laſtträger auf dem Weg zur Rappenſeehütte.
(Aufnahme von F. X. Euringer.)

Daß in der äußern Erſcheinung nicht bloß bei dem männlichen, ſondern auch bei dem weiblichen Teile der Bevölkerung mehr das Derbe und das Herbe als Anmut und Schönheit zur Geltung kommt, iſt in der rauhen, abhärtenden Beſchäftigung begründet, und es kann daher auch nicht überraſchen, wenn man neben den frühzeitig gealterten Geſichtszügen der Erwachſenen oft auffallend ſchöne und zarte Kindergeſichter zu ſehen bekommt. In den Bauernhäuſern, wo noch nach alter guter Sitte die ausgezeichnete Vollmilch den Hauptbeſtandteil der Nahrung für die Kinder bildet, findet man oft die lieblichſten Engelsköpfchen. Auch macht man die erfreuliche Wahrnehmung, daß für Nachwuchs genügend geſorgt iſt; zehn,

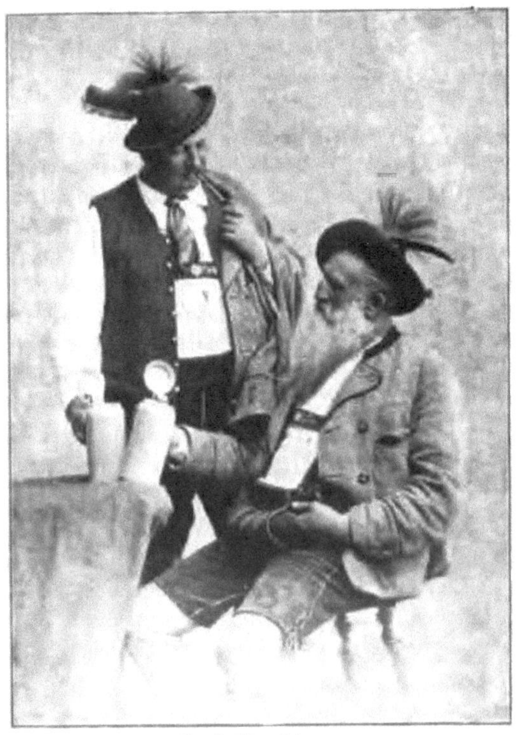

Zwei echte Allgäuer.
(Albert Zillibiller und Leo Dorn.)

elf, auch zwölf Kinder sind in den Allgäuer Bauernhäusern gerade keine Seltenheit.

Unter den Charakterzügen, die den Allgäuer kennzeichnen, tritt wohl am entschiedensten sein berechnender, auf Erwerb gerichteter Sinn hervor. Von jeher hat er als ein gewandter und schlauer, aber auch als ein zuverlässiger Geschäftsmann gegolten, auf dessen Wort und Handschlag man bauen kann. — Mit diesem angebornen Geschäftssinn hängt die auffallende Erscheinung zusammen, daß sich der Allgäuer im Gegensatz zu der zähen Anhänglichkeit, mit der sonst der Bauernstand an der Scholle zu kleben pflegt, sehr leicht von Haus und Hof, vom Erbe der Väter trennt, wenn er dadurch seine Lage verbessern kann. Trotzdem liebt er seine Heimat und ist stolz auf sein schönes Bergland; auch hält er sein Anwesen stets in gutem Stand und verwendet etwas darauf, daß es außen und innen einen saubern, netten Eindruck macht. Denn zu den rühmenswertesten Eigenschaften der Allgäuer Bevölkerung gehört ihr Ordnungs- und Reinlichkeitssinn, der sich überall bekundet: in der Wohnstube, in der Küche, in der Wäsche, in der Scheune, ja selbst im Aufbau des Dunghaufens!

Wie sich der Allgäuer leichten Herzens entschließt, Haus und Hof zu verlassen, um an einem andern, ihm besser zusagenden Orte ein neues Heim zu gründen, so hängt er (namentlich der Westallgäuer!) auch nicht allzu zähe an althergebrachten Einrichtungen. Er ist Neuerungen mit Eifer zugetan, wenn er ihren Wert eingesehen hat, und weiß sie nach dem Wahlspruch „Lan't it luck!“ mit Beharrlichkeit zu seinem Vorteil auszunützen. Daß dies allerdings nicht völlig verallgemeinert werden darf, daß vielmehr gar manchmal auch an altem Schlendrian festgehalten wird, ist leider nicht zu leugnen. Es gibt eben noch einen andern, bedenklichen Allgäuer Spruch: „Lat's allat gaü — hat's allat taü!“

Bildstöckl.
(Zeichnung von I. Annen.)

Seinem Glauben ist der Allgäuer aufrichtig zugetan. Von dem frommen Sinn der Bevölkerung zeugen nicht bloß die stattlichen, reich ausgeschmückten Pfarrkirchen, sondern auch die zahlreichen Kapellen, Kruzifixe und Bildstöckeln, die man allenthalben, besonders an Wegkreuzungen antrifft.

Anders als bei dem altbayrischen, namentlich dem Tegernseer und Berchtesgadener Gebirgsbauern äußert sich das Gefühlsleben bei unserm Allgäuer. Die sangeslustige, liederfrohe Art, die überquellende, ausgelassene Fröhlichkeit, die jenen kennzeichnet, findet man hier seltener; der Allgäuer ist im allgemeinen ernster, zurückhaltender. Doch ist er darum kein Kopfhänger; er liebt Scherz und Kurzweil so gut wie sein Nachbar jenseit des Lechs; auch in ihm steckt oft ein köstlich urwüchsiger Humor, dessen Erzeugnisse zu sammeln eine verdienstliche und dankbare Arbeit wäre.

An dem, was der Allgäuer als sein gutes Recht beanspruchen zu dürfen glaubt, hält er mit Hartnäckigkeit und starrem Trotze fest. Nachgiebigkeit ist seine Sache nicht, so wenig wie knechtische Unterwürfigkeit. Dem Fremden, namentlich dem „Herrischen" gegenüber zeigt er ein sicheres, selbstbewußtes Auftreten; ja er kann wohl auch, um nur ja nicht liebedienerisch zu erscheinen, zuweilen recht unhöflich und unfreundlich werden. Dazu kommt anderseits eine große Empfindlichkeit; er ist leicht beleidigt, gibt aber seine innere Verstimmung nicht sogleich offen zu erkennen wie etwa der Altbayer, so daß er diesem wohl als falsch oder verschlagen erscheinen mag.

Ein Bauer aus dem Tannheimer Tal. (Aufnahme von Heimhuber.)

Daß sich bei genauerer Betrachtung des Volkscharakters manche Abstufungen und Verschiedenheiten in den einzelnen Gegenden zeigen, darf wohl hervorgehoben werden. Insbesondere erscheinen die Westallgäuer heiterer, reger, lebhafter und unternehmungslustiger als die ernsteren, ruhigeren Ostallgäuer, die auch mehr Anhänglichkeit an alte Sitten und Einrichtungen bewahren.

Viele Ähnlichkeit mit den Allgäuern haben die Lechtaler, obwohl sie durch die anders geartete geschichtliche Entwicklung und die Mischung alamannischen und altbayrischen (Tiroler) Blutes eine eigene Bevölkerungsgruppe bilden. Sie werden geschildert als nüchtern in ihren Anschauungen, selbstbewußt in ihrem Auftreten, bei Ehrenhändeln weniger zum Dreinschlagen als zu Prozeßkrämereien geneigt.[1])

Ein Lechtaler Bauer.

Ein besonderes Völkchen sind die Bewohner des Bregenzer Waldes. Infolge ihrer langen Abgeschlossenheit und ihrer republikanischen Verfassung haben sie sich völlig eigenartig entwickelt.

Ihre Gestalt erscheint kräftig, wenn auch untersetzt, ihre Gesichtsfarbe blühend; bei den Mädchen und Frauen findet man auffallend viele hübsche Gesichter, ja vollendete Schönheiten. Im Temperament unterscheidet sich der nördlicher wohnende Wälder sehr von dem „hinter den Stieglen" (d. h. südlich

[1]) Spiehler, Das Lechtal. (Zeitschrift des Deutschen und Österr. Alpenvereins. Jahrg. 1883.)

von der Bezegg). Während dieser schwerblütig, ernst und schweigsam ist, zeigt sich jener heiter, gesprächig, witzig; er schätzt Musik und Gesang und ist unermüdlich im Tanze. Obwohl er Geselligkeit liebt, ist er kein Wirtshaushocker, und wenn auch in neuerer Zeit, in der sich der Wohlstand gehoben hat, Beispiele von übertriebenem Luxus und von Verschwendungssucht nicht selten sind, so herrscht doch im ganzen noch gediegene Sparsamkeit verbunden mit Fleiß und Arbeitslust.

Wie der Allgäuer, bekundet auch der Wälder ausgesprochenen Geschäftssinn; auch er ist überlegend, berechnend, zäh und beharrlich, ein Handelsmann durch und durch. In seinem Auftreten zeigt er sich ebenso selbstbewußt und stolz wie der Allgäuer oder der Lechtaler. Ein Zug republikanischer Gesinnung offenbart sich noch darin, daß Standesunterschiede unter den Wäldern kaum zutage treten und daß unter den Einheimischen noch immer das alt-biderbe „Du" die übliche Anrede ist, wenn auch die Zeit der Eisenbahnen mit diesem Gebrauche wohl bald ein Ende machen wird. Dem Fremden gegenüber ist der Wälder höflich, freundlich zuvorkommend, nicht ohne den Stolz auf sein Volkstum durchblicken zu lassen. Er hebt es gern hervor, daß er ein Wälder ist. Überhaupt bekundet er eine rührende Heimatliebe, ein treues, zähes Festhalten an allem, was „wälderisch" ist, und er hält in ehrendem Andenken, was ihm die Geschichte erzählt aus den Zeiten der einstigen „Wälderrepublik".

Eine Walserin, von der Alpe kommend.

Wieder anders geartet sind die Walser. Auch bei diesen hat die frühere Abgeschlossenheit des Tales, verbunden mit der Sonderstellung, die sie als freie Eingewanderte durch das „Walserrecht" genossen, mit dazu beigetragen, ihnen in Sprache und Tracht, Gestalt und Charakter bestimmte, von den Nachbarn abweichende Züge zu erhalten.

Man trifft unter ihnen viele hochgewachsene, starkknochige Männer mit scharf geschnittenen Köpfen. Auch die Frauen sind meist groß und kräftig; die rauhe Arbeit in Haus und Feld nimmt die blühenden, zarten Züge der Jugend frühzeitig hinweg und gibt dem Antlitz und der ganzen Erscheinung zuweilen das Derb-Männliche, das die Walserin in unserem Bilde zeigt.

Noch immer wie in früherer Zeit ist der Walser arbeitsfreudig und genügsam. Laute, lärmende Fröhlichkeit liegt nicht in seinem Wesen, doch liebt er munteres Gespräch und zeigt sich dabei schlagfertig und witzig. Rauflust und Übertretung der Gesetze sind ihm völlig fremd; es vergehen viele Jahre, bis der in Riezlern errichtete Gendarmerieposten gegen einen Einheimischen einschreiten muß. Ebenso friedliebend zeigen sich die Walser, wenn Rechtsstreitigkeiten drohen. Die Einrichtung eines Vermittlungsamtes, das der Gemeindevorstehung des Tales als ein Überrest des ehemaligen „freien Gerichtes Mittelberg" geblieben ist, wird so hochgehalten, daß es nur höchst selten zu einem Prozesse kommt.

Auch Wohltätigkeitssinn und Gastfreundschaft darf dem Walser nachgerühmt werden. Gegen Fremde ist er zutunlich und herzlich; aber ebenso wie sein Nachbar im Bregenzer Wald pocht er auf sein Volkstum. Mit größter Anhänglichkeit hält er fest an seinem ererbten Hab und Gut, und wie sehr er alles schätzt und in Ehren hält, was ihm von seinen Vorfahren überkommen ist, dafür spricht die Tatsache, daß in dem kleinen Tale drei Sammlungen von Walser Altertümern zu finden sind.

Zu den Eigenschaften, die unsere Gebirgsbevölkerung auszeichnen, gehört auch ihre geistige Regsamkeit und natürliche Begabung.

Es würde zu weit führen, die Namen all derjenigen aufzuzählen, die, aus dem Bauernstande hervorgegangen, sich dem Studium zuwandten und als Geistliche, Gelehrte oder Beamte hervorragende Bedeutung gewannen.[1]) Dagegen verdient Beachtung, wie häufig man jene **Autodidakten** findet, die ohne Schulung, ohne ihrem bäuerlichen Stande untreu zu werden, aus innerem Antriebe ihre Kenntnisse zu erweitern trachten und sich mit überraschendem Erfolge in schwierige Studien zu vertiefen vermögen, bald in mathematische Probleme, bald in astronomische Betrachtungen, bald in die Lektüre römischer und selbst griechischer Klassiker. So zeigte Franz Xaver Moosmann aus Schnepfau (geb. 1839, gest. 1891), welcher zeit seines Lebens ein schlichter Bauer blieb, ein so beharrliches Streben, daß er es dahin brachte, nicht bloß Livius und Cicero, Vergil und Horaz, sondern auch Homer und Sophokles, Herodot und Thukydides, Plato und Aristoteles im Urtext zu lesen. Seine Bibliothek, die gegenwärtig in Schwarzenberg aufbewahrt wird, umfaßt tausend Bände; darunter finden sich außer den genannten Klassikern viele Werke philosophischen, geschichtlichen, naturgeschichtlichen und religiösen Inhalts, auch die Bibel im Urtext. Er war unablässig bemüht, auch auf die Weiterbildung seiner Landsleute einzuwirken, und verfaßte zu

Franz Michael Felder.

[1]) Bei Besprechung der einzelnen Ortschaften wird sich Gelegenheit finden, auf die Namen bedeutender Männer hinzuweisen.

diesem Zwecke einen Leitfaden der Geschichte und einen Abriß der Geographie Vorarlbergs für die Volksschulen. — In gewisser Beziehung ist auch der Dichter Franz Michael Felder aus Schoppernau den Autodidakten zuzuzählen. Ohne besondere Schulbildung genossen zu haben, ohne je seine Tätigkeit als Landmann aufzugeben, schuf er in den Erzählungen „Nümmamüller“, „Sonderlinge“ und „Reich und Arm“ Werke, die durch die Urwüchsigkeit und Echtheit, mit der er hier seine Landsleute gezeichnet hat, berechtigtes Aufsehen erregten. Erst dreißigjährig starb der hochbegabte Dichter im Jahre 1869.

Auch die **Baschtler** oder „Mächlar“, die aus Liebhaberei an der Werkbank alle möglichen mechanischen Kunststücke versuchen und dabei oft Staunenswertes leisten, sind in den Bauernhäusern der Allgäuer Alpen häufig anzutreffen. Man besuche zum Beispiel, um sich davon zu überzeugen, den Bauern Martin Schneider in Gunzesried und lasse sich von ihm das hölzerne Modell zeigen, das er von der alten Gunzesrieder Hängebrücke anfertigte, als diese abgebrochen werden sollte, um einer neuen, eisernen Platz zu machen. Ohne gelernter Zimmermann zu sein, stellte er das Modell (ein Zehntel der wirklichen Größe) mit solcher Treue und mit solchem Geschick her, daß nicht nur alle Einzelheiten bis ins kleinste wiedergegeben sind, sondern daß auch das Modell im Verhältnis die gleiche Tragkraft besitzt wie einst die echte Brücke. — Oder man betrachte sich den Nachlaß des im Jahre 1899 in Blaichach gestorbenen Michael Bechteler, der keine andere Ausbildung als die der Volksschule genossen hatte und sich als Schreiner, Zimmermann, Drechsler, Holzschnitzer und Uhrmacher versuchte. In dem geräumigen Zimmer, das jetzt seine Witwe in Blaichach bewohnt, erblickt man Holzschnitzereien, darunter zwei wohl gelungene Reliefbilder „Christi Himmelfahrt“ und „Christi Martyrertum“, die er schon als Schulknabe mit einem gewöhnlichen Messer geschnitzelt hatte; man sieht Drechslerarbeiten, unter denen ganz reizende Schachfiguren auffallen, und man staunt vor allem über sein Hauptwerk, eine außerordentlich komplizierte Kunstuhr, die er ganz aus sich selber erdacht und durchgeführt hat; sie zeigt nicht bloß Stunden, Minuten und Sekunden, sondern auch den Wochentag, den Monat, die Sternzeit, und außerdem ist ein Himmelsglobus und ein Erdglobus angebracht und mit dem Uhrwerk in Verbindung gesetzt; und wie er die ganze Konstruktion selbst ersonnen.

Felders Wohnhaus in Schoppernau.
(Aufnahme von Hild in Andelsbuch.)

so hat er auch die Werkzeuge, die er zu diesen Arbeiten nötig hatte, selber gefertigt! — Gleiche Bewunderung muß man einem schlichten Bauersmann im Bregenzer Wald, Johann Lang in Egg, zollen, der, wenn er seine Kuh auf die Weide getrieben und seinen kleinen Haushalt besorgt hat, sich seinen Liebhabereien hingibt. Da sitzt er und grübelt über einem Meßstab zur Berechnung des Kubikinhaltes von Bäumen; oder er drechselt einen Globus oder er fertigt kunstgerecht eine Violine oder er zeichnet auf einem mühsam zusammengekleisterten Bogen Papier mit Lineal und gewöhnlicher Stahlfeder eine selbsterfundene, kaleidoskopartig wirkende Kombination von Vielecken und so manches andere. — Ein erstaunliches Geschick in Herstellung von Häusermodellen bekundet der jugendliche Bildschnitzer Rasch von Bühl am Alpsee. Es ist ein Vergnügen, so ein kleines Kunstwerk von seiner Hand zu betrachten, etwa das Modell eines Allgäuer Bauern-

Zeichnungen des „Baschtlers" Joh. Lang von Egg.
(Die Kreise, die in den beiden Figuren erscheinen, sind nicht mit dem Zirkel gezogen, sondern durch Gerade entstanden, die sich schneiden. — Am wirksamsten sind die Figuren, wenn man sie aus einiger Entfernung betrachtet.)

hauses, das er für Kaufmann Fleschhut in Immenstadt gefertigt hat. Man nimmt das niedliche Dach weg und sieht nun die oberen Räume des Hauses regelrecht abgeteilt und zierlich eingerichtet. Dann hebt man auch dieses obere Stockwerk ab und erblickt in gleicher Weise, bis in die kleinsten Einzelheiten durchgeführt, die Wohnstube, das Schlafzimmer, die Küche, den Stall mit den reizend geschnitzten Kühen, die Scheune — kurz, alles und jedes ist getreulich nachgebildet! — Im Lechtal genießt der Mechaniker Johann Knitel von Untergiebeln einen großen Ruf als Baschtler. Neben vielem andern hat er aus eigener Erfindung eine Dreschmaschine hergestellt, mit der er den meisten Bauern in der Gemeinde das Korn drischt; auch die dazu gehörige Dampfmaschine hat er selbst konstruiert und gefertigt. Als er noch ein junger Bursche war, kam ihm einmal — es war in den sechziger Jahren — in einer illustrierten Zeitung die Abbildung eines Zweirades zu Gesicht. Flugs machte er sich darüber, aus Holz und Eisen ein solches Fahrrad herzustellen, erprobte es mit Erfolg auf der Tenne seiner Scheune und hatte später die Freude, daß sein Werk auf der Weltausstellung zu Brüssel 1897 ein Ehrendiplom erhielt. — In Oberstaufen lebte im vorigen Jahrhundert der Uhrmacher Fidel Mahler, der sich nicht bloß durch eine geschickte Hand, sondern auch durch einen erfinderischen Geist auszeichnete. Auf der Industrie-Ausstellung zu Augsburg (1820/21) erregte er Aufmerksamkeit mit einer Taschenuhr, die sich durch ihren eigenartigen Mechanismus beim Tragen selbst aufzog. Ebenso fertigte er Uhren, die durch den Wechsel der Temperatur in Bewegung gesetzt wurden, und andere, die so klein waren, daß man sie in ein Ringkästchen fassen konnte.

Mit der natürlichen Begabung der Bevölkerung hängt es auch zusammen, daß aus unserm Gebirgslande zahlreiche **Künstler** hervorgegangen sind, von denen gar manche einen hervorragenden Platz in der deutschen Kunstgeschichte einnehmen.[1])

Im Lechtal ist Obergiebeln (bei Elbigenalp) die Geburtsstätte des Malers Joseph Anton Koch (1768—1839), der zu den bedeutendsten Landschaftsmalern seiner Zeit gehörte und sich ebenso sehr durch die unerschöpfliche Mannigfaltigkeit seiner Kompositionen wie durch die Glut seiner Farben auszeichnete. Allerdings wird ihm der Vorwurf gemacht, „daß sein Geschmack mehr an wilder, bizarrer Größe, an dem Abenteuerlichen und Ausschweifenden als an reiner Größe und Schönheit hing.“ Er wird als ein Vorläufer Böcklins bezeichnet, und so sehr weiß man ihn noch heute zu schätzen, daß in der „Deutschen Jahrhundert-Ausstellung“ in Berlin (1906) seinen Werken ein eigener Saal eingeräumt wurde. — Verwandt mit ihm war der in Bach geborene Bildhauer Alois Knitel, ein Oheim des oben erwähnten Mechanikers Johann Knitel. — In Vorderhornbach lebt der Historienmaler Johann Kärle (geb. in Hinterhornbach). Er hat die meisten Kirchen im Lechtal mit Gemälden versehen, auch im Bregenzer Wald, in Hirschegg und in Grähn hat er Kirchen restauriert, zum Teil gemeinsam mit seinem Bruder Stephan, der jedoch mehr die dekorativen Aufgaben übernahm. — Ein Lech-Aschauer ist Professor Ludwig Schmid in Karlsruhe, ein vortrefflicher Genremaler und hochgeschätzter Lehrer zahlreicher Künstler. — In Reutte bewahrt man das Andenken an die Historienmaler Zeiller. Sowohl Paul Zeiller (1653—1738) als auch sein Sohn Johann Jakob Zeiller (1710—1783) widmeten sich ausschließlich der kirchlichen Kunst. Während der erstere nur in Öl malte, z. B. Altarbilder für die Kirchen in Wängle, Niederwängle und Tannheim, schuf sein Sohn bedeutende Freskomalereien, so in Ottobeuren, Ettal, Elbigenalp usw. Bei der Ausschmückung der Kirche von Ottobeuren wurde er unterstützt von seinem Vetter Franz Anton

---

[1]) Über die Lechtaler Künstler finden sich eingehende Mitteilungen in der Broschüre „Ernberg“ von Joseph Knittel in Reutte. — Den hervorragendsten Allgäuer Künstlern (Keller, Eberhard, Schraudolph, Hauber, Wurm haben Dr. Andreas Schmid und Max Fürst im „Allgäuer Geschichtsfreund“ eine Reihe trefflicher Aufsätze gewidmet. Ebenso hat Fabrikant Ignaz Dornach in Weiler eine Sammlung von Gemälden, Kupferstichen und Skizzenbüchern, sowie ein möglichst vollständiges Verzeichnis Allgäuer Künstler angelegt. — Über die Vorarlberger Künstler geben die Museumsberichte des Bregenzer Landesmuseums besten Aufschluß.

Zeiller (1716—1794), der auch sonst in zahlreichen Kirchen, namentlich in Tirol als Freskenmaler tätig war. — Mit einer Tochter Paul Zeillers vermählte sich der aus Kempten gebürtige Maler Balthasar Riep († 1764). Er war Bürger von Reutte, verbrachte aber seine letzten Lebensjahre in dem benachbarten Städtchen Vils, in dessen Nähe das Annakirchlein unter der Ruine Vilseck noch ein schönes Gemälde des Künstlers besitzt. Riep, der den ersten Koloristen Deutschlands zugezählt wurde, arbeitete mit ungewöhnlicher Leichtigkeit; seine Werke zeigen die Hand eines originellen, nach wahrer und lebendiger Darstellung trachtenden Künstlers. Von ihm ist unter anderm das Hochaltarbild in der Klosterkirche zu Füssen gefertigt.

Auch aus Pfronten ist eine größere Zahl von Künstlern hervorgegangen. Hier wirkten im 18. Jahrhundert die Bildhauer Peter Hel und Joseph Stapf; hier

Joseph Keller.

Alois Keller.

wurde ferner im Jahre 1740 Joseph Keller geboren, der sich auf der Akademie in Wien zum Historienmaler heranbildete und hochbetagt zu Pfronten im Jahre 1823 starb. Treffliche Fresken und Altarbilder in den Pfarrkirchen von Tannheim, Wald bei Oberdorf und vor allem in Pfronten geben Zeugnis von seinem Schaffen. In ähnlicher Weise wirkte sein Sohn Alois Keller (1789—1867). Er stellte nicht bloß Altarbilder und Freskogemälde in vielen Kirchen des Allgäus und der Schweiz her, sondern zeichnete sich auch als Porträtist durch die sprechende Ähnlichkeit und scharfe Charakteristik seiner Bilder aus. Ein ebenso namhafter Künstler war sein Sohn Karl Keller (1823—1904). Auch die beiden Maler Xaver Osterried und dessen Neffe Franz Osterried, die in der Kaspersmühle in Pfronten-Meilingen geboren wurden und von denen der erstere in Wien (1835), der andere in München (1863) starb, waren angesehene Künstler, ebenso der Bildhauer Syrius Eberle, der als Schreinergeselle aus Pfronten auswanderte und es später zum Akademieprofessor in München brachte, wo er im Jahre 1893 starb. Eines seiner gelungensten Werke ist das edel erdachte und durchgeführte Kriegerdenkmal in Kempten. — Auch der Bildhauer Theodor Haf (1848—1898) war ein geborener Pfrontner. Sein Werk ist die Madonna in der Lourdes-Grotte auf dem Falkenstein; im übrigen widmete er sich hauptsächlich der Herstellung von Grabdenkmälern.

In Wertach stand die Wiege des Malers Franz Sales Lochbihler (1777 bis 1854). Er kam nach längeren Reisen im Jahre 1809 nach München und fand hier in König Max Joseph einen Gönner. Seine letzten Lebensjahre verbrachte er in Kempten. Ein bekanntes Werk Lochbihlers ist der Vorhang im Münchener Hoftheater. Für seine Heimatkirche malte er die Bilder zu den beiden Seitenaltären. Außerdem sind in Wertach zwei kleine Sammlungen von Werken des Künstlers erhalten (in Hausnummer 87 und 125½). Auch Kempten besitzt einige Bilder Lochbihlers, darunter das große Wandgemälde „Heinrich von Kempten rettet Otto den Großen".

Im 17. und 18. Jahrhundert wirkten in Kempten die Maler Hieronymus Hau (der Schöpfer eines schönen Christusbildes in der St. Mangkirche), Franz Benedikt Hermann und Franz Georg Hermann. Dieser war stiftkemptischer Hofmaler; er schuf die fünf Gemälde auf den Seitenaltären der Stiftskirche, während das Hochaltarbild dieser Kirche ein Werk des Hofmalers Michael Koneberg ist, desselben Künstlers, der auch die Kirche in Langenegg im Bregenzer Wald mit einem Altarbild und mit Freskogemälden geschmückt hat. — Unter den jetzt lebenden Künstlern ist ein geborener Kemptner Professor Adolf Hengeler in München (geb. 1863), einer der tüchtigsten, humorvollsten Mitarbeiter der „Fliegenden Blätter", aber auch als Maler geschätzt.

Als Immenstädter Künstler werden im 18. Jahrhundert die Miniaturmaler Joseph Finkel und Franz Anton Winder genannt. Auch der in Fischen geborene Christian Dornach (1755—1821) war in Immenstadt ansässig; es befinden sich hier, wie auch in Weiler (im Besitze des Herrn Ignaz Dornach) noch Gemälde von seiner Hand. In Immenstadt lebte ferner Nikolaus Drexel (1795 bis 1851), von dem außer einigen kleineren kirchlichen Gemälden das Altarbild in der Seitenkapelle der Immenstädter Stadtpfarrkirche stammt. — Eine Reihe anderer Bilder in dieser Kirche, darunter das Gemälde am Hochaltar, hat der im Jahre 1847 in Immenstadt geborene, jetzt in München lebende Maler Ludwig Glötzle geschaffen, derselbe Künstler, der auch die Immenstädter Klosterkirche und vor allem die kleine Friedhofkapelle am Fuße des Immenstädter Horns mit sehenswerten Gemälden ausgeschmückt hat. — Anders geartet ist die Kunst des ausgezeichneten Tiermalers Eugen Ludwig Hötz, der, zu Immenstadt geboren, dort auch sein Heim aufgeschlagen hat. Er ist einer der bekanntesten Mitarbeiter der Münchener „Jugend".

Aus Bühl am Alpsee stammte der Landschaftsmaler Johann Georg Grimm (1846—1887). Er lebte lange Zeit in Rio de Janeiro und starb zu Palermo. Eine brasilianische Zeitung, die dem verstorbenen Künstler einen ehrenden Nachruf widmete, rühmte seine Gemälde „als des höchsten Lobes wert, da sie eine vollendete Beobachtung der brasilianischen Natur bekundeten".

Rettenberg am Fuße des Grünten war die Heimstätte der Malerfamilie Weiß. Franz Anton Weiß (1729—1784) beteiligte sich gemeinsam mit Balthasar Riep an der Ausschmückung der Kirche in Nesselwang. Wie er sein ganzes Leben hindurch bestrebt war, sich in seiner Kunst zu vervollkommnen, so sorgte er auch dafür, daß sich sein jüngerer Bruder Johannes (geb. 1738) als Maler ausbilden konnte. In seinen vier Söhnen erbte sich das Künstlerblut fort, namentlich leistete Nikolaus Weiß (1760—1809) als Porträtmaler und Bildhauer Anerkennenswertes. Vielleicht stammt von seiner Hand das schöne Grabdenkmal, das dem

Konrad Eberhard. Franz Eberhard.

Vater Franz Anton auf dem Friedhof zu Rettenberg errichtet ist. Auch sein Sohn Ludwig Kaspar Weiß (1793—1867) war Künstler. In der Allerheiligenhofkirche und in der Ludwigskirche zu München, ebenso im Schlosse Hohenschwangau sieht man Werke seiner Hand, im Allgäu aber und in Vorarlberg hat er zahlreiche Kirchen mit Gemälden geschmückt. — Zu Ansehen gelangte Andreas Müller aus Altach bei Rettenberg (1831—1901). Er wurde Akademieprofessor zu München, wo das Maximilianeum einige seiner Werke besitzt (Mohammeds Einzug in Mekka; Vermählung Alexanders in Susa). Den Choraltar seiner heimatlichen Pfarrkirche in Rettenberg zierte er mit dem Bilde St. Stephans, ebenso entwarf er die Kartons zu den Plafondgemälden. Auch die Kirche von Untermaiselstein besitzt an den Seitenaltären zwei Gemälde von seiner Hand.

Über Sonthofen, wo der Historienmaler und Kupferstecher Johann Baptist Enzensberger (1733—1771) geboren ward, wenden wir uns nach Hindelang, der Heimat eines der berühmtesten unter den Allgäuer Künstlern, des Bildhauers Konrad Eberhard (1768—1859).

Bei seinem Vater, der ein geschickter Bildschnitzer war, erhielt Konrad gemeinsam mit seinem Bruder Franz die ersten Anregungen zur plastischen Kunst. Auf den Rat des Kurfürsten Klemens Wenzeslaus siedelten die Brüder im Jahre 1796 nach München über und hier fand Konrad in dem Atelier des Hofbildhauers Roman Boos aus Roßhaupten Aufnahme. Später ging er, von Kronprinz Ludwig unterstützt, nach Italien und bildete sich hier unter Canova weiter aus. 1816 wurde er Professor der Bildhauerkunst an der Akademie in München. — Konrad Eberhard schuf in Italien herrliche Marmorgruppen aus der antiken Mythenwelt (Muse mit dem Amor, Faun mit dem Bacchosknaben, Leda mit dem Schwan u. a.), die jetzt zum Teil eine Zierde der Münchner Glyptothek bilden. Später aber wandte er sich vollständig der christlichen Kunst zu und fertigte außer Statuen, Basreliefs und Alabasterfiguren auch Gemälde, die große Anerkennung fanden. Man rühmte an ihm die Weichheit der Behandlung, die glückliche Verschmelzung von Anmut und Demut, Unschuld und Würde, vor allem auch die tief religiöse Gesinnung, die aus all seinen Werken hervorleuchtete. Ungemein lieblich sind die kleinen Alabasterfigürchen, die er für Hausaltäre fertigte, wie man einen solchen in der Hennenmühle bei Hindelang bewundern kann. — Darin zeichnete sich auch sein Bruder Franz Eberhard (1767—1836) aus, der vielfach mit dem Bruder gemeinsam an einem Werke arbeitete. In rührender Schlichtheit lebten die beiden, die niemals mit Reichtümern gesegnet waren, in München beisammen, so daß man sie die Unzertrennlichen nannte.

Wohl der berühmteste unter den Allgäuer Künstlern war in der glanzvollen Zeit König Ludwigs I. von Bayern der Maler Johann Baptist Schraudolph aus Oberstdorf (1808—1879). In der Schreinerwerkstätte seines Vaters zeigte der Knabe zuerst das erwachende Talent. Um sich in der Kunst auszubilden, ging er 1825 nach München. Hier geriet er bald in Not und hatte mit Nahrungssorgen zu kämpfen, bis sich der Akademieprofessor Schlotthauer seiner annahm. Sobald sich seine Lage gebessert hatte, ließ er auch seine Brüder Claudius und Matthias nach München kommen und sorgte für deren künstlerische Ausbildung. Im Jahre 1843 erhielt er von König Ludwig I. den Auftrag, den Speyrer Dom mit Gemälden zu schmücken, und dieses große Werk, das er im Jahre 1853 vollendete, hat ihm für alle Zeiten einen Ehrenplatz in der Geschichte der deutschen Kunst gesichert. „Sie sind einer der ausgezeichnetsten Künstler, die jetzt leben," urteilte König Ludwig und er ehrte den Meister, indem er ihn 1849 zum Professor der Akademie ernannte. Später wurde Schraudolph durch Verleihung des bayerischen Verdienstordens in den Adelsstand erhoben. Seine Ruhestätte hat er auf dem

16*

südlichen Friedhof in München gefunden. — Zahlreiche Werke seiner Hand besitzt München, so in der Basilika (fünf große Fresken aus dem Leben des Bonifatius), in der Allerheiligenhofkirche (Fresken auf Goldgrund), in der Pinakothek (Madonna; Himmelfahrt Christi; Johannesjünger bei dem die Kranken heilenden Christus; Maria mit Magdalena und Johannes auf Golgatha; der reiche Fischfang) und im Maximilianeum (Hirten und Könige vor der Krippe Jesu). — Wie die beiden Eberhard manche Werke gemeinsam schufen, so war auch Claudius Schraudolph (1813—1891) wiederholt neben seinem Bruder als Maler tätig: bei der Ausschmückung der Basilika, der Allerheiligenhofkirche und des Speyrer Domes. Außerdem malte er nach Entwürfen Schwanthalers Fresken in der königlichen Residenz zu Athen, wohin er von König Otto berufen wurde. Mitte der siebziger Jahre siedelte er nach Oberstdorf über, wo sich auch seine Grabstätte befindet. Beide Brüder haben ihrer Heimat wertvolle Kunstwerke hinterlassen; das Hochaltarbild in der Pfarrkirche zu Oberstdorf und ein Altargemälde in der dortigen Nikolaikapelle sind herrliche Schöpfungen Johanns; von Claudius dagegen sind die Bilder an den Seitenaltären der Oberstdorfer Pfarrkirche gemalt, ebenso Fresken und Ölgemälde in Loretto; auch die Kirchen in Fischen und Altstädten bewahren gediegene Bilder von seiner Hand. — Der dritte Bruder, Matthias Schraudolph (geb. 1817), war ebenfalls Maler. Er trat in den Benediktinerorden zu Metten ein und wirkte hier als „Frater Lukas“; für die Stiftskirche des Klosters malte er das Altarbild „Madonna mit dem Kinde“. — Endlich bildete sich auch Johanns Sohn Claudius Schraudolph (1843—1902) als Künstler aus und gewann Anerkennung als Genremaler. Er war Direktor der Stuttgarter Kunstschule.

(Aus dem Allgäuer Geschichtsfreund VI. Jahrg.)

Neben den Schraudolph ist noch Joseph Anton Fischer aus Oberstdorf (1814—1859) als hervorragender Künstler zu nennen. Von ihm wurden die Kartons zu mehreren Glasgemälden in der Auerkirche zu München und im Kölner Dom entworfen. Eines seiner Ölgemälde (Grablegung Christi) besitzt die Münchener Pinakothek, einige finden sich auch im Allgäu selbst (eine Madonna bei Gasthofbesitzer Gschwender in Oberstdorf und einige schöne Porträts bei Fabrikant Dornach in Weiler.)

Aus Altstädten sind die Bildhauer Lorenz und Leonhard Sattler (geb. 1660, bezw. 1676) hervorgegangen, die nach Oberösterreich auswanderten und hier das Stift St. Florian mit vielen Kunstwerken ausstatteten.

Joseph Hauber.

Selbstporträt.

(Im Besitze des Herrn Ign. Dornach in Weiler.)

Auch aus dem Westallgäu ist mancher Name hervorzuheben.

Ein angesehener Porträt- und Historienmaler, Kupferstecher und Lithograph war Joseph Hauber aus Geratsried in der Pfarrei Missen (1766—1834), der zuletzt als Professor der Akademie in München wirkte. Seine Heimatgemeinde besitzt in der Pfarrkirche zu Missen vier wertvolle Altarbilder, die er gefertigt hat. — Einer früheren Zeit (um 1706) gehört der bedeutende Kupferstecher Joseph Wagner an, der in Thalendorf bei Gestraz geboren wurde und in Venedig starb, wogegen Franz Joseph Wurm aus Stiefenhofen (1816—1865) ein Zeitgenosse Johann Schraudolphs war, unter dessen Leitung er sich an der Ausschmückung des Speyrer Doms beteiligte. Später entwarf er die Kartons zu den Fenstern der Kathedrale von Nantes und in England schuf er eine Anzahl gediegener kirchlicher Freskogemälde. — Wie Wurm malte auch Max Bentele aus Lindenberg (1825 bis 1893) unter Schraudolphs Leitung eine Anzahl Fresken im Dome zu Speyer; auch manche Kirche seiner Heimat besitzt Altar- und Deckengemälde von seiner Hand.

Claudius Schraudolph.

Besonders zahlreiche, zum Teil sehr bedeutende Künstler hat Vorarlberg hervorgebracht.

Als geborene Bregenzer sind zu nennen die Bildhauer Thomas Halder und Johann Georg Greußing (beide im 18. Jahrhundert), die Maler Anton Boch (1818—1884) und Johann Boch (1826 bis 1879), vor allem aber der treffliche Porträt- und Historienmaler Liberat Hundertpfund (1806—1878). Er bildete sich an der Wiener Akademie zum Künstler heran und begab sich dann nach München, wo er die Aufmerksamkeit König Ludwigs I. auf sich lenkte. Später siedelte er nach Augsburg über und schuf hier in vierzigjähriger, rastloser Tätigkeit etwa 700 größere und kleinere Gemälde, hauptsächlich für Kirchen in Bayern, in Württemberg, in der Schweiz und in Vorarlberg. In Bregenz, wo der Künstler seine Ruhestätte gefunden hat, ist sein Bildnis im Landesmuseum zu finden.

Im Bregenzer Wald ist vor allem das reizend gelegene Dörfchen Schwarzenberg zu nennen, wo der Maler Johannes Kaufmann geboren wurde, der Vater der berühmten Angelika Kaufmann (geb. 1741 in Chur, gest. 1807 in Rom). Wenn auch die Künstlerin, die in Italien und England so große Triumphe feiern sollte, nur einmal als Mädchen für kurze Zeit in Schwarzenberg weilte, bewahrt das traute Gebirgsdorf doch ein herrliches Andenken an sie: das Hochaltargemälde, das sie im Jahre 1802 für die dortige Pfarrkirche stiftete. In dankbarer Verehrung hat die Gemeinde eine Gedenktafel und die Marmorbüste der Künstlerin in der Kirche angebracht. — Schwarzenberg ist auch die Heimat des Malers **Jakob Fink** (1821—1846), der schon von seinem fünften Lebensjahre an durch seine Zeichnungen die Aufmerksamkeit seiner Umgebung erregte. Zum Jüngling herangereift ging er nach Rom und schuf hier so ausgezeichnete Werke, daß nach seinem allzufrüh erfolgten Tode Meister Overbeck von ihm sagte: „Dieser junge Mann hätte uns alle in Bälde überflügelt.“

Büste der Malerin Angelika Kaufmann in Schwarzenberg.

Aus Bezau stammte die Künstlerfamilie Muxel. **Franz Joseph Muxel** (1745—1812) brachte es vom Schreinerlehrling zum Kurfürstlich Bayerischen Hofbildhauer. Dieser Titel wurde ihm zuteil, nachdem er im Auftrage des Kurfürsten Karl Theodor zwei kolossale Löwen aus Sandstein gefertigt hatte, die auf der Straße von Abbach nach Kelheim Aufstellung fanden. Auch München, die eigentliche Stätte seiner Wirksamkeit, bewahrt noch mehrere seiner Werke, so einige der in Holz geschnitzten Herkulesstatuen in den Arkaden des Hofgartens (Herkules mit dem nemäischen Löwen; Herkules mit dem Centauren), sowie zwei Marmorstatuen in Nymphenburg (Apollo; Flora). — Seine in München geborenen Söhne Joseph Anton, Johann Nepomuk und Johann Baptist widmeten sich ebenfalls der Kunst; namentlich bildete sich **Joseph Anton Muxel** (1786—1842) zu einem sehr geschickten Porträtmaler aus. — Ellenbogen bei Bezau ist der Geburtsort der Bildhauerin **Katharina Felder** (1816—1848), die eine begabte Schülerin Schwanthalers war, aber schon frühzeitig aus dem Leben schied.

In dem benachbarten Reuthe wurde **Johann Peter Kaufmann** geboren. (Geb. 1764, gest. 1829.) Er weilte längere Zeit in Italien, wo er sich unter Canova zu einem ausgezeichneten Künstler heranbildete. Im Jahre 1816 wurde er Hofbildhauer in Weimar und befreundete sich hier mit Goethe, der ihn oft in seiner Werkstätte aufsuchte. — Auch ein anderer bedeutender Bildhauer, **Georg Feur-**

stein (1840—1904) war in Reuthe geboren. Als junger Geißbube bildete er aus Brotkrumen oder aus Ton allerlei Tiergestalten. Später besuchte er die Münchener Akademie und errang einen ersten großen Erfolg mit einer in Gips ausgeführten plastischen Arbeit, „Judith mit dem Haupte des Holofernes". Dann ging er nach Rom. Hier schuf er bedeutende Kunstwerke, unter denen eine schlafende Bacchantin und eine überaus liebliche Figur, „die Schamhaftigkeit", besondere Erwähnung verdienen. Auf vielen Vorarlberger Friedhöfen (so in Bregenz, Bezau, Au, Schnepfau, Riezlern) findet man Werke seines Meißels, meist anmutige, edel und zart gebildete Engelsgestalten; auch zahlreiche Porträtbüsten hat er in Marmor hergestellt.[1]) In Bregenz, wo der Künstler bestattet ist, hat das Landesmuseum eine Anzahl seiner Werke gesammelt. Hier erblickt man auch schöne Holzschnitzereien von Leopold Feuerstein, einem geborenen Bizauer (1725—1807), der für verschiedene Kirchen des hinteren Bregenzer Waldes vortreffliche Holzskulpturen gefertigt hat. — Der Sohn eines Wälders (des Bildhauers und Malers Feuerstein von Au, der jetzt zu Barr im Elsaß wohnt) ist endlich auch der Münchener Akademieprofessor Martin Feuerstein, der Schöpfer der herrlichen Fresken, mit denen die neue Pfarrkirche in Riezlern geschmückt ist.

Im Dörfchen Rehmen, einer Filiale der Pfarrgemeinde Au, verbrachte seine Kinderjahre Wendelin Moosbrugger (geb. 1760, gest. 1849), der später in Konstanz eine zweite Heimat finden sollte. Er war ein berühmter Porträtmaler, und zahlreiche Offiziere und Generäle, Fürsten und Könige der napoleonischen Zeit ließen sich von ihm malen, unter andern Großherzog Karl von Baden, König Hieronymus von Westfalen und König Friedrich von Württemberg. — Das Bregenzer Landesmuseum besitzt ein schönes Familiengemälde, in dem der Künstler sich selber, umgeben von den Seinen, in rührender Schlichtheit darstellte. Da erblickt man neben den Ehegatten und ihren beiden Töchtern die vier Söhne, von denen die beiden jüngsten, Joseph und Fritz, in des Vaters Fußtapfen traten; namentlich Fritz Moosbrugger (1804—1830) war ein hervorragender Künstler.

Als ausgezeichneter Historienmaler ist endlich Konrad Dorner zu nennen (1809—1866). Er wurde auf einer zu Balderschwang gehörigen Alpe geboren, kam als junger Mann nach München und wurde hier ein Schüler des großen Peter Cornelius. Eine Zeit lang weilte er in Rußland, wo er sich die Gunst des Zaren Nikolaus I. erwarb. Seine letzten Lebensjahre aber verbrachte er in Rom und hier ist auch seine Grabstätte. Die meisten Werke des Künstlers befinden sich in Rußland; doch besitzt auch die Münchener Pinakothek einige seiner Gemälde, so das schöne Bild: Madonna mit dem Christuskind und dem kleinen Johannes, der an einer Quelle kniet.

[1]) Die Angaben über Feurstein sind einem von Dr. K. Blodig geschriebenen, im „Archiv für Geschichte und Landeskunde Vorarlbergs", I. Jahrg. Nr. 9 erschienenen Aufsatze entnommen.

Wenn wir uns nach dieser Abschweifung wieder der Bauernbevölkerung selber zuwenden und sie in ihrer **Lebensweise,** in ihrem täglichen Tun und Treiben beobachten, so werden wir auch hier gar manches finden, was der Beachtung wert ist.

Die Tageseinteilung im Bauernhause richtet sich naturgemäß nach den Arbeiten in Stall und Scheune, auf Wiese und Weide und erhält durch die einzelnen Jahreszeiten mit ihren verschieden gearteten Anforderungen genügend Abwechslung.

Zu den Mahlzeiten versammeln sich Eltern, Kinder und Gesinde am gemeinsamen Tische. Es gibt noch genug Bauernhäuser, in denen nach gutem altem Brauch die Molkereiprodukte Milch, Butter, Käse und Verwandtes in Verbindung mit Mehl und Eiern, Kraut, Saubohnen u. a. den Hauptbestandteil der Nahrung bilden. Dazu gesellt sich der Kaffee, der zu Anfang des 19. Jahrhunderts in unserem Bergland noch ziemlich unbekannt war, jetzt aber überall, bei arm und reich, im Tale und auf den Alphütten Eingang gefunden hat.

Die verschiedenen Suppen (Brennsuppe, Milchsuppe, Flädlesuppe, Knöpflesuppe usw.), die zahlreichen Arten von „Mues" und „Nudla", von „Knöpfla" und „Küechla", die da abwechselnd auf dem Tische erscheinen, würden für sich schon einen langen Speisezettel ergeben. Dazu kommt das aus Milch und Mehl, wohl auch mit Zuhilfenahme von Eiern bereitete „Kratzat", das dem altbayrischen „Schmarren" entspricht, und vor allem das eigentliche Nationalgericht des Allgäuers, die „Kässpatzen". Der „Spätzler", ein auf drei hohen Füßen stehender durchlöcherter Blechnapf ist ein unentbehrliches Küchengeräte nicht nur im Bauernhaus, sondern auch droben auf der Alpe und in der Holzknechthütte, und die kräftige, schmackhafte Kost wird oft Tag für Tag auf den Tisch gebracht und immer mit dem gleichen Behagen verzehrt.[1])

Freilich sind zu diesen Gerichten jetzt vielfach neue, früher ungewohnte hinzugetreten. Der zunehmende Wohlstand, der sich durch das Aufblühen der Milchwirtschaft, der Großindustrie und des Fremdenverkehrs überall geltend macht, hat naturgemäß auch die Nahrungsweise der Bevölkerung beeinflußt; die Kost ist mannigfaltiger und besser geworden. Der Fleischverbrauch ist namentlich in geschlossenen Ortschaften ganz bedeutend gestiegen; nicht selten macht man die Wahrnehmung, daß da, wo es früher keinen Metzger gab (z. B. in Weitnau, in Missen), jetzt deren mehrere Beschäftigung finden, und in den größeren Sommerfrischorten leben die Bauern nicht anders als die Stadtleute. In Oberstdorf konnte vor etwa 25 Jahren der einzige Metzger des Ortes zur Winterszeit nur ein paarmal in der Woche schlachten, jetzt haben dort drei Metzger auch im Winter alle Hände voll zu tun. — Zugleich hat auf Kosten der Milch der Biergenuß überall Eingang

---

[1]) Ein genaues Kochrezept zur Herstellung der echten Allgäuer Kässpatzen (wie auch anderer Speisen, bei denen der Käse verwendet werden kann) findet sich in der interessanten Broschüre von Dr. Fr. I. Herz „Die Käsekost". — Über die Mahlzeiten der Allgäuer vor etwa dreißig Jahren berichtet ebenso eingehend wie humorvoll J. Schelbert in dem lesenswerten Büchlein „Das Landvolk des Allgäus." Kempten, 1873.

gefunden, durch den Flaschenbierhandel auch in den Einzelhöfen; ja, es gibt schon Alpen, die ihren eigenen „Bierkeller" aufzuweisen haben. — Eine bedenkliche Folge könnte diese Umgestaltung der Ernährungsweise zeitigen, wenn noch mehr, als dies bisher schon der Fall ist, der Rückgang der Milchkost auch bei der Kinderernährung sich geltend machen, wenn die Zahl jener kurzsichtigen Familienväter sich mehren würde, die, um einen möglichst großen klingenden Gewinn aus der Stallmilch zu erzielen, ihren Kindern dieses beste Nahrungsmittel vorenthalten. Hoffentlich verhallt der Mahnruf nicht ungehört, der von so vielen Seiten und nicht zuletzt von den berufenen Vertretern des Milchwirtschaftlichen Vereins erhoben wird und vor der großen Gefahr warnt, die eine verkehrte Kinderernährung für die körperliche Tüchtigkeit des heranwachsenden Geschlechtes bringen müßte!

In einfach schlichter Weise verbringt der Einödbauer die Feierstunden. Kommt man an einem Sonntag-Nachmittag, wenn der Kirchgang beendet ist, in einen entlegenen Bauernhof, — ob Winter, ob Sommer, — so kann man wohl den Hausvater gemächlich auf der „Gutsche" („Gautsche") ausgestreckt finden, behaglich sein Pfeiflein rauchend; oder er sitzt mit ein paar Nachbarn, die sich eingefunden haben, beim Kartenspiel: dem „Gaiggele" oder dem „Ramsen". Auch sein Weib hat vielleicht Besuch bekommen oder ist selber in einem Nachbarhof eingekehrt. Wo lustiges Kindervolk im Hause, hört man es bei ungutem Wetter in der Tenne und auf dem Heustock lärmen oder einer der Buben sitzt auf der Bank vor der Haustüre und läßt vor den andächtig lauschenden Geschwistern die schönsten Weisen auf der Ziehharmonika ertönen. Dies ist gegenwärtig das gewöhnlichste Hausinstrument, während die alte „Scherzither", die noch vor sechzig Jahren im Allgäu häufig zu finden war, ebenso verschwunden ist wie das „Hackbrett", ein klavierartiges Instrument, dessen Metallsaiten durch hölzerne Schläger zum Tönen gebracht wurden.[1]) — Der alte „Heimgarten", der ehedem, als noch in jedem Hause gesponnen und gewoben wurde, der bäuerlichen Geselligkeit ein

Hackbrett.

[1]) Eine Scherzither aus Bolsterlang und ein Hackbrett vom Jahre 1805 (wie es unsere Abbildung zeigt), ebenfalls aus Bolsterlang, wurden gelegentlich der Wanderausstellung der deutschen Landwirtschafts-Gesellschaft in München 1905 im „Allgäuer Haus" ausgestellt.

besonderes Gepräge verlieh, ist entweder ganz außer Gebrauch gekommen oder hat doch seine frühere Eigenart verloren.[1])

Anders als in den entlegenen Einödhöfen verläuft die Erholungszeit in den geschlossenen Dörfern. Hier nimmt der Wirtshausbesuch, auch an Wochentagen, immer mehr überhand. Mit Kegeln wird im Sommer, mit Kartenspiel im Winter die Zeit verkürzt; doch nötigt die abendliche Stallarbeit zu heilsamer Unterbrechung. Auch das moderne Vereinsleben greift immer weiter um sich und gibt Anlaß zu Abendunterhaltungen und Festlichkeiten aller Art. Es ist rühmend hervorzuheben, daß einige Vereine kräftig für Erhaltung der volkstümlichen Art und Sitte eintreten. So haben namentlich die „Ostrachtaler“ in Hindelang zu ihrem Wahlspruch erkoren: Treu dem guten alten Brauch! Demgemäß pflegen sie bei ihren Vereinigungen die schönen alten Tänze, namentlich den reizenden „Drei lidre (= lederne) Strümpf-Tanz“, der in köstlichen Pantomimen Liebesglück und Liebesleid widerspiegelt, und die eigenartigen Spiele und Volksbelustigungen, wie den „Hoselupf“ oder das „Streckkatzenziehen“, wobei die jungen Burschen ihre Kraft und Gewandtheit, aber auch ihre übermütige Laune bekunden können.

Vorbereitungen zum Funkensonntag.

Wie zahlreich und mannigfaltig die häuslichen und öffentlichen Belustigungen sind, die sich an die Kalenderfeste knüpfen, und wie sich hier zuweilen noch uralte Bräuche forterben, so das Anzünden von Höhenfeuern, den „Funken“ am „Funkensonntag“ (Sonntag nach Fastnacht), das hat Reiser erschöpfend geschildert. Namentlich die Fastnachtzeit wird auf dem Lande ebenso eifrig wie in der Stadt gefeiert und ganz besonders wird in dieser Zeit das Theaterspiel gepflegt.

Unsere Gebirgsbevölkerung hat für theatralische Aufführungen große Vorliebe und natürliche Begabung. Schon die Hirtenspiele, die um die Wende des 19. Jahrhunderts an Sommertagen zu Ehren des Kurfürsten Klemens Wenzeslaus bei

---

[1]) Auf das Wesen des früheren Heimgartens, wie überhaupt auf die Sitten und Gebräuche des Allgäuer Landvolkes braucht hier nicht eingegangen zu werden, da wir ja das ausgezeichnete Werk von Dr. K. A. Reiser, Sagen, Gebräuche und Sprichwörter des Allgäus (Kempten 1894) besitzen, ein Buch, das Freunden der Volkskunde nicht genug empfohlen werden kann.

Streckkatzenziehen.

Zeichnung von Richard Mahn.

Hindelang und im Retterschwanger Tale aufgeführt wurden, bekundeten diese Freude an szenischen Vorführungen, ebenso der merkwürdige Wildmännletanz der Oberstdorfer. Reiser, der diesem Spiele eine eingehende Darstellung gewidmet hat,[1]) ist der Ansicht, daß in den wilden Männern, die hier, vom Kopf bis zu den Füßen in grünen Tannenbart gehüllt, ein gymnastisch-pantomimisches Spiel aufführen, in seltsamer Mischung die Erinnerung sowohl an die scheuen, zwerghaften Elfen als an die ungeschlachten Riesen des germanischen Mythos anklinge.

Weiter ausgebildet wurden die szenischen Vorführungen in den Passionsspielen, die früher in Immenstadt, Oberstaufen, Sonthofen, Oberstdorf und Mittelberg (im Walsertal) dargeboten wurden. Von dem geistlichen Schauspiel ging man zu weltlichen Stücken über; Mittelberg, Altstädten, Sonthofen, Immenstadt erhielten im vorigen Jahrhundert eigene Gebäude, die freilich heute nicht mehr vorhanden sind.[2]) Im Bregenzer Wald wurde Bizau eine Stätte der dramatischen Kunst. Der Lehrer Feuerstein und der Volksdichter Wölfle wirkten hier mit solchem Eifer, daß selbst klassische Werke, wie Minna von Barnhelm, Die Räuber, Wilhelm Tell, ja sogar König Lear über die Bühne gingen. Doch hatten diese Bestrebungen zu viele Gegner, so daß die Vorstellungen im Jahre 1888 ein Ende nehmen mußten da sich keine Zuschauer mehr einfanden.

Gegenwärtig ist die Lust am Theaterspiel namentlich im bayerischen Teile unseres Alpengebietes wieder lebhaft erwacht. Wenn die Faschingszeit herannaht, dann rüstet sich in großen und kleinen Orten das lustige Theatervölkchen, und wer all den Aufführungen beiwohnen wollte, der müßte sich tummeln, um weder den „Kampf im Wüstenstand“ zu Imberg noch den „Gestohlenen Nachtwächter“ zu Tiefenbach, weder „Das lustige Kleebatt“ zu Buchenberg noch „Die verkehrte Hochzeit“ zu Bösenscheidegg, weder „Das Haberfeldtreiben“ zu Thalkirchdorf noch das große Ritterschauspiel „Karl von Albano“ zu Petersthal zu versäumen. Den größten Ruf genießt von allen das Theater in Simmerberg. Vom Jahre 1859 an, als hier zum erstenmal unter freiem Himmel „eine zähneklappernde Originalkomödie“[3]) aufgeführt wurde, fand das Theaterunternehmen solchen Beifall und in dem Begründer Fr. Anton Specht, dann in dem Großhändler Hans Wachter so opferwillige und tatkräftige Leiter, daß 1868 im Gasthaus zur Krone eine ständige Bühne und 1895 ein eigener Theaterbau errichtet werden konnte. Der Zuschauerraum, der mit hübschen, bequemen Klappstühlen ausgestattet ist, hat für

---

[1]) Reiser, a. a. O. II. Bd. S. 401—419.

[2]) In Mittelberg (im Walsertal) hatte ein eigener „Komedevogt“ die Theaterleitung. Doch wurden mit der Zeit die Aufführungen seltener, vermutlich, weil die Geistlichkeit einschritt; endlich (1868) wurde das Theatergebäude abgebrochen. — In Altstädten war ein gewisser Aniser „Theaterdirektor“; nach seinem Tode hörte das Interesse für die Sache auf. — Sonthofen besaß von 1852—1882 ein eigenes Theatergebäude, da, wo jetzt das Schulhaus steht. Es faßte 700 Personen, wurde aber schließlich wegen Feuersgefahr abgerissen. — Das frühere Theatergebäude von Immenstadt ist auf der Abbildung Seite 46 durch ein Kreuz bezeichnet.

[3]) So wird das Stück „Orbasan“, das damals aufgeführt wurde, in dem interessanten von Herrn Hans Wachter verfaßten Protokollbuche genannt.

250 Personen Raum. Die Bühne besitzt Versenkungen, Vorrichtungen zu den verschiedensten Beleuchtungseffekten mit elektrischem Licht, sowie Vorrichtungen zur Nachahmung des Donners, des Regens usw. Das Inventar an Kulissen, Versatzstücken und Möbeln ist ebenso reichhaltig wie die Garderobe — kurz, für alles und jedes ist gesorgt, so daß die Volksstücke und Lustspiele, welche die Theaterbibliothek von Birch-Pfeiffer, Kotzebue, Schmid, Ganghofer, Nestroy, Raimund, Kadelburg u. a. besitzt, aufs wirksamste gegeben werden können; ja, in diesem Jahre (1906) wurde unter großer Beteiligung von nah und fern Schillers Wilhelm Tell zur Aufführung gebracht und fand ungeteilten Beifall.

Wälderin in der Sonntagstracht.
(Aufnahme von Adolf Hild.)

Einen wesentlichen Teil der Volkskunde bildet die landesübliche **Tracht.** Wenn wir aber unser Alpengebiet vom Lech bis zum Bodensee durchwandern, so finden wir nur zwei Gegenden, in denen wenigstens die weibliche Bevölkerung noch mit rühmlicher Treue an den altüberlieferten Formen der Gewandung festhält; es ist der Bregenzer Wald und das Walsertal.[1])

Wer in den Bregenzer Wald eintritt, dem fällt sofort die Gleichmäßigkeit und Eigenart der Kleidung der Wälderinnen auf. Ohne Unterschied des Alters und des Standes ist der Hauptbestandteil des Gewandes ein schwarzer Rock aus Glanzleinwand, die „Juppo“, welche in zahllosen kleinen Falten von der Brust bis zu den Knöcheln reicht und durch einen glanzledernen Gürtel

[1]) Eine sehr eingehende Beschreibung dieser Trachten gibt v. Hörmann in der Zeitschrift des D. u. Ö. Alpenvereins. Jahrg. 1904. S. 63 ff.

über den Hüften zusammengehalten wird. Die einzige Farbe, die sich von dem schwarzglänzenden Rocke abhebt, rührt von einem hellblauen, schmalen Seidenbande her, das in halber Schoßhöhe rings um den Rock geheftet ist und bei keiner Juppo fehlen darf.

An den Oberrock angenäht ist ein Mieder, „Müederi“, das im Gegensatz zu dem schlichternsten Rocke durch Verbrämung mit Sammet und Seide, sowie durch reiche Stickereien einen um so wirksameren Schmuck bildet. Es wird ergänzt durch ein „Fürtuch“, das vorne aus dem viereckigen Ausschnitt des Mieders hervorschaut und ebenfalls mit Sammet und Goldstickerei ausgeziert ist. Dazu kommen bauschige „Ärmel“, deren Abschluß am Handgelenk abermals Gelegenheit zu Verzierungen aus Seide, Sammet u. a. gibt. Ein um den Hals geschlungener schmaler Kragen von schwarzem Sammet, das „Goller“, und ein schwarzseidenes Halstuch vollenden den Anzug.

Wälderin in der Werktagstracht. (Aufnahme von Adolf Hild.)

Während die schwarzglänzende Juppo mit ihrem hellblauen Bande bei allen Wälderinnen das gleiche Aussehen zeigt, ändern sich an Mieder, Fürtuch, Ärmel und Goller sowohl Stoff als auch Zierat, je nachdem es sich um Werktags- oder Feiertagsgewandung handelt, je nachdem die Trägerin jung oder alt, reich oder arm ist. Namentlich mit den Ärmeln wird neuerdings ein ziemlicher Luxus getrieben. Für den Sonntag sind sie von Seide oder Sammet, und die wohlhabenderen Frauen sehen darauf, daß sie mindestens ein Dutzend verschiedene Ärmel nebst den dazu passenden Schürzen in Vorrat haben. Im mittleren und hintern Bregenzer Wald wird übrigens beim Kirchgang der Schmuck der oberen Gewandung durch den „Schalk“, ein schwarzes Mieder mit weiten Ärmeln, zugedeckt; dann macht die Tracht der Wälderinnen, die sonst recht hübsch und anmutend ist, einen ernsten Eindruck.

Eigenartig ist auch die Kopfbedeckung. Für die gewöhnlichen Tage trägt die Wälderin eine niedrige Pelzhaube aus Seehundsfell, die „Bräma-Kappo“, die im Sommer durch einen kleidsamen schwarzen Strohhut mit breiter, flacher Krempe ersetzt wird. An Feiertagen dagegen wird die „Blaue Kappo“ hervorgeholt, eine seltsame, aber nicht unschöne Haube in Kegelform, aus schwarzblauer Wolle gestrickt. Bei besonders festlichen Anlässen, z. B. bei Prozessionen, bildet den Kopfschmuck der „Schmelgen“ — so heißen im vordern und mittlern Wald die Jungfrauen, während sie im Hinterwald „Mätla“ genannt werden — ein Krönchen, das „Schapali“, aus Gold- und Silberdraht und Flitter zusammengefügt.

Bei Trauerfällen erscheinen die allernächsten weiblichen Anverwandten in einer eigenen Trauertracht, an der die sog. „Stucha“ besonders auffällt, da sie aus weißem Stoff hergestellt ist. Sie verhüllt den Kopf der Leidtragenden so, daß nur das Gesicht von den Augen bis zum Kinn freibleibt, und reicht bis zur Mitte des Rückens hinab.

Nicht immer war die Tracht der Wälderinnen so, wie wir sie heute sehen; sie hat vielmehr verschiedene Wandlungen durchgemacht, namentlich in der Farbe; zur Zeit des Schwedenkrieges waren Rock und Haube weiß, noch früher, im 16. Jahrhundert, braun.

An der heutigen Tracht wird im Innerwald ausnahmslos festgehalten, wogegen im Vorderwald das „Fremdgehen“, wie man sich dort bezeichnend ausdrückt, allmählich mehr um sich greift. Die Mannsleute haben hier wie dort schon längst den alten Brauch aufgegeben; höchstens bei besonderen Anlässen, z. B. wenn die Egger Musik an Festtagen ausrückt, kann man noch die ehemalige Männertracht zu Gesicht bekommen: kurze Jacken aus dunkelbraunem Tuche, schwarze, enge, lederne Kniehosen, blaue Strümpfe, Bundschuhe, unter dem niedrigen schwarzen Hut die Zipfelmütze.

Weniger schön als im Bregenzer Wald, aber ebenso eigenartig ist die weibliche Tracht im Walsertal.

Wie dort ist auch hier die „Juppe“ (oder „Lona“) das auffallendste Kleidungsstück. Es ist ein langer, weiter Rock, der unter den Achseln beginnt und, ohne durch einen Gürtel über den Hüften zusammengehalten zu werden, bis zu den Füßen herabreicht. Das untere Ende ist mit einem breiten, reich gefältelten Saum, das obere Ende dagegen mit einem schwarzen Sammetbande eingefaßt; zwei solche Sammetbänder bilden außerdem die Träger, welche, über die Schulter geworfen, den Rock festhalten. An die Juppe schließt oben ein an den Unterrock angenähtes Leibchen an, das am Halse und an den Ärmellöchern mit karmoisinrotem Bande eingefaßt ist und ähnlich wie das Mieder der Wälderinnen mancherlei Schmuck aufweist. Die weißen, bauschigen Hemdärmel, die beim Werktagsanzug (wenigstens der Mädchen) unbedeckt bleiben, reichen nur bis zu den Ellbogen und enden hier in hübſch gefältelten Säumchen. Zum Anzug gehört auch eine von der Bruſt bis zu den Füßen reichende Schürze, ebenſo bildet einen nie fehlenden Beſtandteil der Walſer Tracht eine mehrfach um den Hals geſchlungene Korallenkette.

An Sonntagen wird eine Jacke aus Wollſtoff oder Sammet angetan, die den Oberkörper bis knapp zu den Hüften einhüllt, während die ſog. „Ärmel“, die freilich nur noch an hohen Feſttagen zum Vorſchein kommen, ſich als ſehr kurze, ſeidene, zierlich eingefaßte Jäckchen mit ziemlich eng anſchließenden Ärmeln darſtellen. Ähnlich in der Form, aber abweichend im Ausputz ſind die „Schälke“, welche von den „Meiken“ — ſo heißen im Walſertal die Jungfrauen — an hohen Feſttagen getragen werden zugleich mit dem „Kranz“, einem Kopfſchmuck, den die Walſerinnen von den Wälderinnen übernommen, aber nicht zum Vorteil umgeſtaltet haben; er bildet eine ziemlich maſſig aufgebaute Krone aus künſtlichen Blumen und Goldflitter.

Eine Walſerin.
(Aufnahme von Marie Alexter.)

Die gewöhnliche Kopfbedeckung der Walſerinnen iſt entweder die „Sometkappa“, eine ſeltſam geſtaltete, nach hinten ſich erhöhende Haube aus Otterpelz, oder die „Birgerkappa“, deren Form an die nach oben ſich verbreiternden Hüte der Chineſen erinnert. Im Sommer werden allgemein flachkrempige Strohhüte getragen. — Übrigens haben die Walſerinnen ebenfalls eine eigene Trauertracht, bei der, wie im Bregenzer Wald, der Kopf durch die weiße „Stucha“ verhüllt wird.

Im Gegenſatz zu der treuen Anhänglichkeit, mit der die Walſerinnen an ihrer eigenartigen Tracht feſthalten, iſt, wie im Bregenzer Wald, die ehemalige Männertracht ganz verſchwunden, obwohl ſie recht kleidſam geweſen ſein mag: Röcke oder „Leible“ mit ſilbernen Knöpfen, geſtickte Hoſenträger und breite, mit reicher Ornamentik geſchmückte Gürtel, kurze Leder- oder Sammethoſen, die unterm Knie zuſammengebunden waren, weiße oder blaue Strümpfe und Schnallenſchuhe!

Nur höchſt ſelten — an beſonders hohen Feſttagen oder bei einem Brautzuge — kann man im Lechtal noch die alte weibliche Tracht (die der Männer iſt längſt aufgegeben) vereinzelt wahrnehmen.[1])

Der Rock, die ſog. „Kutte“, hat hier Länge und Form des gewöhnlichen Frauenrockes. Mit ihm iſt das bis zu halber Bruſthöhe reichende, aus ſchwarzem Sammet gefertigte Mieder zuſammengenäht. Oberhalb des Mieders erblickt man ein grellfarbiges Seidentuch und darüber den ſchwarzſammtenen viereckigen „Bruſt-

[1]) Seitdem Spiehler die Tracht eingehend beſchrieben hat (Zeitſchrift des D. u. Ö. Alpenvereins, Jahrg. 1883), iſt ſie ſchon viel ſeltener geworden.

fleck“, der reichliche Silber- und Goldstickerei zeigt, wie auch das Mieder auf seinem Rückenteil solche Zieraten aufweist. Ein weiteres Gewandstück ist der „Schalk“, ein kurzes Jäckchen mit bauschigen, nach unten sich verengernden Ärmeln; es verdeckt die Stickereien des Mieders und des Brustflecks ebenso wenig wie das seidene Halstuch, das um die Schultern geschlungen und vorn mit einer Brosche zusammengehalten wird. Eine eigenartige Ergänzung erhält diese Tracht durch den „Bullhut“, dessen breite, nach aufwärts geschweifte Krempen gut zu Gesichte stehen.

Über die Eigenart und den Wandel der ehemaligen Allgäuer Trachten erhält man interessante Aufschlüsse aus den zahlreichen Votivtafeln, die man in Wallfahrtskirchen, z. B. in Bühl am Alpsee, in Fischen, in Speiden bei Pfronten, findet und die teilweise in ziemlich weit entlegene Zeiten, bis ins 17. Jahrhundert zurückreichen. Aus Großmütterchens und Großväterchens Zeit kann man auch in manchen Bauernhäusern vereinzelte Familienerbstücke ausfindig machen, die sich jetzt wenigstens als „Altertümer“ wieder einer gewissen Wertschätzung erfreuen: scharlachene Westen, zwilchene Kamisole, kurze Hosen der Mannsleute oder die seltsamen Kopfbedeckungen der Frauen, die Pelzkappen aus Otterfell, wie man sie vor hundert Jahren um Oberstdorf trug, oder barettartige Schaffellhauben mit Sammetbesatz, die sog. „Grimmer“, oder die „Schnellkappen“, groß wie Pflugräder, mit Sammet und Seide, Silber und Gold ausgeziert, die den Festschmuck der weiblichen Jugend bildeten.

Trachtenbild aus der Kapelle zu Fischen (Mann mit Frau und Tochter) von 1748–1760. (Nach einem Aquarelle von J. Buck.)

Unsere heutigen „Föla“ — das ist im Allgäu die Bezeichnung für die Mädchen — mögen im großen und ganzen von solchen Dingen nichts mehr wissen; sie ahmen in ihrem „Häß“[1]) lieber die städtische Mode nach. Um aber wieder den Sinn für eine volkstümliche, der Eigenart des Landes angepaßte Gewandung zu wecken, wurden neuerdings in einigen Orten des bayerischen Allgäus, in Hindelang, Immenstadt, Oberstdorf und Pfronten Volkstrachtenvereine gegründet,

[1]) Das Häß, althochdeutsch der haz, mittelhochdeutsch der haz, daz haeze, ist die alamannische Bezeichnung für Kleidung.

Haustracht in Hindelang.
(Zeichnung von Richard Mahn.)

welche die alten Formen, mit mancherlei neuen Zutaten versehen, hervorholten und eine besondere Allgäuer Tracht wenigstens im Gebirgsland wieder einzubürgern bestrebt sind. Es ist sehr erfreulich, daß auf diese Weise die ebenso kleidsame wie praktische kurze Lederhose samt den schön gestickten Hosenträgern und die braune oder hellgraue Joppe nebst dem grünen Spitzhut bei den Männern und Knaben im Oberillertal und in den Pfrontner Dörfern immer weitere Verbreitung findet und daß auch die weibliche Bevölkerung jener Gegend Geschmack daran gewinnt, die städtische Gewandung mit der schmucken Volkstracht zu vertauschen. Schlicht und doch hübsch ist bei den Frauen und Mädchen von Hindelang das Werktagsgewand, ziemlich prunkvoll dagegen die Sonntagskleidung. Von dem schwarzen, durch silbernes Geschnür reichgeschmückten Mieder hebt sich gefällig die blendend weiße, bauschige „Bluse“ ab, welche die Arme bis knapp über die Ellbogen bedeckt und hier durch eine Einschnürung einen hübschen Abschluß erhält. Der an den Hüften beginnende Rock wird von einer grünen oder rotgeblümten Schürze halb verdeckt. Um die Schultern breitet sich ein weißes, gesticktes Spitzentuch, der „Gollar“, außerdem wird eine zierliche silberne Kette zehn- bis zwölfmal um den Hals geschlungen und vorne mit kunstvoll gezierter Schließe festgehalten. Ein grüner Filzhut mit geschwungener Krempe und wehendem Adlerflaum vollendet dieses Sonntagsgewand, das sehr kleidsam ist, aber freilich zuweilen durch allzu reichliche Anhängsel glitzernden und klimpernden Tandes etwas gar zu theatralisch herausgeputzt wird. — Von der Ostrachtaler Trachtengruppe unterscheiden sich die übrigen in manchen Einzelheiten; besonders geschmackvoll ist die Gewandung der Pfrontnerinnen.

Sonntagstracht in Hindelang.
(Zeichnung von Richard Mahn.)

Wenden wir uns endlich der **Mundart** unserer Gebirgsbevölkerung zu![1])

Freilich ist es hier nur möglich einen flüchtigen Überblick zu bieten; ein tieferes Eindringen in das Wesen und Verständnis der Dialektformen würde zu viel Raum einnehmen.

Die äußerlichen Merkmale, welche die Mundart von der Schriftsprache unterscheiden und sich zur Not durch entsprechende Lautzeichen feststellen lassen, geben nur zum Teil ein Bild von der Sprache des Volkes. Ihr eigentlicher Charakter dagegen: der historische Zusammenhang mit vergangenen Sprachstufen, die besondere Betonung, Klangfarbe, Nasalierung u. a. kann nur durch Darbietung und Erläuterung eines umfangreichen Materials verständlich gemacht werden, wie dies in dem schon mehrfach erwähnten Werke von Reiser, „Sagen, Gebräuche und Sprichwörter des Allgäus" geschehen ist, dessen dritter Teil in ebenso gründlicher wie klarer Ausführung die Allgäuer Mundarten behandelt.[2]) Aus diesem Werke ergibt sich folgendes:

Eine Grenzlinie, welche von den Hintersteiner Bergen über das Oberjoch zum Grünten, von da über den Hauchenberg und Schwarzen Grat in die Leutkircher Gegend zieht, trennt das sogenannte alamannische Sprachgebiet von dem schwäbischen. Damit sollen keineswegs Stammesunterschiede, sondern lediglich die verschiedene Eigenart und Entwicklung der Mundart gekennzeichnet sein. Die auffallendste Verschiedenheit zeigt sich darin, daß die alamannische Mundart gedehntes, enges î und û spricht, wo die schwäbische éi und ou setzt, also:

alam. Wîb (mhd. wîp); schwäb. Wéib; nhd. Weib.
„ Hûs (mhd. hûs); „ Hous; nhd. Haus.

Die schwäbische Mundart steht demnach dem Neuhochdeutschen näher; die alamannische ist hier auf der mittelhochdeutschen Lautstufe stehen geblieben.

Innerhalb dieser beiden Hauptgebiete lassen sich aber noch weitere Unterschiede feststellen. Wenn wir nämlich das alamannische Sprachgebiet in Westallgäu (hiezu gehören Oberstaufen, Weiler, Lindenberg, Heimenkirch usw.) und Oberallgäu (Sonthofen, Hindelang, Fischen, Oberstdorf usw.) trennen, so zeigt

[1]) Erklärung der Abkürzungen und Lautbezeichnungen:
mhd. = mittelhochdeutsch,
nhd. = neuhochdeutsch,
â, î, û = Dehnung des Vokals in mittelhochdeutschen Wörtern,
ā, ī, ō, ū = Dehnung des Vokals in der Mundart.
ã, ẽ, ũ = Nasallaute,
å, Å = Zwischenlaut zwischen a und o,
é = enges, geschlossenes e,
è = offenes e,
ŝ, Ŝ = sch (für schriftdeutsches s, S).

[2]) Über das Tannheimer Tal gibt Kübler (Zeitschrift des D. u. Ö. Alpenvereins 1898), über das Lechtal Spiehler (Zeitschrift des D. u. Ö. Alpenvereins 1883), über das Walsertal Fink und Klenze (Der Mittelberg 1891), über den Bregenzer Wald Hiller (Au im Bregenzer Wald 1890) weitere Aufschlüsse.

sich, daß dort die alten î und û (statt ei und au) nicht so durchgehends gesprochen werden wie im Oberallgäu, wogegen hier die alten gedehnten o und e zu Doppellauten (oa, ea) geworden sind; die alte Stammsilbe „in“ wurde im Auslaut bei den Westallgäuern zu ĩ, bei den Oberallgäuern zu „ing“. Folgende Beispiele mögen dies erläutern:

mhd.	Westallgäu	Oberallgäu	nhd.
drî	drei	drĩ	drei
schrîen	schréie	schrĩe	schreien
grôz	groß	groaß	groß
snê	Schnee	Schnea	Schnee
mîn	mĩ	ming	mein
wîn	Wĩ	Wing	Wein

Charakteristische Unterschiede zeigen sich auch in folgenden Vergleichen:

Westallgäu	Oberallgäu	nhd.
Fïer	Fuir	Feuer
hiat	huit	heute
gsĩ	gweache	gewesen.[1])

Ähnlich können wir im schwäbischen Sprachgebiet die Mundart des **Unterallgäu** (Gegend von Kempten) von der des **Ostallgäu** (Wertach- und Lechgebiet) scheiden. Dort ist besonders bezeichnend die Umwandlung des alten gedehnten a zu au (bzw. ao), während im Ostallgäu das mittelhochdeutsche ou in oo, das mittelhochdeutsche ë (dem ä sich nähernd) in é (dem ö sich nähernd) verwandelt wird.

Beispiele:

mhd.	Unterallgäu	nhd.
grâve	Grauf	Graf
lâzen	laũ	lassen
stân	staũ	stehen
gân	gaũ	gehen
mân	Maũ	Mond

mhd.	Ostallgäu	nhd.
ouge	Oog	Auge
gelouben	glooben	glauben
lësen	lése	lesen
bëten	béte	beten

Die Ostallgäuer Mundart ist außerdem im **Lechtal** (und von da auch ins Tannheimer Gebiet bis zum Haldensee übergreifend) beeinflußt worden durch den benachbarten bayerischen Dialekt, der z. B. die schwäbischen Doppellaute éi und ou in ai und ao verändert hat, so daß also hier „Waib“ und „Haos“ gesprochen wird.

---

[1]) Die Gegend um Immenstadt und das Gebiet der Bergstätte (Gegend zwischen dem Hauchenberg und Immenstadt) zeigt einen Übergang vom Westallgäu zum Oberallgäu; es wird hier „Schnee“, „groß“ usw., aber „ming“, „Fuir“ und „gwea“ (= gewesen) gesprochen.

Ebenso hat sich die Mundart des **Bregenzer Waldes**, wenn sie auch dem alamannischen Sprachgebiete zuzuweisen ist, doch in mancher Beziehung eigenartig entwickelt. So wird im Inlaute eines Wortes häufig der Konsonant (namentlich r und n) in den Vokal o oder eu verändert, z. B.

Wiot (Wirt), Hiot (Hirt), fioster (finster), Rieud (Rind), Kieud (Kind), sieud (sind).

Besonders auffällig sind auch die Endungen auf o, z. B.

Wuozo (Wurzel), brinno (brennen), schimmo (schämen), dunklo (dunkel), bindo (binden).

Allerdings ist dies hauptsächlich auf den Innerwald „hinter den Stieglen" beschränkt, wie sich denn überhaupt auch im Wälderdialekt solche Abweichungen ergeben, daß man ihn in die drei Sprachgruppen des **Vorderwaldes**, der **Vordersticgler** und der **Hintersticgler** scheiden kann. Deutlich zeigt sich dieser Unterschied z. B. in der Art, wie in den drei Gebieten die Wörter gesprochen werden, in denen im Neuhochdeutschen der Vokal a vor nd, nt, nz, ng, nk, mpf, ld, lt oder lz steht.

Beispiele:

nhd.	Vorderwald.	Vordersticgler	Hintersticgler
Hand	Haud	Hånd	Haund
Mantel	Mautel	Måntel	Mauntel
Tanz	Tauz	Tånz	Taunz
Dank	Dauk	Dånk	Daunk
Dampf	Daupf	Dåmpf	Daumpf
Wald	Waud	Wåld	Wauld
Spalt	Špaut	Špålt	Špault
Salz	Sauz	Sålz	Saulz

Eine Sonderstellung nimmt endlich der **Walser** Dialekt ein, der nicht bloß im Walser Tal selbst, sondern auch in den angrenzenden Gegenden von Hochkrumbach, Lechleiten, Warth und Schröcken gesprochen wird. Zur Kennzeichnung dieser Mundart und zugleich zur Ergänzung des Glossars, das in dem Werke „Der Mittelberg" aufgestellt ist (S. 47—58), sei hier ein von Dr. Reiser gesammeltes und gütigst zur Verfügung gestelltes Verzeichnis von Walser Dialektausdrücken mitgeteilt:

Ådle = Latsche, Legföhre.

Årke = Schutzmauer gegen Lawinen an Häusern.

Au = Lamm (vgl. lat. agnus).

Bächt = Unrat, Kehricht (mhd. bâht).

båfe = geifern, den Speichel aus dem Munde fließen lassen.

Bord = Eber.

Chämme = Halsjoch für Kälber zum Anbinden.

Chlocker = Schlucker.

chripfe = klemmen, zwicken (vgl. gotisch gripan, nhd. greifen).

dämmele = feucht, dunstig sein, von feuchten Zimmern.

ẽfẽsche = einwickeln (bayr. einfatschen); Fẽschebinde = Fatscherbinde (vgl. ital. fascia).

Fisl = weite Bluse, Stallbluse (Allgäu: Schlutte).
Fulbekissen = Federkissen (mhd. pfulwe; nhd. Pfühl).
Gabriole = Faxen.
Gåne = Schöpflöffel.
Glöreloͤ(ch) = kleines Fenster, Nische im Tischwinkel.
Glosse = Ritze, Spalte (Allgäu: Klimse); glisse = heimlich durch eine Spalte sehen.
Göbse = Stotzen, niedriger Kübel.
Graizt = Kinderschaukel.
Grente = Preiselbeere.
G'schratt = felsiger Boden (vgl. Schrattenkalk).
Guege = Assel, Kellerassel.
Häfehehle = Kette zum Aufhängen des Hafens.
Häle (Hahle) = Glockenschwengel.
Hårschtchatze = kleiner Schlitten aus Brettern.
Hattl = Geißkitz.
ibbse = porzellanen (vgl. ips = Gips).
Mammele = Saugfläschchen für Kinder (Allgäu: Sügel).
Mozgteta = Unschlüssigkeit.
Natte = kurze Tanne.
Nüesch = Viehtrog.
Pfifehölderle = Schmetterling (in der Kindersprache).
réscht = steil, aufrecht (Adverb).
Ried = Röhricht, Streue (mhd. riet, Schilfrohr).
ritsche = knirschen, kritzelndes Geräusch geben.
Rufele = Erdrutsch (vgl. lat. ruvina. — Ruben).
schleizze = schleißen, die Rinde abschleißen.
Schlorgge = Lumpen, Fetzen (Allgäu: Lotschen).
schöre = misten (den Stall) (Allgäu: Schaaregraben = Mistrinne im Stall).
Schuehüder = Bodenteppich (mhd. huder, hudel; Allgäu: Huder = Fetzen).
Schwåerbe = was sich bei Bereitung von Mehlspeisen an die Pfanne anbackt.
Špöhe = Geiß, die das erste Jahr keine Kitz bringt.
Štrüche = Schnupfen, Katarrh. (mhd. strûche).
Študel = Webstuhl (mhd. studel = Pfosten, Türpfosten).
Štüzle = kleine Steige.
Tschuegge = Klaue, Rinderklaue.
Uberbengl = Kerbelkraut.

Zur Ergänzung unseres Überblickes sei endlich noch aus den besprochenen Gebieten je eine zusammenhängende Mundartprobe mitgeteilt.

1. Aus dem Westallgäu.

Vu dr Ålteburg hinda wäiß namma nimed meh gånz vil und wölleweag isch das no it so grile lang hear, ålte Litt willet's noh, wo Turm und Müra noch gstång und underm Dah gsi sind. Siddeam håt ma aber allat ouånazue[1]) dra abbroche und ummargnuelet[2]) und Stui gnåh dętt, ma håt de Schåidegger Kircheturm droü båue; dr Dahstuel ist schu lang uff am Hisle z'Lindebearg deanad[3]), Zugbrugg hęi ma zu n'ar Ifahrt[4]) z' Scheaffe[5]) hind gnå, und deaweag[6]) håt ma fręier[7]) nåh Hand allat drou gnå.

Gånz voar Altem sęi a bode[8]) bråita unterirdescha Gang bis uff Schalkerid umme, wo ma mit am zwåispånnege Wåge ring[9]) håt derdurfahre kinne; ui verzöllet noh, se sęiet in am åndern unterirdescha Gang denn aso hofele[10]) bis a d' Burgmihle abe, dear is aber jetz ou zåmetgritte.[11]) Vu dętt sęi fręier der Gang no bis uff d' Schibemar Burg[12]) ganga, will di Burga zur Schibe und z' Mankletz ou deana Alteburgar Zwinghearre g'hört hånd.

Gajetz is alz verfalle und sęit ou nimed niez meh drou, eabba daß noch namma an ålts Wib a Gåistergschicht verzęllt underliets de Bålge.[13])

Aso sęi amål a Gåist, i wåh hemedlenza,[14]) uff a Mür domm gstång und håt allat de Litte uffe gwunke; då sind nåchar a ętle ghörig üe anar hohe Steage.[15]) Dęs Hårze[16]) ist aber allat höher und går it ußgange und blangeret[17]) håt as afå, bis z' mål uinar ügråß[18]) woare ist, fåht a gotte[19]) und schwöre und sęit: „Simmer denn noh it båld domm?" Då ist aber ufferstęll die Steage zåmetgfalle und all mitanånd sind hunda gleage. (Mitgeteilt von Fabrikant Ignaz Dornach in Weiler.)

2. Aus dem Oberallgäu.

Uf deam Bearg döm siech ba[20]) an gånz g'spåssige Stui. Då hend voar ürålta Zitta wilde Fröle g'hüset. Bearghoiba und d' Hirte hènd's oft g'seache, si sind mit alla Litte güet gweache und hènd nie nimet nuits z' laid tång. Si sind oft bis zu dé Hinderstuinar Hiser åchakumme. Si hènd öü a groaße Tueblaich[21]) g'hętt, und das G'spåssig ist g'weache, daß witt und brait kui Wasser gweache ist. — A sęttas Fröle håt amål an Hinderstuinar g'hiret;[22]) håt aber grad mit'm üsgmacht, daß ba se dearf bi kuim Nåme nènne; denn wemm ba tåt ihrn Nåme verwische, nåcha mießt se uf'm Tatze[23]) furt. Baide hènd anånd gean[24]) mige und hènd güet zåmet gfiegt und ist lang a glickliche Ea gweache. Amål håt se im Kruttgårte g'würmet, nåcha ist a Wib kumme und håt z'uener g'sęit: „O ming liabs Gertrüdle, wi freaslet doch di Wirmle dine Krüttle!" Nåcha is dės Fröle stüchewiß[25]) woare und håt 's Hine[26]) und 's Lårme ågfåcht und håt g'sęit, ietz mieß se uf'm Tatze furt. Des Wib håt eabe grad ihrn Nåme verwischt, si håt eabe Gertrud g'haiße. — Nåcha is dės Fröle verschwünde und nie mea kumme.

(Mitgeteilt von Bergführer Kaufmann in Hinterstein.)

---

[1]) allmählich. [2]) durcheinandergeworfen. [3]) drüben. [4]) Einfahrt. [5]) Scheffau (Ortschaft). [6]) auf diese Art. [7]) früher. [8]) ziemlich. [9]) leicht. [10]) allmählich. [11]) zusammengefallen. [12]) Burg von Scheiben. [13]) im Zwielicht den Kindern. [14]) ich glaube, nur mit einem Hemd bekleidet. [15]) Stiege. [16]) Steigen, Klettern. [17]) nicht erwarten können. [18]) ungeduldig. [19]) fluchen. [20]) sieht man. [21]) Tuchbleiche. [22]) geheiratet. [23]) augenblicklich. [24]) gern. [25]) totenbleich. [26]) das Heulen.

Der Wildfräuleinstein bei Hinterstein.
(Aufnahme von Ebert.)

3. Aus dem Unterallgäu.

Voar langer, langer Zéit, dâ iſt zwiſche Durach und Sulzbearg a ſchîne, êbene Wîs und Âckar gwéche, wâ mibbe dinn a Stadt gſtânde ſai ſöll. Di Léit, wâ dâ dinn g'wohnet hând, ſind reacht réich gwéche. Aber ſo réich daß ſe gwéche ſind, ſo gottlos und kuiz[1]) ſind ſe au gwéche. Se hând praßt und gſchlémmt, aber it vu ihrm aigene, ſunder vum frémde Guat. Denn ſe ſind mit Waffegwalt i di Nachbaursgmuinda aibroche und hând détt allz graubt, plindret und gmoardet. — Wia ſe nâchat allat no îbermiatiger woare ſind, hât ena Gott a g'reachte Strâf gſchickt. Uis Tags iſt uff amâl di ganz Stadt mit Mā und Mâus in Erdbode nai verſunke, und a dear Stell iſt a Sea entſtande, dean haißt ma de Sulzbeargar Sea. (Mitgeteilt von Ökonom Kleinheinz in Durach.)

4. Aus dem Oſtallgäu.

Wenn d' vu Kémpte uf Néßlwang gâhſt, nâcha kuſcht[2]) grad détt, wâ d'Strâß am heachſte léit und wâ reachts nomm a Weag ufs Bue[3]) gâht, anam fichti groaße Naglſtoi[4]) fir und uf deam ſtâht a Kréiz dob. Und dâ ſébba allat,[5]) frîener hab's dâ no wilde Tierer gea, wéil détt omanând no allz Kémptar Wald gwéche iſt. Und dâ iſ amâl a wilder Molle[6]) der Kaiſare ihrem Brueder nâchegſprunge. (Hillegard hât dé ſeal Kaiſare, glôbe, g'haiße.) Der Molle hât 'n wélle vrſteache und dâ iſ er blosgesno[7]) uf dean Stôi nâuf vrtronne, nâ iſch em noiz g'ſcheache. Eiſerm[8]) Heargette zom Dank und zom Dradenke für d' Léit hât er dés Kréiz nâuf ſétze laū.

(Mitgeteilt von Sattlermeiſter Anton Berktold in Neſſelwang.)

5. Aus dem Lechtal.

A Elbigenâlber Schitz hât mit amma-n-ieda[9]) Schuß i's Schwârz getrofft. Dés iſ 'm Ziler aufg'fâllt un er hât nix guets gedenkt. Amâl hât er hinta af der Schaibo a Kraiz g'mâcht. B(a)m Schießa hât's (d') Kuglo geprellt, ſi iſ z'ruckg'fâhrt un hât b(a)m Schitza ō(ch) i's Schwârz getrofft — i's Hearz. Er iſ mit'm Tuifl im Bund g'wéſt. Der hât 'm Pulver un Blai verhaxt,[10]) un ſaina Kuglo ſain âlls Fraikuglo g'wéſt.

(Mitgeteilt von Profeſſor Mark in Elbigenalp.)

6. Aus dem Walſertal.

Dōt,[11]) wâ ma vom hoha Iffa ōber di obara Schrāfalpa[12]) da Gottesackerwända zua gāit, iſt a ungeheuers Gāi[13]), lutter[14]) Stāi, ei's Loch voms andere, es iſt grūſig zum nāluaga[15]) und bōſch gō.[16]) In dem Gāi iſt amâl a ſchōne Alp gé(i); a Wāid vo da beſta Chrūter; Mutterna[17]) und Ritz ſeia g'wachſa gnua. Voa der guata Wāid hând Chūe aige[18]) guata Milch gea, da heaz wohl ūsgā[19]) mit Rūra und

[1]) ſchlecht. [2]) kommſt du. [3]) Buch (Ortſchaft.) [4]) Nagelfluhfels. [5]) ſagt man immer. [6]) Stier. [7]) gerade noch. [8]) unſerm. [9]) mit einem jeden. [10]) verhext. [11]) dort. [12]) Schafalpe. [13]) Platz. [14]) lauter. [15]) hinunterſchauen. [16]) bös gehen. [17]) Madaun(ſ. S. 152). [18]) beſonders. [19]) ausgegeben.

Käsmacha. Derbī ſend d'Sänna uberdrība chlupig[1]) und heart midda arma Lütt gſé(i). Es ſéi amål an alta arma Mā cho,[2]) der het oam Schmalz āg'halta.[3]) Der Sänn het recht verächtli di hülze Büks gnō[4]) und hetſcha onderhalb mit Kuadäiſcha[5]) äbbes ufg'füld und oba om zuedeckt mit Schmalz. Der Mā iſt furt zur Alp uſſe und då iſt båld d' Hütta und Lütt und Veh verſōha.[6]) Us dem ſchōna Waidboda hets as lutters Gſtäi gea und iſt ſo znüda ganga, daß ſidher nüd me wachſt und ſo rūch und wild worda iſt ara Wüeſte z'glīch.

(Mitgeteilt von Marie A. Schmid in Riezlern.)

7. Aus dem Vorderwald.

Hiodum[7]) Hittisberg hieud[8]) vor uralta Zīta in Flühna[9]) und Höhla d'Venediger g'huſat. Das ſieud[10]) Männdle und Wīble gſing, ganz klinn Lüt, frumm und gſchīd. Im Hittisberg in Flühna heat ma 's vīlmål klockan[11]) und hammera g'hört, und då hieud ſi Štui graba, ſi ſieud grad gſing wia Fürſta und das ſoll Goudärz gſing ſing.[12]) Sobaud as aber Wiouter[13]) woara-n-iſt, ſo ſieud ſi furt, ma heat et gwiaßet wohi, und am Frühelig ſieud ſi wider kō, ma heat et gwiaßet woher. Jättanamål[14]) ſieud ſi in oiſchichtige[15]) Hüſer zer Štubete ganga, hieud aber et vil gredat, usgnō ſi hieud de Lüta-n-an guete Råt kunna gie. Wenn jätta-n-an Mā oder a Wīb üban Weg ganga-n-iſt, ſo iſt mengmål dära Männdle zue em kō und iſt mit am ganga, aber denn wider uf uimål verſchwunda gſing.

(Aus: Hiller, Au im Bregenzer Wald.)

8.) Aus dem Hinterwald.

Healluf! As gaut dom Früoling zuo,
As rumplot[16]) i dor Kanisfluo,
Am Grabo Merzoblüomle ſtaund,
As gruonot voaror Štubowaund.

Mīn Schätzle netzt ſinn gſchproto Tuo[17])
Und lachot meor ſa fründli zue:
Dor Früoling kunt, bringt Oſtro mit,
I beo dinn grüſt[18]), wind 's waugo witt.

Und übor d' Nāt, dau heat as g'ſchnīt,
Das Früoling-Weator iſt vorhīt[19])
A graua Neabol züt doors Tal
Und Is und Schnee iſt üboral.

---

1) geizig. 2) gekommen. 3) gebettelt. 4) die hölzerne Büchſe genommen. 5) Kuhmiſt. 6) verſunken. 7) Hinter dem. 8) haben. 9) Felſen. 10) ſind. 11) klopfen. 12) Golderz geweſen ſein. 13) Winter. 14) Bisweilen. 15) einzelnſtehende. 16) poltert, von den Lawinen. 17) zur Bleiche ausgebreitetes Tuch. 18) bin gerüſtet (zum Heiraten.) 19) verſchwunden.

Mīn Schätzle machot ou an Kopf
Bim g'froono Tuo im heandro Schopf:[1])
I hea 's erzöont,[2]) i was nüd wio,
As wänt, as well mi nümma nio.

A Früolingstag mit Sunnoſchīn,
Wio bringt ar ſovol wiedor in!
Wio niot[3]) as doch do Schnee und 's Īs!
Wio pfīfod d'Vögol uf a Nüs!

As iſ no niona nix vorſpielt;
Mīn Schatz iſt ou ſchu nümma wild,
Sīn groſza Zoon iſt niona meh —
Vorganga wio dor Merzoſchnee!

(Aus den „Gedichten in der Mundart von Bizau" von Gebhard Wölfle.)

---

[1]) Bei dem gefrornen Tuch im hintern Schopf. [2]) erzürnt. [3]) nimmt.

Siebenter Abschnitt.

Wohnstätten und Ortschaften.

Als sich die ersten Germanen in den bergumschlossenen Talgründen unseres Alpenlandes niederließen, boten ihnen die ungeheuren Waldungen Holz in Fülle zu ihren schlichten Behausungen, und viele Jahrhunderte lang mag für die Bauernbevölkerung der Wald beinahe ausschließlich die Bestandteile zum Hausbau geliefert haben.

Noch im ausgehenden Mittelalter hatten unsere Gebirgsdörfer vermutlich das Aussehen, wie es im Bilde Seite 268 dargestellt ist: die Häuser waren aus behauenem Balkenwerk oder aus Rundhölzern zusammengefügt, die Dächer mit den breiten „Landern" (= langen Legschindeln) gedeckt, alle Häuser zusammen mit dem schützenden „Etter" umgeben, einem oft vier, ja fünf Meter hohen Zaun aus Pfählen und Flechtwerk; wie eine Feste überragte die Kirche, samt ihren Nebengebäuden aus Stein hergestellt und mit der starken Kirchhofmauer eingefriedet.

Wenig anmutend für unsere Begriffe mögen jene Wohnhäuser gewesen sein; noch mangelte ihren Fenstern das viel zu kostspielige Glas; noch fehlte der Kamin, den Herdrauch abzuleiten, und an den Winterabenden mußten statt der traulichen Lampe Kienspäne die Stube erleuchten.

Wie man später, vor etwa zweihundert oder hundert Jahren baute und wohnte, beschreibt in anschaulicher Weise die Chronik von Unterjoch:[1]) „Die Höhe des einzelnen Stockwerks erreichte kaum das Maß eines mittelgroßen Mannes. Der Boden war zu ebener Erde aus sog. Herdlehm getreten. In der Stube war ein Ofen aus Flußkiesel, ungemantelt und ohne Kamin. Neben dem Ofen stand gewöhnlich als nötige Gerätschaft ein Spreidelstock und auf dem Ofen waren vorrätige Spreideln (= Späne) aufgeschichtet. Das Tageslicht wurde durch kleine Fenster (etwa 60×50 cm), in runden Scheiben geglast, in die Wohnräume ge-

[1]) Von Bürgermeister Balth. Landerer von Unterjoch verfaßt. 1900.

führt. An den Türen war ein Stück Holz als Türriegel, ein hölzerner Nagel wurde vorgesteckt. Ins obere Stockwerk führte eine Leiter." — Im Allgäuer Gebirgshaus diente damals der Hausgang mit der „Leuchte", d. h. der Kochstelle, zugleich als Käseküche. Die Wohnstube aber und besonders die obere Stube war bei wohlhabenden Bauern aufs behaglichste ausgestattet, die Wände waren getäfelt, auch die Decken zuweilen mit reicher Kunsttäfelung ausgeziert. Auf gedrechselten Tischchen konnte man Geschirre aus Zinn und Porzellan sehen, an den Wänden hingen wohl auch Gemälde, oft von einheimischen Meistern. Nie fehlte das Spinnrad, selten der Stickstock, und die selbstbereiteten Gewebe wurden in Truhen und Schränken aufbewahrt, die mit Schnitzwerk, Malerei oder kunstvoll eingelegter Arbeit geziert waren.

Dorf Buchenberg bei Kempten im 15. Jahrhundert.
(Nach einer Abbildung in Baumanns Geschichte des Allgäus.)

Wer heute das Allgäuer Gebirgsland durchwandert und die Bauart der Häuser ins Auge faßt, dem treten bei aller Mannigfaltigkeit doch bald bestimmte Typen entgegen, die für diese oder jene Landschaft besonders kennzeichnend sind.

Betrachten wir uns zunächst **das Allgäuer Bauernhaus** älteren Stils im Alpenvorland!

Ein flaches, weit vorspringendes Dach mit etwa meterlangen „Landern" gedeckt und zum Schutz gegen Stürme mit Steinen beschwert, breitet sich über Wohnhaus und Stallung, Scheune und Schuppen und zwar so, daß das Wohnhaus gegen Osten, die Scheune gegen Westen gerichtet ist, während der „Widerkehr" einen gegen Süden gewendeten Vorbau bildet. Durch diesen Grundplan, der den älteren Bauernhäusern des Allgäuer Alpenvorlandes gemeinsam ist und ihnen ihr charakteristisches Gepräge verleiht, wird ein doppelter Zweck erreicht: die gegen die herrschende Windrichtung gestellten Wände der Scheune und des Widerkehrs halten den Weststurm, so grimmig er wüten mag, von Stall und Wohnhaus ab; außerdem aber bildet der Widerkehr mit der Südfront des Hauses einen Winkel, durch den ein recht behaglicher Raum zum zeitweiligen Aufenthalt abgegrenzt wird. Man muß die Wirkung dieser Bauart im Winter beobachten, wenn die Westseite des Gehöftes von hohem Schneewall in flachem Bogen umgürtet wird, während vor der Südseite trockener, schneefreier Boden wie eine kleine Oase zu schauen ist. Da mag es wohl vorkommen, daß hier die Buben in Hemdärmeln sich tummeln und sich an dem von der Dachtraufe rinnenden Schmelzwasser ergötzen, während auf der Schattenseite alles beinhart gefroren ist.[1])

Bauernhaus in Unter-Minderdorf bei Kempten.

Das zweistöckige Wohnhaus ist entweder von unten bis oben mit blendend weißem Kalkverputz überkleidet, von dem sich die grünen Fensterladen lebhaft abheben, oder der Oberstock zeigt den Riegelbau, dessen mannigfach verzweigtes und gekreuztes Gebälke einen malerischen Anblick gewährt, oder — und dies gilt besonders für das westliche Vorland — zahllose kleine, abwärts gerundete Schindeln umpanzern die West- und die Südseite und verleihen dem Hause ein recht schmuckes Aussehen, namentlich wenn der Schindelpanzer mit einem geschmackvoll gewählten Farbenton übermalt ist. — Neben der Haustüre, die meist auf der Südseite angebracht ist, steht die hölzerne Bank, nicht bloß zur behaglichen Rast für die Familie und das Gesinde in der Feierabendstunde bestimmt, sondern auch geeignet als Trockengestell für Milchgeschirre und Geräte aller Art.

[1]) Wo das Gelände es mit sich bringt, führt von der Haustüre zum Stall und zum Widerkehr ein auf Steinpfeilern oder Holzpfosten gestütztes Laufbrett, die „Bruck" oder „Sülle"

Prunkstube eines Allgäuer Bauernhauses.

(Ausgestellt vom Milchwirtschaftlichen Verein im Allgäu auf der Ausstellung der Deutschen Landwirtschaftsgesellschaft in München 1905.)

Öffnen wir die Türe, so blicken wir in den breiten Hausgang, der zugleich Küche und im Sommer auch Speisesaal ist. Darin steht zur Rechten der niedrige, gemauerte Herd, „die Leuchte", und in der linken Ecke der Tisch, um den die dreibeinigen Stühle gestellt sind. Ein kleines Guckloch gewährt uns einen Blick in die anstoßende Stube. Wände und Decke dieses geräumigen Gemaches sind getäfelt und die Dielen des Fußbodens so blank geputzt, daß wir uns scheuen, mit schmutzigen Schuhen einzutreten; auch die Bewohner des Hauses vermeiden dies. Einen ansehnlichen Raum nimmt der mächtige Kachelofen ein, neben dem die Gütsche (Gautsche) steht. Dieses unentbehrliche Möbelstück, eine Art Kanapee, ersetzt im Allgäuer Bauernhaus den Großvaterstuhl und ist namentlich zur Winterszeit ein vielbegehrtes Ruheplätzchen. In der entgegengesetzten Stubenecke erblicken wir den Herrgottswinkel mit dem Kruzifix, davor den solid gearbeiteten, reinlichen Tisch. An den beiden Fensterseiten ziehen sich die ganze Wandbreite entlang Bänke hin, auf denen die Besucher Platz nehmen, die sich zum „Heimgarten" einstellen. Die Fenster selbst sind durch Holzrahmen dreifach geteilt und so eingerichtet, daß das Mittelstück zurückgeschoben werden kann, um Luft einzulassen. Freilich wird von dieser Einrichtung nicht allzu oft Gebrauch gemacht, da der Bauer im allgemeinen es vorzieht die Stubenluft unverdünnt zu genießen, so daß einmal ein Witzbold die Frage aufwarf: Warum ist im Allgäu die Luft so gut? Antwort: Weil die Bauern keine Fenster aufmachen. — Zur Stubeneinrichtung

Schrank mit seltenen Malereien im Zopfstil.
(Aufnahme von Helmhuber.)

gehören außer dem „Wetterhahn“ (= Barometer), der namentlich zur Zeit der Heuernte fleißig beguckt und beklopft wird, auch eine oder zwei Schwarzwälder Uhren, in die Wand eingelassen, dicht neben der Türe, die zum Schlafgaden führt.

Steigen wir dann auf steiler Holzstiege zum obern Hausgang, dem Saller (Sahler) hinan, so kommen wir zur Oberstube. Das ist der Salon der Bauersleute, wo die Glasschränke stehen mit den Porzellantassen und Trinkgläsern, den goldverzierten Wachsstöcken und anderen Andenken; da befinden sich auch die buntbemalten „Kästchen“, die Schränke[1]) mit dem „Sonntagshäß“ und dem Linnenvorrat, und wenn irgendwo noch kostbare Überbleibsel alter Trachten vorhanden sind, so haben sie sicher hier in der oberen Stube Zuflucht gefunden.

Der Giebelraum über der guten Stube, zu dem man auf einer weiteren Holzstiege (mitunter auch auf einer einfachen Leiter) hinansteigt, hat sich noch immer den Namen Bolledörre bewahrt; denn hier wurden früher, als noch der Flachs-

Bauernhaus in Wierlings bei Kempten.

bau allgemein war, die Samenkapseln (Bollen) des Leines zum Trocknen ausgebreitet.

An den Wohnraum stößt der Kuhstall an. Die Türe, die von außen her in den Stall führt, ist wagrecht geteilt. So kann, wenn die obere Hälfte geöffnet wird, für die Stallarbeit genügend Licht eindringen, während doch die untere geschlossene Hälfte die Zugluft abhält, die dem Vieh leicht Euterkrankheiten zuziehen könnte. Im Stallraum stehen die zehn Kühe und einige Stück Jungvieh — das ist so der Besitz des mittelmäßig begüterten Allgäuers — durch Krippenwände von einander geschieden; über dem Barren, der an der Längswand hinzieht, sind die hölzernen Heuraufen angebracht.

---

[1]) Die Abbildung des Schrankes ist einer Festschrift entnommen, die anläßlich der Wander-Ausstellung der deutschen Landwirtschafts-Gesellschaft im Jahre 1905 zu München stattfand. Dort (und später auf der Nürnberger Landesausstellung 1906) wurde ein mehr als 200 Jahre altes Haus aus Reichenbach bei Oberstdorf aufgestellt und mit Einrichtungsgegenständen und Gerätschaften ausgestattet, die aus den verschiedensten Teilen des Allgäu herbeigebracht waren.

Im Herrgottswinkel.
Zeichnung von Richard Mahn.

Größeren Raum als die Stallung beansprucht die Scheune (Schinde), deren Gerüst aus Balken gezimmert ist, während starke Bretter die Wände bilden. Am Scheunentor hat nicht selten der Dorfkünstler großzügige Gemälde angepinselt: einen riesigen Doppeladler oder einen Jägersmann, der auf seine Beute anlegt, oder einen Hofhund, der dräuend die Zähne fletscht, oder ähnliches. Wenn sich die Flügel des Tores öffnen, so sehen wir vor uns die breite Tenne, die Stätte der sommerlichen Erntefreuden, geräumig genug, den hochbeladenen Heuwagen aufzunehmen. Zur Rechten dehnt sich, als oberes Stockwerk über die Stallung hinübergreifend, die Bäne (Baune), zur Linken dagegen, durch eine Holzwand abgeteilt, die Heuschinde. Bäne und Heuschinde nehmen die Vorräte auf, die wohlgeordnet ihre Plätze erhalten: hier das „Gutheu", das von den gedüngten Wiesen im ersten Schnitt gewonnen wurde, dort das „Grummet", dort Klee, dort „Wiesheu", auf

Bauernhaus in Albris bei Kempten.
(Nach einem Aquarell von J. Buck.)

den sauren Wiesen gemäht und für die Pferde bestimmt, dort Streue, dort Korn. Auch für das von der „Glodmaschine" klein geschnittene Häcksel ist ein eigenes „Glodloch" vorhanden.

Und nun zum Widerkehr! Da ist vor allem, behaglich in den Winkel eingebaut, der Roßstall, dicht daneben die „G'schirrkammer", worin außer dem Pferdegeschirr auch Äxte, Beile, Sägen und allerhand „Kruscht" aufbewahrt wird. An die G'schirrkammer stößt die Holzlege, in der sich auch für Schleifstein und Dengelstock Platz findet. Auf der Südseite aber führt ein hölzernes Tor in den Schopf, in dem wir den Leiterwagen und den „Gaiwagen", den Güllwagen und den Schlitten, wohl auch Pflug und Egge und verschiedene landwirtschaftliche Maschinen, wie Mähmaschine, Heuwender und dergleichen vorfinden, während in einem obern, abgegrenzten Raum die „Heinzen" aufgestapelt sind.

Treten wir wieder hinaus ins Freie, so nehmen wir auf dem windgeschützten Platze vor dem Widerkehr die Göpelvorrichtung wahr, in deren Nähe der Hofhund seine bescheidene Behausung besitzt. Nachträglich entdecken wir auch zwischen Kuhstall und Scheunentor das schmale Stieglein, von dem das muntere Hühnervolk herabtrippelt, um seine Schatzgräbereien auf dem nahen Dunghaufen vorzunehmen, der einen bevorzugten Platz auf dem Hofraum einnimmt und in etwas verdächtige Nähe zu dem kräftig sprudelnden Brunnen gerückt ist.[1]) Ein wohlgepflegtes Gärtchen, von grüngestrichenem Holzzaun eingefriedigt, hat seine Stelle dicht vor dem Wohnhaus und etliche Obstbäume bilden einen freundlichen Abschluß. — Wie der Allgäuer Bauer viel darauf hält, daß sein Haus immer blank und sauber dasteht, so liebt er es auch, mancherlei Schmuck an den Außenwänden anzubringen, so Spalierobst, religiöse Bildwerke, Kruzifixe, Hausinschriften u. a.

Allgäuer Bauernhaus neueren Stils. (In Rauns bei Kempten.)

Dagegen ist der im bayerischen Alpenvorland so verbreitete Brauch, mit einer üppigen Fülle grell leuchtender Blumen das Haus zu zieren, im Allgäu schon aus dem Grunde seltener, weil hier die Altane am Hause fehlt.

Das Bauernhaus neueren Stils unterscheidet sich von dem älteren in auffälliger Weise, besonders durch die geänderte Form des Widerkehrs. Da nämlich der Ertrag der Wiesengründe infolge der künstlichen Steigerung des Graswuchses gegen früher in den meisten Gegenden um mehr als das Doppelte zugenommen hat, mußte die Scheune ganz bedeutend vergrößert werden. Sie greift deshalb zum Widerkehr über, der nun nicht mehr von dem abwärts verlängerten Gesamtdach unter Schutz und Schirm genommen wird, sondern als ansehnlicher Seitenbau

[1]) Wie dies vom sanitären Standpunkte aus recht bedenklich erscheint, so sind auch die Abort- und Versitzgruben-Verhältnisse meist noch sehr mangelhaft. Bei Witterungswechsel, im Winter bei starkem Frost herrscht oft ein abscheulicher Geruch im ganzen Hause, ohne daß sich die Bewohner davon sonderlich belästigt fühlen.

sein eigenes Giebeldach erhält; ja in manchen Fällen erscheint Scheune samt Widerkehr als ein selbständiges Gebäude, das rechtwinklig gegen das Haus gestellt ist und dieses an Umfang und Höhe noch übertrifft. — Aber auch die Stallung ist geräumiger geworden, sie erhält größere, vergitterte Fenster und statt der Holzdecke zementiertes Schienengewölbe. Das Wohnhaus selber wird behäbiger, stattlicher, vornehmer; die kleinen Schiebefenster verschwinden und größere Fensterstöcke lassen reichlich Licht und Luft ein. Die Küche ist aus dem Hausgang in einen eigenen Raum verwiesen. Das Dach endlich ist jetzt meistens mit Doppelfalzziegeln eingedeckt, die zwar nicht so malerisch wirken wie die alten, steinbeschwerten Landern, aber dem ganzen Bau doch ein schmuckes, freundliches Aussehen verleihen. — Zuweilen findet man Anwesen, die das Herauswachsen aus kleineren Verhältnissen besonders deutlich erkennen lassen; noch steht (wie in unserem Bilde: Ein Bauern-

Ein Bauernhof in Helen bei Kempten.

hof in Helen) das alte, niedrige Wohnhäuschen, das der Familie nach wie vor genügenden Raum bietet; neu gebaut aber und erweitert ist der Stall, in dem vielleicht noch einmal so viel Vieh eingestellt ist als früher, und weit überragend erhebt sich die Scheune, die den bedeutenden Mehrertrag der Heuernte aufnehmen muß.

Wandert man aus dem Vorland illeraufwärts, so bemerkt man, wie sich allmählich die Bauart der Häuser ändert. Der Widerkehr wird immer seltener, den Grundriß des Anwesens umschreibt ein einfaches Viereck, in dem zwar Wohnhaus und Stallung, Scheune und Schuppen wieder unter einem Dache vereint, aber häufig anders angeordnet erscheinen.

Typische Formen für das ältere Bauernhaus im oberen Allgäu besitzt die Gegend von Schöllang und Reichenbach.

18*

Da fällt uns zunächst ins Auge, daß sich die Stallung unter dem Wohnhause befindet und daß auf der Giebelseite der Schopf, auf der Längsseite die Scheune angebaut ist. — Der Stall, durch seinen weißen Kalkverputz von dem übrigen Gebäude sich abhebend, zeigt mit seiner niedrigen Türe und den kleinen, in Regenbogenfarben schillernden Fensterchen schon von außen, daß hier noch recht ursprüngliche Zustände herrschen. Eine hölzerne, geländerte Treppe führt hinauf ins erste Stockwerk zu dem Wohnhaus. Dieses ist ein „gestrickter" Bau: aus behauenem Balkenwerk sorgsam zusammengefügt und in zwei niedrigen Stockwerken aufgeführt. Das vom Alter gedunkelte Gebälk mit seiner sammetweichen Tönung, durch die helleren Fensterrahmen und Fensterladen wirkungsvoll unterbrochen, gewährt einen höchst malerischen Anblick; aber es bietet zugleich für die Bewohner den großen praktischen Vorteil, daß es trocken und warm hält, zwei Vorzüge, die bei dem feuchten und rauhen Gebirgsklima von größtem Werte sind. Die Einteilung der Wohnräume ist die gleiche wie in den älteren Häusern des Vorlandes: Vom Hausgang („Vorhüs"), der mit seiner „Leuchte" zugleich als Küche dient, gelangen wir in die Wohnstube, wo uns besonders der altertümliche „Leimofen" auffällt; auf einem quadratischen Unterbau ist hier eine mächtige Halbkugel aufgesetzt. Über diesem stattlichen, weißgetünchten Ofen erblicken wir ein Gestänge, durch eiserne Haken an der Decke befestigt, zum Trocknen der Wäsche und der Kleider bestimmt. Im übrigen bietet uns die Einrichtung nichts Neues. Auch die anderen Räume: Schlafgaden, Obere Stube, Söller usw. entsprechen denen im Alpenvorland. Begeben wir uns aber wieder ins Freie, so fällt uns ein galerieartiger Vorbau auf, der Genter („Gängar", „Gang", „Dörre"), ein weitläufiges Stangengerüste, das in früheren Zeiten, als noch Flachs- und Getreidebau allgemein war, für die Getreidegarben und Flachsbüschel, wohl auch für Saubohnen u. a. als Trockengestell diente und auch jetzt noch zum Trocknen von Feldfrüchten, aber auch zum Aufbewahren von Geräten, zum Aufstellen der Bienenstöcke u. a. Verwendung findet.

Bauernhaus in der Birgsau.

Die Bauweise, welche die Stallung unter den Wohnraum verlegt, findet sich nicht mehr allzu häufig. Gewöhnlich ist vielmehr der Stall von der Wohnung getrennt, meist am entgegengesetzten Ende des Anwesens in einen Winkel der Scheune eingebaut. Das Wohnhaus ist sehr oft durch einen Schindelpanzer verkleidet; nicht selten erblickt man auch über der Haustüre und den Fensterreihen vorspringende, nach oben geschweifte Gesimse, dazu bestimmt, als Schutzdächer den Regen abzuhalten. Ebenso ist auf der Wetterseite des Anwesens zuweilen ein gegen Süden vorgreifender Bretterverschlag angebracht, der „Schild" — Einrichtungen, die den klimatischen Verhältnissen ihre Entstehung verdanken. Da außerdem je nach Bedarf bald ein zweiter Schopf, bald irgend ein anderer angeflickter Nebenbau aus dem einfachen Grundriß-Viereck heraustritt und da auch sonst nicht an einer bestimmten Schablone festgehalten wird, machen unsere Gebirgshäuser keineswegs einen einförmigen Eindruck, sondern erfreuen vielmehr durch die reiche Abwechselung in der Gesamtanlage und in den einzelnen Teilen, ob sie nun in geschlossenen Ortschaften dichter beisammen stehen oder in Einzelsiedelungen zu Wald, Wiese und Berg eine wirkungsvolle Staffage bilden.

Altes Haus in Oberstdorf.

Im großen und ganzen finden wir im Ostallgäu die gleichen Häusertypen wie im Oberallgäu. Reich an malerischen alten Holzbauten ist die Pfrontner Gegend. Da trifft man auch manche bemerkenswerte Einzelheiten, so in Pfronten-Dorf eine alte Hausinschrift aus dem sechzehnten Jahrhundert: „Do man zalt 1534 Jar, ist dis hus gemacht. Zu der zit hat das korn golten 48 creutzer vnd der roggen 40 creutzer. — Jesus Maria. —" Auch im Innern solcher Häuser kann man manch Überbleibsel aus alter Zeit entdecken, etwa eine urwüchsige Holztreppe, aus schweren, der Länge nach diagonal durchgesägten Balken gebildet, oder eine alte Truhe, in deren senkrecht abgeteilten Fächern ehedem die verschiedenen, auf eigenem Felde gewonnenen Arten von Getreidekörnern aufbewahrt wurden, oder die unbeholfenen Zeichnungen eines Dorfkünstlers, wie sie der Seite 278 abgebildete obere Teil einer alten Stubentüre zeigt.

Auch die Bauernhäuser des **Tannheimer Tales** weisen in Grundriß und Einteilung die gleichen Hauptzüge auf wie die im obern Allgäu. Weitaus die meisten Häuser sind aus Holz erbaut.[1]) Doch bringt es dort die gegenwärtige Geschmacksrichtung mit sich, daß Wohnhaus und Stallung mit einem weißen Kalkverputz überkleidet werden, wodurch die Gebäude ein verändertes Aussehen erhalten. Die Bretterwände der Scheune, die auf der Wetterseite oft noch durch Schindelverschalung geschützt sind, zeigen ebenso wie die mit Schindeln gedeckten, gleichmäßig glatten Hausdächer eine einförmig graue Färbung, und da die Anwesen fast durchaus so errichtet sind, daß der Wohnraum gegen Osten, die Scheune gegen Westen schaut, so erhält der Wanderer von den Ortschaften des Tannheimer Tales einen sehr verschiedenen Eindruck, je nachdem er vom Oberjoch oder vom Gachtpaß her das Tal betritt. Im ersteren Falle sind ihm lauter graue Scheunenwände zugekehrt; von Osten dagegen grüßt die Ortschaft mit all ihren weißen Giebelwänden und gewährt so einen viel freundlicheren Anblick, obwohl die Bewohner des Tales es verschmähen, den Fensterladen einen grünen Anstrich zu geben und dadurch einen weiteren wirksamen Farbengegensatz hervorzubringen.

Hausinschrift in Pfronten-Dorf.

Zeichnung auf einer alten Stubentüre.
(Aus einem Bauernhaus in Pfronten-Dorf.)

[1]) Dr. Kübler weist nach, daß im Tannheimer Tale der Periode der Holzbauten eine solche der Steinbauten vorausgegangen ist. Als Beispiele dafür nennt er ein durch starke Mauern und Gewölbe ausgezeichnetes Haus in Kienzen und ein mit schießschartenartigen Fenstern versehenes Haus im Weiler Gacht, das sich seit dem 16. Jahrhundert fast unverändert erhalten hat.

Im Lechtal herrscht ebenfalls der Brauch, das Wohnhaus mit weißem Kalkverputz zu verkleiden. Zugleich aber findet man hier ein weiteres Merkmal, das jedem Wanderer sofort ins Auge fällt: die reiche Bemalung vieler Häuser. Nicht bloß durch Heiligenbilder, sondern auch durch Nachahmung architektonischer Zieraten: Gesimse, Pilaster, Säulen u. a., meistens im Rokokostil ausgeführt, sind die Außenwände geschmückt. Einige dieser Malereien, z. B. in Häselgehr, Elbigenalp und Holzgau, sind so geschmackvoll und geschickt ausgeführt, daß sie die Hand eines echten Künstlers verraten.

Von den bisher beschriebenen Häusertypen unterscheidet sich wesentlich das **Wälderhaus** (im Bregenzer Wald).

Zwar bekundet es seine Zugehörigkeit zur alamannischen Bauart dadurch, daß es ebenfalls Wohnraum, Stallung und Scheune unter einem Dache vereint; im übrigen aber zeigt es mancherlei Besonderheiten, die namentlich bei dem Wälderhaus älteren Stils hervortreten. Das Eigenartige an einem solchen alten

Haus in Holzgau im Lechtal.
(Aufnahme von Helmhuber.)

Wälderhause, das fast vollständig aus Holz aufgebaut ist, besteht darin, daß sich unter dem gemeinsamen Dache geschlossene und hallenartig offene Räumlichkeiten befinden. Der Wohnraum, ein „gestrickter" Bau aus behauenem Balkenwerk, bildet gleichsam ein Haus im Hause; ebenso die Stallung als gestrickter Bau oder durch mächtige Rundhölzer abgegrenzt von der auf zwei oder drei Seiten anschließenden, nur mit Brettern verschalten Scheune. An diese geschlossenen Räume aber ist auf der einen Längsseite der Schopf angebaut, der für das alte Wälderhaus besonders kennzeichnend ist. Oben und unten durch Bretterverschalung abgegrenzt, sonst aber offen oder mit Jalousien versehen, bildet er eine Art Vorhalle, die als Laube im Sommer einen luftigen, gemütlich-behaglichen Aufenthalt gewährt, im Winter dagegen den Schnee von den übrigen Räumlichkeiten abhält.

Nach außen ist das Haus gewöhnlich mit einem Schindelpanzer verkleidet, der aber nicht, wie im Allgäu, einen Anstrich von Ölfarbe erhält, sondern durch Wind und Wetter gedunkelt wird. Die Dächer sind meistens mit Schindeln gedeckt, oft auch mit Steinen beschwert, und da namentlich bei den Einzelsiedelungen noch allerlei kleine Nebenbauten angefügt werden, so macht solch ein altes Wälderhaus inmitten der stillernsten Bergwelt einen anheimelnden und anmutenden Eindruck.

Anheimelnd und anmutend ist auch das Innere des Hauses.[1])

Wir treten in die geräumige Laube ein und erblicken hier einen zum Aufklappen eingerichteten Tisch, um den sich zur Essenszeit die Hausgenossen sammeln. Das Wohnhaus, das hier anstößt, zeigt uns sein mächtiges, gedunkeltes Balkengefüge, und durch eine niedrige, oben in flachem Bogen ausgeschnittene Türöffnung gelangen wir in den breiten Hausgang, der zugleich als Küche und Sennlokal dient. Der Raum um den niedrigen Herd ist gepflastert, aber vergeblich schauen wir uns nach einem Kamin um: der Rauch, der das ganze Gebälke mit einer glänzend schwarzen Rußschicht überdeckt hat, zieht oben durch eine Luke im Dach hinaus. An den Herd stößt die „Feuergrube“ an, und ein drehbares

Haus in Ellenbogen bei Bezau.

Holzgerüst an der Wand ist bestimmt, den kupfernen Kessel für die Käsebereitung aufzunehmen. Verschiedene Kasten und Gestelle an der gegenüber stehenden Wand enthalten Schüsseln und sonstige Küchengeräte. Durch eine Türe zur Rechten treten wir in die Wohnstube ein. Wohltuend berührt die Reinlichkeit und der Ordnungssinn, der sich hier offenbart. Im allgemeinen ist die Einrichtung die gleiche wie in der Allgäuer Bauernstube: in der einen Ecke der mächtige Ofen in Halbkugelform, umgeben von den Ofenbänken; die Gutsche mit dem Kopfpolster etwas entfernt davon. Vor dem Herrgottswinkel ein gewichtiger runder Tisch, darüber an der Decke, um einen hölzernen Zapfen drehbar, eine wagrechte Stange, an deren

---

[1]) Die folgende Beschreibung bezieht sich auf ein sehr altes Wälderhaus in dem Vorsäß-Dörfchen Schönebach bei Bezau.

einem Ende ein mit einem Haken versehener Draht befestigt ist zur Aufnahme der Hängelampe. Diese ist jetzt an Stelle des alten „Hanglichtes“ getreten, einer schaufelartigen, eisernen Pfanne, die mit Unschlitt gefüllt war. — An den Wänden, deren ganze Länge ausfüllend, gewahren wir hölzerne Bänke, in welche zahlreiche Löcher eingebohrt sind; in der Zeit, als noch das Spinnrad in all diesen Häusern schnurrte, pflegte man hier den Spinnrocken einzustecken. — Ein Schrank an der Türwand enthält Gebrauchsgegenstände verschiedener Art; Weihwasserkessel und Heiligenbilder fehlen ebensowenig wie die große, altertümliche Schwarzwälder Uhr, und anheimelnd blicken uns die kleinen Fenster mit ihren dickwandigen Butzenscheiben an.

Zwischen dem Ofen und der Schwarzwälder Uhr führt eine Türe in den

Bauernhaus am Pfänderrücken bei Lochau.

Gaden, wo die mit Laubsäcken versehenen Betten und einige bemalte Schränke stehen, und von hier gelangen wir in den „Speicher“, einen engen, dunklen Raum, angefüllt mit landwirtschaftlichen Geräten und allem möglichen alten Gerümpel.

Kehren wir in den Hausgang zurück, so können wir auf einer steilen hölzernen Treppe zum oberen Zimmer, der „Kammer“, gelangen, in der außer verschiedenem Hausgerät auch ein erklecklicher Vorrat an dürrem Laub aufgehäuft ist, damit die Betten von Zeit zu Zeit neue, lieblich raschelnde Füllung erhalten können.

So schlichte und urwüchsige Verhältnisse, wie sie hier beschrieben wurden, findet man heutzutage freilich nur noch in entlegenen Vorsäßhütten. In den Talsiedelungen ist manches anders. Namentlich aber hat sich hier bei den neueren Bauten nicht bloß in der inneren Einrichtung, sondern auch in der ganzen Anlage eine Wandlung vollzogen.

Dem modernen Wälderhaus fehlt meistens die Laube. Auf stattlichem steinernem Unterbau erhebt sich das Wohnhaus (an welches Scheune nebst Stallung angebaut iſt); die einzelnen Stockwerke, mit den kleinen Schindeln gepanzert, ſind durch geſchweifte, durchlaufende Geſimſe von einander geſchieden, an den großen breiten Fenſtern ſieht man geſtickte, blendend weiße Vorhänge und oft reichen Blumenſchmuck. Die Zimmer ſind ſchön getäfelt, vieles in Ausſtattung und Einrichtung dem neuen Geſchmacke angepaßt; aber eines trifft man in neuen wie in alten Wälderhäuſern: die peinlichſte Sauberkeit, die von jeher der Stolz der Wälderinnen und die Freude der fremden Wandersleute war.

Einen Anklang an die Lauben des Bregenzer Waldes findet man zuweilen auch an den **Bodenſeegeländen**, an den Abhängen des Pfänderrückens. Doch kommt in dieſer von der Natur ſo reich geſegneten Gegend noch die große Wohlhabenheit der Bauern beſonders erfreulich zum Ausdruck. Umſchattet von Obſt-

Bauernhaus bei Lochau. (Ehemaliges Schloß Oberlochen.) (Siehe S. 283).

bäumen bauen ſich dieſe Gehöfte breit und behäbig auf. Stattlich ſteht das Wohnhaus da mit blanken, hohen Fenſtern, mit ſchmuckem Schindelpanzer bekleidet. Rieſige Scheunen ſchließen ſich an und manch größerer und kleinerer Anbau, manch ſäulengeſtützte Vorhalle iſt nötig, all die Vorräte und Gerätſchaften aufzunehmen. In der geräumigen Küche findet ſich oft neben dem für die Hausfrau beſtimmten Herde noch ein zweiter, auf dem der Bauer mit Retorte und Deſtillierkolben ſelber ſeinen Obſtbranntwein erzeugt. Im Keller aber fehlt nirgends die Moſtpreſſe oder „Torkel“, und was hier alljährlich gekeltert wird, reicht nicht bloß für den Hausgebrauch, ſondern ergibt noch manches Faß für den Verkauf. Die älteſte dieſer Moſtpreſſen, aus dem Jahre 1669 erhalten, befindet ſich in dem Hofe Oberlochen bei Lochau. Sie iſt von einfachſter Konſtruktion, mit unglaublichem Aufwand von

Holz errichtet. Eine andere mehr als hundert Jahre alte Mostpresse (vom Jahre 1803) steht bei Johann Biegger in Halden (bei Lochau). Hier wird die Pressung durch zwei klotzige Holzspindeln hervorgerufen, die an einem mächtigen, aus Eichen- und Apfelbaumholz gezimmerten Gerüste befestigt sind. — Die neueren Pressen haben Metallspindeln. — Oberlochen selbst ist einer der stattlichsten Bauernhöfe in dieser Gegend und verdient auch aus einem andern Grunde Erwähnung. Der jetzige Bauernhof war nämlich einst ein Edelsitz, der im Jahre 1483 dem kaiserlichen Hauptmann Werner von Raitnau gehörte. Die Besitzer wechselten mehrmals und im 19. Jahrhundert ging das Schloß durch Kauf in den Besitz einer Bauernfamilie über und wurde von dieser den landwirtschaftlichen Bedürfnissen entsprechend umgestaltet und vergrößert. So erblickt man denn neben dem Torbogen, über dem einst das Wappen der Schloßherren prangte, jetzt das Wahrzeichen bäuerlichen Wohlstandes in Gestalt eines riesengroß aufgebauten Dunghaufens; die alte Umfassungsmauer mit ihren Schießscharten umschließt einen Hof, in dem die Hühner gackern und Schweine grunzen, und im Schlafzimmer des Bauern prangt auf geschweiften Holzpfeilern das alte Adelswappen mit der fünfzackigen Krone, an die einstigen Besitzer erinnernd.

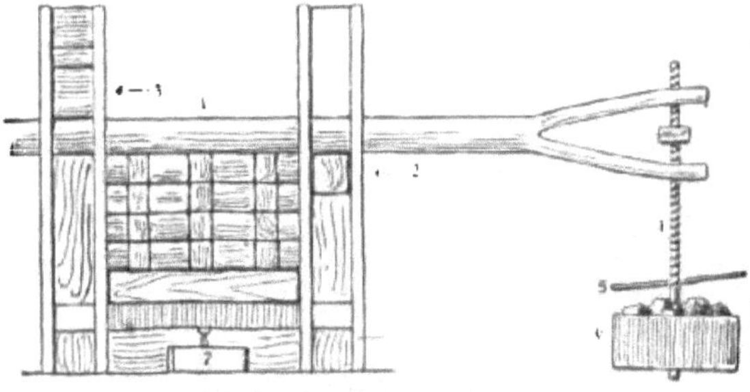

Mostpresse (Torkel) aus dem Jahre 1669.
(Nach einer Skizze von Ökonom Biegger.)

Und nun betrachten wir uns endlich noch das **Walserhaus!**

Wie sich der Walser durch seine Abstammung von allen übrigen Bewohnern unseres Gebietes unterscheidet und sich in Sprache, Charakter, Sitten und Bräuchen seine Eigenart gewahrt hat, so nimmt auch seine Wohnstätte eine Sonderstellung ein. Denn im Gegensatze zum alamannischen Brauche baut er den Stall und die Scheune nicht unter das gleiche Dach mit dem Wohnhaus, sondern er stellt sie entweder in einiger Entfernung auf oder fügt sie als durchaus selbständige Gebäude mit eigenen Größenverhältnissen und eigener Bedachung an das Wohnhaus an.

Zur Erläuterung der Zeichnung:

1 = Druckgabel.

2 = Stützbalken für die Druckgabel, der sog. Esel. Dieser wird beim Pressen entfernt.

3 = Widerlager, welches verhindert, daß die Gabel hier in die Höhe steigt.

4 = Spindel mit Mutter.

5 = Stab zum Drehen der Spindel.

6 = Kasten, angefüllt mit Steinen, die sog. Egge. — Der Kasten wird durch die Spindel in die Höhe gehoben.

7 = Gefäß für den ausgepreßten Most.

Das ältere Walserhaus ist fast durchaus Holzbau und zwar meistens aus behauenen Balken „gestrickt" und auf niedrigen Steinsockel aufgestellt. Aus dem länglichen Viereck des Grundrisses springt ein kleiner Vorbau heraus, das „Eckstüble", das ursprünglich, da eine Zeitlang im Walsertal die Pferdezucht bedeutend war, als Pferdestall angebaut worden war und davon noch jetzt die Bezeichnung „Roschtel" (= Roßstall) führt, obwohl es schon längst andern Zwecken dient. Indem sich nun an diesen Vorbau im Oberstock eine Altane anschließt, ergibt sich zu ebener Erde ein freier, auf zwei Seiten von den Hauswänden abgegrenzter und von der „Tänn" (= Altane) überdachter Raum, die „Brüge" (Brücke). Bei den ältesten Häusern des Tales erscheint die Altane plump und ungefüg, die „Brüge" kommt in ihrer Eigenart noch nicht so recht zur Geltung. Um so freundlicher und

Altes Walserhaus mit „Brüge"
(bei Mittelberg)

anmutiger gestaltet sie sich bei den späteren Häusern. Das weit vorspringende Dach stützt sich nun auf eine mehrfach gegliederte Holzsäule; die Altane ist nicht mehr ein Bretterverschlag, sondern zeigt hübsche Balustraden mit gedrechselten oder geschnitzten Geländerpfosten; auch trägt sie meist üppigen Pflanzenschmuck, dessen leuchtende Blumen mit den abwärts kletternden Rankengewächsen an malerischer Wirkung wetteifern. So bildet die Brüge einen traulichen, behaglichen Winkel, den die Hausgenossen zur Sommerszeit ebenso bevorzugen wie die Wälder ihre Laube. Und wie der Blumenschmuck auf der Altane Freude an heiteren Farben bekundet, so sieht man ein gleiches an der Bemalung der Fensterladen. Diese sind oft mit Sternen, Herzen und dgl. ausgeziert, oft auch auf der Innenseite rot, außen dagegen grün bemalt, so daß eine Doppelwirkung erzielt ist, wenn einige der Laden geöffnet, andere dagegen geschlossen sind. (Auch im Bregenzer Wald kann man dies finden.) Nimmt man dazu den Anblick des verwetterten, steinbeschwerten, auf der Giebelseite weit vorspringenden Schindeldaches, über dem sich der wie ein Türmchen gestaltete, mit einem Satteldach gekrönte Kamin wuchtig aufbaut; dann die prächtig gedunkelte Färbung der Holzwände, von denen sich das Weiß des gemauerten Sockels grell abhebt; endlich noch ein oder das andere hübsche Kleinbild, etwa die Farbenwirkung bunter Wäschestücke an den um das Haus laufenden Trockenstangen oder die malerische Form des Brunnens, auf dessen steinbeschwerter Holzsäule die Hauswurz blüht, oder ein Vorgärtchen mit reichem Blumenschmuck — so darf man wohl die Behauptung aufstellen, daß unter all unsern Gebirgshäusern dem alten Walserhaus der Preis gebührt.

Freilich zeigt sich auch im Walsertal wie anderwärts an den neueren Häusern eine Wandlung des Geschmackes. Der weiße Kalkverputz an den Mauerwänden nimmt überhand, an Stelle der steinbeschwerten Landerndächer treten glatte Schindel- oder gar Blechdächer, auch das Eckstüble mitsamt der Brüge und Altane verschwindet. Das neue Walserhaus ist (wie im Bregenzer Wald und im Allgäu) praktischer, wohnlicher, vornehmer, aber auch ein gut Teil nüchterner!

Es ist für unser Gebirgsland kennzeichnend, daß die Wohnstätten, deren typische Formen wir eben kennen gelernt haben, häufig über Talgründe und Berghänge weithin verstreut sind, mitten hineingestellt in den Grundbesitz der Bewohner. In einem Teile des Bregenzer Waldes und im ganzen Walsertal ist es die ursprüngliche Siedelungsweise; im Alpenvorlande dagegen und im obern Illertal ist diese Erscheinung vorwiegend auf die namentlich im 18. Jahrhundert erfolgten Flurbereinigungen zurückzuführen, da mit den „Vereinödungen" sehr häufig der sog. Ausbau verbunden war, wodurch die Hofstätte des Bauern aus dem geschlossenen Dorfe hinaus in den „arrondierten" Grundbesitz verlegt wurde.[1])

Dadurch ist im Aussehen der **Ortschaften,** zu deren Betrachtung wir uns nun wenden, ein bedeutungsvoller Unterschied gegeben, je nachdem wir geschlossene oder in Einzelgehöfte aufgelöste Gemeinwesen vor uns haben; diese äußere Erscheinung, aber auch ihre sonstigen Verhältnisse, ihre Bedeutung und Größe, ihre Schicksale, ihre Kunstschätze und anderen Sehenswürdigkeiten sollen in den folgenden Blättern zu gedrängten Einzelbildern zusammengestellt werden.

---

[1]) Eine umfassende, auf archivalischen Studien fußende Abhandlung über diesen Gegenstand bietet H. Dorn, Die Vereinödung in Oberschwaben. Kempten 1904.

Wir beginnen unsern Überblick mit **Kempten**, das mit seinen 20513 Einwohnern[1]) die größte Siedelung des ganzen Gebietes ist. Daß diese Stadt noch dem Alpenvorlande zugerechnet werden muß, beweisen die ansehnlichen Höhen der Umgebung (Mariaberg 915 m, Buchenberg 951 m, Blender 1073 m, Schulter bei Hauptmannsgreut 942 m); auch beträgt die Luftlinie bis zum Grünten nur 18 km.

An die wechselvolle Geschichte der alten Reichsstadt und der stiftischen Neustadt, die seit mehr als hundert Jahren (1802) zu einem einzigen Gemeinwesen unter Bayerns Krone vereinigt sind, erinnert noch manche Gebäulichkeit. Die Burghalde mit ihren Mauerresten und dem schlanken mittelalterlichen Spitzturm hat bis ins 18. Jahrhundert hinein in der Geschichte der Stadt eine wichtige Rolle gespielt. Das Rathaus, in den Jahren 1874—76 renoviert, steht noch an der Stelle, an welcher die reichsunmittelbaren Bürgermeister ihres Amtes walteten. Zur protestantischen St. Mangkirche ward im Jahre 1426 der Grund gelegt. In der Neustadt aber erzählt die weitläufig angelegte „Residenz", in deren Sälen noch herrliche Stukkaturarbeiten im Barockstil zu sehen sind, von dem glanzvollen Hofhalte der Fürstäbte, deren Grabdenkmäler in der anstoßenden St. Lorenzkirche erhalten sind. Das Kornhaus und das Landhaus sind Schöpfungen dieser Äbte. — Und neben den Gebäuden, die geschichtliches Interesse beanspruchen, sehen wir andere, in denen sich die gegenwärtige Bedeutung und Tätigkeit der Stadt kund gibt: große Fabrikanlagen, ein Elektrizitätswerk, ansehnliche Bankhäuser, modern eingerichtete Bierbrauereien u. a. — Auch an Werken der monumentalen Kunst fehlt es nicht ganz: das Krieger-

Rathausplatz in Kempten.

[1]) In den folgenden Ausführungen ist für die Bevölkerungszahl der bayerischen Orte die Volkszählung vom Jahre 1905, für die der österreichischen die Zählung vom Jahre 1900 zu Grunde gelegt.

denkmal, der alte Rathausbrunnen (vom Jahre 1601), der neue St. Mangbrunnen (1905 aufgestellt) sind ausgezeichnete Meisterwerke. Endlich besitzt Kempten in seinem Stadtpark eine gärtnerische Anlage, die zwar nicht sehr umfangreich ist, aber eine der erfreulichsten Zierden der Stadt geworden ist. — Eine großartige technische Leistung ist der in den letzten Jahren durchgeführte Umbau des Kemptner Bahnhofes, wobei zwei neue, gewaltige Eisenbahnbrücken (57 m hoch, 156, bezw. 144 m lang) erbaut wurden und ein für den Güterzugs- und Rangierdienst, sowie für die Heizhäuser und Werkstätte-Anlagen bestimmter, umfangreicher äußerer Bahnhof entstanden ist. Vier Eisenbahnlinien zweigen von Kempten ab: nach Ulm, München, Pfronten, Lindau; eine fünfte, nach Weitnau—Sibratshofen, die auch nach Isny Anschluß finden wird, ist in Aussicht genommen.[1])

St. Mangkirche in Kempten.

Von den Ortschaften, die dem Bezirksamt Kempten zugewiesen sind, liegt nur ein Teil in unserm Gebiete.

Rings um die Stadt gruppieren sich die zahlreichen Dörfer, Weiler und Einödhöfe, die zusammen die Gemeinden St. Lorenz, links der Iller (3235 Einwohner in 113 Orten!) und St. Mang, rechts der Iller (4621 Einwohner in 56 Orten) bilden. Zu der letzteren gehört das hübsch gelegene Pfarrdorf Lenzfried mit den weitläufigen Gebäulichkeiten eines ehemaligen Franziskanerklosters. In der Nähe liegt der Weiler Tanne, der Geburtsort des berühmten Speyrer Bischofs Haneberg. (1816—1876.) — Südlich von Kempten beherbergen die Dörfer Schelldorf (204 E.), Neudorf (1542 E.), Kottern (1198 E.) und Aich (409 E.) eine ziemlich zahlreiche Bevölkerung, die zum großen Teil in den bedeutenden, an der Iller gelegenen Fabriken Be-

St. Lorenzkirche in Kempten.

[1]) Über Kempten, wie es war und ist, findet man wertvolle Abhandlungen im Allgäuer Geschichtsfreund (Jahrgang 1894 und 1895) und in der Festzeitung für das

Residenzgebäude in Kempten.

schäftigung findet. Teilweise greift die Fabrikbevölkerung auch auf die benachbarte Gemeinde Durach (1622 Einw. in 26 Orten) über, namentlich in den Weilern Weidach, Oberkottern und Miesenbach.

Das Pfarrdorf Durach (524 Einwohner) ist an dem gleichnamigen, aus dem Kemptner Walde kommenden Bache lang hingestreckt. Schon zur Römerzeit war hier eine Siedelstätte, wie die im Jahre 1894 ausgegrabenen Grundmauern römischer Bauten bekundeten. Im Mittelalter wird Durraha als Besitztum des Stiftes Kempten öfter genannt, 1455 erhielt es eigenes Dorfgericht. In der Kirche, deren Turm das Riesenbildnis des Christophorus zeigt, hängt ein Totenschild, um das Andenken an den Erbtruchseß Hans von Waldburg wach zu halten, der im Jahre 1577 von einem Bauern ermordet wurde. Vielleicht hat schon damals die herrliche Linde Wurzeln geschlagen, die jetzt mit weit ausgreifendem Geäste den freien Platz gegenüber der Kirche beschattet. — Zur Gemeinde Durach gehört auch das Dörfchen Bodelsberg (124 Einwohner). Seine schmucklosen Häuser sind gegen des Winters Unbill wohl bewehrt, entsprechend der Höhenlage (897 m.). Düster ernst ist die Umgebung, die von weiten Moorgründen und den Ausläufern des Kemptner Waldes gebildet wird.

Weiter östlich erstreckt sich die Gemeinde Mittelberg, deren Bewohner (1859 Seelen) sich auf 27 Orte verteilen, darunter Ober-[1]) und Unter-Zollhaus, sowie Oy (285 Einwohner), früher durch die wichtige Handelsstraße, die hier vorbeiführte, von einiger Bedeutung; auch die freundlichen Dörfchen Faistenoy (179 E.) und Haslach (168 E.) zählen hieher, ebenso das stille, einsam gelegene Maria Rain, an den Steilrand der Wertach hingebaut. In der dreischiffigen

XII. bayer. Turnfest in Kempten 1905. — Unsere vier Abbildungen sind der „Festschrift zum XII. bayer. Turnfest" entnommen.

[1]) Einige Häuser von Oberzollhaus gehören zur Gemeinde Sulzberg.

Wallfahrtskirche des Ortes befinden sich alte gotische Flügelaltäre. — Das Pfarrdorf Mittelberg selbst (207 E.) ist seit kurzem in die Reihe der Sommerfrischorte eingetreten, wozu die Höhenlage (1036 m) und das für die Sommergäste errichtete Schwimmbad, vor allem aber der prächtige Ausblick beigetragen haben mag, den man von der Ortschaft und noch mehr von dem überragenden Höhenrücken mit der Gerhalde und dem Burgkranzegger Horn aus genießt. In vergangene Zeiten aber versetzt der noch deutlich wahrnehmbare, einige hundert Meter nordwestlich vom Pfarrhof befindliche Burgstall, auf dem einst bischöfliche Dienstmannen ihren befestigten Wohnsitz hatten. Im Turm der Pfarrkirche befindet sich eine alte Glocke, die im Jahre 1502 in Lindau gegossen wurde; die Kirche hat vor kurzem (1905) eine neue vortreffliche Orgel (von Gebr. Hindelang in Ebenhofen) erhalten.

Jodbad Sulzbrunn.

Bemerkenswerte Denkmäler aus alter Zeit besitzt die Gemeinde Sulzberg in der noch gut erhaltenen Ruine, die sich südlich vom Pfarrdorf auf waldiger Kuppe erhebt, und in dem schönen Altarschrein, der eine Seitenkapelle der Dorfkirche schmückt. (Siehe Seite 211.) Auch zwei Sühnekreuze, die an der westlichen Kirchenmauer, halb eingesunken in das Erdreich, zu sehen sind, führen uns in vergangene Jahrhunderte zurück; trägt doch eines derselben die Jahrzahl 1567! Von Ereignissen anderer Art berichten die Höhenmarken, die an der Kirchen- und an der Friedhofmauer angebracht sind; sie erzählen von den verheerenden Wolkenbrüchen, durch die der Ort in den Jahren 1857 und 1876 schwer geschädigt wurde. An Sulzberg, das im Jahre 1674 Marktrecht erhielt, kann man deutlich die Wirkung der Vereinödung wahrnehmen; denn auf 54 verschiedene Orte verteilen sich die 1536 Einwohner der gesamten Gemeinde, während der Markt selbst nur 280 Einwohner zählt. Die Häuser der Ortschaft sind malerisch an den Höhenzug hingebaut, dessen nordöstlicher Ausläufer das Jodbad Sulzbrunn trägt. Die Jodquelle, die schon den Römern bekannt gewesen sein soll, gilt als eine der reichhaltigsten und wirksamsten in ganz Bayern; zugleich bietet das Bad durch seine idyllische Lage inmitten weiter, würziger Tannenwaldung einen ebenso angenehmen wie anmutigen Aufenthalt.

Wenn man von Sulzberg in südwestlicher Richtung der Iller zuwandert, erblickt man jenseit des Flusses, stufenförmig an den Hochrand eines alten Illerbeckens angelehnt, das kleine Pfarrdorf Martinszell. Die Gemeinde zählt 973 Einw. in 26 Orten, das Dorf selbst 177 Einwohner. Die Kirche, deren Langhaus im Zopfstil gehalten ist, besitzt ein gotisches Presbyterium mit schönen Glasmalereien; auch der Turm ist gotisch. — Wie der Name bekundet, greift die Geschichte des Ortes bis in die Zeit zurück, als das Land dem Christentum zugeführt wurde. Später erhielt Martinszell unter den Dorfgemeinden des Stiftes Kempten hervorragende Bedeutung, so daß ihm im 15. Jahrhundert ein eigenes Dorfgericht und Marktrecht verliehen wurde, sehr zum Ärger der Reichsstadt Kempten, die sich dadurch geschädigt sah und die noch mehr Klage erhob, als die Fürstäbte im Jahre 1722 eine Brücke bei Martinszell über die Iller erbauten und dadurch die Waren-

Dorf Waltenhofen.

züge von der Reichsstadt ablenkten. Gegenwärtig ist Martinszell ein recht stilles Dörfchen geworden, während umgekehrt der Nachbarort Oberdorf (252 Einw.) als Bahnstation größere Bedeutung gewonnen hat, namentlich seitdem hier eine große Ziegelei in Betrieb gesetzt worden ist.

Eine sehr alte Siedelung ist auch Memhölz (Rodung der Mimihilt), eine kleine Gemeinde, fast ganz in Einzelgehöfte aufgelöst; die 586 Bewohner verteilen sich auf 27 Orte. Die Kirche steht in Mayrhof; sie ist wenig ansehnlich, birgt aber ein wertvolles Altertum: einen Taufstein vom Jahre 1475, mit Wappen und schönen gotischen Zieraten geschmückt; auch zwei Glocken der Kirche sind durch ihr Alter bemerkenswert.

Größer ist die Gemeinde Waltenhofen (1590 Einwohner in 23 Orten). Das Pfarrdorf (247 Einwohner) besitzt eine stattliche, durch das mächtige Langhaus auf weite Entfernung ins Auge fallende Kirche. Sie wurde im Jahre 1770 erbaut, bewahrt aber noch, wie Memhölz, einen Taufstein aus der Zeit der Gotik. Weit älter als die Kirche selbst ist der massive Turm, der noch vor wenigen Jahren ein Satteldach trug, aber bei seiner Renovierung im Jahre 1901 einen spitzen, mit Kupfer gedeckten Turmhelm erhielt. Bei dieser Gelegenheit wurde auch das Wappen des kemptischen Fürstabtes Wolfgang von Grünenstein mit der Jahrzahl 1541 aufgefrischt. Daß der Erbauer des Turmes auch darauf Bedacht genommen hatte, für Kriegsnot eine Schutzwehr zu schaffen, darauf deutet nicht bloß das ungewöhnlich dicke Mauerwerk, sondern auch der eigenartig gestaltete, zuerst nur durch eine enge Mauerspalte führende Turm-Aufgang. — Wo die Häuser des Dorfes von der hochgelegenen Pfarrkirche zum Waltenhofener Bach hinab gebaut sind, erhebt sich ein alter Burgstall (s. S. 204) und in nächster Nähe davon — ein Wahrzeichen der neuen Zeit neben dem der verschwundenen Jahrhunderte — eine Baumwollspinnerei.

Zu der Gemeinde Waltenhofen gehört auch der kleine Ort Rauns (181 Einw.), ebenfalls mit einem (freilich kaum mehr kenntlichen) Burgstall und mit einer Kirche, deren romanischer Turm zu den ältesten der Gegend zählt. Er trägt noch über den säulengeschmückten Schallöchern das ehrwürdige Satteldach.

Taufstein in Waltenhofen bei Kempten.

Die Kirche, über deren Eingangstüre das Werdensteiner Wappen zu sehen ist, ist ein gotischer Bau. Im Innern findet man einige wertvolle Schnitzereien; auch ein Votivbild aus dem Jahre 1692, das im Chor aufgehängt ist, verdient Interesse.

In bedeutender Höhenlage erstreckt sich die Gemeinde Buchenberg (1501 Seelen). Von ihren 42 sehr zerstreut liegenden Orten ist das Kirchdorf Eschach der höchstgelegene; das oberste Gehöfte desselben hat genau die gleiche Höhenlage wie der Gipfel des Ochsenkopfes im Fichtelgebirge (1025 m). Das marktberechtigte Pfarrdorf Buchenberg selbst (896 m hoch, 334 Einwohner) bekundet mit seinen behäbigen Wohnstätten, unter denen einige hübsche Riegelbauten auffallen, den Wohlstand seiner Bewohner. Mit rotem Turmhelm ragt die ansehnliche Kirche empor, die im Jahre 1791 von Fürstabt Rupert von Neuenstein erbaut wurde, dessen Wappen sich im Chorbogen der Kirche befindet. Eine Sehenswürdigkeit der Ortschaft ist das nach modernem Geschmack in Sandstein eigenartig ausgeführte Kriegerdenkmal. Südwestlich vom Dorfe, nahe der Georgskapelle (siehe Seite 220) breitet sich das „Galgenmoos" aus und erinnert mit seinem Namen an die Zeit, als Buchenberg, eine der ältesten Besitzungen des Stiftes Kempten, sein eigenes Dorfgericht besaß. Auch Marktrecht hatte der Ort im Jahre 1485 erhalten.

19*

Der zur gleichen Gemeinde gehörige Weiler Wierlings besitzt eine interessante Kirche. Der Turm hat zwar vor kurzem sein bisheriges Satteldach mit einem neuen vertauscht, auch wurden bei dieser Gelegenheit die ehrwürdigen alten Glocken umgeschmolzen; aber die Kirche selbst hat ihr altertümliches Gepräge bewahrt. Sie zeigt noch ihre schönen gotischen Formen und im Innern findet man interessante und wertvolle Schnitzereien über den Nebenaltären.

Wie Buchenberg ist auch Rechtis (die Gemeinde zählt 250, der Ort 93 Einwohner) sehr hoch gelegen. Die Pfarrkirche des Dorfes, kaum von einem Dutzend Häuser umgeben, steht, 970 m über dem Meere, auf einem östlichen Ausläufer des Sonneckrückens. Breit und wuchtig baut sich der Turm auf, von einem Satteldach gekrönt, und sein dunkles Mauerwerk hebt sich ernst ab von dem hellen Kalkverputz der bedeutend jüngeren Kirche. Auf dem Friedhof erblickt man die Grabstätte

Kirche von Rauns. (Siehe S. 291.)

des Pfarrers Joh. Mart. Laut, dessen eigenartige Lebensschicksale wohl der Erwähnung wert sind. Zu Simmerberg im Jahre 1781 geboren, zeigte Laut schon als Knabe eine unbezwingliche Sehnsucht, Geistlicher zu werden; doch war sein Vater nicht vermögend genug, ihn studieren zu lassen. Als Laut 16 Jahre alt war, kämpfte er im Vorarlberger Landsturm gegen die Franzosen mit (1797) und erwarb sich durch eine mutige Tat die Ehrenmedaille. In einem vielbewegten Leben, das ihn bald hierhin, bald dorthin warf, verdiente er sich zuerst als Weber, dann als Küfer, Maurer, Zimmermaler und Lackierer sein Brot, lebte auch, nachdem er in Krumbach bei Hittisau ein Haus gekauft hatte, elf Jahre lang im Ehestande. Aber die Sehnsucht des Knaben blieb auch dem Manne. In München fand er Gönner, die ihn zum geistlichen Stande vorbereiteten, und als er ein Alter von 45 Jahren erreicht hatte, ging sein Herzenswunsch in Erfüllung; er wurde zum Priester geweiht. 22 Jahre lang wirkte er als Pfarrer in Rechtis, und als er im Jahre 1855 starb, hinterließ er ein Vermögen von etwa 3000 Gulden, das er großenteils wohltätigen Zwecken widmete.[1]) — Südlich von Rechtis und zur gleichen Gemeinde gehörig, befindet sich das Pfarrdorf Hellengerst (116 Einw., 950 m hoch). Seine hochragende Kirche schaut weit in die Lande hinaus. Wer zur Winterszeit den Ort aufsucht, der muß zuletzt zwischen hohen Schneemauern hinwandern; denn der Weststurm wirft gewaltige Schneemassen über diese Hochfläche hin. Wo heute die Häuser von Hellengerst stehen, zog vor tausend Jahren die Grenzlinie, die den Nibelgau vom Alpgau schied. Und auch die späteren Zeiten haben ihre Spuren zurückgelassen: dicht neben der Kirche sieht man auf dem „Schloßbühl" die Spuren eines Burgstalls und weiter westlich zeigen sich auf der Flur „Hochsträß" langgedehnte, auf zwei Seiten von Tobelrändern abgegrenzte Schanzenreste, die wohl in Verbindung gebracht werden dürfen mit dem Namen ‚Schanz', den jetzt noch ein Wirtshaus am Sonneckrücken führt.

Dorf Rechtis.

An die Württemberger Grenze stößt die Gemeinde Wengen. Sie zählt 799 Einwohner und umfaßt die Pfarrgemeinden Wengen und Kleinweiler mit mehr als 30 Weilern und Einöden. Schon im Jahre 855 wird der Ort „Wangon" erwähnt. Er gehörte dem Kloster St. Gallen und wurde später ein Bestandteil der Herrschaft Trauchburg. Vorübergehend (1786—1810) war Wengen auch württembergisch. Das Dörfchen, aus etwa drei Dutzend meist schönen und sauberen Häusern bestehend, liegt freundlich im Wiesentale, von den Höhenzügen des Sonnecks und des Wengerecks überragt. Auf einer Anhöhe steht die neue, in spätgotischem Stile hergestellte Kirche, an einen sehr alten, massiven Turm angebaut. Das stil-

Kirchturm von Rechtis.

[1]) Mitgeteilt von B. Dür im „Raphael", Donauwörth 1906.

gemäß eingerichtete Gotteshaus besitzt mehrere sehenswerte Gemälde (so von dem Lindenberger Künstler Max Bentele); auch gehört zu den Kirchenschätzen eine wertvolle gotische Monstranz.

Weiter südlich, jenseit des Sonneckgrates, erstreckt sich die Gemeinde Weitnau (1693 Einwohner in 22 Orten). Der Marktflecken (234 Einw.) weist nur eine geringe Zahl von Häusern auf, da auch hier die Gemeinde größtenteils in weit zerstreute Einzelhöfe aufgelöst ist. Aber all diese Höfe, sowohl im geschlossenen Ort als auch draußen in den Einöden und ebenso in den zugehörigen Orten Waltrams, Seltmanns und Sibratshofen (320 Einw.) lassen erkennen, daß in dieser „weiten Aue" und in dem angrenzenden Argentale große Wohlhabenheit herrscht; von dem Gemeinsinn, der die Bewohner beseelt, zeugt neben anderm das vornehm gebaute, von Gärten umgebene Siechenhaus, das nahe bei Seltmanns

Hellengerst. (Siehe S. 293.)

am Ufer der Argen erbaut ist. Die auf hohem Bühl stehende Kirche von Weitnau besitzt aus der Zeit der gotischen Kunst einen Kelch und von Meisterhand geschnitzte Figuren; im Friedhof aber erblickt man die Gräber zweier Männer, die für die gegenwärtige Blüte des Ortes von großer Bedeutung waren: Karl Hirnbein und Joseph Widmann sind hier bestattet. Der Gutsbesitz, den die beiden begründet und ausgestaltet haben (jetzt Kollmannsches Gut), mit großem Viehstand (100 bis 120 Stück, darunter 70 Milchkühe) und bedeutender Brauerei bildet eine Sehenswürdigkeit des Ortes. Von geschichtlichem Interesse ist der „Galgenbühl", der seinen Namen erhielt, als „Witenow", das zur Herrschaft Hohenegg gehörte, Gerichtsstätte dieser Herrschaft wurde. Dort wurde am 1. Februar 1760 der letzte Delinquent Lukas Pentele „glicklich und ruhiglich mit dem Schwerdt vom Leben zum Todt gebracht", wie es in dem Protokoll des Malefiz-Gerichtes lautet. — Mit der Herrschaft Hohenegg kam Weitnau um die Mitte des 15. Jahrhunderts an Habsburg und blieb österreichisch bis zum Jahre 1806, so daß es nun gerade hundert Jahre unter Bayerns Krone steht.

Wandern wir über Sibratshofen nach Westen weiter, so überschreiten wir den Kemptner Bezirk und treten in das Gebiet des Bezirksamtes Lindau ein.

Die erste Gemeinde, die wir erreichen, ist Ebratshofen (472 Einwohner in 9 Orten); zu ihr gehört die in die Argenschlucht eingebaute Einöde Schüttentobel. Ehedem (von 1724—1863) stand hier ein Eisenhammer, der ebenso wie die beiden Fabriken, die sich gegenwärtig an diesem Orte befinden, später noch erwähnt werden muß. Das einstige Amtshaus des Eisenwerkes wurde im Jahre 1892 von den Gemeinden Ebratshofen, Ellhofen, Gestraz, Grünenbach, Harbatshofen, Maierhöfen, Oberreute, Röthenbach und Stiefenhofen angekauft und in ein Armen- und Krankenhaus umgewandelt, dessen weitläufiger Bau inmitten schöner Gartenanlagen einen vortrefflichen Eindruck macht und ebenso sehr für die Wohl-

Weitnau. (Aufnahme von Photogr. Kögel in Isny.)

habenheit wie für den Wohltätigkeitssinn jener Gemeinden Zeugnis ablegt. — Daß man sich hier in einer Gegend befindet, in der Wohlstand herrscht, erkennt man auch bei einer Besichtigung des Pfarrdorfes Ebratshofen (209 Einw.) selbst. Neben einigen alten Häusern mit tiefgedunkelten, steinbeschwerten Schindeldächern erblickt man neue, modern herausgeputzte Gehöfte, wo die Schindelpanzer des Wohnhauses tadellos sauber bemalt erscheinen, wo in breiten Fensterstöcken die Spiegelscheiben blitzen, wo an Scheune und Stallung die neuesten Konstruktionen und Einrichtungen angewendet sind, wo gut gepflegte und sauber eingehegte Gärten das Auge erfreuen. Im Gegensatz dazu ist der dunkle, mit einem Satteldach geschmückte Kirchturm ein solides Stück Altertum. Die Kirche selbst ist im Jahre 1732 vergrößert worden. Sie zeigt den einfachen Rundbogenstil der Spätrenaissance.

Auch die benachbarte Gemeinde Harbatshofen (der Name soll aus Albrechtshofen entstanden sein) besitzt einige stattliche Gehöfte (die Gemeinde zählt 941, das

Dorf 189 Einwohner); ganz besonders aber macht das Pfarrdorf Grünenbach[1]) (das Dorf zählt 282, die Gemeinde 672 Einwohner) mit seinen reinlichen, behäbigen Häusern einen freundlichen Eindruck. Rings von bedeutsamen historischen Erinnerungsstätten umgeben: dem Stein (s. S. 200), dem Staufen (s. S. 196), dem Burgstall im Sägertobel (s. S. 205), der Ruine Alt-Laubenberg (s. S. 207), der Gerichtsstätte Schönau (s. S. 216) — blickt Grünenbach selbst auf eine wechselvolle Vergangenheit, indem es erst laubenbergisch, dann montfortisch war, dann zu Vorarlberg gehörte und endlich vor hundert Jahren bayerisch wurde. Die jetzige Kirche wurde Ende des 14. Jahrhunderts erbaut und trägt trotz zahlreicher Umgestaltungen, denen sie später ausgesetzt war, noch mancherlei Spuren der einstigen gotischen Bauweise und Ausschmückung. Hochaltar und Seitenaltäre freilich sind neu. Von Interesse ist ein links vom Hochaltar eingemauertes Grabdenkmal des Heinrich Beinder, der von 1440 bis 1454 Leutpriester war. Auch der erste Betstuhl der Kirche, mit dem Laubenberger Wappen geziert, verdient Beachtung, da früher die Beamten des laubenbergischen Gerichtes Schönau[2]) das Vorrecht besaßen, in diesem Betstuhl Platz zu nehmen, ein Recht, das nun auf den Bürgermeister von Schönau übergegangen ist.

Grünenbach. (Aufnahme von Mader in Oberstaufen.)

Gegenwärtig wird über die Argen eine großartige, in Eisenkonstruktion ausgeführte, 204 m lange, 54 m hohe Brücke gebaut, welche Grünenbach mit der Nachbargemeinde Maierhöfen verbindet.

Das zu dieser Gemeinde gehörige Dorf Riedholz (194 Einwohner) liegt freundlich am nördlichen Ausgange des interessanten Eistobels (s. S. 58). Der Ort, in dem ein prächtiger, wenigstens zweihundert Jahre alter Nußbaum die Aufmerksamkeit erregt, besitzt in seiner Kapelle einen sehenswerten Altar, der aus dem Schlosse Alt-Laubenberg stammen soll. — Die mit schönen Altargemälden von Max Bentele aus Lindenberg geschmückte Pfarrkirche der Gemeinde steht in Maier-

[1]) Über diese Gemeinde gibt näheren Aufschluß: Endres, Geschichte der Pfarrei Grünenbach: 1860.

[2]) An das Lehengericht, das die Laubenberger ausübten, erinnert der Name „Galgenbauer", der sich für den Hof an der Wegkreuzung Röthenbach-Grünenbach erhalten hat.

Studienkopf.

Nach einem Aquarell von J. Fischer aus Oberstdorf.

(Im Besitze des Herrn Ign. Dornach in Weiler.)

... Pfarrdorf Grünen... ... mit seinen reinliche... ... von bedeutsamen hist... ... dem Staufen (s. S. ... Alt-Laubenberg (s. S. ... bach selbst auf eine w... ... dann montfortisch war, ... Jahren bayerisch wurde. ... baut und trägt trotz zahlr... noch mancherlei Spuren ... Hochaltar und Seitenalt... vom Hochaltar eingemauertes Gr... Wapp... geziert verdient Beachtung, ... früheren Beamten des Laubenbergischen Gerichts Schönau*) die Vorrecht besaßen

... Oberstaufen.)

... nehmen, ein Recht, das nun auf den Bürgermeist... ... ist.

... über die Argen eine großartige, in Eisenkonstruktion aus... lange, 54 m hohe Brücke gebaut, welche Grünenbach mit d... ...nde Maierhofen verbindet.

... Gemeinde gehörige Dorf Riedholz (194 Einwohner) liegt freun... ... Ausgange des interessanten Eistobels (s. S. 58). Der Ort ... wenigstens zweihundert Jahre alter Nußbaum die Aufmerksamkeit ... in seiner Kapelle einen sehenswerten Altar, der aus d... Schlosse Alt-... stammen soll. — Die mit schönen Altargemälden von M... Bentele aus ... geschmückte Pfarrkirche der Gemeinde steht in Maier-

... gibt näheren Aufschluß: Endres, Geschichte der Pfarrei Grünenbach.

... das die Laubenberger ausübten, erinnert der Name „Galgen... ... Hof an der Wegkreuzung Röthenbach-Grünenbach erhalten hat.

Studienkopf.

Nach einem Aquarell von J. Fischer aus Oberstdorf.
(Im Besitze des Herrn Ign. Dornach in Weiler.)

höfen, einem nur 97 Einwohner zählenden Dörfchen. Westlich von diesem erhebt sich der Burghügel von Ringenberg, einst Herrensitz der Ritter von Horben.

Noch reicher an geschichtlichen Erinnerungen ist die Gegend von Gestraz. Der Name (früher Gastres aus castra) gemahnt an die Zeit der Römerherrschaft, die zahlreichen Burgställe dagegen, die sich ringsum finden, rufen das Andenken an das Rittertum wach. Ein besonders schönes Denkzeichen aus dieser Zeit erblickt man an der Gestrazer Pfarrkirche: ein Grabmal mit reichen gotischen Zieraten, den Rittern Heinrich und Rudolf von Horben zu Ringenberg gewidmet. — Die Gemeinde Gestraz ist in dem hügeligen, durch die Argen anmutig belebten Gelände weithin verstreut. Sie zählt 1239 Einwohner, von denen aber nur 84 auf das Pfarrdorf selbst entfallen. Zu den 43 Orten der Gemeinde gehört das gut besuchte Bad Altensberg, das eine heilkräftige eisenhaltige Quelle besitzt. Das stattliche, einfach, aber behaglich eingerichtete Anwesen liegt einsam am Rande dichter Waldungen. Ein schöner Waldpfad führt von hier nach dem Dorfe Röthenbach (271 Einwohner). Dieses bildet den Mittelpunkt einer Gemeinde, die in 17 Orten 1287 Einwohner zählt. Das Dorf hat eine ähnliche Vergangenheit wie Grünenbach. In der Zeit, als die Montforter die Herren des Landes waren, wurde ein Graf von Montfort-Bregenz, so berichtet die Sage, auf einem Kreuzzug von den Türken gefangen genommen. Er gelobte eine Kapelle zu bauen, wenn er der Gefangenschaft entrinnen würde, und hielt, als er wirklich glücklich in sein Heimatland zurück kehren konnte, sein Versprechen; aus dieser Kapelle soll die Kirche zu Röthenbach entstanden sein. — Nahe dem stillen, abseits der großen Straße gelegenen Alt-Röthenbach ist jetzt auf der gegenüberliegenden Höhe an der Eisenbahnlinie ein Neu-Röthenbach entstanden, das erhöhte Bedeutung gewonnen hat, seit die Bahnstation Ausgangspunkt der Lokalbahnen nach Weiler und nach Scheidegg geworden ist (1893 und 1901).

Simmerberg.

Südlich und westlich von Röthenbach liegen die blühendsten, wohlhabendsten und vornehmsten Ortschaften des westlichen Allgäus.

Da ist das Dörfchen Ellhofen (330 Einwohner), in dem vor allem die schmucken Häuser der Käsegroßhändler Gebrüder Wachter ins Auge fallen; da ist weiter südlich der Markt Simmerberg (der Ort besitzt nur 324, die Gemeinde dagegen in 31 Orten 2044 Einwohner), in dem man einen förmlichen Wetteifer unter den Bewohnern wahrnehmen kann, wer sein Haus am nettesten und saubersten hält, wer die hübscheste Bauart, den prächtigsten gärtnerischen Schmuck aufzuweisen hat. Aber so reizend und vornehm auch eine große Zahl dieser Häuser ist, sie werden doch alle übertroffen durch das „schöne Haus“ des Großhändlers Hans Wachter. Mit seiner reichen, in Altanen und Giebelornamentik ausgeführten Holzarchitektur und seiner geschmackvollen Bemalung bildet es eine hervorragende Zierde des Ortes. Von dem geistigen Leben des Marktes, das in dem bekannten „Simmerberger Theater“ seinen beredtesten Ausdruck findet, ist schon die Rede gewesen (S. 251), ebenso von dem bedeutenden Verkehr, dessen sich der Ort in früherer Zeit erfreute, als noch die Immenstädter Salzroder hieher kamen (S. 219). Da auch sonst zahlreiche Frachtfuhrwerke und Postkutschen in Simmerberg Halt machten, ging es immer lebhaft zu und es war daher ein schwerer Schlag für den Markt, als die Eisenbahnen die Verkehrsverhältnisse umgestalteten. Der Ort wäre wohl bald vereinsamt gewesen, wenn nicht die Gründung des Käsegeschäftes von Specht und Wachter und der Bierbrauerei von König neues Leben gebracht hätten, da beide ziemlich rasch zu hoher Blüte gelangten. Zwar wurde später die Käsegroßhandlung (nun unter der Firma Gebrüder Wachter) nach Ellhofen verlegt, dagegen ist die Brauerei für Simmerberg von größter Bedeutung geblieben. Sie hat gegenwärtig einen Verbrauch von 10—11000 hl Malz. Eine Sehenswürdigkeit ist die Musterökonomie des Brauereibesitzers König, der neben seinem Anwesen auch einen weitläufigen Hirschpark angelegt hat. — Da Simmerberg nach Weiler eingepfarrt ist, ist hier nur eine Filialkirche. Diese ist vor zehn Jahren von Maler Heim in Genhofen geschmackvoll restauriert worden. Sie besitzt schöne Altäre, von Stadelmann in Ellhofen gefertigt, sowie Gemälde von Rinzler aus Simmerberg und von Bertle aus Schruns. Wertvoll ist auch ein sehr altes, aus Stein gehauenes Muttergottesbild mit dem Jesuskind; es soll aus dem Kloster Mehrerau stammen. — Wer den Ort und seine nächste Umgebung mustert, dem muß auch der Reichtum an Obstbäumen auffallen. In den zwanziger Jahren des vorigen Jahrhunderts legte der damalige Vorsteher Peter Baldauf eine große Baumschule an und brachte es dahin, daß in der ganzen Gemeinde sein Beispiel nachgeahmt wurde. So ist der Nutzen, den heute Simmerberg von seinem Obstreichtum genießt, auf die Tätigkeit dieses einen Mannes zurückzuführen.

Wohnhaus des Großhändlers Hans Wachter in Simmerberg.

Südlich von Simmerberg liegt, auf freien Bergrücken hingestellt, in einer Höhe von 858 m das Pfarrdorf **Oberreute** (167 Einwohner). Der Ort ist klein und abgelegen. Um so mehr überrascht die stattliche Pfarrkirche, die vor kurzem im Innern schön und freundlich restauriert worden ist. Und wer aus der Kirche heraus an die Friedhofmauer tritt und hier Umschau hält, der erkennt, daß dieses einsame Dorf noch etwas Schätzenswertes besitzt: einen entzückenden Ausblick namentlich auf die Molasseberge, die wohl nirgends so großartig und wirkungsvoll gruppiert erscheinen wie gerade von diesem Punkte aus.

Wenn man von Oberreute gegen Nordwesten absteigt und dem Laufe des Hausbaches folgt, gelangt man zu dem Markte **Weiler**, der 632 m hoch im Rothachtale liegt und seit 1893 Endpunkt einer Lokalbahn geworden ist. Der Ort, der zwar nur 1282 Einwohner zählt, aber eine große industrielle Tätigkeit entfaltet und

Markt Weiler im Allgäu. (Aufnahme von Helmhuber.)

Sitz eines Amtsgerichtes ist, macht mit seinen hübschen, vornehmen Häusern den Eindruck eines Städtchens. In dem hochgiebeligen Lammwirtshaus, das früher österreichisches Amtshaus war, besitzt Weiler eine historische Stätte, zu der sich weitere in der nächsten Umgebung gesellen: Scheiben, Schrecken-Manklitz und Altenburg (s. S. 205). Sie erinnern daran, daß Weiler bis zum Ende des 13. Jahrhunderts Besitztum des Klosters St. Gallen war, von dem es an die Montforter und später (1532) an die Habsburger kam, um endlich 1805 mit Bayern vereint zu werden.

Aus der Zeit der St. Galler Herrschaft ist wohl noch der Turm der Pfarrkirche erhalten; das Gemäuer und die romanischen Schallöcher lassen dies vermuten. Die Kirche selbst ist erst anfangs des 19. Jahrhunderts erbaut und soll die größte Landkirche des Allgäus sein. Sie ist mit schönen Gemälden von dem Rettenberger Künstler Weiß (Nikolaus oder Ludwig Kaspar?) ausgeschmückt und besitzt eine herrliche Orgel mit 42 Registern. Tritt man aus der Kirche, so betrachtet man mit Wohlgefallen die prächtigen drei Linden, die vor dem Pfarrhause stehen. Der

Hausbach, der hier vorbeifließt, hatte früher einen andern Lauf. Als aber im Jahre 1689 ein furchtbarer Wolkenbruch niederging, nahm er seinen Weg mitten durch den Ort, zerstörte mehrere Häuser und behielt das in wildem Ansturm eroberte neue Bett seitdem bei. — Etwas oberhalb der Pfarrkirche steht die kleine Sebastianskapelle neben einem ehemaligen Pestgottesacker, dessen Umfriedungsmauer noch im Grundriß zu erkennen ist. In der Kapelle, die 1628 „zur Abwehr der leidigen Pestilenz" errichtet wurde, erblickt man eine Votivtafel aus dem Jahre 1650 mit einem interessanten Trachtenbild.

Industrie und Verkehr waren in der österreichischen Zeit verhältnismäßig bedeutender als jetzt; zu Ende des 18. Jahrhunderts hatte Weiler mehrere Cotton- und Musselinfabriken. Von seiner gegenwärtigen Industrietätigkeit (es befinden sich hier zwei Webereien, eine Tabak- und eine Strohhutfabrik) wird später noch die Rede sein.

Zu den Sehenswürdigkeiten des Ortes gehört die Münzsammlung von Xaver Prinz, meistens Allgäuer Prägungen enthaltend, und die Sammlung von Kunst-

Lindenberg. (Aufnahme von Heimhuber.)

gegenständen und Altertümern, die Fabrikant Dornach in seinem Hause angelegt hat, ein kleines Privatmuseum, in dem sich reiches Material für die Kunstgeschichte und Heimatkunde des Allgäus vorfindet. — Erwähnung verdient endlich, daß Weiler die Geburtsstätte des österreichischen Patrioten Anton Schneider (s. S. 228), sowie des Rechtsgelehrten Alois Brinz ist, der von 1871 bis 1887 als Universitätsprofessor in München wirkte.

Ein blühendes, aufstrebendes Gemeinwesen ist der Markt Lindenberg.[1]) An Stelle des alten „Lintiberc", das schon im neunten Jahrhundert urkundlich erwähnt wird, dehnt sich heute eine weit in die Länge gezogene Häuserreihe, über welcher sich rauchende Kamine erheben, die vornehmste industrielle Tätigkeit des Ortes, die Strohhutfabrikation, bekundend. Durchwandert man den Ort, so findet man zahlreiche vornehm aussehende Häuser und hübsche Vorgärten; leider aber macht sich in neuester Zeit das Bestreben geltend, die dem ländlichen Stile ange-

[1]) Es gibt eine handschriftliche Lindenberger Chronik, verfaßt von Engelbert Zwiesler; ferner eine „Statistisch-landwirtschaftliche Beschreibung der Pfarrei Lindenberg" von J. Stauber. 1836.

paßte Bauweise zu verlassen, so daß nun so mancher Bau, in modernstem Ungeschmack aufgeführt, dicht neben den traulichen und freundlichen Wohnhäusern „älterer Ordnung" steht. Die groß angelegten Gasthäuser, das neue Post- und Telegraphengebäude, das am Bahnhof errichtete Lagerhaus einer Mannheimer Gesellschaft u. a. geben davon Kunde, daß der Ort mit der Außenwelt in regster Verbindung steht. Überall sieht man neue Baustellen und erkennt, wie sich der Ort fortwährend weiter dehnt und streckt. Von etwa 1600 Einwohnern im Jahre 1870 ist er bis 1905 auf 3048 Seelen gestiegen. Die blühende Strohhutfabrikation, welche vor allem diese Steigerung der Einwohnerzahl herbeigeführt hat, wird an anderer Stelle besprochen werden.

Bald soll Lindenberg auch zwei neue Kirchen erhalten, eine katholische und eine protestantische; die jetzige ist selbst für eine Dorfkirche zu unansehnlich. Der mit einem Satteldach versehene Turm erregt wenigstens noch durch sein Alter Interesse; die Kirche selbst aber, an Stelle der im Schwedenkrieg niedergebrannten neu aufgebaut, besitzt außer zwei beachtenswerten Gemälden nichts, was der Erhaltung wert wäre. Interessanter ist die am südlichen Ausgange des Ortes errichtete Kapelle, vor der eine herrliche Linde steht. Man erkennt noch die gotische Bauweise, die freilich durch spätere Umgestaltung großenteils zerstört oder entstellt ist. — Ein schöner und weitläufiger Bau ist das Lindenberger Krankenhaus; es steht am Saume eines prächtigen Weißtannen-Bestandes, der sich von hier bis zu dem hübschen, mit einer Badeanstalt ausgestatteten Sägenweiher erstreckt.

Zur Gemeinde Lindenberg gehört auch das Dorf G o ß h o l z (217 Einwohner). Die schmucken Häuser mit ihren hohen, blanken Fenstern machen einen städtischen Eindruck, sind aber doch mit ihrem kleidsamen Schindelpanzer geschmackvoll der Landschaft angepaßt. Von hier besucht man den kaum zehn Minuten entfernten Nadenberg, der eine entzückende Aussicht bietet: auf das Gebirge, auf den nahen Bodensee und auf das anmutige Alpenvorland. Hier erblickt man in nicht allzu großer Ferne das Dorf H e i m e n k i r c h (476 Einw.), das mit Goßholz und Simmerberg wetteifert an Eleganz und vornehmer Bauart der Häuser. Die große Brauerei von Karg hat zudem in ihrem neuen, nach den Plänen von Thiersch erbauten Gasthaus eine besondere Sehenswürdigkeit des Ortes geschaffen. (Die Gemeinde Heimenkirch zählt 2168 Einwohner in 21 Orten).

Von Lindenberg führt die Bahn südwestlich bis zur Endstation S c h e i d e g g. Dieses 1003 Einwohner zählende Pfarrdorf (die Gemeinde besitzt in 34 Orten 1984 Einwohner) hat eine ähnliche Vergangenheit wie Weiler. Der Kellhof „Saitegge" bildete wie der zu „Wilarn" einen Teil des St. Galler Besitztums und wurde von Klostervögten verwaltet, bis das Land (1296) an die Montforter kam, von denen es 1571 an Österreich überging. Im Schwedenkrieg kamen schwere Tage über Scheidegg; 1632 plünderten die Schweden die Ortschaft aus, zwei Jahre später kehrten sie wieder und zündeten das Dorf an. Auch die Pest raffte Hunderte von Einwohnern hinweg.

Das jetzige Scheidegg (seit 1805 bayerisch) gehört ebenfalls zu den Ortschaften, die der Fremde mit einem Gefühle freudiger Überraschung betrachtet: diese freundlichen, reinlichen Wohngebäude, diese stolzen, vornehmen Gasthäuser, diese musterhaft eingerichtete Sennküche, diese mächtige Pfarrkirche mit ihrem hohen Schiffe und schöngegliederten Turme erwartet man nicht in der immerhin etwas entlegenen Gebirgsgegend. Das schöne, vor zwanzig Jahren restaurierte Gotteshaus ist von dem Immenstädter Künstler Glötzle mit Deckengemälden ausgeschmückt worden. Eines derselben zeigt den Patron der Kirche, St. Gallus, in seiner Tätigkeit als Apostel der Bodenseegegend. Auf dem Platze vor der Kirche erhebt sich ein sehenswertes, wuchtig aufgebautes Kriegerdenkmal. — Die Bewohner des Ortes treiben zwar hauptsächlich Milchwirtschaft und Viehzucht, doch ist auch hier die Strohhutindustrie von Bedeutung. — Für die Sommergäste, die sich hier einfinden, gibt es, abgesehen von der Höhenlage des Ortes (804 m), noch manches, was den Aufenthalt angenehm gestaltet: vor allem die Ausblicke auf den Bodensee (vom Blasenberg und von Lötz aus), die hübschen Ausflüge zum Rückenbach und ins Rohrach, dann über Möggers zum Pfänder; auch für ein Schwimmbad im kleinen Hammerweiher ist gesorgt.

Scheidegg. (Aufnahme von Heimhuber.)

Wandert man von Scheidegg nach Süden, so gelangt man nahe der österreichischen Grenze zu dem kleinen, weltabgeschiedenen Pfarrdorf Scheffau (182 Einwohner), das, von zwei waldigen Tobeln umgrenzt, in schöner Landschaft daliegt. Wählt man dagegen die prächtige neue Kunststraße, die von Scheidegg am Rohrach entlang gegen den Bodensee zu führt, so erblickt man, ehe man die Leiblach erreicht, zur Rechten das hübsche Pfarrdorf Niederstaufen (190 Einw.), das namentlich von Osten her einen reizenden Anblick gewährt mit den aus Obstbäumen aufragenden Hausdächern und der hohen Kirche, hinter welcher der mit Bäumen und Buschwerk bewachsene Burgstall aufragt, auf dem einst das Schloß Waldburg stand.

Da wir unser Gebiet mit der Leiblach abgegrenzt haben, hätten wir nun eigentlich unsere Wanderung durch die Ortschaften des Bezirksamtsgebietes Lindau, soweit sie für uns in Betracht kommen, beendet. Aber einen flüchtigen Blick wollen wir doch auf den Sitz dieses Bezirksamtes werfen, auf die Stadt Lindau selbst (6530 Einwohner).

Wer sollte sie nicht rühmen, die alte „Lintoua“, das blühende „Klein-Venedig“ des ausgehenden Mittelalters, die ehemalige Reichsstadt im Schwäbischen Meere, die noch jetzt mit ihren Mauern und Bastionen und ihren Tortürmen zurückversetzt in die kampfreichen Tage der Vergangenheit, während doch zugleich der Hafen mit seinem steinernen Löwen und dem ragenden Leuchtturm, mit den prächtigen Dampfern und riesigen Trajektschiffen, mit der buntbewegten Menge von Fremden aus allen Ländern das Bild modernen Lebens und Treibens vor Augen führt!

Wer nur flüchtig die Stadt durchwandert, der wird das schöne Standbild des Bayernkönigs Maximilian II. betrachten, wird die reichen Freskomalereien des

Der Hafen von Lindau. (Aufnahme von Helmhuber.)

Rathauses bewundern und sich an dem schönen Bilde erfreuen, das der neue „Reichsbrunnen“, von hübschen Anlagen umgeben, bietet; er wird die Erker, Lauben und Zieraten der alten Patrizierhäuser in der Maximiliansstraße nicht unbeachtet lassen und von der mit schönen Anlagen geschmückten Römerschanze seine Blicke schweifen lassen über den blauen See und die herrlich aufgebaute Bergwelt. Wer aber länger in Lindau zu weilen Gelegenheit hat, der findet in dem Museum, im Archiv, in der Bibliothek, in den Kirchen der Stadt noch eine Fülle von Anregungen und Zeugnissen aller Art, die von der wechselvollen Geschichte der Stadt erzählen.

Wir wenden uns wieder nach Osten, um unsere Wanderung im Gebiete des Bezirksamtes Sonthofen fortzusetzen.

Dicht an der österreichischen Grenze liegt im untern Weißachtal der kleine, aber anmutende Ort Aach (88 Einwohner), dessen schlichte Wallfahrtskirche viel besucht wird. Zu der Gemeinde, die trotz ihrer geringen Seelenzahl (724 Einwohner in 10 Orten) ziemlich weit ausgedehnt ist, gehört auch das Dorf Steibis (239 Einwohner), das seit 1857 eine selbständige Pfarrei bildet. Wer von Steibis nach Norden wandert, der tritt bei dem betriebsamen Dorfe Weißach (185 Einw.) in die Gemeinde Staufen ein.

Der Marktflecken Oberstaufen, 792 m hoch gelegen (130 m über dem Weißachtale!) blickt auf eine bedeutsame Vergangenheit zurück. Schon 868 wird die Kirche von „Stoufun" urkundlich erwähnt; später war der Ort Mittelpunkt der „Herrschaft Staufen", besaß seit 1453 Marktrecht und erhielt Stock und Galgen. Gleich dem Schlosse, das während des Bauernkrieges in Flammen aufging, war auch der Ort selbst einmal von schwerem Brandunglück heimgesucht, indem er im Jahre 1680 bis auf fünf Häuser vollständig eingeäschert wurde. Bemerkenswert ist ferner, daß im Jahre 1328 Graf Hugo von Montfort in Staufen ein Kollegiatstift gründete, das erst mit dem Übergang Staufens an Bayern aufgelöst wurde.

Oberstaufen. (Aufnahme von Heimhuber.)

Gegenwärtig zählt Oberstaufen zu den bedeutendsten und blühendsten Gemeinwesen im Westallgäu. Während es im Jahre 1848 nur 530 Einwohner besaß, hat die letzte Volkszählung (1905) 1065 Seelen ergeben. Bedeutende Käselager und zahlreiche industrielle Betriebe (darunter eine Strohhutfabrik) heben den Wohlstand der Bevölkerung. Dieser Wohlstand prägt sich in den schmucken, zum Teil städtisch vornehmen Häusern aus. Reich ausgestattete Verkaufsläden zeigen, daß Staufen ein wichtiger Mittelpunkt für die ländliche Bevölkerung der Umgebung ist, und die Fürsorge, die ein tätiger Verschönerungsverein durch Anlage eines Schwimmbades, durch Aufstellung von Ruhebänken und Markierung hübscher Waldwege und Bergpfade bekundet, sucht auch den Sommergästen den Aufenthalt in Oberstaufen immer angenehmer zu gestalten. Ein Vereinigungspunkt für Fremde und Einheimische ist der Schloßkeller, der im Sommer bei zahlreichen Festlichkeiten Verwendung findet. Ein mächtiger Unterbau trägt die geräumige, in freundlicher Holzarchitektur ausgeführte Wirtshalle, von welcher man einen entzückenden

Ehemaliges Schloß Laubenberg-Stein.

Nach einem Gemälde von Spindler in Immenstadt.

(Im Besitze des Herrn Kaufmann Frey in Immenstadt.)

[illegible] bildet. Wer [illegible]
[illegible] Dorfe Werk[illegible]
[illegible] 792 m hoch gelegen [illegible]
[illegible] Vergangenheit zurück[illegible]
[illegible] ahnt; später war [illegible]
„Herrstett[illegible] Marktrecht und erhielt[illegible]
[illegible] Bauernkrieges in Flam[illegible]
[illegible] Brandunglück heim[illegible]
[illegible] vollständig eingeäschert wurde [illegible]
[illegible] Hugo von Montfort in St[illegible]
[illegible] Übergang Staufens an Bayern

[illegible]

[illegible] den bedeutendsten und bl[illegible]
[illegible] Jahre 1848 nur 550 [illegible]
[illegible] Seelen ergeben. Bede[illegible]
[illegible] eine Strohhutfabrik) [illegible]
[illegible] hat sich in den schön[illegible]
[illegible] ausgestattete Verkaufsl[illegible]
Staufen [illegible] Bevölkerung [illegible]
ist, und [illegible] tätiger Verschönerungsverein durch
Schn[illegible] Aufstellung von Ruhebänken und Mark[illegible]
Waldw[illegible] und Bergpfade bekundet, sucht auch den Sommergästen
in Oberstaufen immer angenehmer zu gestalten. Ein Vereinigungsp[illegible]
[illegible] Einheimische ist der Schloßkeller, der im Sommer bei zahlreich[illegible]
[illegible] Ein [illegible] Unterbau trägt die geräumige [illegible]
[illegible] ausgestaltete Wirtshalle, von welcher man einen

Ehemaliges Schloß Laubenberg-Stein.

Nach einem Gemälde von Spindler in Immenstadt.

(Im Besitze des Herrn Kaufmann Frey in Immenstadt.)

Ausblick auf das Weißachtal genießt. — Die Pfarrkirche zählt zu den schönsten im Allgäu. Im sogen. „Münchener Stil“, der an die Gotik anklingt, wurde sie im Jahre 1863 erbaut. Das schöne Radfenster über dem Hauptportal und zwei von Bildhauer Platz gefertigte Figuren: Petrus und Paulus, die Schutzpatrone der Kirche darstellend, verdienen besondere Beachtung. — Eine namhafte Leistung der Gemeinde war es, als vor einigen Jahren eine neue Wasserleitung hergestellt wurde, die von Au bei Steibis herführt und, obwohl sie vom Weißachtal bis zu einer Höhe von 130 m hinaufgeleitet ist, einen Druck ausübt, der höher als das Schloß emporreicht. Die Anlage hat 100000 Mark gekostet.

An dem kurzen Eisenbahntunnel vorbei, der durch den Staufener Berg führt, wandert man, zuerst mit prächtigem Ausblick auf den Säntis, dann durch schönen Hochwald nach dem einfachen Stahlbad Rain; nördlich von Staufen aber gehört zur Gemeinde das Dörfchen Kalzhofen (170 Einw.) und der Weiler Zell.

Seitenaltäre im Zeller Kirchlein. (Aufnahme von Ebert.)

So bescheiden sich das kleine Zell hinter grünen Hügelkuppen versteckt, so ehrwürdig ist es durch sein Alter; denn die Wisirihescella soll schon zu Anfang des neunten Jahrhunderts von dem Weltpriester Wisirher gegründet worden sein. Aber zugleich findet sich hier ein Kleinod, wie es wenige dieser Art in unserm Bergland gibt; es ist die von außen recht unscheinbare Zeller Kapelle. Ein freudiges Staunen ergreift uns, wenn wir hier eintreten und die köstlichen Schätze gewahren, die da aus einer früheren Kunstperiode auf kleinem Raume zusammengedrängt sind. Wir erblicken drei Altäre, deren Gemälde und Skulpturen als Meisterwerke der Gotik bezeichnet werden dürfen; der Hauptaltar wurde von Johann Strigel im Jahre 1442 gefertigt. Der linke Seitenaltar trägt das Montforter Wappen. Im Jahre 1845 sind die Altäre durch den Faßmaler J. Schwarz von Weiler geschickt erneuert worden. Die Wände des Kirchleins aber sind geschmückt mit Fresken, die in ihrer kindlich naiven Auffassung und in ihrem milden Farbenschimmer das Auge entzücken. In zwei Bilderreihen sind Szenen aus dem Leben Mariä, der Apostel und der Märtyrer dargestellt, und wenn auch der Meister selbst unbekannt ist, sein Werk darf zu den bemerkenswertesten Schöpfungen der schwäbischen Kunst aus der Mitte des 15. Jahrhunderts gerechnet werden. Diese Wandmalereien

Altar und Wandgemälde des Zeller Kirchleins.
(Aufnahme von Ebert.)

waren lange Zeit unter einer Kalktünche verborgen. Erst im Jahre 1883 wurden sie wieder aufgedeckt und durch den Münchener Historienmaler Bonifaz Locher in glücklichster Weise erneuert. — Ein gotisches Sakramentshäuschen aus Sandstein, mit dem Montforter Wappen geschmückt, gehört ebenfalls zu den Sehenswürdigkeiten des Kirchleins.

Auch das benachbarte Dorf Genhofen (87 Einw.) besitzt eine interessante Kirche. Sie wurde im Jahre 1495 erbaut und später etwas verlängert. Wenn man schon von außen das schöne Maßwerk der gotischen Fenster bewundert, so macht man beim Betreten des Kirchleins die erfreuliche Wahrnehmung, daß auch im Innern der gotische Charakter gewahrt ist, von einem flachen Gipsplafond abgesehen, mit dem vor etwa vierzig Jahren das Schiff abgeschlossen wurde. Ein schätzbares Kunstwerk ist der von Adam Schlanß im Jahre 1423 gefertigte Hauptaltar, der zahlreiche Gemälde und Skulpturen (im ganzen siebzehn bildliche Darstellungen!) enthält. Auch die beiden Nebenaltäre sind mit gotischen Zieraten und Gemälden geschmückt; namentlich besitzt der rechte Seitenaltar zwei vorzügliche Bilder, vermutlich ein Weihegeschenk; sie stellen eine Familie in altdeutscher Tracht dar und beziehen sich, wie es scheint, auf die Rettung eines der Familienglieder aus drohender Lebensgefahr. — Eine besondere Merkwürdigkeit der Genhofener Kirche ist die Sakristeitüre. Sie ist mit Eisenblech und Eisenbändern beschlagen und von oben bis unten mit Hufeisen bedeckt. Es steht dies offenbar in Zusammenhang damit, daß St. Stephan, unter dessen Schutze die Pferde stehen, der Patron der Kirche ist. Einige vermuten, daß schon in der heidnischen Vorzeit hier eine Kultstätte gewesen sei, wo man dem Wodan Pferde geopfert habe; bei Einführung des Christentums sei, um dem bestehenden Brauche Rechnung zu tragen, St. Stephan als Patron des zu erbauenden Kirchleins gewählt worden. Übrigens könnten die Hufeisen auch Weihegeschenke gewesen sein, dargebracht von Fuhrleuten, die in Bedrängnis geraten waren. Befand sich doch nahe bei Genhofen die schlimmste Strecke der viel befahrenen Straße zwischen Immenstadt und dem Bodensee, der einst so berüchtigte Hahnschenkel!

Sakristeitüre in der Kirche zu Genhofen.

20*

Genhofen bildet einen Bestandteil der Gemeinde Stiefenhofen. Dieser Ort (125 Einw.) gehört zu den ältesten Siedelungen der Gegend und muß schon im achten Jahrhundert eine gewisse Bedeutung gehabt haben, weil damals bei der kirchlichen Neuorganisation des Bistums Konstanz für den Alpgau das „Kapitel Stiefenhofen" gebildet wurde, das später (im Jahre 1353) 28 Pfarreien umfaßte. — Das Dörfchen, das man auf der Eisenbahnfahrt zwischen Oberstaufen und Harbatshofen für ein paar Augenblicke mit seinem spitzen Kirchturm zwischen grünen Hügeln hervorlugen sieht, liegt abseits vom großen Verkehr. Die Kirche ist ein gotischer Bau von hohem Alter. Die an der Südwestseite des Langhauses angebrachte Jahrzahl 1498 deutet wahrscheinlich eine Restauration des Gebäudes an, bei welcher Gelegenheit auch der Chor angebaut wurde. Im Gewölbescheitel des Chores erblickt man die Wappen der Grafen von Montfort und des Kapitels Stiefenhofen. Die innere Einrichtung ist im Jahre 1634 durch einen von den Schweden angelegten Brand zugrunde gegangen und später durch Werke im Zopfstil ersetzt worden. — Auf einer Anhöhe steht eine Kapelle an der Stelle, wo im Dreißigjährigen Krieg 70 an der Pest Verstorbene in einem gemeinsamen Grabe bestattet wurden.

Treten wir nun wieder, die Wasserscheide bei Oberstaufen überschreitend, in das Illergebiet ein, so finden wir in dem breiten, gegen den Alpsee hinziehenden Konstanzer Tal die Gemeinde und uralte Pfarrei Thalkirchdorf (753 Einwohn.). Sie besteht aus sieben Ortschaften, Kirchdorf, Osterdorf, Konstanzer mit Hub, Wiedemannsdorf, Lamprechts, Salmas und Knechtenhofen, die, weit auseinander gezogen, sich auf eine Strecke von mehr als 5 km verteilen. In Kirchdorf, dem Hauptorte des Pfarrsprengels, steht die Pfarrkirche, die mit Stukkaturen und Malereien von Jakob Spiehler (1767) ausgeschmückt und in jüngster Zeit restauriert worden ist. Sehenswert ist der Taufstein und ein spätgotisches, aus Sandstein zierlich gearbeitetes Sakramentshäuschen. In dem Turme, der nur in seinem untern Teile gemauert, im übrigen aber aus Holz aufgerichtet ist, hängen Glocken aus dem 16. Jahrhundert. Eine davon mit der Jahrzahl 1578 trägt das Königseggsche Wappen und die Umschrift: „Aus dem feir bin ich gefloßen, hanns frei burger zu Kempten hat mich goßen." — Der Ort Wiedemannsdorf besitzt eine große Dampfbäckerei und eine damit verbundene Molkerei, in der die Milch zu „Milchpulver" verarbeitet wird, das als Ersatz für kondensierte Milch Verwendung findet.

Am Nordostende des Alpsees erblickt man dicht am Fuße des Immenstädter Horns das reizende Dorf Bühl (144 Einwohner). Während das große, neugebaute Gasthaus den von Jahr zu Jahr sich mehrenden Sommergästen Rechnung trägt, bilden die zwei Kirchlein die Sehenswürdigkeit des Ortes. Die Loreto-Wallfahrtskirche, welche im Jahre 1666 erbaut wurde, besitzt zahlreiche interessante Votivtafeln und verschiedene Trophäen, die im 17. Jahrhundert aus den Türken- und Ungarnkriegen hieher gebracht worden sind. — Die Gemeinde Bühl zählt zwar nur 709 Seelen, umfaßt aber 14 Orte, von denen einige auf die den Alpsee umgrenzenden Höhenzüge malerisch hingelagert sind, so das hochgelegene Dörfchen

Zaumberg (89 Einw.) und der aus weithin zerstreuten Einzelhöfen bestehende Weiler Rieder, die Geburtsstätte eines angesehenen Allgäuers, des im Jahre 1808 geborenen Magnus Jocham, der als Freisinger Lyzealprofessor großes Ansehen genoß.

Von Bühl führt uns der Weg nach Immenstadt,[1]) das mit dem Vorzug einer besonders reizvollen landschaftlichen Umgebung die Bedeutung eines Eisenbahnknotenpunktes verbindet, indem hier von der München-Lindauer-Hauptlinie die Bahn nach Oberstdorf abzweigt.

In der Mitte des 14. Jahrhunderts hieß die Siedelung noch Immendorf. Sie gehörte damals den Rittern von Laubenberg-Stein. Als aber die Grafen von Montfort im Jahre 1360 das Dorf erwarben, setzten sie es durch, daß Kaiser Karl IV. dem Orte das Stadtrecht verlieh; aus Immendorf wurde ein Immenstadt. Die neue Stadt erhielt nun auch ihre Befestigung, ein Mauerring und trotzige

Bühl bei Immenstadt. (Aufnahme von Helmhuber.)

Tortürme erstanden. Ein Sonthofener, ein Kemptner und ein Lindauer Tor öffneten sich nach den drei Hauptrichtungen, die heute durch die Schienenwege angedeutet sind. Außerdem waren auch Vorwerke angebracht (die Wachtschanze an der Kemptner Straße und die Bühler-Schanze), um die Straßen gegen Osten und Westen zu sperren.

Nachdem im 16. Jahrhundert die Grafschaft Rothenfels an die Königsegger übergegangen war, erbaute Georg von Königsegg ein Schloß in Immenstadt, das 1620 vollendet war. Später wurde auch ein großer Lustgarten angelegt mit

---

[1]) Es gibt eine geschriebene Chronik von Immenstadt, von Wundarzt Heim nach Aufzeichnungen von Dr. Zör verfaßt. — Außerdem findet man Aufschlüsse in den gedruckten Werken von Geiger, Topographie von Immenstadt 1819, und Waibel, „Reichsgrafschaft Königsegg-Rothenfels“ 1851.

Springbrunnen und Grotten, mit einer „Eremitage“ und Kapelle, einem Treibhaus und einem Tiergarten für Damhirsche und Rehe; auch ein Steinadler war in einer hohen Linde eingegittert. Zu Ende des 18. Jahrhunderts, als Franz Fidel von Königsegg regierte, erreichte die Pracht und Verschwendung des Hofhaltes ihren Höhepunkt. Es wimmelte im Städtchen von Hofräten, Heiducken und Lakaien und die Bürger sonnten sich im Glanze der Würden: es gab Hofschlosser und Hofschmiede, Hofschuster und Hofschneider, Hofmüller und Hofbäcker usw. — Schließlich sah sich Franz Fidel genötigt, die gesamte Grafschaft gegen Besitzungen in Ungarn und eine ansehnliche Entschädigungssumme an Österreich abzutreten. Auf diese Weise war Immenstadt zwei Jahre lang (1804—1806) eine österreichische Stadt, ehe sie infolge des Preßburger Friedensschlusses an Bayern kam.

Immenstadt. (Aufnahme von Ebert.)

Heute noch trägt der Marktplatz ein historisches Gepräge: auf der einen Seite das ehemalige Schloß, jetzt Sitz des Amtsgerichtes und Rentamtes, auf der Südseite das Rathaus, das im 17. Jahrhundert erbaut wurde, mit Erkern und Wappen verziert; das stattliche Haus der Familie Hötz, jetzt zu einem Künstlerheim umgeschaffen, schließt wirkungsvoll eine weitere Seite des Platzes ab und in der Mitte erhebt sich eine Mariensäule. — Die Stadtpfarrkirche, in italienischem Renaissancestil erbaut, zeigt hübsche Barock-Stukkaturen und ist in neuerer Zeit (1877 und 1878) durch Gemälde von Ludwig Glötzle ausgeschmückt worden, demselben Künstler, der auch die kleine, am Fuße des Immenstädter Horns gelegene Friedhofkapelle mit sehenswerten Decken- und Wandgemälden ausgestattet hat. Ebenso hat er sich beteiligt an der Ausschmückung des Kapuzinerklosters, das Graf Hugo von

Königsegg im Jahre 1646 gegründet hat und das vor kurzem von Grund aus renoviert wurde. — Älter noch als dieses Kloster ist das aus einem Pfründnerhaus hervorgegangene Spital, das von dem Domherrn Konrad Wenger im Jahre 1497 gestiftet wurde. Es wird allerdings, da es den modernen Anforderungen nicht mehr entspricht, demnächst wieder seiner ursprünglichen Bestimmung als Pfründnerheim zurückgegeben werden, wogegen an anderer Stelle unter Aufwendung bedeutender Mittel ein neues Distriktsspital erstehen soll.

Ist in den genannten Gebäuden und in manch interessantem Hause des nördlichen Stadtviertels, namentlich in der Buttergasse, noch ein Stück Alt-Immenstadt erhalten, so tritt uns dagegen das moderne Erwerbsleben der Stadt entgegen, wenn wir den Bahnhofplatz betreten: das neue Post- und Telegraphengebäude, das ins Auge fallende Gasthaus zum „Bayerischen Hof“ (von Professor Thiersch erbaut) und der stolze Bahnhofneubau lassen die gesteigerten Verkehrsverhältnisse des Ortes erkennen; in den großen Güterschuppen aber findet sich aufgestapelt, was die berühmten Käselager (namentlich der Firma Herz), die bedeutende Verkaufshalle von Fleschhut (für landwirtschaftliche und milchwirtschaftliche Geräte), besonders aber die große Bindfadenfabrik für den Export bereit gestellt haben. Davon und von den bedeutenden Viehmärkten der Stadt wird später noch die Rede sein. — Auch zum Sommeraufenthalt wird Immenstadt von immer zahlreicheren Fremden gewählt. In dem herrlich gelegenen Friedrichsbad besitzt es eine gut geleitete Kuranstalt nach Kneippschem System; die schöne, abwechslungsreiche Umgebung bietet ebenso Gelegenheit zu kurzen Spaziergängen wie zu lohnenden Bergpartien; im Kleinen Alpsee ist ein Schwimmbad errichtet und im neuen Gesellschaftshaus stehen große Räume zu geselliger Unterhaltung zur Verfügung. — Wie sehr der Ort im Wachsen begriffen ist, erkennt man an den zahlreichen Neubauten, durch die sich Immenstadt nach Osten und Westen

Fürstabt Cölestin Vogl. (Siehe S. 312)

ausdehnt. In den letzten dreißig Jahren ist die Bevölkerungszahl von 2441 auf 4568 gestiegen.[1]) — Erwähnung verdient noch der Name eines Immenstädters, der von niederstem Stande zu einem Fürsten im alten deutschen Reich emporstieg. Cölestin Vogl, im Jahre 1613 als Sohn eines Königseggschen Leibeigenen geboren, trat mit 18 Jahren in das Reichsstift St. Emmeran in Regensburg ein und wurde 1655 zum Fürstabt des Klosters gewählt. Er starb im Jahre 1691.

Inneres der Kirche in Diepolz.

Nordwestlich von Immenstadt breitet sich das Gebiet der sog. „Bergstätte" aus; es sind die Gemeinden, die sich um den Hauchenbergstock gruppieren. Dazu zählt Missen mit 586 Einwohnern. Wo der Börlasbach mit dem Stixnerbach zusammenfließt, stehen die Häuser des kleinen Pfarrdorfes (292 Einwohner), einige der älteren in die Talenge hineingestellt, die andern, lauter ansehnliche, behäbige Häuser, freier draußen. Ziemlich hoch auf dem linken Ufer des Börlasbaches thront die Kirche. Ihr breiter, massiger Turm ragt mit rotem, spitzigem Dachhelm empor, auf allen Seiten schließen sich Hügelketten zu einem anmutigen Bilde zusammen. Von traurigen Tagen erzählt der Pestfriedhof, weit draußen am Fuße des Ochsenberges.

Taufstein in Diepolz.

Wenn man von Missen talauswärts wandert, den Bach entlang, der von hier an die Untere Argen genannt wird, so kommt man nach der kleinen Gemeinde Wilhams (514 Einwohner); geht man dagegen ostwärts an den Abhängen des Hauchenbergs hin, so erblickt man noch zahlreiche zur Gemeinde Missen gehörige Einöden, fast lauter auffallend große und schöne, saubere und stolze Gehöfte; einfacher und schlichter ist das Dörfchen Börlas (156 Einw.), das ebenfalls noch zu Missen gehört.

Dann erreicht man den Hauptort der Bergstätte, Diepolz (147 Einw.), das höchst gelegene Pfarrdorf unseres Alpenvorlandes (1038 m) mit prächtigem Ausblick

[1]) Aus der Heimischen Chronik seien noch folgende Zahlen angeführt: im Jahre 1739: 649, 1823: 985, 1843: 1293, 1864: 1736 Einwohner.

auf die südlichen Bergketten und auf den schweizerischen Säntis. Nur wenige Wohnstätten, darunter ein paar alte, gedunkelte Holzhäuser umstehen die Kirche, die in ihrem breiten, mit einem Satteldach gekrönten Turme noch ein Denkmal romanischen Baustils besitzt. Die Kirche selbst, 1513—1517 gebaut, ist spätgotisch, enthält aber einige wertvolle Stücke aus älterer Zeit: ein romanisches Prozessionskreuz aus dem 11. oder 12. Jahrhundert, einen vorzüglich schön gearbeiteten und gut erhaltenen Taufstein mit reichem Maßwerk und der Jahrzahl 1490, endlich ein Sakramentshäuschen, eine zierliche Arbeit aus der letzten Periode der gotischen Kunst. In den Jahren 1889—1895 wurde die Kirche durch den Münchener Architekten J. A. Müller aufs glücklichste restauriert; der kunstvoll geschnitzte gotische Holzplafond, die schönen Altäre, die neue Kanzel, die gemalten Holzschnitzereien, der edel ausgeführte Kreuzgang sind köstliche Zierden des kleinen Gotteshauses.

Zur Gemeinde Diepolz gehört das Dörfchen Freundpolz (1015 m hoch gelegen), in dessen Gemarkung vor etwa achtzig Jahren ein römischer Goldring gefunden worden ist mit der Inschrift „Vinculum Verulae"; ferner das Pfarrdorf Knottenried (72 Einw.). Diese Pfarrei besitzt wie Diepolz ein sehr hohes Alter und bildete einst ein Kirchenlehen des Klosters Weingarten. Ob die Bezeichnung „Burgstall", die ein Höhenrücken nördlich vom Dorfe führt, damit in Zusammenhang steht, daß hier Amtsleute des Klosters ihren Wohnsitz hatten, ist nicht nachzuweisen. Erwähnung verdient, daß die Kirche von den Bewohnern des Ortes selbst erbaut worden sein soll.

Weiter östlich zeigt sich auf freier Bergeshöhe Akams, eine sehr alte Siedelung (Ort des Machalm, Machalmes). Die Gemeinde zählt 271 Einwohner, die Gehöfte sind durchaus freundlich und behäbig. Die kleine, aber schmucke Kirche, weithin sichtbar, wurde im Jahre 1732 erbaut und 1890—94 renoviert. Der Turm wurde 1898 aus freiwilligen Beiträgen erbaut und mit einer bei Wolfart in Kempten gegossenen Glocke ausgestattet, deren Klang nun weit ins Illertal hinaus tönt. Drei andere, kleinere Glocken, die im Turme hängen, wurden 1642 in Lindau gegossen. Die Kirche ist im Innern sehr schön ausgeschmückt; im Deckengemälde ist Akams selbst mit seinem großartigen Berghintergrunde dargestellt.

Auf einem östlichen Ausläufer der Hügelzone, nahe dem Werdensteiner Moose, liegen die Häuser von Eckarts. (Die Gemeinde zählt 233, das Pfarrdorf 67 Einwohner.) Abgesondert vom Dorfe steht die Kirche; wer hier an der südlichen Friedhofmauer Umschau hält, dem bietet sich ein entzückender Ausblick auf das waldgeschmückte Hügelland und auf die nahe Gebirgswelt. Im Innern aber gewahrt man einen schönen Taufstein aus dem 16. Jahrhundert und mehrere wappengeschmückte Grabsteine über der Gruft der in der Kirche bestatteten Ritter von Werdenstein. Der Chor, der im Jahre 1479 von Georg von Werdenstein erbaut wurde, ist gotisch, das Langschiff dagegen zeigt Zopfstil. Im Turme hängen zwei Glocken aus dem 15. Jahrhundert.

An den Fuß des Stoffelsberges, dessen seltsamer Terrassenbau sich wie eine Riesenfeste aufbaut, ist das anmutige Pfarrdorf Niedersonthofen hingelagert.

Der Ort, der 233 Einwohner zählt, besitzt eine sehenswerte Kirche, deren hochragender Turm mit dem grünen Kuppeldach ein Wahrzeichen der Gegend ist. Das Schiff samt dem Chor ist eines der edelsten gotischen Bauwerke unserer Gegend, leider im Innern teilweise durch Umgestaltungen im Zopfstil entstellt. Die hohen Spitzbogenfenster sind mit schönen Glasgemälden geschmückt, auch das farben- und figurenreiche Deckengemälde von Nikolaus Weiß ist wirkungsvoll. Außer einem Taufstein aus dem 15. Jahrhundert und den Grabdenkmälern mehrerer Pfarrherren (1743, 1758, 1784) verdienen auch die „Franzosenstühle" Beachtung, von denen schon früher die Rede war (S. 226).

Rühriges Leben herrschte im vorigen Jahrhundert in Niedersonthofen. Es war ein Hauptsitz der Spinnerei und Weberei und besaß eine eigene Spinn- und Weberschule, um die sich besonders der damalige Pfarrherr Joh. Ev. Müller verdient machte. Zur Hebung der Obstzucht wirkte erfolgreich Matthias Schneider, so daß noch jetzt, obwohl der Eifer für Nachzucht etwas erkaltet ist, der Ort treffliches Edelobst gewinnt. — Am Eingang zum Tobelbach befand sich auch ein Schwefelbad, das allerdings schon seit längerer Zeit nicht mehr vorhanden ist. In der Nähe Niedersonthofens, da, wo der Fußweg nach Oberdorf von der Fahrstraße abzweigt, stand eine Papiermühle; das Gebäude ist noch erhalten und an seinem auffallenden hochgiebeligen Dache leicht kenntlich.

Niedersonthofen.

Wie zur Gemeinde Niedersonthofen (645 Einw.) eine Anzahl kleinerer Orte gehört, so das hochgelegene Riggis, dessen Name uns an die alte, den Alpgau vom Nibelgau trennende Grenzmarke „Rogginsfluh" erinnert, dann das Dörfchen Gopprechts mit seiner idyllischen Kapelle, ferner die über den Stoffelsberg zerstreuten Häuser von Stoffels, das kleine Linsen u. a., so ist auch die Pfarrei Niedersonthofen sehr ausgedehnt; sie greift in drei Nachbargemeinden über: Memhölz, Weitnau und Eckarts.

In elf kleine Ortschaften verteilt (Einharz, Bräunlings, Seifen u. a.) ist die 662 Personen zählende Gemeinde Stein. Die Pfarrkirche des Dorfes besitzt einen Turm, der mit seinem wuchtigen Aufbau und dem Satteldach schon von weitem auffällt. Wohl ein halbes Jahrtausend mag er alt sein, wenn er auch nicht, wie manche Umwohner meinen, „von den Heiden erbaut worden ist." Auch Glocken von ehrwürdigem Alter hängen im Turme. Die größere mit gotischer Umschrift und schönen Wappenschildern wurde 1508 zu Biberach gegossen, eine zweite trägt die Jahrzahl 1443. Die Kirche selbst, die durch schöne Decken- und Wandgemälde (von Huwyler und Schmid in München), sowie durch ein stimmungsvolles Altarbild in trefflicher Weise ausgeschmückt ist, besitzt zahlreiche Andenken an die einstigen Grundherren, die Ritter von Laubenberg. In der Seitenkapelle erblickt man reichverzierte Epitaphien und Wappen; unter der Kapelle aber befindet sich die Familiengruft der Laubenberger und ihrer Erben, der Familie von Pappus-Tratzberg.

Treten wir nun in das obere Illertal ein, so zeigt sich uns als erste Ortschaft das Dorf Blaichach (1225 Einwohner). In den Zeiten der Montforter befand sich hier ein gräflicher Sennhof nebst der Pfarrkirche. Später, im 16. Jahrhundert, betrieben Ulmer Kaufleute, allerdings nur für einige Jahrzehnte, am Aubach einen Schmelzofen, der dann in eine Glashütte umgewandelt wurde. Heute trägt Blaichach das Gepräge eines Fabrikortes. Die große Baumwoll-Spinnerei und Weberei beherrscht mit ihren Betriebsgebäuden, Lagerräumen und Arbeiterwohnhäusern den südlichen Teil des Ortes vollständig, während sich der nördliche mehr den Charakter des Gebirgsdorfes bewahrt hat. Hier steht noch, wenn auch bau-

Stein bei Immenstadt. (Aufnahme von Helmhuber.)

fällig und zum Abbruch bestimmt, das alte Kirchlein, dessen Schiff der romanischen Bauperiode angehört, während der Chor laut einer noch vorhandenen Urkunde im Jahre 1424 errichtet und von Weihbischof Thomas von Konstanz eingeweiht wurde. Außer den Altären mit gotischem Schnitzwerk und einem interessanten Epitaphium ist nichts Nennenswertes in dem Kirchlein zurückgeblieben. — Unmittelbar daneben erhebt sich die neue Kirche, im Jahre 1903 von Oberbaurat Höfl (München) hergestellt. Mit ihrer vornehmen, in altromanischem Stil gehaltenen Architektur hebt sie sich zwar etwas fremdartig von der ländlichen Umgebung ab, stellt sich aber sowohl im ganzen Aufbau wie in allen Einzelheiten als ein edles Meisterwerk dar. Im Innern fällt das Wuchtige des Stiles besonders an dem steinernen Empore in die Augen. Die Töne der Orgel, die hier aufgestellt ist, kommen bei der ausgezeichneten Akustik des Gotteshauses zur vollsten Geltung. Die innere Einrichtung ist noch unvollendet. Noch fehlen die neuen Kreuzwegbilder und die großen Freskogemälde, die künftig die breiten Wandflächen schmücken sollen. Dagegen prangen schon die drei Altäre in ihrem Goldschmuck; die zwei Seitenaltäre werden Gemälde von Joseph Guntermann (München) erhalten, der Hauptaltar aber, der einen prunkvollen Reliquienschrein darstellt, besitzt in vier Feldern meisterhaft ausgeführte, von Alois Müller (München) modellierte Silberreliefs. Stilgemäß erscheinen Kanzel und Kommunionbank, aus der alten Kirche aber ist ein gotischer Taufstein mit dem Montforter Wappen herübergenommen, ebenso das ehemalige Altarbild, ein Werk des Rettenberger Malers Weiß.

Auch der hübsche, von zahlreichen Obstbäumen beschattete Ort Ettensberg (162 Einw.), über dem einst das feste Schloß „Ötensperch" thronte, gehört zur Gemeinde Blaichach. Wandert man von hier auf schönem Fußpfade an dem alten „Bild" vorbei, den schäumenden Aubach zur Linken, die Abhänge des Mittag zur Rechten, so kommt man über den uralten Weiler Reute in die Gemeinde Gunzesried (783 Einwohner.)

Neue Brücke bei Gunzesried. (Aufnahme von Heimhuber.)

Gründlich hat hier die Vereinödung gewirkt, die im Jahre 1808 erfolgte. Nur wenige Häuser des Dorfes, das 384 Einwohner zählt, gesellen sich zu Kirche, Schule und Wirtshaus; die meisten sind in die Einöde verstreut, teils tiefer gelegen innerhalb der auffallenden Böschungen eines ehemaligen Seebeckens, teils auf die wechselreich geformten Anhöhen gestellt, die vom Steineberg und vom Hättenberg überragt werden, darunter viele malerische, schön gedunkelte Holzhäuser. Weiter taleinwärts, wo die Straße den tiefen Tobel des Aubaches überschreitet, ist seit 1901 an Stelle der alten gedeckten Holzbrücke eine Eisen-Betonbrücke in kühnem Bogen von Fels zu Fels gespannt, um den Verkehr mit dem hinteren Tale zu vermitteln, wo die „Gunzesrieder Säge" anmutig in freundlicher Gegend liegt. — Zur Gemeinde Gunzesried gehören auch die Orte Bihlerdorf (313 Einw.) und Seifriedsberg[1]) (48 Einw.). In dem letzteren, nur wenige Häuser umfassenden Dorfe steht

[1]) Ausführliche Mitteilungen über die Pfarrei Seifriedsberg findet man in der interessanten Monographie von Pfarrer Michael Raich: „Beiträge zur Geschichte der Pfarrei S." Immenstadt 1905.

die Pfarrkirche hoch oben auf grünem Höhenrand. Mit ihrem spitzen Turmhelm blickt sie weit in das Illertal hinaus. Ebenso macht das etwas tiefer gelegene Gasthaus „Lug ins Land" seinem Namen alle Ehre; denn wunderbar schön ist der Ausblick, den man von der breiten Wirtschaftsterrasse aus genießt.

Ehe wir von hier weiter vordringen gen Süden, müssen wir noch einen Abstecher über die Berge machen, um der Gemeinde Balderschwang einen Besuch abzustatten.

Balderschwang genießt den zweifelhaften Ruhm, die entlegenste und zugleich die höchst gelegene Gemeinde Bayerns zu sein. Mit seiner Höhenlage von 1045 m (der Schneeberggipfel im Fichtelgebirge ist 1053 m hoch!) unterscheidet es sich zwar nur um ein geringes von Diepolz (s. S. 312); aber während dieser Ort nach Süden frei steht und auch im tiefsten Winter verhältnismäßig lange der Sonnenbestrahlung ausgesetzt ist, wird Balderschwang von hohen Bergen eingeschlossen. Von den Schneemassen, die sich in diesem „bayerischen Sibirien" ansammeln, kann man sich einen Begriff machen, wenn man hört, daß man zur Winterszeit von der Schneebahn der Straße auf die ziemlich hohe Freitreppe des Wirtshauses nicht hinauf-, sondern hinabsteigen muß und daß im Friedhof nur wenige Grabkreuze aus der weißen Decke hervorschauen.

Seifriedsberg.

Der Umstand, daß sich das Balderschwanger Tal gegen Westen öffnet, nach allen andern Seiten aber durch Berge abgeschlossen ist, hat natürlich die Geschichte der Besiedelung beeinflußt. Noch im 13. Jahrhundert war hier eine Waldwildnis, die zum Gebiete der Grafen von Montfort-Rothenfels gehörte. Erst in dieser Zeit begann von Hittisau her die Rodung mit solchem Erfolg, daß allmählich große Weideflächen entstanden und schon im Jahre 1569 eine Kapelle erbaut wurde für die Hirten, die dort den Sommer verbrachten. Im Jahre 1679 kaufte das Kloster Weingarten Weideplätze am sog. „Schwabenhof", andere folgten diesem Beispiele. Die Hirten und der Schaffner des Klosters blieben 1684 zum erstenmal das ganze Jahr hindurch, und 1796 wurde Balderschwang eine eigene Pfarrei. Als im Jahre 1806 die Grafschaft Rothenfels an Bayern fiel, wurde auch Balderschwang als ein Bestandteil jener Grafschaft bayerisch.

Auch heute noch hat Balderschwang den Charakter einer Alpe nicht ganz verloren. Im Winter sind nur etwa 16—18 Häuser bewohnt, im Sommer aber kommen die Bregenzerwälder und beziehen ihre Vorsäßen, dann ihre Alpen, so daß nun 52 Wohnhäuser und 30 Alphütten bewohnt sind. Es gibt also „Halbjährige“ (das sind fast durchaus Österreicher) und „Ganzjährige“; dazu gehören zwei österreichische Grenzwächter; die übrigen (der Pfarrer, der Lehrer, der Wirt, der Revierjäger und einige Bauern) sind meist Bayern. Gegenwärtig sind die bayerischen Bewohner so gering an Zahl, daß nicht einmal die Gemeindeverwaltung vollzählig ist; dazu sind zwei Mitglieder derselben „Halbjährige“, darunter der Gemeindekassier, so daß im Winter der Bürgermeister dessen Geschäfte besorgen muß.

Diesen Verhältnissen entspricht es, daß vor dem Pfarrhaus zwei Fahnenstangen aufgestellt sind: eine in bayerischen, die andere in österreichischen Landesfarben. Das Pfarrhaus ist ein schöner, wohnlicher Neubau. Auch ein neues Schulhaus

Balderschwang. (Aufnahme von Heimhuber.)

wurde vor kurzem in schmuckem Villenstil erbaut. Freilich hat der Lehrer im Winter gewöhnlich nur etwa drei Werktags- und ebenso viel Feiertagsschüler (einmal war auch nur ein einziges Schulkind zu unterrichten); vom Juni bis November kommen dann noch die österreichischen Kinder dazu, etwa 15 bis 20; die auf den höher gelegenen Alpen weiter als eine Stunde entfernt wohnen, sind vom Schulbesuche befreit. Die Pfarrkirche wurde 1836—1839 erbaut und vor kurzem innen und außen gründlich und hübsch restauriert; auch eine gute, neue Turmuhr wurde angeschafft. — Wer im Sommer, etwa von der Alpe Wilhelmine herab oder vom Bregenzer Wald her nach Balderschwang kommt, der wird sicher von dem hübschen Dörfchen, über das die bewaldeten Berge rings emporsteigen, einen guten Eindruck mit nach Hause nehmen; aber auch die winterliche Einsamkeit des Ortes aufzusuchen, das „bayerische Sibirien“ in seinem Schneegewande zu schauen, ist für unsere Zeit des Skisportes ein dankbares Unternehmen.

Kehren wir nun ins Illergebiet zurück!

Über die Hochfläche, die sich zwischen dem eigentlichen Illertal und den westlich aufragenden Flyschketten ausbreitet, ist eine überraschend große Zahl von Siedelungen ausgestreut, die durch die anmutige Lage in wechselreichem Hügelland und durch die freundliche Gruppierung der Gehöfte das Auge erfreuen. Da ist vor allem die Gemeinde Offerschwang (864 Einw.) mit ihren Filialdörfern Hüttenberg und Bettenried, Tiefenberg und Schweineberg und dem vollständig in Einzelgehöfte aufgelösten Sigiswang. In den etwas abseits vom großen Verkehr gelegenen Ortschaften kann man noch manch hübsches Stück von ehrwürdigem Alter antreffen, sei es ein verwettertes Haus oder ein malerisches Kapellchen oder ein merkwürdiges Steinkreuz, wie ein solches auf dem Wege von Hüttenberg nach Bettenried zu sehen ist. Eine besonders romantische Lage hat das Pfarrdorf Offerschwang (130 Einw.) Dicht über einem Tobel, dessen Steilhänge mit düsterm Hochwald bekleidet sind, steht die Kirche, die im Jahre 1756 erbaut und vor zehn Jahren einfach restauriert wurde. Vor zwei Jahren erhielt sie eine neue gute Orgel mit 15 Registern, auch die Kirchenfenster sollen demnächst durch neue ersetzt werden.

Steinkreuz bei Bettenried. (Aufnahme von Heimhuber.)

Südlich grenzt die Gemeinde Bolsterlang an (532 Einw.). In Kierwang, dem ersten Orte der Gemeinde, sehen wir wieder die weit zerstreuten Gehöfte als Wirkung der im Jahre 1818 erfolgten Vereinödung; das Dorf Bolsterlang (154 Einw.) dagegen und das zur gleichen Gemeinde gehörige Sonderdorf (129 Einw.) sind geschlossene Ortschaften, da hier gelegentlich der Vereinödung (1857 und 1858) nur ein einziges Anwesen hinausgebaut wurde. In der Kapelle von Bolsterlang enthält der Chorraum eine kunstreich getäfelte Decke, auch hängt im Turme eine Glocke vom Jahre 1580. — Die Kapelle des benachbarten Ortes Unter-Mühlegg besitzt ebenfalls eine Sehenswürdigkeit in einem alten, schön gearbeiteten Eisengitter. — Schwer bedrängt wurde früher die Gemeinde durch die von den Flyschbergen herabkommenden Wildbäche, die nun mit einem Kostenaufwand von 30000 M. verbaut worden sind.

An dem schönsten Punkte des Illertals liegt das Pfarrdorf Fischen (560 Einwohner; die Gemeinde ist 1061 Seelen stark). Es ist eine sehr alte Siedelung;

schon im neunten und zehnten Jahrhundert wird „Viskingun“ und „Fiskine“ genannt. Die erste Pfarrkirche des Ortes wurde im Jahre 1126 eingeweiht, und weit ausgedehnt war früher der Pfarrsprengel. Mußten doch bis zum Jahre 1391 die Leute des Wassertals sogar vom hintersten Talwinkel hierher zur Kirche gehen!

Die gegenwärtige Pfarrkirche, mit ihrem spitzen Turmhelm bis zu den Vorhöhen um Kempten sichtbar, besitzt zwei Altarbilder von Claudius Schraudolph, während in der Liebfrauenkapelle, die im 17. Jahrhundert erbaut wurde und durch ihr eigenartiges Kuppeldach auffällt, ein wertvolles Gemälde von Kaspar Sing den Altar schmückt. Auch sonst ist die Kapelle mit schönen Bildern ausgestattet und im Chorfenster erblickt man die Wappen des Grafen Hugo von Königsegg und seiner Gemahlin.

Von den zahlreichen Wasseradern, die wie ein Netz die Gegend von Fischen durchziehen, ist die Rotfisch früher wegen ihres außerordentlichen Reichtums an Forellen viel genannt worden. Die Wasserkraft des Grundbaches wird gegenwärtig durch Fabrikbetrieb (Mechanische Weberei) ausgenützt. — Den fremden Wanderer entzückt vor allem der unvergleichlich schöne Ausblick, den Fischen selbst und die nächste Umgebung, namentlich die Höhe von Maderhalm bietet. Darum ist Fischen eine beliebte Sommerfrische geworden.

Vielleicht ist dies bald auch bei dem benachbarten Dörfchen Langenwang (213 Einw.) der Fall. Bisher hatte dieser Ort mit seiner altertümlichen Bauart und seinem unverfälscht ländlichen Aussehen wenig Beachtung bei den fremden Stadtleuten gefunden. Aber seit Eröffnung der Breitachklamm, die von hier aus leicht erreicht werden kann, beginnen bereits einige Häuser der kleinen Ortschaft ein neues Gewand anzuziehen, Balkone werden angebaut, Fremdenzimmer eingerichtet und auch das Hotel wird nicht lange auf sich warten lassen, das dann verächtlich auf die vom Alter geschwärzten Schindeldächer niederblickt.

Wie Langenwang durch die Breitachklamm, so ist Obermaiselstein durch die Erschließung der Sturmannshöhle bekannter geworden. Das hübsche Pfarrdorf (180 Einw.), hoch an den Steilrand einer vorzeitlichen Flußböschung (vielleicht eines alten Breitachbettes?) hingebaut, war einst wohl von freien Eglofsheimern (s. S. 216) bewohnt; 1386 wird es das „frye Maizzelstain“ genannt. — Die Kirche des Ortes — fast mehr Kapelle zu nennen — enthält zwei Altarbilder von Ludwig Kaspar Weiß. Interessant ist der Hochaltar, dessen Tabernakel vollständig die Form der Bundeslade hat mit den zwei Cherubim. Der nebenan stehende Taufstein trägt die Jahrzahl 1637. Zu den Kirchenschätzen gehört auch ein schöner gotischer Kelch. — Von 1781 bis 1792, dann wieder von 1820—1833 wirkte in Obermaiselstein Pfarrer Petrich, der zuerst auf das merkwürdige Vorkommen von Granit auf dem Bolgen aufmerksam machte und eine wertvolle Mineraliensammlung anlegte. Diese befindet sich jetzt im Pfarrhause und wird vielleicht bald neu geordnet und besser zugänglich gemacht werden.

Von Obermaiselstein führt ein anmutiger Weg durch den Hirschsprung nach Tiefenbach. (366 Einwohner in 14 Orten.)

Tiefenbach gehört zu den Ortschaften, die durch die Vereinödung ihr Aussehen vollständig verändert haben. Vor dem Jahre 1774 stand da, wo heute das Wirtshaus Wasach mit seinem herrlichen Ausblick auf die Oberstdorfer Berge so viele Wanderer anlockt, ein geschlossenes, ansehnliches Dorf; heute ist alles auseinandergezogen: lauter Einzelhöfe, fast alle schmuck und von Wohlstand zeugend, bald dicht an der Straße, bald mitten im Wiesengrund, bald auf freiem Hügel thronend. Die Pfarrkirche ist ein schlichter Bau, besitzt aber schöne Altarbilder von Ludwig Kaspar Weiß. Von der Reliefgruppe, welche den Grafen Fidel von Königsegg mit den Seinen darstellt, war schon die Rede. (S. 226.)

Altes Bad Tiefenbach.

In der Schlucht, die zur Breitach hinabführt, liegt das Bad Tiefenbach. Lange Zeit war dies das einzige Bad im Allgäu, das einen größeren Ruf genoß, so daß selbst in Münsters Cosmographey vom Jahre 1569 darauf hingewiesen wird: „Teuffenbach ein Schwebelbad zwo meil hinder Ymenstatt, stoßt an die Alpen, vnd ist für das Feber." Schon in einer Urkunde vom Jahre 1492 wird der Schwefelquelle Erwähnung getan und im Jahre 1518 ließ der Graf von Montfort, dem die Gemeinde Tiefenbach ein geeignetes Stück Landes zum Geschenk gemacht hatte, dort ein Badhaus errichten, das freilich später zerfiel, worauf im Jahre 1644 Graf Hugo von Königsegg ein neues erbaute. — Die Quelle besitzt ein jodhaltiges, alkalisches Schwefelwasser, das seinen Gehalt an Schwefelwasserstoff wahrscheinlich der Zersetzung des im Grünsandstein enthaltenen Schwefelkieses verdankt; sie ist namentlich heilkräftig bei Hautkrankheiten, Rheumatismus und Gicht.[1])

Jetziges Bad Tiefenbach.
(Aufnahme von Helmhuber.)

[1]) Eine eingehende Beschreibung der Schwefelquelle erfolgte zuerst 1644 durch Jakob Eckholder, dann 1766 durch Joh. Fr. Bilgeren, später 1815 durch Dr. Geiger, zuletzt 1829 durch Dr. Vogel. (Die letzteren sind neu gedruckt von Hofmann, Oberstdorf 1905.)

Gegenwärtig ist das Badehaus, das vor zehn Jahren umgebaut wurde, zwar einfach, aber den Anforderungen der Neuzeit entsprechend eingerichtet und wird von Leidenden um so lieber aufgesucht, als die reine Gebirgsluft und die waldreiche Umgebung ebenfalls gesundheitfördernd wirken. Der rührige Verschönerungsverein von Tiefenbach aber hat durch Weganlagen (namentlich auf die Sulzburg) dafür gesorgt, daß auch Gesunde ihre Sommerfrische gern in Tiefenbach wählen, und die außergewöhnlich günstige Lage, welche der „Kapf“ oberhalb Walach durch seine Höhe (nahezu 1000 m) und seine auch im Winter langdauernde Sonnenbestrahlung bietet, hat die Versicherungsanstalt für Schwaben und Neuburg veranlaßt, diesen Grund zur Erbauung einer Volksheilstätte für Lungenkranke zu erwerben.

Von Tiefenbach führt ein Sträßchen westlich zur Einöde Rohrmoos. Nicht bloß als eine der schönsten Alpen des Allgäus, auf deren ausgedehnten Matten 110 Kühe weiden, während in der mit modernen Einrichtungen versehenen Sennerei die Herstellung von Rundkäsen nach Emmentaler Art betrieben wird, verdient Rohrmoos unsere Beachtung, sondern auch deshalb, weil dieser Kulturposten schon in sehr früher Zeit in das einsame Alpental gestellt war. Im 15. Jahrhundert gehörten die drei Güter, die hier bestanden, verschiedenen Besitzern; zu Anfang des 16. Jahrhunderts aber erwarb und vereinigte diese Güter Graf Johann von Sonnenberg, Herr zu Wolfegg, Landvogt in Schwaben. Auch die umliegenden Wiesen, Weiden, Alpen und Waldungen brachte er nach und nach an sich, so daß das gesamte Gut im Laufe von zehn Jahren schon 6550 Tagwerk umfaßte. Von der Lehenshoheit, die der Ritter Burkard von Heimenhofen über den größeren Teil des Gebietes besaß, befreiten sich die Erben des Grafen von Sonnenberg, die Erbtruchsessen Georg und Heinrich zu Waldburg, im Jahre 1550; der kleinere Teil des Gutes war Lehen des Stiftes Kempten. Im letzten Drittel des vorigen Jahrhunderts wurde das Besitztum, das nun der Linie Wolfegg zugeteilt war, abermals wesentlich vergrößert, so daß es gegenwärtig in die Gemeinden Balderschwang, Obermaiselstein, Tiefenbach, Mittelberg und Siebratsgfäll übergreift und rund 4200 ha umfaßt, wovon 43% als Wald, 31% als Alpen und Wiesen benützt werden; der Rest entfällt auf Felsen, Stein- und Geröllhalden und Wasserläufe. Auf den Alpen können außer den erwähnten 110 Kühen in zwanzig Herden 700—800 Kühe gesömmert werden, außerdem noch Jungvieh, Schafe und Ziegen.[1])

Kapelle in Rohrmoos.

---

[1]) Nach gütigen Mitteilungen von Förster F. Hohenadl in Rohrmoos.

21*

Das Gut hatte in früheren Zeiten sogar seine eigene Badstube, die freilich längst — wie so viele andere! — verschwunden ist. Dagegen steht noch aus der zweiten Hälfte des 16. Jahrhunderts die interessante hölzerne Kapelle, die im Innern reich mit Bildern, Wappen und sonstigen Verzierungen bemalt ist; diese Malereien wurden im Jahre 1901 von K. Schleibner aus München stilgetreu renoviert. Mit einem Gemisch von Schauder und Heiterkeit betrachtet man die auf der Türseite angebrachte Darstellung des Jüngsten Gerichtes, in der die Phantasie des (leider unbekannten) Künstlers die grausigsten Teufelsgestalten ersonnen hat, um die Qualen der zur Hölle Hinabgestoßenen recht anschaulich darzustellen. — Rohrmoos besitzt auch eine eigene Schule, die im Winter 1904 sechs Schüler zählte; im Sommer wird sie auch von den umliegenden Alpen beschickt.

Wir kehren zum Illertal zurück.

Wo sich der Talkessel ausbreitet, in den die drei Quellbäche der Iller zusammenströmen, sehen wir zwischen Trettach und Stillach die berühmteste Ortschaft des Allgäuer Gebirgslandes, den Markt Oberstdorf (815 m hoch; 2172 Einw.).[1])

Es ist anzunehmen, daß nicht da, wo jetzt Oberstdorf steht, die ersten Ansiedler sich niedergelassen hatten, sondern weiter nördlich an der Stelle, die eine Urkunde des Jahres 1059 als Ostium Praitahe (Breitachmündung) bezeichnet. Erst später erstand das „oberste Dorf". Hier hatten im 14. Jahrhundert die Ritter von Schellenberg einige Meierhöfe, die sie im Jahre 1370 an die Ritter von Heimenhofen verkauften. Nach dem baldigen Niedergang der Heimenhofer (die auch die Burg südlich von Oberstdorf erbauten), kam das Dorf allmählich in den Besitz des Bistums Augsburg und blieb ein Bestandteil der Pflege Rettenberg bis zur Säkularisation. Im Jahre 1495 erhielt Oberstdorf Marktrecht, das dem Orte allerdings mehrmals wieder verloren ging. — Zweimal ist der Ort von schwerem Unglück heimgesucht worden: zuerst im Schwedenkrieg durch Plünderung, Hungersnot und Pest, dann im Jahre 1865 durch einen furchtbaren Brand. „Den 6. Mai 1865," so schreibt die Schöllanger Chronik, „früh nach zwei Uhr brach in dem Haus des Franz Schratt Feuer aus und griff mit einer gräßlichen Geschwindigkeit westlich und östlich um sich, so daß um 6½ Uhr früh schon 146 Häuser, die Pfarrkirche, der Pfarrhof, das Schul- und Rathaus, sämtliche Wirtschaften, alle Krämereien, die Postexpedition und die Apotheke der Wut des Elementes erlagen." Groß war der Schaden, den die Bevölkerung durch diesen Brand erlitt, unersetzlich der Verlust herrlicher Kunstdenkmäler in der Pfarrkirche und in der Kapelle der vierzehn Nothelfer.

Aber aus der Asche erstand binnen kurzem ein neues Oberstdorf. Und wenn auch die alte Bauweise: einzeln stehende Häuser im Blockbau, Regellosigkeit der Anlage wieder aufgenommen wurde und dadurch glücklicherweise der Charakter des Gebirgsdorfes gewahrt blieb, so unterscheiden sich doch die nach dem Brande erbauten Häuser durch ihre Ziegelbedachung und durch manch andere dem Zeit-

[1]) Über diesen Ort und seine Umgebung findet man ausführliche Mitteilungen in „Oberstdorf und Umgebung" von Modlmayr und „Oberstdorf" von Thürlings.

Oberstdorf. (Aufnahme von Ebert.)

bedürfnis angepaßte Neuerungen deutlich von den alten, vom Brande verschont gebliebenen Wohnstätten, so daß das Aussehen des Ortes eine wesentliche Veränderung erfahren hat.

Noch viel bedeutender aber ist in den letzten Jahrzehnten eine Wandlung vor sich gegangen durch den überraschend schnellen und großartigen Aufschwung, den Oberstdorf als Sommerfrischort genommen hat. Villa reiht sich jetzt an Villa, mit jedem Jahre wachsen neue, vornehm ausgestattete Gasthäuser aus dem Boden und auch die bäuerlichen Anwesen verändern durch Altanen, Veranden und sonstige für die Fremden bestimmte Neuerungen ihr Aussehen. Elektrische Bogenlampen beleuchten die Straßen und gewaltige Reklameschilder nicht bloß im Orte selber, sondern auch in weitem Umkreis lassen erkennen, daß der moderne Fremdenverkehr der Todfeind poesievoller Idylle ist.

Straße in Oberstdorf. (Zeichnung von J. Annen.)

Die Pfarrkirche von Oberstdorf ist ein schöner gotischer Bau. Von den Altarbildern der Gebrüder Schraudolph war schon früher die Rede (S. 244), ebenso von dem Kriegerdenkmal, das auf dem Platze vor der Kirche errichtet ist. (S. 230.) Der bajuwarische Löwe, der zur Winterszeit unter dicker Schneehaube verschlafen träumt, schaut im Sommer neugierig auf das bunte Treiben der geputzten Fremden, welche die Wohnungsanzeigen, Führerlisten und Witterungsberichte am Rathaus lesen oder die reich ausgestatteten Verkaufsläden betrachten oder gemächlich an den Wirtschaftstischen vor dem „Mohren“ oder bei Stempfle sitzen. — Das Elektrizitätswerk (seit 1898), das geräumige, mit breiten Veranden versehene Armen- und Krankenhaus (seit 1901) und die Mechanische Weberei von Gyr sind aus dem eigentlichen Orte hinausgestellt. In diesem Jahre (1906) hat Oberstdorf auch eine protestantische Kirche erhalten, die mit ihrer anmutenden, der landschaftlichen

Umgebung glücklich angepaßten Architektur eine neue Zierde der Ortschaft geworden ist. — Im Süden von Oberstdorf befinden sich, von prächtigen Linden beschattet, die Wallfahrtskirchlein von Loretto, durch ihre innere Ausschmückung sehenswert. — „Am 3. Juni 1657," meldet die Chronik, „ist man das erstemal mit dem Kreuz nach Loretto gangen." Der Wallfahrtsort genoß bald solchen Ruf, daß auch die Lechtaler trotz des wenig einladenden Verbindungsweges über das Mädelejoch früher regelmäßige Bittgänge dorthin unternahmen. Der erste dieser Lechtaler Kreuzgänge geschah im Juni 1673.

In sehr früher Zeit schon mag das Hochtal, das der Dietersbach durchfließt, besiedelt worden sein. Der Name Gerstruben deutet auf romanischen Ursprung,[1]) läßt also die Annahme zu, daß es hier schon vor der Einwanderung der Ala-

Straße in Oberstdorf. (Zeichnung von J. Annen.)

mannen romanisierte Bewohner gab, vielleicht Flüchtlinge, die vor dem Ansturm der Völkerwanderung in dieser weltfernen Wildnis Schutz gesucht hatten. Später ließen sich hier auch Leute aus dem Lechtal nieder; ihre Nachkommen blieben jedoch österreichische Untertanen bis zum Anfang des 19. Jahrhunderts. — Die vom Alter geschwärzten Blockhäuser von Gerstruben, mit der stolzen Höfats im Hintergrunde, gewähren ein überaus malerisches Bild; aber der idyllische Weiler, von den herrlichsten Weidegründen umgeben und wie geschaffen, im Mittelpunkt ergiebiger Alpwirtschaft zu stehen, ist ein toter Ort geworden. Haus und Hof, Grund und Boden haben die früheren Bewohner verkauft, die Häuser stehen leer, aus den belebten Weidehängen ist ein einsames Jagdrevier geworden.

---

[1]) Crista di ruvina = Spitze eines Erdrutsches (Baumann, Geschichte des Allgäus I, Seite 66).

Wie die früheren Gerstruber, so waren auch die Bewohner von Spielmannsau ehemals zum Teil österreichische Untertanen. Gegenwärtig genießt Spielmannsau, das nur wenige Häuser umfaßt, einen großen Ruf wegen der bevorzugten Lage inmitten der großartigsten Gebirgswelt. Ähnliche Bedeutung für den aus Oberstdorf flutenden Fremdenstrom hat im Stillachtal der Ort Birgsau; noch berühmter ist Einödsbach. Daß dieser hoch gelegene Weiler (1115 m) schon in ziemlich früher Zeit bestand, geht aus der Geschichte des Bauernkrieges hervor, in welchem die Einödsbacher als Teilnehmer erwähnt werden. Das oberste Haus des Weilers wurde 1595, das jetzige Wirtshaus von Schraudolph 1664 erbaut. Einödsbach ist der südlichste ständig bewohnte Ort des Deutschen Reiches.

Gerstruben.
(Aufnahme von Helmhuber.)

Zur Gemeinde Oberstdorf gehört endlich auch das Dörfchen Kornau (81 Einwohner). Dieser stille, entlegene Ort, an dessen Stelle schon im Jahre 1166 die Siedelung „Corneia" stand, ist im Gegensatz zu seinen Nachbarn noch unberührt geblieben von der modernisierenden Wirkung des Fremdenverkehrs. Mit seinen idyllischen, tiefgeschwärzten Holzhäusern liegt es da wie ein ehrwürdiger Überrest aus alter Zeit.

Auch die Ortschaften, die zur Gemeinde Schöllang (622 Einw.) gehören, so Rubi, Reichenbach und Schöllang tragen den Stempel urwüchsig ländlicher Einfachheit, und der Künstler, der hier Umschau hielte, würde an den verwetterten,

Einödsbach mit Trettachspitze und Mädelegabel.
Aufnahme von Ebert.

regellos hingestellten Häusern und an den kleinen Kapellen manch reizvolles Motiv für seine Zeichenmappe finden. Nur in Schöllang selbst (186 Einw.) heben sich von den älteren Wohnstätten einige vornehm dreinschauende Neubauten ab, die nach einem Brande (1893) errichtet wurden. Schöllang ist vermutlich schon in sehr früher Zeit entstanden. Wird doch sein Name (Schöllang = Schelchwang) mit dem Riesenhirsch in Zusammenhang gebracht, der in der Zeit der alamannischen Einwanderung noch unsere Wälder bevölkert hat! Auch ist sehr wahrscheinlich, daß Schöllang schon im 10. Jahrhundert eine Pfarrkirche besessen hat, und zwar auf dem Berge, den man als Schöllanger Burghöhe bezeichnet. Die jetzige Kirche war ursprünglich Kapelle der Rosenkranzbruderschaft, wurde 1735 vergrößert und

Spielmannsau. (Aufnahme von Ebert.)

1803 zur Pfarrkirche erhoben, während die bisherige Pfarrkirche, die sich in hervorragend schöner Lage auf dem jäh zur Iller abfallenden Burghügel erhebt, fortan als Gottesackerkapelle diente. — Zur Gemeinde Schöllang gehört auch Unter- und Ober-Thalhofen, ebenso das bescheidene Bad Au, das eine Schwefelquelle besitzt.

In merkwürdigem, von tiefer Steilschlucht durchfurchtem Gelände breitet sich Hinang (165 Einw.) (einst „Hugnang") aus, in früheren Zeiten von einer Burg überragt, deren Stätte, nur noch an den von Süden nach Westen im Bogen ziehenden Gräben kenntlich, jetzt von Tannenhochwald verdeckt ist. Hinang bildet schon einen Bestandteil der Gemeinde Altstädten (717 Einwohner).

Altstädten (414 Einw.) ist eines der ansehnlichsten Pfarrdörfer des Illertals. Wer sich ihm vom nördlichen Höhenrande her nähert, der ist überrascht über den freundlichen Anblick. Von einem großartigen Hintergrund — zur Linken begrenzt das Rubihorn, zur Rechten der Widderstein das Landschaftsbild — hebt sich das

Dorf ab mit seinen zahlreichen, dichtgedrängten, von Obstbäumen beschatteten Häusern; links auf grüner Anhöhe die hübsche Kalvarienberg-Kapelle, rechts die Pfarrkirche, deren hochragender Turm mit einem Zwiebelkuppeldache gedeckt ist. Die Kirche ist 1734 neu erbaut worden. Das Innere macht mit seinen prächtigen Stukkaturarbeiten und seinen schönen Gemälden (von Claudius Schraudolph und von Karl Vogel von Vogelstein) einen erhebenden Eindruck. Daß die Gegend von Altstädten schon zu Zeiten der Völkerwanderung von Alamannen besiedelt war, ist durch die Ausgrabung von Reihengräbern nachgewiesen. (S. Seite 201.) Vermutlich ist auch die Pfarrei, die dem Bistum Augsburg zugewiesen war, sehr alt.

Der Ort ist ziemlich betriebsam. Er besitzt mehrere Nagelschmieden und eine Kunstschreinerei, deren Ruf weit über die Grenzen des Allgäus gedrungen ist. Ein schlimmer Feind des Ortes war von jeher das Wildwasser des Leybaches. Aus tief eingerissener Schlucht hervorbrechend hat er früher seinen Weg geradezu auf das Dorf genommen und mag gar oft über Felder, Gärten und Wohnstätten seine Schuttmassen ausgebreitet haben. Jetzt ist er durch eine solide Verbauung eingedämmt und hoffentlich für lange Zeit unschädlich gemacht. — Bei dieser Gelegenheit wurde der ganze Leybachtobel bis hoch hinauf durch einen höchst interessanten Fußpfad zugänglich gemacht. Da außerdem die schönen Waldungen des Burghügels (im Süden des Dorfes) Gelegenheit zu angenehmen Spaziergängen bieten und auf dem Wege dahin auch ein kleines Schwimmbad errichtet worden ist, eignet sich Altstädten für solche, die ein ruhiges Plätzchen bevorzugen, vortrefflich zur Sommerfrische, um so mehr, als auch ein gutes Gasthaus im Orte nicht fehlt.

Wer hier weilt, der darf auch nicht versäumen, das zur gleichen Gemeinde gehörige Dörfchen Beilenberg (98 Einw.) zu besuchen. Zwischen Obstbäumen halb versteckt liegt es da, eine reizende Idylle mit schönen „gestrickten" Häusern, von deren Fenstern reicher Blumenschmuck winkt.

Der bedeutendste Ort im oberen Illertal ist der Markt Sonthofen (2634 Einwohner), der Sitz des Bezirksamtes.[1])

Schon im Jahre 839 wird in dieser Gegend ein „Nordhovun" (Nordhofen) erwähnt, dem jedenfalls ein benachbartes „Südhofen" entsprach. Dieses breitete sich allmählich so aus, daß Nordhofen darin aufging und Sonthofen der Name des vereinigten Gemeinwesens wurde. Sonthofen gehörte zu den Besitzungen der Freiherren von Rettenberg und die Frauenkapelle besitzt noch Epitaphien dieser mächtigen Allgäuer Adelsfamilie. Als später das Rettenberger Erbe an die Ritter von Heimenhofen und von diesen an das Bistum Augsburg überging, wurde Sonthofen bald der angesehenste Ort in der Pflege Rettenberg. Er wurde 1429 zum Markte erhoben und erhielt Stock und Galgen. Daran erinnert noch die Bezeichnung „Galgenmühle" (an der Ostrach beim Hüttenwerk). Weit ausgebreitet war damals die Pfarrei Sonthofen. Sie umfaßte nicht bloß Burgberg und Hindelang mit Filialen, sondern sogar das Tannheimer Tal.

---

[1]) Ausführliche Mitteilungen über die Geschichte des Ortes finden sich in einer Monographie von Alois Schmid „Der Markt Sonthofen im Allgäu". (Allgäuer Zeitung, Jahrgang 1902.)

Noch manches erinnert heute an die einstigen bischöflichen Landesherren, so das jetzige Bezirksamtsgebäude. Über dessen Eingangstor erblickt man ein in Bleiguß hergestelltes Wappen mit einer Inschrift, aus der hervorgeht, daß Bischof Alexander Sigismund im Jahre 1727 dies Schloß erbaut hat. Es diente den Oberpflegern der Pflege Rettenberg als Amtssitz. — Noch weiter zurück reicht die Geschichte des Spitals. Es wurde (wie das Immenstädter) von dem Domherrn Konrad Wenger, einem geborenen Sonthofener, im Jahre 1497 gegründet und später durch andere Gönner mit reichen Stiftungen begabt. Die Spitalkirche, 1499 erbaut und 1892 renoviert, farbenprächtig mit Gemälden von Geromiller, mit Schnitzwerk und Glasmalereien ausgestattet, neuerdings auch mit einer elektrischen Beleuchtungsanlage versehen, gehört ebenso zu den Sehenswürdigkeiten des Ortes wie die schöne Pfarrkirche, die im 15. Jahrhundert erbaut wurde. Das geräumige Schiff ist mit Deckengemälden von Professor Kolmsperger und mit Schnitz- und Stukkaturarbeiten in maßvollem Zopfstil ausgeschmückt; auch der Chor, dessen edel durchgeführtes Altarbild (Erzengel Michael als Schutzpatron der Kirche, gemalt von Kolmsperger) besondere Beachtung verdient, ist reich und wirkungsvoll ausgestattet. Sehenswert ist ein Beichtstuhl an der Südwand mit eingelegter Arbeit. Die Orgel, ein vorzügliches Werk, wurde von Steinmeier in Öttingen erbaut. Das Gebläse derselben wird elektrisch betrieben. Ebenso kann die ganze Kirche elektrisch beleuchtet werden. — Von dem alten Friedhof, der sich früher rings um die Pfarrkirche und die benachbarte Frauenkapelle ausdehnte, sind noch einige Grabdenkmäler erhalten; die meisten tragen die Namen einstiger Fluhensteiner Landammänner und Landammänninnen. Der jetzige Friedhof ist weit nach Norden hinausgestellt; die Gottesackerkapelle besitzt ein sehenswertes Altarbild von Claudius Schraudolph, die sehr alten und interessanten Bilder auf den Nebenaltären sind unbekannten Ursprungs.

Altes Haus in Sonthofen. (Aufnahme von Heimhuber.)

Wenn Sonthofen in manchen Straßen einen recht ländlichen Eindruck macht (ein schöner alter Riegelbau, scherzweise der „Bayerische Hof“ genannt, ist da besonders hervorzuheben), so sind dagegen in den letzten Jahrzehnten zahlreiche Bauten entstanden, die dem Marktflecken teilweise ein städtisches Aussehen verleihen. Mehrere der großen Gasthäuser haben innen und außen ein modernes Gewand angelegt und in dem „Hirschsaal“ besitzt Sonthofen einen Gesellschaftsraum, der auch für größere Ansprüche genügt. Ein vornehmes Gebäude ist die auf dem Bahnhofplatze errichtete Genossenschaftsbank, welche jährlich 20 bis 25 Millionen Mark umsetzt.

Von den großen Käselagern und industriellen Betrieben des Ortes, von den berühmten Sonthofener Viehmärkten und von dem nahen Hüttenwerk wird später noch die Rede sein. Erwähnung verdient auch noch, daß Sonthofen seit 1898 ein eigenes Elektrizitätswerk besitzt, das in der Nähe von Hinterstein an der Ostrach erbaut ist.

Bei der günstigen Lage des Marktfleckens, der ebenso die Ausflüge ins oberste Illertal wie ins Ostrachgebiet (namentlich seit Einführung der Motorfahrten nach Hindelang) erleichtert, wird Sonthofen, das 743 m über dem Meere liegt, von Sommergästen gern aufgesucht. Im Süden des Ortes ist ein geräumiges Schwimmbad errichtet und zahlreiche hübsche Spaziergänge bietet die nächste Umgebung, so in die Ostrach- und Illerauen und in das schöne Schwäbelehölzle mit seiner Umgebung; namentlich zeigt ein Umblick vom Kalvarienberge aus besonders bei sommerlicher Abendbeleuchtung ein Landschaftsbild von vollendeter Anmut und Großartigkeit.

Inneres der Pfarrkirche von Sonthofen. (Aufnahme von Helmhuber.)

Von den bedeutenden Männern, die in Sonthofen das Licht der Welt erblickt haben, seien hier erwähnt Paulus Birker, der als Zimmermannssohn im Jahre 1814 geboren wurde und als Abt des Klosters St. Bonifaz in München segensreich wirkte († 1888), sowie der erste Allgäuer Geschichtsforscher Bernhard Zör (geb. 1778, gest. in Immenstadt 1855). Neben seinem ärztlichen Berufe, dem Dr. Zör mit größter Gewissenhaftigkeit oblag, widmete er sich mit einem staunenswerten, unermüdlichen Eifer der Erforschung der heimischen Geschichte und sammelte namentlich über die Burgen und Burgställe des Landes ein außerordentlich umfangreiches Material, das leider bei einem Brande im Jahre 1844 zum großen Teile verloren ging. Auch ein begeisterter Naturfreund war Dr. Zör; er besuchte im Jahre 1811 als einer der ersten die Felsenwildnis der Mädelegabel.

Die Gemeinde Sonthofen (3929 Einwohner) erstreckt sich ziemlich weit. Außer dem nahen Binswang, dem uralten Imberg, dem kleinen Tiefenbach, dem in die Ebene hingestellten Rieden u. a. gehört hieher auch das Dorf Berghofen (386 Einwohner). Verhältnismäßig weit ausgebreitet, von vielen Obstbäumen beschattet, liegt der Ort am Fuße der Ruine Fluhenstein und besitzt noch manch schönes altes Holzhaus. Der Hauptschmuck des Ortes ist seine hochgelegene Kapelle. Eine prächtige Linde steht davor (noch in Meterhöhe hat sie 6 m im Umfang) und ein weiter, großartiger Ausblick bietet sich auf die südliche Bergkette. Tritt man in das Innere des unscheinbaren Kirchleins, so findet man da einen Altar von hohem Alter und großem Kunstwerte. Er ist von Ulrich von Heimenhofen im Jahre 1438 gestiftet und von einem bedeutenden Künstler gemalt worden, vielleicht von demselben Hans Strigel, der den Altar im Zeller Kirchlein (s. S. 306) gefertigt hat. Auch die geschnitzten Figuren verdienen Beachtung und ebenso sind die Seitenaltäre im Schiff mit edlen, sanft getönten Gemälden geschmückt.

Dr. Bernhard Zör.

Weit ausgedehnt ist die Gemeinde Hindelang (2535 Einwohner in 10 Orten); sie umfaßt beinahe das ganze Ostrachtal. Da sehen wir das freundliche Kirchlein von Liebenstein auf waldumsäumter Höhe ragen. Der schlichte romanische Bau mit den auffallenden drei Apsiden versetzt uns um viele Jahrhunderte zurück, als drunten an der Ostrach noch die Mühle der alten Ortschaft „Liubolcht" dem Kloster St. Ulrich in Augsburg zinsbar war. Zwar ist das Innere des Kirchleins durch spätere Zutaten in Zopfmanier verändert worden; aber die alte Tafeldecke ist erhalten; auch besitzt die Kirche einen Schatz in einem etwa um 1500 gewobenen Meßgewand. — Auf den entgegengesetzten Berghängen erblicken wir das weit ausgedehnte Dorf Vorderhindelang (396 Einwohner) und das hochgelegene, aussichtsreiche Gailenberg (990 m hoch.)

Der Markt Hindelang[1]) (825 m; 795 Einwohner) ist in die Talweitung gestellt, die vom Spießer, Iseler und Imberger Horn wirksam umgrenzt wird und gegen Süden mit dem Hintersteiner Tal, gegen Osten durch die Jochstraße mit Tirol in Verbindung steht. Gerade diese günstige Lage am Joch mag für den Ort, der als „Hundinlanc" im 12. Jahrhundert zum erstenmal erwähnt wird und vom

---

[1]) Eingehende Mitteilungen hierüber findet man in dem Büchlein von Reiser, Hindelang und Umgebung 1893. — Eine Monographie über die Pfarrei Hindelang hat Alois Schmid im Oberländer Erzähler, Jahrgang 1906, veröffentlicht.

Kirche Liebenstein. (Aufnahme von Ebert.)

Jahre 1477 an zum Hochstift Augsburg gehörte, von großem Vorteil gewesen sein, als im späteren Mittelalter die großen Salztransporte von Tirol her über die Jochstraße herabkamen. Im 17. und 18. Jahrhundert war Hindelang ein Lieblingsaufenthalt der Augsburger Bischöfe (s. S. 188).

Der Ort, der vor fünfzig Jahren einmal als „das Krippele des schwäbischen Oberlandes" bezeichnet wurde, hat auch jetzt trotz mancher Modernisierung mit seinen regellos gelagerten, großenteils noch im urwüchsigen Gebirgsstil erbauten, durch Vorgärten von einander getrennten Wohnstätten, zwischen denen sich die Gassen in vielen Krümmungen durchwinden müssen, den Charakter eines echten, ungemein traulichen und malerischen Gebirgsdorfes bewahrt. Aber nicht mehr

Hindelang. (Aufnahme von Helmhuber.)

besitzt es jene Sehenswürdigkeit, die früher Aufsehen erregte: die Kirche hatte nämlich einen schiefen Turm, so daß ein Senkblei, das oben herabgelassen wurde, unten 1 m 75 cm von der Grundmauer abstand!

Jetzt stehen auf dem erhöhten Platze ein neuer Turm und eine neue Kirche. Es ist ein sehr schöner gotischer Bau, von Bildhauer Petz mit trefflichen Kunstwerken ausgeschmückt. Ein äußerst wertvolles Andenken an den Kurfürsten Klemens Wenzeslaus besitzt die Kirche in dem Festornat, den der Fürstbischof bei seinem Tode der Hindelanger Kirche vermachte. — Seit 1904 steht vor der Kirche ein schönes Kriegerdenkmal. Auf einem mächtigen Felsblock, in den das Medaillonbild des Prinzregenten Luitpold eingelassen ist, erblickt man einen bayerischen Krieger, der in der Rechten die Fahne schwingt. — Auch die Kapelle des Pestfriedhofes, der einsam weit draußen bei der Ostrach steht, birgt eine Sehenswürdigkeit. Der gotische Altar dieses Kirchleins stellt die Krönung Marias dar. Die zahlreichen aus Holz geschnitzten, von reichem Maßwerk umrankten Figuren sind von Bildhauer Georg Lederer aus Kaufbeuren im Jahre 1519 gefertigt, und nach dem Urteil Meister Eberhards ist dies der schönste Altar im ganzen Allgäu. — Auch ein „Palmesel" wird in der Kirche aufbewahrt. Er ist von sehr geschickter Hand in Lebensgröße gefertigt. Das Holz dazu soll einem jetzt verschwundenen Buchenwalde entnommen sein, an den noch der Flurname „Buchäcker" erinnert.

Hindelang gehört zu den rasch aufblühenden Ortschaften unseres Gebirgslandes. In neuester Zeit trägt zu diesem Aufschwunge auch der Fremdenverkehr bei. Denn nach Oberstdorf ist wohl die beliebteste Sommerfrische im ganzen Illergebiet Hindelang nebst seinem Nachbarorte Oberdorf.

Oberdorf (686 Einwohner) ist landschaftlich noch reizvoller. Die Häuser sind in gleich malerischer Regellosigkeit hingebaut, aber noch weiter auseinander gestellt; noch wirksamer gruppieren sich die Obstbäume zwischen den steinbeschwerten Dächern, noch herrlicher ragt der Gebirgskranz, vor allem die stolze Pyramide der Rotspitze. Ein Hauch echter, ursprünglicher Gebirgsnatur umweht uns trotz der verschiedenen herrschaftlichen Landhäuser, die so nach und nach erstehen. Ein besonders vornehmes und doch der ländlichen Umgebung glücklich angepaßtes Gebäude mit einer prächtigen Gartenanlage ist das Anwesen, in dem sich die weitbekannte Käsegroßhandlung von Zillibiller befindet. Zwischen den Wohngebäuden sieht man mehr noch als in Hindelang bald hier, bald dort ein winziges, rauchgeschwärztes Steinhüttchen; es sind die Nagelschmieden, die ebenso, wie weiter draußen an der Ostrach die Hammerschmieden, für das Erwerbsleben des Ortes von Bedeutung sind. — In der kleinen, unansehnlichen Kapelle befinden sich zwei alte, mit wertvollen Bildern bemalte Holztafeln, die offenbar ursprünglich als Altarflügel gedient haben.

Etwas abseits von dem geschlossenen Orte, an den Abhang des Iseler hingebaut, schaut aus dicht belaubten Bäumen hervor das Bad Oberdorf (Prinz Luitpold-Bad). Die Schwefelquelle, die hier entspringt, ist erst spät nutzbar gemacht worden. Im Jahre 1864 wurde das Bad durch den praktischen Arzt Dr. Stich in Sonthofen begründet.

Wandert man von Oberdorf weiter hinein ins Ostrachtal, so sieht man beim Sonthofener Elektrizitätswerk an der Straße einen großen erratischen Block liegen, den „Wieslestein". Er hat dem Dorfe den Namen gegeben, das "hinterm Stein" liegt.

Hinterstein (320 Einwohner) ist jedenfalls eine späte Siedelung, doch findet sich keine Quelle, die darüber genaueren Aufschluß geben könnte. Auch über besondere Schicksale des Ortes wird nichts gemeldet. Noch 1852 wußte man von dem weltabgeschiedenen Dorfe nichts anderes zu berichten, als daß im Winter der größte Teil der Mannspersonen vom frühen Morgen bis in die späte Nacht in den Nagelschmieden beschäftigt sei. Das gilt ja teilweise noch heute. Aber

Oberdorf und die Jochstraße.
(Aufnahme von Ebert.)

das einfache Jagdhaus des Prinzregenten und die Gaſthäuſer mit ihren hübſchen Veranden, die nicht für die Nagelſchmiede erbaut wurden, verkünden, daß in Hinterſtein heutzutage auch noch ein anderes Leben pulſiert. „Weidmanns Heil!" und „Berg Heil!" ſind die beiden Rufe, die den Namen Hinterſtein weit übers Allgäu hinausgetragen haben.

Die Kirche des Ortes erſcheint von außen als ein ſchlichter Bau. Wer aber das Innere betritt, der iſt überraſcht von dem Reichtum herrlicher Kunſtſchätze, die ſich da dem Auge bieten. Es ſind vor allem Schöpfungen des Hindelanger Meiſters Franz Eberhard, der nicht bloß den Bau der Kirche leitete, ſondern auch für ihre Einrichtung Sorge trug. Er fertigte die Altäre, die Beicht- und Chorſtühle und ſchnitzte für den Choraltar eine wunderbar ſchöne Gruppe: Chriſtus am Kreuze, Maria und Johannes. Ebenſo ſchmückte er die Seitenaltäre mit trefflichen Figuren. Sein Bruder Konrad entwarf das große Bild hinter dem Hochaltar und das Deckengemälde (gemalt von Oſterried in Pfronten). Ein anderes Kunſtwerk, eine Madonna mit dem Jeſuskinde, iſt von Bildhauer Petz gefertigt. Der Taufſtein aus rotem Marmor trägt eine ſchöne Johannesſtatue. Kurfürſt Klemens Wenzeslaus, der die Kirche am 1. September 1805 einweihte, ſchenkte ihr ein wertvolles goldgeſticktes Meßgewand.

Der Wiesleſtein bei Hinterſtein.

Zur Gemeinde Hindelang gehört ferner der Weiler *Oberjoch* (auch Vorderjoch genannt; 68 Einwohner), wohl die höchſt gelegene Ortſchaft Bayerns. (1136 m. — Der Brockengipfel im Harz iſt 1142 m hoch.)

Auch *Unterjoch*[1]) war früher mit Hindelang verbunden, wurde aber 1867/68 eine ſelbſtändige politiſche und kirchliche Gemeinde (218 Einwohner). Im Gegenſatz zum Oſtrachtal, das faſt nur geſchloſſene Ortſchaften aufweiſt, finden wir hier wieder ein Pfarrdorf mit weithin verſtreuten Einödhöfen. Das Bürgermeiſterhaus (wohl eines der älteſten Wohnhäuſer der Gegend), in dem der vielſeitig tätige Beſitzer aus den verſteinerungführenden Schichten des nahen Sorgſchrofens eine hübſche, wohlgeordnete geologiſche Sammlung angelegt hat, iſt etwa eine halbe Stunde von der Pfarrkirche entfernt. Um dieſe gruppieren ſich nur wenige Wohnſtätten, darunter das bayeriſche Zollhaus und ein gutes Wirtshaus, das gern von Sommergäſten aufgeſucht wird. Die Kirche

---

[1]) Unterjoch beſitzt eine vortreffliche handſchriftliche Chronik: „Die Landgemeinde Unterjoch", verfaßt von Bürgermeiſter *Landerer*, 1900.

ist durch Vergrößerung einer Kapelle entstanden, die vor mehr als 200 Jahren erbaut ward; der schöne schlanke Turm mit seinem spitzen Dachhelm ist im Jahre 1870 errichtet worden. — Für den Bildungstrieb der kleinen Gemeinde ist es bezeichnend, daß sie zu der Volksschule, die sie im Jahre 1844 erhielt, später auch

Hinterstein. (Aufnahme von Helmhuber.)

eine landwirtschaftliche Fortbildungsschule für Knaben und außerdem eine weibliche Fortbildungsschule hinzufügte.

Kehren wir noch einmal in das Illertal zurück, um von Sonthofen an den Fuß des Grünten zu wandern, wo sich das Pfarrdorf **Burgberg** ausbreitet.[1])

[1]) Auch in Burgberg befindet sich eine geschriebene Ortschronik (in zwei Exemplaren).

An den Schuttkegel, den der wilde Wustbach gebildet hat, staffelförmig hinaufgebaut, gewährt dieses ansehnliche Dorf (693 Einwohner), über dem sich die waldigen Hänge des Grünten steil emporheben, einen freundlichen Anblick. Dicht drängen sich die in echtem Gebirgsstil erbauten Häuser um die hochragende Pfarrkirche, die ein sehenswertes Altarbild enthält; es stellt die Ungarnschlacht auf dem Lechfeld dar und gehört der Holbeinschen Schule an. Nördlich von Burgberg befindet sich an der „Schanz" ein Steinbruch, in dem der harte Gaultsandstein gebrochen wird, um zu Pflastersteinen und Schotter verarbeitet zu werden. An dieser Stelle stand noch vor wenigen Jahrzehnten, die Straße sperrend, ein mit einer Durchfahrt versehenes Haus, das in früheren Zeiten als Zollstation gedient hatte. Das gegen Süden steil geneigte Gehänge neben der Schanz heißt noch heute „Der Weinberg" in Erinnerung daran, daß hier durch Pfarrer Schmid von Burgberg im Jahre 1855 der Versuch gemacht wurde einen Weinberg anzulegen. Die Reben gediehen, die Trauben begannen zu reifen; aber da kamen die schulpflichtigen „Burgberger Spatzen" und hielten vorzeitige Weinlese. Das war wenig ermunternd, und als bald darauf Pfarrer Schmid in einen andern Wirkungskreis übersiedelte, kümmerte sich niemand mehr um die Rebstöcke. Aber bemerkenswert bleibt es doch, daß auch das Illertal einmal seinen Weinberg hatte! — Früher, als man im Grünten noch nach Eisenerzen grub, ergab sich für die Burgberger lohnende Beschäftigung; teils als Knappen, die zu Schachte stiegen, teils als Fuhrleute, die im Winter das Erz zu Tale brachten, verdienten sich viele ihr Brot. Auch gab es manche Betriebe im Ort. Im Jahre 1665 wurde eine Pulvermühle mit Stampf- und Triebwerk, im Jahre 1774 eine Waffenschmiede erbaut, doch bestehen sie längst nicht mehr.

Westlich greift die Gemeinde Burgberg hinüber nach Ortwang (120 Einw.), dem uralten Alpgauorte „Nortwang", nördlich nach dem ebenso alten Agathazell, das aus einer Missionszelle, vermutlich „Aldrichiszelle" entstanden ist.

Auch Rauhenzell, das eine eigene Gemeinde (92 Einw.) bildet, führt uns bis in die Zeit der Christianisierung des Landes zurück. Als Werimbretiscella mag es lange Einsiedelei gewesen sein, bis es unter den Rittern von Rauh-Laubenberg Zuzug durch neue Bewohner erhielt und zugleich seinen Namen in Rauhenzell verwandelte. Erst im 16. Jahrhundert wurde das Schloß gebaut, das nach dem Aussterben der Laubenberger an die Freiherren von Pappus-Tratzberg überging (1647), in deren Besitz es sich noch befindet. Das Schloß, in neuerer Zeit weiter ausgebaut und restauriert und von schönem Park umgeben, ist reich an kostbaren Familienreliquien: im Hausgang erblickt man eine treffliche Schnitzarbeit, ein Madonnenbild, das damals, als die Stammburg Laubenbergstein in Flammen aufging, wie durch ein Wunder gerettet wurde; zahlreiche Ahnenbilder schmücken die Wände der Gemächer, wertvolle Öfen aus alter Zeit sind vorhanden, ebenso ein Altarflügel, von Wohlgemut gemalt, und ein reicher Schatz von Familienurkunden harrt des Forschers, der eine Geschichte der freiherrlichen Familie schreiben wollte. — Die Pfarrkirche, in deren Nähe eine schöne alte Linde ihre Zweige ausbreitet, steht wie das Schloß auf sanft ansteigendem Bühl. Sie besitzt drei wertvolle, reichgeschnitzte Renaissance-Barockaltäre, die im Jahre 1900 geschickt restauriert wurden und mit ihrer schwarzen Marmorimitation und der reichen Goldfassung vornehm wirken. Aus spätgotischer Zeit sind zwei Statuen und drei Statuetten, ebenso ein kleiner zierlicher Kelch vorhanden. Der Kirchturm, wahrscheinlich aus dem 12. Jahrhundert stammend, zeigt in der nördlichen Schallöffnung ein romanisches Säulchen mit zierlichem Würfelkapitäl. — Am Hügelabhang neben der Pfarrkirche ließ der jetzige Schloßherr Freiherr Wilhelm von Pappus eine geräumige Familiengruft und darüber eine freundliche Kapelle im Renaissance-Stil erbauen. Auf dem Altar der Kapelle erblickt man eine kunstvolle Kreuzigungsgruppe mit sechs Figuren und unten in der Gruftnische ein ebenso vortrefflich gearbeitetes

Kapelle in Greggenhofen.

Kruzifix, beides Werke des Akademieprofessors Busch in München. Eine weitere, 1903 restaurierte Kapelle mit einem Muttergottesbild steht am westlichen Eingange des Dorfes.

Den Eindruck der Wohlhabenheit und Behäbigkeit macht das Pfarrdorf Unter-Maiselstein (122 Einw.). Noch freundlicher und sauberer ist das benachbarte Freidorf (129 Einw.), von dem man über Humbach, dessen Name an die uralte Grenzmark Huminfurt erinnert, nach dem anmutig gelegenen Kirchdorf Rottach (117 Einw.) gelangt. Gegen Süden aber ist Unter-Maiselstein durch den reizenden, teilweise aus dem Nagelfluhfelsen herausgemeißelten „Krippelesweg“ mit seinem Filialort Greggenhofen verbunden, wo vor Zeiten der Tigen (das Fronhofgericht) des Klosters St. Ulrich von Augsburg abgehalten wurde.

Das benachbarte Weiher, ein sehr alter Ort, gehört schon zur Gemeinde Rettenberg (1034 Einwohner in 16 Orten).

Dieses ansehnliche und wohlhabende Pfarrdorf (352 Einwohner) ist ziemlich hoch (806 m) an die begrasten Südhänge des Rottachberges hingebaut. Zu einem malerischen Gesamtbilde gruppieren sich die sauberen, weißgetünchten Häuser, von Gärten umgeben und von Obstbäumen beschattet, um die stolze, hochragende Pfarrkirche. Diese wurde nach einem großen Brande, der im Jahre 1727 einen Teil der Ortschaft samt dem Gotteshause zerstörte, erbaut. Sie ist im Innern durch reiche Stukkatur und durch schöne Gemälde von der Hand des Akademieprofessors Andreas Müller, eines geborenen Rettenbergers, würdig ausgestattet; ein paar herrliche, von Meisterhand aus Holz geschnitzte Engelsfiguren, die gegenwärtig in

Rettenberg. (Aufnahme von Helmhuber.)

die Rumpelkammer verwiesen sind, sollen demnächst wieder einen würdigeren Platz über dem Altare erhalten. Ein kostbarer Schatz des Kirchengutes ist ein wappengeschmückter gotischer Kelch aus dem Jahre 1493, ein Meisterwerk der Goldschmiedekunst. — Eines Besuches wert ist auch die kleine Pestkapelle, die südwestlich vom Orte auf einem Bühl steht, von niedriger Friedhofmauer eingehegt. Von nicht allzu großer Pietät zeugt es, daß zur Pflasterung des Pfades, der dorthin führt, teilweise alte Grabsteine verwendet wurden, über deren Inschriften man nun hinwegschreitet. — Rettenberg ist seit einigen Jahren Sommerfrische geworden. Ein Verschönerungsverein trägt Sorge, daß die mancherlei Spazierwege, die sich hier bieten, in gutem Stand gehalten werden; auf dem Wege zum Grünten ist vor kurzem ein neuer Steig angelegt worden, der zu interessanten Felspartien und Höhlungen hinführt.

[illegible] Ort, [illegible]

[illegible] 54 [illegible]

[illegible] dorf (552 [illegible]

[illegible] an [illegible] des Kattach[illegible]

[illegible] Geb[illegible] sauber[illegible]

[illegible] geschattet, um [illegible]

[illegible] Brande, der [illegible]

[illegible] erba[illegible]

[illegible] von der Hand [illegible]

[illegible] Rettenbergers, würdig [illegible]

[illegible] Engelsfiguren

[illegible]

[illegible] Kamp[illegible]mer [illegible] sind, sollen demnächst wieder Platz über dem Altar [illegible]. Ein kostbarer Schatz des [illegible] Rettenbergs [illegible] Kelch aus dem Jahre 1495, ein [illegible] [illegible] Bemerkenswert ist auch die klein[illegible] [illegible] von niedriger [illegible] [illegible] von [illegible] Pirat [illegible] es, daß zur Pfl[illegible] [illegible] alte Grabsteine verwendet wurde[illegible] [illegible] man [illegible] hinweggeschafft. — Rettenberg ist seit ein[illegible] [illegible] geworden. Ein Verschönerungsverein trägt Sorge, [illegible] [illegible]wege, die sich hier bieten, in gutem Stand gehalten [illegible] W[illegible] zum Grünten ist vor kurzem ein neuer Steig angelegt [illegible] interessanten Felspartien und Höhlungen hinführt.

Zur Gemeinde Rettenberg gehört eine Anzahl kleinerer Ortschaften: das freundliche, unter reichem Obstbaumschmuck sich bergende Wagneritz (109 Einw.), in dem ein altes Haus mit schönen, leider schon halb zerstörten Malereien den Blick auf sich lenkt; das schmucke Kranzegg (196 Einw.), von dem man zu den interessanten Plattensteinbrüchen am Grünten gelangt, und das hübsch gelegene Sterklis mit einem Kapellchen, in dessen Giebel sich ein altes Steinbild befindet.

Wandert man von Sterklis hart an den grasreichen Abhängen des Rottachberges weiter nach Norden, so erreicht man das Dörfchen Emereis (80 Einw.). Hier fällt sofort das auf einer Anhöhe stehende, die kleine Ortschaft überragende Kirchlein durch die mächtigen Buckelquader seines altersgrauen Gemäuers auf, das noch der romanischen Bauperiode angehört, also zu den ehrwürdigsten Baudenkmälern unserer Gegend zu zählen ist. Dann gelangt man nach Vorderburg (81 Einw.), dessen Kirchturm vor kurzem einen neuen, spitzen Dachhelm erhalten hat, und gleich darauf nach Großdorf (144 Einw.), das von der dürftigen Ruine des ehemaligen Schlosses Rettenberg überragt ist. Das ehemalige Amtshaus, in dem der Landschreiber der Pflege Rettenberg seinen Sitz hatte (s. S. 229), soll schon im Jahre 1537 erbaut worden sein; jetzt ist in dem ziemlich verwahrlosten Gebäude eine Sennküche eingerichtet.

Kranzegg.

An der Stelle, wo einst bischöflich-augsburgisches und stiftkemptisches Gebiet zusammenstieß, liegt das Pfarrdorf Ottacker (36 Einw.; die Gemeinde ist 256 Seelen stark), eine alte Kirchengründung des Klosters St. Gallen. Die jetzige Kirche, die in romanischem Stile erbaut ist und zu Anfang des 18. Jahrhunderts vergrößert wurde, scheint früher nur eine Wallfahrtskapelle gewesen zu sein. Darauf deutet eine aus dem 15. oder 16. Jahrhundert stammende Muttergottesstatue und die zu beiden Seiten des Marienaltars auf zwei Tafeln verteilte Inschrift: „Maria ist viel hundert jahr zu Ottacker vor unfall offenbahr." — Die Vergrößerung der Kirche wurde nötig, als die früher getrennten Pfarreien Ottacker und Ried zu einer einzigen verschmolzen wurden. Die Kirche von **Ried** steht nahe der Iller auf einer kleinen Anhöhe, nur von wenigen Häusern umgeben, deren Bewohner Mitglieder der politischen Gemeinde Sulzberg sind. Das schlichte Gotteshaus birgt in seinem Innern außer zwei interessanten Votivtafeln aus den Jahren 1685 und 1695 ein kostbares Kunstwerk aus alter Zeit, ein goldenes gotisches Prozessionskreuz mit der Figur des Gekreuzigten und passend eingefügten Medaillonbildern. „Dieses Kreuz," so erzählt die Sage, „wurde einst von einem Eber aus dem Boden ausgescharrt. Die Bauern banden es zweien zusammengeschirrten Ochsen auf die Hörner und beschlossen, da eine Kirche zu bauen, wo die Ochsen stehen blieben. So entstand die Kirche zu Ried." Aber auch da, wo das Kreuz aufgefunden

Kirche von Emereis. (Siehe S. 343.)

worden war, wurde, wie die Sage weiter berichtet, ein Kirchlein erbaut. Es ist die Lojakapelle, die nordöstlich von Ried einsam auf dem ebenen Grunde eines ehemaligen Illersees steht. Ihr Name erinnert zugleich an eine andere Sage, in der von einer versunkenen Stadt Loja die Rede ist. Vielleicht gelingt es der Lokalforschung einmal nachzuweisen, daß die Überlieferung mit einer wirklichen ehemaligen Siedelung in Zusammenhang gebracht werden kann.

Über die hübsch gelegenen, wohlhabenden Pfarrdörfer **Moosbach** (142 Einw.) und **Petersthal** (154 Einw.) gelangen wir endlich zur letzten Gemeinde des Bezirksamtsgebietes Sonthofen, zum Markte **Wertach** (815 Einwohner; Gemeinde Wertach 1254 Einwohner).

Dieser Ort, der schon in einer Urkunde vom Jahre 1423 als Markt bezeichnet wird, ist von vielen Schicksalsschlägen heimgesucht worden. Im Jahre 1511 brach die Pest mit so furchtbarer Gewalt aus, daß an einem einzigen Sonntag 56 Personen starben und im ganzen 105 Bewohner hingerafft wurden. Damals wurde die ehemalige Annakapelle dem Schutzpatron gegen Pestgefahr geweiht, sie wurde zur Sebastianskapelle. Sie steht jenseit der Wertach an der Straße, die nach Nesselwang führt, nahe dem Burgstall (s. S. 204). — Auffallend oft haben Brände gewütet. Nachdem im Jahre 1530 eine Feuersbrunst in zwei Stunden 118 Häuser samt der Pfarrkirche eingeäschert hatte, brannte im Jahre 1569 abermals der größere Teil des Ortes samt der Kirche und dem Pfarrhause ab, und ein dritter Brand zerstörte im Jahre 1605 in eineinhalb Stunden 140 Häuser, wieder mit der Kirche und dem Pfarrhause. Kaum wieder aufgebaut, wurde der Ort im Jahre 1633 durch die Schweden aufs neue angezündet und bis auf sechs Häuser zerstört.

Auch in unsern Tagen ist eine solche Katastrophe über Wertach hereingebrochen. Am 16. April 1893 war es, als der Ruf: Feuer! in dem Markt erscholl, und bald wälzte sich eine ungeheure Flamme über die unglückliche Ortschaft. Haus um Haus ward ergriffen, auch die Kirche blieb nicht verschont, und als es endlich den von allen Seiten herbeigeeilten Feuerwehren gelungen war, den Brand zu dämpfen, lagen hundert Wohnstätten in Asche; nur neunzehn waren (im geschlossenen Markte) verschont geblieben. — Doch zeigte sich damals in erfreulicher Weise, wie das Unglück die Nächstenliebe weckt. Schon am gleichen Tage und noch mehr an den folgenden liefen Lebensmittel, Kleider, Gerätschaften, Futter für das Vieh und bedeutende Geldspenden für die Abgebrannten von benachbarten Dörfern und Städten ein, ja aus ganz Schwaben und weiter her kam Unterstützung. Ebenso wurden von den Bewohnern der umliegenden Gemeinden eine Menge Baumaterialien unentgeltlich herbeigefahren und auf diese Weise der rasche Wiederaufbau des Marktes ermöglicht.

Gotisches Kreuz in Ried.

Heute macht Wertach mit seinen sauberen, stattlichen Häusern, die glücklicherweise den ländlichen Stil und die Regellosigkeit der Anlage beibehalten haben, einen recht freundlichen Eindruck und in verjüngter Schönheit steht auf überragender Höhe die Kirche, die von Oberbaurat Höfl (in Kempten) wieder hergestellt wurde.

Moosbach.

Wertach nach dem Brande 1893.
(Aufnahme von Ebert.)

Östlich von Wertach beginnt das Gebiet des Bezirksamtes Füssen.

Am Fuße der Alpspitze, an der Grenze von Berg- und Hügelland liegt der Marktflecken Nesselwang (991 Einw.), umgeben von den scharfgerandeten, steilen Uferböschungen eines vorzeitlichen Flußlaufes. Und wie die Gegend durch ihre geologische Vergangenheit Interesse erweckt, so der Ort durch seine Geschichte.

Denn gemeinsam mit dem benachbarten Pfronten scheint Nesselwang in dem alten Keltengau eine große Hundertschafts-Mark gebildet zu haben, und ebenso wie Pfronten hat sich auch Nesselwang lange Zeit gewisse Freiheiten und Gerechtsame bewahrt, wenn es sich auch schon sehr frühe in den Schutz des Bistums Augsburg begab. Vorübergehend gehörte es zu den Lehen der Freiherren von

Nesselwang. (Aufnahme von Helmhuber.)

Rettenberg, die eine Zeitlang auf der Nesselburg geboten, kam aber 1322 wieder in den unmittelbaren Besitz des Hochstifts; aus den „freien Gottesleuten" wurden allmählich bischöfliche Untertanen. Der Ort, der im Jahre 1329 zum Markte erhoben wurde, war Mittelpunkt der „Pflege Nesselwang", der Pfleger hatte seinen Sitz in dem „Schlosse", in dem sich jetzt die Apotheke befindet. Noch ein anderes Gebäude erinnert an die Zeit der bischöflichen Herrschaft, das Spital. Es wurde im Jahre 1503 von Bischof Friedrich Alexander, einem Grafen von Zollern, gegründet und trägt noch Wappen und Inschrift, die darauf Bezug nehmen. Zweimal brannte es ab und wurde zuletzt im Jahre 1817 wieder aufgebaut. — Brände haben, wie im benachbarten Wertach, auch in Nesselwang schlimm gewütet. Namentlich war 1635 ein Schreckensjahr; die Schweden äscherten den Ort vollständig ein, so daß nur drei Häuser verschont blieben. Auch in den Franzosenkriegen hat Nesselwang schwer gelitten.

Gegenwärtig ist Nesselwang der Sitz einer Industrie, deren Erzeugnisse auch in fremde Erdteile versandt werden; einen Rundgang durch die berühmten Rieflerschen Werkstätten werden wir später unternehmen. — Seit kurzem hat der Ort eine neue, von Baurat Schildhauer in Kempten hergestellte Kirche erhalten. Der Bau dieses Gotteshauses gestaltete sich deshalb besonders interessant, weil man die neue, bedeutend vergrößerte Kirche rings um die alte herum aufbaute, so daß diese während der Maurerarbeiten in Benützung bleiben konnte. — Für den Aufenthalt von Sommergästen, die den Ort wegen seiner hübschen Lage gern aufsuchen, ist manches geschehen, so die Anlage eines hübschen Schwimmbades nahe dem Bahnhof. Zwei schöne Ziele für Spaziergänger sind die im Waldesdunkel versteckte

Pfronten mit dem Edelsberg. (Aufnahme von L. Färber.)

Ruine Nesselburg und die noch etwas höher auf einsamer Waldblöße idyllisch gelegene Wallfahrtskirche Maria-Trost. Ein herrlicher Lindenbaum breitet sein mächtiges Gezweig über die Vorhalle, in der eine steinerne Tafel verkündet, daß die Kirche im Jahre 1659 erbaut wurde.

Südöstlich von Nesselwang breiten sich über eine Strecke von 6 km die Ortschaften von **Pfronten** aus.

Pfronten ist die Bezeichnung für die Gesamtheit der Dörfer Kappel, Rehbühl, Weißbach, Kreuzeck, Rösleiten, Berg, Halden, Ried, Meilingen, Haitlern, Dorf, Ösch und Steinach. Diese dreizehn Dörfer bilden einen gemeinsamen Pfarrsprengel und zwei politische Gemeinden (Pfr.-Berg und Pfr.-Steinach) mit insgesamt 2900 Einwohnern.

Daß der Name Pfronten aus dem lateinischen Wort frontes (ad frontes Alpium = an der Grenze der Alpen) entstanden sei, wie man früher annahm, wird neuerdings bestritten, wenn auch die Römer sicher dieses Gebiet besiedelt hatten.[1]) Aber die keltisch-romanische Urbevölkerung war wohl fast vollständig verschwunden, als die alamannischen Einwanderer erschienen. Diese bildeten zur Urbarmachung des waldreichen Landes Rodgenossenschaften und gründeten im Laufe der Jahrhunderte die genannten dreizehn Dörfer. Die beiden ältesten sind Kappel (wo die erste Kapelle stand) und Dorf.

Pfronten war eine der Urpfarreien des Bistums Augsburg, in dessen Schirm sich die Rodgenossen gestellt hatten. Diese besaßen das ganze Mittelalter hindurch besondere Rechte und Freiheiten, die im 15. Jahrhundert in einem eigenen Rechts- und Markungsbuche, dem sog. Pfarr-Recht, niedergeschrieben wurden. Die „freien Gottesleute", deren Vorfahren „ire freien guot oß wilden wälden erreut" hatten, bildeten eine Bauernrepublik. Erst sehr spät gelang es den Augsburger Bischöfen, die für Pfronten die „Vogtei Falkenstein" errichtet hatten, auch hier allmählich die Landeshoheit durchzuführen.

Pfarrkirche von Pfronten.
(Aufnahme von L. Färber.)

Wie Nesselwang hat auch Pfronten während des Schwedenkrieges (im Jahre 1635 starben 1500 Personen an der Pest!) und in den Franzosenkriegen schwer gelitten; noch sieht man zum Andenken an jene traurige Zeit an einigen Häusern Kanonenkugeln aus dem Jahre 1796 (bei Rudolf Trenkle und bei Theodor Trenkle in Pfronten-Dorf, ebenso an einem Hause hinter der Pfarrkirche).

Die Pfarrkirche, ein schöner Renaissancebau vom Jahre 1692, der sich auf einer Anhöhe in Pfronten-Berg mit auffallend schlankem und hohem Turme erhebt, verdient schon deshalb besondere Beachtung, weil sie vollständig von Pfrontnern erbaut und ausgeschmückt wurde (s. S. 240). Sehenswert ist auch das Gottesackerkirchlein, das im Jahre 1841 in gotischem Stile erbaut wurde und über dem Altare ein geschnitztes Kruzifix aus dem 15. Jahrhundert besitzt. Den südlichen Abschluß des Friedhofes bildet das groß angelegte Grabdenkmal für Pfarrer Stach, der auf dem Aggenstein verunglückte. Die Süd- und Nordwand des Denkmalstockes tragen Inschriften, aus denen die bedeutsamsten Begebenheiten der Lokalgeschichte entnommen werden können.

---

[1]) Dr. Kübler bringt den Namen mit dem altdeutschen Stamm fron in Zusammenhang. Über die Urgeschichte Pfrontens verbreitet sich die vortreffliche Abhandlung „Geschichte einer ostalemannischen Gemeindelandsverfassung" von Haff. (Zeitschrift des histor. Vereins für Schwaben und Neuburg 1903.)

Noch immer hat Pfronten, dessen ansehnliche Fabrik- und Heimindustrie wir später kennen lernen werden, in dem Aussehen seiner schlichten, malerischen Holzhäuser den Reiz ländlicher Ursprünglichkeit bewahrt, die so trefflich stimmt zu

Ausblick von Pfronten-Meilingen auf den Kienberg. (Aufnahme von L. Färber.)

dem herrlichen Bergkranz, der die dreizehn Ortschaften umsäumt. Und wie seit Jahrzehnten schon Prinz Ludwig von Bayern mit Vorliebe hier weilt, um im Frühjahr und im Herbste der Jagd zu obliegen, so ist Pfronten nun auch ein sehr

Ältestes Haus in Pfronten. (Aufnahme von L. Färber.)

beliebter Sommerfrischort geworden, dessen Ansehen immer mehr zu heben der Pfrontner Verschönerungsverein eifrig tätig ist.

Manch Interessantes bietet sich auch, wenn man die Ortschaften im nördlich vorgelagerten Hügellande durchwandert.

In dem entlegenen Weiler Rückholz (34 Einw.), der früher dem Stifte St. Mang in Füssen gehörte, gibt sich das Pfarrhaus schon von weitem durch sein hohes, vom Alter gebräuntes Ziegeldach als das Schlößchen zu erkennen, das der Abt Dominikus im Jahre 1729 erbauen ließ. Damals wurde das alte Schlößchen abgebrochen, das bisher im Kessachweiher gestanden war und unter anderm dem Abte Benedikt von Furtenbach, der im 16. Jahrhundert wegen schlimmer Amtsführung hatte abdanken müssen, als Ruhesitz gedient hatte. Merkwürdigerweise fand man vor etwa vierzig Jahren, als an der Nordwand der Pfarrkirche eine neue Kanzel errichtet werden sollte, an der bloßgelegten Stelle eine Schießscharte, die den Gedanken nahe legte, daß auch dieser auf einem weit überragenden Hügel errichtete Bau vorher ein Schlößchen gewesen und erst später in eine Kirche umgewandelt worden sei.

Eine weit ausgedehnte Gemeinde, die in 32 Orten 1310 Einwohner zählt, ist Seeg (an der Füssener Bahnlinie).

Der Ort, nach dem sich im 12. Jahrhundert ein welfischer Vasall, Gerbold von Secke, benannte, gehörte später zum Hochstift Augsburg. (Besitzrecht hatten vorübergehend auch das Kloster Stams, dann Hans Paumgartner von Hohenschwangau, sowie der Herzog von Bayern.) Seeg galt als die größte und volkreichste Landpfarrei des Bistums; sie umfaßte außer sechs Dörfern noch etwa 80 Weiler und Einöden. — Der Dreißigjährige Krieg brachte auch über Seeg Pest und Kriegsnot; doch waren es hier die Kaiserlichen, die im Jahre 1636 den Ort bis auf drei Häuser einäscherten. An die grauenvolle Pestzeit erinnert der Pestfriedhof im Norden des Dorfes (s. S. 225).

Das freundliche Pfarrdorf (298 Einw.), in dem der bekannte Jugendschriftsteller Christoph von Schmid als Kaplan gewirkt hat, ist über einen sanft ansteigenden Hügel hingebreitet und verrät in seinen ansehnlichen Gehöften die Wohlhabenheit der Bewohner. Das Schulhaus, neu aufgebaut, gleicht von ferne einem Schlößchen. Die Pfarrkirche wurde im 18. Jahrhundert erbaut und ist im Zopfstil überreich ausgeschmückt. Unter den zahlreichen Bildern fallen zwei Deckengemälde auf: das eine zeigt die Ungarnschlacht auf dem Lechfeld, das andere stellt den Papst Pius V. dar, wie er im Geiste die Seeschlacht von Lepanto schaut. — Auch als Sommerfrische wird Seeg aufgesucht. Der kleine Seeger Weiher besitzt eine hübsche Badeanstalt; von dem anmutig gelegenen Sonnenkeller aber und noch mehr von dem weiter westlich errichteten Pavillon auf dem Seeger Berg genießt man eine überraschend schöne und großartige Gebirgsaussicht.

An der Füssener Bahnlinie liegt auch die Gemeinde Hopferau (593 Einw.). Hopferau, das ursprünglich „In der Au“ hieß, gehörte im 14. Jahrhundert den Rittern von Hohenegg-Vilseck und kam später an die Ritter von Freiberg. Ein Sigmund von Freiberg bewohnte das Schloß bis zum Jahre 1507. Das Gebäude, das im 19. Jahrhundert verschiedenen Besitzern gehörte, ist jetzt Eigentum des Freiherrn von Pappus. Die Kirche von Hopferau war im 16. Jahrhundert noch Schloßkapelle und wurde erst später vergrößert. Außer einigen Freibergischen

Wappen besitzt sie ein schönes Grabdenkmal des Propstes Christoph von Ellwangen, der der Familie der Freiberger angehörte und im Jahre 1584 starb.

An die gleiche Familie werden wir erinnert, wenn wir in die Gemeinde Eisenberg (539 Einw.; eine Ortschaft dieses Namens gibt es nicht) eintreten, über welcher die Ruinen der Festen Hohenfreiberg und Eisenberg sichtbar werden. In dem Weiler Waizern (55 Einw.) steht das ehemalige Schlößchen (jetzt Gastwirtschaft), ein unschöner, nüchterner Bau mit hohem Giebeldach. Von hier aus schalteten und walteten die Freiberger Amtsleute über die „Herrschaft Waizern", als das Schloß Eisenberg in Flammen aufgegangen war.

Anderartiges Interesse erweckt der Weiler Speiden (Mariahilf) (55 Einw.). Neben einer großen, vor einigen Jahren renovierten, überreich mit Gold und anderen grellen Farben aufgeputzten Wallfahrtskirche besitzt der Ort eine kleine „Gnadenkapelle", die im Innern ebenfalls restauriert und mit einem schönen Madonnenbilde geschmückt ist. Darunter befindet sich eine Tafel, deren linkes Feld ein betendes Mädchen darstellt, während das Feld zur Rechten drei Kriegsleute zeigt. Eine Inschrift im Mittelfelde berichtet, daß im Dreißigjährigen Kriege im Jahre 1635 ein hungerndes Mädchen von drei kaiserlichen Reitern mit Brot versorgt worden sei und daß dieses Kind, als die Reiter bald darauf den Soldatentod gefunden hatten, an ihrem Grabe zu beten pflegte — eine rührende Episode aus einer Zeit, in der sonst nur die schlimmsten Greueltaten von der entmenschten Soldateska zu verzeichnen waren. — Der Vater des Mädchens erbaute die Kapelle, die später erweitert wurde.

Madonnenbild in der Wallfahrtskirche zu Speiden.

In 23 kleine Orte aufgelöst ist die Gemeinde Weißensee (446 Einwohner in 25 Orten). Der See lieferte einst die Fische für das Füssener Kloster, das diesen Besitz im Jahre 1229 durch Schenkung von den Augsburger Bischöfen erhalten hatte. Das ehemalige Fischerhaus dient jetzt als Pfarrgebäude, da im Jahre 1838 in dem Orte Weißensee die Pfarrkirche errichtet wurde. Älter als diese, ja wohl eines der ältesten Gotteshäuser in der ganzen Gegend ist das hochgelegene Kirchlein in dem Weiler Oberkirch. Der Chor des Kirchleins hat ein gotisches Gurtengewölbe und drei gotische Fenster, das Schiff zeigt romanische Formen und besitzt eine hölzerne, gebeizte Flachdecke. Sehr stimmungsvoll wirken mit der Decke zusammen die braun gebeizten, reich vergoldeten drei Altäre mit ihren Bildern. Nach einer Inschrift auf der Rückseite des Hochaltars ist dieser im Jahre 1655 errichtet worden.

Wo der Lech aus dem Gebirge heraustritt, liegt die Stadt Füssen.[1]) (4458 Einwohner, 798 m über dem Meere.)

Nicht aus dem lateinischen fauces, wie man früher annahm, sondern aus dem deutschen „fuozzin" ist der Name Füssen entstanden.[2]) Der Ursprung des Ortes knüpft sich an die Tätigkeit des Missionars Magnus. Aus der Zelle, die dieser Gottesmann hier erbaute, erwuchs die berühmte Benediktinerabtei, die im Laufe der Zeit in weitem Umkreis Christentum und Kultur ausbreitete, und mit den Wallfahrten, die zum Grabe des Missionars stattfanden, verbanden sich Märkte und Niederlassungen, aus denen allmählich die Stadt entstand. Der Ort, der zuerst welfisches, dann staufisches, vorübergehend auch herzoglich bayerisches Besitztum war, genoß im 13. Jahrhundert reichsstädtische Freiheiten, wurde aber im 14. Jahrhundert von den Augsburger Bischöfen, welche die Reichsvogtei inne hatten, zu einer bischöflichen Landstadt herabgedrückt. Ihre Blütezeit erlebte die Stadt, als im letzten Drittel des Mittelalters der Handel zwischen Italien und Süddeutschland seinen Höhepunkt erreichte. Denn eine wichtige Handelsstraße führte über Füssen nach Augsburg, und die gewinnbringende Anteilnahme an dem Transport der Kaufmannsgüter war so bedeutend, daß sie durch eigene bischöfliche Rottordnungen geregelt werden mußte.

Weißensee bei Füssen. (Aufnahme von L. Färber.)

Damals weilten die Bischöfe von Augsburg gerne in der schönen Stadt. Bischof Friedrich von Zollern ließ das Schloß, das schon aus alter Zeit bestand, weiter ausbauen (1486—1505) und umgab die Stadt mit festen Mauern, Toren und Türmen. Auch Kaiser Maximilian I. hat Füssen oft aufgesucht, um von hier aus der Gemsenjagd zu pflegen. Die kriegerischen Ereignisse des Reformationszeitalters (1525, 1546 und 1552) brachten der Stadt manches Leid, ebenso der Dreißigjährige Krieg. Dagegen wurde in dem bischöflichen Schlosse im Jahre 1745 der „Füssener Friede" unterzeichnet, durch welchen Kurfürst Max Joseph III. von Bayern auf das österreichische Erbe Verzicht leistete.

---

[1]) Im Besitze des Glasermeisters Geisenhof befindet sich eine geschriebene (leider nicht vollständig erhaltene) „Haus-Chronik der Stadt Füssen", verfaßt von Joh. Faigele (1620—1640).

[2]) Fuozzin = zu den Füßen; entweder „zu den Füßen der Berge" oder, wie eine andere Deutung will, „zu den Fußspuren des Hl. Magnus" (St. Mangtritt am Lechschlund), wohin ehedem viele Leute zu wallfahrten pflegten.

Wer heute von Norden her dem Lechtal zuwandert, der erhält einen nachhaltigen Eindruck von dem altertümlichen Städtebild mit den Mauern und Türmen und dem trutzig überragenden Schloß, das sich so reizvoll einfügt in das schöne Landschaftsbild mit dem breiten, rauschenden Fluß und dem vielgestaltigen, mächtigen Gebirgshintergrund. Und man wird sich nicht begnügen, dieses schöne Städtchen von einer der umliegenden Höhen zu bewundern oder in den Straßen zu schlendern und sich bald hier, bald dort an der anheimelnden Bauart eines alten Bürgerhauses zu erfreuen; man wird auch dem Schlosse, das jetzt zum Teil dem Amtsgerichte zugewiesen ist, ein Stündchen widmen, um den restaurierten Rittersaal mit seiner reichverzierten Holzdecke, die alte Burgkapelle, die Ritterküche, den tief in den Felsen getriebenen Ziehbrunnen, den Storchenturm mit seiner herr-

Füssen. (Aufnahme von Helmhuber.)

lichen Aussicht u. a. zu betrachten. Auch die Pfarrkirche, an die das ehemalige St. Mangkloster (jetzt im Besitze der freiherrlichen Familie von Ponikau) anstößt, wird man besichtigen. Sie wurde im Jahre 1701 im Rokokostil erbaut und besitzt hervorragende Sehenswürdigkeiten. Die Bildhauerarbeiten sind von dem Füssener Künstler Sturm; im Chore befindet sich ein altes Gemälde, Karl den Großen darstellend; die St. Mangkapelle birgt als wertvolle Reliquien den Stab, die Stola und den Kelch des Missionars; unter dem Chor aber stößt an die Klostergruft eine uralte unterirdische Kapelle, eine romanische Krypta, die lange Zeit zugemauert war und erst im Jahre 1833 wieder entdeckt wurde. Sie wird dem 10. oder 11. Jahrhundert zugeschrieben und gilt als das älteste Baudenkmal unserer Gegend. — Neben der Pfarrkirche steht die St. Annakapelle, die einen sehenswerten Totentanz aus dem Anfang des 17. Jahrhunderts enthält, und weiter im Osten, dicht an den alten Ringmauern der Stadt, erhebt sich die Kirche des Franziskanerklosters.

Einen ganz andern Eindruck macht Füssen in der Nähe des Bahnhofes, wo ein modernes Stadtviertel rasch aus dem Boden herauswächst. Hier ist auch vor kurzem (im Jahre 1902) ein in Erz gegossenes Standbild des Prinzregenten Luitpold von Bayern errichtet worden, eine Schöpfung des Bildhauers A. Meyer.

Wieder ein anderes Bild bietet sich, wenn man im Süden der Stadt die großartigen Anlagen der Seilerwarenfabrik aufragen sieht. Der Kanal, der dieser Fabrik die gewaltige Wasserkraft des Flusses zuführt, stammt in seiner ersten Anlage aus dem 18. Jahrhundert. Damals besaß die Stadt auf dem linken Lechufer zahlreiche Mahl-, Säge-, Papier-, Schleif- und Marmormühlen, sowie Gips-, Poch- und Hammerwerke. Im Jahre 1762 aber zerstörte eine Lechüberschwemmung all diese Betriebe. Da entschloß sich der Magistrat, diese Werke auf das rechte Lechufer zu verlegen und zu diesem Zwecke einen eigenen Lechkanal zu bauen. Unter dem St. Mangentritt wurde ein Schacht durch die Felsen getrieben, oberhalb ein Wehr angelegt und damit ein Werk geschaffen, das ebenfalls zu den Sehenswürdigkeiten der Stadt gerechnet werden darf. — Hier führt auch ein Weg aufwärts zu dem mit einer Kapelle geschmückten Kalvarienberg, von dessen Höhe man einen wunderherrlichen Ausblick genießt.

Der große Touristenstrom, der alljährlich Füssen durchflutet, wendet sich natürlich vor allem den nahen Königsschlössern Hohenschwangau und Neuschwanstein zu. Aber auch zu dauerndem Aufenthalte kommen zahlreiche Fremde, nicht bloß nach Füssen selbst, sondern auch nach der Nachbargemeinde Faulenbach (220 Einwohner), wo eine förmliche Villenkolonie für Sommergäste entstanden ist. Es befindet sich hier ein Schwefelbad, das schon im 16. Jahrhundert erwähnt wird und damals zu den Besitzungen des Klosters St Mang gehörte.

Wir überschreiten nun die bayerische Landesgrenze und treten auf österreichischen Boden über. Denn an unserm Alpengebiete hat auch Tirol (Vilstal, Tannheimer Tal mit Jungholz, Lechtal) und Vorarlberg (Walser Tal, Bregenzer Wald und Bezirk Bregenz) Anteil.

Im Vilstal liegt das Städtchen Vils,[1]) mit seinen 563 Einwohnern die kleinste Stadt Tirols.

Über die älteste Geschichte der Ortschaft berichtet die Überlieferung: Ursprünglich bestand ein ziemlich großes Dorf auf dem jenseitigen (nördlichen) Ufer der Vils; wo aber heute das Städtchen steht, hatten sich jüdische Familien niedergelassen. Später vertrieben die Bewohner des Dorfes die Juden und siedelten sich an deren Stelle an. — Es ist nicht zu zweifeln, daß sich diese sagenhafte Dar-

[1]) Manches Interessante enthält das Büchlein: „Geschichtlich-topographische Nachrichten über Vils" von Kögl 1831.

stellung auf Tatsachen gründet. Wo das Dorf gestanden sein soll, hat sich bis heute der Flurname „Dorf“ erhalten, auch ein gut erhaltener Ziehbrunnen war dort noch im Jahre 1831 zu sehen. Die jüdischen Familien aber, die vermutlich unter dem Schutze der Herren von Hohenegg standen, wurden wohl nicht vertrieben; noch heute findet man hie und da an den Bewohnern des Ortes ausgesprochen jüdische Züge.

Den Rittern von Hohenegg, denen Vils als stiftkemptisches Lehen gehörte, verdankte es die Ortschaft, daß sie im Jahre 1327 durch Ludwig den Bayern zur Stadt erhoben wurde. Sie erhielt nun Ringmauern und Tortürme; auch wurden gegen Westen und Osten tiefe Wassergräben gezogen, die zum Teil noch deutlich sichtbar sind. Die Hohenegger, nach deren Aussterben die Herrschaft Vils im Jahre 1671 an Tirol kam, hausten auf der nahen Burg Vilseck. Die St. Annakapelle, die sich zu Füßen der düstern, walddumschlossenen

Straße in Vils. (Zeichnung von J. Annen.)

Ruine erhebt, soll als Schloßkapelle gedient haben. Der Turm mit seinem Satteldach und den schönen Mittelsäulchen in den Schallöffnungen ist romanisch. In dem Kirchlein befindet sich ein Altarbild von Johann Ludwig Ertinger aus dem Jahre 1625 und ein Marienbild von Joh. Balth. Riep (s. S. 240).

Die Pfarrkirche von Vils, die im Anfang des 18. Jahrhunderts erbaut wurde, besitzt drei Grabdenkmäler der Hohenegger; ein viertes ist „dem gelehrten Meister Ulrich von Tux“ gewidmet. Am Hochaltar, dem Werke eines Vilsers, erblickt man zwei von dem Füssener Bildhauer Sturm gefertigte Holzfiguren, den Bischof Ulrich und den hl. Antonius von Padua darstellend.

In dem Städtchen war vor drei Jahrzehnten König Ludwig II. von Bayern ein häufiger Gast. Im Gasthaus „zum Grünen Baum“ wird noch das Zimmer gezeigt, das er bewohnte, und auch die Wirtschaft bei der St. Annakapelle bewahrt pietätvoll manche Andenken an den König, der hier im Österreichischen ebenso gefeiert und verehrt ward wie drüben im Bayerlande.

Durch die neue Bahnlinie, die Pfronten mit Reutte verbindet, hat Vils, das durchaus den Eindruck eines mäßig großen Dorfes macht, die Anwartschaft erhalten, eine beliebte Sommerfrische zu werden, da der Ort von einem Kranze stolzer Berge eingeschlossen wird und schöne Spaziergänge, namentlich an den reizenden Alatsee bietet. Freilich stört die neu errichtete Ziegelei und Zementfabrik, deren Kamine oft das Tal weithin in qualmende Dünste hüllen.

Wandert man von Vils flußaufwärts gegen Westen, so gelangt man über den österreichischen Grenzort Schönbichel und über die Pfrontner Gemarkung zu einem Punkte, von dem aus die Landesgrenzen nach vier Richtungen hin verlaufen. Hier breitet sich nämlich gegen Norden die Tiroler Gemeinde Jungholz (201 Einw.) aus, ringsum von bayerischem Gebiete eingeschlossen und nur an jenem einzigen Punkte, nämlich am Gipfel des Sorgschrofens, gegen Süden mit österreichischem Boden (dem Tannheimer Tal) zusammenhängend.

Natürlich ist Jungholz, das schon vor dem Jahre 1500 unter österreichische Hoheit gekommen war, durchaus auf den Verkehr mit Bayern angewiesen und ist deshalb auch in den deutschen Zollverband aufgenommen worden. Alles wird mit deutschem Gelde bezahlt, sogar die Steuern dürfen an Österreich mit deutschem Gelde entrichtet werden. Auch die Bewohner sind nur zum Teil Tiroler; namentlich die Frauen haben zum größten Teile aus dem Bayerischen hieher geheiratet. — Das stille, abgelegene Dorf macht mit seinen wenigen Häusern und seiner schlichten, teilweise mit Brettern verschalten Kirche einen recht ländlichen Eindruck; und doch besitzt der Ort eine stolze Errungenschaft der Neuzeit, das elektrische Licht.

Bei dem reizend gelegenen Wirtshaus Rehbach, das nicht bloß durch seine trefflichen Weine rühmlich bekannt ist, sondern auch Gelegenheit zur Besichtigung einer interessanten Tuffgrotte und des Vilser Wasserfalls bietet, treten wir in das Gebiet des reichbesiedelten Tannheimer Tales ein.

Wo das Rehbacher Sträßlein in die breite Landstraße einmündet, die von Hindelang her kommt, breitet sich die aus einer größeren Zahl von Ortschaften bestehende Gemeinde Schattwald aus. (266 Einwohner.) In der Fraktion Wies steht eine hübsch renovierte Kirche. An der Außenseite derselben erblickt man zwei rote Steinkreuze, die in die Mauer eingelassen sind; zwei Steinmetzen sollen sie errichtet haben zum Andenken an ihre im Jahre 1635 gleichzeitig von der Pest hingerafften Frauen. In der Vorhalle der Kirche befindet sich ein Totentanz von Anton Falger. — Bekannter als Wies ist das kleine Schwefelbad Schattwald. Hier labt sich der aus Bayern kommende Wanderer, wenn er die K. K. Zollstätte anstandslos passiert hat, gern in der freundlichen Veranda des Wirtshauses am Tiroler Wein, auch an ständigen Gästen fehlt es nicht, die zur Kur oder in der Sommerfrische hier weilen.

Verfolgt man die Landstraße weiter nach Osten, so gelangt man über Zöblen (168 Einwohner) zu dem Hauptort des Tales, dem Pfarrdorf Tannheim (283 Einwohner; früher Höfen genannt), um das sich eine ganze Anzahl kleinerer und größerer Weiler gruppiert: Kienzen, Wiesle, Achrain, Bichel, Geist, Bogen, Schmiden (die Gemeinde Tannheim zählt 672 Einwohner).

Der Ort, der vom Hindelanger Tale her besiedelt wurde und deshalb lange Zeit nach Sonthofen eingepfarrt war, erhielt erst im Jahre 1377 eine eigene Pfarrei. Die Kirche, die damals in gotischem Stile erbaut wurde, mußte im 18. Jahrhundert durch einen Neubau ersetzt werden; nur das alte gotische Sakramentshäuschen ist erhalten geblieben. Die neue Kirche ist, wie schon früher erwähnt wurde (s. S. 240), durch den Pfrontner Maler Joseph Keller mit schönen Gemälden ausgeschmückt worden. — Geschichtliches Interesse bieten die Gasthäuser zum Ritter (oder Rößle) und zum Wilden Mann (oder Baumwirt); jenes gehörte einst der Familie von Moosauer, die sich in der Zeit der ersten Ansiedelung um die Urbarmachung des Tales große Verdienste erworben hatte; dieses dagegen, das durch seine Freskomalereien auffällt, soll von einem Montforter Grafen erbaut worden

Tannheim. (Aufnahme von Heimhuber.)

sein. — Gegenwärtig spielt freilich eine größere Rolle als die beiden das Gasthaus zur Post. Es ist zum Mittelpunkte für die Sommergäste geworden, die sich in immer größerer Zahl hier einfinden, um in dem durch seine Höhenlage (1094 m) wie durch die großartig schöne Gebirgsumwallung gleich ausgezeichneten Orte sich zu erholen. Besonders reizvoll ist ein Ausflug zum nahen Vilsalpsee, wo auch Gelegenheit zu Bad und Kahnfahrt geboten ist; aber auch der kleine Höflesee mitten im Hochwald westlich vom Weiler Wiesle ist eines Besuches wert. In älteren Reisewerken wird, wo von Tannheim die Rede ist, auch des „Bogener Ungeheuers“ nicht vergessen, das der Sage nach in einer Höhle ob dem Weiler Bogen haust und als plötzlich auftretender, mit Geheul daherfahrender Luftwirbel Schaden stiftet oder Schabernak treibt.

Nördlich von Tannheim erblickt man Berg (120 Einw.), Inner- und Unter-Gschwend (64 Einw.); sie werden als die ältesten Ortschaften des Tales bezeichnet, während als ältestes Kirchlein die einsame Leonhardskapelle gilt; sie steht an der Stelle, wo im Jahre 1635 die an der Pest Verstorbenen bestattet wurden.

Nach einem Aquarell von E. T. Compton.

Tannheimerhütte auf der Gimpelalpe mit Rother Flüh und Hochgimpelspitze.

(Aus der Zeitschrift des D. u. Ö. A.-V. 1899.)

Eines stets wachsenden Besuches erfreut sich das anmutige Dorf Grähn (215 Einw.), das in mancher Beziehung noch günstiger gelegen ist als Tannheim. (Höhenlage 1114 m.) Auf dem Bühl, der sich östlich von der Ortschaft erhebt, stand schon im 15. Jahrhundert eine Wendelinskapelle. Sie wurde 1793 durch eine größere Kirche ersetzt, doch blieb der alte Turm stehen. In der Kirche, die vor kurzem durch den Lechtaler Meister Johann Kärle restauriert wurde, fallen an den Brüstungen der Empore mehrere Gemälde auf, die Wallfahrtszüge darstellen; auf einem dieser Bilder sieht man die alte Wendelinskapelle, von den zackigen Tannheimer Bergen überragt. Auch ein Grabstein neben dem Kirchenportale verdient Beachtung. Er erinnert an den Pfarrherrn Hans Rief, der 47 Jahre lang in Grähn Seelsorger war (bis 1831) und sich durch sein originelles Wesen ein dauerndes Andenken in der Bevölkerung geschaffen hat (s. S. 187 Fußnote).

Inneres der Tannheimer Pfarrkirche. (Aufnahme von Helmhuber.)

Von Grähn aus gelangt man über die Weiler Lumberg und Enge zum österreichischen Grenzzollhaus, einem Punkte von großer landschaftlicher Schönheit. In den Franzosenkriegen wurden an dieser leicht zu verteidigenden Stelle Schanzen aufgeworfen, deren Reste man noch wahrnehmen kann. Südlich von Grähn liegt der Weiler Haldensee (85 Einw.). Er war ehedem schwer bedroht und heimgesucht von dem Ödenbach, der, aus einer wilden Klamm hervorbrechend, seinen Weg durch die Ortschaft nahm und die Häuser oft genug einmuhrte. Da entschloß man sich im Jahre 1829, dem Bache ein neues Bett zu weisen; man leitete ihn in den Haldensee, dem er jetzt seine Geröllmassen zuführt. Die kleine Ortschaft ist so vor der Vermuhrung bewahrt, aber ihre Brunnen werden noch alle von dem Grundwasser des Ödenbaches gespeist.

Verfolgt man die am Nordufer des Haldensees hinziehende Landstraße weiter, so gelangt man über die Weiler Haller und Getting nach dem Pfarrdorf Nesselwängle (337 Einwohner).

Der Name dieser Ortschaft weist auf ein hohes Alter zurück. Die Pfrontner Rodgenossen, die in ältester Zeit mit dem benachbarten Nesselwang eine gemeinsame Urmark bildeten, rodeten den Urwald und schufen die Alpe Nesselwängle, an deren Stelle sich im 14. Jahrhundert Leute aus dem Lechtal (von Aschau) dauernd niederließen. Eine Zeit der Blüte und Wohlhabenheit kam für das Dorf, als im 16. Jahrhundert eine Fahrstraße von Reutte über den Gachtpaß ins Tannheimer Tal gebaut und der Salztransport von Tirol an den Bodensee auf diese Straße gelenkt wurde. (Siehe S. 218.) Nesselwängle erhielt einen dreistöckigen Salzstadel und stellte 80 Pferde für Vorspannleistungen. Seit diese Einnahmequelle versiegt ist, hat der Wohlstand der Gemeinde, die durch Brandschäden und Wildwasser wiederholt schwer heimgesucht wurde, bedeutend abgenommen. Bei den ungünstigen klimatischen Verhältnissen (der Ort liegt 1136 m hoch!) und der geringen Ertragfähigkeit des großenteils vermuhrten Talbodens sind die Bewohner zum Teil genötigt, in der Fremde ihr Brot zu verdienen. Im Sommer sind die meisten Männer von Nesselwängle im Elsaß, in Norddeutschland usw. als Stukkateure tätig und kehren erst zur Winterszeit in ihren Heimatort zurück.

Gråhn. (Aufnahme von Helmhuber.)

Von Nesselwängle führt uns die Straße an den Weilern Rauth und Gacht vorbei ins Lechtal.

Wer von Norden her in das Lechtal eintritt, überschreitet beim Weißen Haus die österreichische Grenze und sieht später, hinter der romantischen Enge bei der Ulrichsbrücke, auf beiden Lechufern freundliche Häuser über den grünen Anger gestreut — hier Pinswang (264 Einw.) mit hochragender Kirche, dort Musau (249 Einw.). Hat man dann die zweite Enge hinter sich, wo einst am Kniepaß und bei Roßschläg die nördlichsten Vorwerke der Feste Ernberg[1]) das Tal abschlossen, so sieht man vor sich eine reich besiedelte Talweitung. Da dehnt sich,

[1]) Die Schreibung „Ernberg" statt der sonst üblichen „Ehrenberg" begründet Schulinspektor Knittel von Reutte in seiner Broschüre „Ernberg, Beiträge zur Heimatkunde" 1903.

längs der Landstraße hingebaut und vom Säuling hoch überragt, das Dorf **Pflach** (220 Einw.). Hier befand sich vor Zeiten ein Schmelzwerk, in welchem das vom Säuling gewonnene Eisen und Kupfer verhüttet wurde; noch steht am Eingange zum Archbachtobel die Hüttenkapelle, ein gotischer Bau aus dem Anfang des 16. Jahrhunderts, im Innern mit schönen Gemälden geschmückt.

Kaum zwei Kilometer weiter südlich liegt der Hauptort des Lechtals, der Markt **Reutte**[1]) (1576 Einwohner).

Der betriebsame Ort, der im Jahre 1905 durch eine Eisenbahn mit Kempten verbunden worden ist, hat nicht bloß Bedeutung als Kreuzungspunkt wichtiger Verkehrslinien (Lechtal, Fernpaß), sondern ist auch politischer Mittelpunkt des sog.

Reutte in Tirol. (Aufnahmen von Müller in Reutte.)
1) Kapuzinerkirche. 2) Straßenbild. 3) Rathaus und Linde. 4) Bahnhof)

Außerfern, d. h. aller westlich vom Fernpaß gelegenen Landesteile von Tirol; daher befindet sich hier eine Bezirkshauptmannschaft und ein Bezirksgericht.

Wer die Ortschaft durchwandert, dem fällt die große Längenerstreckung auf; die Häuser reihen sich zum größten Teil an einer einzigen von Nord nach Süd ziehenden Straße aneinander. Viele Gebäude sind mit Freskomalereien geschmückt und deuten damit gleichsam an, daß Reutte die Geburtsstätte und der Wohnsitz zahlreicher Künstler gewesen ist. Besonders reizvoll ist die Fassade des „Zeillerschen" Hauses; auch das wappengeschmückte Rathaus, vor dem sich eine prächtige Linde

---

[1]) **Roggenhofer**, Reutte und Umgebung 1894.

erhebt, darf nicht unerwähnt bleiben. In der Mitte des Marktes erblickt man ein Franziskanerkloster und weiter südlich eine große Baumwoll-Spinnerei und Weberei. — Es ist wohl anzunehmen, daß die neue Bahnlinie dem Orte zahlreiche Sommergäste zuführen wird. Bei mäßiger Höhenlage (850 m) zeigt Reutte ein großartiges und außerordentlich mannigfach gestaltetes Gebirgspanorama, das man am vollkommensten von dem unmittelbar über dem Orte ansteigenden Wolfsberge genießt; die Umgebung aber bietet eine Fülle von Ausflügen auf Berge, in Waldtäler, zu Seen und Wasserfällen.

Älter als Reutte, ja vielleicht eine der ältesten Ortschaften des Tales ist das benachbarte Breitenwang (372 Einwohner), wo bekanntlich Kaiser Lothar II. auf der Rückkehr von Italien den Tod fand. Eine Gedenktafel, die darauf hinweist, findet sich an der Kirche, die zugleich Pfarrkirche für Reutte ist.

Zeillersches Haus in Reutte. (Aufnahme von Photograph Müller in Reutte.)

Auch Lech-Aschau (809 Einwohner), das sich auf der linken Lechseite ausbreitet, weist auf ein hohes Alter zurück. Das Niedergericht Aschau gehörte zu den ersten Gründungen des Klosters Füssen und bildete den Mittelpunkt der Provincia Aschowe, die sich von Musau bis zum Hornbach erstreckte. Erst 1610 gingen Niedergericht und Pfarrei an Österreich über. — Die Kirche der Ortschaft ist sehr alt; schon im Jahre 1431 wurde sie renoviert. Da aber die Nähe des wilden Gebirgsflusses häufige Überschwemmungen mit sich brachte, siedelte der Pfarrherr um das Jahr 1470 nach dem höher gelegenen Wängle (494 Einw.) über, dessen Martinskirche nun Pfarrkirche wurde. Sie gehörte zu den schönsten Gotteshäusern der Gegend und ist erst vor wenigen Jahren restauriert worden. Sie besitzt ein Altarblatt von Paul Zeiller und ein herrliches Deckengemälde von Franz Anton Zeiller.

Über Höfen (428 Einw.), wo Maler Köpfle Kirche und Heimathaus mit Gemälden geschmückt hat, führt die Straße südlich weiter nach Weißenbach (537 Einwohner), das noch mehr als Reutte durch seine außergewöhnliche Längenerstreckung (mehr als zwei Kilometer!) auffällt.

Nun werden die Siedelungen seltener. Nach einer Stunde erscheint auf dem rechten Lechufer das kleine, ärmliche Forchach (156 Einw.), dessen Kirchlein an den Seitenaltären gute Gemälde des Schweizer Künstlers Deschwanden besitzt; wieder eine

Stunde später das etwas ansehnlichere Dorf Stanzach (203 Einw.), durch den Namlosbach, der hier aus enger Seitenschlucht hervorkommt, ständig bedroht. Die Kirche des Ortes ist mit einem Deckengemälde von Joh. Kärle ausgeschmückt.

Jetzt wird auf der linken Lechleite das Dorf Vorderhornbach (217 Einw.) sichtbar, das teilweise auf eine diluviale Lechterrasse hingebaut ist. Aus den alten, verwetterten Häusern des Dorfes heben sich einige stattliche Gebäude auffällig hervor, darunter die vornehme Heimstätte des Historienmalers Kärle, der auch die Ortskirche mit schönen Gemälden ausgeschmückt hat.

Tief drinnen in den Bergen liegt Hinterhornbach (87 Einw.). Der Ort erhielt erst im Jahre 1764 einen eigenen Seelsorger. Das Kirchlein, ein schlichter Bau nach dem Geschmacke des 18. Jahrhunderts, ist von Maler Kärle, einem geborenen Hinterhornbacher, restauriert worden und nimmt sich in diesem neuen Schmucke recht freundlich aus. Zu dem Marienbilde, das sich über dem Hochaltar befindet, werden manche Wallfahrten unternommen. Um das Gotteshaus gruppieren sich nur wenige Gebäude, darunter Schule und Wirtshaus, die übrigen sind zum größten Teile weiter taleinwärts über die grünen Hänge verstreut. Die Bewohner des Dorfes leben in ärmlichen Verhältnissen, bewähren sich aber in dem harten Kampfe ums Dasein als unerschrockene und zähe Söhne des Gebirges. Die ländliche Abgeschlossenheit bringt es mit sich, daß fast jedes Haus seinen eigenen Schuster, Schäffler, Zimmermann und Maurer erzeugt.

Deckengemälde in Wängle.
(Aufnahme von Dr. Reiser.)

Nahe bei Vorderhornbach erblickt man den Weiler Martenau (64 Einw.), der vor drei Jahren (1903) bis auf ein einziges Haus gänzlich niederbrannte und nun mit seinen neugebauten Backsteinhäusern einen recht nüchternen Eindruck macht. Auch das weiter südlich auf dem rechten Lechufer gelegene Dorf Elmen (221 Einw.) wurde (im Jahre 1880) von einem verheerenden Brande heimgesucht, der dreizehn Häuser einäscherte. Sehenswert ist in diesem Orte ein an der Friedhofmauer angebrachter Totentanz von Anton Falger aus Elbigenalp.

Von der Einmündung des Gramaiser Baches an erscheinen auf dem linken Flußufer breitere Auen und nun werden auf einmal die Siedelungen dichter. Ortschaft reiht sich jetzt an Ortschaft, so daß es zuweilen schwer fällt, zu bestimmen, wo die eine endet, die andere beginnt.

Da ist zuerst die Gemeinde Häselgehr (551 Einw.) mit den zugehörigen Weilern Gutschau, Häternach, Luxnach, Schönau und Grießau. — Nicht bloß die dichtere Besiedelung, auch der größere Wohlstand fällt dem Wanderer auf. Man sieht wieder schmucke, teilweise auch bemalte Häuser, unter ihnen das Bräuhaus, das schon im Jahre 1780 errichtet wurde und lange Zeit das einzige im Tale war. Häselgehr zeichnet sich vor allen Ortschaften des Lechtales durch regen Gewerbefleiß aus. Es gibt dort zwei Glockengießereien (hauptsächlich zur Herstellung von Kuhglocken), fünf Tischlereien (darunter eine mit Maschinenbetrieb), eine große Hammerschmiede mit drei Eisenhämmern und anderes; im ganzen zählt man 52 Gewerbetreibende. Häselgehr ist ferner der Geburtsort des Komponisten „Pater Peter", der im Franziskanerkloster zu Salzburg als Autodidakt ein eigenartiges, vielbewundertes Musikinstrument erfand und selber baute, das er „Pansinfonikon" nannte. – Recht stattlich und sauber erhebt sich die Pfarrkirche nahe der Lechbrücke; sie enthält interessante Bilder, von dem Kuraten Wendelin Ambrosi auf Weißblech gemalt. — Die großartige Umgebung des Ortes birgt manch reizende Idylle, so die am Toserbach (s. S. 34) gelegene Luxnacher Mühle mit ihrem üppigen Blumenschmuck und ihren sehenswerten Fischzuchtanlagen, ebenso die schön gelegene Ottermühle. Andere Gefühle weckt der Anblick der Sebastianskapelle bei Grießau mit dem noch gut erhaltenen Pestfriedhof, der verkündet, daß die furchtbare Seuche des Dreißigjährigen Krieges selbst bis in dieses entlegene Tal vorgedrungen ist.

Weißenbach am Lech. (Aufnahme von Dr. Reller.)

An Häselgehr schließt sich die bedeutendste Gemeinde des oberen Lechtals an, das Pfarrdorf **Elbigenalp** (495 Einw.) samt den Weilern Köglen, Unter- und Obergiebeln.

Aus einer Rodung, durch welche vom Kloster Füssen aus die älteste Alpe des Tales, die Alpe des Albiko (= Adalbert) geschaffen ward, ist die Siedelung entstanden, und die Pfarrei Elbigenalp blieb bis 1611, in welchem Jahre sie an Österreich überging, dem Kloster Füssen unterstellt. In jene Zeit zurück versetzt uns ein Gang auf den Elbigenalper Friedhof. Hier steht die Martinskapelle, vermutlich das älteste Gotteshaus im Lechtal, schon 1399 erwähnt und 1489 renoviert. Sie ist jetzt mit Zeichnungen von Anton Falger und einem drastisch gemalten Totentanz ausgeschmückt. Eine eindringliche Ergänzung zu diesem memento mori bildet das unter der Kapelle befindliche uralte Beinhaus, in dem zahllose

Menschenschädel und Menschenknochen aufgestapelt sind. — Auch in der Pfarrkirche, die im 17. Jahrhundert von dem Elbigenalper Baumeister Georg Falger erbaut wurde, befindet sich ein sehenswertes Denkmal aus sehr alter Zeit: ein Taufstein, der die Jahrzahl 1411 trägt und mit seltsamen Figuren geziert ist, welche Sonne, Mond, Tiergestalten u. a. darstellen. Die Fresken am Kirchengewölbe rühren von Johann Jakob Zeiller her, die Kreuzwegbilder sind von Paul Zeiller ausgeführt.

Elbigenalp. (Aufnahme von M. Rauch.)

Zu den Kirchenschätzen gehört auch ein blauer Rauchmantel, ein Geschenk (ehemaliger Brautmantel) der Königin Maria von Bayern. — Ein Gang durch den Friedhof weckt die Erinnerung an bedeutende Männer, die aus der Gemeinde hervorgegangen sind. Dem berühmten Landschaftsmaler Joseph Koch von Obergiebeln (s. S. 239) und dem zu Kögglen geborenen Joseph Anton Lumpert, der im Jahre 1837 in Wien als Bürgermeister starb, sind hier Denkmäler gesetzt; ebenso erblickt man die Grabsteine des Baumeisters Georg Falger (gestorben 1704) und des Graveurs Anton Falger.

Anton Falger.

Dieser, im Jahre 1791 in Elbigenalp geboren, hat sich um seine Heimat ganz besonders verdient gemacht. Er war längere Zeit als Lithograph bei Senefelder in München, später in Weimar tätig, ließ sich aber zuletzt in Elbigenalp nieder, wo er nun mehr als dreißig Jahre lang bis zu seinem Tode (1876) bestrebt war, der Heimat sein ganzes reiches und vielseitiges Können zu widmen. Er schuf Werke der Kunst, unter denen die schon erwähnten Totentänze in Elbigenalp und in Elmen hervorzuheben sind; er versuchte sich als Holzschnitzer, um die alten Lechtaler Trachten im Bilde festzuhalten; er fertigte mit peinlichster Genauigkeit Reliefdarstellungen seiner heimatlichen Gegend; er schrieb eine Ortschronik; er trieb naturwissenschaftliche und geologische Studien. Was er in seinem langen, arbeitsreichen Leben geschaffen hat, das ist jetzt im „Falgermuseum“ in Elbigenalp gesammelt, und wer hier diese zahllosen Zeichnungen, Stiche, Ölbilder, Holzschnitzereien, Reliefs usw. durchmustert, der fragt sich voll Verwunderung, wie ein Menschenleben ausreichte, das alles zustande zu bringen.

Außer dem Falgermuseum bietet noch das trefflich geleitete Gasthaus zur Post ein gewisses historisches Interesse, da es vom Jahre 1878 an Wohnstätte der Königin Maria von Bayern war und erst nach deren Tode (1889) in ein Gasthaus umgewandelt wurde, das nun von zahlreichen Touristen und ständigen Sommergästen besucht wird. — Großartig ist die landschaftliche Umgebung des Ortes.

Holzgau. (Aufnahme von Helmhuber.)

Dem Bergsteiger bietet sich eine reiche Zahl der interessantesten Wanderungen, aber auch kleinere Ausflüge, namentlich ins Bernhardstal oder auf das herrliche Bernhardseck sind lohnend und genußreich.

In eine Reihe kleinerer Ortschaften, Lend, Bach, Stockach u. a., zerfällt die nächste Gemeinde Bach (532 Einw.) mit schöner, hochthronender Kirche. Geschlossener dagegen und stattlich aufgebaut steht das Pfarrdorf Holzgau (429 Einw.) an der Stelle, wo sich der bequemste Zugang vom Lechtal zum oberen Illertal öffnet.

Die freundliche Bauart der Häuser, die reichen, geschmackvollen Freskomalereien an den Fassaden, die Obstbäume, die sich zwischen die Wohnstätten drängen, die stolze, auf überragender Anhöhe hingebaute Pfarrkirche, deren schlanker, roter

Turmhelm weithin sichtbar ist — das alles vereint sich zu einem angenehm überraschenden Bilde, und ohne weiteres erkennt man, daß man hier die reichste Ortschaft des Tales vor sich hat. — Die Quelle dieses Reichtums, den sich die Holzgauer einst in fernen Landen sammelten, wird uns später noch beschäftigen; zunächst wollen wir der sehenswerten Kirche einen Besuch abstatten. In der Vorhalle gewahren wir über dem Portale ein Missionsbild, an dem wir die alte Lechtaler Tracht studieren können. Das mächtige Schiff der Kirche ist von den Gebrüdern Kärle reich und schön ausgeschmückt, die hohen Rundbogenfenster zeigen wirksame Glasmalereien. Im Turme hängen zwei Glocken, die im 15. Jahrhundert gegossen wurden. Interessanter noch als die Hauptkirche ist die Friedhofkapelle, ein gotischer Bau mit alten Freskomalereien. Das dazu gehörige Beinhaus, in dem man einen gemauerten Altar und eine mit einem Steinkreuz gekrönte Säule erblickt, wird als eine der ältesten Kultusstätten des Tales bezeichnet.

In Holzgau wurde im Jahre 1831 der angesehene Dichter, Sprach- und Altertumsforscher Christian Schneller geboren. Sein Geburtshaus, eine romantisch gelegene Mühle am Eingang zum Höhbachtal, ist leider vor kurzem niedergerissen worden.

Wandern wir weiter lechaufwärts, so treten wir bald in die weit ausgedehnte Gemarkung der Gemeinde Steeg ein, die sich von Hägerau bis zur Tiroler Grenze bei Lechleiten erstreckt.

In dem Dorfe Hägerau (181 Einw.) können wir uns an dem Anblick urwüchsiger, malerisch wirkender Holzbauten erfreuen oder an Steinhäusern, aus deren dickem Gemäuer die kleinen Fenster wie Schießscharten herauslugen; besonders fällt durch seine eigenartige Bauart ein Haus auf, das laut Inschrift im Jahre 1778 renoviert wurde.

Einen völlig andern Eindruck macht das Pfarrdorf Steeg (535 Einw.), dessen zahlreiche Häuser sich in langer Flucht an der Straße hinziehen. Sauber und nett sind die Gebäude, reinlich, gut und behaglich die Gasthäuser, und es wäre hier inmitten großer Waldungen und hochragender Berge ein köstliches Ruheplätzchen für Sommergäste, wenn nicht der Ort so weit vom Eisenbahnverkehr entfernt wäre. Wo der Fluß das auffallende Knie bildet, das den Ausgang des Almejurtals bezeichnet, steht hochragend die hellblinkende Kirche mit dem schlanken, spitzen Turmhelm.

Hier verlassen wir die breite Straße und die größeren Ortschaften. An den Weilern Ellenbogen und Brenten vorbei steigen wir empor zum letzten Tiroler Dörflein Lechleiten (80 Einwohner).

Etwas mehr als ein Dutzend wetterfeste Häuser, zum Teil aus Rundhölzern wuchtig gefügt, werden von einem hochgiebeligen Kapellchen überragt. Ein gut Stück weiter, „auf der Noa" steht das Wirtshaus nebst ein paar nicht eben sauberen Viehställen und noch weiter hinten, gegen den Schrofenpaß zu, ein großer, weißgetünchter Bau, dem man den amtlichen Charakter auf den ersten Blick ansieht: das K. K. Zollhaus; im Westen endlich, durch einen tiefen Tobel geschieden, die paar Häuser und Hütten des Weilers Gehren mit einem Kapellchen. — Der Fußpunkt der Lechleitner Kapelle liegt 1542 m über dem Meere. Im Sommer ist's ja herrlich da droben. Wie prächtig reckt der Biberkopf seinen Felsenleib empor, wie reichgestaltet ist der Kranz der Lechtaler Berge! Aber Lechleiten ist eben das ganze Jahr hindurch bewohnt und der Winter ist lang und hart. Der Schnee fällt so reichlich, daß die Zugänge zu den Häusern ausgeschaufelt werden müssen und daß er oft im Mai noch drei, ja vier Meter hoch liegt, wenn an den Bodenseeufern die Kirschbäume zu verblühen anfangen. Vor zwei Jahren (1904) ist hinter dem Zollhaus der letzte Schnee gerade am 21. Juni verschwunden!

Da mag der Kirchengang oft schlimm genug sein. Die Lechleitner haben nämlich zwar eine eigene Schule (die im Jahre 1905 von zwölf Kindern besucht war), aber ihre Pfarrkirche steht drüben in Vorarlberg und zwar in dem Dorfe Warth (103 Einwohner).

Dieser Ort, jenseit des tief eingeschnittenen Krumbaches gelegen, liegt freundlich auf grünem Berghang. Weithin sind die Häuser verstreut, nur sieben bis acht Wohnstätten scharen sich um die Kirche. Wir sind damit in den Bezirk des Tannbergs eingetreten, zu dem auch die nächste Ortschaft gehört: Hochkrumbach oder „Krumbach ob dem Holz". Deutlich genug besagt dieser Name die Eigenart der völlig baumlosen, ja fast strauchlosen Gegend. Die Türschwelle des Kirchleins ist 1703 m über dem Meere, also etwa so hoch wie der Gipfel des Söllerecks (1706 m) bei Oberstdorf oder 100 m höher als der Gipfel der Schneekoppe im Riesengebirg. — Früher hatte Hochkrumbach 14 Häuser, darunter Pfarrhaus und Schulhaus und war ständig bewohnt. Wenig beneidenswert mögen zur Winterszeit die Verhältnisse gewesen sein. Erzählt man sich doch, daß ein Geistlicher einmal, als in der grimmigen Kälte das Brennholz ausgegangen war, sich nicht anders helfen konnte, als die hölzernen Heiligenfiguren des Kirchleins in den Ofen zu werfen! — Schon lange ist kein Pfarrer und kein Lehrer mehr dort. Außer dem Gasthaus und der Finanzwache stehen nur noch wenige Häuser und auch diese sind im Winter geschlossen. Nur ein Mann wird zurückgelassen, der das Wirtshaus zu hüten hat und, völlig abgeschieden von der Welt, mit seinem Weibe während der langen Wintermonate dort haust.

Schröcken. (Aufnahme von Helmhuber.)

Zum Tannberg gehört endlich die Gemeinde Schröcken (133 Einw.). Die wenigen Holzhäuser des Dörfchens, von hübscher Kirche überragt, liegen 1269 m hoch in wildschöner Bergumrahmung auf grünem Schuttkegel, zu dessen Füßen der Seebach und die Bregenzer Ach rauschen. Die Kirche, die im Jahre 1639 eingeweiht wurde, besitzt ein schönes Altarbild von Deschwanden und eine von Gebhard Moosbrugger gefertigte Weihnachtskrippe, die von Kennern als ein bedeutendes Kunstwerk bezeichnet wird. — Ergreifend ist eine Begebenheit, welche die Begründung einer eigenen Pfarrei Schröcken veranlaßte oder doch wenigstens beschleunigen half. Da nämlich die Gemeinde früher nach dem Dorfe Lech, dem Hauptort des Tannbergs, eingepfarrt war, machten sich an einem Wintersonntag (um das Jahr 1636) die Bewohner von Schröcken auf den Weg, um sich durch den tiefen Schnee zur Pfarrkirche nach Lech durchzuarbeiten. Plötzlich brach auf der sog. Plietze, auf dem heutigen Verbindungs-Fußweg zwischen Nesseleck und Auenfeld eine Lawine nieder und stürzte auf die fromme Schar, wobei vierzehn Personen den Tod fanden. — Von solcher Lawinengefahr sind auch die Kinder bedroht, die oft von weither (von Nesseleck, von Ober- und Unterboden usw.) die Schule besuchen. Am 23. März 1840 kamen drei Schulknaben, als sie nach Hause zurückkehren wollten, unter eine Lawine. Einer von ihnen, der am tiefsten gelegen war und zuletzt gefunden wurde, konnte gerettet werden, die beiden andern waren tot. Und jener Gerettete (Michael Pfefferkorn) fand später als 76jähriger Greis ebenfalls den Tod in einer Lawine!

Die Tannberger sind gleichen Stammes wie die Bewohner des Walsertals.

Diese bilden bis zur österreichischen Grenze bei der Walser Schanze eine einzige politische Gemeinde, die ihre Bezeichnung nach dem Hauptort Mittelberg erhalten hat.[1])

Das Dorf Mittelberg (385 Einw.) ist auf einen Höhenzug hingebaut, dessen auffällige Formen durch die Vorgänge der Eiszeit ausgestaltet worden sind. Wie es im ganzen Walsertal keine geschlossenen Ortschaften gibt, so sind auch hier die Wohnstätten weit auseinander gezogen; in unmittelbarer Nähe der Kirche stehen nur wenige Gebäude, darunter zwei Gasthäuser und das Spital, das im Jahre 1842 erbaut wurde und eine Versorgungsanstalt für Arme, Kranke und Waisen bildet. Den Hauptanstoß zu dieser menschenfreundlichen Gründung hat der Arzt Franz Alois Heim, ein geborener Mittelberger, gegeben. — Die jetzige Pfarrkirche wurde im Jahre 1463 erbaut, aber Ende des 17. Jahrhunderts mehrfach umgestaltet, so daß der ursprüngliche gotische Stil kaum mehr zu erkennen ist. Älter als das Hauptgebäude ist der von der früheren, 1390 eingeweihten Kirche übrig gebliebene Turm, der ein sehr schönes Geläute besitzt. Die Kirche ist durch Freskomalereien von Johann Kärle ausgeschmückt, das Gemälde des Hauptaltars (Opferung der Hl. drei Könige) ist ein Werk des Innsbrucker Künstlers Jele. Eine Sehenswürdigkeit ist ein gotischer Taufstein vom Jahre 1495, mit Wappenschildern und anderen Reliefbildern reich geschmückt.

Unter den bedeutenden Männern, die aus Mittelberg hervorgegangen sind, ist besonders Christian Leo Müller (1798—1844) hervorzuheben, der in Wien als

[1]) Fink und Klenze, Der Mittelberg.

Verbesserer der Schnellpresse berühmt wurde; um ihre Heimat selbst haben sich außer dem erwähnten Dr. Heim mehrere Glieder der Familie Fritz verdient gemacht, so Gedeon Fritz durch die Sammlung von Walser Altertümern und Dr. Tiburtius Fritz (1788—1842) durch Begründung einer Pfarrbibliothek und eines „Ortsvereins für das Kleine Walsertal", der in verschiedenen Fachabteilungen für Ortskunde, Handel und Gewerbe, Viehzucht, Wald-, Wiesen- und Forstwirtschaft tätig ist.

Zu der Pfarrei Mittelberg gehört das tiefer gelegene Bödmen, wo Daniel Heim eine interessante und reichhaltige Sammlung von Geräten und Trachtenstücken, Waffen und Bildern, Büchern und Handschriften aufgestapelt hat; ebenso der einsame, idyllische Weiler Bad. Dieser hat seinen Namen von einer Schwefel-

Bödmen und Mittelberg im Walsertal.

quelle, die schon im Jahre 1434 zu Heilzwecken benützt wurde, aber vor einigen Jahrzehnten infolge eines Erdrutsches versiegt ist. Der Ort macht mit seiner hoch gelegenen Kapelle und seinen malerischen Holzhäusern einen freundlichen Eindruck.

Eine zweite Pfarrei im Walsertal ist Hirschegg (290 Einw.). Die 70 bis 80 Häuser sind zum größten Teile über die grünen Abhänge des Heuberges weithin gelagert; die Kirche steht hoch über dem Breitachtobel, in den hier eine kurze, bewaldete Querschlucht einmündet. Das Gotteshaus ist jetzt (1906) gerade hundert Jahre alt. Es besitzt zwei Altarblätter von Deschwanden; die Deckengemälde sind von Seelenmayer, einem geborenen Hirschegger, sowie von Kaspar Weiß und Johann Kärle hergestellt; dieser hat außerdem das Wandbild im Chore gemalt.

Wie Hirschegg und Mittelberg, so ist auch die Pfarrei Riezlern (478 Einw.), zu der jenseit der Breitach die Weiler Egg, Schwende, Straußberg u. a. gehören,

Riezlern.
(Aufnahme von Ebert.)

24*

über ein weites Gelände ausgebreitet. Bald in Gruppen zusammengestellt, bald ganz vereinzelt stehen die hübschen, gebräunten Holzhäuser, dort auf dem Berggehänge thronend, dort an den Steilrand eines waldigen Tobels hingebaut. — In dem Weiler Unterwestegg erhebt sich eine hübsche Kapelle, für die vor kurzem Pfarrer Längle einen alten, kunstvollen Altar erworben hat. Den Hauptstolz des Dorfes aber bildet die neue Pfarrkirche, die im Jahre 1892 erbaut wurde. Professor Martin Feuerstein aus München hat das Innere in vollendet künstlerischer Weise ausgeschmückt. Die Farbenwirkung der Altarblätter und der Freskogemälde wird noch gehoben durch die in Elfenbeinton ausgeführten Kreuzweg-Stationen, die zudem durch die ungemein plastische Wirkung überraschen. — Riezlern ist seit

Hirschegg im Walsertal.
(Aufnahme von [illegible].)

einigen Jahren eine beliebte Sommerfrische geworden. Ein Verschönerungsverein bemüht sich, die zahlreichen interessanten Ausflüge, die schon die nächste Umgebung bietet, durch Wegmarkierung und Weganlagen zu erleichtern; namentlich ist der mit großen Kosten ausgeführte, an Naturschönheiten und Abwechslung außerordentlich reiche Weg zu rühmen, der in der Tiefe der Breitachschlucht bis zur Breitachklamm führt.

Wie Jungholz ist auch die Gemeinde Mittelberg für den Warenverkehr in den deutschen Zollverband aufgenommen (seit 1. Mai 1891). Denn in Handel und Wandel sind die Walser nahezu vollständig auf Bayern angewiesen; von den stammverwandten Bewohnern des Tannbergs sind sie durch hohe Bergumwallung geschieden, ebenso von dem benachbarten Bregenzer Wald.

Der hinterste Ort des Bregenzer Waldes ist Hopfreben. Die Schwefelquelle, die hier entspringt, ist seit langem nutzbar gemacht; schon in ziemlich früher Zeit stand ein schlichtes Badehaus, in dem die Wälderbauern die Kur gebrauchten. Jetzt ist ein neues Gebäude aufgeführt, immer noch einfach genug, im trauten

Wälderstil. Es wird viel besucht, nicht bloß von Leidenden, auch von Gesunden, denen der stille, schöne Platz behagt. Denn es ist ein herrlicher Punkt voll landschaftlicher Schönheiten. Das hatte auch der jetzt verstorbene Engländer Maund erfaßt, der ringsum die Jagdgründe erwarb und hier ein Jagdhaus erbaute. Früher stand es unten hart an der düstern Waldschlucht; jetzt ist ein neues, vornehmeres auf einen waldigen Höhenrücken hinaufgestellt. Nur schade, daß dies Besitztum, der ganze Waldhügel von einem so aufdringlichen, häßlichen Zaun umfriedet ist, der in die Umgebung einer Großstadt besser passen würde als in diese erhabene Bergeinsamkeit. — In der Nähe, wo sich eine kleine Au ausbreitet, steht das Hüttendorf Hopfreben, ein „Vorsäß", das ebenso wie das benachbarte Schalzbach nur in der Zeit vom 8. Juni bis zum 8. Juli und dann wieder vom 15. September bis zum 8. Oktober bezogen ist.

Weiter draußen, in einer zweiten, größeren Talweitung wird mit einem Male die Besiedelung dichter. Es erscheint das Dorf Schoppernau, weit und stattlich über den Talgrund ausgebreitet. (Die Gemeinde Schoppernau, zu der Hopfreben und Schalzbach gehören, zählt 504 Einwohner.) Die Häuser sind fast durchweg aus Holz gebaut; nur bei einigen ist der Unterstock mit weißem Anwurf bedeckt, der sich blendend von dem dunkelgebräunten Balkenwerk abhebt. Von einer ansehnlichen, hochstehenden Kirche überragt, macht der Ort einen freundlichen und traulichen Eindruck. Kein moderner Hotel- oder Fabrikbau stört, und doch sieht der Fremde, wenn er zu später Abendstunde im gemütlichen Gasthaus zur Krone beim Wein sitzt, zu seiner Überraschung plötzlich das elektrische Licht aufleuchten.

Wer Schoppernau besucht, der darf auch nicht versäumen, dem Friedhof sich zuzuwenden, wo dem Volksdichter Franz Michael Felder (s. S. 237) ein einfaches Denkmal errichtet ist, während sich an seinem Geburtshause eine Gedenktafel mit seinem Medaillonbilde befindet. An der Pfarrkirche fällt die schön gearbeitete Türe ins Auge, deren Reliefbilder der Schoppernauer Bildhauer Georg Moosbrugger gefertigt hat. Im Innern der Kirche sieht man ein schönes Altarbild, die Schutzpatrone des Ortes, Jakobus und Philippus darstellend, eine Schöpfung von Claudius (?) Schraudolph.

Eine Bergnase, die von Norden her gegen den Fluß herantritt, trennt Schoppernau von der nächsten Gemeinde Au[1]) (1116 Einw.). Da grüßen uns zahlreiche freundliche Häusergruppen. Jenseit der Ach, auf der „Schattenseite", reihen sich aneinander, auf die hohe Flußterrasse hingebaut, die Weiler Widen, Argenau, Argenzipfel; diesseits breiten sich in dem Talwinkel, der hier in das Gebirge hineingeschnitten ist, die malerischen Ortschaften Lugen, Rehmen und Schrecken aus. An den Fuß der Mittagsfluh aber angelehnt und zugleich von den gewaltigen Schrofen der Kanisfluh jäh überragt steht Jaghausen. Hier, wo einst das Jagdhaus der Montforter Grafen in einsamer Waldwildnis stand, zeigt jetzt der spitze Turm der Pfarrkirche gen Himmel. Sie wurde im Jahre 1494 erbaut und im 18. Jahrhundert erweitert. Von dem ursprünglichen gotischen Stil ist leider nicht

[1]) Joseph Hiller, Au im Bregenzerwald 1890.

mehr viel zu sehen. Der Hochaltar besitzt zwei Gemälde von Wendelin Moosbrugger (s. S. 247), der auch das Kirchlein in Rehmen mit Altarblättern geschmückt hat; die Fresken sind von dem Lindenberger Maler Spieler gefertigt und im Jahre 1886 von Johann Kärle restauriert worden; die Stukkaturen hat ein einheimischer Meister, Joh. Jak. Rüf (gest. 1807), gefertigt.

Wie Jaghausen, so erinnern uns auch die nächsten Orte Schnepfau (213 Einwohner), die Heimat Moosmanns (s. S. 236), und Hirschau (78 Einw.) an die alten Jagdgründe der Montforter. Wo sich aber der Fluß nach Norden wendet, um in enger Schlucht das Gebirge zu durchbrechen, erblicken wir an den Ufern der Ach und des Mellenbaches das Dorf Mellau (616 Einw.), dessen Stahlbad einen ebenso guten Ruf genießt wie die treffliche Unterkunft, die der Fremde hier findet. — Die „Mellen-Au", das Deltaland des Mellenbaches, wurde einst von Schwarzenberg aus besiedelt; diese Niederlassung wurde schon vor mehr als 400 Jahren selbständige Gemeinde und im Jahre 1446 eigene Pfarrei. Ein Unglückstag für die Ortschaft war der 7. September 1870. In den Nachmittagsstunden brach bei heftigem Föhnwind ein Brand aus, dem die Kirche, das Pfarr- und das Schulhaus und 18 Wohnstätten zum Opfer fielen. Die neue Kirche, deren Aufbau sofort begonnen wurde, ist im romanischen Stil gebaut. Die zwei Bilder über den Seitenaltären sind von Georg Kaiser, einem Schüler Deschwandens, gemalt, die Altäre selbst stammen von Bildhauer Rüscher. Die Deckengemälde sind von Maler Riek aus Dornbirn, die Wandgemälde und die übrige Dekoration von den Gebrüdern Kärle hergestellt.

Wandert man von Mellau durch die düstere Achschlucht gen Norden, so gelangt man nach Reuthe (346 Einwohner).

Der Ort hieß ursprünglich „Ellenbogen", weil er sich an einen zum Flusse vorgeschobenen, einem Ellenbogen ähnlichen Gebirgsvorsprung anlehnt. In einer Urkunde vom Jahre 1483 kommt der Name „Rütti" zum erstenmal vor, aber erst um 1700 wurde dieser Name allgemein, während sich die Bezeichnung Ellenbogen bis heute für den nördlich benachbarten, aber schon zur Gemeinde Bezau gehörigen Weiler erhalten hat. Die Gegend von Reuthe wurde im zwölften und im Anfang des dreizehnten Jahrhunderts von Andelsbuchern gerodet und zunächst für „Vorsässen" benützt, wo man das Vieh im Frühling und Herbst weiden ließ, während man im Sommer das Heu einheimste. Allmählich wurde eine ständige Ansiedelung daraus. — Schon im Jahre 1250 wurde eine „hölzin Kapell" errichtet, 1284 aber begann der Bau einer Kirche, die fünf Jahre später eingeweiht wurde. Sie war Filialkirche von Andelsbuch und stand, wie dieses, unter dem Abte von Mehrerau. Damals gehörte das ganze Gebiet hinter der Bezegg diesseit der Ach zu Reuthe: hierher mußten die Leute von Bizau, von Hirschau und Schnepfau, von Jaghausen und Schoppernau zum Gottesdienst. Nur während der Jagdzeit kam ein „Burgpfaff" nach Jaghausen, um in der dortigen Kapelle für die Jagdgesellschaft Gottesdienst zu halten, dem auch die dortigen Bewohner beiwohnten. Im 15. Jahrhundert wurde Reuthe von Andelsbuch unabhängig; da aber auch die andern Ortschaften nach und nach ihre eigenen Pfarreien erhielten, ist gegenwärtig der Pfarrsprengel von Reuthe auf die nächste Umgebung eingeschränkt. — Die Kirche scheint wenigstens dreimal umgebaut worden zu sein. Neben vereinzelten Spuren der Gotik (so an einem sehr alten Sakramentshäuschen) findet man Renaissance-, Barock- und Zopfstil vor. Im Jahre 1887 entdeckte man unter der Tünche der Wände alte Malereien aus der Mitte des 15. Jahrhunderts, die von Maler Reich aus Bizau im Jahre 1892 teilweise renoviert wurden. — Das Dörfchen selbst, das 349 Einwohner zählt, macht mit seinen traulichen Holzhäusern im alten Wälderstil einen anheimelnden Eindruck. Seit 1901 besitzt es eine kleine Bierbrauerei mit elektrischem Betriebe.

Etwas entfernt von dem Dorfe liegt das Stahlbad. In seiner heutigen Gestalt wurde das Badegasthaus im Jahre 1835 erbaut, erhielt jedoch 1900/01 neue Badekabinen und Einrichtungen für Dampf- und Duschbäder. Dem Bade gegenüber steht ein Häuschen, das die erste Wirtschaft des Ortes gewesen sein soll und noch im Jahre 1901 einen uralten geschweiften Dachgiebel besaß, der jetzt durch einen modernen Holzbau im Villenstil ersetzt ist. Da hier einmal ein Jude mehrere Jahre lang Wohnung genommen hatte, hat sich bis auf heute der Name „Judenhäuschen" erhalten.

Östlich von Reuthe dehnt sich in langer Häuserreihe das hübsche Dorf Bizau aus (639 Einwohner). Zwei herrliche Bäume, eine Linde und eine Eiche, stehen vor der Kirche, die zwei Altarbilder von dem einheimischen (jetzt in Wien lebenden) Künstler Joseph Reich besitzt. — Schlimme Verheerungen hat schon mehr als einmal der Bizauer Bach angerichtet. Sein Bett ist durch die Geröllmassen, die er im Laufe der Zeiten angeschwemmt hat, so hoch geworden, daß man das Wasser des Baches fast auf die Dächer der Häuser leiten könnte. Um weiteren Gefahren vorzubeugen, wurden im Jahre 1903 Regulierungsarbeiten begonnen, die einen Kostenaufwand von 216.000 Kronen erforderten. — In Bizau wurde im Jahre 1848 der Volksdichter Gebhard Wölfle geboren, dessen Gedichte in der Mundart des hintern Bregenzer Waldes (vgl. S. 265) sich durch kernigen Humor, tiefe Empfindung und große Formengewandtheit auszeichnen.[1]) Erst vor wenigen Jahren (1904) starb der Dichter in seinem Heimatorte.

Bizau ist ein wichtiger Stapelort für die Molkereiprodukte, die von den zahlreichen umliegenden Alpen zu Tale gebracht werden, namentlich von dem Vorsäßdorfe Schönebach.

Dieses idyllische Alpendörfchen ist auf einen grünen, bergumschlossenen Plan hingestellt, wo jenseit der jungen Subersach der mächtige Ifenstock aufragt. Das vornehme Jagdhaus des Herrn von Schwerzenbach nimmt sich fremdartig aus unter den von Alter geschwärzten Hütten, die ringsum stehen. Der Fremde, der hier kurze oder lange Rast zu halten gedenkt, findet beim lustigen Gallus, dem Gastwirt zum Löwen, guten Wein und ausgezeichnete Küche.

---

[1]) Ein erstes Bändchen seiner Gedichte ist im Jahre 1904 in Dornbirn erschienen mit einer biographischen Einleitung von Hermann Sander.

Der Hauptort des Innerwaldes und Sitz des K. K. Bezirksgerichtes ist das Dorf **Bezau** (1003 Einwohner), seit dem Jahre 1902 Endstation der Bregenzerwald-Bahn. Die Ortschaft (früher Bötznau, Bätzenöw, Betzaw geschrieben) besaß schon im 14. Jahrhundert eine Kapelle. Die jetzige Kirche wurde Ende des 15. Jahrhunderts errichtet, erweist sich jetzt aber, obwohl sie im Jahre 1771 vergrößert wurde, zu klein, so daß demnächst ein Neubau erstehen wird. Auch ein Kapuzinerkloster befindet sich hier, das im Jahre 1655 gegründet und vor kurzem (1904/05) neu gebaut wurde. In dem Kloster wurde Jodok Stülz (geb. in Bezau 1799) unterrichtet, der später nicht bloß ein angesehener Würdenträger der Kirche, sondern auch ein bedeutender Geschichtsforscher wurde. — Wer ein Stündchen Muße hat den Ort zu durchwandern, der sollte nicht versäumen das Haus von

Bezau. (Aufnahme von Helmhuber.)

Jodok Kaufmann aufzusuchen, in dem außer einem Gipsrelief von der Hand der Bildhauerin Katharina Felder (s. S. 246) auch eine Anzahl schöner Gemälde (namentlich Porträts) von Angelika Kaufmann aufbewahrt werden. — Einen besonders erfreulichen Überblick über das malerisch hingelagerte Dorf mit seinem Berghintergrunde gewährt das hochgelegene Bärenwirtshaus.

Ist man von hier über die einsame Höhe von Bezegg (s. S. 215) hinübergewandert und überblickt man dann das weite Gelände, das sich nun im Norden ausbreitet, so ist man überrascht über die große Zahl der Siedelungen.

Dort drüben, jenseit der Ach, schauen die Häuser von **Schwarzenberg** herüber (1233 Einwohner). Zwei dieser schmucken, in malerischen Gruppen über den Bergabhang verteilten Wohnstätten sind mit Gedenktafeln geschmückt: das Geburtshaus des Malers Jakob Fink und das Heimathaus der Angelika Kaufmann, deren Büste in der Kirche aufgestellt ist (s. S. 246). Die Kirche ist im Jahre 1757, nachdem die frühere durch Brand zerstört worden war, neu aufgebaut worden. — Das freundliche Dorf, das schon wegen seiner glücklichen Lage am Fuße berühmter Aussichtspunkte (Lose und Hochälpele) von Sommergästen gern aufgesucht wird, besitzt auch ein Stahlbad. — Besonders lebhaft geht es in Schwarzenberg am 16. und 17. September her. Da wird der große Markt abgehalten, einer der bedeutendsten Viehmärkte in Vorarlberg, wozu oft 3000, ja 4000 Stück Vieh aufgetrieben werden.

Auf weiter, grüner Ebene breitet sich das Pfarrdorf Andelsbuch aus (1221 Einwohner). Die Überlieferung berichtet, daß hier die erste Rodung des Bregenzer Waldes stattgefunden habe. Ein Einsiedler, Diedo mit Namen, habe im elften Jahrhundert die menschenleere Wildnis aufgesucht, habe auf dem von ihm ge-

Andelsbuch. (Aufnahme von Ad. Hild.)

rodeten Boden eine Zelle und ein Bethaus errichtet und Gott in der Einsamkeit gedient. Aus der Zelle entstand dann, vom Kloster Mehrerau gegründet, die erste Kirche des Bregenzer Waldes. — Andelsbuch besitzt neben manchen alten Wälderhäusern auch zahlreiche, die nach neuerem Brauche der traulichen Laube entbehren und nur durch ihren Schindelpanzer ein ländliches Gepräge erhalten. Auch ganz moderne und städtisch anmutende Gebäude erblickt man, so das Hotel Barth beim Bahnhof und das neue, 1901 erbaute Schul- und Gemeindehaus. In Andelsbuch befindet sich auch eine von Dr. König gegründete Wasserheilanstalt und ein Stahlbad. Zu den Sehenswürdigkeiten des Ortes gehört die Kunstsammlung, die Kaplan Walch, der Bruder des verstorbenen Malers Walch, angelegt hat. Unter den zahlreichen Gemälden und Kupferstichen, die hier aufbewahrt sind, findet man auch drei Originalbilder von Angelika Kaufmann. — Gegenwärtig wird in Andelsbuch von der Firma Jenny und Schindler eine großartige Elektrizitätsanlage hergestellt, von der später noch die Rede sein wird.

Nördlich grenzt Andelsbuch an die Gemeinde Egg (1933 Einwohner).

Der Ort, der im Jahre 1307 zum erstenmal urkundlich genannt wird — er wurde damals als Reichsgut an die Montforter verpfändet — besitzt noch mehrere Andenken an seine bedeutsame historische Vergangenheit (s. S. 216). Die Pfarrei Egg, nach Andelsbuch und Lingenau die älteste des Waldes, war früher auch die ausgedehnteste; sie reichte bis Hittisau und Riefensberg, bis Bersbuch und Bezau. Wie damals die Pfarrei, so zeigt heute die Gemeinde Egg eine ungewöhnliche Ausdehnung; ihre Gemarkung erstreckt sich ostwärts bis zum Hochifen, westlich bis zum Brüggele. Zur Gemeinde gehört das nahe gelegene Großdorf, das im Jahre 1790 von einem schweren Brandunglück heimgesucht worden ist. — Die

Egg. (Aufnahme von Helmhuber.)

Pfarrkirche von Egg, hoch über den Steilwänden der Achschlucht mit spitzem Turmhelm aufragend, ist ein schöner gotischer Bau, der 1892 errichtet wurde. Auch das Schulhaus ist ein Neubau, ebenso die eiserne Fluhbrücke; man sieht noch Reste der Steinpfeiler, auf denen sich die frühere Brücke wölbte. Seit 1866 besitzt Egg ein Armenhaus mit Spital, seit 1902 besteht neben der Volksschule eine Fortbildungsschule. — Seit Eröffnung der Eisenbahn ist Egg rasch zum bedeutendsten Orte des ganzen Bregenzer Waldes aufgeblüht dank der günstigen Lage an der Stelle, wo die von Bregenz her führende Bahn zum erstenmal aus der unwegsamen Achschlucht in besiedeltes Gelände eintritt. Aber auch die Rührigkeit der Egger ist zu rühmen, da sie diese günstige Lage nach Kräften auszunutzen wußten. Für den Fremdenverkehr wurde es von Bedeutung, daß ein Verschönerungsverein sofort dafür Sorge trug, Egg zu einem angenehmen Sommeraufenthalte zu machen. Zu der guten Unterkunft und Verpflegung, die man hier findet, gesellen sich Unterhaltungen mannigfacher Art, wozu die trefflich ausgebildete Egger Musikkapelle ihr gut Teil beiträgt; auch ist hervorzuheben, daß Egg eine gut eingerichtete Schwimmanstalt besitzt. Wie alle Wälder, bekunden auch die Egger ein erfreuliches Festhalten an ihrem Volkstum, eine liebevolle Pietät für das ehrwürdige Alte in Sitten und Bräuchen. Ein Ausfluß dieser Gesinnungsweise war das große Volksfest, das im Jahre 1902 anläßlich der Eröffnung der Wälderbahn in Egg abgehalten wurde. Als ein sichtbares Andenken an jenes schöne Fest hat sich noch der Musikpavillon erhalten, der jetzt als Aussichtspavillon auf der Franz Joseph-Höhe steht. Auch zu einem kleinen Museum, das alte und neue Werke des heimatlichen Kunst- und Gewerbefleißes aufnehmen soll, ist der Grund gelegt.

Lingenau.
(Aufnahme von Heimhuber.)

In der Nähe von Egg mündet die wilde Subersach, welche die Grenze gegen den Vorderwald bildet. — Zu diesem gehört das Dorf Lingenau[1]) (953 Einw.), das sich am Fuße des Roten Berges stattlich und behäbig ausbreitet. Das alte „Lindenowe", die Au mit den Linden, war die erste, im Jahre 1150 vom Kloster Mehrerau gegründete Pfarrei des Vorderwaldes. Die jetzige Pfarrkirche wurde nach einem verheerenden Brande aufgeführt, der im Jahre 1866 einen Teil der Ortschaft, darunter auch die alte, vierhundert Jahre vorher erbaute Kirche einäscherte.

Wie Lingenau die älteste, so ist das benachbarte Hittisau (1103 Einw.) die volkreichste Pfarrei des Vorderwaldes. — Auf dem ebenen Plane, der nördlich und

---

[1]) In der Chronik von Lingenau, verfaßt von Kaplan J. B. Herburger (1818), finden sich zahlreiche interessante Mitteilungen über die politische und kulturelle Entwicklung des Bregenzer Waldes. Die Chronik (Handschrift) ist im Pfarrhause verwahrt.

südlich von den steilen Tobeln der Bolgenach und der Subersach abgeschnitten ist, hatten in alten Zeiten Leute von Egg ihre Weideplätze, und die „Hittinsaue" war deshalb auch zu Egg (teilweise allerdings auch zu Lingenau) eingepfarrt, bis der Ort gemeinsam mit der Nachbargemeinde Bolgenach (479 Einw.) im Jahre 1496 zur selbständigen Pfarrei erhoben wurde. Die jetzige Kirche, im Jahre 1845 erbaut, ist das größte Gotteshaus im Bregenzer Walde. Sie hat einen säulengetragenen Vorbau, der sich etwas fremdartig ausnimmt. Das Gemälde über dem Hochaltar, die Anbetung Christi darstellend, ist in Zeichnung und Farbengebung vortrefflich; auch die Seitenaltäre sind mit guten Bildern geschmückt. — Mit Stolz wahren die Hittisauer das Andenken an ihren berühmten Landsmann Joseph von Bergmann, der hier im Jahre 1796 geboren wurde und durch seine „Landeskunde von Vorarlberg" der bedeutendste Geschichtschreiber für seine Heimat geworden ist. Er wurde später Direktor des Münz- und Antikenkabinetts in Wien und starb 1872 in Graz. An seinem Geburtshause, das seither allerdings umgebaut worden ist, wurde im Jahre 1896 eine Gedenktafel angebracht.

Von Hittisau führt eine Straße über Thorbündt, wo im Dreißigjährigen Kriege zum Schutze gegen die Schweden Schanzen aufgeworfen wurden, nach Siebratsgfäll (früher Iferatsgfäll) (267 Einw.). Hoch über der Subersach steht die schlichte Dorfkirche. Die Häuser zeigen nur zum Teil noch den echten Wäldercharakter, bei manchen ist schon der Einfluß der Allgäuer Bauart wahrzunehmen. — Noch im 14. Jahrhundert war hier Waldwildnis. Dann erst begann man zu roden und Weidegründe für das Galtvieh der Lingenauer zu schaffen. Aus einer Alpe erwuchs nach und nach eine Ortschaft, für die im Jahre 1733 eine Kaplanei, im Jahre 1803 eine selbständige Pfarrei gegründet wurde; erst seit dieser Zeit sind die Einwohner von Siebratsgfäll „Ganzjährige".

Der Ort liegt am Ausgang des Hirschgundtales, durch welches die Straße über Rohrmoos ins Illertal führt. Auf diesem Wege steht nahe der Landesgrenze das einsame Wallfahrtskirchlein Rindberg an einer Stelle, wo im Süden die Gottesackerwände, einer Riesenfestung gleich, ganz besonders wirksam das Landschaftsbild beherrschen.

Wie sich die Lingenauer Pfarrei ehedem nach Osten bis Siebratsgfäll erstreckte, so umfaßte sie einst auch die näher gelegenen Orte Langenegg und Krumbach, zwei jetzt selbständige Pfarrdörfer, deren Häuser auf hügeligem Gelände zwischen der Subersach, Bolgenach und Weißach, von dem waldigen Schweizberge überragt, ausgebreitet sind. Krumbach (792 Einw.) besitzt zwei Mineralquellen: das Roßbad und das Kreßbad. Ersteres wurde schon im Jahre 1699 von einem Arzte (Dr. Helmling) chemisch untersucht; es ist eine Schwefelquelle, die gegen Geschwüre, offene Wunden u. a. als Heilmittel gerühmt wird; gegenwärtig werden freilich beide Bäder nur wenig benützt. — In der Zeit, als Tirol mit Vorarlberg an Bayern gekommen war, machte Krumbach von sich reden durch den Weiberaufstand vom Jahre 1807. Als nämlich die bayerischen Beamten von Bezau aus im Bregenzer Walde zu rekrutieren begannen, zogen die Krumbacher Weiber, um dies zu verhindern, bewaffnet nach Bezau — ein Gewaltstreich, den nachher das Land mit 40000 Gulden zu ſühnen hatte! — Auf dem Krumbacher Friedhof iſt ein Gedenkſtein beachtenswert, der in die Außenſeite der Kirche eingemauert iſt. Er erinnert an Maria Anna Bilgeri, „geweßte Hausfrau des wirklichen Hochwürdigen Königl. Bayer. Herrn Pfarrer Johann Martin Laut in Rechtis“, jenes Geiſtlichen, deſſen eigenartige Lebensſchickſale wir auf S. 292 kennen gelernt haben. Auch die Ehrenmedaille, die dem jugendlichen Helden Laut verliehen wurde, iſt in der Kirche aufbewahrt.

Während Krumbach an der Poſtſtraße liegt, die den Bregenzer Wald mit Bayern (Oberſtaufen) verbindet, hat Langenegg durch eine neue Straße Anſchluß an die Wälderbahn erhalten. Die Gemeinde, die aus den beiden Dörfern Ober- und Unter-Langenegg (zuſammen 1003 Einw.) beſteht, beſitzt eine ſchöne Kirche, die im Rokokoſtil reſtauriert iſt. Den Hochaltar ziert ein Gemälde von Koneberg, der auch einen Freskenzyklus von 21 Bildern gefertigt hat; dieſe ſind von Engelbert Luger renoviert. Ein Seitenaltar zeigt ein ſchönes Marienbild von Deſchwanden.

Öſterreichiſches Sulzberg. (Aufnahme von Heimhuber.)

Die am weiteſten gegen Norden vorgeſchobene Ortſchaft des Bregenzer Waldes iſt Riefensberg (729 Einw.). Das Dorf, in kleine Häuſergruppen weit auseinandergezogen, dehnt ſich hoch über dem rechten Bolgenachufer an den Abhängen des Kojen aus. Hier weideten einſt zur Sommerszeit die Hirten von Egg und von Lingenau. Als auf den Weidegründen Niederlaſſungen „am Jagdbach“ entſtanden, gehörten ſie zur Pfarrei Egg. Im Jahre 1426 wurde Riefensberg ſelbſtändige Pfarrei.

Indem wir nun die Weißach überſchreiten und zur Höhe des öſterreichiſchen Sulzberges anſteigen, verlaſſen wir den Bregenzer Wald und treten in den Bezirk Bregenz ein.

Auf dem Rücken des Bergzuges liegt Sulzberg 1007 m hoch (die Gemeinde zählt 1425 Einwohner). Wie die Küchlein um die Henne, ſo ſcheinen ſich die Häuſer des Dorfes um die Kirche zu drängen, als wollten ſie ſich gegenſeitig Schutz und Wärme bieten gegen die Unbilden des Wetters, das hier oft mit grauſamer Wut anſtürmen mag. In ſchweren Wintern reicht der Schnee oft bis zur Fenſterhöhe und in Fenſterhöhe führt dann der Schlittenweg an den Häuſern vorbei. —

Überraschend großartig ist von Sulzberg die Aussicht auf die Berge: auf die Nagelfluhkette, auf die Berge des Bregenzer Waldes, besonders aber auf die Schweizer Berge Säntis und Altmann, die herrlich dastehen. Für des Leibes Atzung ist in Sulzberg Sorge genug getragen; drei Wirtshäuser nebeneinander strecken verlockend die Schilder heraus. — Sulzberg war früher eine Filiale der Mutterkirche in Bregenz und mit dieser dem Kloster Mehrerau einverleibt. Schon im 13. Jahrhundert hatte die Kirche einen Vikar aus dem Kloster. Politisch bildete Sulzberg früher ein eigenes Gericht, kam aber 1523 an Österreich. — Am Fronleichnamstag kann man in Sulzberg ein eigenartiges Schauspiel mit ansehen, da sich die alte, freilich nur noch aus einer geringen Zahl von Männern bestehende Schützengilde in altertümlicher Tracht und Ausrüstung an der Prozession beteiligt und nach Beendigung des feierlichen Umzugs althergebrachte Exerzitien ausführt.

Von Sulzberg führt ein Sträßchen hinab nach Doren (871 Einw.), einem weit auseinander gezogenen Dorfe, das namentlich in der Nähe der Kirche sehr stattliche Häuser zeigt, darunter einige vornehme Neubauten mit hübscher Holzarchitektur. Seit dem Jahre 1900 besitzt Doren eine Landes-Käsereischule.

Straßentunnel am Wirtatobel. (Nord-Eingang.)

Zwei Sägemühlen, etwa zwei Stunden auseinander gelegen, bezeichnen die Grenzen der Gemeinde; die eine, idyllisch in einem waldigen Tobel versteckt, liegt hart an der Sulzberger Gemarkung, die andere da, wo die Gemeinde Langen beginnt.

Dieses Dorf (814 Einw.), das hoch über der Schlucht der Bregenzer Ach an einen Ausläufer des Hirschberges hingebaut ist, hat seit kurzem eine neue Verbindung mit Bregenz erhalten. Schon im Jahre 1654 war der Plan aufgetaucht, den Verkehr, der bisher über die Ruckfteig gegangen war, durch eine neue Straßenlinie abzulenken, die von Weiler über Langen und Kennelbach nach Bregenz führen sollte. Es blieb damals beim guten Willen. Als dann im Jahre 1766 der Plan wieder aufgenommen wurde, änderte man die Linie und führte die Straße mit so ungünstigen Steigungsverhältnissen durch den Wirtatobel und über die Fluh, daß die Frachtführer doch lieber der alten Ruckfteig treu blieben. Die jetzige Straße dagegen zieht gleichmäßig dahin. Beim Wirtatobel tritt sie in einen Felsentunnel ein, überschreitet dann auf einer steinernen Brücke den Tobel und führt nun in mäßigem Gefälle bis nach Bregenz weiter.

Ehe man die Stadt erreicht, sieht man einen Pfad zur Linken abwärts führen nach Kennelbach (1193 Einwohner). Gerade von dieser Seite aus gewährt Kennelbach den freundlichsten Anblick: die weit überragende, auf hohen Bühl erbaute neugotische Kirche, die behäbigen, vielfach mit Blumen geschmückten Bauernhäuser, die üppigen, wohlgepflegten Gärten, die zahlreichen Obstbäume — das alles schließt sich zu einem schönen ländlichen Bilde zusammen, das durch den über der weiten Fruchtebene des Rheintals aufsteigenden Säntis einen herrlichen Hintergrund erhält. — Ganz anders, wenn man niedersteigt zum Bahn- und Fabrikort Kennelbach! Da steigen die hohen Gebäude der Spinnerei von Jenny und Schindler empor, an den von der Bregenzer Ach abgeleiteten Kanal hingebaut; da erheben sich die stolzen Villen der Fabrikherren inmitten einer prächtigen Parkanlage mit Wildgehege. Weiter entfernt aber reihen sich die Arbeiterhäuser aneinander und was sonst durch den Bahn- und Fabrikverkehr an Häusern, meist nüchternsten Stiles, erstanden ist.

Straßentunnel am Wirtatobel. (Süd-Eingang.)

Höher droben, gegen den Pfändergipfel zu, liegt das Dörfchen Fluh (auch St. Wendelin genannt) (251 Einw.), ein beliebter Ausflugsort der Bregenzer, die an schönen Sommertagen die beiden an aussichtsreichen Punkten errichteten Wirtschaftsterrassen füllen.

Wie Fluh an den Südhang, so ist das Dorf Möggers (662 Einw.) an den Nordhang des langgezogenen Pfänderrückens hingebaut. Aber groß ist der Unterschied zwischen den beiden Ortschaften. Schon durch die Höhenlage ist Fluh (757 m) begünstigt gegenüber Möggers (950 m). Dazu ist dieses auf der Schatten-, jenes auf der Sonnenseite gelegen; Fluh mit entzückendem Ausblick auf die Berge des Bregenzer Waldes und auf die schneebedeckten Schweizer Alpen, Möggers dagegen dem flachen Lande zugewendet. — Die wetterfesten, mehr gegen des Winters Unbill als zu sommerlichem Behagen eingerichteten Häuser von Möggers werden von einer hochstehenden Kirche überragt. Ehrwürdigen Alters ist der düstere, starkgefügte Sattelturm, von hohem Alter mögen auch die prächtigen Linden sein, die den grünen Hügel vor der Kirche beschatten.

In der Nähe von Möggers steht mitten in ernstem Hochwalde die kleine Ulrichskapelle, die angeblich schon bald nach dem Tode des Bischofs Ulrich von Augsburg erbaut, also schon mehr als 900 Jahre alt sein soll; ein Kruzifix, das sich in der Kapelle befindet, soll sogar die Jahrzahl 906 tragen. Allerdings wurde das Kirchlein später renoviert; es zeigt gotische Formen. Unter dem Hochaltar entspringt eine Quelle, die dicht neben dem Gotteshaus als Bronnen gefaßt ist und beim Volke als heilkräftig gegen Augenleiden gilt.

Wie so ganz anders als das einsame Dörflein Möggers stellen sich die Ortschaften dar, die am Fuße des Pfänderstockes in der reichgelegneten, von der Leiblach abgegrenzten Ebene sich ausbreiten — die Dörfer Hohenweiler (531 Einwohner), Hörbranz (1456 Einwohner), Lochau (1362 Einwohner)!

Aus Obsthainen schauen hier die zahlreichen, hochgiebeligen Bauernhäuser hervor, Weinreben ranken zwischen den Fensterstöcken, hoch und weit brüsten sich die Scheuern, die all den Reichtum des Acker-, Wiesen- und Gartenlandes zu fassen haben. — In Hörbranz hat sich am Fronleichnamstag der gleiche alte Brauch erhalten wie in Sulzberg. Die „Bürgergarde" rückt, etwa hundert Mann stark, in altertümlicher Tracht aus. Nachmittags marschiert der Trupp mit Musik vor das Pfarrhaus und gibt drei Salven ab: die erste dem Kaiser, die zweite dem Papste, die dritte dem Pfarrer zu Ehren. Auf dem Hauptplatz werden die alten Exerzitien vorgenommen und aus den alten Kanonen werden den ganzen Tag über donnernde Grüße ins Land gesendet. — Ein ansehnliches Pfarrdorf ist auch Lochau. Da treten uns die verschiedenartigsten Bilder entgegen: hier freundliche, zum Teil in dunklem Holzbau aufgeführte Bauernhäuser, oft ganz versteckt hinter Obstbäumen und hinter dem üppigen Blumenflor der Gärten; dort die große Bierbrauerei von Reiner mit dem schönen, von herrlichen Bäumen beschatteten Wirtsgarten; dort die etwas nüchterne, im Jahre 1854 erbaute Kirche mit einem reichgegliederten Kuppelturme; daneben ein neues, geräumiges Schulhaus; dort rußige, rauchende Fabrikschlöte. Denn neben dem Landbau herrscht in Lochau auch rege Industrietätigkeit; eine Schuhfabrik, eine Drahtstiftfabrik, eine Seifensiederei, eine Uhrenfabrik, eine Chemikalienfabrik u. a. drängen sich hier zusammen. — Weiter draußen aber, am Ufer des Bodensees, steht die Gastwirtschaft zum Bäumle ungefähr an der Stelle, wo einst ein Schmelzofen stand und wo ein wichtiger Ländeplatz große Mengen Salz, Wein, Holz, Bretter und Kohlen aufnahm, die aus dem Allgäu und dem Bregenzer Wald kamen oder dorthin geführt werden sollten. Noch sieht man in dem seichten Uferwasser des Sees die Überreste des Gebälkes, das einst den Pfahlrost für die Landungsbrücke bildete.

Indem wir weiter nach Süden wandern, kündet sich bald in vornehmen Landhäusern und prächtigen Parkanlagen die Nähe der Stadt Bregenz[1]) an (7594 Einw.).

[1]) Der vom Verein für gemeinnützige Zwecke herausgegebene Führer durch Bregenz und Umgebung (1900) enthält unter anderm einen trefflichen Überblick über die Geschichte der Stadt.

Welch eine Fülle landschaftlicher Schönheit, historischer Erinnerungen, modernen Städtelebens tritt uns hier entgegen!

Wir lustwandeln zuerst in den städtischen Seeanlagen vom Molo, auf dem sich der Leuchtturm erhebt, bis zum Gondelhafen und weiden uns an dem entzückenden Blicke auf den reichbelebten See. Wir bewundern die Paläste, die der Seeseite zugewendet sind: das Postgebäude, das Landesmuseum, die Gasthöfe. Nun treten wir in das Innere der Stadt. Die „Kornhäuser" am Kornmarkt erinnern uns an die Zeiten, als hier Korn, Wein, Salz u. a. aufgestapelt war, großenteils zur Rückfracht für die Säumer des Bregenzer Waldes bestimmt. Dann gelangen wir zum Rathaus, dessen Sitzungssaal mit den Wappen der ehemaligen Herrschaften Vorarlbergs geschmückt ist. Dicht daneben steht die Seekapelle, zum Gedächtnis an den Sieg über die Appenzeller errichtet (s. S. 219), aber seitdem mehrmals umgebaut. Wir suchen, weiter schreitend, die Römerstraße auf, die von weitläufigen Gärten und schönen Neubauten eingesäumt ist. Hier und am „Ölrain", wo sich jetzt die protestantische Kirche, ein edles gotisches Bauwerk, erhebt, herrschte einst römisches Leben und Treiben; hier standen die Tempel, Villen und Thermen der alten Römerstadt Brigantium. — Nun steigen wir empor zur Oberstadt, die sich ihr mittelalterliches Gepräge erhalten hat und mit ihren efeuumrankten, düstern Mauern wie zur Abwehr gerüstet dasteht. Über dem Torbogen, durch den man in diese Oberstadt eintritt, zeigt sich das (nachgebildete) Steinrelief der Pferdegöttin Epona, der Martinsturm aber und die Martinskapelle wecken das Andenken an das Edelgeschlecht der Montforter. — Auch die hochgelegene Pfarrkirche besuchen wir. Sie wurde an Stelle eines älteren, durch Feuer zerstörten Gebäudes, von dem noch der Turm erhalten geblieben ist, im 18. Jahr-

Oberstadt in Bregenz mit dem Martinsturm. (Zeichnung von J. Annen.)

Kapuzinerkloster in Bregenz. (Zeichnung von I. Annen.)

hundert erbaut. Im Innern erblicken wir einen herrlichen, aus dem 15. Jahrhundert stammenden Hochaltar und schöngeschnitzte Chorstühle; auch dem Meister Deschwanden begegnen wir wieder in zwei über den Seitenaltären angebrachten Bildern; die Deckengemälde sind von Maler Wegscheider aus Riedlingen. Manche alte Grabdenkmäler birgt die Kirche; unter ihnen fällt besonders der Denkstein des im Jahre 1682 verstorbenen vorarlbergischen Feldhauptmanns Kaspar Schoch auf. — Wir verlassen die Kirche und wandern an dem Kapuzinerkloster vorbei zu den hübschen Talbach-Anlagen mit ihren Ruhebänken und springenden Wassern. Immer weiter dehnt sich der Blick auf See und Stadt, je höher wir emporsteigen, je mehr wir uns der berühmten Aussichtswarte des Gebhardsberges nähern. Da wird auch das malerische Riedenburg sichtbar und weiter gegen den See hin erscheinen die weitläufigen Klostergebäude von Mehrerau — einst eine berühmte Benediktinerabtei, jetzt von Zisterziensermönchen bewohnt.

Überall, wohin wir blicken, bedeutsame Denkmäler einer reichbewegten Vergangenheit!

Aber Bregenz besitzt auch eine Stätte, in der das ganze Kulturleben des Vorarlberger Landes von den Zeiten der Pfahlbauer bis herein in die lebendige Gegenwart in einer Reihe glücklich geordneter Einzelbilder vor Augen tritt: das neue Landesmuseum! Mit einem Gange durch diese reichhaltigen Sammlungen wollen wir unsere Wanderungen abschließen. Von den Kulturresten aus vorrömischer und römischer Zeit gelangen wir zu romanischen Denkmälern, zu Gotik, Renaissance, Rokoko und Empire; wir ergötzen uns an dem reizenden Anblick, den das Montafoner und das Bludenzer Stüble gewähren; wir staunen über die zahlreichen Werke der Kunst und des Gewerbefleißes; wir finden lehrreiche Zusammenstellungen heimischer Boden- und Industrieerzeugnisse und wir stehen bewundernd vor dem großen Relief von Vorarlberg, das von Konrad Orgler in Bludenz in meisterhafter Weise ausgeführt ist. Und indem wir scheiden, nehmen wir den Eindruck mit fort, daß hier in diesen Räumen ein köstlich Gut gehegt wird: die Liebe zur Heimat!

Achter Abschnitt.

Die Erwerbszweige.

Es ist eine anregende Aufgabe, aus den mannigfaltigen Erscheinungsformen, in denen uns das Erwerbsleben der Bevölkerung entgegentritt, die Wechselbeziehungen herauszusuchen, die zwischen der menschlichen Tätigkeit und der umgebenden Natur bestehen, und zugleich die mancherlei Antriebe und Einflüsse zu beobachten, die von außen her bestimmend in diese Tätigkeit eingreifen.

Mehr als alle andern Gaben der Natur gilt dem Allgäuer der Reichtum an Grasland, dessen Verwertung seit den ältesten Zeiten zu **Viehzucht und Milchwirtschaft** geführt hat.[1])

Wie vor neunzehn Jahrhunderten die keltischen Bewohner unseres Alpenlandes den römischen Händlern Molkereiprodukte zum Tausche bieten konnten, so mehrten die Alamannen, als sie von dem Gebirgsland Besitz genommen hatten, die Weideplätze durch mühsame Rodung und manche dieser vormaligen Alpgründe erwuchsen später zu ständigen Siedelungen, wie Nesselwängle, Elbigenalp und andere.

Sederer Alpe im 18. Jahrhundert. (Nach einer im Besitze des Herrn Martin Leichtle in Kempten befindlichen Zeichnung.)

Von den Tälern stieg man allmählich weiter empor und erbaute auf grasreichen Plätzen in freier Bergeshöhe Alphütten. Im

---

[1]) Für die folgenden Ausführungen hat der Verfasser in Herrn Dr. F. J. Herz, Konsulent für Milchwirtschaft in München, die eifrigste und opferwilligste Unterstützung gefunden, wofür auch an dieser Stelle wärmster Dank ausgesprochen sei.

25*

16. Jahrhundert gab es schon Gemeinde-, Privat- und Genossenschaftsalpen, doch galt damals und auch in den folgenden Jahrhunderten nicht die Herstellung von Molkereiprodukten als Hauptziel der Alpwirtschaft, sondern die Züchtung und der Verkauf der Rinder. Schon um 1600 war das Allgäuer Vieh bekannt und für auswärtige Stallungen gesucht; auch viel Schlachtvieh wurde versandt. Mit Italien steigerte sich in den ersten Jahrzehnten des 19. Jahrhunderts der Handel mit Fleischvieh derart und brachte solchen Gewinn, daß die Viehzucht immer nachdrücklicher und allgemeiner betrieben wurde. Bald war die „Allgäuer Rasse" weit über Deutschlands Grenzen hinaus geschätzt und begehrt und die Viehmärkte zu Sonthofen wurden von Händlern aus allen Teilen Deutschlands und aus Italien besucht.

„Leuchte" mit Käsekessel am „Galgen".
(Aus: Milchwirtschaft und Viehzucht im bayerischen Allgäu 1905.)

Zu dieser erfreulichen Hebung der Viehzucht gesellte sich im 19. Jahrhundert eine Neuerung, die das Erwerbsleben im Allgäu nach und nach völlig umgestaltete, die Bereitung von Fettkäse.

Bisher war die Herstellung von mageren oder halbfetten Rundkäsen üblich gewesen. Fast in jedem Bauernhause hing im Hausgang über der Feuergrube der Käsekessel, an einem drehbaren hölzernen Galgen befestigt; Geschirre, Geräte und Käsepresse waren ebenso primitiv wie die Herstellungsart. Die fertige Ware wurde großenteils im eigenen Hause verbraucht; was übrig blieb, wurde vielfach als Tauschware den Getreidefuhrleuten dargeboten, welche die Käselaibe gern als Rückfracht mitnahmen. Später befaßten sich einige Allgäuer mit dem selbständigen Verschleiß der Ware, so namentlich Hirnbein in Wilhams und Stadler in Oberstaufen.

Käserei aus dem ersten Drittel des vorigen Jahrhunderts.
(Aus: Milchwirtschaft und Viehzucht im bayerischen Allgäu. 1905.)

In den zwanziger Jahren kamen nun Schweizer Sennen, z. B. Hadorn und Michel (aus dem Berner Oberland) ins Allgäu, um hier die Herstellung von Fettkäse nach Schweizer Art vorzunehmen. Aus dem Emmental soll Johann Althaus (von Laupersswyl) der erste gewesen sein; von 1826 oder 1827 an käste er sechs Jahre lang für Aurel Stadler in Lindenberg, begab sich zwar auf kurze Zeit wieder in die Schweiz, wo er sich verheiratete, kehrte aber dann mit seiner Frau zurück und betrieb gemeinsam mit dieser für Aurel Stadler die Sennerei weiter (er selbst in Blaichach und auf der Au, seine Frau im Wiesle im Gunzesrieder Tal). Später machte er sich in Sonthofen selbständig, indem er hier eine Sennerei mit einer Alpe (im hintern Retterschwanger Tale) erst pachtete, dann kaufte.

Karl Hirnbein († 1871).

Während sich die Käserei nach Schweizer Art im Allgäu immer weiter ausbreitete, bemühte sich Karl Hirnbein in Wilhams, auch die bisher im Allgäu bereiteten Weichkäse zu verbessern, haltbarer und für den Versand geeigneter zu machen. Er reiste zu diesem Zwecke selbst nach Limburg (in Belgien), um die dortige Fabrikationsweise kennen zu lernen, brachte Limburger Käser mit ins Allgäu und schickte später auf eigene Kosten junge Allgäuer nach Belgien, damit sie dort die Käserei erlernten. Dann wurden im Allgäu neue Käsereien mit geheizten Kellern eingerichtet, während man bisher die Weichkäse zumeist im warmen Kuhstall bereitet hatte. — Hirnbein kaufte die Milch oder auch die Käse, und aus diesen Anfängen bildete sich dann rasch das jetzt noch bestehende Verhältnis des Milchkaufs und Käsehandels heraus. Das Geschäft ging gut, die Käse waren gewinnbringend zu verkaufen. Hirnbein sammelte ein großes Vermögen und erwarb einen ausgedehnten Grundbesitz, der sich zuletzt auf mehr als 1000 ha belief und ihm den Namen „Alpenkönig" eintrug.

Der so eingeleitete wirtschaftliche Umschwung im Allgäu wurde noch weiter gefördert und gefestigt, als sich mit dem Bau der bayerischen Süd-Nordbahn, deren Schlußstrecke Kempten-Lindau im Jahre 1853 eröffnet wurde, mit einem Schlage neue große Absatzgebiete darboten. Das Hauskäsen nahm ein Ende, dafür entstanden Dorfsennereien, in denen die großen Schweizerkäse oder die Limburger Weichkäse hergestellt wurden. Der Ackerbau, der niemals großen Ertrag abgeworfen hatte, hörte an vielen Orten ganz auf, ebenso der Flachsbau, dem ohnedies schon durch das siegreiche Vordringen der Baumwolle ein Feind erstanden war. Die freigewordenen Gründe wurden in Grasland umgewandelt, auch unergiebige, mit Strauchwerk und Unkraut bewachsene Gelände begann man zu schwenden und nutzbar zu machen. Von Bedeutung war es ferner, daß Johann Althaus auf seinem Besitze in Sonthofen und im Retterschwanger Tale das Beispiel zu einer besseren

Wiesenbehandlung nach Schweizer Art gab; er machte die Allgäuer mit der sog. Güllenwirtschaft bekannt, wodurch der Stalldung in gemauerten Gruben verflüssigt und durch geeignete Vorrichtungen über die Wiesengründe verteilt wurde, so daß diese fünf- bis sechsfach höhere Erträge lieferten. Seitdem die Milchwirtschaft lohnender geworden war als die Viehzucht, trachteten die Allgäuer Landwirte darnach, möglichst viel Milch zu gewinnen. Sie verwandelten zahlreiche Galtalpen, die bisher zur Aufzucht des Allgäuer Viehes gedient hatten, in Sennalpen und ergänzten lieber den Viehstand durch Ankäufe aus dem Montafon, dem Klostertal usw.

Wie gewinnbringend dies für die Alpbesitzer war, zeigt folgendes Beispiel: Die Galtalpe Laufbichel, die mit 250 Weiden im Jahre 1850 einen Pachtschilling von 250 Gulden abgeworfen hatte, wurde im Jahre 1852 in eine Sennalpe umgewandelt und mit 100 Kühen beschlagen. Jetzt erzielte sie eine Einnahme von 4700 Gulden.[1]) — Aber auch durch Schwenden, Düngen und andere Verbesserungen stieg der Wert der Alpen um das Drei- und Vierfache.[2])

Da die Käseproduktion ständig zunahm und die Ware, selbst wenn sie nicht fehlerfrei war, mühelos und mit ansehnlichem Gewinn abgesetzt werden konnte, stiegen auch die Milchpreise fortwährend. Die Bauern, die Fabrikanten, die Händler hatten gute Zeiten; im ganzen Lande hob sich der Wohlstand.

Aber nach dem raschen und glänzenden Aufschwung, der in den siebziger Jahren zu einer unnatürlichen Preissteigerung auf allen Gebieten führte, trat ein Rückschlag ein. Unreelle Konkurrenz, die geringwertige Ware als „Allgäuer" auf den Markt brachte, schädigte den guten Ruf; andererseits aber hielten die Allgäuer Sennen selbst mit den Fortschritten, die sonst im Molkereiwesen gemacht wurden, nicht gleichen Schritt, so daß das Ansehen und damit der Absatz der Allgäuer Käse mehr und mehr zurückging. Da auch der Viehzucht nicht mehr die frühere Sorgfalt zugewendet wurde, schien das Allgäu einem allmählichen wirtschaftlichen Niedergang verfallen zu sein.

Joseph Widmann. († 1899.)

Schon frühzeitig hatten einsichtige Männer dem entgegenzuwirken versucht, am nachdrücklichsten Rektor Dr. Wilhelm Fleischmann,[3]) der gemeinsam mit Freiherrn von Gise (in

[1]) Mitteilung von Graf Armansperg in der Zeitschrift des Landwirtschaftlichen Vereins in Bayern 1869.

[2]) „Eine Alpe mit 60 Kuhweiden, die man in den vierziger Jahren um 5—6000 Gulden kaufte, galt um das Jahr 1873 drei- bis viermal so viel." (Schelbert, Das Landvolk des Allgäus.)

[3]) Zuerst als Reallehrer in Memmingen, dann als Rektor der Gewerbschule in Lindau. Gegenwärtig ist Geheimrat Fleischmann Vorstand des landwirtschaftlichen Instituts der Universität in Göttingen.

Joseph Brutscher. († 1900.)

Immenstadt) im Jahre 1867 alpwirtschaftliche Versuchsstationen auf Rothenfels bei Immenstadt und auf dem Seifenmoos am Stuiben errichtete und 1869 bis 1874 in Sonthofen Kurse für Käsebereitung und Viehhaltung abhielt. Aber diese gemeinnützigen Bestrebungen fanden weder Verständnis noch Entgegenkommen bei der Bevölkerung, der Erfolg blieb aus.

Einen neuen und nachhaltigen Aufschwung nahmen die beiden wichtigen Erwerbszweige, die Milchwirtschaft und die Viehzucht, erst wieder, als im Jahre 1887 der Milchwirtschaftliche Verein im Allgäu und im Jahre 1893 die Allgäuer Herdebuchgesellschaft gegründet wurde.

Den hervorragendsten Anteil an dem Zustandekommen dieser Vereinigungen hatte Gutsbesitzer Joseph Widmann (später Kgl. Baurat, auch Landtagsabgeordneter; gest. 1899). Ihm zur Seite stand bei der Gründung des Milchwirtschaftlichen Vereins Franz Joseph Herz in Immenstadt (später Ökonomierat, gest. 1902), Reallehrer Dr. Hans Vogel in Memmingen (jetzt Direktor der Kgl. Akademie für Brauerei und Landwirtschaft in Weihenstephan), Gutsbesitzer (jetzt Ökonomierat) Xaver Ott in Eggen bei Kempten, Ludwig Althaus in Sonthofen und andere. In die Einrichtung des Allgäuer Herdebuches teilte sich mit ihm der erste Zuchtinspektor Joseph Brutscher (gestorben 1900 als Bezirkstierarzt in Sonthofen), der sich auch große Mühe gab, die Alpwirtschaft zu heben.

Franz Joseph Herz. († 1902.)

Die Fürsorge des Milchwirtschaftlichen Vereins erstreckt sich auf alle Einzelheiten des Molkereiwesens, der Viehhaltung und des Futterbaues. Er sorgt für Belehrung der Land- und Alpwirte und hält Milchprüfungskurse ab, um die Käser in den Stand zu setzen, die ab-

Landes-Käsereischule in Doren.

gelieferte Milch nach ihrem Gehalt und ihrer Tauglichkeit zu untersuchen, und hat in Memmingen eine eigene milchwirtschaftliche Untersuchungsanstalt errichtet. Wanderlehrer ziehen von Ort zu Ort, um Vorträge zu halten und praktische Anweisungen zu erteilen. Eine monatlich erscheinende Vereinsschrift enthält eine Fülle von Mitteilungen, die dem Allgäuer Landwirt wertvolle Winke und Anregungen geben. Vor allem aber soll ein tüchtiges Käsereipersonal herangezogen werden. Anfangs (1890) bestand nur eine Zentral-Lehrsennerei in Weiler, die später nach Sonthofen verlegt wurde. Da sich aber die Herstellung von Rundkäse mehr für die Gebirgsgegend, die von Backsteinkäse mehr für das Unterland eignet, wurde im Jahre 1902 noch eine Schule zur Bereitung von Limburger Käse und Molkereibutter in Boos bei Memmingen errichtet, während in Sonthofen Rundkäse nach Emmentaler Art gewonnen wird. — Nicht bloß der Heranbildung wohlgeschulter Sennen dienen diese Anstalten, sondern sie sollen zugleich durch die sorgfältige Art der Käse- und Butterbereitung, sowie durch die Vollkommenheit ihrer Einrichtung und durch die peinlichste Reinlichkeit im Betriebe Vorbilder sein für die übrigen Sennereien, die über das ganze Land ausgebreitet sind.

Den gleichen Zweck wie diese bayerischen, durch den Milchwirtschaftlichen Verein geschaffenen Musterschulen verfolgt eine Lehrsennerei, die sich in unmittelbarer Nachbarschaft des Allgäus in Doren (s. S. 382) befindet. Diese für ganz Österreich errichtete staatliche Landeskäsereischule ist im Jahre 1901 eröffnet worden und hat seitdem 72 Zöglinge und Hospitanten herangebildet, die teilweise aus weit entlegenen Landesteilen (Mähren, Galizien, Ungarn) hieher gekommen waren. Es werden hier Rundkäse nach Emmentaler Art hergestellt, daneben wird Zentrifugen- und Vorbruchbutter gewonnen.

Wie der Milchwirtschaftliche Verein die Hebung des Molkereiwesens anstrebt, so verlegt die Allgäuer Herdebuchgesellschaft ihre Tätigkeit auf die Hebung der Viehzucht. Die heute ins Herdebuch eingetragenen Tiere überragen an Größe, Formenschönheit und Leistungsfähigkeit bereits weit die frühere „Allgäuer Rasse“, von der sie sich überhaupt wesentlich unterscheiden. „Die ursprüngliche alte Allgäuer Rasse,“ heißt es in einem Berichte vom Jahre 1862,[1]) „war von gedrungenem, starkem Knochenbau, weiß oder grau, auch gelb in der Farbe, im Fleischgewichte nicht so ergiebig wie benachbarte Rassen, übertraf jedoch an andauernder Milchergiebigkeit vormals schon alle bekannten Stämme, welche Nutzungsfähigkeit bis in ein Alter von 16 Jahren und darüber andauerte, so daß eine Kuh mit 8 bis 10 Jahren erst in die Epoche der höchsten Nutzergiebigkeit trat, eine Periode, in welcher andere Stämme bereits in der Milchabsonderung zurückgegangen sind.“

Die Kreuzung mit Montafoner und grauem Tiroler Vieh, die später vorgenommen wurde, verwischte die Merkmale der alten Rasse. Die Herdebuchgesellschaft sucht nun durch sorgfältige Kreuzung und Züchtung mit bestem Schweizervieh, sowie durch bessere

[1]) Die Landwirtschaft in Bayern. Denkschrift zur Feier des fünfzigjährigen Bestandes des landwirtschaftlichen Vereins in Bayern. 1862.

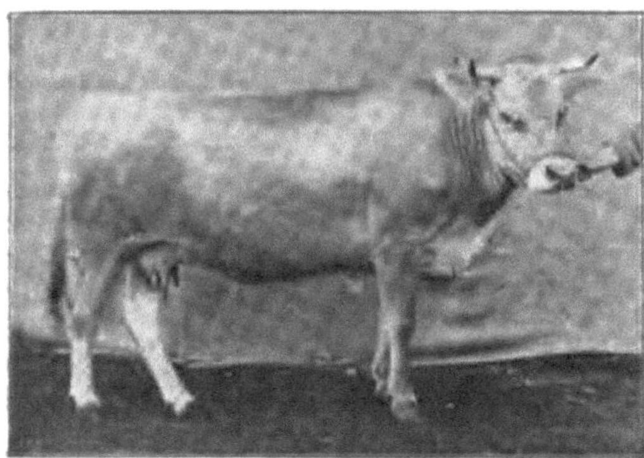

Allgäuer Herdebuch-Kuh.

Aufzucht und Fütterung eine neue Allgäuer Rasse heranzubilden und zwar „einfarbiges, graubraunes Gebirgsvieh mit guten Körperformen und möglichst hochwertiger Milchergiebigkeit unter tunlichster Berücksichtigung der Fleischproduktion."

Die Farbe ist „mausgrau" oder hellbraun mit tieferen, bis zum Dunkelbraun abfallenden Tönen. Als feinste Farbe gilt „mausgrau". Dabei sind Nasenspiegel und Maul hell umrandet, auch die Augen sind manchmal hell eingefaßt. Der Stirnschopf und die langen Haare in den Ohrmuscheln und am Ohrrande pflegen heller zu sein sollen aber die gleiche Farbe wie der übrige Körper haben. — Der Kopf der Allgäuer Kuh ist langgezogen und doch breit, mit stark hervortretenden Wangen und breitem Nasenspiegel ausgestattet. Große, helle Augen blicken gutmütig, das schlanke weiße Gehörn endigt in feiner, schwarzer Spitze. Ein mäßig langer, kräftiger Hals führt zu der nahezu wagrechten Rückenlinie. Der Rumpf ist ziemlich langgestreckt, die Gliedmaßen sind kurz und kräftig. — Ausgezeichnet ist die Milchergiebigkeit der Allgäuer Kuh. Die Allgäuer Herdebuchgesellschaft stellt hierüber genaue Messungen an (Probemelken) und läßt zugleich in der milchwirtschaftlichen Untersuchungsanstalt in Memmingen den Gehalt der Milch der einzelnen Kühe feststellen. Von den 2000 Kühen, bezüglich deren in den Jahren 1894 bis 1905 vollständige Beobachtungen — vom Kalben bis wieder zum Kalben — gesammelt werden konnten, beträgt die durchschnittliche Milchmenge (mit Einrechnung der Trockenzeit und mit Außerachtlassung der ersten 10 Tage nach dem Kalben) 3084 kg und der durchschnittliche Fettgehalt 3,65 v. H. Die niedrigsten und höchsten Jahreswerte einzelner Kühe waren 1238 und 6008 kg Milch, 2,5 und 4,8 v. H. Fett; die beste Kuh gab täglich 16½ kg, die schlechteste nur 3½ kg und die Durchschnittskuh 8½ kg Milch. Rechnet

Allgäuer Herdebuch-Kalbin. (Tragendes Rind.)

Allgäuer Herdebuch-Bulle.

man die von den einzelnen Kühen im Jahresdurchschnitt in der Milch ausgeschiedene Fettmenge auf Butter um und rechnet das Pfund Butter zu 105 Pfennige, so gibt dies bei der besten Kuh 545 Mark, bei der schlechtesten 115 Mark und bei der Durchschnittskuh jährlich 285 Mark nur für die Butter. Oder nimmt man den Preis von 1 kg Milch zu 12 Pfg. an, so erzielte die beste Kuh einen Bruttoertrag von 721 Mark, die schlechteste von 149 Mark und die Durchschnittskuh von 370 Mark jährlich.

In gleichem Umfange werden wohl von keinem anderen Zuchtverbande Leistungserhebungen gepflogen, wie von der Allgäuer Herdebuchgesellschaft, die schon damit anfing, als es in Dänemark noch gar keine „Kontrollvereine" gab, die seitdem überall zur Nachahmung anreizten. Unter den deutschen Höhenschlägen weist die Allgäuer Kuh die höchste Milchleistung auf, und dieser Umstand kommt nicht allein der einheimischen Milchwirtschaft zugute, sondern auch dem Absatz von Milchvieh ins entlegene Flachland und in die Abmelkwirtschaften in der Nähe großer Städte.[1])

Der Bulle des Allgäuer Schlages zeigt graubraune, braune bis kaffeebraune Farbe, häufig mit einem hellen Strich über dem Rücken, dem sog. Aalstrich. Im allgemeinen wünscht man Bullen dunkler als weibliche Tiere. Der Kopf ist kurz, breit, jedoch leicht, mit wagrecht abstehenden Hörnern. Das Auge ist munter und lebhaft, verrät aber immerhin Gutmütigkeit, ein kennzeichnendes Merkmal des Allgäuer Bullen. Die Wamme ist stark entwickelt, ebenso der Hals. Die Beine sind kurz und stark. Das Gesamtbild ist gedrungen und kraftvoll,

Alpe Kessel am Immenstädter Horn.
(Aufnahme von † Bezirkstierarzt Brettscher.)

[1]) Mitgeteilt von Herrn Dr. Franz Joseph Herz in München.

doch erreichen die Allgäuer Bullen bei weitem nicht die Schwere wie etwa die Simmentaler.[1])

Auf vier Alpen, welche die Herdebuchgesellschaft teils in Pacht genommen, teils angekauft hat, wird das Herdebuchvieh gesömmert, um Gesundheit und Widerstandsfähigkeit zu gewinnen. Die Alpen Alp und Kessel (am Immenstädter Horn), sowie Warmatsgund (bei Oberstdorf), sind für weibliches Jungvieh, die Alpe Gschwend bei Oberstaufen (früher Motzgatzried bei Grünenbach) für Zuchtbullen bestimmt. Damit das von den Mitgliedern der Herdebuchgesellschaft gezüchtete Vieh zur Geltung komme und der Eifer der Landwirte selbst gehoben werde, veranstaltet die Gesellschaft von Zeit zu Zeit Herdebuchschauen, wobei den besten und schönsten Tieren Preise zuerkannt werden.

In den an das Allgäu angrenzenden österreichischen Landesteilen wird ebenfalls der Viehzucht große Sorgfalt zugewendet. Im Bregenzer Wald ist namentlich seit den letzten dreißig Jahren ein erfreulicher Aufschwung nach dieser Richtung wahrzunehmen. Es wird hier ein Zweig der Braunviehrasse gezüchtet, die dem Montafoner Schlage ähnelt. Er ist leichter als das Schweizer und dunkler als das Allgäuer Vieh und zeichnet sich ebenfalls durch sehr ergiebige Milchleistung aus. — Im Lechgebiet gibt es zwei Viehzuchtgenossenschaften, eine in Elbigenalp, die zweite in Elmen. Sie verfolgen das Ziel, den ursprünglichen grauen Lechtaler Schlag, einen Seitenzweig der Oberinntaler Rasse, wieder in möglichster Reinheit zu züchten. Um diesen Bestrebungen zum Siege zu verhelfen und einer andern Strömung entgegenzuarbeiten, die das Lechtaler mit dem Montafoner Vieh kreuzen will, werden neuerdings nur solche Tiere prämiiert, die nach den Grundsätzen der Genossenschaft gezüchtet sind.

Eine Zusammenstellung des Viehstandes in unserm Alpengebiet nach der Zählung vom Jahre 1900 ergibt folgendes Bild:

Bayerisches Gebiet:			Österreichisches Gebiet:		
Bezirksamt Füssen:	17.312	Stück Vieh	Bregenzer Wald:	9.217	Stück Vieh
„ Kempten:	47.821	„ „	Walsertal:	1.802	„ „
„ Lindau:	28.273	„ „	Lechtal (linkes Ufer):	1.868	„ „
„ Sonthofen:	37.951	„ „	Tannheimer u. Villser Tal (mit Jungholz):	1.647	„ „
Insgesamt:	131.357	Stück Vieh.	Insgesamt:	14.534	Stück Vieh.

Abgerundet ergibt dies einen Besitzstand von etwa 150.000 Stück Vieh!

Im Allgäu bleibt etwa die Hälfte der Kühe das ganze Jahr über als „Heimvieh“ in den Stallungen, bezw. auf den zunächst liegenden Weidegründen, um die Milch zu liefern für den Hausbedarf und für die ständig betriebenen Talsennereien.

Fast in jeder Gemeinde gibt es jetzt Genossenschaftssennereien, in welche aus der Umgegend die Milch geliefert wird. Der Erlös für die Milchlieferung bildet die wichtigste, oft einzige Einnahmequelle unserer Bauern und ist beträchtlich genug,

[1]) Mitgeteilt von Herrn Zuchtinspektor Öttle in Immenstadt.

einen allgemeinen, erfreulichen Wohlstand herbeizuführen, um so mehr, als die große Sorgfalt, die seit etwa 25 Jahren auf Verbesserung der Wiesengründe verwendet wird, den Milchertrag fast überall um das Doppelte und Dreifache erhöht hat. Wie sehr in einzelnen Gemeinden die Einnahmen gestiegen sind, zeigt folgendes Beispiel: In Großdorf am Rottachberg hat seit 50 Jahren die Firma Speiser und Haug von Sonthofen die Milch von 17 Lieferanten bezogen und an diese im Jahre 1855 für den Jahresertrag eine Summe im Werte von 14.500 Mark ausbezahlt; im Jahre 1904 aber erhielten dieselben 17 Bauern für die gelieferte Milch die Summe von 38.000 Mark![1])

Einen weiteren Beleg liefert eine Zusammenstellung, welche Dr. Herz für das obere Allgäu, das Gebiet der Hartkäserei, aus der Zeit von 1845 bis 1905 vor-

Sennküche in Hupprechts (am Niedersonthofener See.)

genommen hat. Darnach wurden bei Rückgabe des sog. „Abzeugs", d. h. der Molken und Buttermilch, an die Lieferanten für 1000 Liter Milch im Durchschnitt von je zehn Jahren folgende Milchpreise bezahlt:

1845—1855	Sommermilch	M. 67,20.	Wintermilch	M. 65,40.
1855—1865	„	„ 86,20.	„	„ 84,20.
1865—1875	„	„ 98,90.	„	„ 96,80.
1875—1885	„	„ 101,40.	„	„ 98,70.
1885—1895	„	„ 95,20.	„	„ 92,70.
1895—1905	„	„ 100,20.	„	„ 95,00.

Wollen wir nun einer jener Sennküchen, aus denen die geschätzten Allgäuer Rundkäse hervorgehen, einen Besuch abstatten! Wir wählen zunächst nicht eine solche, in der die allerneuesten technischen Errungenschaften des Molkereiwesens

[1]) Zusammengestellt von Herrn Lehrer Grimminger in Großdorf.

zu finden sind, sondern eine von der Art, wie man sie gegenwärtig am häufigsten antrifft.

Von außen erscheint sie als ein schlichter, aber sauberer Backsteinbau. Zum Trocknen ausgehängte Käsetücher, Käsedeckel und in Reihen aufgestapelte hölzerne Milchbehälter, die „Stotzen“ oder „Brenten“, zahlreiche neben- und übereinander gelagerte Molkenfässer mit ovalem Querschnitt und mächtige Stöße aufgeschichteten Brennholzes verraten die Bestimmung des Hauses.

Treten wir ein, so erblicken wir einen reinlich gehaltenen Raum, dessen Boden mit Steinfliesen belegt ist. Vor allem fallen uns ein bis drei mächtige Kupferkessel ins Auge, von denen jeder etwa tausend Liter zu fassen vermag. Nur der obere Teil des Kessels ist sichtbar und prunkt mit seiner blankgescheuerten, rotglänzenden Außenwand; das übrige aber ist mit einem runden, eisernen Schutzmantel umfangen, der zugleich unten den Feuerherd einschließt. Um eine eiserne Säule, die vom Boden zur Decke reicht, ist der Kessel samt dem oberen Teile des Feuermantels drehbar. Hochaufgeschichtet sind neben den Kesseln die Holzvorräte. An den andern Wänden ziehen sich tischartige, breite Gestelle hin, auf denen wir die zur Formung der Käselaibe bestimmten „Ladreife“ erblicken. Über diesen gewahren wir starke, eiserne Schraubengewinde, die als Käsepressen dienen und oben an der Decke an einer Eisenschiene befestigt sind. Eine weitere solche Eisenschiene dient zur Führung des aus Eisenkette und Eisenhaken gebildeten „Käseaufzugs“, dessen Bestimmung wir bald näher kennen lernen werden. Ein auf hölzernem Gestell ruhendes Scheibenbutterfaß von etwa

Käsepresse.

Feuermantel. Käsekessel.

einem Meter Durchmesser, ein Brunnen mit laufendem Wasser, ein ansehnlicher Stoß „Brenten“, dann Thermometer, Schreibtafel u. a. vervollständigen die Einrichtung der Küche, an die sich auf der einen Seite der Milchkeller, auf der anderen die beiden Käsekeller anschließen.

Allgäuer Scheibenbutterfaß.

Noch ist es früh am Tage; aber schon wird's draußen vor dem Hause lebendig. Von allen Seiten hört man es herankommen: hier zieht ein Knabe den Handkarren, auf dem die blankgescheuerte Blechtonne thront; dort lenkt ein Bursche den von einem Rosse gezogenen Wagen, um aus einer größeren Zahl von Gehöften die Milch zu überbringen; dort trottet aus der Nachbarschaft ein Knecht herbei, die schwere Milchbutte auf dem Rücken. — Immer lebhafter wird das Treiben und der Obersenn hat alle Hände voll zu tun, um die Milch in Empfang zu nehmen, abzumessen und die Zahl der Liter, die auf jeden Lieferanten treffen, an der Tafel anzukreiden.

Inzwischen ist die am Abend vorher gelieferte Milch, die während der Nacht in der Milchkammer (dem Kühlraum) aufbewahrt war, abgerahmt worden und nun werden beide — die abgerahmte Abend- und die neu hinzugekommene Vollmilch — gemeinsam in die Kessel geschüttet, bis diese gefüllt sind. Unter den Kesseln prasselt das Feuer; langsam erwärmt sich die Flüssigkeit bis zu 35° C.

Jetzt wird der Kessel vom Feuer weggedreht. Der Obersenn bringt die „Renne“ (das Lab), eine aus Molke und Kälbermagen bereitete Masse in den Kessel, um auf diese Weise die Milch zum Gerinnen zu bringen und ein Ausscheiden des Käsestoffes zu bewirken. Nach etwa einer halben Stunde ist dieser Prozeß vor sich gegangen. Mit der „Schueffe“, einer gerundeten Holzschaufel, wird die gedickte Masse „herübergezogen“. Dann tritt die „Harfe“ in Tätigkeit: ein langer, mit hölzerner Handhabe versehener Stab, der eine Anzahl paralleler, an zwei Querstäben aufgezogener Drähte aufweist. Mit der Harfe wird die geronnene Masse, die „Dickete“, zerkleinert und kreuz und quer zerschnitten. Die in dem Kessel umgetriebene Dickete prallt dabei fortwährend gegen die „Bruchscheibe“[1]) (ein an den Kesselrand senkrecht eingestelltes Brett) und wird dadurch noch mehr durcheinander gewirbelt.

Abrahm-Schueffe.

Käse-Schueffe.

Nach etwa 20 bis 30 Minuten hat sich von dem Käsestoff, dem „Bruch“, die „Molke“ abgeschieden und schwimmt als fettig grünliche Flüssigkeit oben

[1]) Die Abbildungen auf S. 400 und 401 sind von Herrn Fleschhut in Immenstadt gütigst zur Verfügung gestellt worden.

Käsſpatzengericht.
Zeichnung von Richard Mahn.

auf. Sie wird mit der „Käsgatze“, einer blechernen Schöpfpfanne, zum Teile abgeschöpft.

Der Kessel wird nun wieder auf das Feuer gebracht und die Masse bis zu 56° C. erwärmt. Hierauf wird ein neues Werkzeug herbeigeholt, der „Käsebrecher“ — ein kräftiger Stab, aus dessen unterem Ende eine Anzahl starker Drähte halbkreisförmig hervorstehen, so daß sie wie ein Quirl wirken. Mit diesem Werkzeug wird der Bruch weiter gerührt.

Die ganze Arbeit von dem ersten Aufsetzen des Kessels auf das Feuer bis zum letzten Umrühren mit dem Käsebrecher erfordert etwa drei Stunden.

Bruchscheibe.

Käseharfe.

Jetzt erfolgt der „erhebendste“ Augenblick im Werdegang des Käselaibes! Die mit starkem Haken versehene Kette, die wir als „Käseaufzug“ schon kennen gelernt haben, wandert über den Kessel. Der Obersenn, mit dem Käsetuch in der Hand, winkt seinem Gehilfen. Beide ergreifen die Enden des Tuches, das von einem gerundeten Stahlband eingefaßt wird, und der Fischzug beginnt. Tief hinab bis zum Grunde des Kessels wird das Tuch getaucht, mit dem Stahlband wird es angepreßt an den Kesselrand und unter dem Bruch hindurchgezogen. Von vier starken Armen wird es emporgehoben mitsamt dem gewichtigen Inhalt, dem in diesem Zustand oft über zwei Zentner schweren Bruch! Rasch wird das Tuch in Knoten gebunden und an den Haken des Käseaufzugs befestigt. Hurtig beginnen die Rollen des Aufzugs, die oben an der Decke in die Eisenschiene eingreifen, ihren Lauf und die triefende Bürde wandert in Hast hinüber zu dem Tische, wo der Ladreif bereit steht, die Masse aufzunehmen. Eingezwängt in die runde Form, wird der Bruch zugedeckt mit dem „Laddeckel“, und nun tritt die Presse in Tätigkeit. Durch ein paar Kurbelbewegungen senkt sich das eiserne Schraubengewinde nieder und preßt den Käseteig, bis er sich genau dem Ladreif angeschmiegt hat und all die engen Maschen des Käsetuches in seinen weichen Leib eingezeichnet sind.

Käsebrecher.

Lassen wir ihn ein Weilchen in seinem engen Kerker!

Von der Presse weg wenden sich die Sennen wieder zum Kessel, holen aus demselben den „zweiten Fisch“ (Strebel) oder Nachkäs, d. h. den kleinen Rest des noch im Kessel zurückgebliebenen Bruches, und „verstecken“ ihn am Rand des Ladreifens oder verteilen ihn auf der ganzen Oberfläche des Käses. In den Kessel schütten sie dieselbe Molke, die sie vorher in einen Nebenbehälter übergeschöpft haben. Über das neu angefachte Feuer gerückt wird diese Flüssigkeit zu 87 bis 92° C erhitzt. Nach etwa einer Stunde zeigt sich auf der Oberfläche eine blühweiße, fettige Masse, der „Vorbruch“. Sorgsam wird dieses zweite wichtige Milchprodukt herausgeholt und mit dem Rahm vermengt, der tags vorher von der Abendmilch gewonnen wurde.

Beides, Rahm und Vorbruch, wird abgekühlt und am andern Morgen bei einer Temperatur von 12—17° C im Scheibenbutterfaß gerührt, was oft über eine Stunde lang dauert. Dann läßt man die Rührmilch ablaufen und knetet die so gewonnene „Sennbutter", wobei die Flüssigkeit noch vollends herausgepreßt wird.

Aber im Kessel ist noch immer eine ansehnliche Menge Flüssigkeit übrig geblieben. Wie früher die „Renne" das Ausscheiden des Käsestoffes zu bewirken hatte, so wird jetzt das sog. „Molkensauer" zugesetzt, wodurch sich Flocken bilden, die sich nach und nach zu einer dicken Masse vereinigen. Das ist der „Schotten" oder die „Zieger",[1]) die nicht bloß eine ausgezeichnete Mahlzeit für die Schweine, sondern auch für die Menschen abgibt.

Ehe Vorbruch und Schotten bereitet sind, was etwa anderthalb Stunden in Anspruch nimmt, haben sich die Sennen nebenbei wieder der Käsebereitung zugewendet. Kaum ein Viertelstündchen, nachdem der weiche Käseteig zum erstenmal unter die Presse kam, wird er wieder herausgenommen und zeigt sich nun in Farbe und Form von tadelloser Reinheit, zudem hübsch gezeichnet durch die Maschen des Käsetuches, kurz, zum Anbeißen schön! Nun wird er von der oberen zur untern Seite gewendet, mit einem frischen, trockenen Tuche überdeckt und abermals unter die Presse gebracht. Dies wiederholt sich etwa sechsmal, bis der Teig die überflüssige Feuchtigkeit verloren und durch die fortgesetzte Pressung eine gewisse Festigkeit gewonnen hat.

Milch-Stotzen.

Am nächsten Tage erst wird der nun hinlänglich gepreßte und mit dem Datum seines Geburtstages deutlich gezeichnete Käselaib seiner Fesseln entledigt und in den Keller gebracht, wo eine mächtige Kufe bereit steht. In dieser wird das 100 bis 200 Pfund schwere Kindlein gebadet. Die Kufe enthält eine 18- bis 24 prozentige Salzlösung; darin darf der junge Käse drei Tage lang umherschwimmen, bis er genügend Salz aufgenommen hat. Dann wird er herausgehoben und erhält seinen Platz neben ungefähr gleichaltrigen Kameraden auf einem Holzgestell des Kellers. Nach 15 Tagen rückt er in die nächste Klasse vor, nämlich in den Gärkeller, der die behagliche Wärme von 20—22° C aufweist. Hier vollzieht sich der wichtige Gärungsprozeß, während dessen er als ein richtiges Sorgenkind ganz besonders beobachtet und behandelt werden muß. Allwöchentlich dreimal wird er tüchtig eingesalzen. So verlebt er 70 bis 80 Tage lang seine Sturm- und Drangperiode, worauf er durch den Übergangs- in den Lagerkeller wandert, wo er sich in einer

---

[1]) Wenn sonst von „Zieger" die Rede ist, versteht man darunter „Topfen", „Quark", den durch Säurezusatz, besonders aber durch freiwilliges Sauerwerden der Milch geronnenen und durch Anwärmen aus den Sauermolken ausgeschiedenen Käsestoff (Casëin), der im Gegensatze zu dem mit Lab aus süßer Milch gedickten Käsebruch (Paracasëin) keine Kalksalze enthält. Die früher in den Bauernhäusern bereiteten „Kienzla" (auch „Nirzle, Nitzle" etc.) sind (wie die „Mainzer" und „Harzer" Handkäschen) Topfen- oder Quarkkäse, ebenso der in der Gegend von Weiler und Lindau bereitete grüne oder „Kräuterkäse". (Mitgeteilt von Dr. Herz.)

Temperatur von 12 bis 15° C abzuhärten hat und, in Anerkennung seines vorgerückten Alters, nur noch zweimal wöchentlich eingesalzen wird.

In vielen Sennküchen des Oberlandes geht man im Spätsommer, wenn die Milch knapper wird, so daß sie zur Herstellung eines großen Rundkäses nicht mehr ausreicht, zur Bereitung von Backsteinkäse über. Gegen das Unterland zu wird diese Art der Käsebereitung ausschließlich betrieben. Außer dem Limburger werden aber noch zahlreiche andere Weichkäsearten, meist in vorzüglicher Qualität, hergestellt, so der „Weißlacker", der „Romadur",[1]) der „Stangenkäse" usw. Eine besondere Allgäuer Spezialität bildet der „Edelweiß-Camembert", welchen Fabrikant Höfelmayr in Aich bei Kempten nach französischer Art herstellt. Von kleinen Anfängen ausgehend, die kaum fünfzehn Jahre zurückliegen, hat diese Fabrikation schon solche Bedeutung gewonnen, daß der Jahresversand weit über eine Million Stück Edelweiß-Käse beträgt. Die aus vollfetter Milch hergestellte Ware hat bereits internationale Verbreitung gefunden, sie wird in die meisten Länder Europas und nach allen Erdteilen verschickt. — Ein Mittelglied zwischen Hart- und Weichkäse bilden die „Schachtelkäse", eine Nachahmung der Elsässer Münsterkäse, sowie die Tilsiterkäse. Im westlichen Allgäu endlich werden die „Kräuterkäse" bereitet. (Siehe Fußnote auf S. 402.)

Mit der Zunahme des Molkereibetriebes mehren sich auch die technischen Fortschritte, durch welche die Einrichtung der Sennküche stets weiter vervollkommnet wird. Solche mit den allerneuesten Errungenschaften versehenen Lokale haben zum Teil ein wesentlich anderes Aussehen als die vorhin geschilderte Sennküche. Da kann man (wie in Doren) einen eigenen, für die Milchablieferung bestimmten Vorraum wahrnehmen, wo von einem mächtigen, um eine Achse drehbaren und mit einer selbsttätigen Wage in Verbindung stehenden Blechbehälter die von jedem einzelnen Lieferanten abgegebene Milch, sobald sie abgewogen ist, durch eine Röhre unmittelbar in den Kupferkessel der anstoßenden Käseküche abfließt. Oder man erblickt (wie in Engelitz) unter dem Kessel keinen Feuerherd, sondern statt dessen eine Dampfrohrleitung, die den Kessel umkreist und an drei Stellen den Dampf in den Kesselmantel einläßt. Mit Dampf wird in dieser Sennerei auch das Rührwerk betrieben, das an Stelle der Harfe die Käsemasse zu zerteilen und umzutreiben hat; mit Dampf werden die Keller geheizt, die Geräte gereinigt usw. In einem eigenen Butterraum erblickt man das „Holsteiner Butterfaß", das jetzt in vielen Sennereien mit Kraftbetrieb sich eingebürgert hat, während in solchen mit Handbetrieb das Sturzbutterfaß an Stelle des älteren Scheibenfasses tritt.[2])

---

[1]) Romadur ist abgeleitet vom südfranzösischen Dialektwort ramade = Schafherde; also ursprünglich Schaf- oder Ziegenkäse.

[2]) In der Sennküche zu Schweineberg (bei Sonthofen) ist ein eigenartiges Mittel angewandt, um dem Sennen die Arbeit des Butterrührens abzunehmen. Die Achse des Butterfasses ist hier durch einen Treibriemen mit einem großen Tretrad verbunden, das im oberen

26*

Der größte Teil der gefertigten Käse wandert von den Sennküchen in die Lagerräume der Käsegroßhandlungen zu Kempten, Immenstadt, Sonthofen, Oberdorf bei Hindelang, Wertach, Eilhofen, Lindenberg u. a. Welches Kapital in diesen Kellern aufgestapelt ist, mag man ermessen, wenn man vernimmt, daß beispiels-

Sennküche für Dampfbetrieb (in Engelitz bei Hergatz).
Aus einer Broschüre des Milchw. Vereins. (Aufnahme von Zeboenig.)

weise eine einzige größere Firma in Sonthofen gewöhnlich 5000 bis 6000 Rund-

---

Stockwerk angebracht ist. Dieses Tretrad muß ein Hund in Bewegung setzen, der tagtäglich eine volle Stunde lang diese Arbeit zu verrichten hat. Wenn man sieht, wie der Hund namentlich an heißen Tagen schon nach einer halben Stunde kaum mehr fähig ist, das schwere Rad zu treten, so ist man empört über diese Tierquälerei, die verboten werden sollte.

käse auf Lager hat mit einem Durchschnittsgewicht von weit über einem Zentner und einem Durchschnittswert von 80 bis 100 Mark für das einzelne Stück, und daß dazu noch ein beträchtliches Lager von Weichkäse kommt.

Es sind Erhebungen angestellt worden, durch welche der Umfang der Molkereiproduktion im Allgäu festgestellt werden konnte. Für das Jahr 1903 ergaben sich folgende Summen:

Bezirksamtsgebiet	Zahl der Molkereien	hl Milch	DZ Butter	DZ Käse
Füssen	69	160.108	3.552	13.625
Kempten	267	651.996	13.157	57.610
Sonthofen	342	421.416	5.467	34.294
Lindau	132	366.432	5.498	29.537

Es wurden also in den vier Bezirksamtsgebieten im Laufe eines Jahres aus 1.599.952 Hektoliter Milch 27.674 Doppelzentner Butter und 135.066 Doppelzentner Käse gewonnen![1])

Ein Teil der Molkereiprodukte wird nicht in den Talsennereien, sondern während der Sommermonate auf den Sennalpen hergestellt.

In den österreichischen Landesteilen unseres Alpengebietes ist die Käserei auf den Sennalpen noch immer die überwiegende, teilweise sogar die ausschließliche Art der Sommerproduktion, während im Allgäu das Hauptgewicht immer mehr den ständig betriebenen Talsennereien zufällt, wo die Anlage und Einrichtung nach modernen Erfordernissen und damit die Erzeugung tadelloser Ware eher möglich ist als droben auf den Bergen. Es macht sich also gegenwärtig die umgekehrte Strömung bemerkbar wie vor etwa siebzig Jahren: die Alpensennereien sind im Allgäu im Rückgang begriffen und die dadurch frei werdenden Alpgründe werden, soweit sie nicht den großen Jagdgebieten zufallen (s. S. 195), zur Viehzucht verwendet.

Nicht ohne Zwischenstufen gelangt das Vieh auf die Hochalpe.

---

[1]) Außer der Verarbeitung zu Butter und Käse wird ein Teil der im Allgäu gewonnenen Milch anderen Nahrungsmittel-Industrien zugeführt: Die große Milchkondensierfabrik Anglo-Swiss unterhält in Rickenbach (b. Lindau) eine Zweigniederlassung, in der täglich 15 bis 30.000 Liter kondensiert werden. — Nahe bei Kempten in der Nestlé-Filialfabrik zu Hegge wird das bekannte Nestlésche Kindermehl, zu dessen Herstellung ebenfalls Milch verwendet wird, fabriziert. — Die Dampfmolkerei von Michael Rait in Thalkirchdorf verarbeitet Milch zu Milchpulver, welches als Ersatz für kondensierte Milch Verwendung findet. — Ein Teil der großen Molkenmenge, welche bei der Rundkäserei anfällt, dient der Löflundschen Fabrik in Schüttentobel (bei Ebratshofen) als Rohmaterial zur Milchzuckerfabrikation. (Mitgeteilt von Herrn Karl Höfelmayr in Aich.)

Wenn sich im April die Talweiden rasch mit saftigem Gras bedecken, dann wird das Vieh aus den Stallungen, in denen es den langen Winter verbracht hat, hinausgetrieben und mag sich nun tagsüber an dem frischen Graswuchs gütlich tun; die Talweiden werden „abgefretzt".

Mitte Mai werden dann die Vorweiden bezogen, die sich auf mäßiger Höhe ausdehnen. Im Bregenzer Wald (teilweise auch im Walsertal) nehmen die Vorsässe oder Maiensässe eine eigenartige Mittelstellung zwischen Dorf und Alpe ein. Amagmach am Nordfuße der Winterstaude, Schönebach bei Bezau, Hopfreben und Schalzbach im oberen Tale der Bregenzer Ache sind solche Vorsässe, die sich als kleine Hüttendörfer darstellen; jede Hütte besitzt Wohnraum und Käseküche, Stallung und Heuboden.

Um in das nomadenhafte Leben, das die Bewohner dieser Hüttendörfer führen, einen Einblick zu gewinnen, wollen wir den Jahreslauf verfolgen, wie er sich im Vorsäß Schönebach vollzieht.

Verlassen und verschlossen, tief eingeschneit steht das Hüttendorf in den ersten Monaten des Jahres. Spät erst wagt sich der Frühling in diesen versteckten Bergwinkel, aber der sieghafte Mai löst den winterlichen Bann und zaubert das herrlichste Gras über die Gelände. Nun wird's bald lebendig werden! Mehl, Salz, Küchen- und Hausgeräte sind auf den Bergkarren verladen, das Vieh wird aus den Ställen getrieben, Türen und Fensterladen des Dorfhauses geschlossen, und bald zieht's mit Schellengeläute heran — das Vorsäß wird bezogen.

Das geschieht zu Anfang des Juni. Und nun entwickelt sich ein fröhliches Leben. Auf den weitgedehnten Grasflächen weidet das Vieh, im Hause bereitet der Senn den halbfetten Rundkäse, die Bäuerin sitzt, soweit die Haushaltungsgeschäfte ihr Zeit lassen, an der Stickmaschine, die Kinder tummeln sich im Freien.

So geht es einen Monat lang. Am 8. Juli aber wird das Vieh hinaufgetrieben auf die Hochalpen, auf Ostergundalp, Almesgundalp, Tobelalp, Stockertennalp, Satteleckalp; im Hüttendorf bleiben außer den Wirtsleuten nur einige Frauen und Kinder zurück; die übrigen Bewohner, soweit sie nicht auf der Hochalpe weilen, sind nach Bezau und Bizau hinabgezogen, um dort das Gras für den Winterbedarf zu mähen. So wird es wieder recht still in dem Vorsäß.

Aber der 15. August bringt neues Leben. Vom Bezauer Tale und von Siebratsgfäll her kommen jetzt die Mähder, Burschen und Mädchen, um das Gras, das in der Zwischenzeit hoch aufgeschossen ist, einzuheimsen. Am Abend des 14. August geht's hoch her in den beiden Wirtshäusern des Hüttendorfes; am andern Morgen aber beginnt das Heuen und nun wird etwa acht Tage lang emsig gemäht und die duftige Ernte in den Hütten aufgestapelt. Dann wird's abermals einsam. Die Mähder ziehen fort und die Natur schafft still weiter; neues, kräftig sprossendes Gras bedeckt bald wieder die weiten Matten, und wenn am 14. September das Vieh von den Hochalpen herabkommt, so findet es bei Schönebach wieder den Tisch reichlich gedeckt und weidet hier bis zum 15. Oktober; in den Hütten aber, wo wieder die ganze Familie vereint ist, wird nun

Magerkäse und Butter bereitet, mehr für den eigenen Winterbedarf als für den Versand, wie es im Frühsommer geschah.

Am 16. Oktober ist die Weide völlig ausgenutzt, das Vieh wird hinunter getrieben nach Bezau und Bizau, und nun erklingt hier auf den Talwiesen das Herdengeläute, bis endlich der November die Weide im Freien verbietet. Und jetzt wird das Vieh noch einmal hinaufgetrieben nach Schönebach! Denn dort lagern ja noch reiche Schätze an köstlichem Bergheu, das die Mähder im August gewonnen hatten. Das wird jetzt verfüttert, und so wird's Dezember, und immer noch ist Leben dort oben im weltentrückten Hüttendorf. Nun endlich — bei den einen am Klaustag, bei den andern erst an Weihnachten — wird Hütte um Hütte verlassen, und endgültig geht's hinab in das heimatliche Dorf drunten im Talgrund!

In unserm übrigen Gebiete sind zwar die eigentlichen Vorsäß-Hüttendörfer

Schönebach.

nicht zu finden; aber auch hier unterscheidet man Untere und Obere Geläger, d. h. tiefer gelegene Sennhütten und Alpgründe für die Vor- und Nachweide und höher gelegene für die eigentliche Alpzeit, den Hochsommer.

Es gibt Alpen im Privatbesitz, Gemeindealpen und Genossenschaftsalpen. — Auf den Gemeinde- und Genossenschaftsalpen haben die Gemeinde- oder Genossenschaftsmitglieder eine bestimmte Anzahl „Weiderechte"; so viel Rechte ihnen zustehen, mit so viel Stück Vieh können sie die Alpe „beschlagen". Sowohl für die Genossenschafts- als für die Gemeindealpen sind zur Überwachung und Regelung aller alpwirtschaftlichen Tätigkeit die Alpmeister aufgestellt. Sie werden hier von der Gemeinde, dort von den Alpgenossen gewählt und haben eine umfangreiche Aufgabe zu bewältigen. Ihnen obliegt vor allem, die Alphütten, die Zugangswege, die Wasserleitungen und Zäune in gutem Stand zu halten oder notwendige Verbauungen, z. B. zur Abwehr von Wildwassern oder Lawinen, vorzunehmen.

Als Gehilfe ist ihnen der Schwender beigegeben, dessen hauptsächlichste Aufgabe, wie der Name bekundet, darin besteht, daß er die Alpweide von Buschwerk, Unkraut, wucherndem Niederholz u. a. durch „Schwenden" säubert oder die über die Weide verstreuten Steine wegräumt; zugleich hat er aber auch Heu und Streue zu besorgen und verunglücktes Vieh zu verscharren. Im Tannheimer Tale heißt dieser Alpgehilfe der „Kulturer". — Außerdem haben die Alpmeister die Aufsicht über das Alpvieh, müssen die Verwertung der Alpmilch überwachen und über Ausgaben und Einnahmen Rechnung führen.

Auf den Allgäuer Bergen dauert die eigentliche Alpzeit gewöhnlich von Anfang Juni bis Mitte September, etwa hundert Tage. So lange klingt das Herdenge-

Untere Gentschelalpe im Walsertal.

läute auf den Weiden der Hochregion, so lange haust der Senne in seiner Sommerresidenz, in der poesieumwobenen und doch höchst prosaischen Sennhütte.

Es gibt unter den Hunderten von Sennhütten unseres Gebietes noch gar manche, die in Anlage und Einrichtung an mittelalterliche Wohnweise gemahnen. Je mehr so ein verwetterter, wohl noch aus Rundhölzern gefügter, mit steinbeschwertem Schindeldach gedeckter, von üppig wucherndem Alpenunkraut umsäumter Bau — wie etwa die Untere Gentschelalpe — durch seinen malerischen Gesamteindruck das Auge des Künstlers entzücken mag, um so weniger wird er sich für die heutige Alpwirtschaft eignen. Diese verlangt vielmehr luftige, reinliche Räume, moderne Einrichtungen zur Käserei und Buttergewinnung, praktische Anlagen zur Abfuhr und Verwertung des Stalldunges usw. — Musteralpen, welche diese Be-

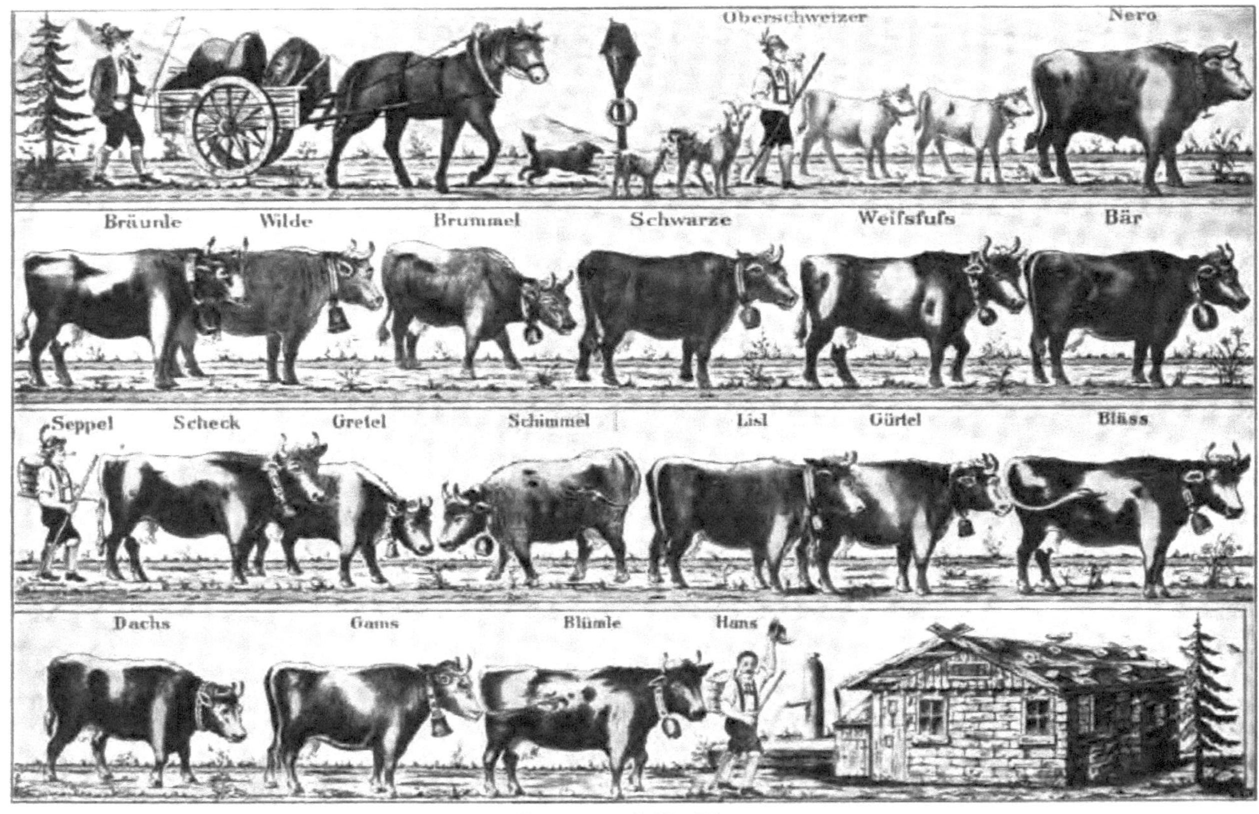

Aufzug auf die Alpe.

Ehemalige Obere Engeratsgundalpe.

Jetzige Obere Engeratsgundalpe.

dingungen erfüllen, wie z. B. die Obere und die Untere Engeratsgundalpe am Daumen, sind freilich ziemlich selten. Meistens finden wir auf den Sennalpen noch recht einfache Verhältnisse vor.

Die Hütte ist gewöhnlich ein einstöckiger, in länglichem Viereck aufgeführter Bau mit hohem, geschindeltem Giebeldach, zuweilen mit, öfter noch ohne Steinbeschwerung.

Käsepresse in der Schöneberger Alpe. (Zeichnung von I. Annen.)

Treten wir durch die auf der Schmalseite angebrachte Türe ein, so gelangen wir zunächst in die geräumige Käseküche. In einer Ecke erblicken wir über der Feuergrube den am „Galgen" befestigten mächtigen Kupferkessel, an der Wand sind die frischgescheuerten „Brenten" nebeneinander gereiht. Eigenartig ist in manchen älteren Hütten, z. B. in der Schöneberger Alpe bei Fischen, die Käsepresse. Eine wagrecht laufende Stange ist mit einem ebenfalls wagrecht liegenden Balken derart verbunden, daß dieser durch Anziehen eines Strickes auf einer Seite emporgehoben werden kann. Während dies geschieht, wird zwischen dem Balken und dem Laddeckel ein Pfahl senkrecht aufgestellt. Sobald man nun den Strick losläßt, kehrt

Untere Engeratsgundalpe.
(Aufnahmen von † Bezirkstierarzt Brutscher.)

der Balken vermöge seines Gewichtes, das durch eine ansehnliche Steinbelastung bedeutend erhöht ist, in seine frühere Lage zurück und preßt durch Vermittlung des eingeklemmten Pfahles auf den Käseteig. — Zur Butterbereitung dient meistens das Allgäuer Scheiben-Butterfaß, das wir schon kennen gelernt haben. Wie man dagegen vor hundert Jahren mühsam rührte, hat Johann Falger (s. S. 365) in einem nicht gerade künstlerischen, aber anschaulichen Bildchen uns vor Augen geführt.

Von der Käseküche führen ein paar Stufen hinab zum Käsekeller. — Zur Kühlung der Milch wird oft das bergfrische Quellwasser verwendet; so besitzt die Schwarzwasseralpe im Walsertal außerhalb der Hütte einen eigenen Kühlraum, durch den die nahe Quelle geleitet ist, so daß die gefüllten Milchkannen stets in das kalte Naß tief eingetaucht sind.

Inneres einer Lechtaler Sennhütte vor hundert Jahren.
(Nach einem Bilde im Falgermuseum zu Elbigenalp.)

Statten wir auch der Wohnstube des Sennen einen Besuch ab! Wie drunten im Bauernhaus, so erblicken wir auch hier in einer Ecke den halbkugelförmig aufgebauten, mit weißem Kalkbewurf verkleideten Ofen, um den dicht unter den Wänden die Trockenstangen angebracht sind, damit hier bei schlimmer Witterung das durchnäßte „Häß“ getrocknet werden kann. Auch die Gutsche fehlt nicht, ebenso wenig der eckige oder runde Tisch vor dem mit einem Kruzifix geschmückten Herrgottswinkel. Eine Petroleumlampe hängt über dem Tische, irgendwo steht eine Weckeruhr, auch ein kleiner Spiegel gehört zu den Zimmergeräten. Was aber die Stube besonders auszeichnet, ist der reiche Bilderschmuck, mit dem die Wände gleichsam tapeziert sind. Bilderbogen aller Art sind aufgeklebt. Da sieht man den Aufzug zur Alpe getreulich dargestellt; auch die neuesten Weltereignisse findet man in grellen Farben illustriert, eine Seeschlacht zwischen Japanern und Russen, die Belagerung Port Arthurs und ähnliches. Dicht daneben kann man ein lustiges Geschichtlein in Versen erzählt und in Bildern veranschaulicht finden. „Schmücke dein Heim“ ist auch der Grundsatz des Sennen. — Das Gebälke der Stube oder der Käseküche dient zuweilen als eine Art Hauschronik: die Namen der Sennen finden sich mit mehr oder minder großer Kunstfertigkeit eingeschnitten, auch merkwürdige Ereignisse, wie Schneefall im Hochsommer, sind mitunter verzeichnet.

Unsere Wißbegier ist aber noch nicht befriedigt; wir treten durch eine niedrige Türe in die Schlafstube. Zur Rechten erhebt sich hier die „Bugrat“, eine hölzerne Pritsche mit den Laubsäcken, über die statt des schneeichten Linnens eine derbe Wolldecke oder ein „Golter“ (Steppdecke) gebreitet ist. An den Wänden hängt das Sonntagshäß, daneben eine Anzahl schwerer Messingglocken an breiten, mit farbigen Fransen geschmückten Lederbändern, jene Schmuckstücke, die bei der Auffahrt zur Alpe und bei der Heimkehr zur Geltung kommen.

Weitaus den größten Raum im ganzen Hause beanspruchen die gehörnten Hauptpersonen der Sennhütte, die Milchkühe. Muß doch die Stallung, die unmittelbar an die Käseküche anschließt, oft fünfzig und mehr Kühen Unterkunft gewähren!

Noch für eine andere Art von Kostgängern der Sennalpe muß Raum geschafft werden — für die Schweine. Diese dürfen auf keiner Sennalpe fehlen, da durch sie die Abfälle der Milchprodukte aufs beste verwendet werden können. So hatte die Alpe Schöneberg bei Fischen im Jahre 1904 zu 54 Kühen noch 20 Schweine, die in einer eigenen geräumigen Hütte untergebracht waren.

Betrachten wir uns nun das Leben und Treiben auf der Alpe!

Die Bewohner der Sennhütte sind gewöhnlich vier männliche Personen: der Hirt, der Kleinhirt, der Obersenn und der Untersenn. Sennerinnen gibt es in unsern Bergen nicht; doch kommt es zuweilen vor, daß der Senn oder Hirt Weib und Kind mit auf die Alpe nimmt.

Nicht ohne Abwechselung, aber auch nicht ohne Sorgen und Mühe vollzieht sich die Tätigkeit des Hirten.

Morgens zwischen 5 und 6 Uhr muß er das Vieh, das die Nacht auf freier Weide zugebracht hat, sammeln und eintreiben. Wenn er dann jedes einzelne Stück der gehörnten Schar im Stalle an die Kette gelegt hat, beginnt die anstrengende Arbeit des Melkens, an der sich auch die übrigen Bewohner der Hütte beteiligen. Ein guter Melker erledigt acht Kühe in der Stunde. Da aber oft 15, ja 20 Kühe auf den Mann treffen, nimmt die Melkarbeit zwei, auch drei Stunden in Anspruch. Allerdings hängt dies nicht bloß von der Zahl der Tiere, sondern auch von dem jeweiligen Milchertrag ab. In der besten Zeit (Juni und Juli) gibt die Kuh etwa zehn, gegen den Herbst hin vielleicht nur mehr zwei Liter. — Um die Mittagszeit, je nach der Witterung bald früher, bald später, treibt der Hirte das Vieh aus. Nicht planlos und willkürlich geht er dabei zu Werke, sondern er hat vorher „seinen Anschlag gemacht“, d. h. wohl überlegt, wie er die Herde zu und von dem Weideplatz führe, damit sie „einen schönen Gang kriegt“,

d. h. nicht zu steil hinaufklettern muß, keine verlorenen Steigungen zu überwinden hat und doch möglichst bald zum Futter gelangt. Auch den Witterungsverhältnissen muß er Rechnung tragen. Wenn z. B. „die warme Luft lauft", darf er nicht so weit hinauf „fahren", um das Vieh nicht anzustrengen; denn sonst würde der Milchertrag, der an schwülen Tagen ohnedies zurückgeht, noch mehr beeinträchtigt werden. Überhaupt muß der Hirte bei seinem Anschlag alles berücksichtigen, was dazu dient, das Vieh zu schonen und den Milchertrag zu steigern. — Gegen Abend (zwischen 6 und 7 Uhr) treibt er die Herde wieder in den Stall, worauf abermals die Arbeit des Melkens beginnt. — Zu den Pflichten des Hirten gehört auch die Aufzeichnung der gewonnenen Milchmenge, die Aufsicht über die Reinhaltung und Ordnung im Stalle, sowie die Fürsorge für erkrankte Tiere.

Wenn der Hirt gemeinsam mit dem Kleinhirten, der ihn im „Halten"[1] unterstützen muß, bei günstiger Witterung draußen auf dem Weideplatz weilt, so sind das seine schönsten Stunden; fröhlich schallen dann seine langgezogenen Jodler in der Bergeseinsamkeit. Aber es kommen auch schlimme Zeiten: wenn Gewitterstürme plötzlich daherbrausen und im grellen Aufleuchten der Blitze, im furchtbaren Rollen des Donners, im Niederprasseln der Hagelkörner die Herde auseinander stiebt und der Hirt mitten im wildesten Aufruhr der Elemente die erschreckten Tiere zu sammeln und von gefährlichen Stellen zurückzutreiben hat, oder wenn Tage und Tage lang ohne Aufhören der Regen rinnt, dann gehört eine abgehärtete, kraftvolle Natur dazu, all den Unbilden zu trotzen. Und auch sorgenvolle Zeiten kommen, wenn ein Stück der Herde in jähem Absturz verunglückt oder durch Krankheit verendet und damit die Aussicht auf eine fröhliche Heimkehr von der Alpe geschwunden ist!

Viehherde auf der Erzberger Alpe. (Aufnahme von Hauptmann Frank.)

Wesentlich anders als die Tätigkeit des Hirten ist die des Obersennen. Früh morgens, wenn er die Bugrat verlassen hat, muß er zunächst den am vorigen Tage bereiteten Rundkäse „laden", d. h. auf die andere Seite legen und in ein neues Tuch einschlagen. Dann geht er in den Keller, um die älteren Käselaibe

[1] Bezeichnung für „Vieh hüten".

zu salzen. Ist dies geschehen, so begibt er sich in den Stall, wohin inzwischen das Vieh getrieben worden ist, und hilft melken. Nun beginnt seine Hauptarbeit, das Käsen, das ungefähr bis Mittag dauert. Hierauf kann er sich ein paar Stunden lang der Ruhe hingeben. Gegen 5 Uhr geht er wieder in den Keller, um die Käse der Reihe nach „abzubürsten". Ist er damit fertig, so sind auch schon die Kühe vom Weidegang zurückgekehrt und sollen gemolken werden. Nach dem Melken verteilt er die Abendmilch in die bereit stehenden Stotzen, um diese für die Nacht im Kühlraum unterzubringen. Zuletzt muß er nochmals „Käs laden"; dann ists Feierabend für ihn. — So verläuft nicht allzu anstrengend und wenig aufregend der Tag, und wenn „der Käs it fehl gåht", hat er ein schönes Leben droben auf der Alp.

Härtere Arbeit obliegt dem Untersennen.

Seine ersprießliche Tätigkeit beginnt mit dem Ausmisten des Kuhstalles, wobei er an dem Kleinhirten einen teilnehmenden Freund und Gehilfen findet. Auch die Behausung der Schweine bemüht er sich zu säubern, den grunzenden Inwohnern aber reicht er ihr Futter (Molken- und Buttermilch, Futtermehl und Weizenkleie) dar. Dann sorgt er für die menschlichen Bedürfnisse; denn neben dem Amte des Schweinefütterers bekleidet er auch das des Leibkoches. Als Morgenimbiß gibt es fast täglich die zwei Gerichte Kratzat und Kaffee nach dem Rezepte: gut und viel! Das Kratzat wird aus Mehl und Milch bereitet und in Butter „gekocht", dem Kaffee — ein Liter für die Person — wird reichlich Rahm zugesetzt. Die Pfanne mit dem Kratzat und die Schüssel mit dem Kaffee kommen gleichzeitig auf den Tisch. Der Kaffee wird zum Kratzat „zug'schöpft"; zuletzt wird der Rest, nachdem noch Brotstücke eingebrockt sind, ausgelöffelt. Ist die Mahlzeit beendet, so muß der Untersenn den Tisch putzen und „'s Gschirr wäsche". Kommen dann die Kühe in den Stall, so muß er helfen „anlegen". Nach dem Melken, bei dem er natürlich auch kein müßiger Zuschauer ist, darf er die Melkkübel reinigen. Ist dies geschehen, so wird er vom Obersennen an den Käsekessel kommandiert; er muß mithelfen beim Rühren mit Harfe und Käsebrecher und beim Emporheben der Käsemasse aus dem Kessel; auch am Butterfaß kann er seine Muskeln stärken. Dann heißt es ein paar Arme voll Brennholz beischleppen, dann die Molken zum Schweinestall tragen, dann den Kessel putzen, dann zur Abwechselung wieder den Stall misten! So rückt nach und nach die Zeit zum zweiten Kochen heran. (Mittags wird nicht gekocht, sondern kalt gespeist: Butterbrot, Käse, Zieger.) Diesmal steht auf der Speisekarte das Lieblingsgericht des Älplers, die Kässpatzen, die nur ab und zu einmal von gerösteten Knöpfle, Tiroler Knödeln und ähnlichen Delikatessen abgelöst werden. — Auch nach der Mahlzeit und den damit verbundenen Reinigungsgeschäften hat der Untersenn noch Gelegenheit, die Vielseitigkeit seines Waltens zu bekunden; er zerkleinert das Brennholz, er erweist sich als kundiger Melker, er spült und fegt die gebrauchten Milchgefäße, er bringt liebevoll den hungernden Schweinen ihr Futter; dann aber winkt auch ihm die ersehnte Feierstunde und befriedigt von seiner Tagesleistung darf er sein Pfeiflein schmauchen, bis die Bugrat ihn und seine Genossen aufnimmt zum vierstimmigen Nachtkonzert.

Nicht immer sind die Arbeiten dieser Leute so umfangreich, daß sie den Tag ausfüllen. Im August und September, wenn die Milchmenge mehr und mehr abnimmt und infolge dessen die Tätigkeit im Stalle und in der Sennküche sich rascher erledigt, wird das Alppersonal gewöhnlich verringert; aber auch für die Zurückgebliebenen bleibt reichlich Zeit übrig, die verwendet werden sollte zur Alpverbesserung.

Es ist erfreulich, daß auf vielen unserer Alpen ein rühriger Eifer bemerkbar ist, die Weidegründe nach Möglichkeit zu verbessern. Da gilt es, den mannigfachen Unkräutern zu Leibe zu gehen und dafür den guten Futterkräutern Boden zu gewinnen; oder es müssen Steine weggeräumt und gegen Steinschlag und Abrutschungen Verbauungen vorgenommen werden; oder es sind Entwässerungskanäle anzulegen, um versumpfte Stellen nutzbar zu machen, und ähnliches.

Milchzieher. (Zeichnung von Richard Mahn.)

Manchmal sind die Weideplätze auf den „Bergen“[1]) so gelagert, daß das Vieh auf zwei weit auseinander liegende Hütten verteilt werden muß; die tiefer gelegene ist dann die eigentliche Sennhütte, die höher gelegene dagegen die Melkhütte (Melke). Der Melker, der hier aufgestellt ist, hat täglich zweimal Gelegenheit, Kraft und Gewandtheit in vollstem Maße zu bekunden. Denn wenn er die ihm zugewiesenen Kühe gemolken und die Milch gekühlt hat, muß er diese entweder in einer Tragbutte zu der oft 100 bis 200 m tiefer gelegenen Sennhütte hinabtragen oder — was häufiger der Fall ist — in einem hölzernen Fasse, das auf einen Hornschlitten festgebunden ist, hinabziehen. Den fremden Wanderer, der es mit ansieht, wie der „Milchzieher“ den steilen, von tief eingeschnittenen Geleisen durchfurchten Berghang hinabläuft, mit den kraftvollen Armen lenkend,

[1]) Die Bezeichnung „Berg“ statt „Alpe“ ist im Allgäu allgemein üblich.

Obere Hasenedkgalthütte am Daumen.

mit den schweren Griffschuhen bremsend, überkommt fast ein Grausen bei dieser sommerlichen Rodelfahrt, auf der in wenigen Minuten eine Strecke zurückgelegt wird, zu welcher der vorsichtig mit dem Bergstock tastende Wanderer eine halbe Stunde braucht. Aber ebenso wird man staunen, wenn man den Milchzieher zu seiner Melke zurückkehren sieht, den Schlitten samt dem leeren Milchfaß auf die Schultern gestellt und mit dieser Bürde den steilen Berghang scheinbar mühelos hinansteigend! —

Wie die Sennalpen für die Milchwirtschaft bestimmt sind, so dienen die Galtalpen[1]) der Aufzucht von Jungvieh.

Sie sind gewöhnlich höher gelegen als jene. Es gibt Galtalpen, deren Weidegründe bis zu 2000 m emporreichen, wie die Birwangalpe am Fellhorn, die Warmatsgundalpe am Fiderepaß u. a. Meistens haben sie auch einen bedeutend größeren Umfang als die Sennalpen; denn während diese selten mit mehr als hundert Stück beschlagen werden, gibt es Galtalpen, auf denen 300, 400 und mehr Rinder weiden können. Auf der Bärguntalp im Walsertal werden gewöhnlich gegen 300 Stück Jungvieh gesömmert, auf dem mehr als 4000 ha großen Gebiete der Schwarzwasseralp (Lechtal) weideten vor einigen Jahren 409 Stück, auf der Gappenfeldalpe am Leilach 470 Stück Vieh.

Inneres der oberen Rappenalphütte. (Aufnahme von Euringer.)

Auf den meisten Galtalpen ist das Vieh während der ganzen Alpzeit, die gewöhnlich vom 23. Juni bis zum 13. September dauert, Tag und Nacht unter freiem Himmel, allen Unbilden der Witterung, Sonnenbrand und Hagelschlag, Regenschauern und Schneefall preisgegeben. Mächtige Wettertannen oder über-

[1]) Galt = trocken, keine Milch gebend. Galtvieh ist Jungvieh, sodann auch alles Milchvieh, das nicht trächtig ist oder keine Milch gibt. (Reiser.)

hängende Felswände bilden die einzigen Schirmdächer. Die Bestrebungen der Allgäuer Herdebuchgesellschaft sind allerdings darauf gerichtet, das Los der Tiere, schon der gedeihlicheren Aufzucht wegen, zu bessern und die Errichtung von sog. Nothütten zu veranlassen; doch konnte dies bis jetzt nur in vereinzelten Fällen durchgeführt werden.

Für gewöhnlich werden wir, wenn wir das Gebiet einer Galtalpe betreten, dort lediglich die Hirtenhütte antreffen mit einem kleinen Stall für die Milchkuh oder für die paar Geißen, die den Hirten zu ihrem Lebensunterhalte zugewiesen sind. Viele dieser Galthütten, z. B. die obere Haseneck-, die obere Rappensee-, die obere Gottesackerhütte, sind von einer Bescheidenheit in Anlage und Einrichtung, daß ein Kulturmensch des zwanzigsten Jahrhunderts es kaum begreiflich

Pointhütte im Hintersteiner Tale. (Aufnahme von Ebert.)

finden kann, wie hier ein menschliches Wesen $2^1/_2$ Monate verbringen kann. Freilich gibt es auch freundlichere und behaglichere, wie es z. B. die neu erbaute Pointhütte der Kühbachalpe im Hintersteiner Tale ist.

Schon das Äußere des mit Panzerschindeln verkleideten und ebenso mit Schindeln gedeckten Häuschens, das von einem Kranze stolzer Felsenberge umgeben ist, macht einen freundlichen Eindruck. Im Innern befindet sich links von der Türe die offene Feuerstelle. Der Rauch des Holzfeuers hat die Seitenwände und das in mäßiger Höhe angebrachte Gerüste geschwärzt, auf dem der Holzvorrat zum Trocknen aufgeschichtet ist. Feuerpolizeiliche Vorschriften werden hier nicht beachtet, obwohl die Funken oft genug den dürren Holzvorrat erreichen und die alte Hütte gerade aus diesem Grunde in Flammen aufgegangen ist. Dicht an die Feuerstätte ist die hölzerne Bank gerückt, auf der man sich behaglich wärmen kann, und unmittelbar daran stößt die aus einem starken Brettergerüste aufgebaute

Bugrat; reichliche Heuunterlage und der schwere „Golter“ (Decke) genügen zur Ausstattung. An der gegenüberliegenden Wand zieht sich eine Bank hin, mit Milchstotzen und andern nützlichen Dingen besetzt; in der Ecke rechts von der Türe ist ein Tischchen angebracht, vom Hirten selber gezimmert und zum Aufklappen kunstvoll eingerichtet. Der kleine Stall nebenan beherbergt ein paar Kühe.

Auf größeren Galtalpen sind gewöhnlich drei Personen beschäftigt, der Oberhirt, der Kleinhirt und der „Pfister“, ein kräftiger Knabe, der hauptsächlich die Verbindung mit dem „Land“, d. h. der nächst gelegenen Ortschaft herzustellen hat, von wo er Brot, Mehl, Salz, Tabak u. a. heraufholt; bisweilen geht auch der Hirt selber talaus, um wieder einmal unter die Leute zu kommen.

Auch bei Galtalpen wird oft abwechselnd die untere, dann die obere, zuletzt wieder die untere Weide bezogen Wenn die Herde auf dem „oberen Berg“ ist, wo sich die steileren, felsdurchsetzten, also gefährlicheren Hänge befinden, dann haben die Hirten ein mühevolles Tagwerk. Vom Morgen bis zum Abend — eine kurze Mittagrast ausgenommen — weilen sie dann im Freien bei dem Vieh, um die Herde auf der Weide zusammenzuhalten oder zu neuen Plätzen hinzutreiben. Dabei gibt es mancherlei Zwischenfälle. Bald ist die „Lisi“ zu hoch droben im Geschröfe und muß mit vieler Mühe heruntergeholt werden; bald hat der jugendliche „Bello“ mit einem gleichaltrigen Genossen einen ritterlichen Hörner-Zweikampf auszufechten, den der Hirt durch eine Tracht Prügel beendet; bald ist die „Tirolerin“ mit den Vorderfüßen in ein heimtückisches Felsenloch geraten, aus dem sie durch eigene Findigkeit sich nicht herauszuhelfen weiß. Um in diesem und in ähnlichen Fällen rasch hilfreich eingreifen zu können, trägt der Hirt einen derben Strick um den Leib gewunden. Jeden dritten oder vierten Tag gibt's eine besondere Aufgabe; da wird „gemietet“, d. h. jedem einzelnen Tiere sein bestimmtes Quantum Salz und Grisch (= Kleie) dargeboten. Diese Hunderte von Rindern, die weit über das Gelände verstreut sind, müssen da ihren Anteil erhalten, keines darf übergangen, keines doppelt bedacht werden; da muß der Hirt seine Herde wohl kennen! Ein geschickter, in solchen Dingen geübter Hirt kennt jedes Stück seiner Herde nach acht Tagen.

Galthirt mit Tragkraxe. (Aufnahme von Ebert.)

Mehr noch als der Hirt der Sennalpe ist der Galthirt den Unbilden der Witterung preisgegeben. Oft wird er gleich ganze Wochen lang nicht trocken am Leib und muß abends mit den nassen Kleidern unter den Galter schlüpfen. Dafür ist er aber auch ein König auf seinem „Berge“. Die unbeschränkte Freiheit, die er hier genießt, die Herrlichkeit der großen Natur, die ihn umgibt, machen ihm sein Älplerleben, so dürftig und entbehrungsreich es auch sein mag, doch lieb und wert!

Wie in den Sennhütten neben den Kühen auch die Schweine Heimatrecht erhalten haben, so sieht man auf den Galtalpen nicht selten neben dem Jungvieh auch Pferde weiden.

Die **Pferdezucht** war allerdings früher in unsern Bergen viel bedeutender als

Alpe Mitterhaus im Retterschwanger Tale. (Aufnahme von M. Rauch.)

heutzutage. In den Rotenfelsischen Maiengeboten des 17. und 18. Jahrhunderts werden wiederholt neben den Kuhalpen auch die Roßalpen erwähnt und in der Pflege Rettenberg sollte der Stutenhof zu Hindelang und der Fohlenhof Mitterhaus im Retterschwanger Tal der Erzeugung und Aufzucht eines tüchtigen Allgäuer Schlages dienen. Die Allgäuer Pferde waren wegen ihrer „Gesundheit, Ausdauer und Stärke“ geschätzt und wurden — jährlich etwa 1000 Stück — nach Württemberg und in die Schweiz, nach Tirol und Italien verkauft. So guten Ruf genoß diese Allgäuer Rasse, daß unredliche Händler Pferde aus dem Kurbayerischen und Salzburgischen aufkauften, um sie dann als Allgäuer Pferde weiter zu verhandeln.[1] — In dem (damals österreichischen) Westallgäu hatte ehemals Lindenberg einen

[1]) Aus den Aufzeichnungen des Landschreibers Luger über die Pflege Rettenberg 1785.

regen Pferdehandel mit Italien. Es waren oft zwanzig und noch mehr Lindenberger unterwegs, um in Florenz, Rom und andern italienischen Städten die Allgäuer Pferde auf den Markt zu bringen. — Daß auch im Walsertal eine Zeitlang (um 1700) die Pferdezucht ziemlich bedeutend war, haben wir schon bei Betrachtung des Walserhauses erfahren, dessen charakteristischer Vorbau, der Roschtel, in seinem Namen noch das Andenken an den ehemaligen Roßstall erhalten hat. — Mit dem Aufblühen der Milchwirtschaft hat in unsern Bergen die Pferdezucht fast überall nachgelassen.

Ein bedeutender Rückgang zeigt sich auch im Bestande der **Ziegen.** Besonders mag die strengere Handhabung der Forstgesetze den Bestand an Ziegen vermindert haben, da diese an den jungen Trieben, auch an der zarten Rinde der Holzpflanzen sich gerne gütlich tun und dadurch dem Jungholz sehr verderblich werden können. War doch schon in einer bischöflich-augsburgischen Forstordnung vom Jahre 1737, also in einer Zeit, da der Wald noch nicht so geschont zu werden brauchte wie jetzt, nachdrücklich darauf hingewiesen, „welch unersetzlichen Schaden die Geißen dem Gehölze zufügen," so daß eine Verfügung erlassen wurde, „wie viel Geißen zu halten einem Untertanen erlaubt werden könne".

Immerhin ist die Ziege ein geschätztes Nutztier, und da sie hinsteigt, wohin die Kuh sich nicht mehr wagt, eignet sie sich trefflich zur Ausnützung abschüssiger Gelände. So kann man auch gegenwärtig an vielen Orten unseres Gebirges noch Geißherden begegnen, die zur Sommerszeit täglich vom Dorfe auf die Bergweide getrieben werden, um abends wieder heimzukehren.[1])

Morgens um 6 Uhr entlockt der „Geißer" (Geißhirt) seinem herkömmlichen Blasinstrument, dem Bockhorn, die einförmigen Töne, um zum Öffnen der Stalltüre aufzufordern. Von allen Seiten kommen sie heran, die Geißen und Kitzlein, dazwischen wohl auch ein stattlich gehörnter Bock mit würdigem Barte. Mit hellem Gebimmel der winzigen Glöcklein durchzieht die Herde die Dorfstraße und hurtig geht's den Berghang hinan. Springend, meckernd, hier ein Kräutlein schmausend, dort an dem jungen Zweige eines Bäumchens zupfend, zieht die muntere Schar dahin, und der Geißer mag sich sputen, daß er sie nicht aus dem Auge verliere. Und so ist's auch auf dem Weideplatz selber. Mehr naschen als ernstlich fressen, aber immer in Bewegung — das ist die Eigenart des Ziegenvolkes. Glaubt der Hirt, sie einmal hübsch beisammen zu haben und für einige Zeit aus den Augen lassen zu dürfen — ein Viertelstündchen später sind sie auf und davon, und der Geißer kann froh sein, wenn er die Glöcklein in der Ferne noch klingen hört. Nur wenn Regenwetter im Anzug ist, halten sie sich stille und suchen den Schutz breitästiger Bäume. Naß zu werden behagt ihnen gar nicht, und wenn ein Unwetter mit starken Regengüssen einsetzt, kann es wohl vorkommen, daß sie, ohne sich lang um den Hirten zu kümmern, die Bergweide im Stiche lassen und

[1]) In Oberstdorf, wo früher die Geißen bis zu 400 Stück in zwei „Scharen" ausgetrieben wurden, ziehen jetzt noch etwa 70 auf die Gemeindeweide, in Altstädten 30 (früher dreimal so viel), in Burgberg 36 usw.

in tollen Sprüngen den heimatlichen Ställen zueilen. Die anstrengendste Zeit kommt für den Geißer, wenn im Herbste die Pilze aus dem Boden hervorschießen. Dann lassen sich die Ziegen nimmer zusammenhalten. Hierher, dorthin, über den ganzen Berghang zerstreuen sie sich, begierig nach den Leckerbissen fahndend, und der arme Hirt hat seine liebe Not, sie abends vollzählig in den Stall zurückzubringen.

Hirtenunterstand auf der Gappenfeldalpe am Leilach.

Im Gegensatz zu den „Herdgeißen", die jeden Abend in ihr Dorf zurückkehren, bleiben die „Alpgeißen" den ganzen Sommer über auf der Alp. Von ihrer Milch gewinnt man den geschätzten Ziegenkäse, der z. B. auf der Geisalp bei Oberstdorf in früheren Jahren gefertigt wurde und großen Absatz fand.

Auch ganz hochgelegene und unwirtliche Regionen unserer Berge ergeben noch ein Nutzungsfeld; sie dienen als Weide für das genügsame **Schaf** (Steinschaf).

Freilich hat die Schafzucht ebenfalls gegen frühere Zeiten nachgelassen, da die Viehhaltung eben doch viel größeren Gewinn abwirft. Im ganzen Allgäu und im Bregenzer Wald werden keine Schafe mehr auf die Berge getrieben; nur die Namen Schafalpenköpfe (bei Warmatsgund), Schafhof (am Oytal), Schafwanne (bei Hinterstein) und ähnliche erinnern an die einstige Ausdehnung dieser Zucht. Dagegen halten die Lechtaler immer noch ansehnliche Herden. So besaß vor zwei Jahren die Gemeinde Holzgau auf der Schwarzmilzalpe, zu der auch Weidegründe auf bayerischem Boden, das sog. Schafgebirge am Fürschießer, gehören, 427 Schafe, die Gemeinde Elbigenalp auf der Karalpe 285, die Gemeinde Häselgehr auf der Klimmalpe 275, die vereinigten Gemeinden Weißenbach, Vorderhornbach, Höfen, Lech-Aschau und Wängle auf der Schwarzwasseralp 700 Schafe usw. Auch auf den Bergen des Tannheimer Tales werden Schafe gehalten, ebenso auf dem Hochifen.

Wie das Jungvieh der Galtalpe, so bleibt auch die Schafherde während der ganzen Alpzeit vom 8. Juni bis zum 27. September im Freien. Der Schäfer muß ein klettergewandter, schwindelfreier Bursche sein, der oft genug die Steigeisen an die Schuhe zu schnallen hat. Denn das Steinschaf liebt die rauhen, hohen Geschröfe und scheut vor den steilsten Hängen nicht zurück. Ist das Wetter bedrohlich, so muß er die Tiere an sichere Plätze treiben, damit sie nicht von Steinen erschlagen oder von Lawinen erfaßt werden. Einen Schäferhund kann er in gefährlichem Gelände nicht verwenden. Einmal hat's einer am Fürschießer versucht, aber mit schlimmem Ausgang; der Hund trieb 60 Stück der erschreckten Herde über die Abgründe, daß sie elend umkamen. Wenn der Hirt „mietet", streut er das Salz etwas abseits von der Herde auf leicht erreichbare Steine; mitten unter die Tiere darf er sich nicht wagen, da diese mit solcher Gier nach der ersehnten Labung drängen, daß sie ihm auf abschüssigem Boden Gefahr bringen könnten; auch darf er nur an solchen Stellen mieten, wo Wasser in der Nähe ist; denn nach dem Genusse von Salz müssen die Schafe saufen, während sie sonst tagein, tagaus ohne Wasser zubringen können. — Während der langen Alpzeit kommen viele Tage, die Entbehrung und Ungemach bringen. Bei ungünstiger Witterung suchen die Schafe Plätze auf, die vor dem Winde geschützt sind, und drängen sich hier eng zusammen. Oft genug, namentlich im Juni und September, werden sie von Schneefall heimgesucht. Dann gehen sie nimmer weiter, sondern bleiben, da die durch den Neuschnee schlüpfrig gewordenen Hänge ihnen verderblich werden könnten, immer am gleichen Flecke stehen und halten es so Tage lang aus, ohne Schutz, ohne Nahrung, zuweilen ganz eingehüllt in die kalte Schneedecke; es ist

Ehemalige Schäferhütte am Seealpsee. (Zeichnung von E. T. Compton.)

auch schon vorgekommen, daß Schafe auf der Bergweide im Schnee verhungert sind. Manche Steinschafe verwildern übrigens auf den Hochalpen so völlig, daß sie zuletzt ganz die Art der scheuen Gemsen annehmen und dem Rufe des Hirten oder dem Glöcklein des Leitbockes nicht mehr folgen. Wiederholt schon mußten solche Wildschafe geschossen werden, da man ihrer sonst nicht mehr habhaft werden konnte.

Wenn der Schäfer nicht in einer benachbarten Alphütte die Nächte verbringen kann, so ist seine sommerliche Behausung noch weit bescheidener und dürftiger als die des Galthirten. Dicht an den Berghang schmiegt sich das Hüttchen an, die

Wände sind roh aufgeschichtet aus Steinen, wie sie das umgebende Gelände bot. Moos, Heidekraut und Alpenrosengestrüppe sind in die Fugen gezwängt; auf den paar Brettern, die als Dach dienen müssen, ruhen Steinblöcke. Im Innern eine rußige Feuerstätte, ein auf Steinen liegendes Brett als Ruhesitz, ein niedriger Holzverschlag mit Heu und Decken als Nachtlager — und ein sehniger, wetterharter, bedürfnisloser Sohn der Berge als Insasse!

Bei dem großen Viehstand, der die bedeutendste Einnahmequelle der ländlichen Bevölkerung bildet, ist es leicht erklärlich, daß es zu den wichtigsten Aufgaben unserer Landwirte gehört, für den nötigen Futtervorrat im langen Winter Sorge zu tragen. Die Pflege der Mähwiesen gehört daher zu den ersten Obliegenheiten, die **Heuernte** aber bildet den Angelpunkt im Hoffen und Sorgen.

Allgäuer Güllenwagen.

Schon zur Winterszeit, wenn noch die weiße Schneedecke über den Wiesen lagert, beginnt die Arbeit im Freien. Die Staatskarossen der Bauernhöfe, die duftenden „Odel"wagen, unternehmen ihre ersten Fahrten, um in mächtigem Strahl die befruchtende Stalljauche („Gülle, B'schütt, Pfludere") über die Wiesenfläche auszuschütten. Später, wenn der Schnee geschmolzen ist und die ersten Keime der Gräser hervorgesproßt sind, wird den Wiesen neuer Dung zugeführt. Der Stalldung reicht für die intensive Art der Wiesenbehandlung längst nicht mehr aus; man hat deshalb zu künstlichen Düngemitteln gegriffen, um Phosphorsäure, Kali, Stickstoff und sogar Kalk dem Boden in genügender Menge zuzuführen.

Die ausgezeichnete Pflege, welche den Wiesen namentlich im Alpenvorlande zuteil wird, hat zur Folge, daß sich der Graswuchs im Frühjahr in einer Pracht entwickelt, wie man sie anderwärts selten findet.

Wie schon früher erwähnt wurde, ist infolge der Wiesenverbesserung der Ertrag ganz bedeutend gestiegen. Derselbe Grund und Boden, der vor 25 Jahren für zehn Kühe gerade ausreichte, bringt jetzt für die doppelte Zahl Futter hervor.

Nicht allen zum Mähen bestimmten Wiesen wird die gleiche Sorgfalt zuteil. Am sorgfältigsten gepflegt, am ergiebigsten gedüngt werden die **Felder**, die das hauptsächlichste Futterheu geben und je nach der Lage oder nach örtlichen Bestimmungen zwei- oder dreimal gemäht werden sollen. Von ihnen unterscheiden sich die **Streuwiesen** (oder Mooswiesen), die gewöhnlich ungedüngt bleiben und nur minderwertiges, vielfach saures Gras liefern. Trotzdem sind sie für unsere Landwirte sehr wichtig, da sie bei dem Mangel an Getreidebau den Ersatz für das fehlende Stroh

Allgäuer Güllenwagen beim Entleeren.

zu bieten haben. Ist es doch einmal (im Jahre 1904) vorgekommen, daß Streuheu fast so hoch im Werte stand wie Wiesheu! Eine dritte Art bilden die **Wiesmähder**, d. h. die Wiesen der unteren Bergregion, die gewöhnlich einmal im Jahre gedüngt und einmal gemäht werden. Endlich gibt es noch die **Bergmähder** auf den Steilhängen der Hochregion, bei denen sich die Düngung von selber verbietet. Manche derselben werden nur alle zwei Jahre gemäht.

Schon Ende Mai beginnt um Kempten herum, ebenso im westlichen Allgäu und in den tieferen Lagen des Bregenzer Waldes der „**Frühhoibat**", der erste Grasschnitt, welcher das Gutheu (oder den „Blum") ergibt. Bis diese Haupternte in allen Teilen des Berglandes beendet ist, wird es Mitte Juli.

Das sind wichtige, bedeutungsvolle Tage für den Landmann! Wie in der Hollertau zur Zeit der Hopfenernte die Hopfenzupfer aus andern Ländern zuströmen, so sieht man auch im Allgäu um diese Zeit zahlreiche Fremde, namentlich Altbayern, die sich zur Heuernte verdingen. Da sind freilich oft schlimme Gesellen darunter; die Ansprüche werden immer höher, die Leistungen immer geringer, und der Bauer, der mit Weib und Kind und mit dem eigenen Gesinde zurechtkommt, ist froh, auf jene fremde Hilfe verzichten zu können.

Früh morgens und spät abends ertönt jetzt das einförmige Gehämmer am Dengelstock; aus Schopf und Geschirrkammer wird zusammengesucht, was an Handwerksgerät nötig ist. Zwar gibt es nicht wenige Bauerngüter, die schon mit Mähmaschine und Heuwender ausgestattet sind; aber in den meisten Fällen wird

Bauer am Dengelstock.

noch, schon weil das Gelände die Anwendung der Maschinen sehr oft nicht gestattet, mit der Sense gemäht, die von Zeit zu Zeit durch den aus dem „Kumpf" geholten Wetzstein geschärft wird.

Ist das Gras in langen Reihen niedergemäht und zum Trocknen ausgebreitet, so erscheint bei unsicherer Witterung der Wagen mit den Heinzen, hölzernen Pfählen, die mit drei nach verschiedenen Richtungen gestellten Querstäben („Schwingen") versehen sind. Mit dem Heinzenschlägel werden sie in gewissen Abständen in die Erde getrieben; dann wird das Gras „aufgeheinzt" und ist nun gegen Bodenausdünstungen und Regengüsse so gut als nur möglich geschützt. Ist die Witterung günstig, so kann das Heu an den Heinzen in einem Tage völlig trocknen; gewöhnlich aber muß es von neuem ausgebreitet und nochmals aufgeheinzt werden. Es kann auf den Heinzen mehr als acht Tage lang auch tüchtigen Regengüssen trotzen, ohne besonderen Schaden zu leiden. — Es ist ein eigenartiger Anblick, welchen die in Reih und Glied aufgestellten, heubekleideten Heinzen gewähren, ein Anblick, der wesentlich zum Charakterbild einer Allgäuer Sommerlandschaft gehört.[1]) In dem Inventar eines Bauernhofes spielen die Heinzen eine ziemliche Rolle. Ein Bauer, der zehn Stück Vieh im Stalle hat, braucht zur Aufstapelung seines Heuvorrates wenigstens 1000 Heinzen; es gibt aber genug Landwirte, die über 7000, ja 10000 Stück verfügen!

Ist der Frühhoibat zu Ende, sind die mächtigen Fuder glücklich unter Dach, so folgt nur eine kurze Ruhepause. Denn nun ist auch auf jenen Wiesengründen, die während der Vorweide vom Alpenvieh „abgefretzt" worden waren, das Gras, der sog. „Soppen", hoch aufgeschossen, so daß von Mitte Juli bis Mitte August der Soppenhoibat stattfindet; und wenn dieser zu Ende, so haben die zuerst gemähten Wiesen neuen kräftigen Graswuchs erhalten, der im Omadhoibat (auch „Grummet" = Grünmahd) eingeheimst wird, während gleichzeitig auch durch den Streuhoibat auf den geringwertigen Wiesen Streu und Pferdeheu gewonnen wird.

Wie auf den Talwiesen den ganzen Sommer lang bald hier, bald dort die Sense klingt oder die Heinzen ihre duftige Bürde tragen oder der hochbeladene Erntewagen zur Scheune fährt — so entfaltet sich, freilich später beginnend, auch auf den Wiesmähdern fröhliches Leben. Hier, auf den Bergwiesen, die sich meist über mäßig geneigtes Gelände ausdehnen, sind zur Aufnahme des duftigen Bergsegens die kleinen „Schinden" aufgestellt, die mit ihrem urwüchsigen Blockbau und dem weit vorspringenden, steinbeschwerten Schindeldach stets einen ungemein reizenden Schmuck der Berglandschaft bilden.

Von Mitte Juli bis Mitte August findet, oft in bedeutenden Höhen, der Berghoibat statt, durch den das Wildheu gewonnen wird, jenes kurze und trockene, äußerst nahrhafte Futter, das besonders reich ist an köstlich würzigen Alpenkräutern. Bei dem Berghoibat handelt es sich sehr oft um so steile Berghänge, daß der Fuß

---

[1]) Nur im hinteren Bregenzer Wald ist auffallenderweise der Gebrauch von Heinzen nicht heimisch geworden; dagegen haben sie sich vom Allgäu aus bis in den Kanton Uri und weit nach Oberbayern, bis in den Chiemgau hinein verbreitet.

Heu auf den Heinzen. (Aufnahme von Helmhuber.)

nur mit Hilfe der Steigeisen sichern Stand zu gewinnen vermag. Hier ist sehnige Kraft, kühner Wagemut, unbedingte Schwindelfreiheit nötig. Das Leben in diesen Höhen während der paar Wochen der Heuernte ist ebenso bescheiden und entbehrungsreich wie das des Galthirten. Und doch zieht zuweilen die ganze Familie, Mann und Weib samt den erwachsenen und halbwüchsigen Kindern hinauf. Manchmal ist die Bergmahd so vorteilhaft gelegen, daß in einer nahen Alphütte Unterschlupf gefunden wird. Öfter aber sind die Bergheuer ganz auf sich angewiesen. Dann errichten sie an irgend einer geeigneten Stelle einen Unterstand, der womöglich noch dürftiger, enger und zugiger ist als die Schäferhütte. Ein paar Ziegen werden mit hinaufgenommen, um die nötige Milch zu liefern; Mehl,

Heuschinde im Wallertal. (Aufnahme von Ebert.)

Brot, Käse müssen allwöchentlich vom Tal herauf geholt werden; nicht selten ist es sogar nötig, daß sich die Heuer mit Wasservorrat versehen, wenn die nächste Quelle allzuweit von der Mähwiese entfernt ist.

Ist das Heu genügend getrocknet, so wird es zu einer mächtigen „Burde" zusammengerafft und auf dem Kopfe zu einem geeigneten Platze getragen, wo eine hohe Stange in die Erde gerammt ist. Rings um diese wird das Heu aufgehäuft zur „Triste". Dort bleibt es bis zum Winter. Dann erst wird es in große Bündel geschnürt, die man, meist zu zweien oder dreien aneinander gebunden, über die abschüssigsten Hänge hinabschleift, bis das Gelände es gestattet, daß sie auf einen Schlitten verladen und so heimgefahren werden. Es gibt aber auch Bergmahden, wo das Aufstellen von Tristen nicht angängig ist, da diese in Lawinenbahnen zu stehen kämen. In solchen Fällen ist es unter Umständen nötig, das gewonnene

Bergheu, in Burden zusammengeschnürt, über Felswände hinabzustoßen, damit sie erst weiter unten zur Triste aufgebaut werden; doch ist dieses „Stoßen" mit großer Gefahr verbunden.

In unserer Zeit der technischen Fortschritte hat man übrigens Mittel gefunden, wenigstens stellenweise die Arbeit des „Heuziehens" weniger beschwerlich und gefährlich zu gestalten. Im Bregenzer Wald sind z. B. von den westlichen Steilhängen des Didamskopfes hoch über den Rehmer Bach an drei Stellen Drahtseile gespannt, an welchen das Bergheu, auf Rollen pfeilschnell dahinsausend, ins Tal hinabgelassen wird. Eines dieser Seile hat die beträchtliche Länge von 1200 m! — Auch zur raschen Beförderung von Milch und Holz sind solche Drahtseilanlagen schon an verschiedenen Punkten in den Bergen und im Alpenvorland eingerichtet worden.

Heuer mit der „Burde" auf dem Kopf.

Im Vergleich mit Viehzucht und Milchwirtschaft, der weitaus bedeutendsten Einnahmequelle unserer ländlichen Bevölkerung, spielt der Ertrag, den das **Acker- und Gartenland** abwirft (sofern wir die Gelände am Bodensee ausnehmen), eine sehr untergeordnete Rolle.

Allerdings hatte früher der Getreidebau eine größere Ausdehnung. Fast überall, auch im Oberland, war es üblich, daß der Bauer einen Teil seiner Grundstücke mit Haber und Gerste, Roggen und Vesen für den Hausbedarf bestellte. Als Zeugen des ehemaligen weit verbreiteten Ackerbaues haben wir die „Raine" zu betrachten, jene geradlinig verlaufenden schmalen Böschungsleisten, die man so häufig im Alpenvorland und an den Talrändern des Gebirges in solchem Gelände antrifft, wo jetzt durchaus Wiesenkultur herrscht. — Im Bregenzer Wald, in dem einst nach Ausweis der Mehrerauer Zehentregister besonders Haber gebaut worden war, galten schon im Jahre 1817 zwei in Lingenau aufbewahrte Pflüge als Sehenswürdigkeiten aus älteren Zeiten. Im Allgäu aber nahm der Ackerbau rasch ab, als die Eisenbahnen die Zufuhr auswärtigen Getreides erleichterten und die Ausdehnung der Milchwirtschaft allen verfügbaren Boden beanspruchte. Wo jetzt noch

Getreide gewonnen wird, geschieht dies meist auf geringeren und vom Gehöfte weiter entfernten Grundstücken; hauptsächlich wird da Roggen und Vesen, nur vereinzelt noch Haber gebaut. — Auch der dürftige Anbau von Brotfrucht und Haber, der in den ebenen Talsohlen des Vilser- und des Lechtals, oft nur um des Strohes willen, betrieben wird, geht in den letzten Jahren bedeutend zurück, da auch hier die Wiesenkultur immer mehr überhand nimmt.

Sehr häufig wird die Kartoffel angepflanzt. Die Bedeutung, welche diese Feldfrucht für die Volksernährung besitzt, wurde auch in unserm Berglande bald gewürdigt, und in verschiedenen Chroniken finden wir es getreulich aufgezeichnet, wann und unter welchen Umständen hier und dort die Kartoffel eingeführt wurde. In den Bregenzer Wald wurde sie im Jahre 1736 durch Handwerksburschen aus dem Elsaß gebracht; zehn Jahre später nahmen einige Lechtaler, die im Odenwald als Maurer gearbeitet hatten, von hier die Kartoffel in ihre Heimat mit. Im Jahre 1753 wurde sie im Westallgäu bekannt durch Anton König, einen Lindenberger Pferdehändler, der dann Stallmeister des Königs von Sardinien wurde und in Italien die noch seltene Frucht kennen lernte. In das Konstanzer Tal endlich kam sie 1756 durch einen gewissen Fink aus Salmas (Thalkirchdorf).

Von hervorragender Bedeutung war für unser gesamtes Gebiet eine Zeitlang der Anbau von Flachs und Hanf. Nicht bloß im Vorland, auch in allen Alpentälern wurden diese Gespinstpflanzen bis ins 19. Jahrhundert hinein kultiviert. Fand doch Sendtner noch in Einödsbach den Lein vor und in Oberstdorf Hanffelder mit Pflanzen, die eine Höhe von mehr als 4 m erreichten![1]) Das Wappen, das dem Markte Sonthofen im Jahre 1838 neu erteilt wurde, zeigt neben anderm drei blühende Flachspflanzen, um anzudeuten, in welchem Maße damals noch in jener Gegend Flachs gebaut wurde.

Diese Pflanzen dienten einer umfassenden Hausindustrie. Das Spinnen und Weben beschäftigte nicht bloß die Frauen und Mädchen, sondern auch die Burschen und Männer. Wie sehr die „Kunkelstube" das gesellschaftliche Leben der Bauernbevölkerung beeinflußte, hat Reiser eingehend geschildert.[2]) In der Gegend von Sonthofen und Immenstadt war die Leinenindustrie so bedeutend, daß die verarbeitete Ware nicht bloß den Eigenbedarf deckte, sondern auch zu einem gewinnbringenden Handel Veranlassung gab. Schon im Jahre 1536 erhielt Immenstadt durch Kaiser Karl V. eine Leinwandschau, neben welcher von 1729 bis 1749 eine zweite in Sonthofen bestand. Welch großen Umfang damals die Leinwandweberei angenommen hatte, geht aus den Aufzeichnungen der Immenstädter Chronik hervor, nach welcher in der Zeit von 1729 bis 1739 in Sonthofen 67 577 Stück, in Immenstadt aber 93 536 Stück beschaut wurden. (Der niedrigste Anschlag für ein Stück war 18 Gulden.) Im 18. Jahrhundert stand die Weberei in solcher Blüte, daß im Jahre 1776 einmal in Immenstadt an einem einzigen Schautage etwa tausend Stück Leinwand vorgelegt werden konnten, und Landschreiber Luger be-

[1]) Sendtner, Die Vegetationsverhältnisse Südbayerns S. 597.

[2]) Reiser, Sagen und Gebräuche des Allgäus. II. Band S. 326 ff.

richtet im Jahre 1785, daß die Pflege Rettenberg damals mehr als tausend zünftige Meister der Leinenweberei zählte. Die Ware ging nach Italien, Frankreich, Spanien, besonders nach den spanischen Kolonien in Amerika. „Während Frankreichs Heere uns hier brandschatzten,“ heißt es in einer Flugschrift vom Jahre 1819,[1]) „und auf unsere Kosten lebten, zogen wir mittels unseres vaterländischen Produktes aus Spanien, Italien und Frankreich wieder große bare Summen an uns, mit denen wir die Kontributionen und Lasten wo nicht ganz, so doch gewiß zum großen Teile bestritten.“

Hechelbock mit Hechel. Leinsamenriffel und Flachsbreche.

Als sich zu Anfang des 19. Jahrhunderts mit dem siegreichen Vordringen der Baumwolle ein bedenklicher Rückgang der Leinenindustrie geltend machte, suchte man diese an manchen Orten künstlich zu beleben. So gründete Pfarrer Müller in Niedersonthofen im Jahre 1813 eine „Industrieschule“, durch die das Spinnen und Weben gefördert werden sollte. Es wurden Preise ausgesetzt, und im Jahre 1816 saßen einmal 62 Kinder in der großen Wirtsstube, um im Beisein zahlreicher Zuschauer auf ein gegebenes Zeichen um die Wette zu spinnen.

Spinnrad mit Kunkel.

Aber der immer raschere Niedergang der häuslichen Linnenbereitung konnte damit nicht aufgehalten wer-

[1]) Miller, Der Leinwandhandel. Kempten 1819.

den. Die Großindustrie übernahm die Herrschaft und vernichtete die Hausweberei, die sich nur in kümmerlichen Resten vereinzelt erhalten hat. Spinnrad und Webstuhl sind in die Rumpelkammer gewandert, und an die Zeit der Kunkelstube erinnern nur noch in alten Häusern die in die Stubenbänke gebohrten Löcher, in die man einst den Spinnrocken einzustecken pflegte.

In erfreulichem Maße hat sich seit den letzten Jahren in vielen Gegenden unseres Gebirgslandes der Obstbau gehoben. Schon früher einmal, in der ersten Hälfte des 19. Jahrhunderts und auch in den fünfziger und sechziger Jahren, hatten an einigen Orten gemeinsinnige Männer ihre Bestrebungen diesem Zweige der Landwirtschaft zugewendet, so Matthias Schneider in Niedersonthofen, Peter Baldauf in Simmerberg, Lehrer Alois Reiser in Wiederhofen bei Wilhams, Gemeindevorsteher Ernst in Schöllang; in unsern Tagen aber werden bald hier, bald dort Obstbau-Vereine gegründet, die, durch die Anregungen und Anweisungen eines Wanderlehrers unterstützt, für Anbau und Veredelung der Obstbäume Sorge tragen. So wurden allein im Bezirksamtsgebiete Sonthofen seit dem Jahre 1890 etwa 10000 Apfel-, Birn- und Pflaumenbäume angepflanzt. Nach der amtlichen Zählung im Jahre 1900 ergaben sich:

im Bezirksamtsgebiet	Füssen	22.983	Obstbäume
„ „	Kempten	49.346	„
„ „	Sonthofen	45.484	„
„ „	Lindau	256.478	„

Daß für die Bodenseegegend der Obstreichtum besondere Bedeutung hat, ist ja bekannt. Im Pfändergebiet gibt es genug Bauern, die 200 bis 400 Obstbäume besitzen und davon in guten Jahren 1000, 1500, auch 2000 Kronen und darüber lösen. Wie schon früher erwähnt (s. S. 283), keltern solche Landwirte im eigenen Hause den Apfel- und Birnmost; häufig bereiten sie auch selber den Obstbranntwein, der dort in keinem Haushalte fehlt.

Wie dem Obstbau, wird auch der Bienenzucht große Sorgfalt zugewendet. Im Jahre 1900 gab es

im Bezirksamtsgebiet	Füssen	ungefähr	1700	Bienenstöcke
„ „	Kempten	„	4300	„
„ „	Sonthofen	„	3500	„
„ „	Lindau	„	4000	„

Ebenso wird die Imkerei im Lechtal und besonders im Bezirk Bregenz und im Bregenzer Wald aufs eifrigste gepflegt.

Eine Erwerbsquelle für viele ist das Waldkleid unserer Berge, und so spielt denn die **Holznutzung** eine große Rolle.

Der Holzfäller, der im einsamen Hochwald Tage und Wochen verbringt, gehört wie der Senn und der Jäger zu den typischen Figuren unserer Alpenwelt. Ein gewisser poetischer Reiz umgibt seine Beschäftigung, seine Lebensweise, seine sehnige, wetterfeste Gestalt. Wenn er hoch droben am abschüssigen Berghang sein blitzendes Beil schwingt, daß die Axtschläge von den Bergen widerhallen, wenn die mächtige Tanne ächzend sich neigt und krachend niederstürzt — dann ist's ein Stück von dem uralten sieghaften Kampfe, den das Zwerglein Mensch mit der Riesin Natur kämpft, der gleiche Kampf, den schon die ersten Ansiedler bestanden. Und nicht viel anders als diese erscheint uns unser Holzfäller, wenn wir ihn an der Stätte seiner Arbeit aufsuchen. Zwischen den hochragenden Stämmen, die seiner Axt geweiht sind, hat er sich aus den Borken der gefällten Bäume eine elende Hütte erbaut; an ein paar in den Boden gerammte Pfähle gelehnt und zu spitzem Winkel zusammengestellt bilden die Rindenstücke ein notdürftig schützendes Dach, unter dem zusammengerafftes Laub oder Heu zum Lager dient. Auf der Feuerstätte, die aus ein paar Steinen gebildet ist, wird das Kratzat bereitet, der nahe Quell bietet den Labetrunk. Wohl mag der Holzfäller, wenn die Sonne durch die Zweige glänzt, froh hinausjauchzen in die schöne Bergwelt, deren kräftiger Hauch ihm würzig zuströmt; aber auch in grimmem Wettersturm darf er nicht zagen, und selbst in kalten Wintertagen muß er zuweilen ausharren im Wald, im tiefverschneiten, und hat auch dann kein anderes Obdach als die dünnen Borkenwände.

Holzfällerhütte im Winter. (Zeichnung von J. Annen.)

Sind die Stämme gefällt und der Rinde entkleidet, so müssen sie zu Tale geschafft werden. Das geschieht auf mancherlei Art. Wenn keine Zufahrtswege, wohl aber geeignete Wasserläufe zur Verfügung stehen, findet oft die

Zerfallende „Stube" im Katzenbach bei Thalkirchdorf. (Zeichnung von J. Annen.)

Holztrift ſtatt. Wo ſich der Gebirgsbach durch Felſen zwängt und leicht geſtaut werden kann, wird durch ein ſtarkes Gerüſte von Bäumen und Balken die „Klauſe" oder „Stube" erbaut, die gewöhnlich, wenn die Trift vorüber und kein ſchlagbares Holz mehr in der Nähe iſt, einem langſamen Verfalle preisgegeben wird, ſo daß der Wanderer, wenn er ſich von betretenen Pfaden ſeitab in einſame Wildnis verliert, nicht gar ſelten ſolch zerfallende Menſchenwerke antrifft, die in der ernſten Naturumrahmung ein eigenartig feſſelndes Bild gewähren.

Eine beſonders mächtig aufgebaute „Stube" kann man gegenwärtig in einer wilden Klamm der Subersach am Sack bei Schönebach bewundern. Unſere Abbildung zeigt uns die Vorder- und die Rückſeite des intereſſanten Bauwerkes. Auf jener, der bachaufwärts gerichteten Vorderſeite, gewahren wir eine hohe, die Felſenſchlucht abſperrende Holzwand, aus ſchwerem Gebälke zuſammengefügt und mit drei Öffnungen verſehen (die tiefſte, durch welche die Subers brauſt, iſt im Bilde nicht ſichtbar).

„Stube" am Sack bei Schönebach. (Vorderſeite.)

„Stube" am Sack bei Schönebach. (Rückſeite.)

Wenn das Triften beginnen ſoll, werden die Öffnungen verſchloſſen, worauf ſich

Holzfäller.

Zeichnung von Richard Mahn.

die Subers zu einem prächtig grünen See staut. — Das zweite Bild, die bachabwärts gerichtete Rückseite darstellend, läßt den großen Aufwand von Baumstämmen erkennen, durch welche die Schleusenwand gegen den Anprall des Wassers gestützt ist; teilweise sind die Hölzer quer gegen das Gerüste gestellt und in den Felsen fest eingestemmt. Zugleich sehen wir, wie der Bach, nachdem er die Schleusenpforte verlassen hat, zwischen den schräg aufsteigenden, eine dunkle Spalte bildenden Felsmauern seinen wilden Lauf fortsetzt. Von hier an — also unterhalb der Stube — werden die zur Trift bestimmten Stämme in den Bach hinabgelassen.

Überwältigend ist das Schauspiel, wenn die Trift beginnt. Der hoch aufgestaute Bach drängt, unwillig über den erzwungenen Stillstand, mit Wucht gegen die Schleusenwand. Jetzt öffnen sich die Pforten; gewaltig aufschäumend stürzt die befreite Wassermasse hervor. Wie von einem Wolkenbruch geschwellt brausen die Fluten dahin und in wildem Durcheinander reißen sie die Baumstämme mit. Es kommt wie eine Lawine, Stamm an Stamm. Manchmal wird einer aus der Mitte der andern hoch emporgeschleudert; andere landen vorzeitig am Ufer und müssen von den Holzknechten, die längs der Triftbahn verteilt sind, mit langen Hakenstangen zurückgestoßen werden. Dort stellt sich ein Hemmnis ein: in den Löchern und Furchen einer engen Klamm verfangen sich viele Stämme, bleiben fest eingekeilt und versperren den andern den Weg. Am Seile wird der waghalsigste Bursche in die Tiefe hinabgelassen, um hier mit der Hakenstange die Hölzer weiter zu stoßen; aber wehe ihm, wenn unerwartet ein neuer Stamm heransaust! Schon mancher verwegene Holzknecht hat auf solche Weise in der schaurigen Tiefe ein elendes Ende gefunden.

Wie in der Subers wird auch in der Bolgenach, Rothach, Weißach und Bregenzer Ach fleißig getriftet;[1]) auch aus den Seitentälern des Lechtals, namentlich aus dem waldreichen Schwarzwassertal kommt auf diese Weise alljährlich viel Holz herab. Dagegen eignen sich die Zuflüsse der Iller nicht mehr zum Triften, seitdem die Wildbachverbauungen durchgeführt sind. Es wird hier das Holz auf Winterbahnen abwärts geschleift.

Mit kräftigen Hornschlitten ziehen die Holzknechte zur Winterszeit bergan zu dem Platze, wo sie im Sommer die Bäume gefällt hatten. Wochenlang herrscht dann hier ein reges Leben. Mit dem unteren Ende werden die Stämme, gewöhnlich fünf bis sechs, auf dem Schlitten befestigt, mehrere Bremsketten, die „Scherren“ werden an den Schlittenkufen angebracht, dann faßt der Holzknecht die Hörner des Schlittens und zieht an, bis die 30 bis 40 Zentner schwere Last gehörig ins Gleiten kommt und er nun, lenkend und bremsend, seine ganze Kraft, Gewandtheit und Unerschrockenheit bekunden kann. Gewöhnlich fahren sechs, sieben, acht solche Schlitten zu Tal, und in tiefen, runden Rinnen zeichnen die geschleiften Stämme die Spur ihrer Talfahrt in die glitzernde Schneebahn bis zu der Stelle,

[1]) Im Jahre 1905 wurden in diesen Bächen und Flüssen zusammen etwa 18 000 cbm Holz getriftet.

Säge an der Trettach in Oberstdorf.
(Aufnahme von Ebert.)

wo ein Fuhrwerk wartet, um auf der gemächlicher dahinziehenden Straße den weiteren Transport zu übernehmen.

Eine andere Art, das gefällte Holz aus unwegsamen Höhen bis zu einer fahrbaren Straße zu befördern, besteht darin, daß aus entrindeten, glatten Baumstämmen eigene Holzbahnen, die Riesen, hergestellt werden, die stellenweise, damit ein gleichmäßiges Gefälle erzielt wird, auf hohen, aus zwei schräg gestellten Baumstämmen gebildeten Pfeilern hinabgeführt werden. Pfeilschnell gleiten auf solchen Riesen die Stämme hinab. Aber zuweilen entgleisen sie, und schon mehr als einmal hat so ein Unhold, der in jähem Sturz aus der Bahn herab in die Tiefe sauste, ein Menschenleben gefordert.

Ein Teil des Holzes, das so seine heimatlichen Berge verlassen muß, wandert in die zahlreichen Sägen, die allenthalben in den Gebirgstälern und in den größeren Ortschaften des Alpenvorlandes anzutreffen sind. Die oft in die einsamsten Bergwinkel versteckten Sägmühlen gehören zu den anmutigsten Idyllen des Gebirges. Die vielen malerischen Einzelheiten: das mächtige, langsam sich drehende Schaufelrad, die bemooste Zuleitungsrinne, in der das Wasser übermütig dahinschießt, die regellos hingeflickten Anbauten, dazu fast immer eine wirkungsvolle landschaftliche Umrahmung, sehr oft der Ausgang einer düsteren Felsschlucht — das alles erfreut das Auge des Wanderers. Wo aber die Sägewerke dem Eisenbahnverkehr nahe gerückt sind, da wird aus der Idylle das Bild modernen Großbetriebes. Verarbeitet doch, um nur ein Beispiel hervorzuheben, die Dampfsäge von Xaver Riedle in Kempten jährlich etwa 1200 cbm Baumstämme zu Brettern!

Sehr viel Holz wurde in früheren Zeiten von den Köhlern verbraucht. Gegenwärtig sind die Kohlenmeiler in unserm Bergland zwar nicht ganz verschwunden,[1]) aber doch eine große Seltenheit geworden, wogegen sie bis ins 19. Jahrhundert hinein eine allgemein übliche Erscheinung waren. Freilich suchte man der räuberischen Ausbeutung des Waldes, die mit dem Kohlenbrennen leicht verbunden war, schon frühzeitig durch entsprechende Verordnungen entgegenzutreten. So verfügt die bischöflich-augsburgische Holzordnung vom Jahre 1552, daß zum Verkohlen nur „unfruchtbares Tannen-, Birken- oder ander Holz, so zum Zimmern, Schindeln, Schneiden oder dergleichen nicht dienlich sein möchte, abgegeben werden möchte". Ähnliche Bestimmungen trifft eine spätere Holzordnung vom Jahre 1737: „Den Köhlern solle zum Kohlenbrennen kein anderes als Windwurf, abgestandenes und sonst unbrauchbares, krummes, schroppiges und knorriges und auf dem Stamm ausgetrocknetes Holz abgegeben werden."

Diese Verordnungen standen freilich nur auf dem Papier. In Wirklichkeit fielen den Köhlern die schönsten Bäume, ja ganze Wälder zum Opfer. Bedurfte man doch der Holzkohle vor allem zum Betriebe der Schmelzöfen!

---

[1]) So konnten die Besucher der Breitachklamm im vergangenen Jahre einen mächtigen Kohlenmeiler unweit der Säge bei Tiefenbach rauchen sehen.

Denn eine Zeit lang war in unserm Allgäu **der Bergbau** nicht unbedeutend, insbesondere die Schürfung auf Eisenerze.

Schon im 15. Jahrhundert ließ Graf Hugo von Montfort mehrere Eisengruben anlegen, bei Imberg, Tiefenbach, Reichenbach und besonders in einem vom Ostrachtal abzweigenden Seitental, das heute noch durch die Bezeichnungen „Erzbach" und „Erzberger Alpe" an jene Zeiten erinnert. Zugleich erbaute er südlich von Bad Oberdorf an der Stelle, wo der Ellesbach in die Ostrach fällt, ein Schmelzwerk, von dessen Erträgnissen freilich bald der Bischof von Augsburg als Grundherr seinen Anteil forderte. In einem Vergleiche, der 1563 zustande kam, wurde die Nutzung des Bergwerks, sowie der Schmelz-, Schmied- und Köhlerhütten im Hindelanger Tal in drei Teile geteilt; der eine sollte dem Stift Augsburg, die andern zwei dem Grafen von Montfort zufallen. Ungefähr zur gleichen Zeit (1562) erbauten die Rothenfelser Herren ein neues Schmelz- und Hüttenwerk an der Stelle, wo gegenwärtig die Fabrik von Blaichach steht. Die Eisenerze wurden an den Abhängen bei Seifriedsberg, Oberzollbrücke, Hüttenberg und Sigishofen gewonnen, wie man heute noch (z. B. bei Seifriedsberg an den zahlreichen, freilich längst verwachsenen Einschnitten in das Gehänge) deutlich wahrnehmen kann. Aber die Ausbeute an Eisen war weder im Ostrach- noch im Illertale so ergiebig, daß sich der Abbau auf die Dauer gelohnt hätte. Das Hüttenwerk in Blaichach wurde bald in eine Glashütte umgewandelt, auch die Schmelze bei Hindelang ging ein. — Nur kurzen Bestand hatte eine weitere Eisenschmelze, die ein Augsburger Domherr, Joseph von Hornstein (s. S. 188) im Jahre 1753 bei Oberstdorf errichtete. Sie stand am Faltenbach. Das Gebäude, das mit eigenartigen Malereien geschmückt war, diente im 19. Jahrhundert als Nagelschmiede und ist den Oberstdorfern noch gut in Erinnerung. Als Material für den Schmelzofen verwendete man den Eisensandstein an der Breitachenge bei Tiefenbach, und vielleicht rührt das „Krebenloch", ein auffallender, dicht an der neuen Tiefenbacher Straße in den Felsen getriebener Stollen, aus jener Zeit her.

Größere Bedeutung erlangten die Eisengruben an den südlichen Abhängen des Grünten.

In Burgberg hat sich die Überlieferung erhalten, daß Männer aus dem Zillertal um das Jahr 1700 oder noch früher auf eigene Rechnung Erzgruben am Grünten eröffnet und Schmelzöfen erbaut hätten; es soll auch noch einige Familien in Burgberg geben, deren Namen auf jene Zillertaler zurückzuführen seien. Ob oder wie weit sich diese Überlieferung auf Tatsachen gründet, läßt sich wohl kaum nachweisen. Jedenfalls aber waren schon lange vor 1700 die Erzgruben im Besitze des Bistums Augsburg. Schon von 1620 an berichten die Rettenbergischen Pflegamtsakten[1]) über „das herrschaftliche Bergwerk zu Sonthofen". Doch scheinen daneben auch private Unternehmungen bestanden zu haben; wenigstens richtete im Jahre 1799 ein gewisser Eugen Gieß an „die hochfürstlich Augsburgische Eisen-

---

[1]) Aufbewahrt in dem Kgl. Hüttenwerk Sonthofen.

bergwerksverwaltung" ein Gesuch um Unterstützung in seinem Erzgrubenbau, allerdings ohne einen erwünschten Bescheid zu erhalten.

Ursprünglich befanden sich zwei Schmelzöfen am Grünten selbst. Von dem einen hat sich noch das Mauerwerk erhalten; es steht, vom Pflanzenwuchs reichlich überwuchert, dicht an der Starzlach unmittelbar unter der Halde, die noch jetzt die Namen „Am Ofen" und „Ofenwald" führt und mit der letzteren Bezeichnung andeutet, daß man von hier das Holz nahm, das, zu Kohlen gebrannt, den Schmelzofen zu speisen hatte. — Erst später wurde das Hüttenwerk bei Sonthofen errichtet.

Das Herausholen des Roteisensteins aus den Schächten, der Transport des Erzes zu den Schmelzöfen, bzw. zum Hüttenwerk Sonthofen, die Beischaffung der

Überreste des alten Schmelzofens am Grünten.

Kohlenvorräte — das alles gab vielen Leuten Beschäftigung, namentlich den Burgbergern, die als Knappen und als Erzzieher tätig waren. Auf einspännigen Schlitten wurde das Erz zur Winterszeit, wenn gute Schneebahn war, nach dem Hüttenwerk gefahren. Die Holzkohle wurde in der Umgebung des Grünten selbst gewonnen, aber auch in großen Mengen aus dem Gunzesrieder Tale bezogen. Es gehörte zu den Verpflichtungen der Gunzesrieder Kohlenführer, „die Wege vor fallendem Schnee zu bessern, damit das Kohl ab der Au zum Werke möge geliefert werden." Daß es auch damals wie heute an Lohnbewegung und Streikgelüsten nicht fehlte, bezeugt ein Bericht vom Jahre 1708 (in den schon erwähnten Pflegamtsakten), aus dem man erfährt, daß „den Königseggschen Untertanen in Gunzesried ihr Gesuch, für die Kohle, die sie zum Sonthofener Schmelzofen liefern, für jeden Zuber Kohle zu den bisherigen 6 Kreuzern noch weitere 2 Pfennig zu erhalten, weil sie sonst nicht fahren wollten, gewährt werde, damit das Bergwerk nicht gehemmt werde".

Auch im 19. Jahrhundert, als aus dem Hochstiftischen ein Kgl. Bayerisches Hüttenamt geworden war, wurden die Erzgruben am Grünten weiter ausgebeutet. Es bestanden damals folgende Schächte: 1) Max Joseph und Theresia. 2) Andreas Oberbau und Unterbau. 3) Tief Claudius. 4) Tief Claudius Stollen. 5) Christoph Ober- und Unterbau. 6) Christoph Stollen.[1] Vierzig bis fünfzig Burgberger Knappen förderten hier jährlich 25000 bis 30000 Zentner Roteisenstein zu Tage, und etwa vierzig Fuhrwerke brachten den Winter hindurch das gewonnene Erz nach dem Hüttenamt.

Erzgruben am Grünten.
(Nach einer Zeichnung in den Akten des Kgl. Hüttenamtes Sonthofen.)

Bis gegen die Mitte des 19. Jahrhunderts lieferte das staatliche Hüttenwerk Sonthofen für die nähere und weitere Umgebung den gesamten Bedarf an Eisen in seinen verschiedenen Verwendungsarten; dieser Bedarf war freilich weder groß noch mannigfaltig, und so erschienen beispielsweise im Jahre 1852 auf der Ausstellung in Augsburg als Erzeugnisse des Hüttenwerkes Bettstellen, Gartenbänke, Fußschemel, Sattelträger, Räder und Maschinenteile für Spinnereien, Pflugscharen, Kruzifixe und andere Kultusgegenstände. — Der Bau der Eisenbahnen und die dadurch hervorgerufene Umwälzung in den Transportverhältnissen machte, wie so manchem andern kleinen Betriebe (klein wenigstens gegenüber den nun anwachsenden Industriezentren an der Saar, in Westfalen und Schlesien), auch dem Erzbergbau am Grünten ein Ende. Er wurde unlohnend und 1859 eingestellt.

Das Hüttenwerk wurde nunmehr eine reine Eisengießerei und bezog seitdem das Eisen von auswärts (von Amberg, vom Rheinland, auch aus England). Bald bauten Epple und Buxbaum in unmittelbarer Nähe eine Fabrik für landwirtschaftliche Maschinen und das Hüttenwerk lieferte den benötigten Guß, bis in den neunziger Jahren jener Betrieb unter der Firma „Vereinigte Fabriken landwirtschaftlicher Maschinen, vormals Epple und Buxbaum" nach Augsburg verlegt wurde. Für das Hüttenwerk kam nun eine Zeit, in der es hart um sein Dasein kämpfen

---

[1]) Burgberger Chronik.

mußte. Es war genötigt, neue Produktionszweige einzuführen, um sein Absatzgebiet zu erweitern. So werden denn heute in der an die Gießerei angegliederten Maschinenfabrik in erster Linie Baumaschinen (Beton-Mischmaschinen, System Kunz) hergestellt, dann Holzbearbeitungsmaschinen jeder Art in durchaus modernen Konstruktionen, ferner Spezialmaschinen für die Allgäuer Strohhutindustrie und milchwirtschaftliche Maschinen (Feuerungen, Butterkneter, Käsepressen u. dergl.) für die Käsereien im Allgäu, in Tirol, in Vorarlberg und im Salzkammergut, endlich Transmissionen, sowie Haus- und Hofpumpen. In der Gießerei werden außerdem die eisernen Hutformen für die Strohhutindustrie gefertigt, ebenso Kultus-, Bau- und Handelsguß. — Gegenwärtig beschäftigt das Hüttenwerk wieder ungefähr 180 Arbeiter, die in Sonthofen, Burgberg, Berghofen, Winkel und Rieden wohnen. Die Gießerei liefert jährlich 1.200.000 kg Gußwaren, die Baumaschinen gehen in alle Weltteile.[1])

Auch in Bäumle bei Lochau am Bodensee stand ehemals ein Schmelzofen.

Hüttenwerk Sonthofen.

Er bezog die Erze von auswärts und deckte seinen Holzbedarf hauptsächlich aus den Wäldern der Herrschaft Staufen im Weißachtale, so daß ein Königseggsches Maiengebot vom Jahre 1778 Schutzmaßregeln gegen weitere Entwaldung treffen mußte. Die in Bäumle erzeugten Maßeln (Roheisenbarren) wurden zu weiterer Behandlung und Verarbeitung nach dem Hammerwerk Schüttentobel gebracht, das im Jahre 1724 errichtet wurde und ebenso wie Bäumle österreichisches Staatseigentum war. Auch später, nachdem Bayern den Besitz übernommen hatte, blieb das Kgl. Hammerwerk in Schüttentobel mit der Schmelzhütte in Bäumle in Verbindung. Die bayerische Regierung ließ die Eisenerze aus dem Montafon, aus Bludenz und Dornbirn nach Bäumle kommen, doch wurde bald darauf das Schmelzwerk aufgelassen. Auch das Hammerwerk in Schüttentobel ging im Jahre 1863 ein, die Gebäulichkeiten samt allem Zubehör wurden verkauft; das ehemalige Amtshaus ist jetzt in ein Spital umgewandelt. (Siehe S. 295.)

[1]) Mitgeteilt von Herrn Hüttenverwalter Selgrad.

Wie es scheint, bestand für das in Schüttentobel verarbeitete Eisen eine Niederlage in Kempten. Als im Jahre 1774 zwei österreichische Kontrollbeamte das Hammerwerk zu visitieren hatten, begaben sie sich vorher nach Kempten und fragten hier bei dem „Eisenverleger" Johann Leonhard Pirk an, wie hoch er die von Schüttentobel bezogenen Eisengattungen bezahlen müsse. Ebenso findet sich unter den Akten des Hüttenamtes Sonthofen vom Jahre 1829 ein „Eisenpreiskourant für die Kgl. bayerischen Berg- und Hüttenämter Sonthofen und Schüttentobel, sowie auch für das Eisenlager Kempten"; die „Königliche Eisenlagerführung" lag damals in Händen der Kgl. Salz-Oberfaktorei.

Partie am Wirtatobel.

Wie die Eisengewinnung wegen geringer Ausbeute ein Ende genommen hat, so konnten auch im übrigen keine nennenswerten Schätze aus dem Innern unserer Berge hervorgeholt werden; höchstens verdient Erwähnung, daß die tertiäre Kohle, die hie und da auftritt, im Wirtatobel bei Bregenz eine Zeitlang bergmännisch abgebaut wurde.

Auch die Steinbrüche haben bei uns im großen und ganzen nur Bedeutung für den lokalen Bedarf. So dient der harte Gründsandstein, der am Klingenbüchel bei Oberstdorf gebrochen wird, zur Herstellung von Grabsteinsockeln, Treppenstufen, Gesimsen, und der Gaultsandstein an der „Schanz" bei Burgberg zu Pflastersteinen und Straßenschotter. — Ein weicheres Material liefert der Molasse-Sandstein des Grünten oberhalb Kranzegg. Er wird für Grabdenkmäler, Flursteine, Mauerwerk u. a. verwendet und macht sich auch dem Wanderer, der die Umgebung des Kranzegger Steinbruchs durchstreift, insofern bemerkbar, als in dieser Gegend sehr häufig Sandsteinplatten an Stelle von hölzernen Zaunpfosten aufgestellt sind. — Molasse-Sandstein wird auch in dem ansehnlichen Steinbruch von Anton Karg in Ellhofen gewonnen. Da er viel Glimmer führt, eignet er sich besonders zu Feuerungsanlagen und findet ausgedehnte Anwendung bei Herstellung der in den Bauernhäusern üblichen Steinöfen. Außerdem wird er je nach dem Härtegrad als Baumaterial benützt oder zu Schleifsteinen verarbeitet. Es werden jährlich etwa 30000 Zentner Stein gebrochen, davon kommt vielleicht der zehnte Teil in den Bregenzer Wald. — Eine bedeutende Ausbeute liefert die Gegend von

Die „Schanz" bei Burgberg.

Vils. Nahe bei Vilseck, wo der Pfad zum Alatsee ansteigt, sieht man in dem Abhang des Saloberrückens eine weitklaffende Wunde. Hier ist von Menschenhand der blendend weiße Kalkstein bloßgelegt, der 99% kohlensauren Kalk aufweist und daher zum Brennen als Baukalk, aber auch zur Verarbeitung in Farben- und Carbidfabriken gebraucht wird. Ein weiterer Steinbruch bietet das vorzüglichste Material zur Erzeugung von Portland-Cement.[1]) Das Kalk- und Cementwerk von Georg Schretter in Vils, das jährlich etwa 500 bis 600 Waggons Portland-Cement versendet, ist außerdem verbunden mit einer großen Ziegelei, in der jährlich gegen 2 Millionen Mauerziegel, 1 Million Dachfalzziegel, eine halbe Million Drainageröhren u. a. hergestellt werden.

[1]) Auch roter Marmor wird bei Vils gewonnen. König Ludwig II. ließ davon Säulen für das Schloß Neuschwanstein fertigen. Gegenwärtig wird das Gestein in Mosaikfabriken verarbeitet.

Auch in unserm übrigen Bergland fehlt es natürlich nicht an größeren und kleineren Ziegeleien. Es sei nur hingewiesen auf die große Ziegelei von Karg in Biesenberg bei Heimenkirch oder auf die Ziegelei in Oberdorf (b. Immenstadt), in deren Ziegelpresse täglich 25—30000 Ziegel hergestellt werden können!

Zu sehr hoher Blüte hat sich an vielen Orten unseres Berglandes die **Industrie** entwickelt.

Einige Industriezweige blicken auf eine jahrhundertelange Vergangenheit zurück, namentlich die für das Ostrachtal so charakteristischen Hammerschmieden und

Hammerschmiede im Ostrachtale. (Aufnahme von Ebert.)

Nagelschmieden, deren Entstehung innig zusammenhängt mit der Eröffnung und Ausbeutung der Erzgruben in den Hintersteiner Bergen.

Wer sich von Hindelang südwärts gegen die Ostrach wendet, dem verkündet bald ein eintöniges Pochen die Nähe jener Hammerschmieden, die schon durch ihre Bauart auf ein hohes Alter schließen lassen. Die älteste und interessanteste steht an dem Platze, wo sich die Ostrach von ihrem nördlichen Laufe nach Westen wendet, am Eingang zum Hintersteiner Tale. Schon manchen Künstler hat der Anblick des Gebäudes verlockt, mit Stift oder Pinsel das eigenartig malerische Bild wiederzugeben, das die Schmiede samt ihrem großartigen Gebirgshintergrunde bietet. Aber auch das Innere ist eines Besuches wert. Nicht bloß die verrußten Essen, die schwerfälligen Blasebälge, die vier großen, sechs bis zehn Zentner schweren

Schwanzhämmer, die von dem gewaltigen, 200 Zentner ſchweren „Gründel“ (Wellbaum) in Bewegung geſetzt werden, erregen unſere Aufmerkſamkeit, ſondern wir

Inneres der Hammerſchmiede. (Aufnahme von Ebert.)

bemerken auch, wie an die Stelle der einen Mauerwand der nackte, ſchwarzdurchfurchte Fels tritt, und wenn wir auf enger Steintreppe zum oberen Raum emporſteigen, dann finden wir auffallende Gewölbeteile und vermauerte Fenſterſtöcke, die erkennen laſſen, daß das Gebäude ehedem weitläufiger geweſen ſein muß. Vielleicht gehörte es zum alten Schmelzwerk, was um ſo glaublicher erſcheint, als die benachbarten, jenſeit der Oſtrach gelegenen Gründe noch jetzt die Bezeichnung „Schmelzwieſen“ führen.

In dieser Hammerschmiede werden jährlich 8000—10000 Schaufeln, Spaten, Hauen, Kreuzpickel, Äxte, Beile u. a. verfertigt, während die beiden andern, etwas weiter flußabwärts gelegenen Werke Kuhschellen, Küchengeräte, Maurerkellen und Maurerhämmer, Feuerzangen, Gartenhauen und ähnliches in großer Zahl herstellen.

Ebenso bezeichnend wie die Hammerschmieden (die sich natürlich auch in andern Gegenden unseres Berglandes finden) sind für das Ostrachtal die Nagelschmieden.

Hindelang besitzt 5, Oberdorf 15, Hinterstein aber, das nur 62 Wohnhäuser zählt, 22 Nagelschmieden. Die Werkstätten sind zumeist in den Besitz von Eisenhändlern übergegangen, die Nagelschmiede sind die Pächter und erhalten von jenen das Rohmaterial und die Kohlen geliefert. Die Tätigkeit der Nagelschmiede beschränkt sich im großen und ganzen auf die Wintermonate, im Sommer sind die Leute als Hirten, Sennen, Holzknechte usw. auf den Bergen; auch im Winter bleibt die Schmiede geschlossen, wenn etwa Heuziehen oder Holzfahren oder ähnliche dringende oder lohnende Arbeit zu verrichten ist. Sonst aber steht der Nagelschmied mit seinem Gesellen vom frühen Morgen bis zum späten Abend in der schlichten Werkstatt. Da sehen wir in der Mitte des ziemlich beengten Raumes den Herd mit der Esse, wo die dünnen Eisenstangen im lohenden Kohlenfeuer erglühen; wir erblicken die einfachen Tretvorrichtungen, durch welche der Blasebalg in Bewegung versetzt werden kann, und die Werktische, die an den Fensterseiten hinziehen. Für jeden Arbeiter ist hier ein kleiner Amboß angebracht, der mit einer senkrecht eingebohrten Öffnung versehen ist. Lustig ist's, den kräftigen Männern und Burschen bei ihrer Arbeit zuzuschauen. Der Eisenstab wird aus dem Feuer geholt, an dem glühenden Ende mit dem Hammer rasch zugespitzt, dann in das Löchlein im Amboß gesteckt und derart abgebrochen, daß noch ein weniges über die Amboßfläche vorschaut. Dies gibt, indem nun der Hammer kreuz und quer drauf niedersaust, die Nagelkappe — dann ein leichter Stoß von unten her, und der fertige Nagel, noch glühend heiß, fliegt heraus.

Die verschiedensten Arten von Nägeln werden hergestellt: Mauerstifte und Bankeisen, Schlaudernägel, versenkte Schmiednägel, Bau- und Schloßnägel, runde und vierkantige Leistnägel und Schuhnägel. Alles ist Handarbeit. Von den größeren Arten kann ein fleißiger Arbeiter 1000, von den kleineren 1500 bis 2000 Stück im Tage fertigen; er verdient sich dabei 2—3 Mark.[1])

Die Nagelschmied-Industrie, die sich außerhalb des Ostrachtales auch in einigen Orten des Oberillertals (z. B. in Burgberg und Altstädten) findet, hat an Selbständigkeit und Umfang gegen frühere Zeiten bedeutend abgenommen und ist durch den Einfluß der Massenproduktion in den Fabriken zu jener eigenartigen Gattung von Gewerbebetrieb herabgedrückt worden, die man als Heimarbeit bezeichnet

[1]) In Hindelang (teilweise auch in Tannheim und Wertach) blühte im 16. Jahrhundert das Gewerbe der Spießmacher. Viele Tausende von Landsknechtspießen aus gutem Eschenholz, 6 bis 7 Meter lang, mit gut gestählten, gehärteten und geschliffenen Spießeisen wurden damals im Auftrage Kaiser Maximilians I. und seines Enkels Ferdinand nach Innsbruck und nach Passau geliefert.

und die in unserm Gebirge noch verschiedene andere Erwerbszweige umfaßt. Zu diesen gehört das **Küblerhandwerk**.

Wie die Hammer- und Nagelschmied-Industrie im Ostrachtal auf die einstige Erzgewinnung zurückgeführt werden kann, so darf wohl das in Pfronten und Vils, sowie im Bregenzer Wald verbreitete Küblerhandwerk (die Herstellung hölzerner Kübel, hauptsächlich Schmalzkübel) in Zusammenhang gebracht werden mit dem Waldbesitz der betreffenden Gemeinden, der es ermöglicht, daß jedes Gemeindeglied alljährlich so viel Anteil an geschlagenem Holz erhält, daß dies im eigenen Haushalt nicht aufgebraucht wird.

In Pfronten kann man in zahlreichen Häusern die Kübel zu Hunderten auf-

Ein „Kübler" in Pfronten bei der Arbeit.

gestapelt sehen, wenn man zur Winterszeit dahin kommt. Denn das „Kübeln" ist wie die Arbeit der Nagelschmiede hauptsächlich eine Winterbeschäftigung für die, welche zur Sommerszeit auf den Bergen weilen oder durch die Feldarbeit in Anspruch genommen sind.

In einer eigenen Werkstatt oder auch in der Wohnstube erblickt man den „Schneidstuhl", der zum Zurechtschneiden der Dauben dient, und den „Kübelstock", auf dem die Dauben zusammengestellt und mit den Reifen umwunden werden. An der Wand sind Gestelle angebracht mit dem verschiedensten Handwerkszeug; um den Ofen lagert, zum Austrocknen luftig aufgeschichtet, das zur Kübelbereitung nötige, entsprechend zugeschnittene Holz, und in einer Ecke lehnen große Bündel Haselstecken, die der Länge nach gespalten sind, um später als Reife verwendet zu werden.

Die Gefäße werden in verschiedenen Größen hergestellt, für 10, 20, 30, aber auch für 100 und 150 Pfund Inhalt. Zur Herstellung eines Kübels von gewöhnlicher Größe (30 Pfund) bedarf ein Arbeiter zwei Stunden, der Erlös für sechs Stück (also zwölfstündige Arbeit!) beträgt 2 M. 40 Pf. — In Pfronten allein werden jährlich Tausende von Kübeln hergestellt, deren Verschleiß vier oder fünf Händler übernehmen.

Teilweise — freilich nicht mehr in dem Grade wie früher — ist auch die berühmte Allgäuer Reißzeugfabrikation in Pfronten und Nesselwang Hausindustrie.

Die mechanischen Werkstätten der Gebrüder Haff in Pfronten, im Jahre 1835 gegründet, beschäftigen außer ihren in der Fabrik selbst tätigen Leuten noch

Pfronten. (Aufnahme von Färber.)

etwa 65 Heimarbeiter, welche in ihrem eigenen Hause Werkstatteinrichtung mit Werkbank und Handmaschinen besitzen und nur das Rohmaterial von der Fabrik geliefert erhalten. Früher stellte ein solcher Arbeiter ganze Reißzeuge vollständig aus dem Rohmaterial her. Das hat sich nun geändert. Unsere Zeit verlangt auch hier Arbeitsteilung, so daß jetzt der eine nur Reißfedergriffe, ein anderer nur Reißfedereinsätze, ein dritter nur Bleieinsätze, ein vierter nur Verlängerungsstangen usw. herstellt, wodurch allerdings für den einzelnen die Arbeit den Reiz der Anregung verloren hat.

In den Haffschen Werkstätten werden alle Arten von Zirkeln und sonstigen Reißzeugbestandteilen, von den einfachsten bis zu den kompliziertesten, angefertigt; ebenso werden zahlreiche, aufs sorgfältigste gearbeitete mathematische Instrumente (Präzisionsmaßstäbe, Planimeter, Pantographen, Transporteure, Winkelspiegel) in verschiedenartigen Ausführungen fabriziert.

Wie Pfronten, wo noch eine weitere mechanische Werkstätte von Hauber und Haff die Anfertigung von Reißzeugen betreibt,[1]) ist auch Nesselwang der Sitz einer blühenden Reißzeugfabrikation. Hier befindet sich die Fabrik mathematischer Instrumente von Riefler. Sie beschäftigt ebenfalls Heimarbeiter in Nesselwang und in Pfronten, doch ist deren Zahl gering gegenüber den (etwa hundert) eigentlichen Fabrikarbeitern.

Die Rieflersche Werkstätte stand ursprünglich in Maria Rain. Dort begann der Mechaniker Clemens Riefler im Jahre 1841 die Herstellung von Reißzeugen nach dem sog. Aarauer System. Nach seinem Tode übernahmen seine drei Söhne das Geschäft, das rasch aufblühte, als die Zirkel nach dem Rundsystem hergestellt wurden. Im Laufe der Jahre wurden noch zahlreiche neue Instrumente, zum Teil eigener Erfindung hinzugefügt, z. B. Nullenzirkel mit Selbstfallvorrichtung, Präzisionsreißfedern mit seitlich zu öffnender Zunge, Kilometerzirkel, Dreispitzzirkel mit Mikrometereinstellung, Punktierinstrumente, Schraffierapparate, Ellipsographen, Füllreißfedern u. a. Die Produktion nahm derart zu, daß in der letzten Zeit jährlich etwa 160000 verschiedene Zirkel, Reißfedern und andere Zeichengeräte gefertigt wurden. — Aber daneben entstand ein neuer wichtiger Fabrikationszweig, die Herstellung astronomischer Uhren, mit wesentlichen, nach eigener Erfindung durchgeführten Neuerungen, die besonders die Pendelauflage und den selbsttätigen Ausgleich der Pendellänge bei Temperaturschwankungen betrafen. Es wurden Quecksilber-Kompensationspendel und Nickelstahl-Kompensationspendel gefertigt, seit 1895 wurden die Uhren außerdem in einem luftdichten Glasverschluß untergebracht. So große Genauigkeit erlangte man, daß z. B. eine an der Sternwarte zu Cleveland in Amerika aufgestellte Rieflersche Uhr mit luftdichtem Glasverschluß, Nickelstahlpendel und elektrischer Aufzieh-Vorrichtung nur einen täglichen Gangfehler von 0,015 Sekunden aufwies. Die Fabrik hat bis jetzt 140 astronomische Uhren für Sternwarten und andere wissenschaftliche Instrumente nach den verschiedensten Ländern der Erde geliefert.

Wenn in den genannten mechanischen Werkstätten die Heimarbeit nur noch eine untergeordnete Rolle spielt, so ist sie dagegen von hervorragender Bedeutung im westlichen Allgäu, im Gebiete der zu außerordentlich hoher Blüte entwickelten Strohhutindustrie.

Der Mittelpunkt der Strohhutindustrie ist Lindenberg, und ein Lindenberger soll es gewesen sein, der damals, als noch ein reger Pferdehandel mit Italien betrieben wurde, die dortige altberühmte Strohhutfabrikation beobachtet, erlernt und dann in seinen Heimatort verpflanzt haben soll.

Lange Zeit war die Strohhutflechterei auf Lindenberg selbst beschränkt; ein Teil der Bewohner beschäftigte sich mit der Herstellung der Hüte aus Weizenstroh (seltener nahm man Vesenstroh), andere durchzogen mit der Kraxe auf dem Rücken die Nachbargebiete, um die gefertigten Waren im Hausierhandel oder auf den

---

[1]) In Pfronten befindet sich auch eine Fabrik für Telegraphenapparate von Wetzer, die 18 Fabrikarbeiter und 7 Heimarbeiter beschäftigt.

Märkten loszuſchlagen. An Stelle der Hauſierer traten mit der Zeit Handelskompagnien, die in verſchiedenen Orten Schwabens ihre Niederlagen beſaßen. So wird im Jahre 1815 die Wagnerſche Kompagnie genannt, die allein jährlich 30000 Strohhüte verkaufte, während im ganzen etwa 56000 Hüte in Lindenberg gefertigt wurden, die einen Erlös von 20000 Gulden brachten.

In unſern Tagen hat dieſe Induſtrie einen andern Charakter erhalten. Das Geflechte wird nicht mehr im Allgäu ſelbſt hergeſtellt, ſondern von auswärts bezogen. Eine Zeitlang wurden dieſe geflochtenen Strohbänder von Belgien, der Schweiz und Italien geliefert; gegenwärtig aber haben China und hauptſächlich Japan die früheren Bezugsländer faſt vollſtändig verdrängt. In großen Ballen kommen die aus Weizenſtroh mittels Handarbeit außerordentlich ſauber und gleich-

Strohhutfabrikation. (Heimarbeit.)

mäßig hergeſtellten Geflechte aus dem fernen Weltteile in die Strohhutfabrik und werden nun zunächſt (wenn ſie nicht etwa roh oder gefärbt verarbeitet werden) in der Bleicherei nach einem geheim gehaltenen Verfahren gebleicht. (Es gibt im Allgäu zwei Strohbleichereien, beide in Lindenberg.) Hierauf werden die Geflechte den Heimarbeiterinnen übergeben, welche ſie mit Hilfe einer Handmaſchine nähen und ihnen die erſte rohe Hutform geben. Iſt dies geſchehen, ſo liefern ſie die Ware wieder ab und es iſt ein anziehendes und unterhaltendes Bild, das ſich in den Vormittagsſtunden vor der Fabrik zeigt, wenn von allen Seiten her, bald einzeln, bald in Gruppen vereint, die Mädchen und Frauen fröhlich ſchwatzend herankommen und auf ihren Armen oder Schultern hochaufgetürmt die Frucht ihrer Arbeit, die halbfertigen Hüte tragen. Dieſe werden jetzt in eine Löſung von Gelatine getaucht und wieder getrocknet. Dadurch erhalten ſie eine gewiſſe Feſtigkeit, so daß sie die Form, die ihnen nun in den hydraulischen Pressen gegeben wird, nicht mehr verändern. Endlich werden die Hüte garniert, was ebenfalls zum allergrößten Teile von den Heimarbeiterinnen besorgt wird.

Die Strohhutfabrikation hat sich über einen großen Teil des westlichen Allgäus ausgedehnt[1]) und nicht bloß in den geschlossenen Ortschaften, sondern auch auf den Einzelhöfen kann man das Surren der Handmaschinen vernehmen, an denen übrigens nicht bloß die Frauen und Mädchen, sondern oft auch die Männer und Knaben der Arbeit obliegen. Der Mittelpunkt der Industrie ist aber immer noch Lindenberg. Von den 28 größeren und kleineren Fabrikbetrieben, die man gegenwärtig zählt, befinden sich 17 (und darunter die größten) in Lindenberg und dem

Strohhutfabrikation. (Fabrikarbeit.)

benachbarten Goßholz; die übrigen verteilen sich auf Scheidegg, Weiler, Heimenkirch, Opfenbach und Oberstaufen. Man darf annehmen, daß im ganzen jährlich gegen 5 Millionen Hüte gefertigt werden. Erwähnung verdient auch, daß die so hoch entwickelte Strohhutfabrikation eine Anzahl von Nebenindustrien ins Leben gerufen hat. So gibt es in Lindenberg mehrere Kisten- und Kartonfabriken, Hutlederfabriken, Prägeanstalten u. a.

---

[1]) Seit etwa fünf Jahren hat die Strohhutfabrikation (Strohhutknüpferei) auch nach der Gemeinde Wertach übergegriffen. Das Material wird von einer Fabrik in Weiler geliefert. Im Jahre 1906 haben sich etwa hundert Heimarbeiterinnen in der Gemeinde Wertach mit der Strohhutknüpferei beschäftigt und etwa 24000 Stück Hüte gefertigt, wofür sie einen Verdienst von 8160 M. erzielten. (Mitgeteilt von Herrn Bürgermeister Erd in Wertach.)

Unmittelbar angrenzend an das Gebiet der Strohhutindustrie, teilweise auch in dieses übergreifend, findet sich ein anderer blühender Zweig der Heimarbeit, die Stickerei. Sie ist (soweit wenigstens unser Alpengebiet in Betracht kommt) namentlich im Bregenzer Wald und im Bezirk Bregenz ganz allgemein verbreitet, wird aber auch im Walsertal und in einigen Orten des Allgäus ausgeübt (wo sie früher weiter verbreitet war als gegenwärtig).

Im Bregenzer Wald begann, wie die Lingenauer Chronik berichtet, das Sticken im Jahre 1763. Eine Schweizerin weilte damals in Schwarzenberg und unterrichtete einige Mädchen in der Kunst. Anfangs war die neue Beschäftigung nicht recht angesehen. Man meinte, sie sei höchstens gut, den Krüppeln, Krummen und Lahmen einen Verdienst zu schaffen. Als man aber erkannte, daß die Arbeit guten Lohn trug, breitete sie sich rasch aus, und wer heute den Bregenzer Wald durchwandert, dem wird es klar, welche große volkswirtschaftliche Bedeutung hier diese Beschäftigung gewonnen hat. Wird doch von einigen behauptet, daß gegenwärtig die Stickerei für den Bregenzer Wald wichtiger sei als die Molkerei!

Handstickerei mit dem „Tambour".

Früher war die Handstickerei allgemein üblich. Man trifft sie auch heute noch vereinzelt, und es ist immer ein anmutendes Bild, eine Bregenzerwälderin in der Laube bei der Arbeit sitzen zu sehen, vor sich den „Stöckel", von dem das feine Baumwollgewebe in weiten Falten zu Boden wallt, während das in den runden Rahmen des „Tambours" eingespannte Gewebestück eifrig mit der Sticknadel bearbeitet wird. — Aber allmählich wird diese Art der Arbeit mehr und mehr durch die Maschinenstickerei verdrängt. Wer von Bayern her in den Bregenzer Wald eintritt, dem fällt sofort beim ersten Wälderhaus das eigenartige Surren auf, das ihm da entgegentönt und das von der „Pariser Maschine" herrührt, die gegenwärtig die weiteste Verbreitung gefunden hat. Hier wird die Stickarbeit von einer Nadel vollzogen, die senkrecht in die Maschine eingesetzt ist und durch Treten (seltener durch einen Motor) in Bewegung gesetzt wird. Mittels einer unter dem Arbeitstischchen angebrachten Kurbelstange lenkt die Arbeiterin die Nadel, daß sie den Linien der auf das Gewebe aufgedruckten Zeichnung folgen muß. — Rascher noch arbeitet die „Blattstichmaschine", die sich immer mehr einbürgert, obwohl die Anschaffungskosten bedeutend sind. Es sind hier 312 Nadeln zugleich tätig.

Außerdem erledigt eine zweite, äußerst sinnreich konstruierte Maschine die Vorarbeiten, indem sie das Einfädeln, sowie das Knoten und Abschneiden des Fadens besorgt. — Nähert sich schon diese Arbeitsleistung dem Fabrikbetrieb, so ist dies noch mehr der Fall bei dem „Schnelläufer“, der ebenfalls in neuester Zeit in einigen Orten des Bregenzer Waldes Eingang gefunden hat. In Egg wurde im Jahre 1890 von Hammerer und Keßler die erste Stickereifabrik erbaut, in der sieben solche Schnelläufer, d. h. mit Motorkraft betriebene, je 406 Nadeln führende Stickmaschinen tätig sind.

Auf diese Weise beschäftigt die Industrie, die früher ausschließlich von dem weiblichen Teile der Bevölkerung gepflegt wurde, nun auch männliche Arbeiter. Ein Teil der Stickereien dient den mannigfachen Zieraten, welche die Tracht der Wälderinnen am Mieder und an den Ärmeln erfordert; aber weitaus die größte Menge der gefertigten Ware geht durch Vermittlung der „Stick-Fergger“[1]) in die Schweiz, namentlich nach St. Gallen. Die Fergger liefern die gemusterten Musselinstücke, sowie den Stickfaden an die Arbeiterinnen ab und empfangen von ihnen die fertige Ware. So kommt z. B. nach Hittisau jede Woche ein zweispänniges Fuhrwerk und bringt etwa 20 Zentner Stoff zu Stickarbeiten; der Fergger verteilt die Stücke und nimmt dafür die inzwischen hergestellten Stickereien in Empfang, die nun den Schweizer Händlern zugehen.

Die Stickereiindustrie ist sehr abhängig von der herrschenden Damenmode, der Absatz der Waren daher großen Schwankungen unterworfen; auch politische Ereignisse können störend eingreifen. Gegenwärtig steht sie in hoher Blüte und bringt große Summen Geldes ins Land; so werden allein in Egg wöchentlich 2800 Kronen an Sticklöhnen ausbezahlt! Daß der wachsende Wohlstand auch zu verfeinerter Lebensführung anlockt, davon kann man sich auf den Bällen überzeugen, die zur Winterszeit in Egg, Andelsbuch und andern Orten abgehalten werden, wobei in der Gewandung der Wälderinnen an Sammet und Seide und kostbaren Stickereien nicht gespart wird.

Im Gegensatz zur Feinstickerei des Bregenzer Waldes und zur Strohhutfabrikation des westlichen Allgäus, die beide von außen her in diese Gegenden verpflanzt wurden, wurzeln einige andere Industriezweige ihrem ganzen Wesen nach in unserm Gebirgslande; es sind diejenigen, welche sich mit der Herstellung von **Allgäuer Spezialprodukten** befassen.

Dazu gehört vor allem die Fabrikation der zahlreichen und mannigfaltigen Gegenstände, die für die Viehzucht und Milchwirtschaft notwendig sind. Was in Stall und Scheune, in der Molkerei und auf der Alphütte, bei der Güllanlage und bei der Heuernte an Einrichtungen, Maschinen und Geräten zu beschaffen ist, das wird zum großen Teile im Allgäu selber gefertigt; einige dieser Erzeugnisse unterscheiden sich auch durch ihre Herstellungsart von denen anderer Länder, so daß man in dieser Beziehung von Allgäuer Käsereifeuerungen, Käsepressen, Käsekeller-

[1]) Fergger, mhd. ferker = derjenige, der Waren liefert, abfertigt, weiterbefördert. (Reiser, Sagen etc. II, 697.)

öfen, Käseharfen, Scheibenbutterfässern, „Riebele“ (zum Reinigen der Geräte), Butterknetern, Kälbertränkern, Kuhglocken und Kuhschellen,[1]) Heinzen älterer und neuerer Art usw. sprechen kann. Ein Gang durch das Molkereimagazin und die Maschinenhalle von Otto Fleschhut in Immenstadt, worin zwar nicht ausschließlich, aber doch überwiegend Allgäuer Industrieerzeugnisse aufgestapelt sind, zeigt, mit welchem Eifer an der Vervollkommnung all dieser Dinge gearbeitet wird. — Wie ferner die heimische Bauweise das Gewerbe der Schindelmacher (z. B. in Simmerberg und Heimenkirch) ins Leben gerufen hat, so mußten für das Stallpersonal Holzschuhe, die sog. Tiefenbacher[2]), dagegen für die zu Berge steigenden Sennen und Hirten, Jäger und Holzknechte Bergstöcke, Bergschuhe und Steigeisen verfertigt werden, und es hängt mit der Eigenart der Allgäuer Alpen, mit der außerordentlichen Steilheit der Grashänge eng zusammen, daß zu den Allgäuer Spezialitäten die „Griffschuhe“ gehören, an deren Absätzen starke, in Hufeisenform geschmiedete, mit drei Zacken versehene „Griffeisen“ festgenagelt sind. Der zunehmende Fremdenverkehr und der alpine Sport haben dann diesen Gewerben eine weitere Ausdehnung gegeben und manches neue hinzugefügt, z. B. Eispickel, Sportanzüge, Rodelschlitten, Ski mit verschiedenartigen Bindungen, Skistöcke und ähnliches; selbst eine eigene Andenken-Schnitzerei ist in Oberstdorf entstanden.

Kuhschelle.

Als Gebirgsland erzeugt das Allgäu auch den aus den Wurzeln der Genzianen (namentlich der Gentiana lutea, siehe S. 157) bereiteten Enzianbranntwein. Freilich wurde die Enzianbrennerei in früheren Jahren noch eifriger betrieben als jetzt. Jene in die einsamsten Bergwinkel versteckten, in urwüchsigster Bauart aufgeführten und aufs einfachste eingerichteten Enzianhütten, in denen einst die von den umliegenden Bergen herabgeholten Wurzeln zur Bereitung des kräftig duftenden „Enzianers“ verwendet wurden, sind verschwunden. Gegenwärtig wird der Enzianer mehr in der Nähe von Ortschaften und günstigen Verkehrswegen gebraut, so bei Oberstaufen, in Kierwang bei Fischen, in Hüttenberg bei Blaichach, in Waltenhofen bei Kempten, auch im Lechtal und im Bregenzer Wald.

Riebele.

Erwähnung verdient endlich ein Fabrikationszweig, der ebenfalls in gewissem Sinne den Allgäuer Spezialitäten zugerechnet werden kann, die Tabakfabrikation

[1]) Auch in Häselgehr werden in drei Gelbgießereien Kuhglocken hergestellt, die zum Teil von Kempten aus im Allgäu abgesetzt werden.

[2]) Diese Holzschuhe, welche aus einer Holzsohle mit Lederkappe bestehen, wurden zuerst von einem gewissen Weiler in Obertiefenbach gefertigt. Dessen Nachkommen in Obertiefenbach und Oberthalhofen beschäftigen sich jetzt noch mit Herstellung der Holzschuhe und der „Riebele“. Tiefenbacher Holzschuhe und Tiefenbacher Riebele sind echte Allgäuer Produkte, haben aber durch die im Auslande beschäftigten Allgäuer Sennen auch in anderen Ländern Eingang gefunden.

in Weiler. Es wird hier eine bestimmte Art Kautabak hergestellt, dessen Absatz ausschließlich auf das Gebiet zwischen dem Bodensee und dem Lech beschränkt ist. Der Tabak wird zum Teil in jener Gegend selbst gebaut, teilweise von dem Fabrikanten Dornach in Weiler, außerdem in den umliegenden Ortschaften Happereute, Krähberg und Hergensweiler, und zwar mit solchem Erfolge, daß auf der landwirtschaftlichen Ausstellung zu München im Jahre 1905 die Produkte all dieser vier Pflanzungen mit einem Preise bedacht wurden.

Auch in früheren Zeiten erzeugte unser Gebirgsland einige erwähnenswerte Spezialprodukte, namentlich solche, die sich aus dem Holzreichtum ergaben. So wurden im Bregenzer Wald und in der Gegend von Weiler, als dieses noch zu Österreich gehörte, in großer Menge Rebstecken für die Weinbauern am Bodensee und in der Schweiz hergestellt. Das trug dem Lande, wie Weizenegger berichtet, im Durchschnitt jährlich 10000 Gulden ein.

Ebenso war dort eine Zeitlang die Fertigung von Peitschenstöcken (Geißelstecken) ein einträglicher Erwerbszweig. Ein Drechsler von Schönau, Konrad Buhmann, fand im Jahre 1808 ein Verfahren, das Eichenholz ebenso geschmeidig zu machen wie das Holz des Zürbelbaumes (Celtis australis) der Mittelmeerländer, das man sonst zu Peitschenstielen verwendet hatte. Schon wenige Jahre später wurden in der Gegend von Weiler jährlich 15000 Dutzend Geißelstecken hergestellt; doch war schon im Jahre 1860 dieses Gewerbe wieder verschwunden.[1])

Verschwunden ist auch ein Industriezweig, der lange Zeit im Walsertal heimisch war, die Herstellung von Geräten aus Masernholz. Man schnitzte Löffel, Becher und Schüsseln und wußte dem gemaserten Holze durch ein besonderes Verfahren eine schöne, gelbliche Tönung zu geben. Gemeindevorsteher Felder in Riezlern besitzt in seiner Sammlung eine Anzahl sehr schöner Geräte dieser Art; in der Sammlung von Daniel Heim in Bödmen aber befindet sich ein kunstvoll geschnitzter Löffel, der die Jahrzahl 1317 trägt und damit den Beweis liefert, daß die Walser schon in sehr früher Zeit solche Geräte gefertigt haben.

Zu besonders hoher Blüte hat sich im Laufe weniger Jahrzehnte die Großindustrie entwickelt. Sie vor allem verwertet die ausgezeichneten Wasserkräfte, die unser Bergland allenthalben darbietet. So finden wir im Illergebiet zahlreiche Spinnereien und Webereien, in denen die Baumwolle verarbeitet wird.

Eine große Ausdehnung hat die Allgäuer Baumwoll-Spinnerei und Weberei Blaichach (vormals Heinrich Gyr) genommen; zu ihr gehören auch die Webereien in Vorderhindelang und Bad Oberdorf (an der Ostrach), sowie in Oberstdorf (an der Trettach). — In Blaichach selbst, an der Stätte, wo ehedem das Eisenerz im Hochofen schmolz, breitet sich jetzt über eine weite Fläche die Fabrikanlage aus, die gegenwärtig durch ansehnliche Neubauten noch erheblich vergrößert wird. Zahlreiche Arbeiterhäuser und geräumige Magazine sind über ebenen Plan

[1]) Zwar gibt es auch gegenwärtig wieder einen Fabrikbetrieb in Weiler zur Herstellung von Peitschenstöcken, doch steht dieser mit dem früheren Gewerbe in keinem Zusammenhang.

Fabrik in Blaichach. (Von Osten gesehen. Links die Neubauten.)

verteilt; an der Bergseite aber, wo der Aubach (Schwarzenbach) aus tiefer Schlucht hervorkommt, erheben sich die mächtigen Fabrikgebäude. Mehr als hundert Meter höher liegt, von waldigen Steilhängen umschlossen, grünschimmernd ein Stauweiher, von dem eine gewaltige Röhrenleitung die Wasserkraft hinabführt zu den Turbinen, welche die 48 000 Spindeln der Spinnerei und die 428 Webstühle der Weberei in Bewegung setzen. Die Spinnerei verarbeitet jährlich etwa 11 000 Ballen Baumwolle zu Garnen in verschiedenen Stärken (Nr. 6—42). In Blaichach und den andern drei Webereien, von denen die zu Vorderhindelang 163, die zu Oberdorf 234, die zu Oberstdorf 467 Webstühle enthält, werden zusammen im Jahre etwa 14 Millionen Meter Tücher hergestellt und zwar nur Rohgewebe, die zu Bleiche-, Farb- und Druckzwecken verkauft werden. Die Fabriken beschäftigen insgesamt mehr als tausend Arbeiter.

In Vorderhindelang befindet sich auch eine Filiale der Mechanischen Weberei Fischen. Haupt- und Filialfabrik zusammen arbeiten mit 527 Webstühlen und erzeugen jährlich etwa 7.200.000 Meter Baumwolltuch (Kattune und Doppeltücher). Ebenso ist bei Sonthofen an einem Ostrachkanal die Mechanische Weberei von Bachmann erstanden, die auf 294 Webstühlen jährlich Baumwollgewebe im Werte

Fabrik in Blaichach. (Von Süden gesehen. Links das Direktionsgebäude.)

von etwa drei Viertelmillionen Mark herstellt, während die Baumwollspinnerei in Waltenhofen, eine Filiale der „Süddeutschen Baumwoll-Industrie Kuchen" in Württemberg, mit etwa 6000 Spindeln die Bereitung von Feingarn betreibt.

Die Wasserkraft der Iller selbst wird in Kempten und dessen unmittelbarer Umgebung aufs ergiebigste ausgenützt. Da sehen wir die großartige Anlage der Spinnerei und Weberei Kottern, erbaut an der Stelle, wo die Iller über eine natürliche Felsenbarre herabstürzt. Durch eine künstliche Erhöhung dieses Wasserfalls wurde für den Fabrikbetrieb ein ansehnliches Gefälle gewonnen, das nun in vier Turbinen mit ungefähr 1100 Pferdestärken ausgenützt wird.[1] Dadurch werden 48000 Spindeln und 1089 Webstühle in Betrieb gesetzt. Die Fabrik,

Fabrik Kottern.

die etwa 850 Arbeiter beschäftigt und dadurch auch das Aussehen und den Charakter der nächstgelegenen Ortschaften (Kottern, Aich u. a.) beeinflußt, verbraucht jährlich etwa 5000 Ballen Baumwolle und erzeugte im Betriebsjahre 1904/05 etwas über eine Million Kilogramm Baumwollgarn und mehr als 15 Millionen Meter rohe Baumwolltücher.

Weiter flußabwärts steht die Mechanische Baumwollzwirnerei Neudorf (vormals Denzler). Auch hier übt die Iller, durch ein hufeisenförmiges Wehr aufgestaut, die ansehnliche Wasserkraft von 300 PS auf drei Turbinen aus. 12000 Spindeln geben eine Jahresleistung von 250.000 kg rohe Baumwollzwirne, wovon etwa die Hälfte ins Ausland versandt wird.

---

[1]) Durch ein neues Wehr mit Turbinenanlage, das bei der Georgsinsel unterhalb der Fabrik erbaut wird, sollen künftig weitere 300 Pferdestärken gewonnen werden.

Die bedeutendste Baumwollfabrik des Allgäus ist die **Mechanische Baumwoll-Spinnerei und Weberei Kempten**, deren Gründung im Jahre 1852 erfolgte, in demselben Jahre, in dem die neue Eisenbahnlinie Kaufbeuren-Kempten eröffnet wurde. Eine Aktiengesellschaft, die damals zusammentrat, erwarb das auf dem rechten Illerufer gelegene Ebbeckesche Anwesen, wo sich eine kleine Weberei, sowie ein Sägewerk und eine Papiermühle befand. Gegenwärtig breiten sich die Fabrikanlagen zu beiden Seiten des Flusses aus und geben den südlichen Stadtteilen Kemptens ihr besonderes Gepräge. Etwa 60000 Spindeln und 1400 Webstühle verarbeiten jährlich gegen 6000 Ballen Baumwolle. Die Jahresleistung der Fabrik berechnet sich auf etwa 1.200.000 kg Garn und mehr als 15 Millionen Meter Tuch.

Im westlichen Allgäu befinden sich zwei Filialen der Firma **Mechanische Segeltuch-, Leinen- und Baumwoll-Webereien L. Stromeyer & Cie., Konstanz**. Die beiden Filialfabriken, die in nächster Nähe von Weiler errichtet sind, benützen die Wasserkraft der Rothach (zusammen 150 PS). Sie fertigen Gewebe aus Leinen, Baumwolle und Jute zu Wagendecken, Pferdedecken, Zelten und Säcken auf etwa 350 Webstühlen schwerer Konstruktion. Die Fabriken beschäftigen 400 bis 500 Arbeiter.

Ehemaliges Ebbeckesches Anwesen. (Entnommen aus dem „Allg. Geschichtsfreund“.)

Auch auf österreichischem Boden finden wir einige bedeutende Baumwollfabriken. Die **Baumwoll-Spinnerei und Weberei Reutte**, die eine Wasserkraft von 650 PS ausnützt und gegen 570 Arbeiter beschäftigt, erzeugt auf 22.000 Spindeln und 600 Webstühlen jährlich etwa 8 Millionen Meter rohes Baumwolltuch. — Sehr bedeutend ist endlich auch die **Baumwoll-Spinnerei und Weberei von Jenny & Schindler in Kennelbach** (bei Bregenz). Durch eine großartige Kanalanlage wird der Bregenzer Ache die Wasserkraft entnommen. In

[illegible] die Mechan[illegible]

[illegible] zusammen [illegible] Gepräge. [illegible] 000 [illegible] 6000 Ballen [illegible] 1,200 000 kg Garn und mehr [illegible] 15 Mi[illegible]

[illegible] sich zwei [illegible] Mechan[illegible] Baumwoll-Webereien L. Stromeyer & Ci[illegible]

[illegible]

[illegible] die in nächster Nähe von [illegible] die Wasserkraft der Rothach (zusammen 150 PS). Sie fer[illegible] Baumwolle und Jute [illegible] Wagendecken, Pferdedeck[illegible] und Säcken auf etwa [illegible] Webstühlen schwerer Konstruktion. Die [illegible] 400 bis 500 Arbeiter.

[illegible] auf österreichischem Boden finden wir einige bedeutende [illegible] Die Baumwoll-Spinnerei und Weberei Reutte, die [illegible] 650 PS ausnützt und gegen 570 Arbeiter beschäftigt, [illegible] und 600 Webstühlen jährlich etwa 8 Millionen Meter [illegible] auch die Baumwoll-Spin[illegible] in Kennelbach (bei Bregenz). [illegible] Bregenzer Ache die Wasserkraft entnom[illegible]

einer Stärke von $14\frac{1}{3}$ cbm in der Sekunde und mit einem nutzbaren Gefälle von 3,2 m wird das Wasser auf zwei Turbinen geleitet, die zusammen 450 PS ausüben. In der Fabrik sind 30.640 Spindeln, 1576 Zwirnspindeln und 360 Webstühle aufgestellt, die zur Erzeugung von rohen Baumwollgarnen und Tüchern dienen und etwa 450 Personen Beschäftigung geben. — Eine zweite Fabrik in Kennelbach, die Baumwollweberei Liebenstein der Firma S. Jenny in Hard bei Bregenz, enthält 250 Webstühle.

Aus diesem gedrängten Überblicke ergibt sich, daß die Baumwollindustrie in unserm Gebirgslande eine ganz hervorragende Bedeutung gewonnen hat. — Ein weiterer wichtiger Industriezweig ist die Herstellung von Bindfaden und Seilerwaren in zwei großen Fabriken zu Immenstadt und Füssen.

Mechanische Baumwoll-Spinnerei und Weberei Kempten.

Die Mechanische Bindfadenfabrik Immenstadt, die im nächsten Jahre das Jubiläum ihres fünfzigjährigen Bestandes feiern wird, ist aus kleinen Anfängen zu der heutigen Bedeutung emporgewachsen. Als im Jahre 1857 eine Genossenschaft, darunter der nachmalige langjährige Leiter der Fabrik, Adolf Probst, die Wasserkraft des Steigbaches ausersah, um hier die Bindfadenfabrikation, einen in Deutschland damals noch neuen Industriezweig, ins Leben zu rufen, war eine kleine Hammerschmiede die Wiege des Unternehmens; heute bildet die Fabrik mit ihren zahlreichen Gebäuden einen ansehnlichen Stadtteil, der sich fast in jedem Jahre weiter ausdehnt. — Das Wasser des Steigbaches wird von einem Reservoir, das etwa 200 m höher als die Fabrik gelegen ist, durch eine großartige Hochdruckleitung der Fabrik zugeführt. Anfangs fließt das Wasser auf einer Strecke von etwa 1400 m unterirdisch in gußeisernen Röhren von 55 cm Durchmesser mit geringem Gefälle dahin, bis bei dem sog. Hochried der Bergabhang plötzlich steil abstürzt und nun schmiedeiserne Röhren von 48 cm Durchmesser das Wasser aufnehmen, das bei einem Gesamtgefälle von 173 m einen Druck von ungefähr $17^1/_2$ Atmosphären auf zwei Turbinen ausübt. — Zu dieser gewaltigen, in den Jahren 1880 und 1881 errichteten Hochdruckleitung ist seit 1895 die Ausnützung einer zweiten Wasserkraft getreten, nämlich der vom Alpsee kommenden Ach, die in der sog. Hofmühle zwei weitere Turbinen treibt. Trotz dieser ansehnlichen Wasserkräfte, die zusammen ungefähr 1200 PS leisten können, müssen zeitweise auch Dampfmaschinen in Tätigkeit treten, da namentlich der Steigbach oft einen sehr niedrigen Wasserstand aufweist. — In der Fabrik, welche 25 Beamte und etwa

Bindfadenfabrik Immenstadt.

1000 Arbeiter beschäftigt, werden feine Bindfaden und Schnüre (roh, gebleicht und gefärbt), dann gewöhnliche Bindfaden und Packstricke, Webgarne aus Hanf und Werg, Schuhgarne und Patentzwirne hergestellt. Die Jahresproduktion beträgt $3^1/_2$ Mill. kg. Es ist von Interesse, all die größeren und kleineren Fabrikräume: Hanfreibe, Hanfvorbereitung, Hechelei, Karderie, Hanf- und Werg-Vorwerk, Spinn-, Zwirn-, Polier-, Knäuel-, Haspel- und Packsaal zu durchwandeln und dabei die verschiedenen Entwicklungsstufen zu beobachten, die nötig sind, bis aus dem (hauptsächlich aus Italien bezogenen) Rohstoff der so unscheinbare Bindfaden zum Versand fertig gestellt ist.

Ebenso großartig wie die Fabrik zu Immenstadt ist die Mechanische Seilerwarenfabrik Füssen. Sie verfügt über eine ausgezeichnete, etwa 1400 PS betragende Wasserkraft, die oberhalb des Mangfalles dem Lech entnommen und in einem streckenweise unterirdisch geführten Kanal mit 7,1 m nutzbarem Gefälle fünf Turbinen zugeleitet wird. Außerdem ist für die Zeit tiefen Wasserstandes eine dreizylindrige Dampfmaschine von 800 PS aufgestellt. Die Fabrik, die ungefähr

1200 Arbeiter beschäftigt und mit 9000 Spinn- und Zwirnspindeln, sowie den erforderlichen Vorbereitungs- und Ausfertigungsmaschinen ausgestattet ist, fertigt alle Gattungen einfache und gezwirnte Garne, rohe, gebleichte und gefärbte Bindfaden, Schnüre, Stricke und Seilerwaren der verschiedensten Art. Die jährliche Produktion beträgt 4½ Millionen kg. — Wie in Immenstadt bildet auch in Füssen die Fabrikanlage einen selbständigen Stadtteil, der gerade durch den Gegensatz wirkt, den dieses Wahrzeichen modernen Erwerbslebens gegenüber den altersgrauen, von der Vergangenheit träumenden Türmen und Zinnen des Städtchens und inmitten einer herrlichen Gebirgslandschaft darstellt.

Als ein weiterer Industriezweig ist die Papierfabrikation hervorzuheben. An der Iller, wo sich schon in früher Zeit verhältnismäßig viele Papiermühlen befanden (die erste wurde im Jahre 1477 von der Stadt Kempten bei Kottern errichtet), finden wir zwei Fabriken, die aus solchen älteren Betrieben herausgewachsen sind.[1]) Die **Schachenmayrsche Papierfabrik Kempten**, die den Namen einer alten Allgäuer „Papierer"-Familie trägt,[2]) erzeugt jährlich 1.900.000 kg mittelfeine und feine Pack- und Tauenpapiere, Umschlagpapiere, mittelfeine Druckpapiere, Werkdruckpapiere, Büttendruckpapiere, zähe Manila- und andere Kartons.

Seilerwarenfabrik in Füssen.

Aus einer ehemaligen stiftkemptischen Papiermühle hervorgegangen ist die **Papierfabrik Hegge**. Noch erblickt man das in Sandstein gemeißelte Wappen des Fürstabtes Engelbert von Sürgenstein, der nach einem Brande der alten Mühle im Jahre 1752 eine neue erbauen ließ, die in ihrer hauptsächlichen Anlage noch heute steht, aber freilich jetzt von einer Anzahl größerer und weitläufiger Neubauten umgeben ist. Die Fabrik besitzt gegenwärtig eine doppelte Turbinenanlage (3 Turbinen mit je 250 PS und eine Turbine mit 210 PS) und erzeugt auf drei Papiermaschinen jährlich etwa 8.500.000 kg Papier (satinierten Druck und Werkdruck, satinierte farbige Umschlag-, Briefumschlag-,

---

[1]) Über diesen Gegenstand gibt eingehende Aufschlüsse die „Geschichte der alten Papiermühlen im ehemaligen Stift Kempten und in der Reichsstadt Kempten" von Friedrich von Hößle. (Abgedruckt im Allgäuer Geschichtsfreund, Jahrgang 1899 und 1900).

[2]) Die Schachenmayr waren während dreier Jahrhunderte in Kottern, Weidach, Kempten und Stiehlings als „Papierer" tätig. Seit 1894 ist Freiherr Oskar von Redwitz (Schwiegersohn des letzten Papierfabrikanten Oskar Schachenmayr) Besitzer der Fabrik.

Konzept-, Tauen- und Hülsenpapiere, satinierte weiße und farbige Kartons und Aktendeckel). Zugleich befindet sich hier — da ja gegenwärtig das Holz den hauptsächlichsten Rohstoff für die Papierbereitung abgibt — eine Holzschleiferei, die jährlich 1½ Million kg trockenen Holzschliff erzeugt, während in einer zweiten, weiter flußaufwärts gelegenen Holzschleiferei (Fischenmühle) für die gleiche Fabrik jährlich gegen 770.000 kg Holzstoff gewonnen werden.[1])

Zwischen Hegge und Fischenmühle steht am rechten Illerufer die Holzstoff-Fabrik Au, die jährlich 3000 Festmeter Fichtenholz zu 1 Million kg Holzstoff verarbeitet, und auch anderwärts befinden sich solche Betriebe, so in Neudorf und Weidach südlich von Kempten, in Martinszell, in Schüttentobel und in Weißach bei Oberstaufen.

Wie für die Großindustrie, so werden die Wasserkräfte unseres Gebirgslandes in ergiebigster Weise auch zur Erzeugung von Elektrizität ausgenützt. Zahlreiche Elektrizitätswerke versorgen nicht bloß die Städte und größeren Marktflecken, sondern vielfach auch recht kleine und entlegene Dörflein mit Licht und Kraft für industrielle Unternehmungen.

Besondere Hervorhebung verdient das gegenwärtig in Bau begriffene Elektrizitätswerk Andelsbuch, das von der Firma Jenny und Schindler in Kennelbach errichtet wird.[2]) In der Nähe von Bezau wird das Wasser der Bregenzer Ach durch ein großes Stauwehr aufgefangen und unter der Bezegg hindurch in einem 1½ km langen Stollen von 2 m Durchmesser in einen offenen Sammelweiher von 200.000 Kubikmeter Inhalt im sog. Bühlermoos bei Andelsbuch geleitet. Von dort wird es nach Unterführung des Bahnkörpers der Bregenzerwaldbahn in einer Druckleitung, die aus zwei Rohrsträngen von je 2 m Durchmesser besteht, zu der an der Ach gelegenen Zentrale mit einem Gefälle von 60 m geführt und entwickelt hier eine Kraft von 10.000 Pferdestärken!

Diese gewaltige Anlage, die im nächsten Frühjahre (1907) in Betrieb gesetzt werden soll, wird nicht nur für den Bregenzer Wald eine Licht- und Kraftquelle werden, sondern auch der in Aussicht genommenen Bergbahn dienen, die als elektrische Zahnradbahn von Bregenz auf den Pfändergipfel führen soll.

Wie wir sehen, werden in unserm Gebirgslande die Errungenschaften moderner Technik, teilweise wenigstens, in großartigem Maße ausgenützt.[3])

Gewisse Gegenden freilich sind davon noch nahezu völlig unberührt geblieben, so namentlich das obere Lechtal, das Tannheimer Tal und das Walsertal, und es mag als eine erheiternde Gegenüberstellung gegen die großen Betriebe, die wir eben

---

[1]) Filialen der Papierfabrik Hegge befinden sich in Wolfegg (in Württemberg) und in Kinsau (am Lech).

[2]) Die gleiche Firma besitzt Elektrizitätswerke in Rieden bei Bregenz und in Dornbirn.

[3]) Außer den schon erwähnten Betrieben gibt es natürlich noch manch andere Fabrikationszweige (z. B. Zündholzfabrikation in Kempten, Fabrikation galvanischer Kohlen in Burgberg und Sonthofen, Fabrikation von Brauereiartikeln in Sonthofen, Spulenfabrikation in Hofen bei Weitnau usw.). Doch würde es zu weit führen, darauf näher einzugehen.

Riezlern. (Aufnahme von Ebert.)

kennen gelernt haben, zum Schlusse noch auf ein bescheidenes Bretterhäuschen bei Riezlern hingewiesen werden, das als „Feigen-Kaffee-Fabrik“ mit einem Jahresverbrauch von „mehreren Waggons“ Feigen den einzigen Fabrikationszweig im Walsertale vertritt.

Feigen-Kaffee-Fabrik in Riezlern.

In solchen Gegenden, in denen weder Industrietätigkeit herrscht noch auch die Landwirtschaft reichen Ertrag abwirft, sucht ein Teil der Bevölkerung **Erwerb in der Fremde.** Gegenwärtig ist dies namentlich in Nesselwängle der Fall. Fast aus jedem Hause ziehen hier, wenn der Winter zu Ende geht, Jünglinge und Männer ins Ausland. In Köln und Münster, in Paris, Berlin, Wien, Budapest und Petersburg arbeiten sie während der Sommerzeit als Stukkateure, Maler und Maurer in fremden Diensten und kehren im Herbste in die Heimat zurück, um mit ihren Ersparnissen ihre Angehörigen zu unterstützen. — Auch im Bregenzer Wald, wo früher das Erwerbsleben weit ungünstiger war als heutzutage, war es einst allgemein üblich, daß die jungen Leute als Maurer, Stukkateure, Zimmerleute, Schreiner, Lackierer, Steinhauer usw. in die Fremde wanderten, namentlich in die Schweiz und ins Elsaß. „Gewöhnlich inmitten der Fasten,“ erzählt die Lingenauer Chronik, „zogen sie scharenweise wie die Zugvögel aus und kamen dann im Herbste wieder, brachten schwere Summen Geldes mit, aber auch leider Luxus.“ In Au bildeten die Maurer und Zimmerleute eine eigene Zunft und von hier wie von dem benachbarten Bezau begaben sich namentlich im 17. und 18. Jahrhundert nicht bloß die Gesellen, sondern auch treffliche Meister in die fremden Lande und schufen dort bedeutende Werke der Baukunst im Stile ihrer Zeit (Rokoko). Der bedeutendste dieser Männer war Franz Beer (angeblich aus Bezau, gestorben 1726), der Erbauer zahlreicher Kirchen, unter denen die Stiftskirche in Weingarten besonders hervorzuheben ist. Er, der als einfacher Steinmetzgeselle seine Heimat verließ, wurde im Jahre 1722 von Kaiser Karl VI. geadelt und von den Konstanzern zum Mitglied des inneren Rates gewählt. Ähnliche Berühmtheit erlangten einige Glieder der Familie Moosbrugger aus Au, vor allem Kaspar Moosbrugger (geb. 1656), der den Bauplan für die Benediktinerabtei Maria Einsiedeln in der Schweiz entwarf, ebenso die Thumb aus Bezau, besonders Peter Thumb (geb. 1681, gest. 1766), der die Benediktinerkirche zu St. Peter auf dem

Schwarzwald erbaute. Auch der aus Lindenberg stammende Architekt Johann Georg Specht (geb. 1721, gest. 1803) mag hier genannt werden, dessen Hauptwerk die Kirche des Benediktinerklosters Wiblingen bei Ulm war.[1])

In anderer Weise betätigte sich eine Zeit lang die Wanderlust der Lechtaler. Namentlich im 18. und 19. Jahrhundert (insbesondere in der Zeit von 1770 bis 1820) zogen viele Bewohner von Holzgau, Elbigenalp und den benachbarten Ortschaften als Hausierer und Händler nicht bloß in die Nachbarländer, sondern auch nach Holland, England, ja selbst nach Amerika, erwarben sich zum Teil ansehnliche Reichtümer und kehrten endlich in die Heimat zurück, um in Ruhe und Behagen ihre Tage zu beschließen. Welcher Wohlstand damals besonders in Holzgau herrschte, dafür findet sich ein Beleg in Falgers Chronik, worin mitgeteilt wird, daß im Jahre 1841 eine Holzgauer Jungfrau bei ihrem Tode ein Vermögen von 259.000 Gulden hinterließ. Ihre Kapitalien legten jene „Holländer" zum Teil im benachbarten Illertal und im Bregenzer Walde an. Die Schöllanger Chronik verzeichnet allein aus den Ortschaften Schöllang, Reichenbach und Rubi, vereinzelt auch aus Thalhofen, Burgegg, Mühlegg, Au und Oberstdorf 81 Schuldverschreibungen, durch welche die Lechtaler in der Zeit von 1739 bis 1810 nach und nach eine Summe von 22.468 Gulden verzinslich anlegten. Noch heute steht ein großer Teil dieser Schuldsummen, und um Martini sind die Lechtaler in der Oberstdorfer Gegend und im Bregenzer Wald keine gern gesehenen Gäste; denn dann kommen sie über die Berge herüber, um ihre Zinsen einzusammeln.

Nicht unerwähnt darf endlich bleiben, daß seit dem Aufblühen der Milchwirtschaft und dank dem guten Rufe, den der Allgäuer Sennereibetrieb weit über Deutschlands Grenzen hinaus erworben hat, zahlreiche Allgäuer Sennen in fremde, teilweise weit entfernte Länder (sogar nach Kamerun) gerufen werden und dort guten Verdienst finden.

Noch weit mehr aber als der Erwerb im Auslande ist für unsere Zeit eine andere, entgegengesetzte Erscheinung wichtig geworden, der Fremdenstrom, der sich in unser Gebirgsland ergießt, mit jedem Jahre mächtiger und mächtiger anschwillt und an vielen Orten die Lebensverhältnisse verändert, ja völlig umgestaltet hat. Der **Fremdenverkehr** ist gegenwärtig neben Industrie und Landwirtschaft als die wichtigste Erwerbsquelle zu bezeichnen.

Bekanntlich liegt die Zeit, in welcher die Begriffe „Touristik" und „Sommerfrische" größere Bedeutung erlangten, nicht allzu weit zurück.[2]) Noch im 18. Jahr-

---

[1]) Ausführliche Mitteilungen über diese bedeutenden Baumeister findet man bei Hill, „Au im Bregenzer Wald", und bei Pfeiffer, „Die Vorarlberger Bauschule" (Württemberg. Vierteljahrshefte für Landesgeschichte 1904).

[2]) Über die allmähliche Entwicklung der Touristik in den Allgäuer Bergen berichtet eingehend die treffliche Abhandlung von Anton Spiehler, „Die Allgäuer Alpen," in dem vom Deutschen und Österreichischen Alpenverein herausgegebenen Werke „Die Erschließung der Ostalpen". I. Band.

hundert waren es vereinzelte Ausnahmen, wenn begeisterte Naturfreunde lediglich in dem Bestreben, die Wunder der Alpenwelt kennen zu lernen, einen Berggipfel erstiegen. Zu ihnen zählte Kurfürst Klemens Wenzeslaus, der in den Jahren 1773 und 1774 mit seinem Gefolge den Grünten besuchte, allerdings mit einem Aufwand an Pferden, Trägern und Tragsesseln, der uns lächerlich erscheint; es mußten 51 Pferde für die erste, weniger steile Wegstrecke bereit gestellt werden; außerdem aber waren 56 Bauern aufgeboten als Bedienungsmannschaft für sechs Tragsessel, in denen die Herrschaften vollends zum Gipfel befördert wurden! — Ergötzlich liest sich auch die Schilderung einer Grüntenbesteigung, die von einer Reisegesellschaft im Jahre 1810 von Kranzegg aus unternommen wurde. „Von Kempten," so heißt es da,[1]) „lenkten wir in die Berge hinein und kamen abends am Fuße des Grünten, der höchsten (!)[2]) und schönsten von den Algauer Alpen, an, wo wir uns bei dem Bergmüller einquartierten und sogleich Anstalt zu unserm vorhabenden Alpenzuge trafen. Morgens, Schlag ein Uhr, saßen wir bereits auf unsern Steigepferden, jedem sein Führer mit einem Stiftstabe voran. Ein Mann, mit Mundvorrat und Wein befrachtet, war schon früher vorausgegangen, um unser am Brunnen zu warten. Der Sohn des Müllers begleitete uns zu Fuße, und wir ritten und gingen abwechselnd." Es wird nun berichtet, wie die Gesellschaft auf halbem Wege vor einer Sennhütte Halt machte und wie sie später vor dem Brunnen anlangte, wohin der Träger vorausgeschickt worden war. „Um einen herrlichen, kristallreinen Quell, der aus der Tiefe sprudelt und sich durchsichtig wie Äther in einem Becken sammelt, ziehen sich Steinsitze her und ein Kranz von Pappeln und Erlen beschattet den lieblichen Ort, der den müden Pilger wie ein Heiligtum aufnimmt. Die grüne Bedeckung des Berges, welche schon gegen den Brunnen hin durch vorspringende Klippenstücke und graue Felsruinen unterbrochen wird, hört hier ganz auf, und man sieht nur noch eine ragende Klippenpyramide über sich. Da ich vernahm, daß wir nun erst die ganze Pyramide, jeder mit seinem Stifte und seinem Führer, rund umgehen sollten und daß dies wohl noch gegen eine Stunde betragen möchte, beschloß ich, um den Sonnenaufgang nicht zu versäumen, allein hinanzuklettern." Und nun erzählt der Kühne von Klippen und Abgründen, von Gefahren und Schauern; mit überschwenglicher Begeisterung aber rühmt er die Herrlichkeiten, die er auf dem Gipfel zu schauen vermochte.

---

[1]) „Reise auf den Gründen im Algau." Von Ludwig Schubart. (In den Miszellen für die Neueste Weltkunde, 6. April 1811. Es ist dies wohl die erste Zeitungsmitteilung, die über eine Bergbesteigung in den Allgäuer Alpen erschienen ist.)

[2]) Was für verworrene Begriffe damals noch über die geographischen Verhältnisse unseres Gebirgslandes selbst im unmittelbar angrenzenden Vorland herrschten, bezeugt ein Aufsatz im „Stiftkemptischen Wochenblatt" vom Jahre 1795 (S. 207). Darin heißt es: „An der Iller um Immenstadt herum liegen das Drittacher Thal, welches vom Wasser Tortach, — das Irracher Thal, welches vom Wasser Irrach — das Breitacher Thal, so von dem Wasser Breitach den Namen hat, welche Gewässer ob dem Dorf Langenwang eine Stunde von dem Ursprunge der Iller, die oberhalb Kempten 4 Meil bei dem Dorf Oberdorf aus einem Berge hervorstürzt, in dieselbe sich ergießen."

Betrachtete man demnach schon die Besteigung eines so harmlosen Berges als ein bedeutsames Ereignis, welche Bewunderung mußte es erst erregen, als im Sommer des Jahres 1811 der Immenstädter Landgerichtsphysikus Dr. Zör (s. S. 332) es wagte, in einsamer Felsenwildnis über die Schwarze Milz zum Mädelegabelgletscher vorzudringen, in jene Hochregion, von der noch im Jahre 1848 der Oberstdorfer Pfarrer Stützle meinte, „es laste in gewöhnlichen Sommern eine ungeheure Masse Schnee auf der Mädelegabel, und kein Sterblicher, der nicht in einer grausen Eiskluft sein Leben erbärmlich enden wolle, dürfe es wagen, über diese Schnee- und Eisfelder hinanzusteigen." [1])

Erst um die Mitte des neunzehnten Jahrhunderts, in derselben Zeit, als der Botaniker Sendtner und der Geologe Gümbel ihre hervorragenden Forschungswanderungen in den Allgäuer Alpen unternahmen,[2]) als die letzten Teilstrecken der Südnordbahn in den Jahren 1852 und 1853 eröffnet wurden, wodurch der Zuzug fremder Reisender erleichtert wurde, als durch die Schriften von Karrer, Groß und Buck auf die Schönheiten unseres Berglandes hingewiesen wurde,[3]) erst da begannen die eigentlichen „Touristen" häufiger die Täler zu durchwandern, die Pässe zu übersteigen und die aussichtsreichsten Gipfel zu erklimmen. Und nun wurde auch mit stets wachsendem Eifer daran gearbeitet, durch Errichtung von Raststätten und Herstellung von Wegen das Gebirge zu erschließen. Im Jahre 1852 erbaute Karl Hirnbein das Grüntenhaus, und im Jahre 1869 setzte die Tätigkeit des Alpenvereins ein. Zuerst als Deutscher, dann (seit 1873) als Deutscher und Österreichischer Alpenverein trug er, wie anderwärts, so auch in unserm Gebiete in großartigstem Maße zur Hebung des Fremdenverkehrs bei. Haben doch die beiden Alpenvereinssektionen Allgäu-Kempten und Allgäu-Immenstadt bereits zwanzig aussichtsreiche Berggipfel (darunter Hohes Licht und Mädelegabel, Großen Krottenkopf und Hochvogel, Daumen und Geishorn) durch vollständig durchgeführte, kostspielige Weganlagen leichter zugänglich gemacht, zahlreiche andere Gebirgspfade erbaut oder mit Markierung versehen und endlich durch planmäßig angelegte Höhenwege es ermöglicht, daß der Wanderer, ohne jemals in die Talsohle niedersteigen zu müssen, den ganzen Allgäuer Hauptkamm vom Geishorn bis zum Hohen Licht zu über-

Grüntenhaus. (Zeichnung von J. Annen.)

[1]) J. N. Stützle, Die katholische Pfarrei Oberstdorf oder Die Schweiz im Kleinen. Kempten 1848.

[2]) Die Ergebnisse dieser Forschungen finden sich in den Werken: O. Sendtner, Die Vegetationsverhältnisse Südbayerns 1854, und C. W. Gümbel, Geognostische Beschreibung des bayerischen Alpengebirges 1861.

[3]) Karrer, Wegweiser für Wanderer im Algäu, Lechthale und Bregenzer Walde. Kempten 1847. (Groß) Die Algäuer Alpen bei Oberstdorf und Sonthofen. München 1856. Buck, Handbuch für Reisende im Algäu, Lechthal und Bregenzer Wald. Kempten 1856.

schreiten vermag, angefangen von dem an interessanten Landschaftsbildern reichen „Jubiläumsweg", den die Sektion Immenstadt anläßlich ihres fünfundzwanzigjährigen Jubiläums im Jahre 1899 erbaute, bis zu der stolzen Krönung des gesamten Wegnetzes, dem herrlichen „Heilbronner Weg", der fast immer in Höhen von 2400 bis 2600 m führt, ein Werk, das im Jahre 1899 unter Bauleitung der Sektion Kempten (Anton Hengeler) aus den Mitteln der Sektion Heilbronn hergestellt wurde und alljährlich von Tausenden rüstiger Bergsteiger und Bergsteigerinnen begangen wird! Freilich wurde die Benützung dieser Höhenwege nur ermöglicht durch eine weitere wichtige Tätigkeit des Vereins, durch Erbauung von Unterkunftshäusern. Die beiden Sektionen besitzen gegenwärtig sieben solche Schutzhütten.

Im Backkar, hoch über Einödsbach, steht die älteste dieser trauten Raststätten, das 2084 m hoch gelegene, von der Sektion Immenstadt erbaute Waltenberger

Waltenberger Haus. (Aufnahme von M. Rauch.)

Haus, das den Namen eines Mannes trägt, welcher durch wissenschaftliche Abhandlungen, meisterhafte Schilderungen u. a.[1]) außerordentlich viel zur Erschließung der Allgäuer Alpen beigetragen hat. Das Waltenberger Haus wurde schon im Jahre 1875 errichtet, mußte aber zehn Jahre später durch einen Neubau ersetzt werden. Auf einem von der Hochfrottspitze herabziehenden Gratrücken steht die solid gemauerte Unterkunftshütte und blickt weit hinaus ins Illertal und hinüber zu den wildgezackten Schafalpköpfen. Sie ist der günstigste Rastort für die Besteiger der Mädelegabel, ebenso kann von hier aus der Heilbronner Weg begangen werden. Für diesen wird allerdings in den meisten Fällen als Ausgangspunkt die

[1]) Unter den Schriften Anton Waltenbergers, der von 1869 bis 1878 Bezirksgeometer in Immenstadt war (er starb als Steuerrat im Jahre 1902 in München), sind für unser Gebiet hervorzuheben: Die Abhandlung „Orographie der Allgäuer Alpen" und das Reisehandbuch „Allgäu, Vorarlberg und Westtirol nebst den angrenzenden Gebieten der Schweiz".

Rappenseehütte gewählt, die sich 2092 m hoch auf einem hervorragend schönen Platze befindet, wo nicht bloß die ringsum aufragenden Felsriesen mächtig wirken, sondern auch ein weit umfassender Ausblick in die Ferne das Auge entzückt. (Siehe Titelbild!) Erst vor wenigen Jahren (1900) mußte an die kleine, ganz aus Holz hergestellte Hütte, die 1885 errichtet worden war, ein geräumiger Neubau angefügt werden. Eine bedeutende Vergrößerung wurde auch (1904) an der Kemptner Hütte vorgenommen, die nahe dem Mädelejoch in einer Höhe von 1846 m inmitten prächtiger Weidegründe und umragt von wilden Felszacken (Kratzer, Krottenspitzen u. a.) erbaut ist. Sie dient nicht bloß als Ausgangspunkt für die Besteigung mehrerer Berggipfel (vor allem der Mädelegabel und des Großen

Kemptner Hütte. (Aufnahme von M. Rauch.)

Krottenkopfes), sondern auch als Raststätte für den Übergang vom Illertal ins Lechtal. — Das besuchteste all unserer Unterkunftshäuser ist das Nebelhornhaus, 1929 m hoch auf einem Höhenrücken am „Zeiger" gelegen. Es wurde im Jahre 1890 erbaut und seitdem mehrmals erweitert. Von der traulichen Veranda des Hauses genießt man einen schönen Blick auf die südlich emporsteigenden Bergketten; der Gipfel des aussichtsreichen Nebelhorns ist in einer halben Stunde zu erreichen. — Ein prächtiger Höhenweg führt vom Nebelhornhaus über das Laufbachereck hinüber zum Prinz Luitpold-Haus (1847 m hoch). Die herrliche Lage dieser Unterkunftshütte, die im Jahre 1881 eröffnet und 1896 vergrößert wurde, lohnt allein den Besuch; doch dient sie vor allem den Besteigern des Hochvogels. — Weiter im Osten in den Tannheimer Bergen steht, von den Felsenmauern der Roten Flüh, des Gimpels und der Kellenspitze überragt, die kleine Tannheimer

30*

Hütte, 1713 m hoch gelegen, mit weitem Ausblick auf die Allgäuer und Lechtaler Berge. Ehedem in Privatbesitz, wurde sie im Jahre 1892 für den Alpenverein erworben und hat seitdem schon viele fröhliche Bergsteiger beherbergt, die von hier aus die nahen Gipfel erkletterten. — Vor kurzem erst (1905) wurde unter den Schrofen der Urbeleskarspitze die Kaufbeurer Hütte in einer Höhe von 2007 m erbaut, um zur Erschließung der gipfelreichen Hornbachkette beizutragen.

Neben den beiden Alpenvereinssektionen Immenstadt und Kempten haben auch andere ihr Arbeitsgebiet in unsere Berge verlegt. Der „Akademische Alpenverein München" hat durch Erbauung der Hermann von Barth-Hütte (2150 m) den Zugang zu den Gipfeln der Hornbachkette von Elbigenalp aus erleichtert. Der Name des herrlich gelegenen Hauses hält das Andenken an Hermann von Barth

Otto Mayr-Hütte. (Aufnahme von M. Rauch.)

wach, jenen kühnen und ausdauernden Bergsteiger, der im Jahre 1869 seine „führerlosen" Touren in den Allgäuer Alpen unternahm und keinen einzigen der bedeutenderen Gipfel unbezwungen ließ.[1]) — In den Vilser Bergen haben die Sektionen Augsburg, Füssen und Pfronten Wege angelegt und markiert, und wie die Aggensteinhütte (1795 m hoch) von der Tätigkeit der Sektion Pfronten Zeugnis ablegt, so erhebt sich an einem der schönsten Punkte des Reintals die von der Sektion Augsburg errichtete Otto Mayr-Hütte[2]) (1540 m hoch), im Angesichte der prächtigen Tannheimer Berge und unmittelbar hingebaut an die Gehänge der Schlicke, zu der man von hier auf bequemem Zickzackpfade emporsteigt.

[1]) In packender Schilderung sind diese Bergfahrten dargestellt in dem Werke: Hermann von Barth, Aus den nördlichen Kalkalpen. Gera 1874.

[2]) Sie trägt den Namen des langjährigen Vorstandes der Sektion, Justizrat Otto Mayr in Augsburg.

Wie sehr durch diese Tätigkeit des Alpenvereins die Anregung zu Wanderungen in den Allgäuer Alpen gegeben wurde, ersieht man aus einer Zusammenstellung der Zahlen, die für den Besuch der genannten Hütten festgestellt werden konnten. Bis zum Ende des Sommers 1905 waren in den Fremdenbüchern verzeichnet:

im Waltenberger Haus	seit 1875	Gesamtzahl der Besucher:	5:559
im Prinz Luitpold-Haus	„ 1881	„ „ „	10.041
in der Rappenseehütte	„ 1885	„ „ „	10.979
im Nebelhornhaus[1])	„ 1890	„ „ „	32.246
in der Kemptnerhütte	„ 1891	„ „ „	13.133
in der Tannheimer Hütte	„ 1893	„ „ „	1.977
in der Hermann von Barth-Hütte	„ 1900	„ „ „	672
in der Otto Mayr-Hütte	„ 1900	„ „ „	10.033
im Kaufbeurer Haus im Jahre	1905	„ „ „	276

Auch für die Ausbildung und Überwachung des Führerwesens hat der Alpenverein Sorge getragen. Übrigens gab es schon zu Sendtners Zeit einen Stamm einheimischer Führer, die sich durch Gewandtheit und Zuverlässigkeit auszeichneten, so Schaafhittl, Ludorfer und Ignaz Mezler, genannt Schwäbeler, in Oberstdorf. Schwäbeler war besonders als Höfatsbesteiger gerühmt, und es dürfen hier wohl die anerkennenden Worte Platz finden, die Sendtner seinen Leistungen widmete: „Schwäbeler und Höfats gehören zusammen. Sie wetteifern an Schlankheit, Grazie und Härte. Vor Zeiten, als er noch jung war, hat Schwäbeler auf der Höfats mit den Gemsen sein Wesen getrieben. Jetzt wird er alt, die Höfats bleibt dieselbe. Geht es auch, wie er sich ausdrückt, mit seinen Kräften „litzel“, so muß man doch, wenn man nicht bloß gut, sondern auch schön steigen sehen will, dem Schwäbeler auf seiner Höfats zuschauen. Da kann man sehen, was dem menschlichen Fuß erreichbar ist, wenn man von ihren Zinnen die „Schnur“ vom Oytal nach der Scharte und die „Stiege“ betrachtet, eine senkrechte Felswand an der Nordseite. Da freut es immer noch den Alten, die Gemsen zu höhnen, denen seine Pfade unzugänglich sind.“ [2]) — Die ersten Mädelegabel-Führer waren die beiden Vettern Vincenz und Johann Baptist Schraudolph. Vincenz, von dem es im Oberstdorfer Sterberegister heißt, daß er „von Jugend auf als Hirt, Bauer und Gemsjäger an den steilen Wänden des Mädeli umkletterte und als bester Besteiger und Führer auf Mädeli-Gabel galt“, fand im Juni 1858 ein klägliches Ende, indem er beim Holzfällen im Grase ausglitt und in die Stillachklamm bei Einödsbach stürzte, wo er mit zerschmetterten Gliedern aufgefunden wurde. Johann Baptist Schraudolph dagegen, der viel gefeierte Veteran der Allgäuer Bergführer, der die Mädelegabel mehr als vierhundertmal erstiegen hat, lebt heute noch als hochbetagter, aber immer noch rüstiger Greis in Einödsbach.

---

[1]) Der tatsächliche Besuch des Nebelhornhauses geht weit über die in den Fremdenbüchern verzeichnete Zahl hinaus. — Der Besuch der Aggensteinhütte konnte nicht festgestellt werden, da vor einigen Jahren das Hüttenbuch samt der Hüttenkasse entwendet wurde.

[2]) Beilage zur Allgemeinen Zeitung 1853.

Wie der Alpenverein seine Tätigkeit hauptsächlich zu Nutz und Frommen des Bergsteigers entfaltet, so haben sich, seitdem die „Sommerfrischen" in Mode gekommen sind, allenthalben die Verschönerungsvereine bemüht, in unmittelbarer Umgebung der Ortschaften durch Weganlagen und Ruhebänke, Errichtung von Badeanstalten und Aussichtswarten den Aufenthalt für Sommergäste möglichst angenehm zu gestalten,[1]) und es sind aus solchen Bestrebungen auch so bedeutende Unternehmungen wie die Erschließung der Sturmannshöhle und der Breitachklamm hervorgegangen.

Unter all den Sommerfrischorten des Allgäus hat sich Oberstdorf weitaus die erste Stellung erobert, und es ist von großem Interesse, die Entwicklung zu verfolgen, die hier der Fremdenverkehr genommen hat.

Aus den Aufzeichnungen des Oberstdorfer Verschönerungsvereins erhält man über die Zahl der Fremden und über die vom Vereine gemachten Aufwendungen folgende Aufschlüsse:

Jahr	Zahl der Fremden	Ausgaben des Verschönerungsvereins[2])
1872	460	763 Mk.
1875	653	1725 „
1880	1409	1103 „
1885	2353	2350 „
1890	4044	4584 „
1895	5073	9273 „
1900	7163	12.925 „
1905	12.907	16.391 „

Will man ermessen, wie sehr sich in Oberstdorf durch den Fremdenverkehr die Lebensverhältnisse geändert haben, so darf man nicht bloß an die Gasthof- und Fuhrwerkbesitzer, an die Vermieter von Privatwohnungen, an die Bergführer und Träger, an die Kaufleute und Gewerbetreibenden denken, die unmittelbaren Gewinn davon ziehen, sondern man muß auch hinzurechnen, wie der Milchpreis während des Fremdenbesuches in die Höhe geht, wie die Taglöhne steigen, wie der Bodenwert im Orte zugenommen hat. Wo noch vor zehn Jahren ein Dezimal zu 40 Mark erworben wurde, fordert man jetzt dafür 200, ja unter Umständen 250 Mark! — So erfreulich nun der materielle Aufschwung ist, den Oberstdorf

[1]) Im Bregenzer Wald haben die Verschönerungsvereine von Egg und von Hittisau auch Wegmarkierungen auf Berggipfel (z. B. Winterstaude und Kojen) durchgeführt.

[2]) Die Ausgaben wurden in den späteren Jahren zum Teile durch die Kurtaxen gedeckt, die sich z. B. im Jahre 1905 auf 10.323 Mark beliefen.

dem Fremdenverkehr verdankt und der auch die Steuerkraft der Gemeinde im Laufe von sechzehn Jahren nahezu verdoppelt hat,[1]) so ist andererseits doch nicht zu verkennen, daß dieser Aufschwung auch manche bedenkliche Erscheinungen im Gefolge hat. Längst hat Oberstdorf aufgehört, als Mittelpunkt der Sennwirtschaft zu gelten, wie dies um die Mitte des vorigen Jahrhunderts von dem Orte gerühmt wurde. Die meisten Alpen sind verkauft; die köstlichen Schätze, welche das Gebirge darbietet, werden nicht mehr in dem Maße ausgebeutet wie einst. Hunderte von Zentnern des besten Grases, das früher in den Hochregionen gewonnen und zu Tal gebracht wurde, werden jetzt dem Wilde oder der Verwesung überlassen, da der Fremdenverkehr lohnenderen Verdienst abwirft. Das Wirtshausleben nimmt

Fuggerhaus in Oberstdorf. (Aufnahme von Helmhuber.)

zu, und viele Oberstdorfer feiern im Winter und zehren von dem leichten Erwerbe, den der Sommer gebracht hat.

Natürlich hängt das gewaltige Anwachsen des Fremdenstromes innig zusammen mit der Vervollkommnung der **Verkehrsverhältnisse,** und es mag daher am Platze sein, auch diese kurz zu berühren.

Dem Aufbau unseres Gebirges entsprechend dringen die Eisenbahnlinien von Norden her in die einzelnen Täler ein. Zwar die Hauptlinie, die ehemalige „Ludwig-Süd-Nordbahn", deren letzte Teilstrecke von Kempten bis Lindau im

[1]) Im Jahre der Bahneröffnung (1889) betrug der Steuersatz 8161 M. 71 Pf., im Jahre 1905 dagegen 15.524 M. (mit Einrechnung der Miet-Haussteuer, die inzwischen hinzugekommen ist und sich auf 4535 M. beläuft).

Ruine Fluhenstein bei Sonthofen.
(Aufnahme von Ebert.)

Jahre 1853[1]) eröffnet wurde, durchzieht nur das Alpenvorland; von ihr aber zweigen die Seitenlinien ab, die, zum Teil wenigstens, unmittelbar an den Fuß des Hochgebirges hinführen. Anschließend an die beiden vom Staate erbauten Vizinalbahnen Immenstadt-Sonthofen (eröffnet 1873) und Biessenhofen-Oberdorf (eröffnet 1876) baute die „Lokalbahn-Aktiengesellschaft München" das Schienengeleise im Jahre 1888 nach Füssen, ein Jahr später nach Oberstdorf. Im Jahre 1895 erfolgte die Eröffnung der staatlichen Lokalbahn Kempten-Pfronten, die im Jahre 1905 bis nach Reutte weitergeführt wurde, während im Westallgäu die Zweiglinien Röthenbach-Weiler (im Jahre 1893 von einer Privatgesellschaft gebaut) und Röthenbach-Scheidegg (im Jahre 1901 vom Staate erbaut) entstanden.

Die Ausführung dieser Bahnen erforderte auf einzelnen Strecken hervorragende technische Leistungen. So mußte bei Röthenbach, wo eine tief eingesenkte, wohl

Eisenbahnbrücke über die Wertach bei Nesselwang. (Aufnahme von M. Rauch.)

in der Eiszeit entstandene Talweitung die Trace unterbrach, der Rentershofer Damm aufgeführt werden, der bei 525 m Länge und 53 m größter Höhe ein Füllmaterial von 2.200.000 cbm beanspruchte. Er ist der höchste und am meisten Erdmasse enthaltende Bahndamm Deutschlands. — In unmittelbarer Nähe mußte über den Ellhofer Tobel eine 32,7 m hohe Brücke erbaut werden, und ebenso war bei Oberstaufen die Anlage eines ansehnlichen Steindammes und die Durchbohrung des Staufener Berges durch einen 198,5 m langen Tunnel nötig. — Auf der Strecke Kempten-Pfronten brachte der Bau der Wertachbrücke bei Nesselwang infolge wiederholter Rutschungen des Geländes unerwartete Schwierigkeiten. Im übrigen zeigt gerade die Pfrontner Linie mit ihren zahlreichen Krümmungen und bedeutenden Steigungen (sehr häufig 25‰) am meisten den Charakter einer Gebirgsbahn.

[1]) Die kurze Strecke Aschach-Lindau, für welche ein 550 m langer Damm in den Bodensee gebaut werden mußte, wurde erst 1854 eröffnet.

Haltestelle der Bregenzerwaldbahn. (Langen-Buch.)

Die Haltestelle Oy, 908 m über dem Meere, ist zur Zeit die höchst gelegene Bahnstation Bayerns. — Von den großartigen Brückenbauten, die gegenwärtig in Kempten ausgeführt werden, war schon früher die Rede. (Siehe Seite 287).

Der Bregenzer Wald erhielt im Jahre 1902 eine schmalspurige Bahn, die von Bregenz bis zum vorläufigen Endpunkte Bezau nahezu 35 km mißt und sich durch großartige, aber auch durch liebliche Landschaftsbilder auszeichnet. Freilich ist der Bahnkörper zwischen Kennelbach und Egg, auf welcher Strecke er in der tief eingerissenen, an Krümmungen reichen Schlucht der Bregenzer Ach dem reißenden Flusse mühsam abgerungen werden mußte, durch Rutschungen gefährdet, die bisher noch in jedem Jahre wiederholt den Betrieb gestört haben. Übrigens ist diese Strecke die einzige in unserm Gebiete, die eine größere Zahl allerdings kurzer Eisenbahntunnels aufweist.

Durch ein großes Volksfest, das am 21. und 22. September 1902 in Egg unter Teilnahme von etwa 12000 Gästen stattfand, wurde das bedeutsame Ereignis der Bahneröffnung gefeiert. In dem historischen Festzug, welcher bei dieser Gelegenheit getreue Bilder aus der Vergangenheit des Wäldervolkes vor Augen führte, durfte auch die Gruppe der Säumer nicht fehlen, welche die einstigen Verkehrsverhältnisse in Erinnerung bringen sollte.

Denn bis gegen das Ende des achtzehnten Jahrhunderts war der Bregenzer Wald ohne fahrbare Straßen. Erst damals fing man solche zu bauen an, und im Jahre 1786 erblickte man in Lingenau, wie die Chronik berichtet, die ersten mit Eisen beschlagenen Wagen. Bis dahin waren die Erzeugnisse des Landes (vor allem Käse und Schmalz) auf Saumpferden nach Bregenz hinausgeschafft und in gleicher Weise Getreide und Mehl, Salz und Wein zurückgebracht worden. Die Säumer des Bregenzer Waldes hatten ihre eigene Tracht, ein Wams aus gelbem Leder mit eingesetzten Ärmeln von rotem Tuch. Um die Hüfte trugen sie einen breiten Gürtel und in diesem einen Beschlaghammer, mit dem

Eisenbahnbrücke bei Bezau.

sie nicht nur die Schäden an den Hufeisen ihrer Pferde ausbesserten, sondern auch, wie die Chronik meint, „oft einander Löcher in den Kopf schlugen." — Als die neugebauten Straßen einen bedeutenden Fuhrwerksverkehr hervorriefen, so daß im 19. Jahrhundert nicht bloß in die Nachbarländer, sondern bis nach Südtirol und Italien, Böhmen und Ungarn die Molkereiprodukte des Waldes auf vier- und sechsspännigen Wagen versandt wurden,[1]) nahm die Verwendung von Saumpferden natürlich bedeutend ab. Auch die vereinzelten Säumerkarawanen, denen man noch vor wenigen Jahren auf dem Wege von Schoppernau zum Arlberg begegnen konnte, sind entbehrlich geworden, seit die neue Flexenstraße erbaut und der Weg von Schoppernau nach Schröcken bedeutend verbessert worden ist.

Auch über einige Pässe, welche die Verbindung zwischen dem Illergebiet und dem Arlberg herstellen, wurde in früheren Zeiten gesäumt. Aus dem Walsertal führte ein Saumweg über Bärgunt (nicht über Gentschel) nach Hochkrumbach, und noch vor siebzig Jahren konnte man auf diesem Pfade zuweilen sieben, acht Saumpferde hintereinander aus Tirol heimkehren sehen, beladen mit den „Lägerle", in denen der Tiroler Wein herbeigebracht wurde. Ebenso diente der Schrofenpaß, der um 1780 gangbar gemacht wurde, den Säumern, die von Oberstdorf her namentlich Getreide in die Ortschaften des Tannbergs zu führen hatten. Gegenwärtig ist er nicht bloß ein bequemer Übergang für Fußwanderer, die von Oberstdorf nach dem Arlberg gelangen wollen, sondern auch ansehnliche Viehtransporte aus dem Montafon und Prätigau werden im Frühjahre über diesen Paß geleitet. So wurden im Mai des vorigen Jahres 162 Stück

Säumer im Bregenzer Wald. (Aufnahme von Relmhuber.)

[1]) Für das Haus Bilgeri in Andelsbuch, das diese Versandgeschäfte im großen betrieb, führte z. B. ein Bruder des Malers Konrad Dorner (s. S. 247) die Erzeugnisse des Waldes auf sechsspännigen Wagen über den Splügen nach Piemont und in die Lombardei und brachte von dort Wein zurück.

Partie an der Jochstraße bei Hindelang. I. (Nach Herstellung des Straßendammes.)
(Aufgenommen vom Kgl. Straßenbauamt Kempten.)

Partie an der Jochstraße bei Hindelang. II. (Nach Einbringung des Grundbaues.)
(Aufgenommen vom Kgl. Straßenbauamt Kempten.)

herübergetrieben. In solchen Fällen muß freilich der in den Felsen gesprengte Weg erst dadurch gangbar gemacht werden, daß der Schnee ausgeschaufelt und als Schutzmauer gegen die Abstürze aufgeschichtet wird.

Ein vielbesuchter Paßübergang muß von jeher das Mädelejoch gewesen sein, wie schon aus der Tatsache erhellt, daß die Lechtaler auf diesem Wege eine Zeitlang regelmäßige Bittgänge nach Loretto bei Oberstdorf unternahmen. Auf der Landkarte von Tirol, die Peter Anich im Jahre 1744 anfertigte, ist von Holzgau über das „Madele Joch“ und am „Spör Bach“ ein Weg eingezeichnet als der einzige, der von Oberstdorf talaufwärts führte. Selbst gegen etwaige Überraschungen in Kriegszeiten war Sorge getragen durch eine „Wacht“ oberhalb Holzgau. — In unsern Tagen ist diese wichtige Verbindung zwischen Iller- und Lechtal wesentlich verbessert worden durch die Tätigkeit der Alpenvereinssektion Kempten, welche durch den berüchtigten Sperrbachtobel im Jahre 1903 einen vorzüglichen, breit und bequem angelegten Weg hergestellt hat.

Partie an der Jochstraße bei Hindelang. III. (Nach Vollendung.)
(Aufgenommen vom Kgl. Straßenbauamt Kempten.)

Was hier auf kleinem Gebiete von einem gemeinnützigen Vereine geschaffen wurde, das sehen wir im großen ausgeführt, wo es sich um Leistungen eines Distriktes oder des Staates handelt. Gerade in den letzten Jahrzehnten sind zahlreiche Straßen neu ausgebaut worden. Wie auf österreichischem Boden die prächtigen Kunststraßen von Bregenz nach Langen, von Mellau nach Schoppernau, vom obern Lechtal zum Arlberg hervorgehoben werden müssen, so verdienen im bayerischen Allgäu (von kürzeren Teilstrecken abgesehen) die Straßenbauten von Kempten nach Pfronten und Füssen, von Immenstadt nach Missen, von Scheidegg nach Niederstaufen, besonders aber die großartig angelegte Jochstraße bei Hindelang Erwähnung, die in den Jahren 1895—1900 erbaut wurde und unter den Straßen Deutschlands den höchsten Punkt (1180 m) aufweist. Obwohl von Hindelang aus ein Höhenunterschied von 362 m zu überwinden war, ist die Straße durch Anloge gewaltiger Schleifen so geschickt emporgeführt, daß die größte Steigung nur 5,75% beträgt gegenüber 18% der alten Straße.

Daß mit den neuen Straßenanlagen zuweilen auch bemerkenswerte Brückenbauten verbunden sind, wie die eiserne Brücke über den Argentobel bei Grünenbach, wurde schon an anderer Stelle berührt. Dagegen möge zum Schlusse noch hingewiesen werden auf die eigenartige Einrichtung der Drahtstege, die man im Bregenzer Wald antrifft. Zwischen Lingenau und Egg ist ein solcher über die Subers gebaut. Zwei starke Drahtseile, an beiden Ufern tief im Boden verankert, bilden das Gerüst, an dem ein Drahtnetz befestigt ist, um den aus Brettern gebildeten Gangsteig zu tragen. Es ist ein schwankendes Gebilde, das man da zu überschreiten hat, und wohl mag ein ängstlicher Wanderer von leichtem Schauer erfaßt werden, wenn er hinabschaut in die von jähen Felswänden eingeschlossene Tiefe, in welcher die Subersach zwischen riesigen Blöcken wild dahinstürmt.

Drahtzug über die Bregenzer Ach. (Aufnahme von Ad. Hild.)

Eine besondere Wältererfindung endlich sind die Drahtzüge, die einige Wälderbauern hergestellt haben, um den Übergang über die Bregenzer Ach bei Schwarzenberg auf die einfachste Art ohne Brücke oder Fähre zu ermöglichen. Zu beiden Seiten des Flusses sind bescheidene Wartehäuschen aufgestellt. Sie bieten genügenden Raum für einen Fahrstuhl, der oben an einem starken, von Ufer zu Ufer gespannten Drahtseile befestigt ist und an diesem auf einer Rolle fortbewegt werden kann. Mit Hilfe eines Drahtzuges vollzieht sich die Überfahrt auf die kürzeste und angenehmste Weise.

Überblicken wir nach dieser kurzen Abschweifung noch einmal all die Erwerbszweige, die wir in so mannigfacher Gestaltung kennen gelernt haben, so kommen wir wohl zu dem Schlusse, daß es eine tätige und geistig regsame Bevölkerung ist, welche das Gebirgsland zwischen dem Lech und dem Bodensee bewohnt. Ein erfreulicher Wohlstand ist die Folge dieser allgemeinen Rührigkeit. Man betrachte z. B. die Entwicklung der Genossenschaftsbank in Sonthofen! Als diese im Jahre 1889 gegründet wurde, beteiligten sich 125 Mitglieder mit einer Einlage von 5700 Mark. Zehn Jahre später war der Mitgliederstand auf 761, das Einlagekapital auf 129.000 Mark angewachsen, und im vorigen Jahre (1905) betrug die Zahl der Mitglieder 836, die Summe der Einlagen 168.000 Mark! Im Laufe des Jahres 1905 wurden der Genossenschaftsbank von diesen 836 Mitgliedern 2½ Millionen Mark an Betriebsmitteln zugeführt, der Jahresumsatz der Bank betrug 26½ Millionen Mark! — Außerdem wirkt im Allgäu noch eine große Zahl von genossenschaftlich organisierten Spar- und Vorschußvereinen, sowie städtischen und Distrikts-Sparkassen in ersprießlicher Weise. So wies ein in Rettenberg bestehender Darlehensverein im Jahre 1905 Spareinlagen in der Höhe von 38.907 Mk. auf.

Wie im Allgäu, so ist's im Bregenzer Wald. Im Hinterwald, in der Bezauer Gegend, gilt es noch nicht als besonderer Reichtum, wenn ein Bauer 20—30.000 Gulden sein eigen nennt, und die Gemeinde Egg, die in den letzten zehn Jahren für Bauten eine halbe Million Kronen aufgewendet hat, besitzt seit 1873 eine Spar- und Vorschußkasse, die im Rechnungsjahre 1901 einen Geschäftsumsatz von 2.342.074 Kronen verzeichnete.

Mit dem Gefühle freudigen Behagens gewahrt man, die schönen Lande durchwandernd, überall die Spuren dieses blühenden Wohlstandes und man stimmt gerne ein in die rühmenden Worte eines Allgäuer Dichters:

„Und senke den Blick ich hinab ins Tal
Nach den blühenden Dörfern und Städten:
Allüberall regt sich der Hände Fleiß
In freudigem Wagen und Wetten.

Und Reichtum erschaue ich rings umher
Und friedliches Glück allerorten:
Wohl dir, du biederes, fleißiges Volk,
Dem solcher Segen geworden!"

(Aus der kürzlich erschienenen Sammlung:
Lieder aus dem Allgäu, mit Bildschmuck von Richard Mahn.)

Neunter Abschnitt.

Die vier Jahreszeiten.

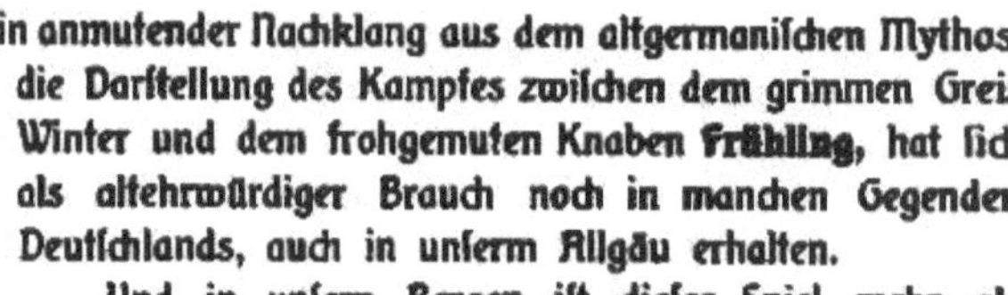

Ein anmutender Nachklang aus dem altgermanischen Mythos, die Darstellung des Kampfes zwischen dem grimmen Greis Winter und dem frohgemuten Knaben **Frühling**, hat sich als altehrwürdiger Brauch noch in manchen Gegenden Deutschlands, auch in unserm Allgäu erhalten.

Und in unsern Bergen ist dieses Spiel mehr als anderswo der Wirklichkeit abgelauscht.

Manche behaupten zwar, es gebe bei uns überhaupt keinen Frühling; und sie haben recht, wenn sie an die entzückenden Märztage der Riviera denken oder an die Blütenpracht, mit welcher der April die rheinwärts gerichteten Hänge des Odenwaldes oder der Haardt überdeckt. Aber auch der langwierige, schwere Kampf, den bei uns die höher steigende Sonne mit dem Winter zu kämpfen hat, besitzt einen eigenen Reiz.

Es kann vorkommen, daß schon im Januar der holde Lenz für ein paar Stunden erwachend mit den Augen blinzelt. Dann entfaltet an irgend einem sonnigen Hang, wo inmitten ungeheurer Schneemassen ein kleines Fleckchen Erde ausgeabert ist, das gelbe Fingerkraut seine kleinen, zarten Blüten oder der tiefblaue Frühlingsenzian öffnet sich dem warmen Sonnenstrahl. Aber das ist nur ein Augenblick, dem wieder tiefer, langer Schlummer folgt. Erst gegen Ende Februar oder zu Anfang März wird's ernster.

Nach harten, grimmig kalten Tagen ist plötzlich ein Witterungsumschlag eingetreten. Ein blaugrauer Schleier webt sich über die tief verschneiten Berge, kohlschwarz stehen die Wälder: der Föhn ist im Anzug! Ein lauer

Windhauch weht. Dann aber kommt's mit Heulen und Brausen und in wilden Regengüssen heran. Die Wildbäche rauschen. Wie Triumphgeschrei hallt in den Schluchten das Tosen und Donnern der sieghaft hinströmenden Wasser.

Auch droben auf den verschneiten Berghängen wird's lebendig: die Grundlawinen gehen nieder!

Der Älpler kennt ihre Wege und weiß so ziemlich die Tage und die Tageszeiten, an denen es gefährlich ist, eine solche Bahn zu kreuzen. Wenn diese Jahr für Jahr, dem bestimmten Naturgesetze zufolge, genau eingehalten wird, hat der Lawinengang keine Schrecken. Man mag vielmehr vom gesicherten Standpunkte aus mit Bewunderung dem großartigen Schauspiele folgen, wie das weite Schnee-

Lawinenrest im obern Trettachtal. Juli 1905.

feld, dessen Unterlage erweicht ist, plötzlich ins Gleiten kommt, wie immer neue, gewaltige Massen mitgezogen werden, sich zusammenballen und, mit wachsender Wucht niederstürzend, Erde und Steine, Bäume und Strauchwerk mit fortreißen, bis sie endlich in der Tiefe zur Ruhe kommen, zusammengepreßt von der Gewalt des Sturzes und vermengt mit Schutt und zerbrochenem Geäste.

Oft tief in den Sommer hinein bleiben solche Schneemassen an Schattenhalden oder in düstern Schluchten liegen; ja, manchmal überdauern sie die warmen Monate, so daß endlich auf die schmutzigen, steinharten Überreste von neuem der Winterschnee niederwirbelt. So war auf dem Wege von Spielmannsau zum „Untern Knie“ im Jahre 1905 noch Mitte Juli ein Lawinenrest von solcher Mächtigkeit zu sehen, daß er die Trettachschlucht völlig zudeckte und an beiden Uferhängen hoch hinaufreichte — eine wirre Masse von Schnee, Erdreich und zerknickten Baumstämmen.

Nicht immer hält die Lawine die gewohnten Wege ein; zuweilen bricht sie unversehens nieder, wo der Mensch sich sicher wähnte, und manchem ist sie so zum frühen Grab geworden.

Für den Haushalt der Natur aber haben die Lawinengänge und die Föhnstürme überaus große Bedeutung. Durch sie allein werden die riesigen Schneemassen der Hochregion so vermindert, daß später wieder ein Grünen und Blühen möglich ist. „Ohne den Föhn," sagt ein Kenner der Alpen, „wären viele Hochgebirgstäler, die jetzt grasreiche Weiden tragen, mit ewigem Schnee bedeckt." [1])

Lawinenrest, von der Trettach unterhöhlt. Juli 1905.

Nach solchen stürmischen Tagen, in denen der Frühling mit dem Winter einen grimmigen Kampf gekämpft hat, tritt gar oft eine Zeit der Ruhe ein, und es scheint dann, als wolle das Verhältnis zwischen den beiden sich schiedlich-friedlich lösen. Der Frühling legt seine Hand auf die Sonnenseite der Berge und sagt: Das ist mein! Der Winter tritt auf die Schattenseite und ruft: Hier bin ich Herr!

Und da sieht man dann die merkwürdigsten Gegensätze: Hier steht eine Alphütte, bis an den First im Schnee vergraben; etliche hundert Schritte weiter, der Sonne zugewendet, erblühen Hunderte von Frühlingsenzianen und Gänseblümchen. — Oder in einem von Ost nach West ziehenden Tobel sehen wir auf dem schattenseitigen Hang ein Bild tiefsten, starren Winters: harte, knisternde Schneedecke, bereifte Sträucher und Baumzweige, Eiszapfen in der Umgebung einer Sickerquelle; gegenüber aber haucht die

---

[1]) Stebler, Alp- und Weidewirtschaft.

schneebefreite Erdscholle im wärmenden Sonnenstrahl den kräftig duftenden Frühlingsodem und um ein munter fließendes Brünnlein sprießen zartgrüne Halme hervor.

Aber das ist nur ein Waffenstillstand, kein Friede; bald tobt der Kampf aufs neue. Schritt für Schritt rückt der Frühling vor mit Sonnenschein und Regenschauern. Mit Schneeglöckchen und bunten Krokusblüten überdeckt er im Laufe des April die Wiesen, ein smaragdgrüner Anflug überzieht den Anger. Da bricht aufs neue der Winter hervor. In schweren, wässerigen Flocken wirbelt der Schnee nieder, dichter und dichter; alles, alles wird wieder weiß, begraben sind Blumen und Gräser, eisig weht der Wind!

Wer kleinmütig ist, könnte meinen, daß von dieser neuen Niederlage der Lenz sich nicht mehr erholen werde. Aber bald rafft er sich wieder empor und wirft die Schneedecke ab. Aus dem Knaben wird jetzt ein kraftvoller Jüngling, der mehr und mehr seinen Gegner in die Hochtäler zurücktreibt. Wohl kommt der

Alphütte am Grünten im März 1905.
(Ungefähr 200 m von dieser Stelle waren zahlreiche Frühlingsblumen aufgeblüht.)

Alte auch im Mai noch mit seinem rauhen Wind, seinem weißen, wirbelnden Schneegestöber; aber immer kürzer, immer schwächer werden seine Angriffe. Es kann vorkommen, daß an solch einem Maientage zur Morgenzeit alles bis hinab zu den Wohnhäusern der Voralpenzone mit Schnee bedeckt ist, und mittags zeigt sich bis hoch hinauf auf die Berge alles grün, voll blühenden Lebens!

So kommt um die Mitte des Maien die Zeit, da man mit größerer Zuversicht den Bestand des grünen Wiesenkleides erhoffen kann. An manchen Orten liest man von den Bergen die Merkzeichen ab, die verkünden: der Winter ist besiegt. Wer in diesen Tagen von Eckarts aus gegen die Felsschrofen hinblickt, die am Grünten zwischen dem Kammereck und dem Übelhorn aufragen, der gewahrt dort den „knieenden Jäger“, d. h. das Schneegewand des Berges ist an dieser Stelle so weit zusammengeschmolzen, daß die Reste ein Bild ergeben, welches einige Ähnlichkeit hat mit der Gestalt eines Jägers, der sich auf ein Knie niedergelassen hat und mit der Hand sein Gewehr in Anschlag hält. — Von Oberstaufen

31*

aus kann man etwas später (gewöhnlich anfangs Juni) ein anderes Naturspiel beobachten: am Hochgrat oben sind vier Schneereste so gestaltet, daß sie zusammen die Zahl 1927 ergeben.

Wenn es so weit ist, dann sind die schlimmen Tage vorüber. Und war bisher der Kampf schwer, oft schier trostlos langwierig, so treibt jetzt die Vegetation mit wunderbarer Schnelligkeit hervor. Man meint die Gräser wachsen zu sehen, so rasch reckt sich Halm an Halm empor; mit Wiesenschaumkraut und Mehlprimeln bedecken sich die feuchten Gründe, mit gelbem Löwenzahn die gedüngten Wiesen.

Pfahlhag.

Lange vorher schon hat im Bauernhause die Frühlingsarbeit begonnen.

In den ersten warmen Tagen wird dafür Sorge getragen, daß die Schäden, die der Winter an der bäuerlichen Heimstätte angerichtet hat, wieder ausgebessert werden. Hier wird mit dem Farbtopf und dem Pinsel hantiert, um den Anstrich der Panzerschindeln zu erneuern; dort werden frische Pfähle für den Gartenzaun eingerammt; an jenem Hause ist eine Leiter angelehnt, und von Hand zu Hand wandern die roten Ziegel, mit denen das Dach frisch eingedeckt werden soll.

Auch auf den „Feldern“ und Weidegründen gibt's nun manches zu tun. Der Güllenwagen wird aus dem Schuppen hervorgeholt und in breiten Strömen ergießt sich das braune Naß über die Wiesengründe. Wo die Zäune zur Winterszeit niedergelegt waren, werden sie jetzt wieder aufgerichtet, und auch bei den übrigen gibt es manches zu erneuern und zu verbessern.

Die Einzäunung der Grundstücke, teils zum Schutze der Mähwiesen, teils zur Abgrenzung der Weidegründe, spielt ja im Bergland eine gewichtige Rolle, und gar mannigfach sind die Formen solcher Einfriedungen. Hie und da erblickt man den „Tänneleshag“, die lebende Hecke, die entweder als undurchdringliches Gehege von Mannshöhe das Grundstück abgrenzt oder wohl auch als lange, geradlinig verlaufende Reihe hochwipfliger Bäume, aus weiter Ferne schon auffallend, den Berghang hinanzieht. Auf Alpen, denen die Verwitterung naher Felsgebilde überreiches Steinmaterial liefert, ist oft als niedrige Mauer der „Steinhag“ aufgeführt; er erfüllt den doppelten Zweck, die Weiden von dem störenden Felsgetrümmer zu säubern und zugleich eine dauerhafte Abgrenzung des Alpgebietes zu schaffen. — Am häufigsten aber sind die Holzzäune.

Stangenhag in Hinterstein.

Zu ihnen gehört der „Pfahlhag“. Hier sind an kräftigen, in den Boden gerammten Pfählen gespaltene Stangen oder Schwärtlinge oder Latten angenagelt; in neuerer Zeit wendet man zur weiteren Sicherung und um Holz zu sparen, meistens auch den schlimmen Stacheldraht an. — Anders gestaltet ist der „Stangenhag". Die Stangen, welche hier die Umzäunung bilden, sind teils durch Stecken, die kreuzweise in den Boden gerammt sind, festgehalten, teils durch kurze Astgabeln gestützt. In schneereichen Tälern, z. B. bei Hinterstein, werden zuweilen die Stangen lediglich auf solche Astgabeln lose aufgelegt, um im Winter leicht abgenommen werden zu können. — Auch der „Schräghag" wird regelmäßig im Spätherbst niedergelegt und im Frühjahr wieder aufgerichtet. Er wird in der Weise hergestellt, daß in den Boden starke Pfahlstecken kreuzweise eingerammt und auf diese dann breite Schwärtlinge in schräger Richtung aufgelegt werden. In manchen Gegenden verwendet man statt der Schwärtlinge gespaltenes Scheitholz. — Sehr dauerhaft und widerstandsfähig ist der „Etterhag" (Eatterhag, Jeaderhag), der aus Aststecken zusammengestellt ist; dabei sind die Krümmungen der Äste abwechselnd nach innen und außen gerichtet und die Stecken außerdem durch Latten oder gespaltene Stangen oder durch Flechtwerk aus Fichtenreisig miteinander verbunden.

Schräghag.

Stangenstapfen.

Jägertrappel.

Wie die Zäune selber, so sind auch die Durchgänge und Übergänge sehr verschieden. Wo ein Fahrweg den Weidegrund durchzieht, erblickt man den „Gätter" (Gatter), ein Tor aus Stangen oder Schwärtlingen, die an starken Pfosten befestigt sind. Statt der Angeln sind oft Weidengeflechte verwendet, als Schloß dient meistens ein eingekerbter Holzpflock oder ein Ring aus Weidenruten, oft auch nur ein einfacher Strick. Ist der Durchgang nur für das Weidevieh oder für die Heuwagen bestimmt, so genügt statt des Gatters der „Stangenstapfen" („Lucke"), d. h. an der dem Durchgang dienenden Stelle können die Stangen abgehoben werden. Es ist bezeichnend für den praktischen Sinn des Bauern, daß man hier sehr häufig alte, ausgediente

Baumstumpf als „Stiege".

Halterhütte.

Hufeiſen verwendet findet, durch welche die Stangen geſteckt werden. — Es gibt aber auch Vorrichtungen, welche lediglich dem Menſchen den Zugang zu dem eingehegten Grundſtück gewähren, für das Weidevieh dagegen unpaſſierbar ſind. Außer der „Stieg“ („Jägertrappel“), einem ſtufenförmig aufgebauten Übergang (wozu unter Umſtänden auch ein am Hag befindlicher Baumſtumpf dienen kann), iſt da beſonders der „Zwenger“ weit verbreitet, ein Schlupfweg, bei dem man nur mittels eines Winkelganges durch die ſchmale Zaunöffnung gelangen kann. — Auch das Drehkreuz („Triller“) findet vielfach Verwendung.

Während der Bauer mit dem Aufrichten oder Ausbeſſern der Umzäunungen beſchäftigt iſt, verfolgt er ungeduldig das Aufſprießen der Gräſer; denn die Vorräte in der Scheune beginnen zu ſchwinden. Freudig öffnet er die Stalltüre, wenn endlich die Zeit zum erſten Weidegang gekommen iſt. Und nun iſt es eine Luſt, mit anzuſchauen, wie das Vieh die lang entbehrte Freiheit genießt. Mit tollen Sprüngen, wie man ſie den ſchwerfälligen Tieren gar nicht zumuten ſollte, geben ſie ihre Freude zu erkennen, und erſt, wenn ſie ſich ſo eine Zeitlang umhergetummelt haben, wenden ſie ſich mit Behagen den jungen, zarten Halmen zu, die ihnen die Natur beſchert hat.

Gemeindehirt in Pfronten.

Und ſo tönt denn wieder, zunächſt freilich nur in nächſter Umgebung der Gehöfte, das Herdengeläute, und in die trauten Klänge miſcht ſich von Zeit zu

Zeit das fröhliche Jodeln der **Hüterjungen**, die das Vieh mit lautem Hou-hou-hou auf die Weide getrieben haben und nun die Stunden bis zur Melkzeit verbringen, indem sie bald müßig umherlungern, bald springend und schreiend irgend ein ungehorsames Stück der Herde zum Rechten weisen. Zum Schutze vor des Wetters Unbill haben sie in ihrem kleinen Reiche zuweilen ein offenes Bretterhäuschen, das die Regenschauer abhält und doch den Ausblick auf die weidende Herde frei läßt. — Im Alpenvorland, wo jeder Bauer seine eigene Viehweide besitzt, walten meist sehr jugendliche Hirten ihres Amtes als „Halter“, acht- bis zwölfjährige Knaben (wohl auch Mädchen), entweder Familienglieder oder aus der Nachbarschaft gedungen, zum Teil auch aus jenen „Schwabenkindern“ ausgewählt, die alljährlich im Frühjahr von Tirol her an den Bodensee kommen, um für die Dauer des Sommers in Bayern oder Württemberg Beschäftigung zu suchen. — Wo das Vieh noch auf die Gemeindeweide getrieben wird, wie z. B. in Pfronten, da sind Männer oder wenigstens kräftige Burschen als Gemeindehirten angestellt. Denn groß ist hier die Stückzahl der Herde, die in langem Zuge mit vielstimmigem Geläute durch die Ortschaft zur Weide zieht.

Bald nachdem für das Heimvieh die Weidezeit begonnen hat, werden auch die Vorbereitungen getroffen, die Vorweiden in den Niederlägern zu beziehen. Und wieder etliche Wochen später nimmt der Alpmeister den Bergstock zur Hand und steigt hinauf auf die höheren Alpen, um Nachschau zu halten, ob auch dort oben schon der Frühling Einzug gehalten hat. Und bringt er gute Nachricht hinunter ins Tal, dann gehen die „Schwender“ und „Kulturer“ an ihre Arbeit: die Alpwege werden ausgebessert, die Weidegründe vom Geröll gesäubert, die Alphütte in Stand gesetzt, die Wasserleitung aufgemacht — kurz, alles wird vorbereitet für die schönste Zeit des Jahres: das sommerliche Alpenleben!

Juhe, der **Sommer** ist da!

Auf die höchsten Berge, in die innersten Winkel der Hochtäler hat sich der Schnee zurückgezogen;[1] nicht mehr als Leichentuch umhüllt er die Landschaft, sondern als wirksamer Gegensatz blinkt er hinein in all die leuchtende, warme Farbenpracht der sommerlichen Natur. Mit munterem Leben erfüllen die Bergwasser das heitere Bild, bald in weißem Gischt über Blöcke sprudelnd, bald in tiefgrünem, wunderklarem Gumpen gesammelt. Von Wiese und Wald strömen würzige Düfte und überall, wohin man schaut, winken Blumen. Wie schön ist so ein Junitag in unsern Bergen, wie schön auch die Nacht, die sich lind und heiter niedersenkt! Kräftiger atmen die Wiesen ihre Wohlgerüche, lauter rauscht durch die schlummernde Natur der Gebirgsbach; in weichen Linien, vom Mondlicht sanft umflossen, heben sich die Berge machtvoll in den schwarzblauen Himmel empor. Leuchtkäfer tauchen lautlos auf und verschwinden wieder, und von der Umhegung eines einsamen Gehöftes her tönt der Grille unermüdliches Gezirpe.

Das ist die schöne Sommerszeit, in der wieder hoch oben auf den Bergen das Herdengeläute erklingt; denn der Juni ist der Monat des Alpzugs.[1])

Ehe die Auffahrt zur Sennalpe erfolgt, gibt es drunten in Haus und Stallung mancherlei vorzubereiten. Da muß zusammengetragen werden, was droben nötig ist in der Schlafkammer und in der Wohnstube, in der Käseküche und zur Bereitung der Mahlzeiten: all die Milch-, Butter- und Käsegeschirre, die Pfannen und Näpfe, die Säcke voll Mehl, Brot und Salz, die Päckchen Tabak, Kaffee und Zucker und so vieles andere, das alles wird kunstvoll verladen auf den zweirädrigen Karren, die „Berggrotte", deren hochgewölbte Last zuletzt noch durch den mächtigen Käsekessel gekrönt wird. Aus der Kammer aber wird das „Geläute" hervorgeholt und blank geputzt. Denn anstatt der leichteren, kleineren Schellen und Glocken, die sonst dem Weidevieh umgehängt werden, müssen bei dem festlichen Alpzug besonders große und schwere Messingglocken oder riesige Schellen aus Kupferblech paradieren, und die breiten Lederriemen, an denen diese Prunkstücke hängen, sind mit farbigen Wollfransen verziert.

So kommt der festliche Tag heran und wohlgeordnet setzt sich der Zug in Bewegung. An der Spitze schreitet der jugendliche Untersenn im schmucken „Sonntagshäß". Die kurzen Lederhosen und die mit eingestickten Edelweißsternen geschmückten Hosenträger stehen ihm ebenso wohl zu Gesichte wie die blendend weiße Leibwäsche, über die lässig die graue Joppe geworfen ist; der spitze Allgäuer Hut ist mit Adlerflaum und künstlichen Blumen geziert. — Hinter ihm kommen diejenigen Kühe, denen die Ehre zuteil geworden ist, die Zugglocken und Zugschellen zu tragen. Weithin tönt das Geläute. Es ist, als ob die wohlgenährten, sauber gestriegelten Tiere selber ihre Freude daran hätten, wenn es recht voll und laut klingt und tönt. — Nun erst folgt die übrige Herde, geführt von den Hirten und Melkern; den Schluß aber bildet das Oberhaupt der Sennalpe, der Meistersenn.[2]) — So geht's dahin, und überall, wo der Zug an Einzelgehöften und Ortschaften vorbeizieht, stehen die Leute und wünschen eine glückliche Alpfahrt.

Während so auf den Sennbergen und später auf den Galtalpen frohes Leben einzieht und drunten im Tale die Heuernte alle Hände in Bewegung setzt, erfaßt

[1]) Beim Auftrieb auf die Alpe soll, wie der Bregenzerwälder sagt, ein Drittel des Weidegrundes weiß sein (d. h. noch mit Schnee bedeckt), ein Drittel rot (d. h. soeben ausgeabert), ein Drittel grün (d. h. mit frischem Gras bewachsen). Dann wird das Vieh während der ganzen Alpzeit stets junges, frisches Futter haben.

[2]) Nach Reiser, Sagen und Gebräuche des Allgäus II, 376.

Sommernacht im Trettachtal.
Aufnahme von Ebert.

auch den Städter unwiderstehliche Sehnsucht nach dem Hochgebirg. Schon im Juni bringen die Eisenbahnzüge namentlich von Norddeutschland her ganze Scharen fremder Gäste, im Juli aber haben sich die „Sommerfrischler" vollends allüberall eingenistet. Da sieht man die vornehmen Herren und Herrinnen der Mode, die ohne Kleiderprunk, ohne Diner im Grand Hotel, ohne Lawn Tennis und Sommertheater die Alpenwelt höchst langweilig und unvollkommen fänden; da trifft man den stadtmüden Familienvater, der sich und die Seinen aus dem nervenzerreibenden Treiben der Großstadt in das Alpendorf geflüchtet hat, um hier Ruhe und Erholung zu suchen; da begegnet man dem wanderfrohen Naturfreund, der mit Bergstock und Rucksack die schönen Lande durchzieht, zu den wilden Felsenklammen und blauen Alpenseen pilgert oder auf gefahrlosen Bergpfaden zu aussichtsreichen

Seealpsee und Seewände. (Zeichnung von E. T. Compton.)

Gipfeln emporsteigt; da erblickt man endlich die kühnen Hochtouristen, die mit Seil und klirrendem Steigeisen zu Berge ziehen, ausgetretene Pfade verschmähen und erst da ihre Freude finden, wo an irgend einer Nord- oder Süd- oder Ost- oder Westwand ein „Problem" zu lösen ist.[1]) — Sie alle freuen sich der schönen Sommerszeit, und wenn heitere Tage beschert sind, dann ist der entlegenste Felsengipfel, das versteckteste Hochtal nicht sicher vor den frohgemuten Wandersleuten;

---

[1]) Es sei an dieser Stelle hingewiesen auf die ausgezeichneten Schilderungen des hervorragenden Alpinisten Joseph Enzensperger (der als Teilhaber der deutschen Südpolarexpedition im Jahre 1903 einen frühen Tod fand). In der Zeitschrift des D. u. Ö. Alpenvereins erschien im Jahre 1896 seine vortreffliche Monographie „Die Höfats im Allgäu", und nach seinem Tode gab der Akademische Alpenverein München eine Sammlung seiner Vorträge heraus in dem prächtigen Werke: J. Enzensperger, Ein Bergsteigerleben.

wo aber gar das Reisehandbuch die Route vorgeschrieben hat, da zieht's in ganzen Prozessionen über die Pässe und Höhenwege, und in Schutzhütten und Wirtschaften herrscht lautes, lustiges Leben.

Aber der Sommer, der so viele Freuden bringt, hat auch schlimme Erscheinungen im Gefolge. Die Zeit vom Juni bis zum September ist am meisten gefährdet durch verheerende Wetterkatastrophen. Reich sind die Chroniken an Berichten über schreckliche Zerstörungen durch Wolkenbrüche, über Vermuhrungen der besten Gründe, über Verluste an Menschenleben und an Weidetieren. So soll, wie die Lingenauer Chronik berichtet, auf der Hochalpe bei Sibratsgfäll im Jahre 1633 ein solcher Wasserguß entstanden sein, „daß sich das Vieh nicht mehr zu retten wußte, sondern Pferde und Stiere zu schwimmen anfingen. Es wurden 51 Roß und 49 Stiere durch die Gewalt des nach der Öffnung ziehenden Stromes durch die zwei Felsenwände herausgetrieben und in das tiefe Tal hinuntergestürzt." — Für das obere Iller- und das Ostrachtal brachte der Sommer 1851 böse Schreckenstage. Nachdem schon Ende Juli durch ununterbrochene Regengüsse die Rinnsale hoch angeschwollen waren, erfolgte in den ersten Augusttagen ein allgemeiner Ausbruch aller Wildbäche. Schlamm- und Schuttströme ergossen sich über die Wiesen, das ganze Tal wurde unter Wasser gesetzt. Am meisten litten die Ortschaften Oberstdorf, Schöllang, Unterthalhofen, Altstädten, Sonthofen, Hindelang, Oberdorf, Berghofen und Winkel. Dieser Ort wurde damals durch Baumstämme, die aus den Bergen herabgeschwemmt wurden, völlig verbarrikadiert. — Im folgenden Jahre wiederholten sich die Ausbrüche der Wildbäche, und auch später traten nach regelmäßigen, wie durch ein Naturgesetz abgegrenzten Zwischenräumen große Überschwemmungen ein.[1]) So wurde im September 1897 das Illertal derart unter Wasser gesetzt, daß der zwischen Immenstadt und Sonthofen verkehrende Eisenbahnzug einen weit ausgedehnten See zu durchfahren hatte, und eine noch be-

Besteigung der Höfats. (Aufnahme von M. Rauch.)

[1]) Die furchtbare Steigbachkatastrophe des Jahres 1873 ist schon auf S. 46 erwähnt.

deutendere Überschwemmung erfolgte anfangs August 1901, merkwürdigerweise bis auf den Tag genau fünfzig Jahre nach der großen Katastrophe von 1851.

Oft ist der sommerliche Witterungsumschlag mit einem empfindlichen Rückgang der Luftwärme verbunden. Selbst in der Tal-Lage, wie in Oberstdorf, vergeht kaum ein Sommermonat, ohne daß plötzliche Temperaturerniedrigungen, zuweilen bis zu 2 und 1° C zu verzeichnen wären;[1]) auf den Höhen aber tritt dann Schneefall ein, der die Berge nicht selten bis tief herab in ein weißes Gewand einhüllt. So prächtig nun der Anblick einer im Neuschnee erglänzenden Gebirgslandschaft gerade zur Sommerszeit ist, so wenig erfreulich sind solche Erscheinungen für die Alpwirtschaft. Besonders das Galtvieh, das schutzlos der Witterung preisgegeben ist, leidet unter der doppelten Not der Kälte und des Hungers; aber auch

Überschwemmung des Illertals bei Sonthofen am 7. September 1897. (Aufnahme von Heimhuber.)

die Milchkühe sind schlimm daran, wenn nicht ein reichlicher Vorrat an Bergheu in der Sennhütte vorhanden ist. — Bleibt der Schnee nur kurze Zeit liegen, so läßt sich das Ungemach ertragen; dauert aber die schlimme Witterung an, so wird die Schneeflucht nötig: aus den höheren Gelägern muß in die tieferen hinabgetrieben werden. Von jeher hat der Älpler auf diese lästigen Folgen der Klimaschwankungen Bedacht nehmen müssen, und so finden wir schon aus dem sechzehnten Jahrhundert Nachweise, wie der Umzug von Alpe zu Alpe durch besondere Bestimmungen geregelt war.[2]) — Im Lechtal heißt der Bursche, der in solchen Fällen auf die Alpe eilen und dort dem Hirten beim Abtreiben behilflich sein muß, geradezu „der Schneeknecht".

[1]) Belege für die klimatischen Verhältnisse unseres Gebirgslandes sind im Anhang mitgeteilt.

[2]) Die Lingenauer Chronik enthält zwei „Schneeflucht-Briefe", darunter einen vom Jahre 1591. Es ist darin durch Vertrag zwischen mehreren Alpbesitzern genau festgestellt, wie sich die Schneeflucht von der höheren Alpe zu den niedriger gelegenen zu vollziehen hatte.

Allzu rasch schwindet der Sommer dahin, der **Herbst** hält seinen Einzug! Wenn die erste Septemberwoche gekommen ist, werden droben auf den Galtalpen die Rinder unruhig. Die Weiden sind nicht mehr ergiebig genug, die Nächte werden rauh. Auch die Hirten finden es immer ungemütlicher in ihren luftigen Hütten. Wie sich im Juni alles freute, hinaufziehen zu dürfen auf die Berge, so sehnt man jetzt die Heimkehr herbei.

Galtalphütte.

Der 12. oder 13. September ist für die Galtalpen der Tag des Abtriebes. Wenn die Alpzeit glücklich verlaufen, wenn kein Stück verendet ist, dann findet der gleiche festliche Zug statt wie beim Auftrieb. Laut klingen die Zugglocken durch das bergumschlossene Hochtal, immer und immer wieder tönt das antreibende „Hou, hou, hou" der Hirten. Ist der Weg zum Tale besonders weit, so wird wohl an irgend einem günstigen Platze kurze Rast gemacht, daß die Herde noch einmal an der Bergweide sich gütlich tun und an dem klaren Bergbronnen sich tränken mag.

Brunnen im Oytal.

Wenn das Alpvieh verschiedenen Besitzern gehört, so wird es draußen im ersten Talort ausgeschieden; jeder Eigentümer übernimmt seinen Anteil, die Herde löst sich auf. Dieser Viehscheid, zu dem besonders in Hindelang, Oberstdorf und Oberstaufen viele hundert Stück Jungvieh zugetrieben werden, bringt ein außerordentlich bewegtes Leben mit sich; namentlich der Oberstdorfer Viehscheid gestaltet sich immer zu einem kleinen Volksfeste. Draußen vor Loretto, wo die zwei Sträßchen aus dem Birgsauer und dem Spielmannsauer Tale zusammenmünden, ist ein geräumiger Platz mit Planken im Viereck eingehegt. Nahe dabei lädt eine leicht gezimmerte Wirtsbude zu fröhlicher Rast. Von der neunten Morgenstunde an wallt es in Scharen hinaus und umlagert den Plankenzaun und die

Wirtsbude. Auch die Oberstdorfer Blechmusik kommt angerückt, um später die Feststimmung zu erhöhen. Jetzt vernimmt man Herdengeläute vom Spielmannsauer Tale her. Sie kommen! Erwartungsvoll richten sich die Blicke dorthin, wo immer lauter und voller die Glocken und Schellen durcheinander klingen. Nun erscheint die Herde. Der Hirte, mit dem bunten Sträußchen auf dem Hute, treibt das Jungvieh in den eingeplankten Raum. Anfangs umschreiten die Tiere gemächlich den Platz; aber je mehr der Pferch sich füllt, um so rascher wird die Gangart, bis sie zuletzt in ein übermütig tolles Umherkreisen und Springen übergeht; und zu diesem eigenartigen Schauspiel gesellt sich als Ohrenschmaus das Brüllen der erregten Rinder und das Lachen und Lärmen der dichtgedrängten Zuschauer. Unbewegt aber von all dem Treiben steht der Hirt an der Öffnung des Pferches. Jetzt erfaßt er eines der Rinder und ruft mit lauter Stimme den Namen des Eigentümers. Dieser drängt sich durch die Menge, übernimmt sein Tier und führt es weg. So leert sich nach und nach der Raum wieder. — Aber schon hört man in der Ferne neues Herdengeläute, und so setzt sich das gleiche Treiben fort, bis das Vieh von der fernsten Alpe herbeigetrieben und ausgeschieden ist. Daß dann noch manch kräftiger Trunk getan, noch manch heitere Weise von der Oberstdorfer Kapelle zum besten gegeben wird, braucht nicht besonders versichert zu werden.

Der Oberstdorfer Viehscheid.
(Aufnahme von † Bezirkstierarzt Brutscher.)

Eine Woche später werden auch die Kühe von den Sennbergen abgetrieben. Wieder klingt das Herdengeläute von den Hochtälern heraus, wieder werden die einzelnen Tiere, diesmal freilich unter geringerer Beteiligung der Bevölkerung, an die Eigentümer zurückgegeben. — Im Lechtal gibt es außerdem noch den „Schafscheid", der am 1. Oktober stattfindet. Weithin vernimmt man dann das Geblöke der vielen Hunderte von Schafen, die nach Häselgehr, nach Holzgau, nach Steeg zugetrieben werden; der Schäfer aber, der nach den langen, entbehrungsreichen Monaten wieder ins Tal zurückkehrt, schreitet fröhlich einher, wenn er die sämtlichen ihm anvertrauten Tiere glücklich wieder zurückbringen kann; denn nach der Stückzahl der Herde wird ihm der Lohn ausbezahlt.

Wenn das Vieh von den Alpen herabgetrieben ist, dann beginnt die Zeit der Viehmärkte. Unter den Orten, an denen solche stattfinden, hat für das Lechtal Reutte, für den Bregenzer Wald Schwarzenberg, für das Allgäu aber Sonthofen die größte Bedeutung gewonnen.

Am 15. September wird der erste **Sonthofener Markt**, hauptsächlich für Rinder abgehalten. Schon am Tage vorher werden die Tiere von allen Seiten her zugetrieben und einstweilen in die verfügbaren Stallungen oder auf die verschiedenen „Hausänger“ verteilt, wo sie gruppenweise, in weiten Abständen von einander lagern. Viele Händler suchen schon hier die schönsten Stücke aus, da so die einzelnen Tiere mit mehr Muße betrachtet werden können. Das eigentliche Leben aber entfaltet sich erst am Haupttage.

Vom frühen Morgen an durchtönt Schellen- und Glockengeläute ohne Unterlaß die Straßen der Ortschaft; immer neue Herden kommen angezogen und füllen den weiten Platz, der auf der Ebene nordöstlich von Sonthofen für diesen Zweck

Der Viehmarkt in Sonthofen. (Aufnahme von Heimhuber.)

abgegrenzt ist. Viele Hunderte von Käufern und Verkäufern und müßigen Zuschauern drängen sich um die zur Schau gestellten Tiere und ebenso reges Leben herrscht in den Wirtsbuden und besonders an dem amtlichen Bureau, wo die Gewährs- und Gesundheitsscheine für die verkauften Tiere ausgestellt werden. Es wird dem Allgäuer nachgerühmt, daß der Marktverkehr sehr reell und solid ist; die Geschäftsabschlüsse sind kurz und bündig, langes Feilschen findet nicht statt.[1]) In den vergangenen Jahren waren zum ersten Markte gewöhnlich an 2000 bis 3000 Stück zugetrieben.

Einen Monat später findet der zweite, der sog. Gallus-Markt, statt, zu dem oft eine noch größere Zahl Tiere zum Verkaufe geboten wird. Neuerdings gewinnen

---

[1]) Wilckens, Alpwirtschaft.

auch die beiden vor etwa zwanzig Jahren ins Leben gerufenen Immenstädter Märkte immer mehr an Bedeutung. Im Jahre 1905 wurden auf den vier Sonthofener Märkten insgesamt 6000—6500, auf den beiden Immenstädter 3000—3500 Stück aufgetrieben. Besonders schöne Tiere wurden in Sonthofen mit 700—800 M., in einem einzelnen Falle sogar mit 1100 M. bezahlt; der Durchschnittspreis für mittlere Tiere betrug 500 bis 600 Mark.

Während der Herbstmonate weiden nun in den tieferen Lagen, solange es die Witterung erlaubt, neben dem Heimvieh die von den Alpen zurückgekehrten Herden, und da ihnen nach der Omadernte auch die Wiesengründe zum Abfressen überlassen werden, so klingt überall das anheimelnde Geläute, und von Weide zu Weide jauchzen sich die Halterbuben zu. — Jetzt lugen die Kinder auch begehrlich nach den Obstbäumen, ob es bald Zeit werde, die Leiter anzulegen und den reichen Herbstsegen herabzuholen. Freilich ist es eine lange Spanne Zeit von dem Beginn der Obsternte in der Bodenseegegend bis zu den Tagen, da auf den Einödhöfen des Oberlandes die letzten Äpfel eingeheimst werden.

Aber auch droben auf den Bergen bringt der Herbst neue Freuden; nicht bloß dem Weidmann, der sich an den großen Treibjagden auf Gems und Hirsch ergötzt, sondern auch dem Bergsteiger. Denn nun zeigt sich die Alpenlandschaft in ihrem schönsten Gewande.

Zwar das festliche Prangen der Alpenblumen ist erloschen; höchstens einige spätblühende Arten der Genzianen oder die reizenden Augentröstchen (die der Allgäuer mit dem prosaischen Namen Omadfresser bezeichnet) oder die breiten Silberrosetten der Wetterdistel bringen Abwechslung in das immer fahler werdende Grün der Grashalden. Dafür aber hebt ein anderes festliches Prangen an: der Farbenschmuck der Laubbäume. Es wird bei uns meistens Mitte Oktober, bis sich dieser Farbenzauber vom hellsten Gelb bis zum feurigsten Rot am wirksamsten entfaltet hat, und oft sind bis in den November hinein die letzten Spuren dieser Pracht wahrzunehmen. Und weil gerade der Spätherbst jene Tage beschert, an denen der Himmel sich so wunderklar, so tiefblau wölbt, darum ist eine Bergfahrt im Oktober ganz besonders genußreich. Aber auch dann noch, wenn im Flachland draußen schon die trübe, unfreundliche Vorwinterszeit gekommen ist mit ihren wallenden, feuchten Nebeln, auch dann noch bieten sich dem Bergsteiger überraschende und entzückende Bilder.

Versuchen wir's einmal, an solch einem Novembertage zum Bergstock zu greifen!

Kalt und beklemmend legt sich anfangs der Nebel um uns; zarte weiße Linien zeichnet der Reif auf unsern Lodenrock, und auch um die Gräser, über die wir schreiten, hat er ein kunstvolles Filigrangeschmeide gezaubert. Nicht hundert Schritte weit können wir die Gegenstände unterscheiden; undeutlich taucht hier ein Baum, dort ein weißlich schimmernder Zaun aus dem dämmerigen Dunkel.

Jetzt aber scheint sich nach oben die Hülle zu lichten. Leichter und heller wird es, je höher wir steigen. Aus dem zerfließenden Nebel schauen hier und dort die geisterhaften Umrisse hoher Berge heraus. Weiter und weiter öffnet sich der blaue Himmel, das herrlichste Gemälde enthüllt sich.

Ein unbeschreibliches Wonnegefühl erfaßt uns, wenn wir aus dem düstern, feuchtkalten, den Blick beengenden Nebeldämmern heraustreten in die glänzende, heitere, warme Sonnenpracht und nun alles, was vorher verhüllt war, in schärfster Klarheit und entzückender Beleuchtung vor uns sehen. Der bereifte Schattenhang und die von Millionen Diamanten erglänzende Sonnenseite; die verschneiten Berge hoch über uns und die noch immer grünen Grashalden rings umher; der düstere Ernst der Tannen und die braunen Laubkronen der Buchen; oben die blaue, blanke Himmelsglocke und unten das wallende, graue Nebelgewölke — das sind Gegensätze von einer Pracht, wie sie der Sommer nicht zu bieten vermag!

Über dem Nebelmeer im Spätherbst. (Aufnahme von Helmhuber.)

Und steigen wir dann höher und höher, haben wir endlich den Gipfel erklommen und lassen den Blick in die Runde schweifen — wie scharf und rein hebt sich jeder Berg, jeder kleinste Zacken ab, als sei er hineingeschnitten in den spiegelklaren Himmel! Bis in die fernste Ferne steht dies ungezählte Gewirre von Gipfeln gleich deutlich, gleich plastisch vor uns; nur in der Tiefe wallt und wogt das Nebelmeer!

So ist's an heitern Spätherbsttagen!

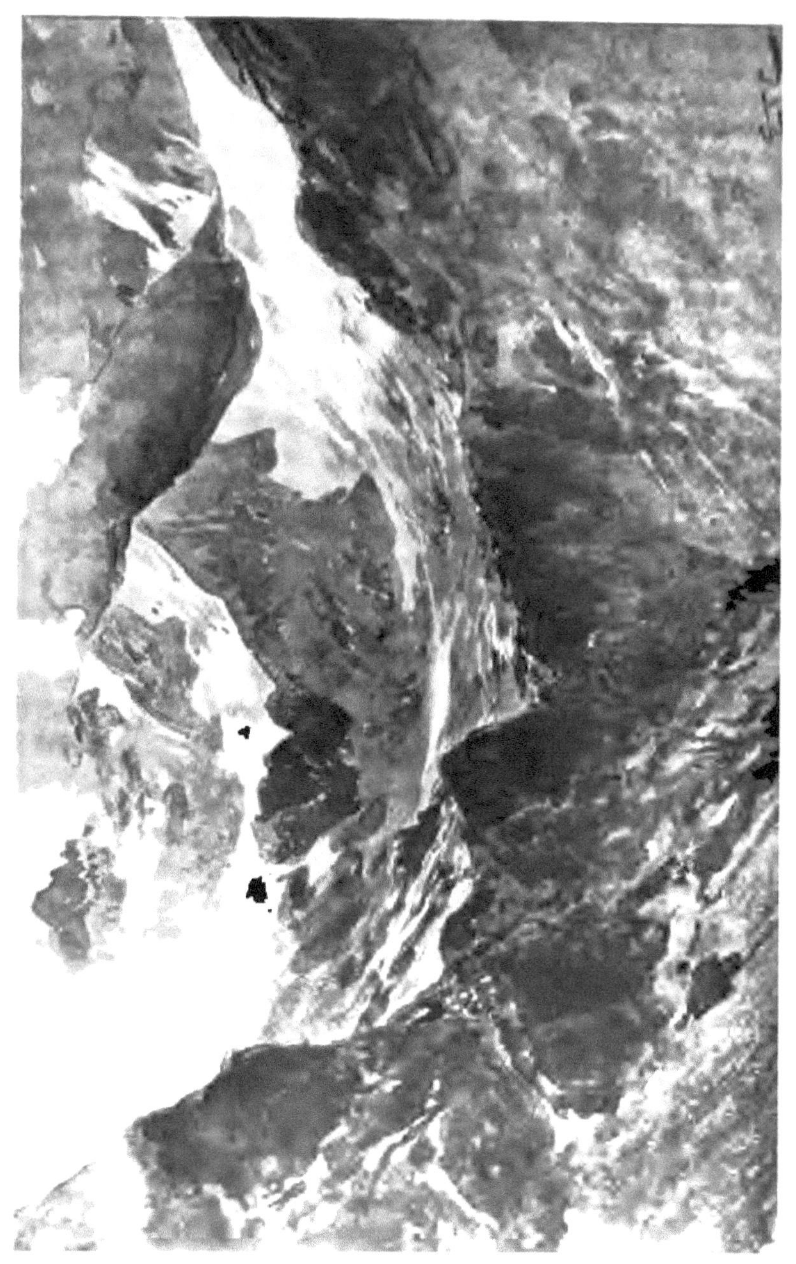

Aber nun tritt bald der **Winter** seine Herrschaft an. Allgemach ergreift er, von oben nach unten schreitend, Besitz von den Landen. Wenn die ersten Schneefälle erfolgt sind, dann sieht man vom Alpenvorland aus die Schneegrenze oft als eine scharf gezogene, wagrechte Linie quer über die langgestreckte Bergkette hinlaufen wie eine in die Natur hineingezeichnete Höhenmarke. Nach dem nächsten Schneefall erblickt man diese Linie ein gut Stück tiefer, bis sich zuletzt alles in das weiße Gewand eingehüllt hat.

Ziemlich spät, manchmal erst um die Sonnenwende pflegen sich auch in den tieferen Lagen die großen, anhaltenden Schneefälle einzustellen. Dann wirbelt es unaufhaltsam nieder, dicht und dichter. Immer neue Decken breiten sich über die alten, bis das richtige, schwere, all umhüllende Winterkleid gleichmäßig über Berg und Tal gebreitet ist. Welche Schneemassen da zuweilen in besonders schlimmen Jahren angehäuft werden und, den Winter selber überdauernd, bis tief in das Frühjahr hinein liegen bleiben, darüber findet sich in den Ortschroniken manche Mitteilung. „A$\underline{o}$ 1720," erzählt die Schöllanger Chronik, „sind im Walser Tal die ledigen Buben ohne Leiter auf das Kirchendach hinaufgestiegen. Sie haben im Schnee Staffeln gemacht und sind auf den Grat gesessen, so viel als darauf haben sitzen können. Den 1. Mai hat der Christian Müller bei der vorderen Kirchen seinen Namen und Jahrzahl unter das Dach an die Mauer geschrieben und ist auf dem Schnee gestanden." — Vom gleichen Jahre meldet die Oberstdorfer Chronik: „Am Gründonnerstag hat es noch allhier einen so großen Schnee gehabt, daß man hat ungehindert auf unserm Marktplatz über den Lindenstein[1]) mit dem Schlitten fahren können." — Ein Andenken an einen schneereichen Winter erblickt man auf dem Wege, der von Burgberg aus im Starzlachtal an den Südhängen des Grünten entlang führt. An einer hart an dem Sträßchen aufsteigenden Nummulitenwand erblickt man in einer Höhe von etwa sechs Metern ein in das Gestein eingelassenes Marienbild, das ein Burgberger im Jahre 1731 an der Stelle anbringen ließ, wo damals die Schlittenbahn an dem Felsen vorbeiführte. — Aus der Gegend von Balderschwang wird erzählt, daß einmal der Schlitten über den First einer völlig im Schnee vergrabenen Alphütte dahinfuhr, und in Nesselwängle brachte der Winter 1817 so reichliche und so andauernde Schneefälle, daß noch am 1. Mai eine Prozession auf dem drei Meter tiefen, gefrorenen Schnee über die Gottesackermauer hinweg schritt.

Aber nicht bloß die ungeheuren Schneemassen, sondern auch manches andere Ungemach bringt der Winter im Gebirge mit sich. Manche Wohnstätten sind so nahe an die Schattenhänge der Berge angebaut, daß die Sonne für einige Zeit völlig Abschied nimmt. In Einödsbach verschwindet sie fünf oder sechs Tage vor Weihnachten und zeigt sich erst wieder nach Neujahr; der Burgstall bei Oberstdorf, über den der Himmelsschrofen steil emporsteigt, hat acht Wochen keine Sonne; erst um Lichtmeß erscheint sie nachmittags gegen vier Uhr auf einige Augenblicke;

---

[1]) Lindenstein wurde das Nepomukdenkmal auf dem Oberstdorfer Marktplatz genannt, weil an dieser Stelle früher eine Dorflinde stand.

die Höllenmühle bei Roßschläg, die in eine tiefe Schlucht nahe dem Wasserfall des Sabacher Baches eingebaut ist, erhält zwei Monate lang kein Sonnenlicht; in Schnepfau am Fuße der hochragenden Kanisfluh verschwindet die Sonne am 12. November und kommt erst am 20. Februar wieder zum Vorschein, und ähnliches ließe sich noch für zahlreiche andere Orte feststellen.

In solchen Zeiten bewährt sich in den Einödhöfen der mächtige Steinofen und die Täfelung der niedrigen Wohnstube; da zeigt sich auch der Vorteil der kleinen Schubfensterchen, zu denen oft monatelang die hohen Schneemauern hereinschauen. Die Gutsche am warmen Ofen ist jetzt ein vielbegehrter Platz; aber auch die Werkbank, an der sich der „Baschtler“ seinen Liebhabereien hingibt, hilft über die trüben Wintertage hinweg.

Übrigens gibt es auch im Freien draußen manches zu tun; vor allem muß das Holz und das Heu von den Bergen herabgeholt werden, sobald die Schneebahn günstig ist. Oft mehrere Wochen lang schaffen die Holzknechte, bis all die entrindeten Stämme in Schlitten zu Tale geschleift oder auf die vereisten Rutschbahnen der „Riesen“ verbracht sind, auf denen sie blitzschnell in die Tiefe sausen; und ebenso herrscht lautes Treiben dort, wo die Triften aufgebaut sind oder wo die kleinen Heuschinden mit dicken Schneehauben auf den weißen Berghängen stehen. Zu mächtigen Burden zusammengeschnürt werden die Heuvorräte auf Handschlitten, den „Schalinggen“, oder am „Kriegseil“ hinabgeschafft bis zum Talweg, wo große Hornschlitten bereit stehen, auf denen die duftende Last bis hinaus zu den Ortschaften geführt wird.

Heuhütte im Schnee. (Aufnahme von Euringer.)

Aber den Männern, die droben auf den tiefverschneiten Bergen ihre mühselige Arbeit verrichten, droht ein heimtückisch lauernder Feind — die gefürchtete Staublawine. Zwar brechen sie, der Gefahr bewußt, gewöhnlich schon in frühester Morgenstunde auf und steigen bei Fackellicht bergan, um die gefährlichsten Hänge hinter sich zu haben, ehe die Sonnenstrahlen kräftiger einzuwirken vermögen; doch auch so sind sie vor plötzlichen Überfällen keineswegs sicher, da die Staublawine aus anderer Ursache entsteht als die Grundlawine. Denn während sich diese bei Tauwetter bildet, wenn die aufgeweichte Schneedecke ins Rutschen kommt, ist jene darauf zurückzuführen, daß sich auf alten, verhärteten Lagen neue Massen trockenen, körnigen Schnees anhäufen und, da sie sich mit der gefrorenen Unterlage nicht zu verbinden vermögen, auf den stark geneigten Hängen losbrechen, sobald die überlagernde Last zu groß geworden ist.

Dann sieht man wohl hoch oben auf dem Berge plötzlich ein weißschimmerndes Wölkchen aufsteigen; in wenigen Augenblicken wächst der rollende Ball zum schreckenerregenden Ungetüm, das donnernd niederbricht, mächtiger und mächtiger anschwillt und, eingehüllt in Wolken von stäubendem Schnee und begleitet von orkanartigem Luftzug, verheerend seine breite Bahn in den Berghang schneidet.

Zahlreich sind die Aufzeichnungen, die von solchen „Lähnen" berichten und von erschütternden Unglücksfällen, aber auch von wunderbarer Errettung aus Todesnot zu erzählen wissen. Nur einige der bezeichnendsten Vorfälle seien hier mitgeteilt.

Im Jahre 1664 ging bei Elmen im Lechtal eine Lawine nieder und tötete 42 Leute, die eben beim Heuziehen beschäftigt waren, junge Burschen und verheiratete Männer; die eine Lawine hatte 22 Lechtalerinnen zu Witwen gemacht!

(Falgers Chronik.)

Im Jahre 1689 zählte man im Walsertal vom 2. bis zum 7. Februar 16 Lawinen, die zum Teil großen Schaden anrichteten. Im gleichen Jahre zerstörte eine Lawine in Elbigenalp 14 Häuser, eine andere in Holzgau vier Häuser. Im ganzen Lechtal wurden damals 31 Personen getötet.

(Schöllanger Chronik und Falgers Chronik.)

Lawine im Walsertal. (Aufnahme von Marie Riezler.)

Im Jahre 1693 kam am 29. Dezember eine Lawine vom Heuberg ins Walsertal, drang durch das Portal der Kirche in Mittelberg, brachte eine Tanne in die Kirche und verschob den Sebastiansaltar unter dem Chorbogen. — Im gleichen Jahre zerstörte eine Lawine zu Bach im Lechtal drei Häuser und tötete sieben Personen. (Fink u. Klenze, Der Mittelberg. — Falgers Chronik.)

Im Jahre 1788 stürzte am 25. Dezember bei Riezlern eine Lawine in die Breitach und begrub zwei Menschen. Nachfolgende Leute waren Augenzeugen des Unglücks und machten sich alsbald daran, die Verschütteten auszugraben. Da kam eine zweite Lawine und verschüttete auch die Rettungsmannschaft; doch konnte wenigstens diese von Leuten, die jetzt herbeieilten, dem Tode entrissen werden. (Tafelinschrift an der Breitachbrücke unterhalb Riezlern.)

Im Jahre 1831 kamen fünf Leute aus Nesselwängle beim Heuziehen unter eine Lawine. Einer blieb tot, ein zweiter erlitt einen Beinbruch, die andern kamen mit leichten Verletzungen davon. (Mitteilung von Max Ried in Nesselwängle.)

Im Jahre 1844 ging am 1. Februar zur Nachtzeit eine Staublawine zu Mittelberg im Walsertal nieder. Sie nahm das obere Stockwerk eines Hauses mit fort, warf aber zwei Schneider, die beim Bauern auf der Stör gearbeitet hatten und nun süß schlummerten, durch den zerbrochenen Rauchfang ins untere Stockwerk hinab, so daß sie, wenn auch im Hemde, unversehrt unten anlangten, während ihre Kleider mitsamt dem oberen Hausstock auf den jenseitigen Berghang hinübergeweht wurden. (Groß, Die Allgäuer Alpen. — Fink u. Klenze.)

Um das Jahr 1850 kam vom Schlappolt herab eine Lawine und nahm ihren Weg auf das Haus eines Bauern in Ringang. Dieser hatte eben noch Zeit, mit seinem zweijährigen Kinde in den Keller zu flüchten, da brauste schon die Lawine vorüber. Das Haus blieb unversehrt; aber der Schneestaub füllte den Hausflur, und ein einjähriges Kind, das der Vater im Schrecken vergessen hatte, war vom Luftzug aus dem Bettchen auf den Ofen geweht worden, wo es unverletzt aufgefunden wurde. (Groß, Die Allgäuer Alpen.)

Im Jahre 1854 befand sich am 24. Dezember ein Kohlenbrenner mit zwei Knechten in einer Holzerhütte auf der Gutenalpe (hinter dem Oytal). Nachts zehn Uhr, als die drei Männer im Schlafe lagen, brach am Himmelhorn eine Lawine aus, erreichte die Hütte und schob sie von ihrem Platze weg, wobei zwei der Insassen umkamen, während der dritte wunderbarerweise am Leben blieb. (Schöllanger Chronik.)

In Gegenden, die besonders von Lawinenstürzen heimgesucht werden, findet man häufig Schutzvorrichtungen. So sind im Walsertal manche Wohnhäuser dadurch gesichert, daß auf der Bergseite in geringer Entfernung massive Steinwälle errichtet sind, die etwa bis zur Dachhöhe emporreichen und die Schneemassen über die Gebäude wegleiten sollen. Außerdem besitzt das Walsertal vier Bannwälder, welche die Ortschaften Riezlern, Mittelberg, Bödmen und Bad zu schützen bestimmt sind. — Wo sich Alphütten im Bereiche regelmäßiger Lawinenbahnen befinden, ist beim Bau darauf Bedacht genommen, daß unter normalen Verhältnissen die Wucht des Anpralles unschädlich gemacht wird. Ein interessantes Beispiel dafür bieten die drei Hütten der oberen Spitalalpe bei Bad im Walsertal. Sie sind derart an den Berg angebaut, daß die Dächer aus dem Abhang herauszuwachsen scheinen und nur um ein geringes von der Neigung des Berges abweichen. Die niedrigen Hütten selbst sind entweder vollständig oder wenigstens auf der Bergseite aus solidem Mauerwerk aufgeführt, und auch im Innern erblickt man statt des Gebälkes ganze Bäume von solcher Dicke, daß sie dem gewaltigen Drucke der heranbrausenden Staublawine Widerstand zu leisten vermögen. —

Obere Spitalalpe. (Zeichnung von J. Annen.)

Wohl bringt der Winter im Hochgebirge manches schwer zu tragende Ungemach, manchen Schrecken, der den Bewohnern des Flachlandes erspart bleibt; aber er bietet auch Reize und Schönheiten von unvergleichlichem Zauber. Für

Einödsbach im Winter.
Aufnahme von Ebert.

den rüstigen Fußgänger wirkt eine Wanderung an klarem, kaltem Wintertage wie ein erquickender Jungbrunnen.

Hochwald im Winterkleid. (Aufnahme von Euringer.)

Er verläßt die menschlichen Wohnstätten und dringt in ein einsames Hochtal ein. Schweigend umfängt ihn der Wald. Feierlich ernst stehen die Tannen, tief neigen sich die Zweige unter der wuchtigen Schneelast. Hier sind ein paar Baumstrünke mit rundlichen Hauben und Kappen geschmückt; dort gucken aus tiefer Schneedecke die weißbehelmten Köpfchen jungen Nachwuchses neugierig hervor; an diesem vorragenden Aste hat der Wechsel von Tau und Frost ein blitzendes Geschmeide von Eiszapfen ausgehängt; auf jener Lichtung lassen sich die Spuren flüchtiger Rehe und Hirsche oder schleichender Füchse verfolgen. Im Bachbett wechseln wunderliche Eisgebilde mit seltsamen Formen verschneiter Riesenblöcke, und dort, wo im Sommer der Wasserfall donnernd in das tiefgehöhlte Becken herabstürzte, ist jetzt ein feenhaftes Gebäude erstanden; nur dürftig ist der Wasserstrahl, aber ihn umsäumt ein kristallenes Gehäuse, gebildet aus Säulen und weichgewellten Bändern, deren durchsichtig schimmerndes Eis vom zarten Blaugrün hinüberspielt zu lichtem Rosenrot.

Nun weicht der Wald zurück. Endlos dehnt sich die Schneedecke über schimmernde Halden bis hinauf zu den scharfen, klaren Linien, in denen sich die Berge von dem tiefblauen Himmel abzeichnen; nur die jähesten Hänge, die kühnsten Felstürme heben sich nackt und düster von dem blendenden Weiß der Umgebung ab; wo aber der Grat von Gipfel zu Gipfel führt, hat sich eine Riesenmauer aufgebaut, die „Schneewächte“, die in kühnem Bogen weit ins Leere hinausgreift.

In solche Regionen einzudringen ist dem Fußgänger ohne sonderliche Beschwerden möglich, wenn er den Bahnen folgt, die sich beim Holz- und Heuziehen oft in weit entlegenen Hochtälern gebildet haben. Aber freier, ja ein unbeschränkter Herr im weiten Reiche des Hochgebirges ist der Skifahrer. Je dichter und mächtiger das Schneegewand den Berghang umhüllt, je gleichmäßiger es sich über Stock und Stein ausbreitet, um so besser ist ihm die Bahn bereitet. Darum erschließt sich ihm am vollkommensten

Feldberggipfel mit Schneewächte. (Aufnahme von Euringer.)

Lawinenbildung am Söllereck. (Aufnahme von Euringer.)

die Majestät der winterlichen Alpenwelt, und er darf so manche Wunder schauen, die andern verborgen bleiben. Vor einigen Jahren unternahmen mehrere Skifahrer eine Partie auf den Stuiben, nachdem kurz vorher ein kalter Sturmwind auf Tauwetter gefolgt war. Da erblickten sie nun die wunderlichsten Szenerien. An einem Waldabhang war eine Fichtengruppe zu einer Art Zaubergrotte umgestaltet. Vereist war jeder Baum bis an den Wipfel hinauf; die Äste, Zweige und Nadeln aber trugen zu dem schimmernden Eisgewande noch locker angeworfenen Schnee und glitzernden Rauhreif, der da, wo der klare Himmel durch die Lücken blickte, mit seinen Milliarden feinster Spitzen und Zacken wie eine köstliche, duftig weiße Stickerei auf blauem Grunde erschien. Auch der Stuibenpavillon war mit einem reizenden, aus Schnee, Eis und Rauhreif kunstvoll gewirkten Mantel geschmückt, und auf der Kammhöhe erblickte man überall die Wirkungen des Sturmes, der den Schnee an der einen Stelle weggefegt, an der andern mehrere Meter hoch aufgetürmt oder auch, im Wirbel einherbrausend, zu tiefen, trichterförmigen Löchern ausgehöhlt hatte.[1]) — Auf dem Söllereck waren Skifahrer Augenzeugen einer zwar harmlosen, aber interessanten Lawinenbildung. Der Schnee rollte von einem steil geneigten Hange herab, häufte sich rasch zu einer ansehnlichen Masse, wurde dann aber durch eine Bodenerhöhung nach zwei entgegengesetzten Richtungen abgelenkt. Als die Lawine zur Ruhe gekommen war, zeigten sich

Lawinenbildung am Söllereck. (Aufnahme von Euringer.)

[1]) F. X. Euringer, Skilauf. (Im 33. Jahresbericht der Alpenvereinssektion Allgäu. Kempten.)

zwei in flachem Bogen nach Art der Stirnmoränen gebildete Wälle, die sich mit steilen Böschungen scharf abgegrenzt von der Umgebung abhoben.

Skifahrer am Stuiben.
(Aufnahme von Dr. Fraas.)

Nicht immer freilich geht der Lawinensturz so glimpflich ab wie hier. Er bildet vielmehr für die Skifahrer eine ebenso große Gefahr wie für die Heuzieher und hat auch wiederholt schon Unglücksfälle herbeigeführt. Aber der unvergleichliche Genuß, den der Aufenthalt in den einsamen Schneeregionen und vor allem die windschnelle Talfahrt auf den langen geschnäbelten Brettern gewährt, wirkt stärker als die Furcht vor Gefahren, und so hat sich der norwegische Schneeschuh in überraschend kurzer Zeit eingebürgert.

Wie der Skilauf, so ist auch die Rodelfahrt in Mode gekommen. Während aber der Schneeschuh in die entlegensten Gebiete des Hochgebirges hinaufführt, ist der Rodelschlitten mehr an die Nähe der Ortschaften gebunden, wo ihm besondere Bahnen zur Verfügung stehen. Daher ist hier auch mehr Gelegenheit zu geselligen Freuden und festlichen Veranstaltungen gegeben. Auf den Rodelbahnen am Steigbach bei Immenstadt, am Söllereck bei Oberstdorf, auf der Jochstraße bei Hindelang, auf der Fluhstraße bei Bregenz usw. werden von Zeit zu Zeit Preisrodelfahrten abgehalten und es entwickelt sich dann in der winterlichen Bergland-

Skifahrer am Nebelhorn. (Aufnahme von Heimhuber.)

schaft ein Leben und Treiben, wie man es auch im Sommer nicht lauter und fröhlicher antreffen kann.

Ski und Rodelschlitten haben auf diese Weise, wie anderwärts, so auch in unsern Allgäuer Alpen schon jetzt eine beträchtliche Zunahme des Winterverkehrs hervorgerufen, und es ist anzunehmen, daß diese Verkehrssteigerung künftig noch eine ziemliche Bedeutung für manche Gebirgsorte gewinnen wird. Dem Freunde der Berge aber sind die Wintermonate nicht mehr, wie früher, eine lange Zeit der Entbehrung, sondern eine neue Quelle freudigen Genießens. Immerdar können wir uns erquicken an der großartigen Alpennatur, ob sie sich nun im reichgeschmückten Gewande des Sommers zeigt oder in der hehren Majestät des Winters.

Anhang.

Schlußwort und Berichtigungen.

Auf frohen Wanderfahrten ist der Plan zu der vorliegenden Arbeit gereift. Reichbesiedelte Täler und aussichtsreiche Berggipfel, weglose Schluchten und einsame Wald- und Felsenwildnisse haben mir eine solche Fülle freundlicher und erhabener, fesselnder und belehrender Bilder gezeigt, daß in mir immer lebhafter der Wunsch rege wurde, das Geschaute, Erlebte in Wort und Bild festzuhalten, zugleich aber auch tiefer einzudringen in die mannigfaltigen Gebiete der Natur und des Menschenlebens, in die der Wanderer nur einen flüchtigen Einblick gewinnen kann.

Diesen Wunsch in die Tat umzusetzen, wäre mir freilich versagt geblieben, wenn ich nicht von den verschiedensten Seiten freundlich entgegenkommende Unterstützung bei meiner Arbeit gefunden hätte. So zahlreich sind die mündlichen und schriftlichen Mitteilungen, die ich von Orts- und Sachkundigen aus allen Teilen der Allgäuer Alpen und des Bregenzer Waldes erhalten habe, daß es mir nicht möglich ist, hier jeden Namen einzeln zu nennen, sondern daß ich mich begnügen muß, auch an dieser Stelle meinem Danke Ausdruck zu geben. Ganz besonders aber fühle ich mich verpflichtet, diesen Dank meinen verehrten Freunden und opferwilligen Mitarbeitern, Herrn Professor Dr. K. A. Reiser in München und Herrn Professor Fr. Würth in Kempten, auszusprechen, ebenso den Herren Molkereikonsulent Dr. Fr. J. Herz und Reichsarchivdirektor Dr. L. Baumann in München, Rechtsrat M. Kellenberger in Kempten, Fabrikant Ignaz Dornach in Weiler, Förster Hohenadl in Oberstdorf, August Ullrich in Eckarts und Max Ach in Egg. Auch Herrn Dr. Paul Huber, Inhaber der Kösel'schen Buchhandlung, schulde ich größten Dank für die gediegene Ausstattung und den reichen Bilderschmuck des Buches.

Leider haben sich einige Versehen eingeschlichen, die erst nach dem Erscheinen der einzelnen Lieferungen bemerkt wurden und daher der Berichtigung bedürfen:

Auf S. 5 ist für das Immenstädter Horn die abgerundete Höhenangabe 1490 m gesetzt. Die genaue Zahl ist 1487.

S. 37 ist ein Felssturz im Oytal erwähnt, durch den Prinz Luitpold, der jetzige Regent von Bayern, gefährdet wurde. Nicht von den Hängen des Himmelhorns, sondern von der Höfats herab erfolgte dieser Felssturz.

Auf S. 80 sollte für die Winterstaude 1878 m (statt 1867) angegeben sein, ebenso

S. 118 für das Geishorn 2249 m (statt 2244),
S. 125 für den Sorgschrofen 1636 m (statt 1614),
S. 128 für den Littnisschrofen 2069 m (statt 1956),
S. 130 für das Hornbachjoch 2036 m (statt 2149).

Auf S. 147 hätte unter den Sträuchern der Alpenregion auch die Stechpalme (Ilex Aquifolium) Erwähnung finden sollen, die in unsern Bergen vereinzelt vorkommt. Auf S. 161 ist der Text zu den beiden unteren Abbildungen verwechselt worden. Die Abbildung links unten stellt die Narzissenblätige Anemone (Anemone narcissiflora), die Abbildung rechts unten die Alpen-Anemone (Anemone alpina) dar.

Auf S. 380 soll es heißen: Wallfahrtskirche Rindberg (nicht Strindberg); auch ist die Schreibung Sibratsgfäll richtiger als Siebratsgfäll.

Seit dem Erscheinen der ersten Lieferung, in welcher unter anderm auch auf die Schneckenlochhöhle bei Schönebach (S. 32) und auf das Hölloch im Mahdertale (S. 34) hingewiesen ist, sind diese beiden großartigen Höhlenbildungen genauer erforscht worden.

Die Schneckenlochhöhle wurde im August 1906 namentlich auf Betreiben des Herrn Kaplan Fröwis von Hittisau zweimal eingehend untersucht. Die Forscher überkletterten, nachdem sie etwa 300 m tief eingedrungen waren, die auf S. 33 erwähnte Wand, welcher bald eine zweite, noch höhere folgte, die sich jedoch umgehen ließ. Sie drangen nun durch einen schmalen, stark ansteigenden Gang weiter vor und gelangten so in eine neue Grotte von gewaltiger Ausdehnung, die sie nach Höhe und Breite auf mehr als 30 m schätzten; außerdem bemerkten sie mitten in der Decke noch einen kerzengerade emporsteigenden Schacht, dessen Abschluß selbst beim Lichte der Acetylenlampen nicht zu erkennen wär. Auch Tropfsteingebilde zeigten sich in diesem Raume, der etwa 400 m vom Eingang entfernt ist. Nun teilt sich die Höhle in zwei Arme. Der eine zieht nach Osten, bildet einen durchweg geräumigen Schacht mit zahlreichen, oft mehrere Meter langen Tropfsteinbildungen, erweitert sich zuletzt nochmals zu ansehnlicher Höhe und endet bei 620 m (vom Höhleneingang aus). Der andere, nach Nordosten verlaufende Arm verengt sich einigemal zu „Schlauchhöhlen", durch die man hindurchkriechen muß, um in weitere große Grotten zu gelangen. In der ersten derselben schießt mitten aus der Felsdecke ein mächtiger Wasserstrahl herab, verschwindet aber in dem trümmerbedeckten Boden sofort wieder. Auch die zweite Höhlenweitung ist durch Wasser belebt; ein Bächlein rauscht und ein Tümpel ist zwischen Blöcke und lehmigen Boden eingebettet. Bei 570 m (vom Höhleneingange aus) scheint auch dieser Teil der Höhle abgeschlossen zu sein.

(Nach gütigen Mitteilungen der Herren Kaplan Fröwis und Kaufmann Dorner von Hittisau.)

Das Höll-Loch im Mahdertal bei Riezlern wurde im Oktober 1906 von einer Anzahl kühner Männer aus Riezlern, Tiefenbach, Oberstdorf, Rohrmoos und Langenwang erforscht. Ein Baumstamm war über den nahezu senkrecht in die

Tiefe ziehenden Schlund gelegt und mit einem Flaschenzug versehen worden, der zur Führung eines starken Seiles diente. An diesem ließen sich die Höhlenforscher hinab, als erster Jäger Hermann Paul von Riezlern.

Bei einer Tiefe von 48 m zeigt sich ein Felsvorsprung, auf dem man festen Fuß fassen kann. Nach unten aber setzt sich der Schlund bis zu einer Tiefe von 96 m fort und mündet nun in eine ziemlich horizontal von Nord nach Süd verlaufende Querspalte, in der ein Bach dahinfließt. Durch eine Kiesbank ist das Wasser oberhalb (nördlich) der Schachtmündung aufgestaut, so daß sich hier ein kleiner Höhlensee gebildet hat. Mächtiges Rauschen verkündet, daß der Bach aus beträchtlicher Höhe in den See niederstürzt; doch ist es bis jetzt nicht gelungen, zum Wasserfall selbst vorzudringen. Die Erforschung des unterirdischen Bachbettes ist noch nicht abgeschlossen; doch haben die Entdecker, die im ganzen eine Strecke von etwa 1000 m besichtigen konnten, schon jetzt den Eindruck gewonnen, daß es sich hier um eines der großartigsten Naturwunder handelt, das eine eigenartige Verbindung von Klammen und Höhlen darstellt und durch zahlreiche Tropfsteingebilde einen besonders wirksamen Schmuck erhält.

(Nach gütigen Mitteilungen des Herrn Försters F. Hohenadl in Rohrmoos.)

Es ist übrigens nicht unwahrscheinlich, daß den überraschenden Entdeckungen der vergangenen Monate mit der Zeit noch weitere folgen werden. Gerade der so sehr zerklüftete Ifenstock mag noch manch Geheimnis bergen, und es gibt unter den Anwohnern genug entschlossene Männer, die mit Freuden bereit sind, ein Wagestück zu unternehmen, wenn es gilt, die zahlreichen Naturschönheiten, die unsere herrlichen Allgäuer Alpen aufweisen, durch eine neue Sehenswürdigkeit zu bereichern.

Kempten, im November 1906.

Max Förderreuther.

Höhenangaben.

(In Metern.)

Aach 646.
Agathazell 730.
Aggenstein 1987.
Aggenstein-Hütte 1795.
Akams 855.
Alat-See 866.
Almagmach 1147.
Älpele (an d. Höfats) 1779.
Alpsee 725.
Alpspitze (b. Nesselw.) 1576.
Altstädten 750.
Alt-Trauchburg 903.
Andelsbuch 639.
Attle-See 874.
Au (im Breg. Wald) 796.
Bach (Lechtal) 1066.
Bad (im Walsertal) 1251.
Balderschwang 1045.
Bärgunt-See 1930.
Beilenberg 827.
Berghofen 776.
Besler 1680.
Bezau 651.
Biberkopf 2600
Bihlerdorf 732.
Birgsau 952.
Bizau 681.
Blaichach 737.
Blender 1073.
Bockkarkopf 2608.
Bodelsberg (Berg) 963.
Bodelsberg (Dorf) 897.
Bolgen 1687.
Bolsterlang 892.
Börlas 961.
Bregenz (Bahnhof) 398.
Breitenberg (b. Pfront.) 1838.
Breitenwang 849.
Bretterspitze 2608.
Bschießer 2000.
Buchenberg (Berg) 951.
Buchenberg (Dorf) 896.
Bühl 744.
Burgberg 752.
Burgkranzegger Horn 1151.
Christlessee 916.
Daumen 2280.
Didamskopf 2092.
Diepolz 1038.
Doren 711.
Durach 714.
Ebratshofen 760.
Eckarts 758.
Edelsberg 1625.
Egg (Kirche) 565.
Einödsbach 1115.
Einstein 1867.
Elbigenalp 1040.
Elferkopf 2387.
Ellhofen 735.
Elmen 978.
Emereis 870.
Engeratsgundsee 1879.
Entschenkopf 2043.
Eschach 978.
Eschacher Weiher 1000.
Ettensberg 762.
Falkenstein (b. Pfront.) 1268.
Fellhorn 2038.
Feuerstätter Berg 1641.
Fiderepaß 2065.
Fischen 762.
Fluh 757.
Forchach 910.
Frauen-See 966.
Freibergsee 930.
Freundpolz 1015.
Fürschießer 2271.
Füssen 798.
Füssener Jöchle 1816.
Gachtspitze 1988.
Gailenberg 990.
Gebhardsberg 593.
Gehrenspitze 2164.
Geisalpe 1150.
Geisalpsee (oberer) 1770.
Geisalpsee (unterer) 1510.
Geisfuß 1982.
Geishorn (b. Hinterst.) 2249.
Geishorn (Walsertal) 2368.

Genhofen 800.
Gentschelpaß 1977.
Gerhalde 1065.
Gernkopf 1567.
Gerstruben 1155.
Geltraz 629.
Giebel 1949.
Gimpel 2176.
Goßholz 780.
Grähn 1134.
Greggenhofen 750.
Großer Krottenkopf 2657.
Großer Ochsenkopf (beim Riedberger Horn) 1663.
Große Steinscharte 2263.
Großer Wilder 2381.
Grünenbach 718.
Grünten 1739.
Grüntenhaus 1536.
Gunzesried 890.
Hägerau 1111.
Halden-See 1124.
Hammerspitze 2172.
Harbatshofen 756.
Häselgehr 1003.
Haseneckalpe (obere) 1691.
Hauchenberg 1243.
Heidelbeerkopf 1767.
Heimenkirch 665.
Heiterberg 2153.
Hellengerst 950.
Hermann von Barth-Hütte 2150.
Himmelsschrofen 1790.
Hinang 824.
Hindelang 825.
Hinterhornbach 1101.
Hinterstein 866.
Hirschberg (bei Hindelang) 1457.
Hirschberg (beim Pfänder) 1097.
Hirschegg 1124.
Hittisau 828.
Hittisberg 1325.
Hochalpersee (Bärgunt-Tal) 1930.
Hochfrottspitze 2649.
Hochgimpelspitze 2176.
Hochgrat 1834.
Hochgundspitze 2460.
Hochhäderich 1566.
Hochifen 2231.
Hochkrumbach 1703.
Hochrappenkopf 2424.
Hochvogel 2594.
Höfats 2260.
Höfen (im Lechtal) 869.
Hohenfreiberg 1056.
Hoher Kopf 1122.
Hoher Schelpen 1552.
Hohes Licht 2652.
Holzgau 1103.
Hopfen-See 782.
Hopferau 811.
Hopfreben 1021.
Hörnlesee (am Wertach-horn) 1600.
Hornbachjoch 2036.
Hüttenberg 806.
Hüttenberger Eck 1016.
Imberg 881.
Imberger Horn 1656.
Immenstadt 729.
Immenstädter Horn 1487.
Iseler 1812.
Jungholz 1054.
Kackenköpfe 1561.
Kälbelespitze 2134.
Kalzhofen 804.
Käseralpe 1406.
Kastenkopf 2130.
Kaufbeurer Haus 2007.
Kegelkopf 1961.
Kellenspitze 2240.
Kempten (Bahnhof) 697.
Kemptner Hütte 1846.
Kienberg 1536.
Kleinweiler 750.
Klimspitze 2465.
Knottenried 1006.
Kögel-Weiher 839.
Kojen 1294.
Kornau 915.
Kranzegg 862.
Kratzer 2425.
Kreuzegg 2375.
Kreuzleshöhe 1115.
Krottenspitze 2382.
Krumbach (b. Hittisau) 735.
Kugelhorn 2126.
Lachenspitze 2128.
Lahnerkopf 2122.
Langen 660.
Langenegg (Breg. Wald) 694.
Langenwang 768.
Laufbichel-See (östlich.) 2019.
Laufbichel-See (westl.) 1976.
Lechleiten 1542.
Leilach 2276.
Liebenstein 800.
Liechelkopf 2387.
Lindau 402.
Lindenberg 762.
Lingenau 687.
Linkerskopf 2455.
Littnisschrofen 2069.
Mädelegabel 2646.
Maderhalm 875.
Maierhöfen (bei Riedholz) 744.
Marchspitze 2608.
Mariaberg 915.
Maria Rain 897.
Maria Trost 1124.
Martinszell 715.
Mellau 690.
Memhölz 722.
Missen 860.

Mittag 1442.
Mittelberg (bei Nesselwang) 1036.
Mittelberg (im Walsertal) 1218.
Mitterhaus 1084.
Möggers 950.
Moosbach 884.
Mortenau 962.
Möser Hag 1120.
Musau 818.
Muttlerkopf 2366.
Nadenberg 810.
Nebelhorn 2224.
Nebelhornhaus 1929.
Nesselburg 1039.
Nesselwang 868.
Nesselwängle 1147.
Niedersonthofen 722.
Niedersonthofener See 705.
Niederstaufen 552.
Noppenspitze 2596.
Oberdorf (b. Hindelang) 823.
Oberdorf (b. Immenstadt) 735
Oberjoch (Jochhöhe) 1150.
Oberjoch (Ortschaft) 1136.
Obermädelejoch 1974.
Obermaiselstein 860.
Oberreute 858.
Oberstaufen 792.
Oberstdorf 815.
Ofterschwang 865.
Öfnerspitze 2578.
Ottacker 751.
Otto Mayr-Hütte 1540.
Oy 937.
Petersthal 872.
Pfänder 1064.
Pfannenhölzer 2025.
Pflach 839.
Pfronten 860.
Pinswang (Kirche) 820.
Ponten 2045.
Prinz Luitpold-Haus 1847.
Rangiswanger Horn 1616.
Rappensee 2047.
Rappenseehütte 2092.
Rappenseekopf 2468.
Rauheck 2385.
Rauhenzell 729.
Rauhhorn 2240.
Rauns 698.
Rechtis 970.
Reichenbach 867.
Reintaler Jöchle 1846.
Rettenberg 806.
Reuthe (im Bregenzer Wald) 659.
Reutte 854.
Riedberger Horn 1787.
Riedholz 735.
Riefensberg 781.
Riezlern 1083.
Rindalphorn 1823.
Rohrmoos 1070.
Roßberg 2001.
Roßkarspitzen 2320.
Roßschläg 839.
Rote Fläh 2111.
Röthenbach (Dorf) 664.
Röthenbach (Station) 705.
Rothenfels 854.
Rothe Wand (Rohrmooser Tal) 1476.
Rothgundspitze 2485.
Rotspitze 2034.
Rottach (Dorf am Rottachberg) 752.
Rottachberg 1116.
Rubi 788.
Rubihorn 1958.
Rückholz 880.
Sabacherjoch 1862.
Salmaser Höhe 1254.
Salober 1290.
Schafalpköpfe 2319.
Scharte am Gottesackerplateau 1968.
Schattwald (Kirche) 1072.
Scheffau 672.
Scheidegg 804.
Schlappolt 1969.
Schlicke 2060.
Schneck 2268.
Schneidspitze 2009.
Schnippenkopf 1834.
Schnepfau 753.
Schochen (am Oytal) 2101.
Schochen (bei Tannheim) 2069.
Schöllang 855.
Schöllanger Burg 892.
Schönbichel 840.
Schönebach 1027.
Schönkahler 1688.
Schoppernau 856.
Schrecksee 1803.
Schröcken 1269.
Schrofenpaß 1721.
Schüsser 2252.
Schüttentobel 725.
Schwalten-Weiher 836.
Schwarzenberg (im Breg. Wald) 694.
Schwarzenberger Weiher 861.
Schwarzer Grat 1119.
Schweineberg 844.
Seealpsee 1629.
Seeg 853.
Seeger-See 821.
Seifen 710.
Seifriedsberg 769.
Seltmanns 762.
Sibratsgfäll 931.
Sibratshofen 786.
Sigiswang 848.
Sigiswanger Horn 1525.
Simmerberg 752.

Tabellen

zur Veranschaulichung der

klimatischen Verhältnisse.

A) Niederschläge.

Durch die folgenden Zahlen sind die jährlichen Niederschlagsmengen in Millimetern ausgedrückt. Die fettgedruckten Zahlen am Schlusse zeigen das Mittel aus den jährlichen Beobachtungen an. Die Zahlen für Ludwigshafen am Rhein sind beigefügt, um den Vergleich mit einem niederschlagsarmen Gebiete zu ermöglichen.

	1899	1900	1901	1902	1903	1904	1905	Mittel
Einödsbach	1885	1702	1558	1508	1727	1757	1978	**1730**
Oberstdorf	1624	1476	1492	1641	1630	1608	2069	**1649**
Geisalpe	1661	1741	1652	1684	1711	1576	1838	**1694**
Mitteljoch	1618	1437	1620	1597	1610	1401	1670	**1564**
Oberdorf (b. Hindel.)	1567	1343	1299	1479	1496	1401	1776	**1480**
Füssen	1337	1339	1157	1188	1216	1239	1515	**1284**
Pfronten	1596	1457	1283	1373	1316	1375	1492	**1413**
Seeg	1687	1255	1321	1391	1376	1390	1508	**1418**
Oy	1340	1242	1282	1218	1175	1230	1594	**1297**
Hochgreut	—	1095	1089	1161	1067	1019	1218	**1108**
Kempten	1171	1116	1186	1226	1074	1063	1222	**1151**
Buchenberg	1618	1546	1320	1625	1475	1395	1558	**1507**
Immenstadt	1727	1515	1415	1594	1465	1487	1699	**1557**
Sibratshofen	1496	1421	1424	1290	1381	1344	1579	**1419**
Genhofen	1618	1541	1459	1544	1614	1443	1647	**1552**
Scheidegg	1579	1673	1550	1564	1420	1319	1616	**1532**
Lindau	1053	1154	1000	1069	961	931	1230	**1057**
Bregenz	1400	1420	1233	1254	—	—	—	**1327**
Egg	1975	1542	—	—	—	—	—	**1758**
Schwarzenberg	2263	2002	1825	2018	—	—	—	**2027**
Bizau	2077	1655	1621	1503	—	—	—	**1714**
Schröcken	1888	2162	2038	2021	—	—	—	**2027**
Holzgau	—	1148	—	—	—	—	—	**1148**
Vorderhornbach	1337	1278	1239	1212	—	—	—	**1266**
Tannheim	—	—	1733	1388	—	—	—	**1560**
(Ludwigshafen a. Rh.	576	683	543	526	543	615	573	**580)**

B) Luftwärme.

1) Mittlere Jahrestemperaturen. (Nach Celsius.)

	Oberstdorf	Lindau	Bregenz	Schwarzenberg
1899	6,03	—	8,9	7,2
1900	6,19	—	—	7,6
1901	5,52	8,69	8,2	6,2
1902	5,89	8,85	8,3	6,6
1903	6,11	9,02	8,5	6,7
1904	6,63	9,72	9,1	—
1905	5,79	9,15	—	—
Mittel*	**6,02**	**9,09**	**8,6**	**6,9**

* Eine Zusammenstellung der Jahrestemperaturen von 1851—1900 ergab folgendes: Bregenz 8,2; Schwarzenberg 6,5; Bizau 6,5; Kempten 6,3.

2) Höchste und niedrigste Jahrestemperaturen.

	Oberstdorf		Lindau		Bregenz		Schwarzenberg	
	Maximum	Minimum	Maximum	Minimum	Maximum	Minimum	Maximum	Minimum
1899	30,0	— 18,6	—	—	29,6	— 10,8	31,2	— 15,0
1900	30,7	— 20,2	—	—	28,0	— 14,0	30,4	— 16,2
1901	29,0	— 24,0	28,3	— 17,9	29,4	— 20,4	28,8	— 19,0
1902	30,0	— 20,0	28,9	— 13,6	28,0	— 8,4	31,7	— 15,6
1903	27,2	— 19,2	32,4	— 11,8	27,2	— 12,4	27,0	— 17,3
1904	29,0	— 18,2	35,5	— 8,3	29,4	— 9,4	—	—
1905	33,0	— 27,6	36,4	— 17,3	—	—	—	—
Mittel	**29,8.**	**— 21,1**	**32,3.**	**— 13,8.**	**28,6.**	**— 12,6.**	**29,8.**	**— 16,6.**

3) Temperaturschwankungen in Oberstdorf während des Hochsommers.

	Juni				Juli				August			
	Tag	Maximum	Tag	Minimum	Tag	Maximum	Tag	Minimum	Tag	Maximum	Tag	Minimum
1899	6	26,0	15	2,0	22	30,0	3	5,0	15	28,4	22	3,2
1900	4	25,2	2	2,8	27	30,7	3	3,5	2	26,0	15	2,8
1901	2	29,0	16	2,5	19	26,0	27	6,0	11	26,6	28	3,0
1902	29	27,6	10	1,0	15	30,0	13	2,3	19	29,0	4	3,0
1903	29	27,1	24	0,0	3	27,2	9	1,0	9	27,2	27	2,0
1904	17	27,0	3	2,0	9	29,0	7	5,8	5	29,0	27	0,8
1905	30	30,4	13	3,0	1	33,0	21	5,0	10	29,0	13	2,0

Anmerkung: Die vorliegenden Angaben wurden von der Meteorologischen Zentralstation in München gütigst zur Verfügung gestellt. — Über die Temperaturverhältnisse unseres Alpengebietes sind leider nur vereinzelte Aufzeichnungen vorhanden.

Register.

Hergestellt in der
Graph. Anstalt Jos. Kösel, Kempten.

Verlag der Jos. Kösel'schen Buchhandlung, Kempten und München.

Zu beziehen durch alle Buchhandlungen.

Geschichte des Allgäus

von

Dr. F. L. Baumann.

Gefangennahme Christi, Holzskulptur von Th. Heidelberger im Kloster Ottobeuren. (Illustrationsprobe aus Baumann, Geschichte des Allgäus.)

Erster Band: 8°. 640 Seiten. 322 Illustrationen im Texte, 13 Vollbilder in Lichtdruck, Lithographie mit Tondruck und Chromolithographie, eine historische Karte des Allgäus im 12. Jahrhundert. Preis brosch. M. 12,—, in Leinwand gebunden M. 14,—, in Halbfranz gebunden M. 14,—.

Zweiter Band: 8°. 776 Seiten. 455 Illustrationen im Texte, 16 Vollbilder in Lichtdruck, Lichtkupferdruck, Photo- und Chromolithographie. Preis brosch. M. 14.40, in Leinwand gebunden M. 16.40. in Halbfranz gebunden M. 16.40.

Dritter Band: 8°. 750 Seiten. 345 Illustrationen im Texte, 15 Vollbilder in Lichtdruck, Farbenlichtdruck und Photolithographie. 1 historische Karte des Allgäus vom Jahre 1802. Preis brosch. M. 13,20, in Leinwand gebunden M. 15,20, in Halbfranz gebunden M. 15.20.

Stimmen der Presse.

„Autor und Verleger haben vereint in bewunderswerter Ausdauer und Hingabe ein Werk geschaffen, das ohne jede Schmeichelei als das Muster einer Provinzialgeschichte bezeichnet werden darf und, wenn jemals erreicht, schwerlich einmal übertroffen werden wird.

Diese Allgäuer Geschichte wird, des bin ich überzeugt, ein schwäbisches Volksbuch werden, ein Buch, das in jedem noch so abgelegenen Weiler einen Ehrenplatz finden wird. Und das mit Recht. Denn kaum ein Dorf und kaum ein Weiler dürfte im ganzen Allgäu zu finden sein, dessen Geschichte nicht in diesem Buche in größerer oder geringerer Ausführlichkeit beschrieben stünde: in den großen Zügen des allgemeinen Gangs der deutschen Entwicklung und mit dem feinen, anmutenden Detail, das der Heimat speziell anhaftet.

Dies anheimelnde, anmutende kulturgeschichtliche Detail insbesondere ist es, was die Geschichte des Allgäus zum „Volksbuche" machen wird. Um dies Detail aufzusuchen auf einsamen Wanderungen von Gehöft zu Gehöft und in fleißigen, stillen Stunden vor dem Schreibpult in hunderten von Urkunden, Chroniken, Büchern und Aufsätzen — um dies Detail zu sehen und zu verstehen und richtig zu verwerten, dazu reicht es nicht aus, ein Gelehrter zu sein; dazu gehört noch, daß der Autor auch das rechte Herz mitbringt, daß er Land und Leute aus dem Grunde kennt, daß er Freud und Leid mit ihnen mitfühlt, und daß er es versteht, dies Gefühl in seine Worte einzuhauchen, so daß es dem Leser aus dem Texte wieder entgegen duftet wie Erdgeruch aus der heimatlichen Scholle. Dieser Vorzug des „Volksbuches" haftet der „Geschichte des Allgäus" in hohem Grade an; denn das Allgäuer Volk hat das Glück, daß der Verfasser seiner Geschichte Fleisch von seinem Fleisch ist, ein Sohn seiner Berge und Wiesen, ein ganzer, kerniger Bayer in Gedanke, Wort und Tat. Darum wiederhole ich: Baumanns Geschichte des Allgäus ist eine Musterleistung, wofür dem Autor und dem Verleger voller und allgemeiner Dank gebührt; dem Allgäu aber meine herzlichste Gratulation dazu, daß es an dieser seiner Geschichte ein Volksbuch hat wie kein zweiter „Gäu" mehr in deutschen Landen."

Augsburger Postzeitung.

Zeitfracht Medien GmbH
Ferdinand-Jühlke-Straße 7
99095 Erfurt, Deutschland
produktsicherheit@kolibri360.de